EVERS / REGIONALPLANUNG ALS GEMEINSAME
AUFGABE VON STAAT UND GEMEINDEN

BAND 22
SCHRIFTENREIHE DER ÖSTERREICHISCHEN GESELLSCHAFT
FÜR RAUMFORSCHUNG UND RAUMPLANUNG
SPRINGER-VERLAG / WIEN—NEW YORK

Herausgeber und Verleger:
Österreichische Gesellschaft für Raumforschung und Raumplanung
1040 Wien, Karlsplatz 13
ISBN 3-211-81392-6 Springer-Verlag Wien—New York
ISBN 0-387-81392-6 Springer-Verlag New York—Wien

HANS-ULRICH EVERS

REGIONALPLANUNG ALS GEMEINSAME AUFGABE VON STAAT UND GEMEINDEN

REGIONALE ORGANISATION IN ÖSTERREICH, DER BUNDESREPUBLIK DEUTSCHLAND UND DER SCHWEIZ

REFORMVORSCHLÄGE FÜR ÖSTERREICH

UNTER MITARBEIT VON
WALTER BERKA
WOLFGANG MÜHLBACHER

Wien 1976
HERAUSGEGEBEN VON
DER ÖSTERREICHISCHEN GESELLSCHAFT FÜR RAUMFORSCHUNG UND RAUMPLANUNG

Inhaltsverzeichnis

Abkürzungsverzeichnis

aar	aargauisch
ABl	Amtsblatt
ABGB	Allgemeines Bürgerliches Gesetzbuch (ö)
AfK	Archiv für Kommunalwissenschaften (d)
AGO	Allgemeine Gemeindeordnung (Kärnten)
AöR	Archiv des öffentlichen Rechts (d)
ArGe	Arbeitsgemeinschaft
BauG	Baugesetz
Bay, bay	Bayern, bayerisch
BBauG	Bundesbaugesetz (d)
Bd	Band
be	Berner
BG	Bundesgesetz
BGE	Entscheidungen des s Bundesgerichts
BGB	Bürgerliches Gesetzbuch (d)
BGBl	Bundesgesetzblatt
BlgLT	Beilage zu den stenographischen Protokollen des Landtages (ö)
BlgNR	Beilage zu den stenographischen Protokollen des Nationalrates (ö)
BR-Drucks	Bundesrat-Drucksache (d)
BRFRPl	Berichte zur Raumforschung und Raumplanung (ö)
BROG	Bundesraumordnungsgesetz (d)
BT-Drucks	Bundestag-Drucksache (d)
Bu, bu	Burgenland, burgenländisch
BV	Bundesverfassung (s)
BVerfG	Bundesverfassungsgericht (d)
BVerfGE	Entscheidungen des Bundesverfassungsgerichts (d)
BVerwG	Bundesverwaltungsgericht (d)
BVerwGE	Entscheidungen des Bundesverwaltungsgerichts (d)
B-VG	Bundes-Verfassungsgesetz idF von 1929 (ö)
BWü, bwü	Baden-Württemberg, baden-württemberisch
D, d	Bundesrepublik Deutschland, deutsch (bezogen auf die Bundesrepublik Deutschland)
ders	derselbe
DISP	Dokumentations- und Informationsstelle für Planungsfragen, Informationen zur Orts-, Regional- und Landesplanung (s)
Diss	Dissertation
DJT	Deutscher Juristentag
DÖV	Die öffentliche Verwaltung (d)
DVBl	Deutsches Verwaltungsblatt
EB	Erläuternde Bemerkungen
Eildienst LKT NW	Eildienst Landkreistag Nordrhein-Westfalen
Entw	Entwurf
eV	eingetragener Verein
Ew	Einwohner
FN	Fußnote
FS	Festschrift

G	Gesetz
GBl	Gesetzblatt
GdZ	Österreichische Gemeindezeitung
GG	Grundgesetz (d)
GO	Gemeindeordnung
GP	Gesetzgebungsperiode
GrRG-B	Großraumgesetz Braunschweig
GrRG-H	Großraumgesetz Hannover
GS	Gedächtnisschrift
GVBl	Gesetz- und Verordnungsblatt
H	Heft
ham	hamburgisch
Hess, hess	Hessen, hessisch
Hinw	Hinweis
Hrsg, hrsg	Herausgeber, herausgegeben
idF	in der Fassung
idR	in der Regel
iVm	in Verbindung mit
JBl	Juristische Blätter (ö)
Kä, kä	Kärnten, kärntnerisch
leg cit	legis citatae (der zitierten Vorschrift)
Lfg	Lieferung
LGBl	Landesgesetzblatt
lit	litera (Buchstabe)
Lit	Literatur
LKO	Landkreisordnung
LPlG	Landesplanungsgesetz
LT	Landtag
LT-Drucks	Landtag-Drucksache (d)
lu	Luzerner
MdI	Minister(ium) des Innern
MKRO	Ministerkonferenz für Raumordnung
Nds, nds	Niedersachsen, niedersächsisch
NJW	Neue Juristische Wochenschrift (d)
Nö, nö	Niederösterreich, niederösterreichisch
NW, nw	Nordrhein-Westfalen, nordrhein-westfälisch
OECD	Organisation für wirtschaftliche Zusammenarbeit und Entwicklung
oJ	ohne Jahresangabe
Oö, oö	Oberösterreich, oberösterreichisch
Ö, ö	Österreich, österreichisch
ÖJT	Österreichischer Juristentag
ÖJZ	Österreichische Juristenzeitung
ÖROK	Österreichische Raumordnungskonferenz
ÖZÖR	Österreichische Zeitschrift für öffentliches Recht
ÖZW	Österreichische Zeitung für Wirtschaftsrecht

PBG	Planungs- und Baugesetz (s)
pr	preußisch
Rdnr	Randnummer
RFuRO	Raumforschung und Raumordnung (d)
RGBl	Reichsgesetzblatt
ROG	Raumordnungsgesetz
RPf, rpf	Rheinland-Pfalz, rheinland-pfälzisch
RPlG	Raumplanungsgesetz
RZU	Verein Regionalplanung Zürich und Umgebung
s	schweizerisch
S	Seite
Sa, sa	Salzburg, Salzburger
Saar, saar	Saarland, saarländisch
SchH, schh	Schleswig-Holstein, schleswig-holsteinisch
Sp	Spalte
StAnz	Staatsanzeiger
StBFG	Städtebauförderungsgesetz (d)
tess	Tessiner
Ti, ti	Tirol, Tiroler
Va, va	Vorarlberg, Vorarlberger
VerwGem	Verwaltungsgemeinschaft
VfGH	Verfassungsgerichtshof (ö)
VfSlg	Entscheidungen des VfGH (ö)
VO	Verordnung
V-ÜG	Verfassungs-Überleitungsgesetz
VVDStRL	Veröffentlichungen der Vereinigung der Deutschen Staatsrechtslehrer
VwGH	Verwaltungsgerichtshof (ö)
VwSlg	Entscheidungen des VwGH (ö)
Wi, wi	Wien, Wiener
WiPolBl	Wirtschaftspolitische Blätter (ö)
Z	Ziffer
ZAS	Zeitschrift für Arbeitsrecht und Sozialrecht (ö)
ZAÖRV	Zeitschrift für ausländisches öffentliches Recht und Völkerrecht (d)
Zbl	Zentralblatt für Staats- und Gemeindeverwaltung (s)
ZGB	Zivilgesetzbuch (s)
ZSR	Zeitschrift für Schweizer Recht
zü	Züricher
ZV	Zweckverband
ZVG	Zweckverbandsgesetz

Literaturverzeichnis

In das folgende Literaturverzeichnis wurden nur jene Veröffentlichungen aufgenommen, die im Text mehrfach mit Kurztitel zitiert werden; alle hier nicht genannten Publikationen werden im Text vollständig zitiert. Weitere Literaturhinweise zum Recht der Raumplanung und interkommunalen Zusammenarbeit können den chronologischen Literaturverzeichnissen am Anfang der entsprechenden Kapitel entnommen werden.

Ernst / Zinkahn / Bielenberg, Bundesbaugesetz. Kommentar 18. Lieferung (1974) [zit Ernst / Zinkahn / Bielenberg, BBauG]

Evers, Bauleitplanung, Sanierung und Stadtentwicklung (1972) [zit Evers, Bauleitplanung]

Evers, Das Recht der Raumordnung (1973) [zit Evers, Raumordnung]

Grüter, Die schweizerischen Zweckverbände. Eine Untersuchung der interkommunalen Zusammenarbeit, Diss Zürich (1973) [zit Grüter, Zweckverbände]

Lange, Die Organisation der Region (1968) [zit Lange, Region]

Meylan / Gottraux / Dahinden, Schweizer Gemeinden und Gemeindeautonomie (1972) [zit Meylan / Gottraux / Dahinden, Gemeinden]

Neuhofer, Handbuch des Gemeinderechts (1972) [zit Neuhofer, Gemeinderecht]

Oberndorfer, Gemeinderecht und Gemeindewirklichkeit (1971) [zit Oberndorfer, Gemeinderecht]

Österreichisches Institut für Raumplanung, Der Planungsspielraum der Gemeinden in der Raumordnung (1974) [zit Ö Institut f Raumplanung, Planungsspielraum]

Pernthaler, Raumordnung und Verfassung Bd 1 (1975) [zit Pernthaler, Raumordnung]

Petersen, Regionale Planungsgemeinschaften als Instrument der Raumordnungspolitik in Baden-Württemberg (1972) [zit Petersen, Planungsgemeinschaften]

Pilgrim, Formen interkommunaler Zusammenarbeit auf dem Gebiet der Bauleitplanung, Diss Göttingen (1970) [zit Pilgrim, Bauleitplanung]

Rill, Die Stellung der Gemeinden gegenüber Bund und Ländern im Raumordnungsrecht (1974) [zit Rill, Stellung der Gemeinden]

Schmidt-Aßmann, Grundfragen des Städtebaurechts (1972) [zit Schmidt-Aßmann, Städtebaurecht]

Wagener, Für ein neues Instrumentarium der öffentlichen Planung, in: Raumplanung — Entwicklungsplanung, Forschungsberichte der Akademie für Raumforschung und Landesplanung Bd 80 (1972) 23 [zit Wagener, in: Raumplanung — Entwicklungsplanung]

Walter, Österreichisches Bundesverfassungsrecht (1972) [zit Walter, System]

Weber, Werner, Entspricht die gegenwärtige kommunale Struktur den Anforderungen der Raumordnung? Empfehlen sich gesetzgeberische Maßnahmen der Länder und des Bundes? Welchen Inhalt sollten sie haben? Gutachten für den 45. DJT (1964) [zit Werner Weber, Gutachten]

1. Einleitung

1.1. Die Untersuchung stellt das Recht und das Wirken regionaler Organisationen auf dem Gebiet der örtlichen und überörtlichen Raumplanung dar. Sie diskutiert die Eignung vorfindlicher Modelle und entwickelt Vorschläge zur Verbesserung und Einführung regionaler Organisationen.

Dabei verwendet sie den Begriff der Region — soweit er nicht im folgenden durch Zusätze konkretisiert und/oder modifiziert wird — unprätentiös für Räume, die das Gebiet wenigstens von zwei Gemeinden umfassen, sich aber nicht mit dem Gebiet eines Landes decken.

Eine Untersuchung, die damit letztendlich auf Einführung und Ausbau regionaler Organisationen zielt, ist mit der Frage konfrontiert, ob Regionsbildung ungeachtet der mit ihr verknüpften Belastung des Verwaltungsgefüges durch eine weitere Entscheidungsebene sachlich gerechtfertigt ist. Regionsbildung kann dazu dienen, ein größeres Gebiet in besser überschaubare Einheiten zu gliedern; sie kann dazu dienen, Diskrepanzen zwischen sozio-ökonomisch gebotenem Planungsraum und vorfindlicher Verwaltungsgliederung zu überbrücken. Beiden Belangen mag durch eine Neugliederung der Verwaltung, erforderlichenfalls auch der Gemeinden, Länder bzw Kantone effektiver gedient sein. Neugliederungen sind aber oft nicht in dem vom Planungsinteresse gebotenen Umfange zu verwirklichen, sei es, weil eine solche Neugliederung andere Nachteile mit sich bringen würde, im Einzelfalle auch allzu rasch durch sozio-ökonomische Entwicklungen überholt sein könnte, sei es, weil rechtliche oder politische Hemmnisse mittelfristig unüberwindbar sind. Regionsbildung ist in diesen Fällen der Behelf, der tiefergreifende Reformen zwar nicht entbehrlich macht, aber die Schwelle unausweichlicher Reform, vor allem der Gebietsreform, anhebt.

Darüber hinaus aber hat kommunale Zusammenarbeit in Formen regionaler Organisation eine eigenständige Bedeutung. Denn sie ist unter den Gegebenheiten der modernen Industriegesellschaft in gleicher Weise Bedingung für eine effektive Raumordnung wie Bedingung für den Fortbestand effektiver Selbstverwaltung. Dies bedarf einer kurzen Begründung.

Eine effektive Ordnung und Entwicklung des Staatsgebietes und seiner Teilräume setzt voraus, daß alle Träger raumbedeutsamer Maßnahmen in den Entscheidungsprozeß einbezogen werden, um durch Verbesserung der Informationsströme die Qualität und die Verwirklichungschancen der Planung zu steigern.

Dies gilt vor allem für die Einbeziehung der Gemeinden eines Planungsraumes als Träger der örtlichen Planung und bedeutsamer Verwirklichungszuständigkeiten. Die Anhörung der einzelnen Gemeinden vor dem Erlaß sie berührender staatlicher Pläne ist notwendig, aber sie lenkt den Blick auf Gemeindegebiet und Gemeindeinteresse; sie ist daher wenig behilflich, den Blickwinkel auf die Erfordernisse des größeren Raumes zu erweitern, gemeinsame Ziele der Gemeinden dieses Raumes und der Gemeinden und des Landes zu artikulieren. In dem Maße, in dem es gelingt, das faktische Kondominium des Landes und der Gemeinden an dem gleichen Raum durch Beteiligung der Gemeinden an der Planung in Form zu bringen, wächst die Chance, daß die Gemeinden ihre Mitverantwortung für die überörtliche Ordnung und Entwicklung erfahren und aus eigenem zur Verwirklichung des Plans beitragen.

Effektive Selbstverwaltung setzt einen genügend breiten Entscheidungsspielraum der Gemeinde und ausreichende Finanzausstattung voraus. Zunehmend mit dem Ausbau des Rechts der Gefahrenabwehr, der kommunalen Dienstleistungen und Einrichtungen, des Umweltschutzes, der Konjunktursteuerung wird der Entscheidungsspielraum determiniert und die Finanzkraft der Gemeinden in Anspruch genommen. Konsistente überörtliche Raumplanung, insbesondere die den Gemeinden nahe Regionalplanung engt den Entscheidungsraum der Gemeinde um ein weiteres ein, unmittelbar durch Ge- und Verbote, mittelbar durch die Lenkung der staatlichen Investitionen und der staatlichen Finanzhilfe für kommunale Vorhaben.

Zu den rechtlichen Beschränkungen treten die Sachgesetzlichkeiten der technologischen und wirtschaftlichen Entwicklung, die Maßstabsvergrößerung und Konzentration bedingen mit der Folge, daß traditionelle örtliche Einrichtungen in überörtliche Dimensionen entwachsen und der Entscheidung durch die Gemeinde entzogen sind.

Nicht ohne Grund wird daher die Entwicklung der kommunalen Selbstverwaltung mit Sorge betrachtet. Zusammenarbeit der Gemeinden und ihre Einbindung in regionale Organisationen sind Mittel, das Selbstverwaltungsrecht durch Anpassung an die Gegebenheiten der Gegenwart in seiner Substanz zu erhalten. Regionale Organisation ermöglicht den Gemeinden, sich an der ihren Entscheidungsspielraum einengenden Planung zu beteiligen; ihr Mitspracherecht ist Ausgleich für verlorenes Alleinentscheidungsrecht, vor allem aber Mittel, ihre naturräumlichen und strukturellen Beziehungen zu den Nachbargemeinden und dem größeren Raum zu erkennen und in der Mitverantwortung für überörtliche Aufgaben kommunalpolitische Entscheidungen zu treffen.

Die Organisation der Region und der gemeindlichen Zusammenarbeit ist ferner ein Mittel, die Verwaltungskraft der Gemeinden zu stärken und ihre Finanzmittel zu schonen, da sie die Gemeinden instand setzt, Aufgaben wirtschaftlicher, wirksamer oder überhaupt wahrzunehmen und Rationalisierungsvorteile der größeren Einheit zu nutzen.

Bedenkt man dies, dann wandelt sich der Einwand, ein kleinräumig gegliedertes Land wie Österreich benötige und ertrage keine weitere Gliederung in Regionen zu dem Gebot, die Kleinräumigkeit bei der zweckmäßigen Ausgestaltung der regionalen Organisation gebührend zu berücksichtigen.

Organisation der Region und der kommunalen Zusammenarbeit sind ein Mittel, aber kein Allheilmittel. Es gibt keine Patentrezepte, wie die Kooperation der Gemeinden untereinander und mit dem Land in Form gebracht werden kann. Sie sind schon aus dem Grunde nicht vorstellbar, weil der zu schaffenden Organisation nur das an Planungs- und Verwirklichungskompetenzen, aber auch an Finanzmitteln zugeteilt werden kann, was einer anderen Verwaltungseinheit weggenommen wird und weil die Einfügung eines weiteren Entscheidungsträgers in den Entscheidungsprozeß oder der Ausbau einer weiteren Entscheidungsebene zwischen Land und Gemeinde in das ohnehin komplizierte System der Verwaltung weitere Besonderheiten einführt, neue Reibungsflächen schafft und dadurch den Entscheidungsprozeß verlängert und mit neuen Komplexitäten belastet.

Regionale Organisation soll zwar dazu beitragen, die Diskrepanz zwischen anspruchsvollem Planungsziel und gemessen an diesem Ziel unzulänglichem Verwirklichungsinstrumentarium zu verringern. Reformerwägungen dürfen jedoch nicht übersehen, daß diese Unzulänglichkeiten Ausdruck der Freiheit sein können, im Problemkreis der regionalen Organisation nicht zuletzt der Freiheit der Gemeinden, deren Recht auf Selbstverwaltung Art 115 ff B-VG garantieren.

1.2. Die Untersuchung stellt sich folgende Aufgaben:

(1) Sie will über die Entwicklung des Rechts der kommunalen Zusammenarbeit auf dem Gebiet der Raumordnung und das Wirken der Organisationen, über Erfahrungen und Entwicklungstendenzen in Österreich, der Bundesrepublik Deutsch-

land und der Schweiz informieren. Die Auswahl der Vergleichsländer erklärt sich aus der vergleichbaren Verfassungslage, da alle Bundesstaaten sind und das Selbstverwaltungsrecht der Gemeinden auf dem Gebiet der örtlichen Raumplanung stark ausgeprägt haben; sie erklärt sich auch aus Gründen der rechtspolitischen Entwicklung des Raumordnungsrechts und der regionalen Zusammenarbeit, da beides in den Vergleichsstaaten in den siebziger Jahren in eine neue Phase eingetreten ist; hierzu treten Gründe, die in der Person des Verfassers liegen, der in der Bundesrepublik, der Schweiz und Österreich jeweils mehrere Semester als Dozent tätig gewesen ist und dort gelebt hat.

Da die Frage der regionalen Organisation der Gemeinden in Diskussion steht, seit durch preußisches Gesetz vom 19. Juli 1911 (GVBl 123) der Verband Groß-Berlin und durch ein weiteres preußisches Gesetz vom 5. Mai 1920 (GVBl 286) der Siedlungsverband Ruhrkohlenbezirk geschaffen wurde, sich seitdem im Beobachtungsfeld mit beschränkter Zuständigkeit drei Bundesstaaten, mit weitgreifenden Kompetenzen, aber oft nur begrenzten rechtlichen und tatsächlichen Möglichkeiten neun ö Länder, zehn d Länder — Berlin scheidet wegen seiner Insellage praktisch aus — und 25 s Kantone bewegen, steht Material in Fülle zur Verfügung.

Das sich in vielen Modellen entfaltende Spiel der Formen und Institutionen steht in Wechselbeziehung zu einem Raumordnungsrecht, das fast 50 Gesetzgeber in ständiger Bewegung halten, die ihrerseits selbst erst in einem langen Lernprozeß erarbeiten müssen, was Raumordnung nach Gegenstand, Ziel, Methode und einsetzbaren Mitteln ist, und ihrerseits vom Wandel der gesellschaftlichen und politischen Auffassungen und der Machtverhältnisse in Bewegung gehalten werden.

Die Fülle des Materials zwingt zur Beschränkung:

Für Österreich ist Werdegang und derzeitiger Stand der kommunalen Zusammenarbeit auf dem Gebiet der örtlichen und überörtlichen Raumplanung möglichst umfassend zu dokumentieren und zu analysieren.

Für die Schweiz und die Bundesrepublik Deutschland ist Beschränkung auf exemplarische Erfassung und Analyse geboten, die in ausgewählten Fällen zwar in Einzelheiten geht, aber insgesamt darauf zielt, die charakteristischen Merkmale von Modellen, Entwicklungsphasen und Entwicklungstendenzen herauszuarbeiten. Dabei versteht sich von selbst, daß jene Organisationen mit besonderer Aufmerksamkeit betrachtet werden, die nach Aufgaben und Größenordnung mit denkbaren ö Organisationen vergleichbar sind.

(2) Die Untersuchung will Modelle für die kommunale Zusammenarbeit bei der örtlichen und überörtlichen Raumplanung in Österreich entwickeln und auf ihre Eignung zur Lösung von Aufgaben der örtlichen und regionalen Raumplanung untersuchen.

Für Österreich als einem nach Topographie, Siedlung, Wirtschaft, gebietskörperschaftlicher Gliederung, Geschichte, politischer Orientierung und Mentalität seiner Bevölkerung, aber auch seiner Gemeinden vielfach differenziertem Land kann das nur ein System an die sozio-ökonomische Differenziertheit der zu ordnenden Räume anknüpfender Modelle sein. Es muß jeweils Alternativen umschließen, die eine Anpassung an die jeweiligen objektiven und subjektiven Gegebenheiten erlauben.

Die Rechtsordnung der ö Bundesländer bietet nur unzulängliche Grundlagen für die Organisation kommunaler Zusammenarbeit. Daher setzt die Verwirklichung der Mehrzahl der hier entwickelten Modelle Änderungen des Kommunalrechts und/oder des Raumordnungsrechts voraus. Eine Änderung des Bundesrechts wäre nur in Einzelfällen erforderlich, so wenn einem Gemeindeverband — ausnahmsweise — der Vollzug von Bundesgesetzen übertragen werden soll.

Die Grenze der Modellerwägungen ist durch das Verfassungsrecht des Bundes und die Grundsätze des Verfassungsrechts der Bundesländer bestimmt. Es werden daher nur solche Modelle empfohlen, für deren Einführung in die ö Rechtsordnung eine Änderung des B-VG sowie der es ergänzenden Verfassungsgesetze und des Verfassungsrechts des Landes nicht erforderlich ist, die aber auch dem Sinn der verfassungsrechtlichen Entscheidungen für den Bundesstaat, der Autonomie der Gemeinde und der Gewaltenteilung entsprechen. Ob allerdings in Einzelfällen landesverfassungsrechtliche Vorschriften den Erfordernissen kommunaler Kooperation angepaßt werden müßten, bleibt in dieser Untersuchung offen. Da die Modellerwägungen anstreben, die Änderungen des vorfindlichen Verwaltungsgefüges in möglichst engen Grenzen zu halten, dürfte es sich jedoch hierbei allenfalls um Vorschriften mehr peripherer Bedeutung handeln.

(3) Reformen, auch wenn sie durch einfache Landesgesetze verwirklicht werden können, mögen erhebliche politische und legistische Anstrengungen voraussetzen. Bedenkt man die Abneigung einzelner Gemeinden gegen kommunale Zusammenarbeit auf dem Gebiet der Raumplanung, die Zurückhaltung mancher Politiker und Beamter bei Maßnahmen, die nicht mit den Gemeinden paktiert sind, aber auch die Besorgnis, durch regionale Organisation regionalen Egoismen zum Schaden gesamthafter Landesplanung Vorschub zu leisten, mögen hier vorgeschlagene Modelle dem Verdikt mangelnder politischer Verwirklichungschance ausgesetzt sein.
Politische Hemmnisse dieser Art sind in dieser Untersuchung nicht als Kriterium für die mangelnde Eignung eines Modells berücksichtigt worden. Der Verfasser ist der Überzeugung, daß ein demokratisch verfaßtes Gemeinwesen sehr wohl in der Lage ist, das als erforderlich oder als nützlich Erkannte und rechtlich Zulässige auch ins Werk zu setzen. Daß dies oft nur gelingen wird, wenn Unzuträglichkeiten und Unzulänglichkeiten des geltenden Rechts einer breiteren Öffentlichkeit bewußt geworden sind, daß sich oft ein schrittweises Vorgehen im Vertrauen auf den Gewöhnungs- und Edukationseffekt von Teillösungen empfehlen kann, daß Reformen Zeit und politische Anstrengungen fordern, steht auf einem anderen Blatt. Denn Anliegen der Untersuchung ist die Diskussion von Modellen, nicht von Strategien ihrer Einführung in die Rechtsordnung.

(4) Die Untersuchung mündet nicht in ausformulierte Gesetzesvorschläge; sie läßt aber auch Einzelheiten dahinstehen, die bei der Ausgestaltung einer regionalen Organisation sehr wohl näher bedacht sein müssen. Diese Zurückhaltung beruht auf der Erwägung, daß Voraussetzung für eine effektive regionale Organisation die Diskussion der hierfür Verantwortlichen über grundsätzliche Alternativen und über Details der Ausgestaltung nach Maßgabe der realen Gegebenheiten und Möglichkeiten ist.
Eine abstrakte Untersuchung kann das nicht vorwegnehmen. Sie kann nur durch Vermittlung von Informationen die Gleichheit des Informationsstandes fördern, Entscheidungsprozesse erleichtern, Alternativen aufweisen und den Kreis der regelungsbedürftigen Angelegenheiten abstecken.

(5) Die Untersuchung befaßt sich nicht mit dem Verhältnis von Landes- und Bundeskompetenzen auf dem Gebiet der Raumordnung und der Kooperation von Landes- und Bundesbehörden. Solange der Bund seine Zuständigkeit zur Ordnung und Instrumentierung der Planung von Bundesaufgaben nicht genutzt hat[1], lassen sich hinreichend konkrete Vorschläge für die Kooperation der Planungsverbände

---

1 Vgl aber die Ansätze in Art 15a B-VG, BundesministerienG 1973 BGBl 389 u Entw eines BundesraumordnungsG 1974 und 1975.

mit Bundeseinrichtungen nicht entfalten. Eines aber ist sicher: Die Chancen für die Koordination sind bedingt durch die Zahl der Kommunikationspartner und ihre Entscheidungs- und Leistungsfähigkeit. Die Einrichtung entscheidungs- und leistungsfähiger Planungsverbände ist daher ein Beitrag, die Voraussetzungen des Zusammenwirkens der Region mit Bundesbehörden zu verbessern.

(6) Die Untersuchung wendet sich nur punktuell der Frage zu, ob und in welchen Grenzen die Modelle geeignet sind, ein Mehr an Demokratie im Planungsprozeß zu verwirklichen. Da die Diskussion über Ziele und Mittel einer Demokratisierung und ihr Verhältnis zu den Institutionen der parlamentarischen Demokratie gerade erst begonnen hat, liegen die Voraussetzungen noch nicht vor, die Untersuchung auf diesen Problemkreis zu erstrecken. Eines freilich ist sicher: Die Beteiligung der Gemeinden durch ihre Mandatare als demokratisch legitimierte Repräsentanten der gebietskörperschaftlich verfaßten örtlichen Bevölkerung an einem sich „von unten nach oben" entfaltenden Planungsprozeß ist selbst ein Beitrag, die Mitwirkungsrechte zur Übernahme von Verantwortung bereiter Bürger zu erweitern.

1.3. Die Gliederung folgt dem Gang der Untersuchung:

In einem ersten Schritt (Abschnitte 2—4) wird die Rechtslage und der Stand der regionalen Organisation und der Raumplanung in Österreich, der Bundesrepublik Deutschland und der Schweiz dargelegt. Um eine ausreichende Information zu vermitteln, war angezeigt, für diese drei Staaten sowohl in den Grundzügen das Recht der Raumplanung, das Recht der kommunalen und der grenzüberschreitenden Zusammenarbeit, aber auch den Stand der regionalen Organisation und der Planungen darzustellen und Entwicklungstendenzen herauszuarbeiten, in denen sich Erfahrungen, Erwartungen, aber auch Dogmen widerspiegeln.
In einem zweiten Schritt (Abschnitt 5) wurde die Vielzahl der vorfindlichen regionalen Organisationsformen auf eine überschaubare Zahl von Modellen reduziert und diese Modelle mit einem Katalog typischer Aufgaben konfrontiert, die bei der Schaffung einer regionalen Organisation, bei der gemeinsamen Planung und der gemeinsamen Planverwirklichung zu meistern sind. Die Untersuchung zeigt ein differenziertes Bild der Eignung der verschiedenen Modelle.
In einem dritten Schritt (Abschnitt 6) waren Rechtsfragen zu erörtern, die bei der Einführung der als diskussionswürdig verbliebenen Modelle in die ö Rechtsordnung von grundsätzlicher Bedeutung sind.
In einem vierten Schritt (Abschnitt 7) waren die als generell geeignet befundenen Modelle auf ihre Eignung für die spezifischen ö rechtlichen und räumlichen Gegebenheiten zu untersuchen. In diesem Zusammenhang war auch über die nähere Ausgestaltung jener Modelle zu handeln, deren Einführung empfohlen wird.
Der Anhang enthält tabellarische Zusammenstellungen räumlicher und rechtlicher Gegebenheiten, die bei der Ausarbeitung der Untersuchung benutzt worden waren und von denen angenommen wird, daß sie auch denen, die sich mit Problemen der kommunalen Zusammenarbeit befassen, nützlich sein können. Hierzu gehören auch die Erhebung über den Stand der Raumplanung in Österreich, die Ergebnisse einer Befragung ö Experten zu Problemen der Regionalplanung und eine Auflistung der ö Planungsverbände und entsprechender Einrichtungen.

1.4. In der Methode beschränkt sich die Untersuchung nicht auf eine normative Betrachtung. Organisationsfragen können sinnvoll nur von jenen Problemen her erörtert werden, zu deren Lösung die Organisation beitragen soll.

Daher kommt dem empirischen Befund, notwendig verknüpft damit auch seiner Erhebung durch Fragebogen und Interview, größere Bedeutung zu, als in rechtswissenschaftlichen Arbeiten üblicherweise als erforderlich angesehen werden darf.

Im einzelnen wurden folgende Erhebungen durchgeführt:

Durch Fragebogen wurde der Stand der Raumplanung in Österreich bei den Landesplanungsstellen erhoben; die Leiter der ö Landesplanungsämter und einige weitere ö Experten wurden durch Fragebogen um Stellungnahme zu Problemen der Regionalplanung gebeten. Alle bekanntgewordenen ö Planungsgemeinschaften und entsprechenden Einrichtungen wurden angeschrieben und um Bekanntgabe bestimmter Daten sowie um Zusendung von Satzungen und Tätigkeitsberichten gebeten. Der Rücklauf der an die Planungsstellen und an die ö Planungsexperten gerichteten Fragebogen war vollständig. Der Rücklauf der Anfragen bei den Planungsverbänden und entsprechenden Einrichtungen war nahezu vollständig.

Die ö Bundesländer wurden bereist; auf der Grundlage der vorläufigen Ergebnisse der Untersuchung wurden mit leitenden Beamten der Landesplanungsstellen aller ö Bundesländer Gespräche geführt und weitere Fakten erhoben. Soweit dies durchführbar war, wurden auch Gespräche mit den Obmännern der Planungsverbände geführt.

Deutsche und Schweizer Planungsverbände und entsprechende Einrichtungen wurden, soweit dies für die Untersuchung erforderlich erschien, ebenfalls um Bekanntgabe bestimmter Daten und um Überlassung von Satzungen und Tätigkeitsberichte gebeten. Auch der Rücklauf dieser Anfragen war durchaus befriedigend; er war oft von hohem Informationswert, weil viele dieser ausländischen Einrichtungen die Rechenschaftslegung gegenüber der Öffentlichkeit systematisch pflegen.

Bei einer Informationsreise in die Schweiz wurden Gespräche mit dem (Bundes-) Delegierten für Raumplanung und seinen Mitarbeitern, den Leitern von Planungsstellen und -vereinen in den Kantonen Bern, Zürich und Luzern sowie einem Direktor des Instituts für Orts-, Regional- und Landesplanung der ETH Zürich geführt. In der Bundesrepublik Deutschland wurden Gespräche mit leitenden Beamten und Mitarbeitern der Verbände Großraum Hannover und Braunschweig, dem Oberstadtdirektor einer nds und dem Oberbürgermeister einer bay Stadt geführt. Insgesamt wurden 20 Gespräche in Österreich und elf Gespräche im Ausland geführt, an denen jeweils meist mehrere Persönlichkeiten der besuchten Stelle beteiligt waren.

Die Ergebnisse der Erhebungen sind in die Landesberichte (Abschnitte 2—4 u Anhang) und in die Erwägungen über die generelle Eignung der vorfindlichen Modelle (Abschnitt 5) eingegangen. Sie bilden den Hintergrund für die Vorschläge zur Lösung der Ordnungsprobleme der ö Bundesländer (Abschnitt 7).

Das empirische Material wurde nicht in einem methodischen Ansprüchen der Sozialwissenschaften genügenden Umfange erhoben und ausgewertet. Für Zwecke dieser Untersuchung erschien schlichtere Fragestellung nach der Eignung der vorfindlichen Organisationstypen und der entwickelten Modelle zur Bewältigung der anstehenden Aufgaben ausreichend.

Durch Auswertung empirischer Erfahrungen anhand von Kriterien- und Aufgabenkatalogen konnte die Eignungsbeurteilung der Modelle für je einzelne Positionen des Aufgabenkataloges in hohem Maße objektiviert werden. Die Gesamtbeurteilung eines Modells kann allerdings nicht aus der Summe der Einzelbewertungen abgelesen werden. Sie erfordert die Abwägung der Vor- und Nachteile unter Einbeziehung von Randbedingungen, so der Aufwand der Verwirklichung eines

Modells und seine Einfügung in das verfassungs- und verwaltungsrechtliche System der jeweiligen Rechtsordnung. Daher fließen in die Gesamtbeurteilung der vorgestellten Modelle mit gewisser Notwendigkeit subjektive Wertungen ein.

Daß die Gesamtbeurteilungen nur von relativem Erkenntniswert sind, wird in gewissen Grenzen kompensiert, weil auch Alternativen vorgestellt werden. Daß die Modellempfehlungen durchaus weiterer Diskussion bedürfen mögen, ist jedoch kein Nachteil, da es in der gegenwärtigen Situation geboten scheint, daß eine solche Diskussion mit dem Ziel der Verwirklichung regionaler Organisation überhaupt in Gang kommt. Es ist viel erreicht, wenn diese Untersuchung hierzu Anstoß und Orientierungshilfe gibt.

1.5. Die Untersuchung ist von der Österreichischen Gesellschaft für Raumforschung und Raumplanung angeregt und ermöglicht worden. Hierfür ihr und ihrem Vorsitzenden, Herrn o. Univ.-Prof. Dr. techn. Rudolf *Wurzer,* zu danken, ist mir ein besonderes Anliegen. Mein Dank gilt ferner den Mitgliedern der Gesellschaft und den vielen Persönlichkeiten in anderen verantwortlichen Positionen, die bereitwillig mit mir die Probleme dieser Untersuchung diskutiert und mir Material zur Verfügung gestellt haben.

An der Untersuchung mitgearbeitet haben meine Assistenten Dr. Walter *Berka* und Dr. Wolfgang *Mühlbacher.* Ohne ihren Fleiß, ihre Geduld und ihre Genauigkeit hätte Tatsachenmaterial und Literatur nicht gesammelt und ausgewertet werden können. Sie haben das Manuskript redaktionell betreut und mich mit Anregung und Kritik unterstützt. Für all dies schulde ich herzlichen Dank. Herr Dr. *Berka* hat die Abschnitte 2.1.—2.6., 3.6. (außer 3.6.5.), 6.1. und Herr Dr. *Mühlbacher* die Abschnitte 2.7., 6.2., 6.3. unter Mitverantwortung und in engem Zusammenwirken mit dem Verfasser, aber so selbständig erarbeitet, daß diese Abschnitte als ihre eigenständigen wissenschaftlichen Leistungen hervorzuheben sind.

1.6. Das Manuskript dieser Untersuchung wurde im Sommer 1975 abgeschlossen. Soweit nicht anders vermerkt, wurde versucht, den Stand der regionalen Organisation und der Raumordnung sowie das Recht der Raumordnung und interkommunalen Zusammenarbeit und die einschlägige Literatur bis zu diesem Zeitpunkt zu erfassen und auszuwerten. Auf die Darstellung des österreichischen Raumordnungsrechts durch *Fröhler* und *Oberndorfer*[2] und die der Koordination im Planungsrecht sich zuwendende Veröffentlichung *Rills* und *Schäffers*[3] kann daher hier nur mehr hingewiesen werden.

---

2 F r ö h l e r / O b e r n d o r f e r, Österreichisches Raumordnungsrecht (1975).
3 R i l l / S c h ä f f e r, Die Rechtsnormen für die Planungskoordinierung seitens der öffentlichen Hand auf dem Gebiete der Raumordnung (1975).

2. Österreich

2.1. Verwaltungsaufbau der Länder und Gemeindegebietsstruktur

Der Bundesstaat Österreich mit einer Fläche von 83.850 qkm und 7,52 Mio Ew (Stand 1973) ist in neun Bundesländer gegliedert[1]. In Unterordnung unter die Landesregierung bzw den Landeshauptmann als Organ der mittelbaren Bundesverwaltung nehmen die Bezirkshauptmannschaften die Aufgaben der Landes- und Bundesvollziehung als unterste staatliche Behörde wahr. Das Netz der politischen Bezirke überzieht das gesamte Bundesgebiet mit Ausnahme der Statutarstädte, bei denen die Funktionen der Bezirksverwaltungsbehörde und der Ortsgemeinde vereinigt sind. Bei der Bezirksverwaltungsbehörde liegt der Schwerpunkt der staatlichen Verwaltung zwischen Land und Gemeinde, ihr obliegen gewichtige Kompetenzen beispielsweise in den Bereichen Sanitäts- und Veterinärpolizei, Naturschutz, Grundverkehr, Straßen- und Wasserrecht, Gewerberecht.
Neben den Behörden der allgemeinen staatlichen Verwaltung in den Ländern sind bestimmte Verwaltungsmaterien Landes- oder Bundessonderbehörden zugewiesen.
Unterste territoriale Organisationsstufe sind die Ortsgemeinden; sie sind Gebietskörperschaften mit dem Recht auf Selbstverwaltung und zugleich Verwaltungssprengel[2].
1975 bestehen in Österreich 83 politische Bezirke, es gibt 15 Städte mit eigenem Statut[3]. Die Größe der Bezirke schwankt um einen Durchschnitt von 1.000 qkm und 60.000 Ew, zum Teil mit gewichtigen Abweichungen nach oben und unten. In ihrer territorialen Struktur reicht die Gliederung in politische Bezirke in die Mitte des vorigen Jahrhunderts zurück; zu umfassenden Neugliederungen ist es nicht gekommen, nur vereinzelt wurden Grenzen berichtigt und einige wenige Bezirkshauptmannschaften neu errichtet[4]. Auch gegenwärtig steht eine grundlegende territoriale Reform des Bezirkssystems nicht zur Diskussion. Die Forderung nach Demokratisierung der Bezirksverwaltung, die auf die Einführung einer Selbstverwaltungsstufe auf Bezirksebene zielt, ist in Art 120 B-VG als Verfassungsprogramm verankert. Die Realisierung dieses schon seit den zwanziger Jahren bestehenden Programms setzt allerdings ein Tätigwerden des Bundesverfassungsgesetzgebers voraus; der letzte einschlägige Entwurf aus dem Jahre 1951 wurde von den Bundesländern abgelehnt.
1973 bestanden in Österreich 2.327 Ortsgemeinden; ihre Verteilung auf die einzelnen Länder ist unterschiedlich; zahlreiche und kleine Gemeinden finden sich im Norden und Südosten des Bundesgebietes. Die gegenwärtige Gemeindegebietsstruktur ist das Resultat einer erheblichen Verringerung der Anzahl der Gemeinden vor allem seit den frühen sechziger Jahren.
Seit der Einrichtung der Ortsgemeinden durch das provisorische Gemeindegesetz vom 17. März 1849 (RGBl 170) blieb die Zahl der Gemeinden durch über hundert

---

1 Vgl Auflistung der ö Bundesländer nach Größenklassen im Anhang Österreich 8.1.1.
2 Neben der administrativen Gliederung des Bundesgebietes in Länder, Bezirke und Gemeinden bestehen weitere, die jedoch für die Aufgaben der Raumplanung von untergeordneter Bedeutung sind, so etwa die Einteilung in Katastralgemeinden, Schulbezirke und Gerichtssprengel; letzteres kann insofern auch für die Raumordnung bedeutsam werden, als § 8 V lit d V-ÜG 1920 bestimmt, daß Änderungen in den Grenzen der Ortsgemeinden, durch die die Grenzen der Gerichtsbezirke berührt werden, der Zustimmung der Bundesregierung bedürfen.
3 Eisenstadt, Rust; Klagenfurt, Villach; Krems, St. Pölten, Waidhofen/Ybbs, Wiener Neustadt; Linz, Steyr, Wels; Salzburg; Graz; Innsbruck; Wien.
4 Zwischen 1937 und 1974 erhöhte sich die Zahl der Bezirke und Statutarstädte jeweils um zwei.

Jahre annähernd konstant; Perioden von Gemeindezusammenlegungen und Gemeindeteilungen wechselten einander ab, ohne daß es zu entscheidenden Veränderungen kam. Nach dem Zweiten Weltkrieg und als Resultat tiefgreifender sozialer, wirtschaftlicher und kultureller Veränderungen auch im kommunalen Bereich geriet die Gemeindestruktur in Bewegung; in einzelnen Ländern — etwa Steiermark und Kärnten — kam es schon in den fünfziger Jahren zu Ansätzen einer Gemeindegebietsreform[5]. Von den 3.999 Gemeinden des Jahres 1961 besaßen allerdings immer noch 449 Gemeinden weniger als 200 Ew und 3.448 Gemeinden weniger als 2.000 Ew; in diesen Gemeinden lebte ein Drittel der Bevölkerung Österreichs. Es gab etwa in Niederösterreich 1961 noch eine Reihe von Gemeinden, die keine einzige von zehn Dienstleistungseinrichtungen vorhalten konnten, die zum unerläßlichen Mindeststandard jeder Gemeinde gerechnet werden[6].

Die wachsenden Anforderungen an die Leistungsfähigkeit der Kommunen, deren mangelnde Verwaltungskraft und unzulängliche Ausstattung mit öffentlichen Diensten ließen eine Verbesserung der Gemeindestruktur, insbesondere durch Verringerung der hohen Zahl der Kleinstgemeinden unumgänglich erscheinen; die Stärkung des kommunalen Selbstverwaltungsrechts durch die Gemeindeverfassungsnovelle 1962 vergrößerte die Diskrepanz zwischen Anspruch und Leistungsfähigkeit im kommunalen Bereich. Ein weiteres Motiv für die Zusammenlegung vor allem der kleineren Gemeinden war und ist die Abstufung der Finanzzuweisungen nach der Bevölkerungszahl; die Finanzausgleichsgesetzgebung sieht eine progressive Erhöhung der Anteile an den Erträgen gemeinschaftlicher Bundesabgaben beim Schwellenwert von 1.000 Ew vor[7].

Zwischen 1961 und 1973 gelang es, die Zahl der Gemeinden um 1.672 zu reduzieren[8]. An dieser Strukturbereinigung waren vor allem jene Länder beteiligt, die die größte Zahl von Kleingemeinden aufzuweisen hatten: Burgenland, Kärnten, Niederösterreich und die Steiermark[9]. Die übrigen Bundesländer waren an dieser Bewegung hingegen nicht beteiligt. Die Reformen waren an Mindesteinwohnerzahlen orientiert, die gemessen an den Zielvorstellungen in anderen Ländern[10] gering erscheinen mögen. So strebt etwa die Steiermark als Nahziel an, die Gemeinden unter 1.000 Ew zu beseitigen; bei den Reformen in Kärnten wurde vor allem die Zahl der Gemeinden unter 2.000 Ew drastisch verringert. Die Zahl der Kleinstgemeinden und kleinen Gemeinden konnte damit zwar erheblich verringert werden[11], trotzdem ist die gegenwärtige Gemeindegebietsstruktur noch durch einen großen Anteil kleiner Gemeinden unter 2.000 Ew gekennzeichnet. Knapp 70% der ö Gemeinden zählten 1973 weniger als 2.000 Ew, in ihnen lebten 23% der Bevölkerung. Ihnen standen nur 65 städtische Gemeinden (einschließlich Wien) mit über 10.000 Ew gegenüber, dh in 2,7% der Gemeinden lebten 46% der ö Wohnbevölkerung[12].

---

5 Zwischen 1951 und 1961 veränderte sich die Zahl der ö Gemeinden insgesamt zwar nur um 40 von 4039 auf 3999; der Verringerung der Gemeindezahl in Kä u St um rund 110 Gemeinden steht in diesem Zeitraum eine Erhöhung um 68 Gemeinden in Nö gegenüber, die mit der Wiedererrichtung zahlreicher zwischen 1938 und 1945 nach Wien oder anderen nö Gemeinden eingegliederter Gemeinden zusammenhängt.
6 Dieser vom Ö Gemeindebund und der Ö Gesellschaft für Raumforschung und Raumplanung 1966 erarbeitete Katalog erwähnt beispielsweise: Praktischer Arzt, 4klassige Volksschule, Postamt, Gemeindeamt etc; vgl dazu G l a n z e r / U n k a r t , Die Neuordnung der Gemeindestruktur in Kärnten im Jahre 1972 (1973) 39.
7 Weitere Schwellenwerte sind 10.000, 20.000, 50.000 Ew; kritisiert wird das Fehlen eines Schwellenwertes bei Gemeinden mit 3000 bis 5000 Ew; dh an der für die heutige Verwaltung von Kleingemeinden als richtig erkannten Gemeindegröße, so O b e r n d o r f e r , Gemeinderecht; 31; Ö Institut f Raumplanung, Planungsspielraum, 27 ff.
8 1. 1. 1973: 2327 Ortsgemeinden.
9 Nö verringerte beispielsweise die Zahl der Gemeinden in diesem Zeitraum um 1079.
10 Vgl zu den Reformen in der Bundesrepublik Deutschland unten S 71 f.
11 Zwischen 1961 und 1973 um rund 2000.
12 Vgl die Darstellung der Gemeindegrößenklassen im Anhang Österreich 8.1.2.

Auch in den Jahren 1973 und 1974 verringerte sich die Zahl der Gemeinden weiter[13]. Zu einschneidenden Veränderungen der Kommunalstruktur ist es in diesen Jahren jedoch nicht mehr gekommen, zumal die Bundesländer mit der größten Anzahl kleinräumiger Gemeinden bereits in den letzten Jahren gebietsmäßige Reformen durchgeführt und zu einem Abschluß gebracht haben. Um Mängeln der Veranstaltungs- und Verwaltungskraft leistungsschwacher Gemeinden und Unzulänglichkeiten in der territorialen Abgrenzung, die vorhandene Strukturverflechtungen vernachlässigt, abzuhelfen, werden die Gemeinden daher auch weiterhin auf interkommunale Zusammenarbeit verwiesen sein.

2.2. Das Selbstverwaltungsrecht der Gemeinden

Lit: *Antoniolli*, Begriff und Grundlagen der Selbstverwaltung in Österreich, ÖZÖR X (1960) 334; *Gröll*, Gemeindefreiheit (1962); *Petz*, Gemeindeverfassung 1962 (1965); *Pernthaler*, Die verfassungsrechtlichen Schranken der Selbstverwaltung in Österreich, Gutachten 3. ÖJT (1967); *Fröhler/Oberndorfer*, Die Gemeinde im Spannungsfeld des Sozialstaates (1970); *Hundegger*, Die Gemeinde und ihre Wirkungsbereiche (1971); *Oberndorfer*, Gemeinderecht und Gemeindewirklichkeit (1971); *Neuhofer*, Handbuch des Gemeinderechts (1972); *Berchtold*, Die Gemeindeaufsicht (1972); *Schweda*, Die österreichischen Gemeinden im Gefüge des Bundesstaates, AfK 72, 142; *Wielinger*, Das Verordnungsrecht der Gemeinden (1974).

2.2.1. *Die verfassungsrechtlichen Grundlagen*

Anders als im d und s Bundesverfassungsrecht regelt das ö B-VG 1920 in der derzeit geltenden, durch die Gemeindeverfassungsnovelle 1962 (BGBl 205) bestimmten Fassung in den Art 115—120 die Grundzüge des Gemeinderechts verhältnismäßig ausführlich; die weitere Ausführung des Gemeindeorganisationsrechts ist den Landesgesetzgebern übertragen, die gesetzliche Regelung der den Gemeinden obliegenden Verwaltungsmaterien hat der nach den allgemeinen Kompetenzbestimmungen zuständige Materiengesetzgeber — Bund oder Land — zu besorgen.

Die ö Ortsgemeinde[14] ist Gebietskörperschaft mit dem Recht auf Selbstverwaltung und zugleich staatlicher Verwaltungssprengel; die Gliederung der Landesgebiete in Gemeinden als unterste territoriale Gebietseinheit ist zwingend vorgeschrieben. Verfassungsrechtlicher Schutz kommt nur der Institution Gemeinde als solcher, nicht aber der einzelnen, individuellen Gemeinde zu[15]; der Landesgesetzgeber kann durch Vereinigung, Aufteilung oder sonstige Gebietsänderungen — auch zwangsweise — den Gemeindegebietsbestand ändern, ist dabei jedoch an das Willkürverbot (Art 7 B-VG) gebunden[16].

Als Verwaltungssprengel und Teil der staatlichen Verwaltungsorganisation wird die Gemeinde in einem (von Bund oder Land) „übertragenen Wirkungsbereich" im

---

13 Durch Zusammenlegung in den Bundesländern Nö, St u Ti wurden im Verlauf des Jahres 1973 insgesamt zehn Gemeinden aufgelöst; damit wurde die Zahl der ö Gemeinden auf insgesamt 2317 (1. 1. 1974) reduziert.
14 Neben der Ortsgemeinde kennt die Verfassung noch die Gebietsgemeinde (Art 120 B-VG). Ihre Einrichtung und Organisation nach dem Muster der Selbstverwaltung ist gegenwärtig nur Programm, dessen Ausführung dem Bundesverfassungsgesetzgeber vorbehalten ist.
15 VfSlg 6697/72.
16 Freiwillige bzw zwangsweise Änderungen des Gebietsbestandes erfordern in einzelnen Ländern Landesgesetze, in anderen Verordnungen, zu den Einzelheiten vgl N e u h o f e r, Gemeinderecht, 75 ff; H u n d e g g e r, GdZ 72, 85; E b e r h a r d, ÖJZ 71, 285 u 315; nach § 8 V lit d V-ÜG 1920 dürfen die Grenzen der Ortsgemeinden die Grenzen der politischen Bezirke und Gerichtsbezirke nicht schneiden; Änderungen in den Grenzen der Ortsgemeinden, die die genannten Sprengel berühren, bedürfen einer Mitwirkung der Bundesregierung.

Auftrag und nach Weisung der staatlichen Instanzen tätig; ein Rechtsanspruch auf Übertragung besteht bei diesen Angelegenheiten nicht.

In der verfassungskräftigen Anerkennung eines „eigenen Wirkungsbereiches", dh einem bestimmten Kreis von Selbstverwaltungsaufgaben, verwirklicht sich die Vorstellung des Verfassungsgebers, die Gemeinden sollten unter eigener, staatsfreier Verantwortung alle Aufgaben erfüllen, die sie zu erfüllen imstande seien. Staatliche Einrichtungen sollten grundsätzlich nur subsidiär in Erscheinung treten, dann wenn die Besorgung von Aufgaben die Leistungsfähigkeit der kleineren kommunalen Gemeinschaft übersteige[17]. Freiheit von Weisungen und der Ausschluß eines Rechtsmittels an Verwaltungsorgane außerhalb der Gemeinde[18] kennzeichnen die Autonomie kommunaler Entscheidungen. Die Bindungen an Gesetze und Verordnungen des Staates und die staatlichen Aufsichtsrechte begrenzen den Raum der Eigenverantwortlichkeit der Gemeinde.

Der Kreis der Selbstverwaltungsaufgaben wird — anders als im d und s Recht — unmittelbar und abschließend durch die Bundesverfassung vorgegeben; dem Landesgesetzgeber oder (einfachen) Bundesgesetzgeber ist es daher verwehrt, die Aufgabenverteilung zwischen Staat und Gemeinde durch Erweiterung oder Beschränkung des Katalogs der Aufgaben des eigenen Wirkungsbereiches zu modifizieren. Die Zuweisung von Aufgaben des übertragenen Wirkungsbereiches liegt im Ermessen des zuständigen (Bundes- oder Landes-)Gesetzgebers.

Nach der Generalklausel des Art 118 II B-VG umfaßt der eigene Wirkungsbereich alle Angelegenheiten, die im ausschließlichen oder überwiegenden Interesse der in der Gemeinde verkörperten Gemeinschaft gelegen und geeignet sind, durch die Gemeinde innerhalb ihrer örtlichen Grenzen besorgt zu werden. Eine demonstrative Aufzählung (Art 118 III B-VG) nennt bestimmte behördliche Aufgaben, vorwiegend polizeilicher Natur, aber auch örtliche Raumplanung, die jedenfalls zu den Selbstverwaltungsaufgaben zählen[19].

Zum Schutz gegen Beeinträchtigungen ihres verfassungsrechtlich gewährleisteten Selbstverwaltungsrechtes kommt der Gemeinde Parteistellung im aufsichtsbehördlichen Verfahren zu; sie kann wegen Verletzung dieses Rechts Beschwerde beim Verwaltungs- und Verfassungsgerichtshof erheben. Die unmittelbare Anfechtung eines Gesetzes, das in verfassungswidriger Weise eine Selbstverwaltungsangelegenheit staatlichen Instanzen überträgt, war ihr bislang verwehrt[20]. Die B-VG-Novelle 1975 hat den Kreis der im Gesetzprüfungsverfahren Antragsberechtigten erweitert: Nach dem neugefaßten Art 140 B-VG ist dazu auch eine Person befugt, die unmittelbar durch eine Verfassungswidrigkeit in ihren Rechten verletzt zu sein behauptet, sofern das Gesetz ohne Fällung einer gerichtlichen Entscheidung oder ohne Erlassung eines Bescheides für diese Person wirksam geworden ist.

---

17 Die EB zur Gemeindeverfassungsnovelle 1962 (639 BlgNR 9. GP, 16 ff) verweisen mit diesen Formulierungen auf das Subsidiaritätsprinzip als tragendes Motiv der Verfassungsnovelle; die nähere verfassungsrechtliche Ausformung des kommunalen Selbstverwaltungsrechts und vor allem seine Interpretation durch den VfGH, das Abstellen auf eine abstrakte Einheitsgemeinde, schwächt die normative Bedeutung dieses Prinzips ab und verbietet vor allem, auf die konkrete Leistungsfähigkeit der örtlichen Gemeinschaft abzustellen; vgl zum Widerspruch von Einheitsgemeinde und Subsidiaritätsgedanke O b e r n d o r f e r , Gemeinderecht, 184 ff.
18 Abgesehen von der Vorstellung bei der Aufsichtsbehörde (Art 119a V B-VG), die zur Aufhebung eines rechtswidrigen Bescheides und neuerlichen Entscheidung der Gemeinde führt.
19 Zur Interpretation von Generalklausel und Beispielsaufzählung und die näheren Bestimmungsgrößen des eigenen Wirkungsbereiches vgl die Erörterung über die Abgrenzung von örtlicher und überörtlicher Raumplanung unten S 207 ff.
20 Wohl aber konnte die Gemeinde in einer konkreten Rechtssache die Gerichtshöfe öffentlichen Rechts anrufen und die Überprüfung des Gesetzes anregen; der VfGH konnte in diesem Falle von sich aus das Gesetzprüfungsverfahren einleiten und ggf das Gesetz wegen Verletzung des Selbstverwaltungsrechts aufheben (Art 129 ff, 144 iVm 140 B-VG).

2.2.2. Rechtsetzungsbefugnis und Aufsicht

Wie jedes andere Verwaltungsorgan kann die Gemeinde auf Grund der Gesetze Verordnungen und Bescheide im eigenen und übertragenen Wirkungsbereich erlassen; der Grundsatz der Gesetzmäßigkeit der Verwaltung (Art 18 B-VG) gilt im übertragenen Wirkungsbereich für die Gemeinden ohne Einschränkungen. Im eigenen Wirkungsbereich[21] kann sie ferner ortspolizeiliche Verordnungen zur Abwehr oder zur Beseitigung von das örtliche Gemeinschaftsleben störenden Mißständen erlassen[22].

In den Angelegenheiten des eigenen Wirkungsbereiches steht den staatlichen Instanzen das Aufsichtsrecht zu, das grundsätzlich auf Rechtsaufsicht beschränkt ist; hinsichtlich des kommunalen Haushaltswesens ist das Land allerdings berechtigt, die Gebarung auf ihre Sparsamkeit, Wirtschaftlichkeit und Zweckmäßigkeit zu überprüfen. Bedeutsames präventives Aufsichtsmittel ist — vor allem auch im Raumplanungsrecht — der Genehmigungsvorbehalt: Einzelne von der Gemeinde im eigenen Wirkungsbereich zu treffende Maßnahmen, durch die auch überörtliche Interessen in besonderem Maß berührt werden, können an eine Genehmigung der Aufsichtsbehörde gebunden werden (Art 119a VIII B-VG). Die nähere Ausführung der verfassungsrechtlichen Grundsätze über das Aufsichtsrecht obliegt, soweit Angelegenheiten aus dem Bereich der Bundesvollziehung erfaßt werden, dem Bund, ansonsten den Ländern. Das Aufsichtsrecht ist kraft ausdrücklicher verfassungsrechtlicher Anordnung von den Behörden der allgemeinen staatlichen Verwaltung auszuüben, das ist in Angelegenheiten der Bundesvollziehung der Landeshauptmann, bei solchen der Landesvollziehung die Landesregierung oder Bezirksverwaltungsbehörde.

2.2.3. Aufgaben der Gemeinden im Bau- und Planungsrecht

Kraft ausdrücklicher verfassungsrechtlicher Anordnung nehmen die Gemeinden die örtliche Baupolizei[23] und die örtliche Raumplanung im eigenen Wirkungsbereich wahr (Art 118 III Z 9 B-VG).

Örtliche Baupolizei umfaßt neben der spezifischen Gefahrenabwehr auch alle Maßnahmen, die auf eine baurechtliche Ordnung im Gemeindegebiet abzielen; daher wird — anders als im d Recht — die Erteilung der Baubewilligung von der Gemeinde als Selbstverwaltungsaufgabe wahrgenommen. Weitere Aufgaben der örtlichen Baupolizei sind etwa Bauplatzgenehmigungen, Bauüberwachung, Anordnung bzw Bewilligung des Abbruchs von Gebäuden. Auch bei überörtlicher Zweckwidmung eines Gebäudes oder bei Zuständigkeit staatlicher Behörden zu sonstigen Genehmigungen, etwa bei genehmigungspflichtigen gewerblichen Betriebsanlagen, bleibt die Erteilung der Baubewilligung Angelegenheit des eigenen Wirkungsbereiches; dasselbe gilt für Maßnahmen zur Wahrung des Orts- und Stadtbildes. Hingegen ist die Vollziehung der Enteignungsbestimmungen der Bauordnungen und die Durchführung baurechtlicher Verwaltungsstraf- und Verwaltungsvollstreckungsverfahren nach der Rechtsprechung kein Bestandteil der örtlichen Baupolizei; diese Angelegenheiten fallen daher in die Zuständigkeit staatlicher Behörden[24].

---

21 Nach R i n g h o f e r , Die verfassungsrechtlichen Schranken der Selbstverwaltung in Österreich, Verhandlungen 3. ÖJT, Bd II/3 (1967) 62 f gilt im eigenen Wirkungsbereich Art 18 B-VG nur mit Modifikationen.
22 Dazu benötigt sie keine gesetzliche Ermächtigung, diese Verordnungen dürfen jedoch nicht gegen bestehende Gesetze oder Verordnungen des Bundes oder des Landes verstoßen; K a t h o l l n i g , GdZ 69, 176; W i m m e r , JBl 72, 169.
23 Soweit sie nicht bundeseigene Gebäude, die öffentlichen Zwecken dienen, zum Gegenstand hat (Art 118 III Z 9 B-VG).
24 Zur Abgrenzung örtliche–überörtliche Baupolizei und zu zT umstrittenen Einzelfragen vgl K r z i z e k , System des österreichischen Baurechts, Bd 1 (1972) 99 ff; N e u h o f e r , Gemeinderecht, 217 ff m weit Nachw der Lit und Rechtsprechung.

Hinsichtlich des Planungsrechts grenzen die Verfassung und in ihrer Ausführung die Planungsgesetze der Länder die Zuständigkeiten wie folgt ab:

Die Erstellung des Bebauungsplans und des Flächenwidmungsplans ist als „örtliche Raumplanung" den Gemeinden als Selbstverwaltungsangelegenheit zugewiesen; das Land nimmt Aufsichtsbefugnisse durch Handhabung von Genehmigungsvorbehalten wahr. Eine weitere planakzessorische Befugnis des eigenen Wirkungsbereiches ist etwa die Erlassung von Bausperren. Hingegen ist nach Ansicht des VfGH die Entscheidung über eine im Zuge einer Raumordnungsmaßnahme zu leistende Entschädigung keine Angelegenheit der Selbstverwaltung; sie ist vielmehr von staatlichen Behörden zu besorgen[25].

Die Entwicklung von Raumordnungsplänen höherer Ordnung (Regionalplan, Landesentwicklungsplan) ist ausschließlich Sache staatlicher Behörden; als überörtliche Raumplanung wird sie vom Land wahrgenommen, soweit nicht Fachplanungskompetenzen des Bundes bestehen[26].

Neben den hoheitlichen Planungen entfalten die Gemeinden in weiten Bereichen raumwirksame und raumbedeutsame Aktivitäten auf privat-rechtlicher Grundlage, etwa durch Betrieb und Beteiligung an wirtschaftlichen Unternehmen, Anlagen der Versorgung und Entsorgung und Förderungsmaßnahmen. Diese Angelegenheiten der Privatwirtschaftsverwaltung rechnen ebenfalls zum garantierten eigenen Wirkungsbereich.

2.3. Zusammenarbeit der Gemeinden

Lit: *Koja,* Träger der öffentlichen Fürsorge, ZAS 67, 161; *Schütz,* Vereinigung oder Zusammenarbeit der Gemeinden, GdZ 67, 525; *Berchtold,* Bildung von Gemeindeverbänden, GdZ 69, 427 u 484; *Neuhofer,* Gemeindeverbände, in: Wohnbauforschung in Österreich 69, H 3/4, 17; *Dorfwirth,* Zusammenarbeit von Gemeinden, WiPolBl 70, 11; *Oberndorfer,* Gemeinderecht und Gemeindewirklichkeit (1971) 268 ff; *Neuhofer,* Handbuch des Gemeinderechts (1972) 387 ff; *Rill,* Koordinationsmöglichkeiten im Raumordnungsrecht, WiPolBl 72, 348; *Schäffer,* Planungskoordinierung am Beispiel der Raumordnung, WiPolBl 73, 140.

2.3.1. *Privat-rechtliche Organisationsformen*

Das ö Recht gestattet den Gemeinden, sich auf privat-rechtlicher Grundlage zusammenzuschließen.

Zur gemeinsamen und rationellen Bewältigung kommunaler Aufgaben werden häufig Verträge über den Betrieb gemeinsamer Wasserversorgungsanlagen, gemeinsame Müll- und Abwasserbeseitigung, Anschaffung von Schneeräumgeräten, Straßenerhaltung abgeschlossen; dadurch entsteht in der Regel zwischen den Gemeinden eine Gesellschaft des bürgerlichen Rechts nach §§ 1175 ff ABGB.

Für die Aufgaben der Raumplanung bedeutsamer sind die Zusammenschlüsse der Gemeinden zu einem Verein nach dem Vereinsgesetz 1951[27]. Das Vereinsrecht ist — wie nach d und s Recht — durch die Freiheit der Gründung, die Freiheit des Beitritts, die Freiheit des Austritts nach Kündigung und die Freiheit der inneren Vereinsgestaltung (Autonomie) gekennzeichnet.

---

25 VfSlg 6088/69.
26 Zur Abgrenzung des eigenen Wirkungsbereiches der Gemeinde im Raumplanungsrecht vgl die nähere Darlegung unten S 209 ff m Hinw auf Lit u Rechtsprechung.
27 BGBl 233 idF BGBl 1954/141 u BGBl 1962/102; vgl zur Vereinsfreiheit E r m a c o r a, Handbuch der Grundfreiheiten und der Menschenrechte (1963) 301 ff.

Gegenüber den Gemeinden können diese Freiheiten nicht eingeschränkt werden; das Vereinsrecht verwehrt daher, die Gemeinden zur Gründung eines Planungsvereins, zu einem Vereinsbeitritt oder auch nur zum Verbleib im Verein zu zwingen. Das ö Verfassungsrecht enthält einen ausdrücklichen Vorbehalt hinsichtlich der Führung der Aufgaben des eigenen Wirkungsbereiches durch Gemeindeorgane; daher scheidet die Übertragung hoheitlicher Befugnisse auf andere als die verfassungsrechtlich vorgesehenen interkommunalen Organe (Gemeindeverband) — also etwa auch den privat-rechtlichen Verein — aus[28]. Der Verein kann daher Planungsentscheidungen der Mitgliedsgemeinden vorbereiten, sie werden aber nur dann verbindlich, wenn sie von den Gemeinden je für ihr Gebiet oder bei Regionalplänen durch das Land in Kraft gesetzt werden. Einzelne widerstrebende Gemeinden können nicht gezwungen werden, eine vom Verein vorbereitete Planung in die kommunale Planung zu übernehmen. Anders als der öffentlich-rechtliche Gemeindeverband unterliegt der privat-rechtliche Verein nicht der Gemeindeaufsicht und der öffentlich-rechtlichen Finanzkontrolle[29].

Zur Lösung größerer wirtschaftlicher Vorhaben, etwa Errichtung und Betrieb gemeinsamer Verkehrs- und Versorgungseinrichtungen, Erholungseinrichtungen, Förderung der Industrieansiedlung, können sich die Gemeinden der handelsrechtlichen Gesellschaftsformen, AG und GmbH, bedienen. Da die Finanzkraft der Gemeinden für sich genommen zur Lösung regionaler Entwicklungsvorhaben häufig nicht ausreicht, werden derartige Gesellschaften jedoch zumeist nur in Zusammenwirken mit anderen Gebietskörperschaften oder Privaten gegründet[30].

2.3.2. *Entwicklung der Zusammenarbeit auf öffentlich-rechtlicher Grundlage*

Eine Ermächtigung zur Zusammenarbeit in den Formen des öffentlichen Rechts enthielt bereits das Reichsgemeindegesetz 1862, das den Gemeinden gestattete, durch Vereinbarung eine „Vereinigung zu einer gemeinsamen Geschäftsführung" mit gemeinsamen Organen zu bilden; Bestrebungen, bei bestimmten Aufgaben einen Zusammenschluß mehrerer Gemeinden zu einer höheren Gemeindekategorie zuzulassen, scheiterten am Widerstand von Anhängern der Gemeindefreiheit im Abgeordnetenhaus[31]. In einzelnen Ländern waren ferner in der Mitte des vorigen Jahrhunderts autonome Bezirksverbände als territoriale Selbstverwaltungseinrichtungen über den Ortsgemeinden eingerichtet worden[32].

Bis zur verfassungsrechtlichen Neuregelung des Gemeinderechts im Jahre 1962 kam es vereinzelt zur sondergesetzlichen Bildung von Gemeindeverbänden zur Besorgung einzelner Gemeindeaufgaben[33]. Allgemeine gesetzliche Ermächtigungen zur Kooperation der Gemeinden in Form des öffentlichen Rechts auf allen in

---

28 Auf die unklare rechtliche Stellung des mit hoheitlichen Befugnissen beliehenen Privaten braucht daher nicht eingegangen zu werden; grundsätzlich wird die Zulässigkeit einer Übertragung, wenn auch unter bestimmten Einschränkungen, bejaht, sofern eine gesetzliche Ermächtigung vorliegt; vgl zu diesen Fragen die Darlegungen von P u c k u S c h ä f f e r, in: Erfüllung von Verwaltungsaufgaben durch Privatrechtssubjekte, Schriftenreihe der Bundeskammer der gewerblichen Wirtschaft Bd 22 (oJ) 9 u 58; W i t t m a n n, ÖZW 75, 12 (17 ff).
29 Dazu W i t t m a n n, ÖZW 75, 12 (18 f).
30 So zB die Entwicklungsgesellschaft Aichfeld-Murboden GmbH: 90% Bund, 10% Städte des Verbandsgebietes.
31 In Nö wurden allerdings 1874 durch Landesgesetz Verwaltungsgemeinden mit eigener Rechtspersönlichkeit eingeführt; vgl dazu B r o c k h a u s e n, Vereinigung und Trennung von Gemeinden (1893) 90 ff.
32 Bezirksvertretungen in der St, Bezirksstraßenausschüsse u Bezirksarmenräte in Nö; diese Einrichtungen wurden später durch die d Gesetzgebung beseitigt.
33 Sanitätsgemeinden auf der Grundlage des Reichssanitätsgesetzes 1870, Wasserverbände, Bezirksfürsorgeverbände, die letzteren wurden in Zusammenhang mit der Einführung des d Fürsorgerechts eingerichtet und nach 1945 in das Landesrecht übergeleitet; ihre rechtliche Qualifikation — ob Gemeindeverband oder autonome Bezirksverwaltung — ist jedoch umstritten; vgl K o j a, ZAS 67, 161 (171); N e u h o f e r, Gemeinderecht, 407 f u unten S 222 ff.

Betracht kommenden Gebieten enthielten die Gemeindeordnungen der Länder aber nur für die Errichtung von Verwaltungsgemeinschaften; die Bildung von Gemeinde-(Zweck-)Verbänden war grundsätzlich zwar zulässig[34], setzte jedoch einen gesetzgeberischen Akt des jeweiligen Materiengesetzgebers voraus. Durch Art 116 IV B-VG — eingeführt durch die Gemeindeverfassungsnovelle 1962 — wurde das Gemeindeverbandsrecht auf eine einheitliche verfassungsrechtliche Grundlage gestellt.

2.3.3. *Der Gemeindeverband nach Art 116 IV B-VG*

Der Gemeindeverband nach Art 116 IV B-VG entspricht dem Zweckverband d Rechts. In den Grundzügen regelt das B-VG Wesen, Bildung und Aufgaben; die nähere Ausgestaltung des Gemeindeverbandsrechts kommt dem Ausführungsgesetzgeber zu, das kann je nach den vom Gemeindeverband zu besorgenden Aufgaben der Bund oder das Land sein.

Nur in Vorarlberg, Tirol und Niederösterreich haben die Landesgesetzgeber allgemeine gesetzliche Ermächtigungen zur Bildung von Gemeindeverbänden geschaffen[35]. Die sa Gemeindeordnung enthält eine derartige Ermächtigung nur für Gemeindeverbände, die nicht-behördliche Aufgaben des eigenen Wirkungsbereiches wahrnehmen (§ 12 sa GO). In den übrigen Ländern wird, sofern die Gemeindeordnungen überhaupt Bestimmungen über Gemeindeverbände enthalten, deren Bildung besonderen landesgesetzlichen Regelungen vorbehalten[36]. Dieser Mangel an einfach-gesetzlichen Grundlagen steht gegenwärtig einer umfassenden Heranziehung dieser Rechtsform zur Lösung der Probleme interkommunaler Zusammenarbeit entgegen. Sondergesetzliche Ermächtigungen für die Bildung von Planungsverbänden fehlen überhaupt; ihre Bildung als Gemeindeverband kommt daher gegenwärtig nur dort in Betracht, wo allgemeine gesetzliche Regelungen gegeben sind.

Der Gemeindeverband ist eine Körperschaft des öffentlichen Rechts mit eigener Rechtspersönlichkeit. Mitglieder eines Gemeindeverbandes sind in der Regel die Gemeinden des Verbandsgebietes. Ob darüber hinaus auch gemeindefremde Rechtsträger oder natürliche oder juristische Personen privaten Rechts einem Gemeindeverband angehören dürfen, ist ein noch offenes Problem[37]. Für den Fall eines Zusammenschlusses mehrerer Gemeinden zur Besorgung von Aufgaben, die keine Selbstverwaltungsaufgaben sind, oder privat-rechtlicher Aufgaben ist die Zulässigkeit eines erweiterten Mitgliedskreises jedenfalls gegeben, sofern die entsprechende gesetzliche Ermächtigung besteht[38]. Die Bildung eines Gemeindeverbandes erfolgt entweder durch Gesetz oder im Wege der Vollziehung durch staatlichen Hoheitsakt oder öffentlich-rechtlichen Vertrag der Gemeinden; sie kann freiwillig durch Vereinbarung oder auch gegen

---

34 VfSlg 2968/56.

35 § 89 va GemeindeG, §§ 14—16 ti GO, nö GemeindeverbandsG LGBl 1971/223; Nachw der GO der Länder u der Bestimmungen zur interkommunalen Zusammenarbeit im Anhang Österreich 8.1.3.

36 Auch die Bundesgesetzgebung enthält keine allgemeine gesetzliche Regelung, wohl aber besondere, etwa hinsichtlich der Staatsbürgerschafts- und Wasserverbände.

37 In der Lit wurde dies bislang ohne nähere Untersuchung ausgeschlossen, vgl N e u h o f e r, Gemeinderecht, 399; W i t t m a n n, ÖZW 75, 12 (20); da Art 116 IV B-VG den verbandsangehörigen Gemeinden einen „maßgeblichen Einfluß auf die Besorgung der Aufgaben des Verbandes" garantiert (sofern es sich um solche des eigenen kommunalen Wirkungsbereiches handelt), mithin einen Einfluß von anderer Seite voraussetzt, erscheint auch ein anderes Ergebnis möglich; vgl ferner P e r n t h a l e r, Raumordnung, 292 FN 1752, der darauf hinweist, daß der Verfassung eine rechtliche Begriffsbildung hinsichtlich des Gemeindeverbandes nicht entnommen werden kann; zum offenen Mitgliederkreis der ZV d Rechts vgl unten S 77.

38 Vgl etwa die Wasserverbände auf Grund des WasserrechtsG 1959 BGBl 215 (§§ 87 ff); ob es sich bei derartigen Verbänden um Gemeindeverbände im Sinne des Art 116 IV B-VG handelt, hängt von der Beantwortung der oben (vgl die vorhergehende FN) aufgeworfenen Frage ab; nach N e u h o f e r, Gemeinderecht, 399, sind solche Verbände keine Gemeindeverbände nach Art 116 IV B-VG.

den Willen der Gemeinden erfolgen, sofern das Gesetz eine entsprechende Ermächtigung enthält[39].

Aufgabe des Gemeindeverbandes kann jede Aufgabe sein, zu deren Durchführung die Gemeinde im eigenen oder übertragenen Wirkungsbereich berechtigt oder verpflichtet ist. In Betracht kommt auch die Übertragung behördlicher Befugnisse, und zwar auch dann, wenn sich die Gemeinden freiwillig zu einem Verband zusammenfinden. Die Einschränkung des § 12 sa GO, der eine freiwillige Verbandsbildung nur zur Besorgung von Aufgaben des nicht-behördlichen eigenen Wirkungsbereiches zuläßt, wäre aus Gründen des Verfassungsrechts nicht geboten gewesen[40].

Der Gemeindeverband tritt hinsichtlich der delegierten Aufgaben an die Stelle der verbandsangehörigen Gemeinden; ihm kommt das Recht auf Selbstverwaltung in dem Maß zu wie der übertragenden Gemeinde. Für die Aufgaben der Raumplanung kommt insbesondere die Übertragung der Selbstverwaltungsaufgabe „örtliche Raumplanung" in Betracht. Die Regionalplanung wird nach den geltenden Raumordnungsgesetzen der Länder von staatlichen Behörden wahrgenommen; ihre Besorgung im übertragenen Wirkungsbereich eines Verbandes setzt daher eine Gesetzesänderung voraus. Das Gesetz darf Verbandsbildung immer nur für einzelne Zwecke vorsehen. Daher ist nur die Übertragung einzelner Aufgaben zulässig. Die Errichtung allzuständiger Gemeindeverbände würde gegen das Verfassungsprogramm des Art 120 B-VG — die Einrichtung von Gebietsgemeinden durch Bundesverfassungsgrundsatzgesetz — verstoßen und wäre unzulässig; dies hindert nicht die Organisation von Gemeindeverbänden als Mehrzweckverbände.

Die inneren Verhältnisse des Gemeindeverbandes regeln sich im Rahmen der gesetzlichen Vorschriften durch Satzung; gibt sich der Verband die Satzung selbst, so unterliegt sie staatlicher Genehmigung; bei zwangsweiser Bildung erläßt die Gründungsbehörde die Satzung. Durch die Satzung sind neben den gemeinsam zu besorgenden Aufgaben insbesondere die Organe, deren Zusammensetzung und Wirkungskreis, die Verteilung der Stimmen in den Beschlußorganen, der Weg der Willensbildung und die Aufbringung der Finanzmittel des Verbandes[41] festzulegen. Die Satzung kann für die beschlußfassenden Gremien das Mehrheitsprinzip festlegen[42]; den verbandsangehörigen Gemeinden ist allerdings kraft bundesverfassungsrechtlicher Anordnung ein maßgebender Einfluß auf die Besorgung der Aufgaben des Verbandes einzuräumen, soweit der Verband Angelegenheiten des eigenen Wirkungsbereiches der Gemeinde besorgt. Dies schließt eine durchgängige monokratische Organisation des Verbandes ebenso aus wie die Einführung einer direkten Wahl der Verbandsorgane durch die gebietsangehörige Bevölkerung.

---

39 So zB § 23 nö GemeindeverbandsG, das die zwangsweise Bildung nur hinsichtlich bestimmter Aufgaben (nicht örtliche Raumplanung) und nur auf Anregung einzelner Gemeinden vorsieht.

40 Der Verfassungs- und Verwaltungsausschuß des sa LT (180 Blg sa LT 1. Sess 5. WP) hatte unter Bezugnahme auf VfSlg 2709/54 festgestellt, es sei — da die Errichtung eines neuen Behördentyps dem Gesetz vorbehalten ist — ausgeschlossen, den freiwillig gebildeten Gemeindeverbänden behördliche Aufgaben zu übertragen; es wird heute jedoch als zulässig angesehen, daß Gemeinden durch einen öffentlich-rechtlichen Vertrag mit Genehmigung der Aufsichtsbehörde einen Gemeindeverband konstituieren und ihm auch behördliche Aufgaben übertragen. Die gesetzliche Grundlage für diese Delegationsverschiebung und damit auch für die Schaffung eines neuen Behördentyps ist unmittelbar in Art 116 IV B-VG zu sehen: B e r c h t o l d , GdZ 69, 431; O b e r n d o r f e r , Gemeinderecht, 284 FN 52.

41 Zu der umstrittenen Frage, ob Gemeindeverbände berechtigt sind, die Kosten durch Umlagen zu decken, vgl unten 6.2.

42 Für Gemeindeverbände nach dem sehr detaillierten und für satzungsmäßige Gestaltung wenig Raum lassenden nö GemeindeverbandsG gilt dies schon kraft Gesetz; die Satzung kann allerdings strengere Beschlußerfordernisse festlegen.

Der Gemeindeverband unterliegt staatlicher Aufsicht, soweit er Angelegenheiten des eigenen Wirkungsbereiches wahrnimmt; wenn ein Verband sich über den Bereich eines politischen Bezirkes hinaus erstreckt, kann Aufsichtsbehörde nur die Landesregierung bzw der Landeshauptmann sein. Die Landesregierung entscheidet auch über Streitigkeiten zwischen Organen des Gemeindeverbandes und zwischen dem Gemeindeverband und den verbandsangehörigen Gemeinden. Aus dem Erfordernis einer allen Gemeinden des Verbandes gemeinsamen Aufsichtsbehörde wird die Unzulässigkeit eines Verbandes abgeleitet, der sich über das Gebiet mehrerer Bundesländer erstreckt[43].

Auf der Grundlage besonderer gesetzlicher Ermächtigung wurden schon in früheren Jahren Gemeindeverbände errichtet, und zwar für Bereiche, in denen eine längere Tradition interkommunaler Zusammenarbeit bestand[44]. In der Gegenwart gewinnt die verbandsförmige Wahrnehmung kommunaler Versorgungs- und Entsorgungsaufgaben an Bedeutung; vor allem in Niederösterreich schlossen sich die Gemeinden zu Abwasser- und Müllbeseitigungsverbänden zusammen; dazu kommen in diesem Bundesland noch Verbände zur gemeinsamen Abgabeneinhebung, zur Errichtung und zum Betrieb von Erholungszentren und zur Pensionsverwaltung für Gemeindebeamte[45].

Zur Errichtung von Planungsverbänden in der Form des öffentlich-rechtlichen Gemeindeverbandes ist es hingegen in Österreich gegenwärtig noch nicht gekommen[46]. Dafür wird — neben der häufig anzutreffenden Abneigung der Gemeinden, ihre Planungshoheit einzuschränken — die unzureichende Gesetzesregelung in den meisten ö Bundesländern verantwortlich zu machen sein.

2.3.4. Die Verwaltungsgemeinschaft

Die Gemeindeordnungen aller Bundesländer mit Ausnahme von Tirol und Vorarlberg sehen als weitere Rechtsform interkommunaler Zusammenarbeit die Verwaltungsgemeinschaft vor[47].

Wesentliches Merkmal der Verwaltungsgemeinschaft ist die Beschränkung auf die gemeinsame Führung der Geschäfte mehrerer Gemeinden, ohne daß dadurch die Verantwortung und das Entscheidungsrecht der einzelnen Gemeinde berührt werden. Als „gemeinsame gemeindeamtliche Einrichtung" (§ 42 III sa GO) der Gemeinden kommt der Verwaltungsgemeinschaft keine eigene Entscheidungskompetenz zu, sie ist lediglich ermächtigt, im Interesse einer kostensparenden und rascheren Erledigung der Aufgaben als Hilfsorgan im Namen und Auftrag des jeweiligen Gemeindeorgans zu handeln; ihre Tätigkeit wird der jeweiligen Gemeinde zugerechnet.

Da die Verwaltungsgemeinschaft keine selbständigen Rechte und Pflichten wahrnimmt, ihr eigenständige Kompetenzen fehlen, kommt ihr in dieser Beziehung auch keine Rechtspersönlichkeit zu. Die Beschränkung auf die Vorbereitung und geschäftsmäßige Erledigung autonomer kommunaler Entscheidungen ist aus Gründen des Verfassungsrechts geboten: Eine Aufgabenübertragung (Delegierung) der selbständigen, verantwortlichen Entscheidung würde dem verfassungs-

---

43 Diese Frage wird im Zusammenhang mit den übrigen Rechtsfragen grenzüberschreitender Planung erörtert, vgl unten S 232 f.
44 Bezirksfürsorge-, Krankenanstalten-, Kranken- und Unfallfürsorge-, Schulgemeinde-, Staatsbürgerschafts-, Wasserverbände, Verbände zur gemeinsamen Bestellung des Gemeindearztes.
45 Die Aktivierung der interkommunalen Zusammenarbeit in Nö — in den Jahren 1973 u 1974 wurden knapp 20 Gemeindeverbände neu gegründet — wird nicht zuletzt darauf zurückzuführen sein, daß dieses Bundesland als gegenwärtig einziges über ein durchgebildetes GemeindeverbandsG verfügt.
46 Vgl aber unten zu den VerwGem mit Gemeindeverbandsstruktur S 33 f u 59 f.
47 §§ 23 f bu GO, §§ 71 f kä AGO, §§ 14 f nö GO, § 13 oö GO, § 42 III—V sa GO, §§ 37 f st GO; in Ti u Va ist jedenfalls auch die Bildung privat-rechtlicher VerwGem zulässig; N e u h o f e r, Gemeinderecht, 394.

rechtlich verankerten Grundsatz des Entscheidungsmonopols der Gemeinden im eigenen Wirkungsbereich und der Zuständigkeit des Bürgermeisters im übertragenen Wirkungsbereich widersprechen. Eine Delegierung mit Zuständigkeitsverlust der Gemeinde ist daher nur in den verfassungsrechtlich vorgesehenen Fällen — Gemeindeverband nach Art 116 IV B-VG, Delegierung nach Art 118 VII B-VG — möglich[48].

Für die Praxis interkommunaler Zusammenarbeit ergibt sich aus den dargestellten Beschränkungen, daß zwar durch die VerwGem eine sparsamere und zweckmäßigere Erledigung der Aufgaben der einzelnen Gemeinden durch rationelle verwaltungsmäßige Abwicklung im Verbund erzielt werden kann; auch werden bei der Besorgung der Gemeindeaufgaben durch einen zentralen Apparat interkommunale Probleme eher Berücksichtigung finden als bei isoliertem Vorgehen. Wenn jedoch ihrem Wesen nach gemeinsame Aufgaben eine einheitliche Verwaltungsentscheidung mehrerer Gemeinden verlangen, werden die Grenzen der Leistungsfähigkeit dieser Kooperationsform erreicht, die dafür keinen organisatorischen und institutionellen Rahmen zur Verfügung stellen kann.

Die VerwGem ist in den GO der ö Länder verschieden ausgeformt worden.

Die VerwGem nach sa, st und oö Recht gehen über den oben dargestellten Typ einer bloßen VerwGem ohne Rechtspersönlichkeit und eigene Organe nicht hinaus[49]. Personal einstellen und Verträge abschließen können nur die einzelnen Gemeinden, die Beistellung des Sachaufwandes erfolgt entweder durch eine Gemeinde oder durch mehrere Gemeinden gemeinsam im Wege des Miteigentums[50].

Hingegen sind die VerwGem des Burgenlandes, Kärntens und Niederösterreichs verbandsmäßig organisiert; sie können als Gemeindeverbände (im Sinne des Art 116 IV B-VG) zur Führung einer VerwGem charakterisiert werden[51]. Nach § 23 III bu GO und § 14 IV nö GO hat die VerwGem selbst das erforderliche Personal und die erforderlichen Sachmittel bereitzustellen; um diese Aufgaben erfüllen zu können, begründen die genannten Vorschriften insoweit eine Rechtspersönlichkeit der VerwGem. Auch die VerwGem nach kä Recht ist Gemeindeverband mit Rechtspersönlichkeit, da § 71 II kä AGO von „Aufgaben der Verwaltungsgemeinschaft", einem „kollegialen Organ zur Erfüllung dieser Aufgaben" und einem „Vorstand des Amtes der Verwaltungsgemeinschaft" spricht[52].

Bei den verbandsförmig eingerichteten VerwGem sind zwei Funktionsbereiche klar zu trennen:

Bei der Organisation des Verwaltungsapparates, der Anstellung von Personal und der Besorgung des notwendigen Amtssachaufwandes und Zweckaufwandes nehmen die Organe der VerwGem eine eigenständige, von den Mitgliedsgemeinden delegierte Kompetenz in eigener Verantwortung wahr; die Willensbildung richtet sich nach den satzungsmäßigen Vorschriften, falls nicht etwa schon das

---

48 Die VerwGem ist im B-VG nicht vorgesehen, dies hindert den Landesgesetzgeber jedoch nicht, im grundsatzfreien Raum dieses Rechtsinstitut innerhalb der erwähnten Schranken — die daher auch wesentliche Merkmale der VerwGem bezeichnen — einzuführen: N e u h o f e r, Gemeinderecht, 389 f; O b e r n d o r f e r, Gemeinderecht, 275 f; vgl auch VfSlg 5483/67: Die Ermächtigung eines Hilfsorgans, Bescheide im Namen des zuständigen Organes zu erlassen, ist keine Delegierung einer behördlichen Zuständigkeit, denn die Zurechnung des Aktes an das zuständige Organ und damit dessen Verantwortung werden durch einen solchen Vorgang nicht berührt.
49 Gleiches gilt für VerwGem in Ti u Va, die nur auf privat-rechtlicher Basis gegründet werden können, da eine entsprechende Ermächtigung in der GO fehlt.
50 O b e r n d o r f e r, Gemeinderecht, 279.
51 P e t z, Gemeindeverfassung 1962 (1965) 183 hat erstmals VerwGem mit Rechtspersönlichkeit als Gemeindeverbände qualifiziert; ihm folgt O b e r n d o r f e r, Gemeinderecht, 279.
52 Nach S t e i n e r / L o r a / K o w a t s c h, Die Allgemeine Gemeindeordnung und ihre Durchführungsverordnungen (1967) 136, ist die kä VerwGem ein ZV, dessen Zweck die sparsamere und zweckmäßigere Besorgung einzelner Geschäfte ist.

Gesetz entsprechende Regelungen trifft[53]. Da die „Regelung der inneren Einrichtungen zur Besorgung der Gemeindeaufgaben" (Art 118 III Z 1 B-VG) eine Aufgabe des eigenen Wirkungsbereiches der Gemeinden ist, haben Gesetz und Satzung zu gewährleisten, daß den verbandsangehörigen Gemeinden ein maßgeblicher Einfluß auf die Besorgung der Aufgaben des Gemeindeverbandes eingeräumt wird[54]. Bei der Wahrnehmung materieller Aufgaben der Gemeinden nimmt die VerwGem keine Sachkompetenzen wahr. Die von ihr besorgten Erledigungen werden, und insofern ist die Bezeichnung VerwGem gerechtfertigt, wie beim Typ der bloßen VerwGem jenem Organ der Gemeinde zugerechnet, dem die erledigten Aufgaben obliegen. In diesem zweiten Funktionsbereich werden die in der Satzung bezeichneten Geschäfte unter der Leitung und Aufsicht des Bürgermeisters der betreffenden Gemeinde geführt.

Da die erwähnten Gemeindeordnungen nur zur Errichtung eines Gemeindeverbandes zur gemeinschaftlichen Geschäftsführung ermächtigen, scheidet grundsätzlich auch die Möglichkeit aus, auf den so gebildeten Gemeindeverband auch sonstige Verwaltungsaufgaben zur selbständigen Wahrnehmung zu übertragen, dh die Ermächtigung zur Bildung einer derartigen VerwGem als allgemeine Ermächtigung zur Bildung von Gemeindeverbänden zu deuten[55].

Als verwaltungspolitischer Vorteil der verbandsmäßig organisierten VerwGem mit eigenen Organen wird hervorgehoben, daß sie eine effektivere Erfüllung der gemeinsamen Verwaltungsaufgaben ermögliche, weil es nicht von der jeweiligen Bereitschaft der Mitgliedsgemeinden abhängt, Personal- und Sachmittel einem gemeinsamen Verwaltungszweck zu widmen[56].

Die Gründung der VerwGem erfolgt durch übereinstimmende Gemeinderatsbeschlüsse, in allen Bundesländern außer der Steiermark bedarf die Gründung einer Genehmigung durch die Landesregierung als Aufsichtsbehörde[57]. Eine zwangsweise Bildung ist unter bestimmten Voraussetzungen nur im Burgenland und in Niederösterreich möglich.

Da die VerwGem nur als Hilfsorgan der zusammengeschlossenen Gemeinden tätig wird, kann sie mit allen Angelegenheiten sowohl des eigenen als auch des übertragenen Wirkungsbereiches betraut werden. In der bisherigen kommunalen Praxis finden sich vor allem VerwGem zur Erledigung der Gemeindegeschäfte durch ein gemeinsames Gemeindeamt; es können aber auch nur Teilbereiche des kommunalen Aufgabenkreises gemeinsam besorgt worden, wie etwa die Einhebung bestimmter Steuern, Errichtung und Betrieb von Wasserleitungen, VerwGem für Feuerwehren.

In Angelegenheiten der Raumordnung und Raumplanung ist es bislang nur in Einzelfällen zur Errichtung von VerwGem gekommen, und zwar in den Bundesländern Kärnten und Steiermark; in der Steiermark befinden sich weitere Planungsgemeinschaften dieser Rechtsform in unterschiedlichen Stadien des Gründungsprozesses. Nach Aufgabenkreis und angestrebten Zielen unterscheiden sich die Einrichtungen in den beiden Ländern beträchtlich. Während die st Planungsgemeinschaften im Sinne der traditionellen Ausformung dieses Rechtsinstituts die Erstellung von aufeinander abgestimmten örtlichen Raumplänen durch

---

53 So wird etwa die bu VerwGem, soweit sie Rechtspersönlichkeit besitzt, durch den Verwaltungsausschuß vertreten, der seine Beschlüsse mit einfacher Stimmenmehrheit faßt.
54 Werden derartige VerwGem in der Rechtsform eines Gemeindeverbandes zwangsweise im Wege der Vollziehung gebildet, sind die beteiligten Gemeinden auch vorher zu hören, vgl Art 116 IV B-VG.
55 Anderes wird jedoch für das Land Nö gelten, da hier auf der Grundlage der allgemeinen Ermächtigung des nö GemeindeverbandsG die Bildung eines Mehrzweckverbandes möglich sein wird, der sowohl die Aufgaben einer VerwGem nach der nö GO als auch sonstige Sachkompetenzen übernimmt.
56 O b e r n d o r f e r , Gemeinderecht, 280.
57 In der St genügt eine Anzeige an die Landesregierung.

gemeinsame Führung der damit zusammenhängenden Geschäfte anstreben[58], enthalten die Satzungen der beiden kä regionalen Planungsgemeinschaften wesentlich anspruchsvollere Aufgabenformulierungen. Insbesondere wird diesen Gemeinschaften auch aufgegeben, für die gemeinsame Durchführung von Entwicklungsmaßnahmen Sorge zu tragen[59].

2.4. Das Recht der Raumplanung

Lit: *Kastner,* Raumplanung als Instrument der Strukturpolitik, WiPolBl 62, 145; *Jäger,* Raumordnung und örtliche Planung in Österreich, GdZ 63, H 24, 26; *Wurzer,* Aufstellung und Inhalt rechtswirksamer regionaler Entwicklungsprogramme, RFuRO 64, 278; *Unkart,* Rechtsfragen der Raumplanung in Österreich, BRFRPI 65, H 1, 27; *Stiglbauer,* Die Entwicklung der Raumforschung in Österreich seit 1945, BRFRPI 65, H 1, 15; *Wurzer,* Leistungen und Aufgaben der Stadtplanung in Österreich, AfK 65, 1; *Schantl,* Der Plan im österreichischen Baurecht, ÖZÖR 66, 84; Raumordnung in Österreich. Bericht an Bund, Länder und Interessenvertretungen als Träger des Ö Instituts f Raumplanung. Hrsg v Ö Institut f Raumplanung, Veröff Nr 30 (1966); *Pernthaler,* Föderalistische Probleme der Raumordnung, BRFRPI 69, H 1, 3; *Miehsler,* Landesplanung als Mittel regionaler Standortpolitik in Österreich, Wohnbauforschung in Österreich 70, 61; Raumordnung für Österreich. Leitlinien und Aktionsprogramm der Bundesregierung (1970); *Unkart,* Rechtsgrundlagen und Organisation der überörtlichen Raumplanung, in: Strukturanalyse des österreichischen Bundesgebietes, Bd 2 (1970) 812; *Korinek,* Verfassungsrechtliche Aspekte der Raumplanung (1971); *Melichar,* Rechtsnatur und Rechtskontrolle von Plänen in der österreichischen Rechtsordnung, in: Hellbling-FS (1971) 495; *Krzizek,* System des österreichischen Baurechts, Bd 1 (1972) 202 ff; *Mayer-Maly,* Rechtsfragen der Raumordnung (1972); *Oberndorfer,* Strukturprobleme des Raumordnungsrechts, Die Verwaltung 72, 257; *Klecatsky,* Europäischer Regionalismus und Raumplanung, JBl 72, 241; *Kühne,* Zu Stand und Entwicklung der Raumordnungsgesetzgebung in Österreich, WiPolBl 72, 165; *Evers,* Aufgaben und Wirkungsmöglichkeiten der Raumordnung in Österreich, BRFRPI 73, H 2, 3; *Tichatschek,* Raumordnung und Raumplanung in Österreich (1973); *Pernthaler,* Raumplanung und Demokratie nach der österreichischen Bundesverfassung, BRFRPI 73, H 3, 16; Regionalpolitik in Österreich, Bericht des Bundeskanzleramtes an die OECD, Schriftenreihe der ÖROK Nr 3 (1973); *Wurzer,* Über die Notwendigkeit einer Vereinheitlichung der in Österreich geltenden Raumplanungs- bzw Raumordnungsgesetze, BRFRPI 74, H 1/2, 3 u H 3, 1; *Gutknecht/Korinek,* Umweltschutz durch Raumplanung, Wohnbauforschung in Österreich 74, 84; *Rill,* Die Stellung der Gemeinden gegenüber Bund und Ländern im Raumordnungsrecht (1974); *Ö Institut f Raumplanung,* Der Planungsspielraum der Gemeinden in der Raumordnung (1974); *Pernthaler,* Raumordnung und Verfassung Bd 1 (1975); *Wimmer,* System des österreichischen Umweltschutzrechtes, in: Beiträge zum Umweltschutz 1972—74, hrsg v Bundesministerium für Gesundheit und Umweltschutz (1975) 77 ff (154 ff); *Wolny,* Die Stellung der raumplanenden Gemeinde im aufsichtsbehördlichen Genehmigungsverfahren — dargestellt am Beispiel des oö. RaumordnungsG, JBl 75, 132; *Evers,* Regionalplanung als gemeinsame Aufgabe von Staat und Gemeinden, BRFRPI 75, H 3, 3; *Rill/Schäffer,* Die Rechtsnormen für die Planungskoordinierung seitens der öffentlichen Hand auf dem Gebiete der Raumordnung (1975); *Fröhler/Oberndorfer,* Österreichisches Raumordnungsrecht (1975); *dies,* Der Rechts-

---

58 Zu den st Planungsgemeinschaften vgl unten S 49 f; die weitere Aufgabe dieser Planungsgemeinschaften, die Koordinierung der Entwicklungsziele der Gemeinden, geht zwar auch in gewisser Hinsicht über den traditionellen Aufgabenkreis einer VerwGem hinaus; da in dem zur Leitung der VerwGem berufenen Gremium jedoch die Bürgermeister der Mitgliedsgemeinden vertreten sind, wird diese Aufgabe im Rahmen der VerwGem — wenn auch unter Verzicht auf verbindliche Entscheidungsfindung — mit wahrgenommen werden können.
59 Zu den Einzelheiten und zur Frage, ob damit nicht die Leistungsfähigkeit des Rechtsinstituts VerwGem überschritten wird, vgl unten S 59 f.

schutz im Planungs- und Assanierungrecht (1975); Österreichische Raumordnungskonferenz, Erster Raumordnungsbericht, Schriftenreihe der ÖROK Nr 8 (1975)[60].

2.4.1. Überblick

Ansätze einer kommunalen städtebaulichen Planung finden sich schon in den älteren Bauordnungen Österreichs aus dem vorigen Jahrhundert mit den Regulierungs- und Baulinienplänen; das erste ausgebildete örtliche Planungsinstrumentarium schuf sich Wien mit der Bauordnung 1929.

Die überörtliche Planung entwickelte sich hingegen bis zum Zweiten Weltkrieg nur in bescheidensten Ansätzen; die Probleme der Verdichtung, die etwa in Deutschland in diesem Zeitraum der Ausbildung eines differenzierten Planungsrechts entscheidende Anstöße gaben, bedrängten Österreich nicht in gleicher Weise. Das B-VG 1920 idF von 1929 enthielt über diese Materie noch keine Regelung. Ein Entwurf eines oö Landesplanungsgesetzes von 1937 wurde nicht mehr in Kraft gesetzt.

Die Einführung der reichsdeutschen Rechtsvorschriften über Reichsplanung und Raumordnung im Jahre 1938 führte nicht nur den Begriff Raumordnung erstmals in die ö Rechtssprache ein, sie gab auch der Entwicklung nach 1945, als die d Vorschriften zum größten Teil wieder aufgehoben wurden, Impulse. Erstmals in der Zweiten Republik hat sich der sa Landesgesetzgeber der Sachaufgabe der überörtlichen Planung angenommen und im ROG 1956 den Begriff Raumordnung erneut in die ö Rechtsordnung eingeführt; dieses Gesetz steht — im wesentlichen unverändert — auch heute noch in Geltung. Kärnten erließ 1959 ebenfalls ein LPIG. Ende der sechziger und Anfang der siebziger Jahre schufen auch die übrigen Bundesländer (außer Wien) Planungsgesetze, die — als Raumordnungs- bzw Raumplanungsgesetze bezeichnet — die überörtliche und zum Teil auch die örtliche Planung zusammenfassend regeln[61]. 1962 fand der Begriff örtliche Raumplanung Eingang in das B-VG, das diese Materie den Gemeinden zur Besorgung im eigenen Wirkungsbereich zuweist (Art 118 III Z 9 B-VG).

Weder der Bund noch die Länder können eine die Sachaufgabe umfassende Gesetzgebungs- oder Vollziehungskompetenz auf dem Gebiet der Raumordnung und Raumplanung in Anspruch nehmen; ein eigener Kompetenztatbestand fehlt; nach Auffassung des VfGH folgt die Zuständigkeit zur raumordnerischen Tätigkeit aus der Zuständigkeit zur Regelung der betreffenden Verwaltungsmaterie. Anläßlich der Begutachtung des sa ROG hatte der VfGH[62] in einem häufig zitierten Erkenntnis nach Art 138 II B-VG festgestellt, daß sowohl der Bund als auch die Länder raumordnende Tätigkeit entfalten dürften, jede dieser Autoritäten jedoch immer nur auf Gebieten, die nach der Kompetenzverteilung der Bundesverfassung in ihre Zuständigkeit fallen. Es läge in der Natur des Bundesstaates, daß sich daraus Schwierigkeiten und Reibungen ergeben könnten, weil sowohl dem Oberstaat als auch den Gliedstaaten Befugnisse hinsichtlich des gleichen, weil eben nur einmal vorhandenen Raumes eingeräumt sind.

Soweit der Bund Gesetzgebungs- und Vollziehungskompetenzen hat, kann er selbst Pläne aufstellen und diese verwirklichen. Nach den allgemeinen Kompe-

---

60 Weitere Nachweise der ö Lit zu Raumordnung und Raumforschung bis 1966 enthält der oben zit Band „Raumordnung in Österreich", 75 ff; eine — unvollständige — Fortschreibung dieser Bibliographie bis 1973 die Publikation „Regionalpolitik in Österreich", 90 ff; Aufsätze zu den einzelnen neueren ROG der ö Bundesländer finden sich ferner in den letzten Jahrgängen der „Berichte zur Raumforschung und Raumplanung", hrsg von der Ö Gesellschaft f Raumforschung und Raumplanung; eine Zusammenstellung der Rechtsvorschriften in ihrer jeweils neuesten Fassung bringt die Lose-Blatt-Slg: Rechtsvorschriften zu Umweltschutz und Raumordnung Bd 1, hrsg v Institut für Stadtforschung (1973).
61 Das jüngste dieser G ist das st ROG 1974, das ein älteres G, das nicht zur Anwendung gelangte, ersetzt; vgl die Auflistung der ö PlanungsG im Anhang Österreich 8.1.4.
62 VfSlg 2674/54.

tenzverteilungsregeln (Art 10—15 B-VG) kommen dem Bund zahlreiche Kompetenzen mit raumordnungspolitischer Relevanz zu: Verkehrsplanung hinsichtlich Eisenbahnen, Luftfahrt, Schiffahrt und Bundesstraßen, Nachrichtenwesen, Wasserbau, Bergbau, Forstwesen, Denkmalschutz, Schul- und Hochschulwesen, Gewerbe und Industrie, verstaatlichte Unternehmen[63]. Auf anderen Gebieten — vor allem im Fürsorge- und Elektrizitätswesen — hat der Bund über die Grundsatzgesetzgebung bedeutende Einflüsse erhalten. Nach den Bestimmungen des Finanz-Verfassungsgesetzes 1948 liegt ferner die Finanzhoheit beim Bund, der durch seine Finanzausgleichsgesetzgebung die Verteilung der Besteuerungsrechte und Abgabenerträge zwischen den Gebietskörperschaften regeln und über das Finanzzuschußwesen regionalpolitische Aktivitäten entfalten kann.

Trotz dieser gewichtigen Kompetenzen kommen dem Bund umfassende Raumplanungsbefugnisse nicht zu; er ist auf Ressortplanung verwiesen. Innerhalb der Grenzen des Prinzips der Ministerverantwortlichkeit (Art 19, 69 B-VG) kann der Bund ferner auf eine zusammenfassende Abstimmung und Darstellung der einzelnen Ressortplanungen hinwirken[64].

Eine Planungshoheit der Länder kann sich nur in den Bereichen entfalten, die nicht durch die Fachplanungsbefugnisse des Bundes ausgefüllt sind. In diesem Rahmen ist es Sache der Länder, aufbauend auf die Kompetenzen Landesplanung, Bauwesen, Grundverkehr, Landschaftspflege, Naturschutz, gesamthafte und integrierte Raumplanung zu betreiben. Wie noch darzustellen sein wird[65], verstehen die jüngeren ROG der Länder den Planungsauftrag nicht mehr als bloße Raumnutzungsplanung, die durch die Aufstellung einer verbindlichen Nutzungsordnung wahrgenommen wird und noch im Baurecht verhaftet ist; sie zielen auf eine planmäßige Gesamtgestaltung des Landesgebietes durch Entwicklungsplanung.

Diesem anspruchsvollen Wollen der Landesgesetzgebung steht in Österreich derzeit die entwicklungsbedürftige und weithin ungenügende vertikale Kooperation zwischen Bund und Land entgegen. Die Wirklichkeit der Entwicklungsplanung wird durch das erdrückende Gewicht der erwähnten Bundeskompetenzen bestimmt. Sie sind für die Verwirklichung der Entwicklungspläne von so zentraler Bedeutung, daß durch Landesplanung allein weder der Ausbau eines Zentralen Ortes sinnvoll vorbereitet, geschweige denn die Grundlagen einer regionalen Wirtschaftspolitik geschaffen werden können; selbst bescheidenere Anliegen wie Naturschutz und aktive Landschaftspflege bedürfen maßgeblicher Mitwirkung des Bundes.

Zwar verpflichten die ROG der Länder die Planungsbehörden, auf Planungen und Maßnahmen des Bundes Bedacht zu nehmen; das va RPIG und st ROG gebieten, rechtswirksame Planungen des Bundes zu berücksichtigen; zwar haben die Länder auf die raumwirksamen Planungen und Maßnahmen des Bundes Einfluß, da dieser ebenfalls zur Bedachtnahme auf die Planungen und Maßnahmen der Länder verpflichtet ist, sei es kraft ausdrücklicher Regelung[66], sei es kraft des Sachzwanges zur ordnungsgemäßen Entscheidungsvorbereitung in einem föderalen Gemeinwesen. Die Schwäche derartiger Kooperationsmittel und der bloß punktuelle, auf die einzelne Maßnahme gerichtete Einfluß der bestehenden Abstimmungstechniken verhindert jedoch eine umfassende Abstimmung der Raumordnungsmaßnahmen von Bund und Ländern.

---

63 Vgl dazu die Bestandsaufnahme und Analyse bei R i l l, Stellung der Gemeinden, 15 ff.
64 Zu den Ansätzen im BundesministerienG und im Diskussionsentwurf BROG vgl unten S 38 f.
65 Vgl unten S 40 f.
66 Vgl Nachweis der Raumordnungsklauseln der FachplanungsG des Bundes bei E v e r s, BRFRPl 73, H 2, 3 (7); vgl ferner S c h ä f f e r, Koordination in der öffentlichen Verwaltung (1971) 62 ff; R i l l, Stellung der Gemeinden, 62 ff.

Dem von der Sache her gebotenen Ausbau der Kooperation stehen Hindernisse entgegen, die derzeit — vor allem, aber nicht ausschließlich aus verfassungsrechtlichen Gründen — nur schwer überwindbar erscheinen. Das Raumordnungsrecht des Bundes befindet sich selbst noch in einem entwicklungsbedürftigen Zustand, der Grundsatz der strengen Trennung der Vollzugsbereiche von Bund und Ländern verwehrt, die Planung beider Entscheidungsträger zu fusionieren.

Die Unzulänglichkeiten der bestehenden Kooperationsinstrumente in den Formen öffentlichen Rechts und die Gemengelage der Kompetenzen bringen mit sich, daß die Gebietskörperschaften zur Erfüllung der Sachaufgaben der Raumordnung sich privat-rechtlicher Formen bedienen; in diesem Fall können die durch die Kompetenzbestimmungen der Bundesverfassung aufgerichteten Schranken überschritten werden und können Bund und Länder auch im Vollziehungsbereich der anderen Autorität Wirksamkeit entfalten. Die Wahrnehmung öffentlicher Aufgaben in den Formen des Privatrechts ist jedoch problematisch und für die Raumordnung als komplexe und nach einem Gesamtkonzept zu erfüllende Staatsaufgabe nur begrenzt geeignet.

Ob das Instrument der öffentlich-rechtlichen Bund-Länder-Verträge[67] über die bloße Abstimmung von einzelnen Maßnahmen hinaus die Aufgaben der Raumordnung zu fördern vermag, muß die Erfahrung lehren. Zur Verwirklichung eines kooperativen Föderalismus im Ordnungsfeld der Raumordnung wird es noch weiterer Maßnahmen bedürfen; er setzt eine Flurbereinigung der ineinander verschachtelten Bundes- und Landeskompetenzen ebenso voraus wie eine Bundeskompetenz zur Regelung des Koordinationsverfahrens und der Aufstellung eines Bundes-Raumordnungsrahmenplans[68].

Auf Bundesebene sind einzelne Aktivitäten schon seit der Mitte der sechziger Jahre erkennbar, die auf die Einführung einer Bundesraumplanung zielen. 1965 wurde durch Ministerratsbeschluß ein Ministerkomitee für Raumordnung konstituiert; 1969 wurden „Leitlinien für die von der Bundesregierung anzustrebende Raumordnungspolitik" publiziert[69]. 1971 wurde als Beratungsgremium auf Initiative des Bundes die Österreichische Raumordnungskonferenz (ÖROK) eingerichtet; ihr gehören Vertreter des Bundes, der Länder und Gemeinden an[70]. Ihre Beschlüsse sind rechtlich bloße Empfehlungen, die Willensbildung erfolgt nach dem Einstimmigkeitsprinzip. Als Aufgabe wurde der ÖROK vorgegeben, ein Raumordnungskonzept für Österreich zu entwickeln und für die Koordinierung raumrelevanter Planungen und Maßnahmen zu sorgen. Das Konzept will die grundsätzlichen Inhalte der Raumordnungsaktivität nicht nur des Bundes, sondern auch der anderen Gebietskörperschaften skizzieren.

Durch das Bundesministeriengesetz 1973[71] wird versucht, die Abstimmung der Ressortplanungen der einzelnen Ministerien zu fördern. Den Bundesministerien wurde aufgegeben, „alle Fragen wahrzunehmen und zusammenfassend zu prüfen, denen vom Standpunkt der Koordinierung der vorausschauenden Planung der ihnen übertragenen Sachgebiete grundsätzliche Bedeutung zukommt" (§ 3 leg cit). Das Schwergewicht der Koordinierung der Bundesaufgaben liegt nach diesem Gesetz beim Bundeskanzleramt, dem die wirtschaftliche Koordination einschließlich der zusammenfassenden Behandlung der Angelegenheiten der Struk-

---

67 Art 15a B-VG; eingeführt durch die B-VG-Novelle v 10. 7. 1974 BGBl 444.
68 Auf die Notwendigkeit einer Verfassungsreform weisen — wenn auch mit unterschiedlichem Akzent — etwa hin: M i e h s l e r, Wohnbauförderung in Österreich 70, 61 (68); P e r n t h a l e r, BRFRPI 69, H 1, 3 (10); K ü h n e, WiPolBl 72, 165 (173 ff); R i l l, WiPolBl 72, 348 (353); S c h ä f f e r, WiPolBl 73, 140 (145); E v e r s, BRFRPI 73, H 2, 3 (8f).
69 Raumordnung für Österreich (1970) hrsg v Ö Bundeskanzleramt.
70 Weitere Organe der Raumordnungskonferenz sind eine Stellvertreterkommission auf Beamtenebene, ein beratendes Expertengremium (Raumordnungsbeirat) und eine Geschäftsstelle.
71 G über die Zahl, den Wirkungsbereich und die Einrichtung der Bundesministerien v 11. 7. 1973 BGBl 389.

turpolitik sowie die Koordinierung in Angelegenheiten der Raumordnung als Aufgabe der allgemeinen Regierungspolitik auferlegt wurde[72].

Ein bemerkenswerter Versuch, die Probleme der vertikalen Koordination auf dem Gebiet des Forstrechts[73] einer Lösung zuzuführen, wurde durch den Entwurf eines Forstgesetzes 1974[74] unternommen. In der Gesetz gewordenen Fassung — Forstgesetz 1975[75] — sind allerdings diese Ansätze nur teilweise verwirklicht worden. Im Rahmen der forstlichen Raumpläne hat der Landeshauptmann als Organ der mittelbaren Bundesverwaltung einen Teilplan zum Waldentwicklungsplan zu erstellen (§ 9); vor der Einholung der Zustimmung des zuständigen Bundesministers hat der Landeshauptmann eine Stellungnahme des Landes vom Standpunkt der Landesplanung einzuholen. Mit dieser Vorgangsweise wird die integrative Stellung des Landeshauptmannes in seiner Doppelfunktion als Organ des Landes und des Bundes einer koordinierten Raumplanung dienlich gemacht. Der Entwurf sah daneben auch noch einen Waldfunktionsplan für den Bezirk oder Teile desselben vor; dabei wäre eine noch weitergehende Verschränkung der Planungen der verschiedenen Gebietskörperschaften möglich gewesen: Die Forstbehörde sollte die raumwirksamen Planungen anderer Stellen, die Waldgebiete berühren, auf die forstrechtliche Zulässigkeit prüfen und sie entweder in einen bestehenden Waldfunktionsplan aufnehmen oder als Waldfunktionsplan für das entsprechende Gebiet anwendbar machen. Damit sollte die Möglichkeit geschaffen werden, Flächenwidmungspläne der Gemeinden und Regionalpläne des Landes in einen Waldfunktionsplan zu transformieren[76].

Schließlich wurde 1974 auch ein Diskussionsentwurf eines Bundes-Raumordnungsgesetzes vom Bundeskanzleramt ausgearbeitet[77], das den Rahmen für ein regionalpolitisch ausgerichtetes Vorgehen des Bundes innerhalb seiner Kompetenzen bilden soll. Der Entwurf beschränkt sich im wesentlichen darauf, auf dem Boden des geltenden Verfassungsrechts die bereits in Einzelfällen rechtlich normierten oder bislang häufig informell gehandhabten Abstimmungs- und Koordinationsmechanismen in einen rechtlichen Rahmen einzufügen.

In einem ersten Abschnitt werden Aufgaben und allgemeine Ziele der Raumordnung formuliert, die für die Bereiche der Bundesvollziehung verbindliche Wirkung entfalten sollen. Zur Verwirklichung dieser Ziele wird eine Pflicht der Organe der Bundesvollziehung normiert, ihre raumbedeutsamen Planungen und Maßnahmen abzustimmen; das Bundeskanzleramt hat die erforderlichen Vorarbeiten zu leisten und die mittel- und langfristigen, großräumigen, raumbedeutsamen Planungen und Maßnahmen als „Raumordnungskonzept des Bundes" zusammenfassend darzustellen. Dieses Konzept hat sich in ein mit den Raumordnungsprogrammen der Länder und Gemeinden abgestimmtes Gesamtkonzept (Österreichisches Raumordnungskonzept) einzufügen.

Das Problem einer vertikalen Koordination soll dadurch gelöst werden, daß raumbedeutsame hoheitliche Planungen des Bundes den Ländern und Gemeinden zur Kenntnis zu bringen sind, ihnen ein förmliches Recht auf Stellungnahme eingeräumt wird und auf Pläne von Ländern und Gemeinden Bedacht zu nehmen ist. Für eine Abstimmung der raumbedeutsamen Planungen und Maßnahmen von Bund und Ländern verweist der Entwurf auf die Bund-Länder-Verträge nach Art 15a I B-VG.

---

72 Anlage zu § 2 Teil 2 A leg cit.
73 Zuständigkeit des Bundes zur Gesetzgebung und Vollziehung (Art 10 I Z 10).
74 1266 BlgNR 13. GP, vgl insbes §§ 8—13.
75 BG v 3. 7. 1975 BGBl 440.
76 Das Gesetz sieht in § 9 V nur noch die Übernahme eines Waldfachplanes (§ 10) in den Waldentwicklungsplan vor.
77 GZ 57.163-2c/74; ein überarbeiteter Entwurf wurde Mitte 1975 zur Begutachtung freigegeben.

Die ausdrücklich als Diskussionsentwurf bezeichneten Vorarbeiten für ein BROG
— einzelne Fragen, etwa die Bestimmung von Raumplanungsregionen, wurden
noch offen gelassen — werden in manchem noch der Überarbeitung bedürfen. Im
grundsätzlichen wird zu fragen sein, ob der Verzicht auf die Beseitigung wesentlicher verfassungsrechtlicher Hemmnisse, die einer normativ ausgestalteten Verknüpfung von Bundes- und Landesplanung entgegenstehen[78] und die Beschränkung auf die bislang schon praktizierten und im wesentlichen unverbindlichen
Koordinierungsmechanismen die Sache der Raumordnung und Raumplanung wird
entscheidend vorantreiben können.

2.4.2. *Aufgaben und Instrumente der Raumordnung*

In den Anfangsjahren einer übergeordneten Planung in Österreich wurde deren
Aufgabe, ähnlich wie in der Schweiz und der Bundesrepublik Deutschland, als
Ordnung der Flächennutzung, dh im wesentlichen der baulichen Nutzung, begriffen. So umschreibt § 1 I sa ROG die Aufgabe der Raumordnung als „koordinierende Vorsorge für eine geordnete, den Gegebenheiten der Natur und dem zusammengefaßten öffentlichen Interesse entsprechende Flächennutzung". Auch das
Kompetenzfeststellungserkenntnis des VfGH[79] verstand Raumordnung als vorsor-
gende „Planung einer möglichst zweckentsprechenden räumlichen Verteilung von
Anlagen und Einrichtungen".
Nach dieser Auffassung waren die Raumansprüche und Raumbedürfnisse der Gesellschaft und der öffentlichen Hand der Landesplanung vorgegeben; ihre Aufgabe war, auf einen Ausgleich und eine sparsame und zweckmäßige Verwendung
des Bodens hinzuwirken. Auch die wirtschaftliche Entwicklung erschien als vorgegebener Prozeß; Aufgabe der Landesplanung konnte nur sein, diesem Entwicklungsprozeß die nötige freie Entfaltung zu sichern. Die Gleichsetzung von Raumordnung und Landesplanung durch den VfGH deckt sich mit diesem Verständnis
der Planungsaufgaben.
Die Fortentwicklung des ö Rechts der Raumplanung und Raumordnung brachte
nicht nur eine terminologische Abklärung; sie kann darüber hinaus schlagwortartig als eine Ablösung einer bloßen Landnutzungsplanung durch eine umgreif-
fende Entwicklungsplanung gekennzeichnet werden. In teilweiser Anlehnung an
Begriffsbestimmungen der d Lehre und Gesetzgebung versteht das ö Schrifttum
nunmehr die Aufgabe der Raumordnung als vorausschauende und planvolle
Ordnung des Lebensraumes, wodurch die wirtschaftlichen, sozialen, kulturellen
und gesundheitlichen Bedürfnisse der Menschen in optimaler Weise erfüllt
werden sollen; als Raumplanung wird derjenige Teil der Raumordnung
bezeichnet, der die Ziele der Raumordnung durch eine auf Grund und Boden
bezogene Nutzung erreichen will[80].
Die auf Entwicklungsplanung gerichteten Intentionen der Landesgesetzgeber
finden in den Aufgabenbestimmungen der neueren Raumordnungsgesetze einen
Niederschlag. Der Raumordnung wird aufgegeben, für eine „geordnete Gesamtentwicklung des Landes" — so § 1 ti ROG —, für eine „planmäßige Gestaltung
eines Gebietes zur Gewährleistung der bestmöglichen Nutzung und Sicherung des
Lebensraumes im Interesse des Gemeinswohls" — so § 1 oö ROG, ähnlich § 1
st ROG — Sorge zu tragen.
Materie der Planung ist mithin nach den neueren ROG nicht allein die Planung
der Bodennutzung. Sie zielt auf Gesamtentwicklung und begnügt sich auch nicht

---

78 Vgl dazu oben S 37 f.
79 VfSlg 2674/54.
80 So etwa U n k a r t, JBl 66, 298 (299); vgl zur Begriffsbildung ferner E v e r s, BRFRPl 73, H 2, 3, und die
dort in den FN 2—6 angegebene Lit.

mit Verboten. Vielmehr soll der Plan für die Verwaltung verbindliche Ziele aufstellen, die sie zwar nicht zu einem bestimmten Tun verpflichten, aber ihren
Entscheidungsraum einengen, da sie die raumbedeutsamen Agenden in Einklang
mit den Zielen der Raumordnung wahrnehmen soll.

Ob das Instrumentarium der ROG allerdings dazu ausreicht, dieser anspruchsvollen Aufgabenformulierung gerecht zu werden, ist zweifelhaft[81].

Auf die Zersplitterung der Zuständigkeiten auf eine Vielzahl von Verwaltungsträgern und die im wesentlichen noch ungelösten Schwierigkeiten einer Bund-
Länder-Koordination als gewichtigste Hemmnisse wurde schon hingewiesen;
hindernd wirkt weiters das nahezu beziehungslose Nebeneinander von Finanz-
und Raumplanung, das die Effektivität der von Investitionsentscheidungen abhän-
gigen Entwicklungsplanung in Frage stellt[82].

Die Instrumente des ö Raumordnungsrechts sind im wesentlichen einer älteren
Schicht städtebaulicher Landnutzungsplanung entlehnt. Der dargestellte Aufga-
benwandel hat es in Ansätzen prägen können; dies gilt vor allem hinsichtlich der
Bindungswirkung überörtlicher und örtlicher Pläne; trotzdem bleibt auch für die
Gegenwart eigentlicher Gegenstand der Raumordnung die Regelung der Boden-
nutzung und die Einflußnahme auf die raumwirksamen und raumbedeutsamen
Maßnahmen der öffentlichen Hand, soweit sie in der Zuständigkeit der Landes-
gesetzgebung liegen.

Im folgenden soll das Planungsinstrumentarium der Flächenstaaten synoptisch
dargestellt werden. Für das Bundesland Wien gelten andere Voraussetzungen; als
Stadtstaat ist Wien auf die Handhabung des örtlichen Planungsinstrumentariums
verwiesen, der Flächenwidmungsplan hat wegen der Identität von Landes- und
Gemeindegebiet wesentliche Funktionen eines überörtlichen Planes zu erfüllen.
Die Einführung eines übergeordneten Stadtentwicklungsplanes (Generalplan) wird
diskutiert. Das Planungsrecht des Bundes kann ebenfalls außer Betracht bleiben,
da der Bund — wie oben dargestellt — auf Fachplanung verwiesen ist[83].

In einzelnen Ländern hat der Landesgesetzgeber dem ROG materielle Raumordnungsgrundsätze vorangestellt und — zum Teil umfassende — Zielkataloge entwickelt[84]. Die Raumordnungsgrundsätze (Ziele) bilden einen Rahmen für die überörtlichen Planungen des Landes; in einigen Ländern kommt ihnen auch selbständige Bindungswirkung zu, die der Wirkung von verbindlichen Entwicklungsplänen entspricht.

Übereinstimmend sehen alle Planungsgesetze die Aufstellung von Plänen für das
gesamte Landesgebiet vor, die als Entwicklungs-(Raumordnungs-)Programme oder
Entwicklungs-(Landesraum-)Pläne bezeichnet werden. Der Plan wird durch die
Landesregierung erlassen; er hat die Grundzüge der Entwicklung des Landesgebietes darzulegen.

In der Mehrzahl der Länder sind in den Plan auch die behördlichen und privat-
wirtschaftlichen Maßnahmen, die zur Verwirklichung der angestrebten Raumord-
nungsziele erforderlich sind, und deren Reihenfolge aufzunehmen. Neben der
Bindung der örtlichen Raumplanung der Gemeinden, also vor allem des Flächenwidmungsplanes, binden die neueren ROG auch übereinstimmend die Investitionen und Förderungsmaßnahmen des jeweiligen Landes; in einzelnen Ländern sind

---

81 Vgl dazu die Analyse des ö Raumordnungsrechts unter dem Gesichtspunkt seiner Eignung zur Entwicklungsplanung bei E v e r s , BRFRPl 73, H 2, 3 (5 ff).
82 Vgl aber § 4 kä ROG, der die Landesregierung verpflichtet, den Landesvoranschlag in Einklang mit den
Zielen des ROG und Entwicklungsprogrammen zu erstellen; diese Bestimmung steht in (Landes-)Verfassungs-
rang.
83 Zu dem von der ÖROK in Aussicht gestellten Raumordnungskonzept für Österreich vgl oben S 38.
84 Vgl etwa § 2 oö ROG, der in Anlehnung an die Grundsätze des d BROG ua Gebietskategorien mit entsprechenden Entwicklungsgrundsätzen formuliert.

auch die Investitionen und Förderungsmaßnahmen der Gemeinden und der sonstigen Körperschaften des öffentlichen Rechts in diese Bindungswirkung mit einbezogen[85, 86]. Anders als im d Recht kann ein überörtliches Entwicklungsprogramm auch unmittelbare, den einzelnen Bürger bindende Wirkungen entfalten; nach einzelnen ROG dürfen Bescheide bzw Verordnungen auf Grund von Landesgesetzen nur in Übereinstimmung mit dem überörtlichen Plan erlassen werden.

In allen Ländern ist die Erstellung von Entwicklungsprogrammen für Teilbereiche des Landesgebietes vorgesehen, in den meisten auch die Erarbeitung von fachlichen Teilplänen. Hinsichtlich Zuständigkeit, Verfahren und Bindungswirkung gelten für diese Teilpläne dieselben Bestimmungen wie für die Entwicklungsprogramme für das gesamte Landesgebiet. Der Terminus „Region" bzw „Regionalplanung" findet sich nur in den Gesetzen Niederösterreichs, Oberösterreichs und der Steiermark; das ti ROG verwendet den Begriff „Planungsraum".

Anders als im d Recht ist die Regional-(Teilgebiets-)Planung nicht nur als staatliche Aufgabe ausgestaltet, sondern wird auch von der zentralen (obersten) Landesplanungsbehörde wahrgenommen. Auch fehlt dem Regional-(Teilgebiets-)Programm in der Ausformung, die es im ö Landesrecht erhalten hat, ein eigenständiger Inhalt, der sich von dem des Landesentwicklungsprogrammes abheben ließe, so daß er jedenfalls nach dem Wortlaut der Gesetze nichts anderes ist als ein partieller Plan auf der Abstraktionsstufe eines Planes für das gesamte Land. Nur das st ROG trifft eine entsprechende funktionelle Unterscheidung, baut den Regionalplan in die Hierarchie der Planungsinstrumente ein und weist dem Landesentwicklungsprogramm und dem regionalen Entwicklungsprogramm jeweils selbständige Planungsaufgaben zu[87].

Landesentwicklungsplan, regionales Entwicklungsprogramm und Fachprogramme rechnen in ihrer Gesamtheit zur überörtlichen Raumplanung; sie werden aus verfassungsrechtlichen Gründen (Art 118 III Z 9 B-VG) formal scharf von der örtlichen Raumplanung des kommunalen Selbstverwaltungsbereiches getrennt; die materielle, inhaltliche Unterscheidung — etwa zwischen dem Regionalprogramm und dem Flächenwidmungsplan eines Gemeindeverbandes — ist hingegen nicht unproblematisch[88].

Auf der Stufe der Ortsplanung konnte das Konzept der Entwicklungsplanung das Planungsinstrumentarium nur in bescheidenen Ansätzen prägen. Regelmäßig stehen den Gemeinden nur Instrumente zur Regelung der Bodennutzung zur Verfügung, das sind der Flächenwidmungs- und der Bebauungsplan.

Nur die Planungsgesetze Niederösterreichs und der Steiermark verpflichten die Gemeinde, vor Erarbeitung des Flächenwidmungsplans ein „örtliches Raumordnungsprogramm" (§ 10 nö ROG) bzw „örtliches Entwicklungskonzept" (§ 21 st ROG) zu erstellen[89]. Diese Grundsatzpläne haben die angestrebten Ziele der

---

85 Ob es verfassungsrechtlich zulässig ist, die privat-rechtlichen Maßnahmen der Gemeinden in die Bindungswirkung mit einzubeziehen, ist umstritten, vgl dazu R i l l, Stellung der Gemeinden, 45 ff; W i t t m a n n, ÖZW 75, 12 (16).

86 § 6 kä ROG enthält ferner eine ausdrückliche Regelung zur Koordinierung der Raumordnung des Landes und der Investitionsentscheidungen der Wirtschaftsbetriebe, an denen das Land beteiligt ist.

87 So hat das Landesentwicklungsprogramm ua die Planungsregionen und die Grundsätze für die regionale und örtliche Raumplanung festzulegen; im regionalen Entwicklungsprogramm sind neben Aussagen zur Infrastruktur der Region auch die Verteilung und Ausstattung zentraler Orte in der Region gesetzlicher Planungsinhalt; vgl §§ 9, 10 st ROG.

88 Vgl dazu unten S 207 ff.

89 Eine ähnliche Regelung enthält auch § 15 oö ROG, der vorsieht, daß der Gemeinderat vor Aufstellung des Flächenwidmungsplans die angestrebten Ziele der örtlichen Raumplanung und die zu ihrer Erreichung erforderlichen Maßnahmen aufzuzeigen hat; § 12 II sa ROG enthält eine engere Regelung und beschränkt sich darauf, den Gemeinderat zu ermächtigen, bestimmte Ziele hinsichtlich der zu erwartenden Bebauungs- und Wohndichte und der Infrastruktur festzulegen.

örtlichen Planung und die zu ihrer Erreichung erforderlichen behördlichen und privat-rechtlichen Maßnahmen zu bezeichnen; *Wurzer*[90] schließt nicht aus, daß diese Programme zu einem Instrument einer Stadtentwicklungsplanung ausgebaut werden könnten. Gegenüber dem einzelnen Bürger kommt diesen Plänen keine Bindungswirkung zu, sie binden jedoch die Gemeinde, vor allem bei der Erstellung des Flächenwidmungsplanes. Im Unterschied zum Flächenwidmungsplan unterliegen sie jedoch keiner aufsichtsbehördlichen Genehmigung. Förderlich können sie sein, wenn es gilt, das Planungsbewußtsein der Kommunalpolitiker und der Bürger zu heben und die Durchsetzung sachgerechter Planung durch Publizitätseffekte zu fördern.

Die bestehenden Ansätze einer kommunalen Finanzplanung werden kritisch beurteilt, ihre Eignung als Instrument zur politischen Aufgabenplanung bezweifelt. Während einzelne Gemeinden vollständige Finanz- und Investitionspläne entwickeln, betreiben andere Finanzplanung nur als Addition gewünschter Investitionsvorhaben; die Verbindung des Finanzplanes zum Gemeindevoranschlag ist nur ausnahmsweise gegeben, die Pläne werden von der Finanzverwaltung erstellt, ohne daß eine Befassung der politischen Gremien der Gemeinde und damit eine über das Faktische hinausreichende Bindungswirkung erzielt wird[91]. Gegenwärtig wird von den Kommunalverbänden angestrebt, zumindest alle Gemeinden mit mehr als 10.000 Ew zur Aufstellung eines mittelfristigen Finanzplans zu verpflichten, der bei der Erstellung des Voranschlages zu berücksichtigen wäre[92].

Die Gesetzgebung hinsichtlich der die Bodennutzung ordnenden örtlichen Raumpläne ist in Österreich erst 1974 zu einem Abschluß gekommen. Planungsinstrumente sind der Flächenwidmungsplan und der auf diesem Plan aufbauende Bebauungsplan.

Bemerkenswert ist, daß die Landesgesetzgeber durch ausdrückliche Anordnung hinsichtlich der Flächenwidmungsplanung absolute Planungspflichten begründet haben; die Gemeinden sind verpflichtet, unabhängig von der konkreten Erforderlichkeit innerhalb bestimmter Fristen für das gesamte Gemeindegebiet einen Flächenwidmungsplan aufzustellen[93].

Der Flächenwidmungsplan nach ö Recht stellt — anders als der Flächennutzungsplan (vorbereitende Bauleitplan) des d BBauG — eine unmittelbar wirksame, den einzelnen Bürger in seiner Baufreiheit einschränkende Nutzungsordnung für das Gemeindegebiet auf. Bauplatzerklärungen und Baubewilligungen — nach einzelnen Gesetzen auch sonstige, in Landesgesetzen vorgesehene Bewilligungen für raumbedeutsame Maßnahmen — dürfen nur in Einklang mit den festgelegten Widmungsarten erteilt werden[94]. Über diese Verbotswirkung hinaus bindet der Flächenwidmungsplan nach den neueren Landesgesetzen auch die Privatwirtschaftsverwaltung der Gemeinde.

Der Plan wird von der Gemeinde im eigenen Wirkungsbereich aufgestellt; zuständiges Gemeindeorgan ist der Gemeinderat. Die Genehmigung erfolgt durch die Landesregierung. Versagungsgründe sind nach den im wesentlichen übereinstimmenden Regelungen der Widerspruch zu einer überörtlichen Planung, Verletzung überörtlicher Interessen oder Gesetzwidrigkeit[95].

---

90 BRFRPI 74, H 3, 1 (8).
91 Vgl die Analyse der Praxis kommunaler Finanzplanung bei B a u e r, Die mittelfristige Finanzplanung in den Gemeinden, GdZ 74, 477 m weit Nachw.
92 § 21 der von Experten von Städtebund und Gemeindebund ausgearbeiteten Muster-Gemeindehaushaltsordnung; zu diesem Entw B a u e r, GdZ 74, 480.
93 Vgl dazu B e r k a, Die Planungspflicht der Gemeinden nach dem Raumordnungsrecht der Länder, BRFRPI 75, H 2, 29.
94 Einen illustrativen Überblick über die föderale Vielfalt der Widmungsarten enthält die Darstellung des Rechts der Flächenwidmungsplanung bei W u r z e r, BRFRPI 74, H 1/2, 3 u H 3, 1.

Planungsinstrument auf der untersten Stufe der Planungshierarchie ist der Bebauungsplan; auch seine Erstellung ist Pflichtaufgabe der Gemeinde, wenngleich anders als beim Flächenwidmungsplan einzelne Landesgesetze elastischere Regelungen getroffen haben und die Gemeinden nur relativ, im Falle der Erforderlichkeit, in Pflicht genommen sind.

Der Bebauungsplan unterscheidet sich vom Flächenwidmungsplan weder der Rechtsform noch der Rechtswirkung nach. Beide Pläne sind normativ wirksam, sie werden von der Rechtsprechung als Verordnungen qualifiziert und sind für den einzelnen unmittelbar verbindlich. Unterschiede bestehen nur in je verschiedenen Verfahren – der Flächenwidmungsplan bedarf der aufsichtsbehördlichen Genehmigung, der Bebauungsplan in den meisten Ländern hingegen nicht – und der inhaltlichen Bindungswirkung, da der Flächenwidmungsplan den Bebauungsplan inhaltlich determiniert. Sachaufgabe und Regelungsgegenstand der beiden kommunalen Pläne sind jedoch verschieden. Dem Bebauungsplan sind weniger umfassende Aufgaben aufgegeben; er hat unter Beschränkung auf das Bauzwecken gewidmete Gemeindegebiet die bauliche Nutzung der einzelnen Grundstücke – in unter Umständen detaillierten Festlegungen – vorzuzeichnen[96].

Zur Veranschaulichung seien die raumbedeutsamen Pläne unter bewußtem Beiseitelassen aller Besonderheiten tabellarisch dargestellt:

Stufe	Planungsinstrumente
Bund	Fachpläne auf dem Gebiet der Bundeskompetenzen (Raumordnungskonzept für Österreich)
Länder	Grundsätze (Ziele) der ROG Entwicklungs-(Raumordnungs-)Programm Pläne für Sachbereiche
Region	Teilgebietsprogramm Regionalprogramm *
Gemeinde	Örtliches Raumordnungsprogramm * Flächenwidmungsplan Bebauungsplan
* nur in einzelnen Ländern	

Eine Zusammenstellung der wichtigsten Bestimmungen zur überörtlichen Planung im länderweisen Vergleich findet sich im Anhang in tabellarischer Form[97]; zur

---

95 Vgl dazu die kritische Analyse der Versagungstatbestände der ö ROG bei W o l n y , Die Stellung der raumplanenden Gemeinde im aufsichtsbehördlichen Genehmigungsverfahren – dargestellt am Beispiel des oö. RaumordnungsG, JBl 75, 132.

96 Zu den Bebauungsgrundlagen gehören etwa Festlegungen wie die Mindestgröße der Baugrundstücke, deren bauliche Ausnutzung, Bauweise, Baulinie; ggf aber auch Form und Aussehen von Gebäuden.

97 Vgl Anhang Österreich 8.1.5.

Synopse der landesgesetzlichen Grundlagen hinsichtlich der örtlichen Raumplanung vgl Darstellung und Tabelle bei *Wurzer*[98].

2.4.3. *Stand der Raumplanung*

Da die gegebene Verfassungsrechtslage[99] eine hoheitliche, umfassende Bundesplanung nicht zuläßt, liegt der Schwerpunkt einer bundesweiten Raumordnung gegenwärtig bei der bloß persuasorisch wirkenden und auf das Einstimmigkeitsprinzip verpflichteten Österreichischen Raumordnungskonferenz (ÖROK).
Seit der Gründung im Jahre 1971 zeichnen sich zwei Tätigkeitsschwerpunkte ab[100]: Im Vordergrund der Bemühungen steht die Erarbeitung des Österreichischen Raumordnungskonzeptes; dazu hat die ÖROK am 16. Mai 1972 ein Verfahrensprotokoll beschlossen[101]. Nach diesem Beschluß soll das Konzept allgemeine Grundsätze der Raumordnungspolitik, fachlich und regional bezogene Zielsetzungen, Methoden der Planung und Vorschläge für raumrelevante Maßnahmen enthalten. Zur Behandlung des Konzepts wurden vier Unterausschüsse eingerichtet.
1975 hat die ÖROK einen „Ersten Raumordnungsbericht" vorgelegt, der die Bemühungen und erzielten Fortschritte bei der gemeinsamen Erarbeitung des Raumordnungskonzeptes und eine Darstellung des Standes der Raumplanung bei Bund, Ländern und Gemeinden enthält.
Daneben hat die ÖROK von Anfang an auch aktuelle Raumordnungsprobleme aufgegriffen und versucht, sie in kooperativem Zusammenwirken zu lösen. In einzelnen Fällen führten die Beratungen auch zu Beschlüssen über gezielte gemeinsame regionalpolitische Maßnahmen[102].
Zum Stand der Raumplanung in den Ländern ist zu vermerken[102a]:
Es hat bis 1973 gedauert, bis dem letzten ö Bundesland (außer Wien) ein Planungsgesetz mit dem oben umrissenen Instrumentarium zur Verfügung stand; in der Mehrzahl der Länder wurden gesetzliche Grundlagen erst Ende der sechziger und Anfang der siebziger Jahre geschaffen. Zwar bestanden in allen Bundesländern schon vor diesem Zeitpunkt Landesplanungsstellen in den Ämtern der Landesregierungen — seit 1963 verfügen sämtliche Bundesländer über eine spezielle Fachstelle für die Bearbeitung von Landesplanungsfragen —, die Entwicklung verbindlicher Pläne war ihnen jedoch vor Schaffung der gesetzlichen Grundlagen verwehrt. Dies hat mit verursacht, daß die überörtliche Planung in Österreich, von wenigen Ausnahmen abgesehen, das Anfangsstadium noch nicht überwunden hat.
Die Anzahl der Raumordnungsprogramme, die auf der Grundlage eines Raumordnungsgesetzes erlassen und mit verbindlicher Wirkung ausgestattet wurden, ist gering. Zwar existieren zahlreiche Pläne und Programme, die zum Teil auch das Gebiet eines ganzen Landes abdecken; sie blieben jedoch überwiegend im Entwurfsstadium stecken und sind zum Teil mittlerweile durch Änderung der Planungsgrundlagen überholt, soferne sie nicht von vornherein als bloß gutachtliche Empfehlungen oder Strukturerhebungen konzipiert waren.

---

98 BRFRPl 74, H 1/2, 5 ff.
99 Vgl oben S 36 f.
100 Vgl dazu S t i g l b a u e r, Die Tätigkeit der Österreichischen Raumordnungskonferenz (ÖROK) 1971 bis 1973, BRFRPl 73, H 6, 4; ÖROK, Erster Raumordnungsbericht, Schriftenreihe der ÖROK Nr 8 (1975) 49 ff.
101 Der Wortlaut dieses Beschlusses ist abgedruckt bei S t i g l b a u e r, BRFRPl 73, H 6, 5 f.
102 So hinsichtlich der von der Entwicklung in Bay betroffenen Gebiete in Ö; weitere von Unterausschüssen behandelte Fragen betreffen die Flughafenplanung im Raum Salzburg—Oberösterreich, die Entwicklung der Grenzgebiete im Osten, den Donauausbau und Probleme der Bergbauerngebiete; vgl auch die Beantwortung einer parlamentarischen Anfrage betreffend Tätigkeit, Erfolge und zukünftige Tätigkeit der ÖROK durch Bundeskanzler Dr. Kreisky v 12. 8. 1975, abgedr GdZ 75, 506.
102a Vgl zum Stand der Raumplanung und den Raumordnungsproblemen in den Bundesländern die Länderberichte in ÖROK, Erster Raumordnungsbericht, Schriftenreihe der ÖROK Nr 8 (1975) 131 ff.

Einen verbindlichen Plan für das gesamte Landesgebiet besitzt kein einziges Bundesland. In einzelnen Ländern laufen Vorarbeiten für einen derartigen Plan, ohne daß der Zeitpunkt für sein Inkrafttreten gegenwärtig abgesehen werden kann.

In drei Bundesländern (Kärnten, Salzburg und Steiermark) wurden verbindliche Pläne (Programme) für Teilgebiete des Landes erlassen. Diese zehn Regionalpläne erfassen etwa hundert Gemeinden[103].

Sieben dieser Entwicklungsprogramme (Kärnten und Steiermark) für insgesamt 32 Gemeinden wurden allerdings noch auf der Grundlage älterer, in der Zwischenzeit umfassend erneuerter ROG erlassen. Untersuchungen über die Qualität und Effektivität dieser Pläne fehlen, so daß hier darüber keine Aussagen gemacht werden können. In den meisten Bundesländern stehen Regionalprogramme gegenwärtig in unterschiedlichen Stadien der Ausarbeitung.

Nicht rechtskräftige Regionalpläne und -programme bestehen hingegen in größerer Anzahl in den meisten Ländern; hier ist vor allem auf die Studien und Programme des Österreichischen Instituts für Raumplanung mit Tätigkeitsschwerpunkten im Norden und Osten des Bundesgebietes hinzuweisen[104].

Die Bestandsaufnahme hinsichtlich der Sachbereichspläne (sektorale Pläne) ergibt einen ähnlichen Befund. Nur in Niederösterreich wurden auf der Grundlage des ROG (acht) verbindliche Pläne erstellt — neben anderem auch über Standort und Ausstattung Zentraler Orte. In anderen Ländern bestehen hingegen nur unverbindliche Programme oder Pläne ohne Rechtsgrundlage im ROG.

Die auf längere Tradition aufbauende örtliche Planung der Gemeinden hat dagegen in den letzten Jahren einen nicht unerheblichen Erfolg erzielen können, jedenfalls was die Zahl der verbindlichen Gemeindeplanungen betrifft. Während 1963 erst ein Neuntel der damals rund 4.000 Gemeinden Österreichs eine rechtskräftige Gemeindeplanung besaß[105], lagen 1974 schon für etwa 40% der Gemeinden verbindliche Flächenwidmungspläne vor. In Burgenland, Niederösterreich und Kärnten waren zwischen 75 % und 100 %, in Salzburg und Tirol mehr als 70 bzw 50 % des jeweiligen Landesgebietes von rechtswirksamen oder beschlossenen, aber noch nicht genehmigten Flächenwidmungsplänen abgedeckt. Nur in Vorarlberg und der Steiermark — wo erst 1973 bzw 1974 entsprechende Rechtsgrundlagen für die örtlichen Planungen geschaffen wurden — fehlen verbindliche Flächenwidmungspläne fast völlig bzw völlig.

Da alle ROG die Gemeinden zur Flächenwidmungsplanung verpflichten und dafür Fristen setzten, ist zu erwarten, daß in den nächsten Jahren die Gemeindeplanungen weiter vorangetrieben werden. Daß dies häufig nur durch umfassende und über fachliche Beratung hinausgehende Hilfestellung von seiten des Landes gelingen wird, ist angesichts der geringen Planungskraft der vielen kleinen Gemeinden evident. Bei der häufig unzureichenden personellen Ausstattung der

---

103 Kärnten: Entwicklungsprogramm Unterkärntner Seengebiet, LGBl 1961/40
                    Entwicklungsprogramm Klagenfurt und Umgebung, LGBl 1962/87
                    Entwicklungsprogramm Mittleres Gailtal, LGBl 1963/27
                    Entwicklungsprogramm Oberes Mölltal, LGBl 1966/24
                    Entwicklungsprogramm Flattnitz, LGBl 1967/27
    Salzburg: Entwicklungsplan Wallersee, LGBl 1965/51
                    Entwicklungsplan Stadt Salzburg und Umland, LGBl 1970/25
                    Entwicklungsplan Pinzgau, LGBl 1973/137
    Steiermark: Entwicklungsprogramm Predlitz—Turracher Höhe, LGBl 1968/34
                    Entwicklungsprogramm Mitterndorfer Becken, LGBl 1972/25.
104 Vgl Auflistung der nicht rechtskräftigen Regionalprogramme der Länder im Bericht des Bundeskanzleramtes an die OECD, Regionalpolitik in Österreich (1973) 88.
105 S c h r e i b e r, Stand der Gemeindeplanung in Österreich, Berichte zur Landesforschung und Landesplanung 63, H 4, 397.

Landesplanungsstellen bringt diese Konzentration aller Kapazitäten auf die örtliche Planung allerdings eine weitere Verschleppung der überörtlichen Planungen mit sich[106].

2.5. Die kommunale Zusammenarbeit auf dem Gebiet der Flächenwidmungsplanung

2.5.1. *Überblick*

Während im Deutschen Reich interkommunale Zusammenarbeit auf den Gebieten der örtlichen Planung schon in den ersten Jahrzehnten dieses Jahrhunderts in Einzelfällen praktiziert wurde, sind in Österreich Ansätze derartiger Initiativen erst in den letzten Jahren erkennbar. Lange Zeit wurde Planung im wesentlichen als Aufgabe der Städte und größeren Gemeinden verstanden; da der Siedlungsdruck zumeist noch innerhalb der Stadt- und Verwaltungsgrenzen aufgefangen und entstehende interkommunale Verflechtungen mit Randgemeinden im Wege der Eingemeindung aufgelöst werden konnten, wurde inselartige Planung nicht als Problem empfunden.

Erst in der Gegenwart trat die Notwendigkeit einer Abstimmung der als Verwaltungseinheiten getrennten, aber sozio-ökonomisch zu mehr oder weniger dichten Einheiten zusammenwachsenden Räume ins Bewußtsein. Die Ordnung des Stadtumlandes, in das Städte auszuwuchern drohen, die gestiegene Mobilität der Bevölkerung, ein verstärkter Siedlungsdruck und die wachsende Last der Versorgungsaufgaben brachten Probleme, von denen bald deutlich wurde, daß ihnen sachgerecht nur im Wege interkommunaler Plankoordination beizukommen sein würde. Mit der Ausformung einer überörtlichen Planung nach dem Zweiten Weltkrieg wurde ein Denken in regionalen Dimensionen ausgelöst; die Existenz- und Entwicklungsprobleme der alpinen und ländlichen Gebiete, die zu lösen die Kraft der einzelnen Gemeinde übersteigt, gaben ebenfalls häufig den Anstoß zu gemeinsamen Entwicklungsbemühungen. Die Ausbildung des örtlichen Planungsinstrumentariums mit umfassenden Planungspflichten für jede — auch die kleinste ländliche Gemeinde — fordert eine Intensivierung der Planungsaktivitäten, die angesichts des Leistungsdefizits kleiner Gemeinden häufig nur im Wege der Kooperation sachgerecht wahrgenommen werden können.

Die ROG der ö Länder verpflichten die Gemeinden, ihre örtlichen Planungen im Wege der Bedachtnahme mit Nachbargemeinden abzustimmen. Bei Verstößen gegen diese Abstimmungsverpflichtung kann die Genehmigung des Flächenwidmungsplanes versagt werden[107]. Die Pflicht zur Bedachtnahme ist eine schwache Form der Koordination, sie gebietet lediglich, die Planungen und Maßnahmen der Gegenbeteiligten in den Entscheidungsprozeß einzubeziehen, ohne eine Bindung der Entscheidung selbst zu bewirken. Die Gewähr der Abstimmung im Wege der aufsichtsbehördlichen Genehmigung ist auf ex post Kontrolle beschränkt und wird nur im Falle schwerster Fehlplanungen zum Einsatz gelangen[108]. Die Pflicht zur Bedachtnahme wird ergänzt durch Anzeige- und Informationspflichten im interkommunalen Bereich.

Organisatorische Vorkehrungen zur gemeinsamen kommunalen Willensbildung oder zur Entwicklung eines mehrere Gemeinden umfassenden Flächenwidmungs-

---

106 Vgl etwa den Arbeitsbericht von G r o s i n a, Aktuelle Probleme und Stand der Raumplanung im Burgenland, BRFRPI 74, H 1/2, 26; das Vorziehen der örtlichen Planung wird hier auch damit gerechtfertigt, daß die Gemeinden im Gegenstromverfahren der überörtlichen Planung nur dann Gesprächspartner des Landes sein könnten, wenn sie bereits Vorstellungen über ihre eigenen Entwicklungen erarbeitet haben.
107 So zB § 17 VII sa ROG.
108 zT darf auch die Genehmigung nur bei wesentlichen Beeinträchtigungen der Nachbarplanungen versagt werden, vgl § 17 V Z 2 nö ROG.

planes, wie sie etwa das d BBauG mit den Instituten des gemeinsamen Flächennutzungsplanes (§ 3 BBauG) oder des Planungsverbandes (§ 4 BBauG) zur Verfügung stellt, kennt das ö Planungsrecht nicht.

In drei Bundesländern könnten gegenwärtig im Wege der Vollziehung zwar Gemeindeverbände (Art 116 IV B-VG) eingerichtet und mit der Befugnis zur örtlichen Raumplanung ausgestattet werden[109]; diese Möglichkeit hat man jedoch bislang nicht genützt, nicht zuletzt im Interesse der Gemeindeautonomie. In allen anderen Bundesländern setzt die Einrichtung von Gemeindeplanungsverbänden auf öffentlich-rechtlicher Grundlage einen Akt des Landesgesetzgebers voraus.

Das st ROG, das als einziges ö Planungsgesetz Raumordnungsgemeinschaften vorsieht[110], enthält keine Ermächtigung zur Errichtung eines Gemeindeverbandes nach Art 116 IV B-VG. Nach § 20 st ROG sollen Gemeinden, die räumlich-funktionell eng mit einer oder mehreren Gemeinden verbunden sind, sich mit diesen Gemeinden zur Abstimmung der örtlichen Raumordnung zu einer „Raumordnungsgemeinschaft" zusammenschließen. Wie den Erläuternden Bemerkungen zum st ROG zu entnehmen ist[111], wollte der Landesgesetzgeber damit einen Zusammenschluß in den Rechtsformen eines (privat-rechtlichen) Vereins oder einer (öffentlich-rechtlichen) Verwaltungsgemeinschaft ermöglichen.

Diese beiden Rechtsformen sind auch die einzigen, deren sich die in Österreich gegenwärtig bestehenden Planungsgemeinschaften bislang bedient haben.

Um Mängeln der Verwaltungskraft bei der örtlichen Planung abzuhelfen, stünde den Gemeinden ferner der Weg der Delegation dieser Aufgabe nach Art 118 VII B-VG offen. Nach dieser Verfassungsbestimmung können die Gemeinden den Erlaß einer Verordnung beantragen, durch die einzelne Angelegenheiten des eigenen Wirkungsbereiches auf eine staatliche Behörde übertragen werden. Vor allem in Salzburg, aber auch in Vorarlberg und Tirol, wurden in zahlreichen Fällen derartige Kompetenzverschiebungen vorgenommen; sie betreffen die Aufstellung der Bebauungspläne, Bauplatzerklärungen, Baubewilligungen bei bestimmten Gebäuden, nicht aber die Zuständigkeit hinsichtlich des Flächenwidmungsplanes. Es scheint, daß auch kleinste Gemeinden die Planungshoheit nicht aus den Händen geben wollen; der Leistungsschwäche kann in diesen Fällen nur durch eine weitgehende technische Hilfestellung von seiten des Landes oder durch Gewährung von Zuschüssen begegnet werden.

2.5.2. *Planungsgemeinschaften im Bereich der örtlichen Planung*

(1) Eine Durchsicht der Statuten und Tätigkeitsberichte der im Anhang[112] aufgelisteten Planungsgemeinschaften ergibt, daß nur in wenigen Fällen die Abstimmung der örtlichen Raumplanung — Flächenwidmungsplan, Bebauungsplan — Hauptaufgabe dieser Zusammenschlüsse von Gemeinden ist. In den meisten Fällen streben die Gemeinden mit der Errichtung eines Verbandes Aufgaben an, die schwerpunktmäßig auf regionale Entwicklungsplanung und die Durchführung von regional verstandenen Entwicklungsmaßnahmen zielen. Als eigentliche Planungsaufgabe wird den Planungsgemeinschaften aufgegeben, ein Leitbild, regionales Entwicklungskonzept, Raumordnungs- und Wirtschaftsentwicklungskonzept oder

---

109 Nö, Ti: nur freiwillig durch Vereinbarung der Gemeinden; Va: nur durch VO der Landesregierung.
110 Raumplanungsgemeinschaften werden auch in § 7 V va RPIG erwähnt, der vorsieht, daß der Entwurf eines Landesraumplanes „allenfalls für einzelne Landesteile bestehenden Raumplanungsgemeinschaften" zur Stellungnahme zu übermitteln ist.
111 71 Blg st LT 7. GP, 36.
112 Vgl Anhang Österreich 8.1.7.

Regionalprogramm zu erarbeiten. Organisation und Tätigkeit dieser Planungsgemeinschaften mit regionaler Ordnungsfunktion werden in Abschnitt 2.6. darzustellen sein.

In mehreren Fällen haben benachbarte Gemeinden im Rahmen des Verbandes oder auch aufgrund einer ad hoc getroffenen Absprache vereinbart, gemeinsam einen freiberuflichen Planer mit der Erarbeitung ihrer Flächenwidmungspläne zu betrauen; die Erarbeitung der Planungsentwürfe durch eine Hand erhöht die Chance, eine Abstimmung bei einzelnen, mehreren Gemeinden gemeinsamen Problemen zu erreichen. Die Tätigkeit der freiberuflichen Planer wird — vor allem auch von seiten des Landes — unterschiedlich beurteilt; in einzelnen Fällen sei der Planungsauftrag verkannt und seien Entwürfe nicht brauchbar gewesen. Um die gemeinsame Architektenplanung in Form zu bringen, wird — vor allem in der Steiermark — die Gründung von örtlichen Planungsgemeinschaften angestrebt.

Die zum Teil als Verwaltungsgemeinschaft konstituierten Planungsgemeinschaften der Steiermark sehen unter Verzicht auf umfassendere Aufgaben als satzungsmäßige Hauptaufgabe die Entwicklung von aufeinander abgestimmten Flächennutzungs- und Bebauungsplänen an; daneben wollen sie die Koordinierung der Entwicklungsziele der Mitgliedsgemeinden fördern[113].

Trotzdem werden auch von jenen Planungsgemeinschaften, die Regionalplanung und -entwicklung in den Vordergrund ihrer Bemühungen stellen, Impulse auf die von den Mitgliedsgemeinden beschlossenen örtlichen Pläne ausgehen.

Es liegt in der Natur des Regionalplanes, hinsichtlich der Flächenwidmungspläne des Planungsraumes koordinierend zu wirken, da die Bemühungen um ein regionales Konzept die Klärung und Abstimmung der kommunalen Zielsetzungen und Planungen voraussetzen und die Vielzahl der Kontakte, die die Verbandsarbeit zwischen den Vertretern schafft, die Abstimmung fördert. Der Zusammenschluß von Gemeinden zu einer regionalen Planungsgemeinschaft kann schließlich die Entstehung von subregionalen Zusammenschlüssen auf dem Gebiete der Flächenwidmungsplanung fördern[114].

Mitunter wendet sich eine regionale Planungsgemeinschaft auch dann der Koordinierung der örtlichen Flächenwidmungspläne zu — etwa durch gemeinsame Architektenplanung oder Erstellung eines regionalen Konzeptes, das bereits Elemente der Flächenwidmungsplanung enthält —, wenn nach der Satzung der Schwerpunkt der Tätigkeit auf dem überörtlichen, regionalen Aspekt liegt.

(2) Bevorzugte Rechtsform bei den örtlichen Planungsgemeinschaften der Steiermark ist die Verwaltungsgemeinschaft nach §§ 37 ff st GO; zum Teil wirken die Gemeinden in losen Zusammenschlüssen auf privat-rechtlicher Grundlage zusammen.

Die Initiativen zur Verbandsbildung gehen häufig von einer einzelnen, größeren Gemeinde aus, die bereits einen Flächenwidmungsplan besitzt. Diese Gemeinde übernimmt auch als Sitzgemeinde Vorsitz und Verwaltung der Planungsgemeinschaft.

Zweck dieser Zusammenschlüsse ist die Erstellung von aufeinander abgestimmten Flächennutzungs- und Bebauungsplänen und die Koordinierung der kommunalen Entwicklungsziele; zu diesem Zweck obliegt der Verwaltungsge-

---

113 Die Satzungen bzw Satzungsentwürfe der st VerwGem definieren die letztere Aufgabe als „Koordinierung der Entwicklungsziele"; der ursprüngliche Entwurf einer Satzung für die Planungsgemeinschaft Gleisdorf und Umgebung enthielt hingegen noch die Formulierung „Koordinierung der überörtlichen Entwicklungsziele"; einer Anordnung der Landesregierung Folge leistend, wurde in einem überarbeiteten Satzungsentwurf das Wort überörtlich gestrichen.
114 So hat der Raumordnungs- und Wirtschaftsförderungsverband des politischen Bezirkes Murau Initiativen zur Gründung von Planungsverbänden zur Abstimmung der örtlichen Raumplanung im Verbandsgebiet ergriffen.

meinschaft die gemeinsame Führung aller mit der Erstellung der örtlichen Pläne zusammenhängenden Aufgaben. Da der VerwGem keine eigenständige Sachkompetenz zukommt und sie nur als verwaltungstechnischer Hilfsapparat fungieren kann, haben die einzelnen Gemeinden die Entscheidung über die Planungsentwürfe selbst zu treffen; die VerwGem kann nur im Prozeß der Planerarbeitung Einfluß erhalten. Praktisch bedeutet dies, daß die Hauptfunktion dieser Planungsgemeinschaften in der gemeinsamen Vergabe eines Planungsauftrages an einen — meist freiberuflichen — Planer und in der Findung eines Kostentragungsschlüssels für die erarbeiteten Planentwürfe liegt. Die Beitragsleistungen der einzelnen Mitgliedsgemeinden werden satzungsmäßig festgelegt. Zu den Kosten gewährt das Land regelmäßig Zuschüsse.

Auf eine mehrgliedrige Organisation und einen eigenständigen Verwaltungsapparat wird verzichtet; die Leitung der VerwGem obliegt einem Vorstand, bestehend aus den Bürgermeistern der beteiligten Gemeinden unter Vorsitz des Bürgermeisters der Sitzgemeinde, die auch die laufenden Geschäfte abwickelt.

Erfahrungsberichte über die Tätigkeit dieser Planungsgemeinschaften liegen nicht vor. Die meisten derartigen Zusammenschlüsse befinden sich noch in unterschiedlichen Stadien der Gründung, die Planungen meist noch im Anfangsstadium. Als Vorteil der gemeinsamen Planungsvergabe durch die VerwGem bzw privat-rechtliche Absprachen wird häufig die Kostenersparnis angegeben. Dies und die Möglichkeit, durch gemeinsames Auftreten gegenüber dem Land eher Zuschüsse freimachen zu können, dürften die Hauptmotive für die Gründung dieser Zusammenschlüsse sein[115].

2.6. Die Organisation der Regionalplanung

2.6.1. Überblick

Die Regionalplanung wurde in Österreich immer als staatliche und von Landesbehörden wahrzunehmende Aufgabe verstanden. Schon das erste ö ROG, das sa ROG 1956, sah die Aufstellung von Entwicklungsplänen für einzelne Landesteile und deren Verbindlicherklärung durch die Landesregierung vor. Auch alle Landesgesetze der folgenden Jahre hielten an der ausschließlichen staatlichen Trägerschaft fest. Die Gemeinden blieben auf den Bereich örtlicher Planung beschränkt, an der Regionalplanung waren sie nur durch Anhörungsrechte zu beteiligen, ohne daß ihnen weitergehende Mitwirkungsbefugnisse eingeräumt wurden[116].

Seit Anfang der siebziger Jahre wurden jedoch auch Planungsgemeinschaften mit vorwiegend kommunaler Trägerschaft ins Leben gerufen, die sich der Sache der Regionalplanung und regionalen Entwicklung annahmen. Ihnen waren vereinzelt schon in früheren Jahren kommunale Initiativen vorangegangen, die zwar nicht die Erstellung eigener Pläne anstrebten, die jedoch durch Zusammenschluß in meist loser Form eine gemeinsame Artikulation kommunaler Interessen gegenüber dem Land im Prozeß der Regionalplanung anzustreben suchten.

Die Organisation der überörtlichen Planung in der Region ist in Österreich also gegenwärtig durch einen Dualismus von staatlicher Zuständigkeit und parallel laufenden kommunalen Aktivitäten gekennzeichnet:

---

115 Finanzielle Probleme waren jedenfalls auch zT mitverantwortlich für das Scheitern von 1968 unternommenen Bemühungen zur Gründung von örtlichen Planungsgemeinschaften im Bu, vgl G r o s i n a, BRFRPI 74, H 1/2, 26 (29).
116 Demgegenüber ging die Entwicklung der Regionalplanung etwa in Deutschland von den Kommunen aus, vgl dazu unten S 92.

— die hoheitliche Aufstellung von verbindlichen, die Flächenwidmungsplanung der einzelnen Gemeinden und das übrige Verwaltungshandeln bindenden Regionalplänen ist ausschließlich Sache der Landesplanungsbehörden;

— daneben werden regionale Pläne, Konzepte und Programme auch von privatrechtlich verfaßten Planungsgemeinschaften erarbeitet, verbindliche Wirkung können diese Planungen jedoch nicht erlangen.

2.6.2. Regionalplanung durch das Land

Alle Planungsgesetze der ö Länder (außer Wien) sehen die Erstellung von Entwicklungsprogrammen (-plänen) für Teile des Landesgebietes vor. Wie bereits erwähnt[117], verwenden allerdings nur einzelne Landesgesetze den Begriff „Region" bzw „Regionalplanung"; es wurde auch schon darauf hingewiesen, daß die ROG in der Regel[118] keine spezifische Funktionsbestimmung für den Regionalplan enthalten, die diesen Plan von den Entwicklungsprogrammen für das gesamte Landesgebiet abheben würde.

Bisher wurden Teilgebietspläne primär für Gebiete erlassen, in denen ein Bedürfnis nach Wahrnehmung einer konkreten Ordnungsaufgabe besonders dringlich empfunden wurde[119]. Häufig handelte es sich dabei um entwicklungsschwache Gebiete des ländlichen Raumes mit ungünstigen Wirtschaftsstrukturen und Wanderungsverlusten, für die konkrete Entwicklungs- und Förderungsmaßnahmen, vor allem ein Ausbau des Fremdenverkehrs, angestrebt wurden.

Eine regionalpolitische Planungsstrategie, verstanden in dem Sinn, daß flächendeckend Planungsregionen gebildet und die Erstellung multisektoraler Pläne für diese Regionen als vermittelnde Planungen zwischen Plänen auf Landesebene und örtlichen Planungen angestrebt wird, ist erst in der Gegenwart in einigen Bundesländern entwickelt worden.

In Niederösterreich und in Tirol ist schon gegenwärtig das gesamte Landesgebiet durch Verordnungen der Landesregierung auf der Grundlage des jeweiligen ROG regional gegliedert[120, 121].

Niederösterreich hat die räumliche Gliederung des Landesgebietes mit dem durch dieselbe Verordnung geschaffenen System Zentraler Orte verknüpft; als Planungsregionen wurden Gebiete festgelegt, deren „Ausstattung mit zentralen Einrichtungen eine weitgehend vollständige Versorgung der Bevölkerung mit Gütern und Dienstleistungen ermöglicht oder die die Voraussetzungen aufweisen, eine solche weitgehend vollständige Versorgung in Zukunft zu erreichen"[122]. Insgesamt wurden elf Regionen abgegrenzt; sechs Regionen wurden ferner in Planungsräume unterteilt; eine davon ist die Wien ringförmig umschließende Planungsregion mit großstädtischem Kern[123]. Die Abgrenzung der nö Regionen lehnt sich eng an das bestehende territoriale Verwaltungssystem an; Planungsregionen sind entweder mit dem Bereich politischer Bezirke identisch oder fassen mehrere politische Bezirke zusammen[124]; nur vereinzelt wird die Bezirksgrenze nicht berücksichtigt. Die vier Statutarstädte Niederösterreichs sind allerdings als Zentren der jeweili-

---

117 Vgl oben S 42.
118 Vom st ROG abgesehen, vgl oben S 42.
119 Nachweis der verbindlichen Entwicklungsprogramme oben FN 103
120 Vgl dazu Karte im Anhang Österreich 8.1.8.
121 Nö: Zentrale-Orte-Raumordnungsprogramm v 17. 7. 1973 LGBl 8000/24-0, Ti: Kundmachung über die Festlegung der Planungsräume v 25. 7. 1972, Bote für Tirol, 423.
122 § 7 der oben zit VO.
123 Als Planungsräume gelten nach der Terminologie der oben zit VO Gebiete, die dem Ausstattungsgrad von Planungsregionen möglichst nahe kommen und ihrer besonderen räumlichen Lage zufolge eine Raumordnungseinheit bilden.
124 Die Untergliederung in Planungsräume folgt dann aber wieder den Bezirksgrenzen.

gen Planungsräume voll in das System der Planungseinheiten integriert[125]. Die elf Planungsregionen weisen einen verhältnismäßig großflächigen Zuschnitt auf; bei einer Landeseinwohnerzahl von 1,41 Mio Ew kommen auf eine Region durchschnittlich 128.000 Ew; der einwohnerschwächsten Region (Horn) mit rund 36.000 Ew steht die Region Wien-Umland mit 475.000 Ew gegenüber[126].

In Tirol wurden 55 Planungsräume als Kleinregionen eingerichtet, die in der Regel das Gebiet mehrerer Gemeinden umfassen, in einzelnen Fällen aber auch nur eine einzige Gemeinde. Diese Planungsräume sind Bezugsgrößen für die Aufstellung von Entwicklungsprogrammen für Teile des Landes; ferner wurden auf der Grundlage dieser territorialen Gliederung Beratungsorgane für die Behandlung von Raumordnungsangelegenheiten auf unterster Ebene eingerichtet. Knapp $1/4$ der ti Bevölkerung lebt im Planungsraum Landeshauptstadt Innsbruck. Die durchschnittliche Einwohnerzahl der übrigen 54 ti Regionen beläuft sich auf 7700 Ew. Eine Anzahl von Planungsräumen weist weniger als 2000 Ew auf. Ob eine derart feinmaschige Regionalisierung des Landes eine taugliche Grundlage konsistenter Regionalplanung sein kann, wird von sachkundigen Beobachtern bezweifelt; als weitere Nachteile werden eine zu geringe Ausrichtung auf bestehende Zentren und eine mangelnde Abstimmung mit angrenzenden Planungsräumen erwähnt. Die Praxis der ti Regionalplanung hat sich daher auch schon über die Abgrenzung der Kleinregionen insofern hinweggesetzt, als in Einzelfällen regionale Entwicklungsprogramme für das Gebiet nicht nur eines Planungsraumes erarbeitet werden.

Im Burgenland wird die bestehende Verwaltungsgliederung in Bezirke auch für Zwecke der Raumordnung verwendet; die sieben Bezirke des Landes werden dabei zu drei Einheiten zusammengefaßt.

In den meisten übrigen Bundesländern wird eine regionale Gliederung vorbereitet; dabei werden, was die Zahl und Rechtsgrundlage einer Regionalisierung angeht, durchaus unterschiedliche Lösungen diskutiert. In Oberösterreich wird angestrebt, durch Verordnung 13 Regionen einzurichten, in Salzburg wurde diskutiert, durch Landesgesetz 18 Regionen zu bilden und in Vorarlberg besteht die Absicht, durch eine verwaltungsinterne Regelung sieben Regionen abzugrenzen. Nach dem st ROG ist es Sache des Landesentwicklungsprogrammes, Planungsregionen festzulegen.

In Kärnten sieht ein Entwurf eines Entwicklungsprogrammes Kärntner Zentralraum[127] die Gliederung dieses Raumes in Planungsregionen vor; damit soll nach den Erläuterungen zum Entwicklungsprogramm eine Mobilisierung regionaler Initiativen erreicht werden. Ansonsten steht man in diesem Bundesland einer durchgängigen Gliederung des Landes in Regionen eher skeptisch gegenüber.

Das Verfahren der Regionalplanung unterscheidet sich grundsätzlich nicht von dem der sonstigen überörtlichen Planungen durch das Land. Regional- bzw Teilgebietspläne werden nach der übereinstimmenden Regelung aller ROG von den Landesregierungen als Verordnungen erlassen; eine Zuständigkeit nachgeordneter Verwaltungsstellen der Länder — etwa der Bezirksverwaltungsbehörden — ist nicht vorgesehen. Wie bei den Plänen für das gesamte Land ist vor der förmlichen Verabschiedung des Plans eine Stellungnahme des zur Beratung der Landesregierung eingerichteten Raumordnungs- bzw Raumplanungsbeirates einzuholen, der auf Landesebene eine Repräsentation politischer Gruppen und Inter-

---

125 Zum theoretischen Konzept der Regionsabgrenzung in Nö vgl S i l b e r b a u e r, Regionen und ihre Abgrenzung, Kulturberichte Juli 1972, 1.
126 Bleibt die Region Wien—Umland unberücksichtigt, beläuft sich die durchschnittliche Einwohnerzahl der übrigen 10 Regionen auf 94.000 Ew.
127 Vgl dazu W u r z e r, Entwicklungsprogramm Kärntner Zentralraum, Raumordnung in Kärnten Bd 7 (1974) insbes 22 ff.

essenvertretungen garantieren soll. Da die Landesgesetze in der Regel Vertretern der Gemeinden bzw der kommunalen Organisationen Sitz und Stimme im Beirat einräumen[128], wird auf diesem Wege den Gemeinden in ihrer Gesamtheit eine Mitwirkungsbefugnis an der staatlichen Regionalplanung eingeräumt.

Ferner ordnen alle Planungsgesetze an, daß der Entwurf des Regionalplans den betroffenen, im Planungsraum liegenden Gemeinden zur Kenntnisnahme zu bringen und deren Stellungnahme einzuholen ist. Diese Verfahrensvorschrift sichert nur ein Recht auf Anhörung und bindet im Entscheidungsprozeß die Landesinstanzen nicht. In einzelnen Ländern ist schließlich bei der Aufstellung von überörtlichen Plänen auf die Gemeindeplanungen Bedacht zu nehmen, was ebenfalls eine abweichende Entscheidung des Landes nicht ausschließt. Damit sind die kommunalen Rechte im Bereich der überörtlichen Planung und damit auch der Regionalplanung schon abschließend umschrieben.

In der zentralistischen Organisation der Regionalplanung in Österreich liegt auch ein wesentlicher Unterschied etwa zu den meisten d Bundesländern, die die Regionalplanung einer eigenständigen Organisationsstufe unter kommunaler Trägerschaft übertragen haben oder zumindest von der staatlichen Mittelbehörde wahrnehmen lassen. Ansätze einer selbständigen, von der Zentralinstanz abgehobenen Regionalplanungsorganisation sind nur die Planungsbeiräte auf regionaler Ebene in Tirol und der Steiermark[129].

Die Beratungsorgane in den einzelnen Planungsräumen nach ti Recht sind ständig eingerichtete Gremien; Zusammensetzung und Arbeitsweise werden durch Verordnung der Landesregierung geregelt[130]. Wenn sich das Gebiet eines Planungsraumes mit dem Gebiet der Gemeinde deckt, obliegen die Aufgaben des Beirates dem Gemeinderat, ansonsten setzt sich der Beirat aus den Bürgermeistern der betreffenden Gemeinden und weiteren von der Landesregierung bestellten Mitgliedern[131] zusammen. Aufgabe dieser Beratungsorgane ist die fachliche Vorberatung der Raumordnungsangelegenheiten in den Planungsräumen. Zu diesen Beratungsorganen in den Planungsräumen kommen auf der Ebene der politischen Bezirke Bezirkskommissionen für Angelegenheiten der Raumordnung mit dem Bezirkshauptmann als Vorsitzendem[132].

Die regionalen Planungsbeiräte nach § 17 st ROG sind keine ständigen Einrichtungen, vielmehr hat die Landesregierung sie nur anläßlich der Erstellung eines regionalen Entwicklungsprogrammes in den einzelnen Planungsregionen einzurichten. Ihnen ist vor Erlassung eines Programmes Gelegenheit zur Stellungnahme zu geben. Die Zusammensetzung der regionalen Planungsbeiräte ist durch Verordnung der Landesregierung zu regeln; das st ROG legt insofern nur fest, daß die Landesregierung als Mitglieder Personen, die über besondere Kenntnisse verfügen, die für die Raumordnung in den Planungsregionen von Bedeutung sind und je einen von der Gemeinde entsandten Vertreter zu berufen hat.

---

128 Anders § 7 IX nö ROG: den Vertretern der Interessenvertretungen der Gemeinden kommt zwar ein Sitz, aber kein Stimmrecht im Raumordnungsbeirat zu, der in Nö als rein politisches, von den Parteien zu beschickendes Gremium eingerichtet ist.

129 Die übrigen Bundesländer kennen derartige Beratungsorgane nur bei der zentralen Planungsbehörde; davon abgesehen ist im Verfahren der Regionalplanung daher nur die einzelne Gemeinde oder ein ad hoc gebildeter Zusammenschluß von Gemeinden Gesprächspartner des Landes.

130 VO über die Einrichtung der Beratungsorgane in Angelegenheiten der Raumordnung v 25. 7. 1972 LGBl 51; VO über die Geschäftsordnung der Beratungsorgane in Angelegenheiten der Raumordnung v 25. 7. 1972 LGBl 52.

131 Höchstens 8, davon 5 Mitglieder „mit besonderen Kenntnissen über die Raumordnung in den einzelnen Planungsräumen" und höchstens 3 Mitglieder „zum Ausgleich des politischen Stärkeverhältnisses".

132 Weitere Mitglieder der Bezirkskommissionen sind die Vorsitzenden der Beratungsorgane der bezirksangehörigen Planungsräume, Landtagsabgeordnete mit Wohnsitz im Bezirk, Vertreter der Kammern, der Leiter des Arbeitsamtes und weitere von der Landesregierung ernannte Mitglieder; in der Bezirkskommission für den Bezirk Innsbruck führt der Bürgermeister den Vorsitz, ihm gehören auch die übrigen Mitglieder des Stadtsenates an.

Im Bundesland Niederösterreich bestehen ebenfalls Bestrebungen, in den einzelnen Regionen Plänungsräte einzurichten und diese an der Aufstellung der Regionalprogramme zu beteiligen; eine entsprechende Regelung soll im nö ROG gesetzlich verankert werden.

Die Bildung von regionalen Beiräten gerade in den Bundesländern, die flächendeckend Regionen abgegrenzt haben — bzw die Reformbestrebungen, die in diese Richtung weisen —, zeigt das Bestreben der Länder, im Falle einer Regionsbildung auch einen regionalen Gesprächspartner zu schaffen und in den Prozeß der Regionalplanung einzubeziehen. Es fällt auch auf, daß in den Bundesländern Tirol und Niederösterreich keine regionalen Planungsgemeinschaften gebildet wurden und in der Steiermark diskutiert wird, wie die bestehenden regionalen Planungsgemeinschaften in das im st ROG vorgesehene Beirätesystem eingegliedert werden können. Das System der beratenden Beiräte in staatlich abgegrenzten Regionen stellt sich insofern als Alternative zur freien Verbandsbildung der Gemeinden dar.

2.6.3. Regionalplanung durch regionale Planungsgemeinschaften

(1) Vereinzelt wurden bereits in den sechziger Jahren Organisationen geschaffen, die als Planungsgemeinschaften am Prozeß der staatlichen Regionalplanung beteiligt waren. Die zwischen 1962 und 1975 bestandene Neusiedlersee-Planungsgesellschaft[133] war als Instrument zur Finanzierung von Forschungsaufträgen für eine Regionalplanung Neusiedlersee gedacht; es wurden im Auftrag der Gesellschaft eine Reihe von Untersuchungen durchgeführt.

1967 wurde die Planungsgemeinschaft Wien-Niederösterreich gegründet; wegen der besonders gelagerten Problematik Landesgrenzen überschreitender Planung wird die Arbeit dieser Planungsgemeinschaft getrennt darzustellen sein[134].

Bei den Planungsgemeinschaften, die in den frühen sechziger Jahren in Kärnten entstanden, wurden erstmals die Gemeinden zur Mitwirkung an der staatlichen Planung zusammengefaßt. In zwei Fällen wurden diese regionalen Planungsgemeinschaften in Anlehnung an die Bestimmungen über Verwaltungsgemeinschaften nach kä Gemeinderecht konstituiert, in den übrigen Fällen als bloß lose Zusammenschlüsse ohne organisatorische oder institutionelle Verdichtung gegründet. Die Aufgaben wurden nur zum Teil ausdrücklich formuliert; neben der Koordinierung und Durchführung von Entwicklungsmaßnahmen haben diese Zusammenschlüsse eine Zusammenarbeit mit dem Land in Angelegenheiten der Raumplanung angestrebt.

Es waren vor allem die konkreten Entwicklungsprobleme wirtschaftlich schwach strukturierter Gebiete, Fragen der Verkehrserschließung, der Trink- und Nutzwasserversorgung und Stromversorgung, Abwasserbeseitigung, die zum Zusammenschluß geführt haben. Da diese Probleme nicht von den Gemeinden allein gelöst werden konnten, sollte durch das gemeinsame Auftreten gegenüber dem Land eine gezielte Förderung erlangt werden. Der Rahmen für die eigenen kommunalen Entwicklungsbemühungen und für die angestrebten Landesmittel sollte durch einen vom Land erlassenen Regionalplan[135] geschaffen werden. Formeller Planungsträger dieser Entwicklungsprogramme, die in der Folge für das Gebiet dreier Planungsgemeinschaften erlassen wurden[136], war das Land; wie stark kommunale Vorstellungen diese Planungen prägen konnten, ob Interessen-

---

133 Eine GmbH mit 60%iger Beteiligung des Bundes und 40%iger Beteiligung des Landes Burgenland.
134 Vgl unten S 280 ff.
135 Entwicklungsprogramm nach § 1 kä LPIG 1959.
136 Nachw dieser Entwicklungsprogramme bei der Auflistung der Planungsgemeinschaften im Anhang Österreich 8.1.7.

konflikte zwischen der Vorstellung der Landesregierung und den betroffenen Gemeinden ausgetragen oder kompromißhaft verschleiert wurden, kann schwer ausgemacht werden. Nach einer Darstellung des Planungsablaufes beim Entwicklungsprogramm Flattnitz[137] sorgte die Planungsgemeinschaft im Verfahren der Regionalplanung „für die Unmittelbarkeit der Aufgabenstellung, vielerlei Initiativen und eine bevölkerungsnahe Interpretation der Ziele der Raumplanung"; insbesondere habe die Planungsgemeinschaft auch darauf geachtet, „daß während der Bearbeitungszeit des Entwicklungsprogrammes keine den erst in Aufstellung befindlichen Planungszielen entgegenstehenden Entscheidungen und Maßnahmen gesetzt wurden". Als „Angelpunkt" der Zusammenarbeit von Land, Gemeinden und Interessenvertretungen bei der Regionalplanung wird in dieser Publikation die Bezirkshauptmannschaft St. Veit an der Glan angesprochen, bei der die regionale Planungsgemeinschaft ihren Sitz hatte und die im Auftrag der Landesregierung fachlich federführend wirkte[138].

Die Entwicklungsprogramme, die in drei Fällen in einem derartigen Verfahren von der Landesregierung erlassen wurden, sind außer Kraft getreten, da sie noch auf dem mittlerweile abgelösten kä LPIG 1959 beruhten. Entsprechend dem entwicklungsbedürftigen Charakter der Planungsgebiete, war in den Programmen als Planungsziel die Verbesserung der Wirtschaftsstruktur, insbesondere durch Hebung des Fremdenverkehrs und durch Strukturverbesserung der Landwirtschaft, festgelegt. An konkreten Anordnungen fanden sich in diesen Programmen vor allem Grundsatzbestimmungen für die örtliche Flächenwidmungsplanung[139]. Insgesamt verdient die Konkretheit der meisten Festsetzungen dieser Entwicklungsprogramme Beachtung.

Neben der Beteiligung am Regionalplanungsverfahren haben die Planungsgemeinschaften in Kärnten in unterschiedlichem Ausmaß auf die kommunalen Folgeplanungen eingewirkt und Plattformen für die Initiierung von einzelnen Entwicklungsaktionen gebildet. Mit dem Erlaß der Entwicklungsprogramme wurden die Aufgaben dieser Planungsgemeinschaften als erfüllt angesehen; sie stellten ihre Tätigkeit ein[140]. Nur die Planungsgemeinschaft St. Veit an der Glan und Umgebungsgemeinden — 1965 als Planungsgemeinschaft nur der Umgebungsgemeinden gegründet und 1967 um die Stadt St. Veit an der Glan erweitert — wurde 1971 in der Folge der kä Maßnahmen zur Verbesserung der Gemeindestruktur — Zusammenlegungen im Planungsraum — erneut aktiviert. Auf sie ist im Zusammenhang mit der folgenden Darstellung der bestehenden regionalen Planungsgemeinschaften in Österreich einzugehen.

(2) Die in den letzten Jahren gegründeten regionalen Planungsgemeinschaften[141] befinden sich überwiegend auf dem Gebiet der Bundesländer Vorarlberg, Salzburg und Steiermark; in anderen Ländern sind derartige Einrichtungen — sieht

137 Entwicklungsprogramm Flattnitz und örtliche Planungen in den Gemeinden Metnitz, Deutsch-Griffen und Glödnitz, Schriften zur Gemeindeplanung in Kärnten, H 4, hrsg v Amt der kä Landesregierung (oJ) 92.
138 Auch durch personelle Verflechtungen war die Bezirkshauptmannschaft mit der Planungsgemeinschaft verbunden, da der Bezirkshauptmann mit den Aufgaben eines geschäftsführenden Obmannes betraut war.
139 Diese wurden aus Funktionsbestimmungen für die jeweilige Gemeinde des Planungsraumes abgeleitet und betreffen etwa die Zentrumsbildung durch Ausweis von Vorbehaltsflächen, die Festlegung von nicht oder beschränkt als Bauland festzulegenden Flächen und von Grünland.
140 Bei den gegenwärtigen Vorarbeiten für ein Entwicklungsprogramm Nockgebiet haben sich wieder die betroffenen Gemeinden zu einer losen Vereinigung — Interessengemeinschaft Nockgebiet — zusammengefunden; sie werden auf Einladung des Landes über die Arbeiten am Entwicklungsprogramm informiert und es wird ihre Stellungnahme eingeholt.
141 Vgl zu den regionalen Planungsgemeinschaften auch die Darstellungen bei S c h i n d e g g e r, Zur Frage neuer Träger und Instrumente der regionalen Planung in Österreich, Mitteilungen des Ö Instituts f Raumplanung, Nr 136 (Juli 1970) 85 ff; W i t t m a n n, Regionale Planungsgemeinschaften — Neue Wege in der kommunalen Raumplanungs- und Entwicklungspolitik, ÖZW 75, 12.

man von den oben angeführten Sonderfällen ab – nur vereinzelt tätig geworden[142].

Am geschlossensten ist das System der regionalen Planungsgemeinschaften in Vorarlberg, wo rund 50% der gesamten Landesfläche Planungsraum von regionalen Planungsgemeinschaften ist; in der Steiermark sind es rund 17% und in Salzburg rund 13%. Auf ganz Österreich umgelegt, bedeutet dies, daß rund 6,5% des ö Bundesgebietes von regionalen Planungsgemeinschaften abgedeckt wird; in diesem Gebiet leben etwa 5,5% der Gesamtbevölkerung[143].

Die Größe der Verbandsgebiete liegt zwischen 147 und 1.384 qkm, die Einwohnerzahl der Verbandsgebiete beträgt im Schnitt 33.000 Ew; wird der einwohnerstärkste Planungsverband Stadt Salzburg und Umgebungsgemeinden (156.000 Ew) ausgeklammert, liegt der Durchschnitt allerdings bei etwa 20.000 Ew.

Überwiegend wurden diese regionalen Planungsverbände in ländlichen Räumen gegründet; dabei handelt es sich zum Teil um ausgesprochen entwicklungsbedürftige Gebiete mit vorwiegend landwirtschaftlicher Wirtschaftsstruktur. Anlaß zur Gründung waren meist drängende Existenzprobleme oder konkrete Mißstände – Abwasser, Müllbeseitigung, fehlende Verkehrserschließung – oder überörtliche Planungen, von denen sich die Betroffenen Entwicklungschancen versprachen[144].

Dichte Verflechtungsbeziehungen zwischen Gemeinden eines Planungsraumes waren der Anstoß zur Gründung des Raumordnungs- und Wirtschaftsförderungsverbandes Aichfeld-Murboden. Im Aichfeld durchschneiden die Gemeindegrenzen an zahlreichen Stellen bebautes Gebiet, vier Nachbargemeinden haben Anteil am städtischen Siedlungsraum der Stadt Knittelfeld (15.000 Ew), die im Begriff ist, mit Zeltweg zusammenzuwachsen. Dazu trat noch die einschneidende Veränderung der Lage des Raumes im Fernverkehrsnetz[145]. Diese Probleme wurden verschärft durch die Struktur- und Entwicklungsschwächen dieses alten Industriegebietes – rückläufige Beschäftigungszahl, unrentabler Braunkohlenabbau, Dominieren von eisenerzeugender und -verarbeitender Industrie –, so daß sich die Bemühungen um eine Stärkung der Wirtschaftsstruktur durch breit angelegte Entwicklungsmaßnahmen in den Vordergrund der Verbandstätigkeit schoben.

In Planungsräumen, die auf ein städtisches Zentrum ausgerichtet sind, kann beobachtet werden, daß wesentliche Initiativen – vor allem die Anregung zur Gründung – von dieser Gemeinde ausgegangen sind[146].

Die Stadt-Umland-Problematik in der Dimension eines Schwerpunktraumes[147] hat hingegen nur im Fall Salzburg zur Gründung eines Planungsverbandes der Stadt mit den Umgebungsgemeinden geführt. Vereinzelt wurden Verbände auch gegründet, um den Entwicklungsbemühungen eines angrenzenden Verbandes Gleichwertiges entgegensetzen zu können und der Sogwirkung, die von der aktiveren Region ausgeht, zu begegnen.

---

142 In einem Fall ist eine Gemeinde des Bu in einen st Verband einbezogen, dasselbe gilt für die Mitgliedschaft einer kä Gemeinde in einem sa Verband, zu den regionalen Einrichtungen in Nö und Oö vgl die Auflistung im Anhang Österreich 8.1.7.
143 Diese Berechnungen beziehen sich auf die im Anhang 8.1.7. mit den Kennziffern 1.2.4., 1.5.1., 1.5.2., 1.5.3., 1.6.1., 1.6.2., 1.6.3., 1.6.5., 1.6.8., 1.8.1., 1.8.2., 1.8.3., 1.8.4. gekennzeichneten Planungsgemeinschaften. In einzelnen Fällen kann die Abgrenzung regionale Planungsgemeinschaft – Planungsgemeinschaft nur zur Koordinierung der örtlichen Pläne problematisch sein, so etwa beim Gemeindeplanungsverband Loipersdorf bei Fürstenfeld und Umgebungsgemeinden; da jedoch auch dieser Verband nach seiner Satzung ein Raumordnungs- und Wirtschaftsentwicklungskonzept zu erarbeiten hat, wird er im folgenden den regionalen Planungsgemeinschaften zugerechnet, wenn auch der Tätigkeitsschwerpunkt gegenwärtig bei der Flächennutzungsplanung liegt.
144 Etwa Tauernautobahn: Regionaler Planungsverband Fremdenverkehrsraum Katschberg.
145 Durch den Ausbau der Südautobahn, den Bau der Pyhrn- und Tauernautobahn.
146 So haben sich im Fall Aichfeld-Murboden neben der Bezirkshauptmannschaft die Bürgermeister der vier Großgemeinden des Planungsraumes am stärksten für die Gründung eingesetzt.
147 Zur Terminologie vgl unten S 237.

Träger der Gründungsbemühungen waren vor allem — wie schon erwähnt — Kommunalpolitiker, zum Teil auch Landespolitiker; bemerkenswert ist ferner, daß häufig auch die Bezirkshauptmannschaften mit ihren Fachabteilungen Kristallisationspunkt einer Verbandsgründung waren. Daneben haben das Land, gelegentlich auch Kammern, in unterschiedlichem Maß durch Anregung, Beratung und finanzielle Förderung die Verbandsbildung unterstützt oder standen den Initiativen von kommunaler Seite zumindest wohlwollend gegenüber. Der Bund hat nur in einem Fall — Regionale Entwicklungs- und Förderungsgesellschaft Rauris-Lend-Taxenbach — an der Verbandsbildung aktiv mitgewirkt, und zwar zur Verwirklichung eines Bergbauernhilfe-Modells. Nach erfolgter Gründung hat die Bundesregierung im Raum des Verbandes Aichfeld-Murboden starkes regionalpolitisches Engagement entfaltet, die dort durchgeführten Regionalenqueten und Förderungsmaßnahmen sollen einen Musterfall einer gezielten Regionalpolitik bilden.

(3) Bis auf eine Ausnahme haben alle regionalen Planungsgemeinschaften die Rechtsform des Vereins nach dem Vereinsgesetz 1951 gewählt; auch für die in Vorbereitung stehenden Planungsgemeinschaften wird keine andere Rechtsform in Betracht gezogen. Daß dem Verein keine Sachkompetenz in rechtlichem Sinne zukommt und ihm die Möglichkeit verbindlicher Anordnung verwehrt ist, wird damit in Kauf genommen. Die Satzungen mancher Vereine betonen ausdrücklich, daß durch den Verein die Rechte der Gemeinden nicht angetastet werden. Diese prononcierte Betonung der Autonomie der einzelnen Gemeinde zeigt, daß diese in der Regel nicht bereit sind, die Planungshoheit und die Entscheidungen über ihre eigenen Entwicklungen aus der Hand zu geben. In einzelnen Fällen wird von Vertretern regionaler Planungsgemeinschaften eingeräumt, daß diese vereinsmäßige Organisation und das Angewiesensein auf bloß persuasorische Wirkung an Grenzen stößt, wenn es um die Entscheidung über lukrative oder für die einzelne Gemeinde lästige Einrichtungen geht. Ferner sei der Verein dann eine ungeeignete Organisationsform, wenn finanziell aufwendige Entwicklungsmaßnahmen durchgeführt werden sollen. Da die Initiierung und zum Teil auch Durchführung von Entwicklungs- und Förderungsmaßnahmen als eine der Hauptaufgaben der ö Planungsgemeinschaften betrachtet wird, ist es verständlich, daß in manchen Fällen die Vereinsgründung nur als erster Schritt verstanden und die Schaffung einer zweigliedrigen Regionalorganisation aus Planungsverein und Kapitalgesellschaft angestrebt wird. Im Fall Aichfeld-Murboden ist es bereits zur Gründung einer Entwicklungsgesellschaft Aichfeld-Murboden GmbH gekommen; die Verbandsmitglieder sind allerdings nur durch die vier Städte des Verbandsraumes an der Gesellschaft beteiligt, Hauptgesellschafter ist der Bund (90%)[148].
Als einzige regionale Planungsgemeinschaft hat sich die kä Raumordnungsgemeinschaft St. Veit an der Glan unter bewußter Abwendung von privat-rechtlichen Organisationsformen als Verwaltungsgemeinschaft nach § 71 kä AGO konstituiert; sie versteht sich gleichzeitig — in Anlehnung an Art 22 B-VG (Amtshilfe) — als Instrument der vertikalen Kooperation zwischen Landesstellen (Bezirkshauptmannschaft) und Gemeinden.
Neben den formell errichteten Planungsgemeinschaften mit satzungsmäßig festgelegtem Aufgabenkreis gab es und gibt es in den Bundesländern lose Gesprächsgruppen von Kommunalpolitikern und regionsangehörigen Landespolitikern, Vertretern der wirtschaftlichen Selbstverwaltung und anderen für die Entwicklung einer Region maßgeblichen Kräfte. Hierzu rechnen auch regelmäßige Zusammenkünfte von Politikern der gleichen politischen Partei in regionalem

---

148 Zu Bemühungen um die Errichtung einer Kapitalgesellschaft ist es auch bei der Regionalplanungsgemeinschaft Bregenzerwald und beim Regionalverband Katschberg gekommen.

Rahmen. Nach Tätigkeitsschwerpunkt und Selbstverständnis widmen sich diese Gruppen vorrangig der Diskussion und Abstimmung von gemeinsamen Einzelfragen und der Artikulation regionaler Entwicklungswünsche an übergeordnete Aufgaben- und Planungsträger. Als Koordinierungsinstrument entsprechen sie dem Modell einer Arbeitsgemeinschaft. Die Beschränkung auf die Behandlung von Einzelproblemen und der Verzicht auf anspruchsvollere Aufgaben mag mit ein Grund dafür sein, daß von Vertretern dieser losen Gesprächsgruppen ihre Arbeit als im wesentlichen erfolgreich eingeschätzt wird. Wie noch dargestellt werden wird, sind auch manche der organisierten und anspruchsvoller angetretenen Planungsgemeinschaften über die Phase der gemeinsamen Erörterung und der Abstimmungsversuche nicht hinausgekommen. Wenn aus naheliegenden Gründen, insbesondere wegen des schwer überwindbaren Informationsdefizits über lose Gesprächsgruppen, daher im folgenden nur Organisation und Tätigkeit der förmlich errichteten Planungsgemeinschaften dokumentiert wird, darf nicht übersehen werden, daß das Bedürfnis nach regionaler Zusammenarbeit sich auch schon im Vorfeld dieser Organisationen artikuliert.

(4) Bei den Planungsgemeinschaften Salzburgs und Vorarlbergs sind nur die Gemeinden des Verbandsraumes ordentliche Mitglieder des Vereins; eine Mitwirkung anderer gesellschaftlicher oder politischer Repräsentanten der Region in den Verbandsorganen oder als außerordentliche Mitglieder wird dadurch nicht ausgeschlossen und ist in Vorarlberg ausdrücklich vorgesehen.
Die Verbände in der Steiermark sind hingegen auf eine umfassende Sammlung und Aktivierung aller raumbeeinflussenden Kräfte angelegt; neben den Gemeinden des Verbandsraumes können die Kammern, der Österreichische Gewerkschaftsbund, größere Unternehmen und im Verbandsgebiet wohnende Abgeordnete als ordentliche Mitglieder mit Stimmrecht in den Organen dem Verband beitreten[149].
Tatsächlich in die Vereine eingetreten sind regelmäßig alle Gemeinden des Verbandsgebietes; die Kammern und Unternehmen warten die Anfangsphase ab, und es bedarf intensiver Bemühungen von seiten des Verbandes, die von der Satzung angestrebte umfassende Beteiligung zu realisieren[150].
Die Mitwirkung von Abgeordneten zum Landtag in den Gremien der Verbände wird positiv beurteilt, da sich dadurch der Informationsfluß zwischen Land und Planungsgemeinschaft verstärkt habe und vermehrter Einfluß auf Entscheidungen des Landes gewonnen werden konnte. Auch die Einbindung des Bezirkshauptmannes in den Verband habe sich erfolgreich ausgewirkt. Zur Beteiligung von Abgeordneten des Nationalrates ist es hingegen nicht gekommen.

(5) Die ö Planungsgemeinschaften haben sich nach ihren Satzungen meist recht umfassende Aufgaben gestellt.
Übereinstimmend wird der Planungsgemeinschaft aufgegeben, die Planungen und raumbedeutsamen Maßnahmen ihrer Mitglieder aufeinander abzustimmen (Koordinationsfunktion). Diese interne und horizontale Koordinierungsfunktion soll durch eine vertikale Abstimmung mit allen übrigen, nicht dem Verband angehörigen Trägern raumwirksamen Handelns ergänzt werden.
Als zweiten Aufgabenkreis nennen die Satzungen — wenn auch in unterschiedlichen Formulierungen — die Vertretung der gemeinsamen Interessen der Verbandsmitglieder nach außen (Interessenvertretung); dies umschließt Teilaufgaben,

---

149 zT aber auch in der St nur als außerordentliche Mitglieder ohne Stimmrecht, zu den Einzelheiten vgl Auflistung im Anhang Österreich 8.1.7.
150 Beim Raumordnungs- und Wirtschaftsförderungsverband Aichfeld-Murboden sind bis Anfang 1975 eine Kammer und 7 Unternehmen neben den Gemeinden beigetreten.

wie die Stellungnahme zu Planungen anderer Institutionen, die Beratung von Behörden und Privaten (Unternehmungen), Information über regionale Probleme, Einflußnahme des Verbandes zur Förderung raumbedeutsamer Maßnahmen zur Verbesserung der Regionalstruktur.

Zentrale Aufgabe der regionalen Planungsgemeinschaften ist die Entwicklung regionaler Zielvorstellungen (Planungsfunktion). Zu dieser Funktion ist auch die Raumforschung zu rechnen, die nach der Satzung durch eigene Kräfte und durch Forschungsaufträge nach außen zu bewerkstelligen ist und zur Erarbeitung des Grundlagenmaterials, von Leitbildern und Prognosen führen soll. Über den Regionalplan[151] als regionales Planungsinstrument, dessen Inhalt, Aufgaben und Wirkungsweise enthalten die Satzungen keine oder wenig präzise Angaben. Zum Verhältnis der notwendigerweise unverbindlichen Planungen des Vereins zur staatlichen Regionalplanung führen die Satzungen st Verbände aus, daß auf Grund des erarbeiteten Raumordnungs- und Wirtschaftsentwicklungskonzeptes Vorschläge und Gutachten an Bund und Land zur Verwirklichung im Rahmen der Raumordnungsgesetze dieser Körperschaften abzugeben seien. Andere Vereine verschweigen sich zu diesem Verhältnis, wenn auch zum Teil in Stellungnahmen der Erwartung Raum gegeben wird, das Land werde das Regionalprogramm des Verbandes in einen staatlichen Regionalplan übernehmen.

Nach den vorliegenden Satzungen bzw Entwürfen werden den Vereinen zwar zum Teil auch Durchführungsaufgaben übertragen; im Vordergrund steht jedoch das Bestreben, über die regionale Organisation konkrete Entwicklungsmaßnahmen von dritter Seite auszulösen und Maßnahmen der Verbandsmitglieder anzuregen und zu koordinieren[152].

Bei den st Vereinen überträgt die Satzung zwar auch unmittelbar dem Verein sehr anspruchsvolle Durchführungsaufgaben, wie Beschaffung neuer und Sicherung bestehender Arbeitsplätze, Bekämpfung von Lärm und Luftverunreinigung. In der Praxis ist es bis jetzt jedoch in keinem Fall zur Inangriffnahme eines größeren Projektes durch einen Verein selbst gekommen[153]. Auf die Bemühungen mancher Verbände, für die Durchführung von Entwicklungsmaßnahmen Kapitalgesellschaften einzurichten, wurde bereits hingewiesen.

Bei der kä Raumordnungsgemeinschaft St. Veit an der Glan und Umgebungsgemeinden steht nach dem Wortlaut der Vereinbarung die gemeinsame Durchführung von Entwicklungsmaßnahmen im Vordergrund[154]. Als weitere Aufgabe obliegt der Raumordnungsgemeinschaft die Zusammenarbeit mit den zuständigen oder zur Beratung berufenen Stellen des Landes in Angelegenheiten der Raumplanung.

Dabei ist es fraglich, ob mit der gewählten Organisationsform — Anlehnung an die kä Verwaltungsgemeinschaft — derartig anspruchsvolle und umfassende

---

151 Regionales Entwicklungskonzept, Regionalprogramm, Raumordnungs- und Wirtschaftsentwicklungskonzept.

152 Vgl etwa § 3 I lit i Satzung Raumordnungs- und Wirtschaftsförderungsverband Aichfeld-Murboden: Maßnahmen zur Realisierung des erarbeiteten regionalen Raumordnungs- und Wirtschaftsentwicklungskonzeptes durch Empfehlungen an die Verbandsmitglieder und Intervention bei übergeordneten Planungsstellen.

153 Bei den va Regionalplanungsgemeinschaften fehlt in den Satzungen jeder Hinweis auf Durchführungsmaßnahmen; insges ist bei den Planungsgemeinschaften dieses Landes die Planungsaufgabe am stärksten in den Vordergrund gestellt; die einschlägige Formulierung der Statuten des Regionalverbandes Stadt Salzburg und Umgebungsgemeinden und die Entwürfe für die übrigen sa Verbände, Vereinszweck sei unter anderem „die schrittweise kooperative Realisierung der Planungsziele, die unter Einbeziehung der Interessen des Vereins ihren Niederschlag in den hoheitlichen Planungen gefunden haben" läßt vieles offen.

154 § 2 der Vereinbarung: Soweit erforderlich, gemeinsame Durchführung insbes des Gemeindestraßenbaues, der Siedlungswasserwirtschaft, der Gewerbe- und Leichtindustrieansiedlung, der Erschließung von Fremdenverkehrsschwerpunkten (einschließlich des Baues von Bädern, Sportstätten u Wintersportanlagen), der ökologisch vertretbaren Ausgestaltung der Erholungslandschaft, der Organisation der Fremdenverkehrswirtschaft und der besonderen Gestaltungsaufgaben des ländlichen Raumes.

Aufgaben sinnvoll wahrgenommen werden können, zumal auch nach kä Gemeinderecht die VerwGem auf Geschäftsführung bei Wahrung des Entscheidungsrechts der einzelnen Gemeinde beschränkt ist.

Sofern die bloße Koordinierung von Entwicklungszielen in Frage steht[155], oder die Formulierung von regionalplanerischen Zielvorstellungen gegenüber dem Land[156], kann die Raumordnungsgemeinschaft als Geschäftsstelle angesehen werden, die im Auftrag und nach Weisung der Gemeinden koordinierte Zielvorstellungen entwirft, dabei den zwischengemeindlichen Zusammenhang berücksichtigt und die Approbierung dieses Entwurfs den jeweils zuständigen Organen der einzelnen Gemeinden überläßt[157]. Die Grenzen dieser Vorgangsweise liegen in der institutionellen Unfähigkeit, bei mangelndem Konsens zu einer gemeinsamen Entscheidung oder Willensäußerung zu kommen.

Bei der gemeinsamen Durchführung von Entwicklungsmaßnahmen kann die Raumordnungsgemeinschaft nur unter Verzicht auf eigene Entscheidungskompetenzen im Namen und Auftrag jeder einzelnen Gemeinde — was wiederum eine institutionell nicht abgesicherte übereinstimmende Willensbildung innerhalb jeder Gemeinde voraussetzt — privat-rechtlich oder hoheitlich tätig werden. Diese komplizierte Vorgangsweise mit den notwendigerweise damit verbundenen Reibungsverlusten wird sich kaum dafür eignen, Entwicklungsmaßnahmen größerer wirtschaftlicher Dimensionen abzuwickeln.

Zur Durchführung dieser Aufgaben der Raumordnungsgemeinschaft beruft die Vereinbarung „je nach Bedeutung des Gegenstandes" Vollversammlung, Vorstand, Obmann bzw Stellvertreter des Obmanns, geschäftsführender Vorstand und fallweise nach Bedarf durch Beschlußfassung der Vollversammlung zu bildende Arbeitsgruppen. Grundsätze für die Willensbildung dieser Organe sind nicht festgelegt. Auch diese Offenheit der verbandsinternen Zuständigkeiten ist bedenklich. Zwar können die Verbandsorgane nur organisatorische und vorbereitende Aufgaben wahrnehmen. Trotzdem dürften präzisere Angaben über die Verteilung der Kompetenzen zwischen den Organen, die Zusammensetzung der Vollversammlung und die Art der Willensbildung nicht zu entbehren sein.

(6) Hauptorgan jeder der hier erörterten Planungsgemeinschaften ist eine Mitglieder- oder Vollversammlung. Die gewichtigsten Entscheidungen hinsichtlich der Verbandsinterna — etwa Statutenänderung, Festlegung der Mitgliedsbeiträge und besonderer Kostenschlüssel, Beschlußfassung über größere Ausgaben, Wahl bestimmter weiterer Verbandsorgane usw — behält die Satzung diesem Gremium vor. Darüber hinaus obliegt die Beschlußfassung über den Regionalplan oder Teile dieses Planes bei den va und st Planungsgemeinschaften ebenfalls der Vollversammlung[158].

---

155 Wie etwa bei dem im Rahmen der VerwGem erarbeiteten Regionalen Verkehrsplan, der teils die kommunale Straßenplanung betrifft und teils Wünsche der Gemeinden an Landesstraßen- und Bundesstraßenplanung heranträgt.

156 Auch die Raumordnungsgemeinschaft des Raumes St. Veit an der Glan strebt die Erlassung eines Entwicklungsprogrammes nach dem kä ROG an und hat eine entsprechende Resolution an die kä Landesregierung gerichtet, verbunden mit dem Ersuchen, in die Planung „auch ihre vorläufigen Raumordnungsvorstellungen" einbringen zu dürfen; vgl Initiativen zur Raumordnung 2. Teil, Resolution an die Kärntner Landesregierung 1974, hrsg v der Regionalen Planungsgemeinschaft (Raumordnungsgemeinschaft) St. Veit an der Glan und Umgebungsgemeinden (1974); in dieser Broschüre ist auch die Vereinbarung über die Bildung der VerwGem v 5. 3. 1974 abgedruckt.

157 Folgerichtig wurde daher die oben (FN 156) erwähnte Resolution in einer von den Bürgermeistern der einzelnen Mitgliedsgemeinden unterzeichneten Fassung der Landesregierung vorgelegt.

158 Anderes gilt für den Regionalverband Stadt Salzburg und Umgebungsgemeinden und die angestrebten übrigen sa Verbände; da diese Entscheidung der Mitgliederversammlung nicht ausdrücklich vorbehalten ist, entscheidet darüber der Vorstand; der Einfluß der Gemeinden auf die Beschlußfassung über das regionale Entwicklungskonzept bleibt auch hier gewahrt, da im Vorstand jede Gemeinde vertreten ist und die Beschlußfassung einstimmig zu erfolgen hat.

In die Vollversammlung werden Vertreter von den Mitgliedern, also in der Regel den Gemeinden, entsandt. Bei den sa Regionalverbänden delegiert jede Gemeinde unabhängig von Größe und Einwohnerzahl drei Vertreter[159]; die Mitgliederversammlung entscheidet in Kurien, wobei die Vertreter jeder Gemeinde eine Kurie bilden. Für die Willensbildung gilt das Prinzip der Einstimmigkeit, die Regelung der Beschlußfassung innerhalb der Kurie obliegt den einzelnen Mitgliedern.

Bei den Raumordnungs- und Wirtschaftsförderungsverbänden der Steiermark entsendet jedes ordentliche Mitglied nur einen stimmberechtigten Vertreter. Die Satzung differenziert das Stimmgewicht der Vertreter jedoch proportional zur Einwohnerzahl[160]. Beschlüsse über Satzungsänderungen, Ausschluß von Mitgliedern und die Verbandsauflösung erfordern eine Zwei-Drittel-Mehrheit, in den übrigen Fällen — also auch bei den Beschlüssen über Planungen — entscheidet eine einfache Mehrheit[161].

Das Mehrheitsprinzip gilt auch für die va Regionalplanungsgemeinschaften; bei zwei Planungsgemeinschaften entsendet jede Gemeinde die gleiche Zahl von Vertretern (3), bei den beiden übrigen legt die Satzung unterschiedliche Vertretungs- und Stimmrechte fest.

Neben der auf breite Repräsentation angelegten Vollversammlung sehen die Satzungen ein engeres Organ vor (Vorstand, Hauptausschuß). In Salzburg und Vorarlberg gehören dem Vorstand (Hauptausschuß) je ein Vertreter der Mitgliedsgemeinden an, bei den st Verbänden werden die Vorstandsmitglieder von der Vollversammlung gewählt. Bemerkenswert ist, daß in Vorarlberg zwar nur den Gemeinden Mitgliedsstellung zukommt, als beratende Mitglieder aber auch der Bezirkshauptmann, Abgeordnete und Landesregierungsmitglieder mit Wohnsitz im Verbandsgebiet und weitere von der Vollversammlung berufene Persönlichkeiten im Hauptausschuß vertreten sind[162].

Die Erledigung aller nicht der Vollversammlung vorbehaltenen Aufgaben obliegt dem Vorstand, er ist insbesondere auch für die Erarbeitung der regionalen Programme und Pläne zuständig. Im Vorstand führt ein Präsident oder Obmann den Vorsitz, er vertritt den Verband nach außen, in seinem Namen werden die Verwaltungsgeschäfte erledigt. Ihm kann ein Geschäftsführer beigegeben sein, der bei den st Verbänden auch Vorsitzender des Arbeitsausschusses ist. Dieser Arbeitsausschuß — auch bei den übrigen Verbänden sind Studienkomitees oder Fachausschüsse vorgesehen — ist zur Beratung des Vorstandes eingerichtet.

Eine Besonderheit der st Verbände ist der Versuch, innerhalb des Verbandes eine Stelle zur vertikalen Koordination zu institutionalisieren. Diese sogenannte „gemeinsame Planungskommission" ist als eine Einrichtung zur Verwirklichung des Planungszieles in Zusammenarbeit mit Land oder Bund gedacht; sie soll durch ein Übereinkommen zwischen dem Bund oder Land einerseits und dem Planungsverband andererseits geschaffen werden. Bislang ist es allerdings noch in keinem Fall zur Errichtung einer derartigen Planungskommission gekommen, trotz mehrerer Initiativen von seiten der Verbände. Durch die Verankerung von

---

159 Regionalverband Katschberg: 5.
160 Und zwar entweder unmittelbar durch satzungsmäßige Festlegung oder durch einen Einwohnerschlüssel; bei den ordentlichen Mitgliedern, die nicht Gemeinden sind, kommt nur die erste Variante zur Anwendung.
161 Ausnahme: beim Gemeindeplanungsverband Loipersdorf kann jede Gemeinde die Wirksamkeit eines Beschlusses, der die Interessen oder den Wirkungsbereich dieser Gemeinde betrifft, durch Abgabe einer Gegenstimme für die betroffene Gemeinde ausschließen; diese Reservation nähert die Grundsätze der Willensbildung dem Einstimmigkeitsprinzip.
162 Bei der Regionalplanungsgemeinschaft Bregenzerwald kommt zu dem engeren Gremium (Ausschuß) noch ein engstes (Vorstand) hinzu; der Ausschuß ist ähnlich zusammengesetzt, wie für die übrigen va Planungsgemeinschaften dargestellt, die 5 Mitglieder des Vorstandes werden vom Ausschuß gewählt.

regionalen Planungsbeiräten in § 17 st ROG wird zum Teil auch keine Notwendigkeit mehr gesehen, Planungskommissionen mit Beteiligung des Landes zu schaffen.

Außer diesen erwähnten Organen sehen die Satzungen der Planungsgemeinschaften noch Einrichtungen zur Streitschlichtung (Schiedsgericht) und Verbandskontrolle vor.

Diese vielstufige Organisationsstruktur der vereinsmäßig organisierten Planungsgemeinschaften mit bis zu sechs Gremien (ungerechnet die Sonderausschüsse zur Behandlung von Einzelfragen) korrespondiert allerdings nicht mit den dazu zur Verfügung stehenden personellen und finanziellen Kapazitäten. Keine einzige Planungsgemeinschaft verfügt über einen hauptamtlichen Geschäftsführer oder eine eigene Geschäftsstelle; die Abwicklung der laufenden Verwaltungsarbeiten kann nur über den Verwaltungsapparat einer Mitgliedsgemeinde oder einer Bezirksverwaltungsbehörde erfolgen. In der Praxis liegt das Schwergewicht der Tätigkeit der Planungsgemeinschaften beim Vorstand bzw Hauptausschuß, der die Initiativen setzt, die Kontakte zum Land anbahnt und versucht, das regionale Interesse bei den einzelnen Mitgliedsgemeinden zum Tragen zu bringen.

Häufig ist es auch eine besonders engagierte einzelne Persönlichkeit, von deren Einsatz und Durchsetzungsvermögen es abhängt, ob maßgebliche Initiativen in Angriff genommen und durchgeführt werden[163]. Die übrigen Organe sind oft nicht besetzt oder nicht in der Lage, die ihnen zugedachten Funktionen wahrzunehmen.

Die Erarbeitung von Plänen kann nicht aus eigenem geleistet werden, die Planungsgemeinschaften sind daher auf die Vergabe von Planungsaufträgen angewiesen, was allerdings ausreichende Finanzausstattung voraussetzen würde. Diese aus eigenen Mitteln zu beschaffen, sind die Planungsgemeinschaften regelmäßig nicht in der Lage. Die Mitgliedsbeiträge decken bestenfalls die Besorgung der laufenden Geschäfte ab. Wenn eine Regionalplanung in Angriff genommen werden soll, ist der Verband auf Zuschüsse seitens des Landes — im Fall Aichfeld-Murboden auch des Bundes — angewiesen.

(7) Eine Durchsicht der Satzungen der regionalen Planungsgemeinschaften vermittelt den Eindruck, daß zwar von Bundesland zu Bundeland jeweils unterschiedliche Akzente gesetzt wurden, die Planungsgemeinschaften innerhalb eines Bundeslandes jedoch, was Ziele, Aufgaben, Tätigkeitsschwerpunkte und Organisation betrifft, sich kaum voneinander unterscheiden[164]. Die Praxis zeichnet hingegen ein anderes Bild: Es waren bestimmte konkrete und durchaus unterschiedliche Probleme, etwa die Notwendigkeit, für einen Kreis von Gemeinden die Flächenwidmungsplanung voranzutreiben, die Einsicht in den entwicklungsbedürftigen Charakter eines Gebietes, einzelne Sachaufgaben des kommunalen Bereiches, die sinnvoll nur gemeinsam gelöst werden konnten, der Wunsch nach Teilhabe an staatlichen Förderungen, manchmal auch eine gewisse Planungseuphorie, die zum Zusammenschluß motivierten und auch im folgenden im Mittelpunkt der Verbandstätigkeit standen. Die unterschiedliche Struktur der Verbandsräume, die nach ähnlichem oder demselben Muster organisiert wurden — der Schwerpunktraum Salzburg, der Industrieraum Aichfeld-Murboden, das verhältnismäßig abgeschlossene und rein ländliche Große Walsertal —, prägten ferner zwangsläufig die konkrete Ausfüllung des abstrakten Rahmens der Satzung.

---

163 Daher können auch die Erfolgschancen von Planungsgemeinschaften gemindert sein, die — in kleinen ländlichen Räumen gebildet — sich nur auf geringe personelle Ressourcen stützen können.
164 Regelmäßig haben sich die jüngeren Planungsgemeinschaften bei der Erarbeitung der Satzung an einen Vorläufer, wie er in jedem der betreffenden Länder auszumachen ist, angelehnt.

Die Weite dieses Rahmens, die Vielzahl der nach der Satzung möglichen Aufgaben, manchmal auch die Offenheit bei der Verteilung der Zuständigkeiten auf die einzelnen Verbandsorgane, bieten Raum für die unterschiedlichste Ausprägung der Verbandsaktivitäten.

Die Entscheidung über die tatsächlich aufzugreifenden Aufgaben und die Modalitäten ihrer Besorgung liegt in der Regel bei der Spitze des Verbandes; vom Geschick und der Überzeugungskraft dieser Gruppe, oft auch von einer einzelnen Persönlichkeit, hängt es wiederum ab, wie weit die Mitgliedsgemeinden bereit sind, Verbandsaktivitäten hinzunehmen und zu unterstützen. Über den ausdrücklichen Willen einer Mitgliedsgemeinde können sich die Verbände nicht hinwegsetzen, wollen sie nicht den Austritt oder ein Beiseitestehen einzelner Gemeinden riskieren. Unter diesem Aspekt hat die Einigung auf eine Satzung und die Entscheidung zum Beitritt vor allem einmal die Funktion, zu dokumentieren, daß die regionalen Anliegen ins Bewußtsein der einzelnen Gemeinde getreten sind, ohne daß damit schon den regionalen Interessen ein höherer Rang als den kommunalen eingeräumt wird.

Dies mag der Grund dafür sein, daß dort, wo Verbände gegründet wurden, regelmäßig alle Gemeinden der Region beigetreten sind und die Abgrenzung des Verbandsgebietes nach sachlichen Gesichtspunkten als geglückt bezeichnet wird. Da mit der Bildung von regionalen Planungsgemeinschaften zumeist auch die Erwartung verbunden war, Förderungen und Entwicklungsmaßnahmen von dritter Seite zu erlangen, konnten der zögernden Gemeinde Vorteile in Aussicht gestellt werden.

Es wird allerdings nicht nur ausnahmsweise bezweifelt, ob die Gemeinden auch bereit gewesen wären, einer Planungsgemeinschaft mit förmlicher Entscheidungskompetenz beizutreten und die damit verbundene, zumindest teilweise Verdrängung ihrer Planungshoheit hinzunehmen. Auch die finanzielle Belastung der Mitgliedsgemeinden hat im Stadium der Gründungsbemühungen eine nicht zu unterschätzende Rolle gespielt: War die Finanzierung der Planung von dritter Seite gesichert, fanden sich die Gemeinden eher zusammen als bei autonomer Finanzierung. In jedem Fall wurden die Beiträge der Gemeinden äußerst gering gehalten[165].

Vereinzelt wird die Erarbeitung umfassender regionaler Konzepte auch gar nicht angestrebt, obwohl die Satzung eine entsprechende Aufgabe formuliert. Diese Zurückhaltung entspringt nicht nur Finanzierungsproblemen, sondern zT auch der Überzeugung, daß die Entwicklung eines regionalen Konzeptes mit konkreten Zielen den Verein zu stark belasten und in seiner Existenz gefährden könnte.

Im Vordergrund der Verbandstätigkeit steht in diesem Fall, aber auch bei den übrigen Planungsgemeinschaften, der Versuch, einzelne konkrete regionale Anliegen einer Lösung zuzuführen. Dies können einmal Sachaufgaben des interkommunalen Bereichs, Fragen der Müll- und Abwasserbeseitigung, Wasserversorgung sein; daneben nehmen sich die Verbände der Artikulation der regionalen Interessen gegenüber den übrigen Gebietskörperschaften, etwa bei der Straßenplanung, an. Die Bereitschaft der Gemeinden, im regionalen Interesse eigene Interessen und Entwicklungschancen zurückzustellen, wird unterschiedlich beurteilt. Sofern nicht der unproblematische Fall einer allgemeinen und gleichartigen Begünstigung vorliegt, sei eine Zustimmung der Gemeinden am ehesten dann gewährleistet, wenn — etwa bei Standortfragen für vorteilhafte Einrichtungen —

---

165 So erheben etwa die va Planungsgemeinschaften Mitgliedsbeiträge zwischen S 1,— u 2,— pro Ew der Mitgliedsgemeinden; in ähnlichen Größenordnungen liegen auch die Beitragsleistungen bei den übrigen Planungsgemeinschaften.

ausgleichend jeder Gemeinde bestimmte Vorteile zugestanden werden. Soll jedoch eine Gemeinde im Interesse der Region auf Entwicklung verzichten oder lästige Einrichtungen erdulden, könne nur in gewissen Fällen durch „Einflußnahme auf allen Ebenen" ein Erfolg erzielt werden. Bei erheblicher Beeinträchtigung eines kommunalen Interesses seien jedoch die Grenzen der Leistungsfähigkeit der Vereinsstruktur erreicht. Die Erfahrung zeige, daß etwa Entscheidungen über Industrieansiedlungen oder die regionale Mülldeponie auf dem Gebiet einer Gemeinde einer Entscheidung im Rahmen des Verbandes kaum mehr zugeführt werden könne. Durch das Ausklammern brisanter Fragen und die Anerkennung eines „legitimen kommunalen Egoismus" von seiten des Verbandes wird vermieden, den Verband übermäßigen Belastungen und Spannungen auszusetzen.

Die meisten Verbände streben neben der Lösung konkreter Sachaufgaben auch die Entwicklung eines regionalen Konzeptes an. Dabei werden, was Inhalt und Arbeitsweise angeht, durchaus unterschiedliche Wege eingeschlagen.

Zum Teil werden Fachkonzepte für bestimmte Einzelfragen erarbeitet, in anderen Fällen soll ein umfassender Regionalplan vorgelegt werden. Diese Planungen sind zum Teil relativ konkret, so daß sie unmittelbar als Grundlage für die Flächenwidmungsplanung der Gemeinden dienen können oder beide Elemente — Regionalplanung und zusammengefaßte Flächenwidmungsplanung — werden in einem Plan dargestellt. Andererseits befinden sich Regionalprogramme in Ausarbeitung, die sich vorwiegend der Erfassung wichtiger raumrelevanter Daten zuwenden, Entwicklungschancen für den Raum skizzieren und im übrigen sich der Festlegung konkreter Ziele weithin enthalten.

Die Ausarbeitung der Entwürfe erfolgt durch freiberufliche Planer, wenn die Finanzierung von dritter Seite gesichert ist, oder wird von der Landesregierung besorgt. Der Verband selbst ist am Prozeß der Planung nur insoweit unmittelbar beteiligt, als er die Zielvorstellungen und Entwicklungswünsche der beteiligten Gemeinden sammelt und an die Planungsstelle weiterleitet und in der Diskussionsphase die aufgestellten Ziele gegenüber den Gemeinden und dem Land vertritt. Zur förmlichen Verabschiedung von Regionalkonzepten ist es erst in wenigen Fällen gekommen, die meisten Planungen befinden sich gegenwärtig noch in Ausarbeitung. In einzelnen Fällen wird allerdings auch jetzt schon die Meinung vertreten, daß eine Befassung der Mitgliederversammlung, die nach der Satzung über die Annahme des Konzeptes zu beschließen hat, auch nach Fertigstellung der Planung nicht zweckdienlich sei; die Planungsphase werde mit der Vorlage des Konzepts an die einzelnen Mitgliedsgemeinden abgeschlossen. Wo es zu einer Beschlußfassung über regionale Konzepte gekommen ist, wurden diese einstimmig angenommen, auch wenn die Satzung Mehrheitsentscheidungen erlaubt hätte.

Ob die Gemeinden bereit sein werden, in Regionalkonzepten der Verbände formulierte Ziele zu akzeptieren, kann beim gegenwärtigen Stand der meisten Planungen nicht beurteilt werden. Vertreter von regionalen Planungsgemeinschaften schätzen die Chance eines plankonformen Verhaltens dann skeptisch ein, wenn der Plan über konkrete, divergierende Interessen absprechen würde. Daher zeichnet sich die Tendenz ab, Interessenkonflikte zwischen Mitgliedsgemeinden durch Vermeidung von Beschlußfassungen auszuklammern.

Zur Durchführung von Entwicklungsmaßnahmen durch die Verbände selbst ist es erst in Ansätzen — vor allem bei der gemeinsamen Werbung und Information — gekommen; anspruchsvollere Vorhaben konnten schon mangels ausreichender Mittel nicht in Angriff genommen werden. Für das Gebiet des Verbandes Aichfeld-Murboden hat der Bund bedeutende Förderungsmittel für Zwecke der Betriebsansiedlung und des Wohnungsbaues bereitgestellt und über ihren Einsatz entschieden. Auch andere Verbände treten als Werber um gezielte regionale Förderungen auf.

Von den regionalen Planungsgemeinschaften selbst wird der erzielte Einfluß auf Entscheidungen anderer Gebietskörperschaften, vor allem des Landes, als nicht unbedeutend eingeschätzt. Die Organisation der Region habe einen Gesprächspartner entstehen lassen, an dem das Land nicht vorbeigehen könne. Vertreter von Landesbehörden heben — insoweit übereinstimmend — hervor, daß durch die Gründung von Planungsgemeinschaften der Informationsfluß zwischen Land und Gemeinden und die Gesprächschancen verbessert worden seien. Zur Abstimmung der Interessen der einzelnen Gemeinden und ihre Einbringung in ein umfassendes regionales Interesse sei es jedoch nur in Ausnahmefällen gekommen; einzelnen Planungsgemeinschaften wird von dieser Seite vorgehalten, sie seien bloße „Forderungsgemeinschaften" und ihre Planungen bloße Addition von kommunalen Wunschvorstellungen.

Ein objektives und verallgemeinerndes Urteil über die Erfolge und die Leistungsfähigkeit der regionalen Planungsgemeinschaften in Österreich kann beim gegenwärtigen Stand ihrer Arbeit, aber auch wegen des Fehlens empirisch abgesicherter Studien seitens der Planungswissenschaften nicht abgegeben werden. Vieles ist über das Stadium erster tastender Versuche noch nicht hinausgekommen oder fallweise auch darin steckengeblieben. Das Raumordnungsrecht einiger Bundesländer ist ebenfalls erst in letzter Zeit ausgeformt worden und der Einbau der frei entstandenen Assoziationen häufig noch in Schwebe. Deshalb war die Darstellung der Tätigkeit der regionalen Planungsgemeinschaften auf die Wiedergabe von Aussagen von Vertretern der Planungsgemeinschaften und der Landesbehörden zu beschränken; wegen der unterschiedlichen Interessenlage und der häufig unvergleichbaren konkreten Situation in einzelnen verbandsmäßig organisierten Räumen können diese Stellungnahmen ebenfalls nur gewisse Trends aufzeigen und dürfen nicht absolut gesetzt werden.

2.7. Grenzüberschreitende Planung

In Österreich sind auf folgenden Ebenen Vereinbarungen zur Förderung grenzüberschreitender Regionalplanung getroffen und dementsprechende Einrichtungen konstituiert worden:
(1) im Verhältnis der ö Bundesländer zu ausländischen Staaten;
(2) im Verhältnis einzelner Bundesländer zu anderen Bundesländern;
(3) auf gesamtösterreichischer Basis der Bund (mit Länderbeteiligung) mit dem Ausland, oder auf Ebene aller Bundesländer zueinander;
(4) zwischen den Gemeinden verschiedener Bundesländer untereinander oder zwischen ö Gemeinden und Kommunen des Auslandes.

Vereinbarungen wie Institutionen zeigen nur wenig Ansätze zu einer rechtlichen Verdichtung des Kooperations- und Koordinationsgefüges. Im wesentlichen und in der Mehrzahl nähert man sich dem Ziel grenzüberschreitender gemeinsamer Planung in der Form gemeinsam geführter Gespräche, durch den Austausch von Informationen und kooperativ entwickelte Empfehlungen an die jeweiligen Entscheidungsträger. Nur selten bedient man sich der in Art 15a II B-VG vorgesehenen Ländervereinbarung, vieles befindet sich im Stadium von Entwürfen und ist über tastende Versuche hinaus nicht gediehen.

(1) Gemäß Art 10 I Z 2 B-VG steht dem Bund die Gesetzgebung und Vollziehung in den äußeren Angelegenheiten mit Einschluß der politischen und wirtschaftlichen Vertretung gegenüber dem Ausland, insbesondere der Abschluß aller Staatsverträge zu. Seit der Bundes-Verfassungsnovelle 1974 ist der Bund verpflichtet, vor

Abschluß von Staatsverträgen, die Durchführungsmaßnahmen im Sinne des Art 16 erforderlich machen oder die den selbständigen Wirkungsbereich der Länder in anderer Weise berühren, den Ländern Gelegenheit zur Stellungnahme zu geben (Art 10 III B-VG).

Konsequenz dieser ausschließlichen Vertretungs- und Abschlußbefugnis des Bundes und der fehlenden Völkerrechtssubjektivität der ö Bundesländer ist die Vorsicht der ö Länder bei der Aufnahme von Kontakten mit dem Ausland. Die Beachtung der vom B-VG dem Bund zugemessenen diesbezüglichen Kompetenzhoheit erlaubt den ö Bundesländern wohl das Knüpfen von Kontakten, reduziert aber die sich daraus eventuell ergebenden Kooperationsmöglichkeiten von vornherein auf den unverbindlichen Austausch von Informationen und ähnlich schwache Formen der Kooperation. Gegebenenfalls weichen die ö Bundesländer auch in die Formen des Privatrechts aus[166].

Wenn in der Folge die Bestrebungen der ö Bundesländer, mit ausländischen Staaten zu kooperieren, übersichtsweise zusammengestellt werden, so gilt es bei der Bewertung der Indienstnahme von durchgehend nur schwachen Kooperationsformen die angeführte verfassungsrechtliche Lage in die Bewertung mit einzubeziehen.

Mit Ausnahme der Bundesländer Niederösterreich, Wien und Burgenland weisen alle ö Bundesländer planungsrelevante Landesteile mit grenzüberschreitenden Verflechtungen zu ausländischen Staaten auf[167]. Für die Bundesländer Kärnten und die Steiermark sind dies die Grenzgebiete zu Jugoslawien und Italien; für Oberösterreich, Salzburg, Tirol und Vorarlberg die Bundesrepublik Deutschland und die Schweiz[168].

Zwischen den Planungsfachleuten der Steiermark und des Großraumes Maribor (Jugoslawien) fanden bisher schon Gespräche über die Zusammenarbeit in Fragen der Raumplanung und der regionalen Entwicklung zwischen dem Großraum Graz und dem Großraum Maribor statt.

Die Zusammenarbeit mit Jugoslawien wurde 1974 neu belebt; es wurden ständige Delegationen geschaffen, denen auf steirischer Seite Beamte der Landesregierung angehören.

Auch zwischen dem Bundesland Kärnten und den italienischen Regionen Friaul und Julisch-Venetien sowie den jugoslawischen Regionen Kroatien (westlicher Teil) und Slowenien ist es — intensiviert seit 1975 — zu grenzüberschreitender Zusammenarbeit auf Beamtenebene gekommen; hier ist es Aufgabe eines gemeinsamen Ausschusses, die Zusammenarbeit und Koordination auf dem Gebiete der Raumordnung und des Fremdenverkehrs zu gewährleisten. Ein erster Gemeinsamer Raumplanungsbericht ist 1975 vorgelegt worden[169].

Wechselseitige Verflechtungen der Grenzräume haben zwischen den Bundesländern Oberösterreich, Salzburg, Tirol und Vorarlberg einerseits und Bayern andererseits erstmalig im Mai 1968 zu einer Absprache regelmäßiger Konsultationen geführt. Diese fanden anfänglich gemeinsam statt; infolge der Heterogenität der Sachfragen haben sich bald bilaterale Gespräche als erforderlich gezeigt.

Bei den Gesprächen über die Grenze zwischen Oberösterreich und der Regierung von Niederbayern stehen gemeinsame Probleme der Infrastruktur-Planung — Stra-

---

166 Vgl zu den Mitwirkungsbefugnissen der ö Länder in der internationalen Zusammenarbeit P e r n - t h a l e r, Raumordnung, 349 ff; ferner unten S 68.
167 Vgl Tabelle Anhang Österreich 8.1.6.
168 Zu den Raumordnungsproblemen der an Bay angrenzenden ö Bundesländer vgl Ö Institut f Raumplanung, Grenzgebiete Österreich—Bayern. Beiträge zu Entwicklungsstrategien (1974).
169 Vgl zu den weiteren Details der Zusammenarbeit G l a n z e r, Entwicklung der grenzüberschreitenden Raumplanung Alpen—Adria, BRFRPI 75, H 4/5, 26.

ßen- und Schienenverkehr, Energieversorgung, Bildungswesen – im Mittelpunkt.
Im Stadium der Planung befindet sich der Adalbert-Stifter-Naturpark (Unterer Bayrischer Wald/Oberes Mühlviertel). Aufgabe und Zweck des geplanten bilateralen Naturparks soll der nach möglichst einheitlichen Grundsätzen ausgearbeitete Schutz und die Pflege der Landschaft sein, mit dem Ziel, ein weiträumiges und naturnahes Erholungsgebiet zu schaffen. Auf oö und bay Seite soll je ein Verein als Träger des Naturparks fungieren; diese sollen in Form einer Vereinbarung die Zusammenarbeit festlegen[170].

Der Schwerpunkt des salzburgisch-bayrischen Kontaktes liegt seit der Aufnahme des ersten Gespräches am 26. November 1971 auf dem Sektor des Verkehrs und auf gemeinsamen Fragen des Natur- und Landschaftsschutzes.

Die Vertretungen Tirols und Bayerns tauschen seit 16. Juni 1969 regelmäßig Informationen über aktuelle Probleme der Raumordnung und Landesplanung aus.

Von der vorarlbergisch-bayrischen Gesprächsgruppe werden allgemeine Struktur- und Entwicklungsprobleme (Fremdenverkehr und Landwirtschaft), aber auch aktuelle Einzelplanungen behandelt.

Die Bundesländer Tirol, Salzburg und Vorarlberg sind Mitglieder der „Arbeitsgemeinschaft Alpenländer"; zu dieser 1972 gegründeten Einrichtung zählen neben den genannten Bundesländern die italienische Region Lombardei, die autonomen Provinzen Trient und Südtirol, der Schweizer Kanton Graubünden und der Freistaat Bayern. Die Zusammenarbeit bezieht sich auf den transalpinen Straßen- und Schienenverkehr, die alpenländische Siedlungsstruktur, die Erhaltung der Kultur- und Erholungslandschaften sowie die Landwirtschaft. Zu einigen Teilproblemen sind bereits Beschlüsse gefaßt worden.

(2) Zur Institutionalisierung einer grenzüberschreitenden Planung zwischen ö Bundesländern ist es bisher erst in zwei Fällen gekommen.

Seit 1967 besteht auf der Basis gemeinsamer Beschlüsse der Landesregierungen die „Planungsgemeinschaft" der Länder Wien und Niederösterreich, deren Aufgabe es ist, gemeinsam berührende Fragen der Raumordnung gemeinsam zu lösen.

Die Planungsgemeinschaft setzt sich aus paritätisch besetzten Beamtenkomitees zusammen; diese sollen mit fachlicher Unterstützung durch das Österreichische Institut für Raumplanung, das gleichzeitig als provisorische Geschäftsstelle fungiert, Lösungsvorschläge an die jeweiligen politischen Entscheidungsträger herantragen[171].

Von der Möglichkeit einer Ländervereinbarung, wie sie Art 15a II B-VG anbietet, haben die Länder Kärnten, Salzburg und Tirol Gebrauch gemacht; die genannten Bundesländer haben am 21. Oktober 1971 eine Vereinbarung getroffen, welche die Schaffung des Nationalparks Hohe Tauern zum Gegenstand hat. Durch sie soll in bestimmten Teilen der Hohen Tauern ein Nationalpark errichtet werden, der die Bezeichnung „Nationalpark Hohe Tauern" trägt[172].

Als Ziel wurde die Erhaltung des Schutzgebietes in seiner Schönheit und Ursprünglichkeit und die Bewahrung der charakteristischen Tier- und Pflanzenwelt bestimmt (Art 3).

Um dieses gemeinsam gesetzte Ziel realisieren zu können, haben sich die vertragsschließenden Länder verpflichtet, jeweils für den in ihrem Hoheitsgebiet liegenden Teil des Nationalparks möglichst einheitliche Schutz- und Erschließungsmaßnahmen zu erlassen (Art 4).

---

170 BRFRPl 73, H 2, 33.
171 Vgl dazu unten S 280 ff die Ausführungen über die Strukturschwäche dieses Modells.
172 Nachweis der Vereinbarungen unten S 224; zu einem Leitbild für den Österreichischen Nationalpark vgl B a r n i c k, BRFRPl 74, H 4, 55.

Zur Förderung und Unterstützung der Zielsetzungen wurde die „Nationalpark-kommission Hohe Tauern" eingerichtet; diese besteht aus neun von den Ländern paritätisch zu bestimmenden Mitgliedern. Der Nationalparkkommission obliegt die Beratung der Landesregierungen der vertragsschließenden Länder in allen den Nationalpark betreffenden oder sich auf ihn auswirkenden Angelegenheiten; damit korrespondiert die Verpflichtung der Landesregierungen der vertragsschließenden Länder, die Nationalparkkommission vor allen die Zielsetzung wesentlich berührenden Maßnahmen zu hören. Zu bestimmten Problemkreisen hat die Nationalparkkommission Empfehlungen abzugeben. Zu ihren Beratungen hat sie in Betracht kommende Dienststellen des Bundes, gesetzliche Interessenvertretungen sowie mit Fragen des Naturschutzes befaßte Vereine beizuziehen. Die Nationalparkkommission hat ferner die jeweils betroffenen Gemeinden zu hören.

Zur Zeit wird in den Vertragsstaaten der Entwurf paktierter Gesetze beraten, die in der Lage sein sollen, die Mängel der bisherigen Vereinbarung auszuräumen. In diesen für alle Vertragsstaaten gleichlautenden Gesetzen soll durch einen Katalog spezifischer Schutzmaßnahmen und detaillierter Bewirtschaftungsvorschriften die Grundlage für die Fixierung des Nationalparks gelegt werden.

Die Bundesländer Kärnten, Steiermark und Salzburg kooperieren in dem Ad-hoc-Komitee Lungau-Murau-Nockgebiet des Unterausschusses „Berggebiete" der ÖROK in Fragen der sie gemeinsam berührenden Probleme der Bergregionen in ihren Grenzräumen.

Bei der Beurteilung der zögernden Aktivität der ö Bundesländer, die im B-VG angebotenen Möglichkeiten der Zusammenarbeit auszuschöpfen, muß der spezifischen Struktur der Grenzraumverhältnisse der Länder Rechnung getragen werden. Mit Ausnahme des Sonderfalles Wien-Umland sind die Grenzräume ländliche oder alpine Nahbereiche und weisen in den meisten Fällen keine nennenswerten Verflechtungsbeziehungen auf. Dort, wo wie im Ennser Raum Verflechtungsbeziehungen auf Grund von bereits bestehenden oder weiters projektierten Industrieanlagen und -ansiedlungen in jüngster Zeit bewußt geworden sind und eine steigende Verdichtung zu erwarten ist, ist auch die Tendenz erkennbar, eine gemeinsame Grenzraumgestaltung vorzunehmen, mag diese auch mit der Aufnahme von informellen Kontakten noch in den ersten Anfängen stehen.

(3) Als Einrichtung auf Bundesebene ist die Deutsch-Österreichische Raumordnungskommission anzuführen; Grundlage ist das Abkommen vom 11. Dezember 1973 zwischen der ö und der d Bundesregierung über die Zusammenarbeit auf dem Gebiete der Raumordnung. Ihr gehören außer den Vertretern der beiden Bundesregierungen die Landeshauptleute von Vorarlberg, Tirol, Salzburg und Oberösterreich sowie der bay Raumordnungsminister an. Beide Staaten betreffende Projekte, wie der Rhein-Main-Donau-Kanal, Autobahnvorhaben im oö und ti Grenzgebiet oder das Projekt eines österreichisch-bayrischen Alpennationalparks Salzburg-Berchtesgaden haben zu dieser lockeren Form der Zusammenarbeit und Koordination der beiderseitigen Planungsinteressen geführt. Bis Mitte 1975 haben zwei Arbeitssitzungen stattgefunden.

Zu den grenzüberschreitenden Institutionen auf gesamtösterreichischer Basis sind in gewissem Sinne auch die Österreichische Raumordnungskonferenz sowie die Verbindungsstelle der ö Bundesländer zu zählen.

Die ÖROK als eine Vertretung aller ö Gebietskörperschaften[173] regelt die Koordinierung raumrelevanter Planungen und Maßnahmen zwischen den Gebietskörperschaften; die Effizienz dieses Koordinationsinstruments ist freilich infolge der Festlegung auf das Einstimmigkeitsprinzip eine geringe.

---

173 Zur ÖROK im allgemeinen sowie zu ihren Aufgaben im besonderen vgl oben S 38 u 45.

Eine besondere Form horizontaler Koordination stellt die 1951 gegründete Verbindungsstelle der Bundesländer beim Amt der nö Landesregierung dar. Sie kam dadurch zustande, daß die Geschäftsordnung der Verbindungsstelle von sämtlichen Landesregierungen genehmigt wurde.

Aus der Zweckbestimmung der Verbindungsstelle — unter anderem Gewährleistung einer ständigen Verbindung zwischen den Bundesländern untereinander und den Bundesländern gegenüber der Bundesregierung, Koordinierung der Landesauffassungen in allen Angelegenheiten des eigenen Wirkungsbereiches der Länder, Weiterleitung von Stellungnahmen, Gesetzentwürfen etc — läßt sich ein nicht geringes Maß an Koordinationsfunktion dieser Institution ablesen.

(4) Auf kommunaler Ebene ist es zu grenzüberschreitender Planung zwischen Gemeinden mehrerer Bundesländer gekommen. Gemeinsames Merkmal der Kooperation auf kommunaler Ebene ist die Inanspruchnahme privat-rechtlicher Formen. Das Vereinsrecht ist die Basis auch der grenzüberschreitenden kommunalen Zusammenarbeit. Zu grenzüberschreitender Zusammenarbeit in Organisationsformen des öffentlichen Rechts (Gemeindeverband) fehlt den Gemeinden die rechtliche Grundlage; die Landesgesetze enthalten bisher keine diesbezüglichen Ermächtigungen.

Vier sa und eine kä Gemeinde kooperieren in dem 1972 gegründeten Regionalen Planungsverband Fremdenverkehrsraum Katschberg. Der Planungsverein hat eine Bestandsaufnahme raumordnungsrelevanter Plandaten und ein Leitbild erarbeitet.

Grenzüberschreitende Planung zwischen Gemeinden der Steiermark und des Burgenlandes nimmt der Gemeindeplanungsverband Loipersdorf und Umgebung wahr; Aufgabe dieses 1973 gegründeten Vereins, in dem sieben st und eine bu Gemeinde zusammengeschlossen sind, ist die Koordinierung aller raumwirksamen Kräfte des Verbandsbereiches, die Raumforschung sowie die Erarbeitung eines Raumordnungs- und Wirtschaftsentwicklungskonzeptes; bisher sind Vorarbeiten zur Erstellung eines Flächennutzungsplans und örtlicher Entwicklungskonzepte geleistet worden.

Eine Planungsgemeinschaft Westliches Salzkammergut ist in Vorbereitung; in ihr sollen auf Vereinsbasis fünf sa und acht oö Gemeinden in der Raumplanung zusammenwirken.

Für die Zusammenarbeit ö Gemeinden mit Kommunen des Auslandes[174] gilt, was oben[175] über die fehlende Vertretungs- und Abschlußbefugnis der Länder gegenüber dem Ausland angeführt wurde. Auch hier ist die Kooperation auf die Aufnahme von Gesprächen und den Austausch von Informationen beschränkt.

Zwischen den benachbarten Innstädten Braunau (Oö) und Simbach (Bay), die zusammen ein grenzüberschreitendes Mittelzentrum bilden, bestehen seit mehreren Jahren besonders intensive Kontakte; die Vertreter beider Gemeinden treffen zu interkommunalen Stadtratssitzungen zusammen und koordinieren gemeinsame Probleme wie etwa die Straßen- und Verkehrsplanung.

Zwischen dem Schweizer Nachbar am Bodensee und Gemeinden des Bundeslandes Vorarlberg bestehen Kontakte, deren Ziel es ist, den Gewässerschutz, die Sanierung der Abwasserbeseitigung und die Industrieansiedlung in den Gemeinden am Ufer des Bodensees und im Oberen Rheintal zu koordinieren[176].

---

174 P e r n t h a l e r, Raumordnung, 353; vgl diesbezüglich auch die Resolution des Ministerkomitees des Europarates v 27. 2. 1974 über die Staatsgrenzen überschreitende Zusammenarbeit von Gemeinden in Grenzregionen (co-operation between local communities in frontier areas); L u g g e r, Gemeinden und Regionen — Antriebskräfte der europäischen Integration, GdZ 75, 546.
175 Vgl oben S 65 f.
176 Regionalpolitik in Österreich, Bericht des Bundeskanzleramtes an die OECD (1973) 65.

3. Bundesrepublik Deutschland

3.1. Verwaltungsaufbau der Länder und Gemeindegebietsstruktur

Die Bundesrepublik Deutschland mit einer Fläche von 248.586 qkm und 61,9 Mio Einwohnern (Stand 1973) ist in 11 Länder gegliedert[1]. Die größeren Flächenstaaten sehen für die staatliche Verwaltung eine Bezirksgliederung vor — Bezirksregierungen, Regierungspräsidien, Verwaltungsbezirke. Die Größe der Bezirke schwankt um einen Durchschnitt von 7600 qkm und 1,7 Mio Einwohnern, zum Teil mit sehr gewichtigen Abweichungen nach oben und unten. Diese Behörden fassen auf der Mittelstufe der Verwaltung als sogenannte höhere Verwaltungsbehörden alle staatlichen Angelegenheiten der allgemeinen und derjenigen besonderen Verwaltungen zusammen, für die nicht ausnahmsweise besondere oder Sonderbehörden zuständig sind. Nach näherer bundesrechtlicher Regelung haben sie Aufsichtsfunktionen im Bereich der örtlichen Bauleitplanung wahrzunehmen; nach näherer landesrechtlicher Regelung haben sie bedeutende Funktionen im Bereich der Raumordnung wahrzunehmen; ihnen obliegt in der Regel die Durchführung von Planfeststellungsverfahren nach den Fachplanungsgesetzen.

Die untere Stufe der Landesverwaltung wird vorwiegend nicht von staatlichen Organen, sondern von den Behörden der Kommunalverwaltung ausgeübt, den Kreisen (Landkreisen), kreisfreien Städten und Gemeinden; sie nehmen staatliche (Auftrags-)Angelegenheiten und eigene (Selbstverwaltungs-)Angelegenheiten wahr.

In den sechziger Jahren bestanden im Bundesgebiet 34 Regierungsbezirke, etwa 420 Landkreise, etwa 140 kreisfreie Städte und etwa 24.000 kreisangehörige Gemeinden. Die Gliederung der Verwaltung in Landkreise und Regierungsbezirke, die in vielen Gebietsteilen vor mehr als 150 Jahren eingerichtet worden waren, und der Größenzuschnitt der Gemeinden ist seit Ende der sechziger Jahre Gegenstand einer tiefgreifenden Gebiets- und Verwaltungsreform. Es hat sich die Auffassung durchgesetzt, daß die herkömmliche Verwaltungsgebietsstruktur zur Ordnung und Entwicklung des ländlichen Raumes und der Ballungszentren wenig geeignet ist, daß Diskrepanzen bestehen zwischen Lebensraum und Verwaltungsraum, zwischen Aufgabe und Leistungsvermögen der Gemeinden und Landkreise. Mit dem Ziel, ihre Verwaltungskraft zu stärken, Lebens-, Wirtschafts- und Verwaltungsraum anzugleichen, die Ordnung der Stadt-Umland-Beziehungen zu ermöglichen und die Verwaltung zu rationalisieren, haben die Gesetzgeber der Länder den Größenzuschnitt der Gemeinden und Landkreise wesentlich verändert[2].

Die Gemeinde- und Kreisgebietsreformen orientieren sich maßgeblich an Mindest-

---

1 Einschließlich West-Berlin; vgl Auflistung der deutschen Länder nach Größenklassen im Anhang Bundesrepublik Deutschland 8.2.1.
2 Den Wendepunkt markieren die Verhandlungen des 45. DJT 1964 zu dem Thema „Entspricht die gegenwärtige kommunale Struktur den Anforderungen der Raumordnung? Empfehlen sich gesetzgeberische Maßnahmen der Länder und des Bundes? Welchen Inhalt sollten sie haben?" mit dem Gutachten von Werner W e b e r , Verhandlungen des 45. DJT, Bd I (Gutachten) Teil 5 (1964) und den Referaten von H a l s t e n b e r g und N i e m e i e r , Verhandlungen des 45. DJT, Bd II J (1965); zur Entwicklung der Reform vgl die umfassende Dokumentation mit auf Vollständigkeit bedachtem Schrifttumverzeichnis von M a t t e n k l o d t , Gebiets- und Verwaltungsreform in der Bundesrepublik Deutschland. Ein Sachstandsbericht unter besonderer Berücksichtigung der Verhältnisse im Lande Nordrhein-Westfalen (1972); vgl ferner E v e r s , Raumordnung, 158 ff m weit Nachw; kritisch zu den nw Neugliederungsmodellen T h i e m e / J e s s e n , Die Ballungsrandzonen in der kommunalen Neuordnung (1974).

größezahlen für effektive Aufgabenwahrnehmung[3]. Die Reformen haben in allen Ländern nicht nur die Kleingemeinden beseitigt, sondern zu einer erheblichen Maßstabsvergrößerung geführt; am weitesten ging Nordrhein-Westfalen, das sich für die konsequente Einrichtung von Einheitsgemeinden entschieden hat, die wenigstens 8.000 oder wenigstens 30.000 Einwohner haben sollen; die Gemeinden mit wenigstens 8.000 Einwohnern sind Flächengemeinden mit der Aufgabe des Nahversorgungsbereichs; die Gemeinden mit wenigstens 30.000 Einwohnern sollen die übergreifende mittelzentrale Versorgung übernehmen.

Zu Eingemeindungen größeren Umfanges kam es in allen Ländern auch im Umkreis der größeren Städte; es wird dabei in Kauf genommen, daß diese in die Verantwortung für umfängliches landwirtschaftlich genutztes Gebiet hineinwachsen müssen.

Insgesamt wurden durch Eingemeindungen und Zusammenschlüsse zwischen 1968 und 1975 die Zahl der Gemeinden um etwa 13.000, die Zahl der Landkreise um etwa 170 reduziert. Nach einer Berechnung des Deutschen Städtetages verringerte sich die Zahl der Mandate in den Gemeinde- und Stadtparlamenten von ca 276.000 auf ca 164.000 um etwa 40 %[4]. Die Gemeindegebietsreform steht vor dem Abschluß; die Gebietsreform der Kreise ist noch im Gange; die Gebietsreform der Regierungsbezirke haben einzelne Länder zunächst aufgeschoben; die mit der Gebietsreform sachlich als Einheit zu sehende Funktionalreform ist noch nicht durchgeführt.

3.2. Das Selbstverwaltungsrecht der Gemeinden und Landkreise

Lit: *Wagener,* Die Städte im Landkreis (1955); *Peters* (Hrsg), Handbuch der kommunalen Wissenschaft und Praxis, 3 Bde (1956), insbes Bd 1, 113 ff; *Gönnenwein,* Gemeinderecht (1963) 27 ff; *von Unruh,* Der Kreis (1964); Werner *Weber,* Der Staat in der unteren Verwaltungsinstanz[2] (1964); *Von der Heide,* Landkreise und Regionalplanung, AfK 67, 47; Werner *Weber,* Staats- und Selbstverwaltung in der Gegenwart[2] (1967); *Pagenkopf,* Kommunalrecht (1971) 47 ff; *Der Kreis.* Ein Handbuch, hrsg v Verein für die Geschichte der Dt. Landkreise eV Bd 1 (1972); *Roters,* Kommunale Mitwirkung an höherstufigen Entscheidungsprozessen (1975).

3.2.1. *Die verfassungsrechtlichen Grundlagen*

Art 28 II GG sichert den Gemeinden das Recht zu, „alle Angelegenheiten der örtlichen Gemeinschaft im Rahmen der Gesetze in eigener Verantwortung zu regeln" und gewährleistet auch den Gemeindeverbänden das Recht der Selbstverwaltung. Einige Landesverfassungen enthalten entsprechende Gewährleistungen; einige von diesen formen das Selbstverwaltungsrecht der Landkreise stärker aus als das Grundgesetz.

Wie im ö und s Recht ist nicht die Existenz der individuellen Gemeinde, sondern die Institution Gemeinde und abweichend vom ö und s Recht die Institution Gemeindeverband als solche geschützt. Die Generalklausel des Art 28 II GG gewährleistet das Prinzip staatsunabhängiger Verwaltung auf Ortsebene; grund-

---

3 Vgl W a g e n e r, Neubau der Verwaltung (1969), der versucht, durch Quantifizierung Maßstäbe für die optimale Größe von Verwaltungseinheiten zu gewinnen. Die Auswirkungen der territorialen Neugliederung der Gemeinden in ausgewählten Kreisen Nordrhein-Westfalens hat unter Verwendung quantifizierter Maßstäbe untersucht W r a g e, Erfolg der Territorialreform (1975). Die Untersuchung verdeutlicht, daß der Erfolg der Neuordnung nur differenziert beurteilt werden kann. So wurde etwa die Besorgnis bestätigt, die Bürgerbeteiligung werde zurückgehen; die Neuordnung führte ferner zu Erhöhungen der Verwaltungskosten.

4 Pressedienst des Deutschen Städtetages, Nov 74, zit NJW 74, H 47, S V.

sätzlich sollen alle Angelegenheiten der örtlichen Gemeinschaft durch die demokratisch verfaßte Bürgerschaft entschieden werden. Der Gemeinde ist jedoch nicht ein bestimmter Kreis von Aufgaben vorbehalten; daher ist es Sache des Landesgesetzgebers und im Rahmen seiner Zuständigkeiten auch des Bundesgesetzgebers[5], die Aufgabenverteilung zwischen Staat und Gemeinde zu bestimmen. Dabei kann er auch in den Raum der Eigenverantwortlichkeit der Gemeinde, insbesondere durch Ausformung der kommunalen Aufgabenwahrnehmung und der staatlichen Aufsichtsrechte eindringen. Verfassungsrechtlich garantiert und dem Gesetzgeber unzugänglich ist nur der Kernbereich des Selbstverwaltungsrechts, der aus der geschichtlichen Entwicklung mit ihren verschiedenen Erscheinungsformen der Selbstverwaltung bestimmt werden muß[6] und im Lichte der Kompetenznormen und sozialbezogener Programmsätze des Grundgesetzes auszufüllen und zu interpretieren ist.

3.2.2. *Der Landkreis*

Der Landkreis ist wie die Gemeinde Gebietskörperschaft; auch ihr gebührt im Rahmen der Gesetze eine Allzuständigkeit und das Recht der Selbstverwaltung. Die verfassungsrechtliche Bezeichnung des Kreises als Gemeindeverband möchte zum Ausdruck bringen, daß der Kreis ein Verband von Gemeinden ist; indes haben die neueren Kreisverfassungen die Kreise unitarisch, nicht föderativ organisiert und die Gemeinden nicht mehr an der Willensbildung des Kreises beteiligt. Immerhin tragen die Gemeinden zur Deckung des Finanzbedarfes durch die Kreisumlage bei.

Der Aufgabenbereich des Kreises ist von Art 28 II GG nicht ausdrücklich angesprochen. Von landesverfassungsrechtlichen Garantien abgesehen, ist daher der Aufgabenbereich des Kreises gesetzesgeformt. Aus dem Zweck des Art 28 I und II GG, Integrationsfelder zur Aktivierung der nachbarlich verbundenen Bevölkerung für die eigenverantwortliche Erledigung ihrer eigenen Angelegenheiten zur Verfügung zu halten, folgt aber ebenfalls die Garantie eines Mindestbestandes eigenverantwortlich wahrzunehmender Aufgaben[7].

Nach näherer landesrechtlicher Bestimmung obliegt dem Landkreis als Selbstverwaltungsangelegenheit die Wahrnehmung überörtlicher — kreisbezogener — öffentlicher Angelegenheiten und jener örtlichen Angelegenheiten, die von den kleinen Gemeinden nicht sachgerecht oder nicht aus eigener Kraft bewältigt werden können (Ausgleichs- und Ergänzungsfunktion des Kreises). Wie die Gemeinden haben auch die Landkreise das Recht, aus eigenem Entschluß in ihrem allgemeinen Kompetenzkreis liegende Aufgaben aufzugreifen und fördernd tätig zu werden (Spontaneitätsrecht). Auf die Grenzen der Kompetenz-Kompetenz im Verhältnis zu den Gemeinden ist hier nicht einzugehen; festzuhalten ist nur, daß Gemeinde und Landkreis in einem kommunalverfassungsrechtlich geordneten Beziehungsgefüge stehen, das dem Kreis Ergänzungs-, Ausgleichs-, Stabilisierungs- und Bündelungsaufgaben zuweist, daß aber Gemeinden und Landkreis je selbständige Rechtssubjekte und Aufgabenträger sind.

Zu den eigenen Angelegenheiten des Landkreises treten die ihm durch Bundes- oder Landesgesetz übertragenen staatlichen Angelegenheiten, die er unter Fachaufsicht des Staates wahrnimmt. Ferner ist das Gebiet des Kreises Bezirk der unteren staatlichen Verwaltungsbehörde, die durch Organe des Kreises — im

---

5 Zur genaueren Eingrenzung der Bundeszuständigkeiten vgl K ö t t g e n, Die Gemeinde und der Bundesgesetzgeber (1957) 20 ff.
6 BVerfGE 26, 228 (238).
7 E v e r s, Reform oder Liquidation der Landkreise? DÖV 69, 765 m weit Nachw.

Weg der Organleihe — geführt wird; hierzu gehören insbesondere Polizeiaufgaben und die Aufsicht über die Gemeinde.

3.2.3. Rechtsetzungsbefugnis und Aufsicht

Gemeinde und Kreis können in ihrem autonomen Wirkungsbereich Satzungen und Verwaltungsakte erlassen. Für Eingriffe in Eigentum und Freiheit bedürfen sie jedoch einer hinreichend bestimmten gesetzlichen Ermächtigung. Die Wahrnehmung ihrer Befugnisse kann durch allgemeine Vorschriften gesteuert werden; Gemeinde und Kreis unterliegen der Aufsicht des Staates; diese ist im autonomen Wirkungsbereich immer nur Rechtsaufsicht, kann aber durch Gesetz als Sonderaufsicht ausgeformt sein, die der Aufsichtsinstanz ermöglicht, gesetzlich näher bestimmte staatliche Interessen wahrzunehmen.

3.2.4. Aufgaben der Gemeinden und Kreise im Bau- und Planungsrecht

Die Aufgaben von Gemeinde und Kreis im Bereich der örtlichen und überörtlichen Planung sind durch Bundes- und Landesrecht wie folgt abgegrenzt:
Die Erstellung des Bebauungsplans und des Flächennutzungsplans ist durch § 2 I BBauG den Gemeinden als Selbstverwaltungsangelegenheit zugewiesen, die nur der Rechtsaufsicht der staatlichen Instanzen — in der Regel erstinstanzlich des Regierungspräsidenten — unterliegt. Die Übertragung der Bauleitplanung und wichtiger akzessorischer Aufgaben der Planung an die Gemeinden zur Wahrnehmung als Selbstverwaltungsangelegenheit hatte man für verfassungsrechtlich geboten erachtet, weil die Ordnung der Bebauung und der damit zusammenhängenden Nutzung Angelegenheit des örtlichen Wirkungskreises der Gemeinde sei[8]. Neuere Untersuchungen haben diese Auffassung widerlegt; zwar ist die Ordnung der baulichen und sonstigen Nutzung des Gemeindegebiets eine zentrale Angelegenheit der örtlichen Gemeinschaft; daher folgt aus der verfassungsrechtlichen Garantie der Selbstverwaltung ein Recht der Gemeinde, über die planmäßige Nutzung des Bodens zu bestimmen. Die Bauleitplanung in dem vom BBauG ausgestalteten Umfang gehört aber nicht zu dem Kernbereich der Selbstverwaltung, schon weil der Gemeinde bis zum Erlaß der Aufbaugesetze der Länder nach 1945 ein Planungsrecht in diesem Umfange nicht zugestanden hatte, sie sich vielmehr diese Kompetenz mit staatlichen Instanzen hatte teilen müssen, aber auch weil die moderne Planung kennzeichnende Koppelung von örtlichen und überörtlichen Belangen ein staatliches Mitspracherecht legitimieren würde[9]. Die Planungshoheit der Gemeinde in der Ausgestaltung, die sie im BBauG gefunden hat, beruht daher auf einer — verfassungsrechtlich zulässigen, rechtspolitisch aber nicht unproblematischen — Entscheidung des einfachen Gesetzgebers. § 54 StBFG hat auch bereits den Grundsatz der Planungshoheit der Gemeinde durchbrochen und gestattet, die Bauleitplanung für einen städtebaulichen Entwicklungsbereich auf andere Gebietskörperschaften (zB den Zentralen Ort oder den Kreis) oder auf einen Verband zu übertragen. Außerhalb des Anwendungsbereiches des StBFG ist es dagegen der Entscheidung der Gemeinde überlassen, ob sie den Kreis mit der Ausarbeitung der Bauleitpläne beauftragt oder ob dem Kreis die Bauleitplanung insgesamt übertragen wird; §§ 2 III, 147 BBauG treffen lediglich Vorsorge, daß sich die Gemeinde von ihr Leistungsvermögen überfordernden Planungsaufgaben entlasten kann[10].

---

8 Ernst/Zinkahn/Bielenberg, BBauG, § 2 Rdnr 3, weit Nachw bei Schmidt-Aßmann, Städtebaurecht, 127.
9 Schmidt-Aßmann, Städtebaurecht, 128 f; Evers, Bauleitplanung, 54.
10 Zur Bildung von Planungsverbänden vgl unten S 93 ff.

Anders als im ö und s Recht ist die Baupolizei, eingeschlossen die Baugenehmigung und die Bauaufsicht, eine staatliche Angelegenheit, die in erster Instanz in der Regel von den Landkreisen und kreisfreien Städten, ggf auch von größeren Gemeinden als Aufgabe im übertragenen Wirkungsbereich wahrgenommen wird.

Der Kreis nimmt als untere Landesplanungsbehörde nach näherer landesrechtlicher Regelung staatliche Aufgaben auf dem Gebiet der Raumordnung wahr; hierbei handelt es sich um Hilfsfunktionen; die Erstellung von Regionalplänen ist nach den neueren Landesplanungsgesetzen nicht Aufgabe des Kreises.

Hingegen sieht — im Zusammenhang mit der Gemeinde- und Kreisgebietsreform in Niedersachsen — der Entwurf eines Achten Gesetzes zur Verwaltungs- und Gebietsreform die Übertragung der Kompetenz für die Regionalplanung in den eigenen Wirkungskreis der Landkreise und kreisfreien Städte vor[11]. In anderen Ländern ist Selbstverwaltungsaufgabe des Kreises die Erstellung des Kreisentwicklungsplanes und die Mitwirkung bei der Regionalplanung im Planungsverband, der seinerseits nach landesrechtlicher Regelung den Regionalplan als Pflichtaufgabe der Selbstverwaltung oder als übertragene Aufgabe erstellt[12].

3.3. Zusammenarbeit der Gemeinden

Lit: *Seydel,* Die kommunalen Zweckverbände (1955); *Rothe,* Das Recht der interkommunalen Zusammenarbeit in der Bundesrepublik Deutschland (1965); *Schilling,* Neue Formen interkommunaler Zusammenarbeit, Der Städtebund 67, 249; *Wagener,* Gemeindeverbandsrecht in Nordrhein-Westfalen (1967) 477 ff; *Mäding,* Administrative Zusammenarbeit kommunaler Gebietskörperschaften, AfK 69, 1; *Donhauser,* Formen und Möglichkeiten gemeindlicher Zusammenarbeit zur Stärkung der Verwaltungskraft, Diss Regensburg (1970); *Klüber,* Das Gemeinderecht in den Ländern der Bundesrepublik Deutschland (1972) 325 ff.

3.3.1. *Privat-rechtliche Organisationsformen*

Das d Recht gestattet den Gemeinden, sich auf privat-rechtlicher Grundlage zusammenzuschließen. Für die Aufgaben der Regionalplanung hatte man sich bis zum Erlaß der Landesraumordnungsgesetze der jüngsten Phase, vor allem im süddeutschen Raum, der Rechtsform des Vereins bedient. Das Vereinsrecht ist in §§ 21 ff BGB geregelt; es ist durch die Freiheit der Gründung, die Freiheit des Beitritts, die Freiheit des Austritts nach Kündigung und die Freiheit der inneren Vereinsgestaltung (Autonomie) gekennzeichnet[13].

Diese Freiheiten können gegenüber den Gemeinden nicht eingeschränkt werden; das Vereinsrecht bietet daher keine Handhabe, die Gemeinden zur Gründung eines Planungsvereins, zum Beitritt zu einem solchen Verein oder auch nur zum Verbleib in diesem zu zwingen. Das d öffentliche Recht gestattet unter gewissen Kautelen, Privaten, also auch Vereinen, öffentlich-rechtliche Funktionen zu übertragen[14]. Von dieser Möglichkeit wird auch in weitem Umfange, in den verschiedensten Formen und zu den verschiedensten Zwecken, Gebrauch gemacht. Die mit der ungeklärten Rechtsstellung des Beliehenen verknüpften Unsicherheiten und Fragwürdigkeiten werden hingenommen. Der Zusammenschluß von Hoheitsträgern in der Form des Privatrechts und die Verleihung von Hoheitsbefugnissen

---

11 Nds LT-Drucks 8/1000, Art VI § 1 Z 1.
12 Vgl unten S 112 u unten S 116 f.
13 E n n e c c e r u s / N i p p e r d e y, Allgemeiner Teil des bürgerlichen Rechts[14] (1952) 412 ff.
14 Vgl O s s e n b ü h l / G a l l w a s, Die Erfüllung von Verwaltungsaufgaben durch Private, VVDStRL 29 (1971) 137, 211 m weit Nachw.

an einen solchen Privaten in öffentlicher Hand müßte diese Fragwürdigkeiten potenzieren. Sollten ihnen echte Entscheidungsbefugnisse und nicht nur Hilfsdienste bei der Vorbereitung der Pläne übertragen werden, wäre eine gesetzliche Regelung erforderlich. Schon aus diesem Grunde kommt der beliehene Verein als Modell freiwilliger Zusammenarbeit der Gemeinden im gesetzesfreien Raum nur in Betracht, wenn der Verein nur mit Vorbereitungsaufgaben betraut werden soll.

Eine Sonderform der Einbeziehung privat-rechtlicher Zusammenschlüsse der Gemeinden hatte das bwü LPIG 1962 entwickelt, das die auf freiwilliger Basis gebildeten Regionalverbände zwar nicht mit der Erstellung eines Regionalplans förmlich beauftragte, aber die Landesregierung befugte, einen von dem Verband erstellten Plan als unbedenklich zu erklären. Die Unbedenklichkeitserklärung hatte beschränkte Rechtswirkungen[15]. Zwischen 1962 und 1972 wurden mehrere Regionalpläne für unbedenklich erklärt. Das bwü LPIG 1972, das die Regionalplanung ausschließlich öffentlich-rechtlich ordnet[16], läßt die für unbedenklich erklärten Pläne vorläufig fortbestehen, bis sie durch Regionalpläne nach neuem Recht ersetzt sind. Durch verwaltungsinterne Erlässe des zuständigen Ministers wurde ferner veranlaßt, daß die privat-rechtlich verfaßten Planungsgemeinschaften alten Rechts ihre Arbeit fortsetzten, bis die Planungsverbände neuen Rechts handlungsfähig würden, um diesen die bisher geleisteten Arbeiten und Planungen übergeben zu können; auch das Personal der Planungsgemeinschaften wurde weitgehend übernommen.

In der Rechtsform der GmbH oder Gesellschaft nach BGB haben die Gemeinden Aufgaben der Raumplanung nur in einzelnen, meist besonders gelagerten Fällen[17] wahrgenommen. Weitere Verbreitung findet die GmbH jedoch im Rahmen der wirtschaftlichen Betätigung der Gemeinden. Zu den in der Form der GmbH oder auch der AG übernommenen Aufgaben gehört nicht nur die Errichtung und Unterhaltung bestimmter Verkehrs- und Versorgungseinrichtungen, sondern auch die Förderung der Industrieansiedlung und die Planung, Aufschließung, Lenkung der Besiedlung von Großsiedlungen und Stadtgründungen im Regionalbereich mit Steuerungsmitteln des Privatrechts[18]. Daß für derartige Aufgaben Rechtsformen des Privatrechts durchaus geeignet sein können, dank ihrer Elastizität sogar geeigneter als öffentlich-rechtliche Organisationsformen, hat das StBFG bestätigt, das den Gemeinden gestattet, Sanierungs- und Entwicklungsaufgaben privat-rechtlich verfaßten Unternehmen zu übertragen.

3.3.2. *Entwicklung der Zusammenarbeit auf öffentlich-rechtlicher Grundlage*

Das Recht der Zusammenarbeit in den Formen des öffentlichen Rechts hat im d Rechtskreis eine längere Tradition. Ihr Ausgang war die gesetzlich nicht geregelte Verbandsbildung der durch das Reformwerk Steins mit Selbstverwaltungsrecht ausgestatteten pr Gemeinden im ersten Drittel des 19. Jh.s. Die ersten gesetzlichen Regelungen entstanden in der Mitte des 19. Jh.s; spezialgesetzliche Ermächtigungen gestatteten, für bestimmte Zwecke — so Armenwesen, Schul- und Wegeunterhaltung, Vatertierhaltung — einen Verband zu bilden. Rechtsgrundlagen für die Zusammenarbeit in Formen des öffentlichen Rechts auf allen hierfür in Betracht kommenden Gebieten wurden erstmalig 1891 durch die pr Land-

---

15 Vgl unten S 107.
16 Vgl unten S 112 ff.
17 Zur grenzüberschreitenden Planung im Rhein-Neckar-Gebiet vgl unten S 133 f.
18 Vgl hierzu H ü b o t t e r, Rechts- und Organisationsfragen beim Bau neuer Städte in der Bundesrepublik, in: Veröffentlichungen der Forschungs- und Planungsgemeinschaft für Stadtentwicklung³ (Hannover 1959); H a r t z, Entwicklungsgesellschaften und neue Städte, in: Gemeinnütziges Wohnungswesen (1966) 379 ff; E v e r s, Bauleitplanung, 135 f.

gemeindeordnung für die östlichen Provinzen und für ganz Preußen einheitlich durch das Allgemeine Zweckverbandsgesetz vom 19. Juli 1911 (GS 115) geschaffen. Einige d Länder folgten dem pr Beispiel.

Ein anderer Weg, den Mangel an Veranstaltungs- und Verwaltungskraft der kleinen Gemeinden zu überwinden, war die Ausbildung der Samtgemeinden, der Ämter, der Gemeindeaufgabenverbände, aber auch klein gehaltener Landkreise. Anders als die auf die Wahrnehmung einzelner, bestimmter Aufgaben beschränkten Zweckverbände waren dies kommunal-organisatorische Zusammenschlüsse, die von den Gemeinden übertragene Aufgaben nach den Beschlüssen der Gemeinde, ggf aber auch Aufgaben eines eigenen Wirkungskreises mit eigener Entscheidungsbefugnis wahrnehmen konnten.

Eine für das ganze d Reich einheitliche Regelung wurde durch das Zweckverbandsgesetz vom 7. Juni 1939 (ZVG) (RGBl I 979) geschaffen. Das ZVG gilt auch heute noch in den Ländern, die nicht inzwischen eine Neuregelung getroffen haben, als Landesrecht fort, die Bestimmungen, die wegen ihrer Bindung an nationalsozialistisches Gedankengut nicht mehr anwendbar sind, ausgenommen.

Die nach 1945 von einzelnen Ländern erlassenen Zweckverbandsgesetze haben die Regelungen des ZVG unter Anpassung an die kommunal-rechtliche Entwicklung übernommen[19].

3.3.3. Der Zweckverband

Das ZVG gestattet den Gemeinden und Landkreisen, für einen bestimmten Zweck einen Zweckverband als Körperschaft des öffentlichen Rechts zu bilden. Juristische Personen des öffentlichen Rechts und, nach besonderer Zulassung, auch Privatpersonen können sich der Verbandsbildung anschließen, wenn dadurch die Erfüllung der Verbandsaufgabe gefördert wird.

Aufgabe des Zweckverbandes kann jede Aufgabe sein, zu deren Durchführung die Gemeinde oder der Landkreis berechtigt oder verpflichtet ist. Für die Wahrnehmung von Aufgaben der Raumordnung können sich die Gemeinden daher in Form eines ZV nur zusammenschließen, wenn das Landesplanungsrecht eine Mitwirkung der Gemeinden und Landkreise in der Raumordnung zuläßt und diese nicht den staatlichen Instanzen allein vorbehält. Daher lehnte zB das bwü Innenministerium Anträge der Gemeinden und Landkreise auf Bildung regionaler Planungsgemeinschaften in der Form eines ZV unter Hinweis auf die 1966 geltende Rechtslage ab[20].

Nach dem ZVG ist die Gründung des Verbandes ein staatlicher Hoheitsakt, den die Gründungsbehörde entweder auf Antrag der einen Zusammenschluß anstrebenden Gemeinden und Landkreise (Freiverbände), aber auch aus eigenem Entschluß und gegen den Willen der Gebietskörperschaften erlassen kann (Pflichtverbände). Die Gründung von Pflichtverbänden ist jedoch nur zulässig, wenn sie aus Gründen des öffentlichen Wohls dringend geboten ist, § 15 I ZVG.

Die inneren Verhältnisse des ZV regeln sich nach seiner Satzung, die sich die Verbandsmitglieder selbst mit staatlicher Genehmigung geben. Pflichtverbänden kann erforderlichenfalls eine Satzung oktroyiert werden — was nicht ausschließt, daß die Verbandsmitglieder die oktroyierte Satzung durch eine autonome Satzung ersetzen. Hinsichtlich der inhaltlichen Ausgestaltung der Verbandsverfassung

---

19 RPf: ZVG v 3. 12. 1954 GVBl 156; NW: Gesetz über kommunale Gemeinschaftsarbeit v 26. 4. 1961 GVBl 190; BWü: ZVG v 24. 7. 1963 GBl 114; Bay: Gesetz über die kommunale Zusammenarbeit v 12. 7. 1966 GVBl 218; Hess: Gesetz über kommunale Gemeinschaftsarbeit v 16. 12. 1969 GVBl 307; SchH: Gesetz über kommunale Zusammenarbeit v 20. 3. 1974 GVBl 89; BWü: Gesetz über kommunale Zusammenarbeit v 16. 9. 1974 GVBl 408; Saar: Gesetz über die kommunale Gemeinschaftsarbeit v 26. 2. 1975 ABl 490.
20 Vgl P i l g r i m, Bauleitplanung, 53.

bestimmt das ZVG, daß die Verfassung von Hoheitsverbänden der Verfassung der Gemeinde, die der Wirtschaftsverbände dem handelsrechtlichen Gesellschaftsrecht angepaßt werden solle. Im übrigen bleibt es den satzungsgebenden Organen überlassen, die innere Ordnung des Verbandes und das Verhältnis zu den Mitgliedern zu regeln. Durch Satzung ist daher neben der Zweckbestimmung des Verbandes insbesondere der Schlüssel für die Verteilung der Sitze und Stimmen in den Beschlußorganen und für die Erhebung der Umlage bei den Verbandsmitgliedern zu bestimmen und die Voraussetzungen für die Auflösung des Verbandes festzulegen.

Nimmt der ZV hoheitliche Aufgaben wahr, kann er nach dem für die Mitgliedsgemeinden geltenden Recht auch Satzungen mit Außenwirkung erlassen, insbesondere die Benutzung der Einrichtungen des ZV regeln, Gebühren und Beiträge festsetzen.

Der ZV unterliegt staatlicher Aufsicht; sie ist, soweit der ZV Selbstverwaltungsangelegenheiten der Verbandsmitglieder wahrnimmt, Rechtsaufsicht; nach näherer Bestimmung des Gemeinderechts bedürfen seine Maßnahmen der Genehmigung durch die Aufsichtsbehörde; diese ist auch befugt, Streitigkeiten zwischen den Verbandsmitgliedern und zwischen ihnen und dem ZV vorbehaltlich verwaltungsgerichtlicher Nachprüfung zu entscheiden.

3.3.4. *Die öffentlich-rechtliche Vereinbarung*

Als weitere Form der gemeindlichen Zusammenarbeit stellt das ZVG die öffentlich-rechtliche Vereinbarung zur Verfügung, die „anstelle der Bildung eines Zweckverbandes" getroffen werden kann. Sie ist ein öffentlich-rechtlicher Vertrag, den die Gemeinden und Gemeindeverbände untereinander schließen; er ist darauf gerichtet, daß eine der Vertragsparteien einzelne Verwaltungsaufgaben der übrigen Beteiligten in seine Zuständigkeit mit einer die anderen befreienden Wirkung übernimmt oder die Mitbenutzung einer von ihm betriebenen öffentlichen Enrichtung gestattet. Nach § 14 ZVG kann durch die Vereinbarung die Gemeinde, die für die anderen Gemeinden tätig wird, befugt werden, für das gesamte Gebiet der Beteiligten Satzungen zu erlassen, zB Anschluß und Benutzungszwang, Gebührensatzungen für eine öffentliche Versorgungsanlage.

Als Gegenleistung haben die Vertragspartner eine angemessene Entschädigung zu entrichten.

Der Abschluß einer öffentlich-rechtlichen Vereinbarung unterliegt dem Genehmigungsvorbehalt der zuständigen Aufsichtsbehörde. Diese kann erforderlichenfalls den Abschluß einer öffentlich-rechtlichen Vereinbarung erzwingen oder eine Pflichtregelung treffen.

3.3.5. *Die Verwaltungsgemeinschaft*

Zur Lösung der Verwaltungsprobleme kleiner und kleinster Gemeinden mit geringer Verwaltungskraft sehen die ZVG und GO der d Länder verschiedene Kooperationsinstrumente vor, die eine Besorgung von Gemeindeaufgaben durch gemeinsame Verwaltungseinrichtungen erlauben. In ihrer rechtlichen Ausgestaltung sind sie entweder dem Modell der öffentlich-rechtlichen Vereinbarung oder dem ZV angeglichen.

Eine Sonderform der öffentlich-rechtlichen Vereinbarung bildet die Verwaltungsgemeinschaft nach den hess und nw Gesetzen über kommunale Gemeinschaftsarbeit[21]. In Nordrhein-Westfalen ist die VerwGem eine Vereinbarung, durch die

---

21 Zitat dieser Gesetze vgl oben bei FN 19.

eine Gemeinde oder ein Gemeindeverband zur Wahrnehmung aller oder des größten Teils seiner Aufgaben Dienstkräfte und Verwaltungseinrichtungen des anderen Beteiligten in Anspruch nimmt; die Beteiligten können sich auch verpflichten, sich gegenseitig Dienstkräfte und Verwaltungseinrichtungen zur Verfügung zu stellen. Von der öffentlich-rechtlichen Vereinbarung unterscheidet sich die nw VerwGem dadurch, daß die Gemeinde die Wahrnehmung aller oder des größten Teils ihrer Aufgaben abgibt; die Vereinbarung kann entweder als Zuständigkeitsübertragung oder bloße Durchführungsübertragung ohne Zuständigkeitsverlust eingegangen werden[22]. Bei der hess VerwGem übernimmt eine Gemeinde die verwaltungsmäßige Erledigung der Geschäfte der laufenden Verwaltung der anderen Gemeinden, deren Verantwortung und Entscheidungsrecht nicht berührt werden; sie stellt nur einen gemeinsamen technischen Apparat zur Verfügung, dessen sich die Gemeinden bei der Erfüllung ihrer Aufgaben bedienen können.

Hingegen ist die VerwGem nach bay Recht[23] ein kommunaler Sonderverband nach der Art eines Mehrzweckverbandes[24]. Sie ist eine Körperschaft des öffentlichen Rechts mit eigener Organisation, die — durch Rechtsverordnung der Regierung gebildet — alle Angelegenheiten des übertragenen Wirkungskreises ihrer Mitgliedsgemeinden wahrnimmt. Diese Aufgaben werden in eigener Zuständigkeit und Verantwortung durchgeführt, während bei den Aufgaben des eigenen Wirkungskreises der VerwGem nur die verwaltungsmäßige Vorbereitung und der Vollzug der Beschlüsse der Mitgliedsgemeinden und die Besorgung laufender Verwaltungsangelegenheiten obliegt. In dieser zweiten Funktion entspricht die bay VerwGem dem Gemeindeverwaltungsverband nach hess Recht; dieser ist ein ZV, dessen Aufgabe auf die verwaltungsmäßige Erledigung der Geschäfte der laufenden Verwaltung beschränkt ist.

Eine Art VerwGem bilden auch die gemeinsamen Bürgermeistereien in Rheinland-Pfalz, Baden-Württemberg und Hessen (oder ähnliche Einrichtungen wie gemeinschaftliche Beamte bzw Fachbeamte oder gemeinsame Bürgermeister); durch diese Zusammenschlüsse wird ebenfalls die Selbständigkeit der Mitgliedsgemeinden nicht berührt, die Willensbildung bleibt bei den zuständigen Gemeindevertretungen. Nur bei bestimmten gemeinsamen Angelegenheiten, vor allem der Wahl des gemeinsamen Bürgermeisters, treten die Gemeindevertretungen der beteiligten Gemeinden zu einer Gesamtvertretung zusammen.

Nennenswerte Bedeutung bei der gemeinsamen Erledigung von Planungsaufgaben kommt diesen Rechtsformen nicht zu[25]; als technische Hilfe zur Stützung der Verwaltungskraft nehmen sie in dem Maß an Bedeutung ab, wie durch die kommunale Gebietsreform die kleinen und kleinsten Gemeinden verschwinden[26].

3.3.6. Die kommunale Arbeitsgemeinschaft

Die ZVG von Bayern, Hessen, Nordrhein-Westfalen, Rheinland-Pfalz und des Saarlandes haben als weitere öffentlich-rechtliche Form der Zusammenarbeit die kommunale Arbeitsgemeinschaft (ArGe) bereitgestellt. ArGe waren gesetzlich auch schon in dem pr Gesetz über die kommunale Neugliederung des rheinisch-westfälischen Industriegebietes vom 29. Juli 1929 (GS 137) vorgesehen.

---

22 W a g e n e r, Gemeindeverbandsrecht in Nordrhein-Westfalen. Kommentar (1967) 559.
23 Durch das Erste Gesetz zur Stärkung der kommunalen Selbstverwaltung v 27. 7. 1971 GVBl 247 eingeführt.
24 Vgl dazu B ö r i n g, Die Verwaltungsgemeinschaft (1973) 31 ff.
25 Vgl P i l g r i m, Bauleitplanung, 160 ff.
26 K l ü b e r, Das Gemeinderecht in den Ländern der Bundesrepublik Deutschland (1972) 280; P i l g r i m, Bauleitplanung, 165.

Die ArGe entsteht durch öffentlich-rechtlichen Vertrag zwischen Gemeinden und Gemeindeverbänden. Sonstige juristische Personen können sich der ArGe anschließen. Ihre Aufgabe ist die gemeinsame Beratung, Vorbereitung und Koordination gemeinsamer Angelegenheiten. Die ArGe kann über Empfehlungen an die Beteiligten beschließen; diese behalten jedoch ihre Entscheidungsfreiheit.

Gegenstand der Zusammenarbeit in der Rechtsform der ArGe ist unter anderem Koordinierung der Bauleitplanung, die Ausarbeitung von Entwürfen durch eigene Kräfte oder im Wege der Auftragsvergabe, Probleme des öffentlichen Nahverkehrs, der Wasserversorgung und -entsorgung; auch Regionalplanungsgemeinschaften sind vereinzelt in Form einer ArGe gebildet worden[27].

Die Regelung der Geschäftsführung der ArGe überlassen die Gesetze den Beteiligten. Von der Sache her geboten ist die Festlegung der Mitglieder und ihres Stimmgewichtes in der ArGe, die Aufgabengebiete, die durch die ArGe beraten werden sollen, die Einrichtung eines Beschlußgremiums — Arbeitsausschusses —, der sich aus Vertretern der angeschlossenen Gebietskörperschaften zusammensetzt, und die Bestimmung eines Geschäftsführers. Dies wird in der Regel ein Hauptverwaltungsbeamter einer der Mitglieder der ArGe sein, der sich für die Geschäftsführung der Mittel seiner Verwaltung bedient. Durch die Vereinbarung kann die Erhebung einer Umlage bei den Mitgliedern für die Deckung der Kosten der Geschäftsführung vorgesehen werden.

Obwohl die ArGe nur befugt ist, Empfehlungen auszusprechen, sind die Beteiligten durch die Vereinbarung verpflichtet, bestimmte Angelegenheiten in der ArGe zur Beratung zu stellen.

Damit wenigstens in Fällen besonderer Bedeutung sichergestellt wird, daß die Mitglieder die Empfehlungen der ArGe befolgen, kann nach den Gesetzen einzelner Länder vorgesehen werden, daß einstimmige Beschlüsse oder mit qualifizierter Mehrheit gefaßte Beschlüsse die Mitglieder binden; in Bayern unter der Voraussetzung, daß alle Gemeinden durch ihre hierfür zuständigen Organe zustimmen.

Da die ArGe an der Durchführung der Aufgaben nicht beteiligt ist, sehen die neuen Gesetze keine staatlichen Genehmigungsvorbehalte für die Errichtung einer ArGe vor, sondern begnügen sich mit einer Anzeigepflicht. Die ArGe selbst unterliegt auch nicht der Kommunal- und Fachaufsicht; denkbarer Adressat von Aufsichtsmaßnahmen sind immer nur die Mitglieder der ArGe.

3.3.7. *Der Nachbarschaftsbereich (-ausschuß)*

Eine Fortentwicklung der ArGe ist der Nachbarschaftsbereich — § 8 GO für Rheinland-Pfalz vom 14. Dezember 1973[28] — und der Nachbarschaftsausschuß — §§ 20 ff schh Gesetz über kommunale Zusammenarbeit vom 20. März 1974 (GVBl 89).

Mit der Einführung obligatorischer Nachbarschaftsausschüsse in Schleswig-Holstein und fakultativer Nachbarschaftsbereiche in Rheinland-Pfalz wollen die Gesetzgeber sicherstellen, daß die in Verflechtungsbereichen von Gemeinden mit zentralörtlicher Bedeutung anstehenden gemeinsamen oder mehrere Gemeinden berührenden Angelegenheiten auch von den beteiligten Gebietskörperschaften gemeinsam mit dem Ziel, aufeinander abgestimmte Lösungen zu erarbeiten, erörtert werden.

Wie die ArGe ist auch der Nachbarschaftsbereich (-ausschuß) ein Rechtsgebilde des öffentlichen Rechts ohne Rechtspersönlichkeit. Auch er ist auf den Aus-

---

27 Vgl P i l g r i m, Bauleitplanung, 196; P e t e r s e n, Planungsgemeinschaften, 174.
28 GVBl 419; Vorläufer war die Regelung des § 7a GO idF v 16. 7. 1968 GVBl 132.

spruch von Empfehlungen beschränkt. Anregungen, auch des Gemeindetages Rheinland-Pfalz, den Nachbarschaftsbereich mit Beschlußkompetenz auszustatten, ihm vor allem die Aufstellung eines gemeinsamen Flächenwidmungsplanes, die Industrieförderung, die Planung und den Bau von Hauptverkehrsstraßen, den Personenverkehr, das weiterführende Schulwesen, die Obsorge für Naherholungsgebiete und gemeinsame Anlagen der Wasserversorgung, Abwasserbeseitigung und Müllverwertung zu übertragen, haben die Gesetzgeber nicht aufgegriffen[29]. Immerhin sehen die Gesetze übereinstimmend vor, daß sie auf die Durchführung der abgestimmten Vorhaben hinzuwirken hätten und daß die Bewilligung staatlicher Mittel davon abhängig gemacht werden kann, daß der Nachbarschaftsausschuß die vorgesehene Maßnahme befürwortet[30].

In Rheinland-Pfalz bestehen nach dem vorläufigen Abschluß der Gebietsreform 1974 nur noch 12 kreisfreie Städte und 33 verbandsfreie Gemeinden; alle anderen Gemeinden sind in 167 Verbandsgemeinden mit einer durchschnittlichen Einwohnerzahl von knapp 13.000 zusammengeschlossen, deren Gebiet in der Regel mit dem der Nahbereiche identisch ist[31]; eine Zusammenarbeit in der Rechtsform des Nachbarschaftsbereichs ist daher in vielen Teilen des Landes entbehrlich. Daher hat sich die neue rpf GO mit der Zulassung fakultativer Nachbarschaftsbereiche in einer knapp gefaßten Regelung begnügt. Für die Zwecke dieses Gutachtens von größerem Interesse ist die Regelung der Nachbarschaftsausschüsse nach dem schh Gesetz über kommunale Zusammenarbeit, die im folgenden zu skizzieren ist.

Der Nachbarschaftsausschuß ist ein Zusammenschluß der gesetzlich festgelegten Zentralen Orte mit den Gemeinden ihres Nahbereichs — genauer: der Zentralen Orte der jeweiligen Stufe mit den ihnen zugeordneten Gemeinden, bei Ober- und Mittelzentren auch der Landkreise.

Aufgabe des Nachbarschaftsausschusses ist, die öffentlichen Aufgaben, die mehrere kommunale Selbstverwaltungskörperschaften betreffen und eine gemeinsame Abstimmung erfordern, zu beraten und auf ihre Erfüllung hinzuwirken. Bei Planungen und Maßnahmen anderer Träger der öffentlichen Verwaltung, die über den Zentralen Ort hinausreichen, kann der Nachbarschaftsausschuß gehört werden.

Mitglied des Nachbarschaftsausschusses als Organ dieses Zusammenschlusses sind die Bürgermeister des Nahbereichs, bei Ober- und Mittelzentren auch die Landräte. Ferner können die Zentralen Orte so viele weitere Vertreter entsenden, daß die Gesamtzahl ihrer Vertreter die Hälfte aller stimmberechtigten Mitglieder des Nachbarschaftsausschusses beträgt. Die dadurch begründete Hegemonialstellung des Zentralen Ortes wird noch dadurch unterstrichen, daß der Zentrale Ort in der Person des Bürgermeisters den Vorsitzenden stellt und die Geschäfte des Nachbarschaftsausschusses führt; er trägt auch, andere Vereinbarung vorbehalten, die Kosten; die Kosten der Vertreter im Nachbarschaftsausschuß tragen die entsendenden Gemeinden und Kreise.

Der Nachbarschaftsausschuß ist eine vom Gesetz geschaffene obligatorische Einrichtung. Damit ist sichergestellt, daß die Zusammenarbeit nicht am Widerstand einzelner Gemeinden scheitert oder ungebührlich verzögert wird oder aus anderen Gründen im Organisatorischen steckenbleibt. Das Gesetz trägt ferner der Tatsache Rechnung, daß die für den Einzelfall getroffene staatliche Anordnung

29 Pilgrim, Bauleitplanung, 201; Meyer/Schwickerath, DVBl 69, 779 (782); anders aber das bwü NachbarschaftsG v 9. 7. 1974 GBl 261; vgl unten S 96 ff.
30 So ausdrücklich § 8 V rpf GO.
31 Raumordnungsbericht 1973 der Landesregierung Rheinland-Pfalz, 7, 71.

der Zusammenarbeit bei den betroffenen Gemeinden Widerstand auslösen muß mit der weiteren Folge, daß die Aufsichtsbehörden davor zurückschrecken, dahingehende Anordnungen zu treffen. Um die Gemeinden aber nicht zu entbehrlicher Zusammenarbeit zu veranlassen, befugt das schh Gesetz den Minister, im Einzelfall durch Ausnahmeregelung zu bestimmen, daß von der Bildung eines Nachbarschaftsausschusses abgesehen wird.

3.4. Das Recht der Raumplanung

Lit: Werner *Weber*, Die Selbstverwaltung in der Landesplanung (1956); *Umlauf*, Wesen und Organisation der Landesplanung (1958); *Die Raumordnung in der Bundesrepublik Deutschland*, Gutachten des Sachverständigenausschusses für Raumordnung (1961); Werner *Weber*, Entspricht die gegenwärtige kommunale Struktur den Anforderungen der Raumordnung? Empfehlen sich gesetzgeberische Maßnahmen der Länder und des Bundes? Welchen Inhalt sollten sie haben? Gutachten für den 45. DJT (1964); *Müller*, Raumordnung in Bund, Ländern und Gemeinden (1965); *Hohberg*, Das Recht der Landesplanung (1966); *Raumordnungsbericht der Bundesregierung* 1968, BT-Drucks V/3958; *Breuer*, Die hoheitliche raumgestaltende Planung (1968); *Handwörterbuch der Raumforschung und Raumordnung*[2], Hrsg Akademie für Raumforschung und Landesplanung, 3 Bde (1970); *Forsthoff/Blümel*, Raumordnungsrecht und Fachplanungsrecht (1970); *Brügelmann/Asmuß/Cholewa/Von der Heide*, Raumordnungsgesetz, Lose-Blatt-Sammlung, Stand 5. Lfg (1970); *Raumordnungsbericht der Bundesregierung* 1970, BT-Drucks VI/1340; *Isbary*, Raum und Gesellschaft (1971); *Wagener*, Ziele der Stadtentwicklung nach Plänen der Länder (1971); *Raumordnungsbericht der Bundesregierung 1972*, BT-Drucks VI/3793; *Raumplanung — Entwicklungsplanung*, Veröffentlichungen der Akademie für Raumforschung und Landesplanung, Forschungs- und Sitzungsberichte Bd 80 (1972) mit Beiträgen von *Wagener, Bielenberg, Schmidt-Aßmann* ua; *Hendler*, Gemeindliches Selbstverwaltungsrecht und Raumordnung (1972); *Schmidt-Aßmann*, Grundfragen des Städtebaurechts (1972); *Evers*, Bauleitplanung, Sanierung und Stadtentwicklung (1972) 23 ff; *ders*, Das Recht der Raumordnung (1973); *Strickrodt*, Bau- und Planungsrecht (1974); *Raumordnungsbericht der Bundesregierung* 1974, BT-Drucks 7/3582.

3.4.1. *Überblick*

Zeitiger als in Österreich und in der Schweiz hat sich in Deutschland die Notwendigkeit gezeigt, die Bautätigkeit planmäßig zu ordnen und darüber hinaus zumindest die Entwicklung der Siedlungs- und Industrieschwerpunkte nach übergeordneten Gesichtspunkten zu lenken. Die Entwicklung der Raumordnung im Deutschen Reich und die Kompetenzverteilung des Grundgesetzes hat dazu geführt, daß im d Recht die örtliche Raumplanung — in der Terminologie des BBauG: Bauleitplanung — und die überörtliche Raumplanung und Raumordnung in den Zuständigkeiten und auch den zur Verfügung gestellten Instrumenten schärfer voneinander abgegrenzt ist als im s und ö Recht. Das Ausmaß des Siedlungsdrucks, die längere Erfahrung im Umgang mit Planungsinstrumenten und die vielerorts zumindest latente Bereitschaft, das als erforderlich angesehene Planungsinstrumentarium zu schaffen und anzuwenden, haben zu einer differenzierten Ausformung geführt, von der vielfach Impulse auf das Planungsrecht der anderen Länder ausgegangen sind. Es wird jedoch noch zu zeigen sein, daß auch das d Recht der Bauleitplanung und der Raumordnung noch nicht eine endgültige Gestalt gewonnen hat, daß vielmehr ihre Aufgaben und ihr Instrumentarium Gegenstand zum Teil weitgreifender Reformpläne sind, die auch bereits in Einzelvorschriften Eingang in das geltende Recht gefunden haben.

Das GG weist dem Bund die konkurrierende Gesetzgebungszuständigkeit für das Bodenrecht (Art 74 Z 18 GG) und eine Rahmengesetzgebungskompetenz für die Raumordnung (Art 75 Z 4 GG) zu. Der Bund ist ferner befugt, auf den seiner ausschließlichen und den seiner konkurrierenden Gesetzgebungszuständigkeit unterliegenden Sachgebieten die Bundesplanung zu regeln. Soweit er auf diesen Gebieten Vollzugskompetenzen hat, kann er auch selbst Pläne aufstellen und diese verwirklichen. Hierzu gehören gewichtige Sachgebiete: Bundesfernstraßen, Bundesbahn, Bundeswasserstraßen, Verteidigung. Zu diesen Vollkompetenzen des Bundes tritt seine Befugnis, im Zusammenwirken mit den Ländern Gemeinschaftsaufgaben zu erfüllen, für die ausdrücklich eine Rahmenplanung für Bund und Länder vorgesehen ist (Art 91a GG). Für die Raumordnung bedeutsam sind ferner die Gesetzgebungskompetenzen des Bundes auf den Gebieten des Verkehrs zu Lande, zu Wasser und in der Luft, der Wirtschaft, der Energie, der Erzeugung von Atomenergie zu friedlichen Zwecken, des Wohnungswesens, der Sozialisierung, der Sozialversicherung. Alle diese Kompetenzen wachsen jedoch nicht zu einer in sich geschlossenen Kompetenz für Raumordnung und Landesplanung zusammen; der Bund ist auch nur in den engen Grenzen seiner Verwaltungskompetenzen befugt, die von ihm aufgestellten Pläne für alle Verwaltungszweige für verbindlich zu erklären.

Die Aufstellung umfassender verbindlicher Raumordnungspläne ist daher grundsätzlich Sache der Länder. Ihrer Zuständigkeit ungeachtet hat das BVerfG in dem vielzitierten Gutachten aus dem Jahre 1954 (BVerfGE 3, 407) die Verantwortung des Bundes für die räumliche Ordnung und Gestaltung des Gesamtstaates hervorgehoben und in einer späteren Entscheidung (BVerfGE 15, 1) seine Auffassung noch einmal bestätigt. In seinem Gutachten führt das BVerfG aus (BVerfGE 3, 407 [427 f]): Erkenne man Raumordnung als eine notwendige Aufgabe des modernen Staates an, dann sei der größte zu ordnende und zu gestaltende Raum das gesamte Staatsgebiet. Daher müsse es im Bundesstaat auch eine Raumplanung für den Gesamtstaat geben. Die Zuständigkeit zu ihrer gesetzlichen Regelung komme der Natur der Sache nach dem Bund als eine ausschließliche und Vollkompetenz zu. Daher könne der Bund regeln:

— kraft ausschließlicher Kompetenz die Bundesplanung vollständig,
— kraft konkurrierender Rahmenkompetenz die Raumordnung der Länder in ihren Grundzügen,
— kraft konkurrierender Vollkompetenz die städtebauliche Planung vollständig.

Da die Einpassung der Pläne ineinander nach Auffassung des BVerfG zum allgemeinen Rahmen der Raumordnung gehöre, könnten die Fragen der Rechtswirkung der Pläne verschiedener Stufen oder verschiedenen Inhalts durchgehend von dem Bundesgesetzgeber geregelt werden.

In Wahrnehmung der Bundeskompetenz zur Regelung des Bodenrechts ist das Bundesbaugesetz (BBauG) vom 23. Juni 1960 (BGBl I 341) erlassen worden. Das von den Landesgesetzgebern in der Zeit nach dem Zweiten Weltkrieg geschaffene Instrumentarium vereinheitlichend und vereinfachend, stellt es den Flächennutzungsplan und den Bebauungsplan (Bauleitpläne) zur Verfügung. Der Katalog der in diesen Plänen zulässigen Darstellungen und Festsetzungen wird durch die auf Grund des § 2 X BBauG erlassene Baunutzungsverordnung (BNVO) vom 26. Juni 1962 idF vom 26. November 1968 (BGBl I 1237, berichtigt BGBl 1969 I 11) des näheren bestimmt.

Dem Sachkomplex der Sanierung hatte sich das BBauG nur in wenigen Vorschriften zugewendet. Nach etwa zehnjährigen Bemühungen wurde mit Erlaß des Städtebauförderungsgesetzes (StBFG) vom 27. Juli 1971 (BGBl I 1125) diese Lücke geschlossen. Das StBFG baut auf den Vorschriften des BBauG auf, die grundsätzlich auch bei der Durchführung von Sanierungs- und Entwicklungsmaßnahmen anzuwenden sind, schafft aber für die förmlich festzulegenden Sanierungsgebiete und Entwicklungsgebiete besondere bau-, boden-, enteignungs- und abgabenrechtliche Vorschriften.

1974 hat die Bundesregierung den Entwurf eines Gesetzes zur Änderung des BBauG beim Bundestag eingebracht[32]. Die Novelle will die bodenrechtlichen Vorschriften des BBauG den im StBFG für diesen Bereich getroffenen bodenrechtlichen Regelungen anpassen und wie dort die Möglichkeit vorsehen, dem Bürger Bau-, Abriß- und Modernisierungspflichten aufzuerlegen; ferner soll das Planungsrecht fortentwickelt und die städtebauliche Planung in eine allgemeine Stadtentwicklungsplanung eingeordnet werden. Bei all dem ist nach der Regierungsbegründung die Novelle als Teil einer in Stufen zu verwirklichenden Reform zu verstehen.

Das BBauG verknüpft die städtebauliche Planung mit der Raumordnung durch eine Raumordnungsklausel. Sie gebietet, die Bauleitpläne an die Ziele der Raumordnung und Landesplanung anzupassen. Diese Anpassungspflicht lief zunächst leer, da sie operable, in einem förmlichen Verfahren aufgestellte Ziele voraussetzt, die Rechtsgrundlagen hierfür aber in den meisten Ländern noch zu schaffen waren.

Durch Bundesgesetz die Länder zur Gesetzgebung auf dem Gebiet der Raumordnung zu verpflichten und für den Inhalt dieser Landesgesetze einen bundesrechtlichen Rahmen zu geben, gelang erst in einer langwierigen Auseinandersetzung zwischen den Bundesministerien und zwischen Bund und Ländern. Die Entwicklung des Raumordnungsrechts nach dem Zweiten Weltkrieg ist hier kurz zu skizzieren, da sie zeigt, daß die Einführung eines effektiven Raumordnungsrechts auch im d Recht erst nach Überwindung erheblichen Widerstandes auf den verschiedensten politischen Ebenen gelungen ist.

Die reichsrechtlichen Grundlagen der Raumordnung waren mit der Wiedererrichtung der d Länder nach 1945 obsolet geworden. Aber auch der Gedanke der Planung insgesamt war in Mißkredit geraten. Die Länder sahen sich zudem konfrontiert mit den drängenden Problemen der Nachkriegszeit. Sie griffen daher die Aufgabe der Raumordnung nur zögernd auf. Auf längere Sicht konnten sie sich ihr jedoch nicht entziehen. Dabei verstanden sie meist Raumordnung auf Landesebene als Regierungstätigkeit, die einer gesetzlichen Regelung weder bedürftig noch zugänglich war; Planung auf regionaler Ebene blieb — wie in der Zeit zwischen den Weltkriegen — den freiwilligen Zusammenschlüssen der Gebietskörperschaften und sonstiger Träger öffentlicher Belange überlassen.

Gesetzliche Grundlagen für die Landesplanung schuf als erstes Nordrhein-Westfalen mit dem Landesplanungsgesetz vom 11. März 1950 (GVBl 41); das nw LPIG knüpfte an die Organisationsregeln an, die in der Zeit zwischen den Weltkriegen geschaffen worden waren, und übertrug die Erstellung von Raumordnungsplänen als Selbstverwaltungsangelegenheit den beiden Landesplanungsgemeinschaften, die sich nach 1945 wieder als freie Assoziationen gebildet hatten, und dem Siedlungsverband Ruhrkohlenbezirk, der bereits 1920 durch Sondergesetz gegründet worden und dessen Tätigkeit durch den Zusammenbruch nur kurzfristig unterbrochen worden war.

Erst 1957 wurde in einem anderen Land der Bundesrepublik, Bayern, ein weiteres Landesplanungsgesetz erlassen, das, im Gegensatz zu der in Nordrhein-Westfalen getroffenen Regelung, Landesplanung als staatliche Aufgabe ausgestaltete.

Auf Bundesebene entbehrten lange Zeit die raumbedeutsamen Maßnahmen des Bundes auf den Gebieten der Wirtschafts-, Sozial-, Finanz-, Verkehrs-, Agrar- und

---

32 BT-Drucks 7/2496.

Verteidigungspolitik eines geordneten Verfahrens für die Koordinierung untereinander und für die Abstimmung mit den Plänen und Maßnahmen der Länder. Mit der Ausweitung der Bundesaufgaben und dem Wachsen des Haushaltsvolumens nahm auch die raumordnungspolitische Bedeutung der Investitionen und Förderungsmaßnahmen des Bundes auf den verschiedensten Sachgebieten zu, so daß es immer dringlicher wurde, für die Abstimmung der Bundesminister untereinander und für die Abstimmung der Raumordnungspolitik des Bundes mit den Ländern geeignete Plattformen zu schaffen. Daher wurden 1955 von der Bundesregierung ein Interministerieller Ausschuß für Raumordnung (IMARO) und ein Sachverständigenausschuß für Raumordnung (SARO) eingerichtet; 1957 schlossen die Bundesregierung und die Landesregierungen ein Verwaltungsabkommen über die Zusammenarbeit auf dem Gebiet der Raumordnung; diese Zusammenarbeit erhielt deutlichere Konturen, als 1967 die Ministerkonferenz für Raumordnung eingerichtet wurde (MKRO).

Nachdem im Bundestag zwischen 1955 und 1962 mehrfach gefordert worden war, auf Grund der Rahmengesetzgebungskompetenz des Bundes ein Raumordnungsgesetz zu schaffen, verabschiedete die Bundesregierung 1963 den Entwurf eines BROG. Der Bundesrat lehnte den Entwurf im ersten Durchgang (Art 76 II GG) ab; der Bundesrat war der Auffassung, es bestehe kein Bedürfnis nach einer bundesgesetzlichen Regelung, weil das Erforderliche auch durch Verwaltungsabkommen geregelt werden könne; es dürfe aber auch, weil Raumordnung und Landesplanung grundsätzlich Landessache sei, die aufbauende Staatstätigkeit der Länder, insbesondere im gesetzesfreien Raum, nicht den Entscheidungen des Bundesgesetzgebers unterworfen werden[33].

Im weiteren Gesetzgebungsverfahren wurde der Entwurf nicht unerheblich geändert; insbesondere wurden einige Grundsätze der Raumordnung neu formuliert, andere wurden fallengelassen, damit die Länder diese Grundsätze für ihren Verantwortungsbereich selbst näher bestimmen und in dieser Konkretisierung für verbindlich erklären können.

Die Impulse, die das Raumordnungsgesetz des Bundes (BROG) vom 8. April 1965 (BGBl I 306) für die Landesgesetzgebung gegeben hat, werden noch darzustellen sein[34]. Da die Notwendigkeit der Raumordnung und die Dimension ihrer Aufgaben zunehmend in das politische Bewußtsein rückte, ist auch auf Bundesebene das Instrumentarium zur Planung und Wahrnehmung raumwirksamer und raumbedeutsamer Maßnahmen außerhalb des Raumordnungsrechts in engerem Sinne ständig weiter entwickelt worden. Zu nennen sind die Raumordnungsklauseln, welche generell oder in konkretisierter Form die Wahrnehmung von Fachaufgaben, so in den Bereichen des Straßenbaus, der Wasserwirtschaft, der Abfallbeseitigung, des Immissionsschutzes und der Finanzhilfen an die Grundsätze und Ziele der Raumordnung binden[35].

Für die Investitionsplanung des Bundes als einem der gewichtigsten Mittel seiner Raumordnungspolitik wurden durch Verfassungsänderung (Art 91a, 104a III GG) und auf diese Vorschriften gestützte Bundesgesetze Bund und Länder instand gesetzt, gemeinsam Rahmenpläne für die Wahrnehmung folgender Gemeinschaftsaufgaben aufzustellen: Verbesserung der Agrarstruktur und des Küstenschutzes, Gesetz vom 3. September 1969 (BGBl I 1573), Verbesserung der regio-

---

33 BR-Drucks 54/63.
34 Vgl unten S 100 f.
35 Zur Bedeutung der verschiedenen Raumordnungsklauseln vgl F o r s t h o f f / B l ü m e l, Raumordnungsrecht und Fachplanungsrecht (1970).

nalen Wirtschaftsstruktur, Gesetz vom 6. Oktober 1969 (BGBl I 861), Ausbau und Neubau von Hochschulen, Gesetz vom 1. September 1969 (BGBl I 1556) idF vom 3. September 1970 (BGBl I 130).

Sonderplanungsrecht gilt ferner für die Förderung besonders bedeutsamer Investitionen der Länder und Gemeinden, für die der Bund ebenfalls Zuschüsse gibt.

Das Haushaltsgrundsatzgesetz vom 19. August 1969 (BGBl I 1273) baute die mittelfristige Finanzplanung von Bund, Ländern und Gemeinden zu einem einheitlichen System aus; nach näherer bundes- und landesrechtlicher Regelung sind Bund, Länder und Gemeinden im Rahmen einer fünfjährigen Finanzplanung, die Elemente der Finanz-, Investitions- und Konjunkturplanung zusammenfaßt, zu planmäßiger Haushaltswirtschaft verpflichtet.

3.4.2. *Aufgaben und Instrumente der Raumordnung*

Raumordnung ist in ihren Anfängen als zusammengefaßte Orts- und Fachplanung verstanden und organisiert worden. Auch die LPIG der ersten Phase und das BVerfG in seinem 1954 erstatteten Gutachten verstanden Raumordnung als zusammenfassende, übergeordnete Planung und Ordnung des Raumes, die als überörtliche Planung von der Ortsplanung unterschieden sei (BVerfGE 3, 407). Folgerichtig war daher zB das Raumordnungsprogramm des schh LPIG (1961) ein Programm für die „räumliche Entwicklung"; die durch die Landesplanung angestrebte Ordnung sollte den „wirtschaftlichen, sozialen, kulturellen und landschaftlichen Erfordernissen im Sinne des Gemeinwohls" entsprechen.

Die Entwicklung von Wirtschaft und Gesellschaft erschien demnach als autonomer Prozeß, den Planung nicht beeinflussen konnte, für die sie vielmehr einen elastischen räumlichen Rahmen zu entwerfen hatte, innerhalb dessen sich die Entwicklung von Wirtschaft und Gesellschaft vollziehen konnte. Zur Sicherung eines planvollen und schonenden Umganges mit dem enger werdenden Siedlungsraum bedurfte es vor allem der Ausweisung und Sicherung von Flächen für Siedlung, Wirtschaft, Verkehr und Versorgung aus überörtlicher Sicht und überörtlicher Verwaltungsverantwortung.

Die schlagwortartig als Auffangplanung charakterisierte Aufgabe der Raumordnung wandelte sich in den folgenden Jahren zur Entwicklungsplanung, die der wirtschaftlichen, sozialen und kulturellen Entwicklung den Weg weist und den Entwicklungsprozeß vorantreibt. Ursächlich für diesen Aufgabenwandel war die Einsicht, daß Raumordnung, mit welcher Zielsetzung auch immer sie betrieben werden mag, auf die Entwicklung von Wirtschaft und Gesellschaft Einfluß nimmt, daß Effektivität der Raumordnung abhängig ist von der maßnahme- und zeitgerechten infrastrukturellen Ausstattung des geplanten Raumes, und daher Raumordnung, Investitionsplanung und Finanzplanung in einem engen funktionellen Zusammenhang stehen. Maßgeblich für den Aufgabenwandel war aber auch die Ausweitung staatlicher Leistungen auf den verschiedensten Gebieten der Daseinsvorsorge und des staatlichen Einflusses auf die wirtschaftliche und gesellschaftliche Entwicklung überhaupt.

Eine — legistisch nicht glückliche — erste gesetzliche Ausformung hat der Aufgabenwandel in §§ 1, 2 I BROG gefunden; bei zusammenfassender Betrachtung stellen diese Vorschriften der Raumordnung die Aufgabe, Gebiete mit gesunden Lebens- und Arbeitsbedingungen zu sichern, weiterzuentwickeln oder — wenn diese Bedingungen nicht vorliegen — zu schaffen und dadurch das Bundesgebiet und seine Teilräume einer Entwicklung zuzuführen, die der freien Entfaltung der Persönlichkeit in der Gemeinschaft am besten dient.

Es liegt in der Konsequenz dieses Aufgabenwandels, wenn die Bundesregierung im Raumordnungsbericht 1972[36] vereinfachend die Aufgabe der Raumordnung wie folgt umschreibt: „Raumordnung sichert und verbessert den Lebensraum. Sie will in allen Teilen des Bundesgebietes allen Menschen gleichwertige Lebenschancen schaffen. Raumordnung ist also nicht nur Entscheidung über Zielkonflikte, sondern umfassende Entwicklungsaufgabe und damit wesentliches Element der Gesellschaftspolitik."

Durch Planung mit den Instrumenten des Raumordnungsrechts kann freilich auch im d Recht die Investitionstätigkeit des Staates nur koordiniert und gesteuert, aber nicht ausgelöst werden; auch Finanzierungsplanung ist nicht Sache der Raumordnung; ihr ist es auch versagt, allgemeine gesellschaftspolitische Zielsetzungen zu formulieren. Der eigentliche Gegenstand der Raumordnung bleibt daher, ungeachtet der gewandelten Aufgabenstellung die planmäßige Steuerung der Bodennutzung und der raumwirksamen und raumbedeutsamen Maßnahmen der öffentlichen Hand.

Als zentrale Instrumente zur Verwirklichung der Aufgaben der Raumordnung sehen Bundes- und Landesrecht vor:
— die im BROG aufgestellten Grundsätze und „Ziele" der Raumordnung, ferner weitere materielle Grundsätze im Umweltschutzrecht des Bundes,
— die auf Grund Sonderplanungsrechtes vom Bund aufgestellten Pläne und Programme,
— (das Bundesraumordnungsprogramm),
— die Entschließungen der MKRO und die Rahmenpläne für die Durchführung von Gemeinschaftsaufgaben als gemeinsame Planungsinstrumente von Bund und Ländern,
— die auf Landesebene für das ganze Landesgebiet oder für Gebietsteile erstellten Raumordnungsprogramme und -pläne und die Teilpläne,
— die auf Grund Sonderplanungsrechtes von den Ländern aufgestellten Programme und Pläne, zB Abfallbeseitigungspläne, Landschaftspläne,
— die auf regionaler Ebene erstellten Raumordnungsprogramme und -pläne und die Teilpläne, soweit das Landesrecht Regionalplanung vorsieht[37],
— die auf der Ebene der Kreise und kreisfreien Städte nach Landesrecht erstellten Pläne wie der Kreis- und Stadtentwicklungsplan,
— die auf kommunaler Ebene erstellten Flächennutzungspläne und die hieraus zu entwickelnden Bebauungspläne.

Das Zusammenspiel der Planung auf Bundes- und Landesebene wird gesichert durch:
— allgemeine Kooperationspflichten zur gegenseitigen Information und Beteiligung,
— Plattformen für gemeinsame Beratung und Beschlußfassung der Bundesregierung und der Landesregierungen, so in der MKRO über grundsätzliche Fragen der Raumordnung, so in den Planungsausschüssen über die Rahmenplanung für Gemeinschaftsaufgaben,
— diffizile und in der Tragweite differenzierte Raumordnungsklauseln, die auch die Bundesverwaltung verpflichten können, Planungen der Länder, Regionen und Gemeinden zu beachten oder sich ihnen anzupassen,
— Rechtsaufsicht der Länder über die kommunale Bauleitplanung und die meist auch Fachaufsicht umgreifende Aufsicht der Länder über die Regionalplanung.

---

36 BT-Drucks VI/3793, 15.
37 Zum Mindestinhalt der Regionalpläne nach d Recht vgl die Aufstellung im Anhang Bundesrepublik Deutschland 8.2.3.

Eine Bundesaufsicht über die Planungen im Landesbereich ist nicht vorgesehen; sie wäre auch nicht zulässig, da die Länder das Planungsrecht des Bundes im eigenen Wirkungsbereich ausführen, Art 83 GG.

Zur Veranschaulichung seien die raumbedeutsamen Pläne unter bewußtem Beiseitelassen aller Besonderheiten tabellarisch dargestellt:

Stufe	behördenintern verbindliche Planungsinstrumente	für den Bürger verbindliche Pläne
Bund	*Ziele der Raumordnung* (BROG) *Grundsätze der Raumordnung* (BROG) *Fachplanungen* (Bundesraumordnungsprogramm)	Lärmschutzbereiche in der Umgebung von Flugplätzen
Bund/Land gemeinsame Planung	*Entschließungen der MKRO* *Rahmenpläne* zur Durchführung von Gemeinschaftsaufgaben	
Land	*Raumordnungsprogramm* (-plan) *Fachplanungen*	Schutzgebiete (Landschaft, Wasser, vor Immissionen *) Planfeststellungen
Region	*Raumordnungsprogramm* (-plan)	Kraft besonderer Regelung Schutzgebiete (Landschaft *)
Kreis (kreisfreie Stadt)	*Kreisentwicklungsplan* * *Stadtentwicklungsplan* *	Schutzgebiete (Landschaft *, Wasser)
Gemeinde	*Flächennutzungsplan* *Landschaftsplan* *	Bebauungsplan
* in einzelnen Ländern		

Das Bundesraumordnungsprogramm, das die Bundesregierung in enger Zusammenarbeit mit den Ländern vorbereitet hat, wurde 1975 von der MKRO verabschiedet[38]. Es enthält ein raumordnungspolitisches Zielsystem mit räumlichen und sachlichen Schwerpunkten und zeitlichen Prioritäten gesamträumlichen Maßstabes. Das Bundesraumordnungsprogramm ist nicht im BROG vorgesehen. Es ist daher nur „gesamträumlicher und überfachlicher Orientierungsrahmen", der bereits erzielte Koordinationen in Form bringt und die Grundlage bildet für eine freie Kooperation zwischen Bund und Ländern und zwischen den Ländern.
Als Beschluß der Bundesregierung ist es für den Einsatz raumwirksamer Bundesmittel als Orientierungsrahmen verbindlich.

---

38 Beschluß v 14. 2. 1975; Kurzfassung und Begründung der Gegenstimmen der bwü u der bay Regierungen gegen dieses Programm Bundesbaublatt 75, 50; die Bundesregierung hat das Bundesraumordnungsprogramm am 23. 4. 1975 beschlossen (BT-Drucks 7/3584); vgl S u d e r o w, Rechtsprobleme des Bundesraumordnungsprogramms (1975).

Die im BROG und in den LPlG aufgestellten Ziele und Grundsätze der Raumordnung beanspruchen Verbindlichkeit nur gegenüber Behörden des Bundes, der Länder und der Gemeinden, für die bundesgesetzlichen Grundsätze der Raumordnung mit der Besonderheit, daß an sie im Landesbereich nur die Landesplanung, sei es der Gesetzgeber, sei es die Verwaltung, gebunden ist; diese aber sind verpflichtet, die Grundsätze des Bundesrechts in die landesrechtliche Planung zu übernehmen. Der Bebauungsplan entfaltet auch gegenüber dem Bürger unmittelbar rechtliche Wirkung, da er die bauliche und sonstige Nutzung des Bodens bestimmen kann und die Grundlage für Vollzugsmaßnahmen, wie Enteignung, Umlegung, ggf auch für Bau-, Abriß- und Modernisierungsgebote, sein kann. Entsprechendes kann für einzelne Festsetzungen des Sonderplanungsrechts, insbesondere des Landschaftsschutzrechts gelten.

Der Flächennutzungsplan ist vorbereitender Bauleitplan, der zwar konturenscharf, aber nicht parzellenscharf die Grundzüge der beabsichtigten Bodennutzung darstellt; er hat gegenüber dem Bürger keine unmittelbare rechtliche Wirkung, sondern bindet nur die Gemeinde und die an der Planaufstellung beteiligten anderen Planungsträger. Dessen ungeachtet kann der Flächennutzungsplan erhebliche Auswirkungen auch für den Bürger haben, da er die Zulässigkeit eines Vorhabens im Außenbereich indizieren und Beurteilungsmaßstab oder zumindest gewichtiges Entscheidungskriterium für sonstige kommunale Entscheidungen sein kann. Der Entwurf eines Gesetzes zur Änderung des BBauG wertet die Reichweite des Flächennutzungsplanes auf, da seinen Darstellungen die Bedeutung eines „öffentlichen Belanges" zuerkannt wird, der bei der Entscheidung über die Genehmigung von Vorhaben im Außenbereich in jedem Falle zu beachten ist. Zugleich will die Novelle wenigstens ansatzweise den Flächennutzungsplan zum Bindeglied zur Finanz- und Investitionsplanung ausbauen. Daß der Flächennutzungsplan bereits nach geltendem Recht Verbindungsglied zu den Raumordnungsplänen ist, daß sich in ihm örtliche und überörtliche Aspekte überlagern, wird im Schrifttum hervorgehoben[39].

3.4.3. Stand der Raumplanung

Einen Überblick über den Stand der Raumplanung in den Ländern geben die Raumordnungsberichte der Bundesregierung, zuletzt 1972 und 1974[40] und die Raumordnungsberichte der Landesregierungen, die ebenfalls in zweijährigem Turnus den Landesparlamenten vorgelegt werden.

Einzelne Länder hatten bereits in den sechziger Jahren Raumordnungspläne für das ganze Landesgebiet erlassen; 1974 verfügte nur noch Bayern nicht über ein sein ganzes Landesgebiet umfassendes Gesamtprogramm. Bayern hat jedoch durch Verordnung das System der Zentralen Orte festgelegt, das Landesgebiet abdeckend Regionen gebildet, weitere sachliche Teilabschnitte in Kraft gesetzt und damit wesentliche Grundentscheidungen der Raumordnung verbindlich getroffen[41].

---

39 S c h m i d t - A ß m a n n, Städtebaurecht, 122 ff; d e r s, Gesetzliche Maßnahmen zur Regelung einer praktikablen Stadtentwicklungsplanung, in: Raumplanung—Entwicklungsplanung, Forschungs- und Sitzungsberichte der Akademie für Raumforschung und Landesplanung Bd 80 (1972) 101 (140 ff); B i e l e n b e r g, in: Raumplanung—Entwicklungsplanung, Forschungs- und Sitzungsberichte der Akademie für Raumforschung und Landesplanung Bd 80 (1972) 55 (61); S t i c h, NJW 74, 1673 (1683).
40 BT-Drucks VI/3793, 68; BT-Drucks 7/3582; informativ auch W a g e n e r, in: Raumplanung—Entwicklungsplanung, 34 ff, nach dem Stand April 1972 — der auch den Inhalt der Pläne in ihrer Verknüpfung mit den im gesetzesfreien Raum entfalteten Bemühungen um die Entwicklungsplanung skizziert.
41 VO über den Teilabschnitt „Einteilung des Staatsgebietes in Regionen" des Landesentwicklungsprogramms v 21. 12. 1972 GVBl 476; VO über den Teilabschnitt „Bestimmung der zentralen Orte" des Landesentwicklungsprogramms v 3. 8. 1973 GVBl 452.

Verbindlich erklärte Regional- und Teilgebietspläne erfaßten 1972 etwa ein Drittel des Bundesgebietes, zusammen mit den 1972 in Aufstellung oder Ausarbeitung befindlichen Programmen und Plänen, mit Ausnahme einiger Teilgebiete und größeren Flächen Bayerns, das ganze Bundesgebiet. Bis 1974 hat sich die Zahl der verbindlichen Regional- und Teilgebietspläne weiter erhöht[42].

Infolge der Änderung von Planungsdaten, -methodik und -recht wurde, auch wenn eine Fortschreibung nicht zwingend vorgeschrieben ist, vielerorts eine Überarbeitung oder auch eine grundlegende Revision der Planungen erforderlich und ins Werk gesetzt. Daher würden Art und Qualität der auf Landes- und Regionalebene in Kraft gesetzten Pläne eine unterschiedliche Beurteilung erfordern[43].

Als Trend läßt sich eine Zunahme des realistischen Gehalts und der Konkretheit der Festsetzungen erkennen, die in den Regional- und Teilgebietsplänen durchaus operable Gestalt annehmen.

Veränderungen der demographischen, gesellschaftlichen und ökonomischen Randbedingungen der räumlichen Entwicklung — vor allem stagnierende, wahrscheinlich rückläufige Bevölkerungsentwicklung, Verknappung von Rohstoffen, gesteigertes Umweltbewußtsein — werden dazu führen, daß manche der bisherigen langfristigen Voraussagen und Prognosen und die sich darauf stützenden Planungen einer Korrektur bedürfen. Die Bundesregierung hat daher auch die Länder im Raumordnungsbericht 1974 aufgefordert, ihre Programme und Pläne, vor allem die Zielvorstellungen zur Bevölkerungs- und Arbeitsplatzentwicklung, zu überprüfen. In diesem Zusammenhang nimmt die Bundesregierung auch kritisch zur Praxis der Ausweisung Zentraler Orte Stellung: Die Länder hätten zahlreiche Zentrale Orte ausgewiesen; die Ausweisungen hätten vorwiegend analytischen Charakter und seien am Status quo orientiert. Angesichts des knappen räumlichen Entwicklungspotentials sei nicht zu erwarten, daß der von den Ländern angestrebte Ausbau einer Vielzahl von Zentralen Orten der verschiedensten Stufen erreicht würde (BT-Drucks 7/3582, 29).

Die Bemühungen, die Landes- und Regionalplanung in eine engere Beziehung zur Finanz- und Investitionsplanung zu bringen, sind in den Ländern mit unterschiedlicher Intensität verfolgt worden. Man hat sich im einzelnen auch sehr unterschiedlicher Methoden und Formen bedient; eine gesetzliche Verknüpfung der Finanzplanung mit der Raumordnung auf Landesebene findet sich bislang nur in Hessen[44], auf regionaler Ebene im Ansatz für den Verband Großraum Hannover[45].

Über den Stand der Flächennutzungsplanung gibt der Städtebaubericht der Bundesregierung 1975[46] keinen Überblick. Auch eine andere Zusammenstellung konnte nicht ermittelt werden. Es ist jedoch bekannt, daß die Erstellung von Flächennutzungsplänen in den Gemeinden noch nicht zum Abschluß gekommen ist. Schwierigkeiten haben sich vor allem bei den kleinen ländlichen Gemeinden gezeigt, die diese Aufgabe in aller Regel nur mit Hilfe des Landkreises bewältigen können; Schwierigkeiten haben aber auch die Großstädte, deren Flächennutzungsplanung über den Zustand von Entwürfen oft nicht hinausgekommen ist. So hat Hamburg — als Stadtstaat auf den Flächennutzungsplan als Instrument der

---

42 Zwischen 1. 1. 1973 u 31. 12. 1974 sind 11 weitere Regionalpläne verbindlich geworden, vgl Raumordnungsbericht der Bundesregierung 1974, BT-Drucks 7/3582.
43 Kritisch: P e t e r s e n, Planungsgemeinschaften, 98 ff; H u n k e, Raumordnungspolitik. Vorstellungen und Wirklichkeit (1974); S t o l l e y, Ergebnisse einer vergleichenden Analyse ausgewählter Regionalpläne, Struktur 74, 31 ff; W a g e n e r, in: Raumplanung—Entwicklungsplanung, 34 ff; d e r s, Ziele der Stadtentwicklung nach Plänen der Länder (1971) 177 ff; vgl auch die Hinweise zur unterschiedlichen Programmintensität der Pläne der Länder im Raumordnungsbericht der Bundesregierung 1974, BT-Drucks 7/3582, 110.
44 Vgl W a g e n e r, in: Raumplanung—Entwicklungsplanung, 23 (37).
45 Vgl unten S 122 ff.
46 BT-Drucks 7/3583.

Raumordnung verwiesen (§ 5 I BROG) — erst im Dezember 1973 den Aufbauplan 1960 durch einen den Anforderungen des BBauG, des BROG und der tatsächlichen Entwicklung entsprechenden Flächennutzungsplan ersetzen können. Entsprechendes gilt aber auch für andere Großstädte[47]. Ursächlich für das Zurückbleiben der Flächennutzungsplanung der Großstädte ist die Komplexität der ihnen gestellten Planungsaufgabe, die sinnvoll nur in Zusammenhang mit einer allgemeinen Entwicklungsplanung und einer Investitions- und Finanzplanung bewältigt werden kann, deren Instrumentarium und Apparat aber noch im Aufbau ist. Ein weiteres Erschwernis liegt in der raschen Veränderung der räumlichen Entwicklungen in den Verdichtungsräumen.

Zum derzeitigen Stand des Planungsrechts wird kritisch vermerkt, das Instrumentarium der örtlichen und überörtlichen Planung trage die Last seiner Geschichte und mancher politischen Zufälligkeiten seiner Ausformung mit sich; die neuen Instrumente habe man nach Maßgabe der jeweiligen Bedürfnisse, Aufgaben und politischen Möglichkeiten entwickelt, ohne das vorhandene Instrumentarium anzupassen. Die Koordination mit der Fachplanung sei lückenhaft; es fehle der Bezug zur Finanz- und Ressourcenplanung. Ein System der Planungsformen und Planungsarten sei nicht ersichtlich[48].

Die Verbesserungsfähigkeit und zumindest partielle Verbesserungsbedürftigkeit des d Planungsrechtes dürfte außer Streit sein. Anderes gilt jedoch für das Postulat, eine Raum, Zeit, Maßnahmen und Finanzen umfassende Planung auf allen Stufen der politischen Entscheidung einzuführen[49]. Entgegengehalten wird die Frage, ob eine derart umfassende politische Planung an die Grenzen des im freiheitlichen Rechtsstaat Zulässigen stößt, ob Planungsmethode und Fähigkeiten der Planer hierzu ausreichen, nicht zuletzt aber, ob die politischen Instanzen eines demokratischen Gemeinwesens eine derartige Aufgabe zum Wohle des Ganzen werden bewältigen können[50].

3.5. Die kommunale Zusammenarbeit auf dem Gebiet der Flächennutzungsplanung

3.5.1. *Überblick*

Die Tradition interkommunaler Zusammenarbeit, das Bewußtwerden der Diskrepanzen zwischen Planungs- und Verwaltungsraum und der Mangel an Verwaltungskraft bei kleineren Gemeinden hatten im Deutschen Reich schon zu Beginn dieses Jahrhunderts Initiativen zur interkommunalen und überkommunalen Zusammenarbeit auf dem Gebiet der Raumplanung ausgelöst. Eine Rechtsgrundlage zur verbandsmäßigen Zusammenarbeit stellte das pr ZVG von 1911 zur Verfügung, das den Gemeinden gestattete, sich zu einem Fluchtlinienzweckverband zusammenzuschließen; dem Verband konnte auch die Zuständigkeit für Maßnahmen der Bodenordnung und Enteignung übertragen werden.

---

47 Vgl K r ö g e r, Neuer Flächennutzungsplan für Hamburg, Der Städtetag 73, 251; W a g e n e r, in: Raumplanung—Entwicklungsplanung, 42 ff.
48 B i e l e n b e r g, aaO, 55 (69); E v e r s, Raumordnung, 196; W a g e n e r, in: Raumplanung—Entwicklungsplanung, 50 ff.
49 Zu Begriff und Stand der Entwicklungsplanung vgl T h o r m ä l l e n, Integrierter regionaler Entwicklungsplan (1973); O s s e n b ü h l, Welche normativen Anforderungen stellt der Verfassungsgrundsatz des demokratischen Rechtsstaates an die planende staatliche Tätigkeit, dargestellt am Beispiel der Entwicklungsplanung? Gutachten zum 50. DJT, Bd I (Teil B) 30 ff; G ö b / L a u x / S a l z w e d e l / B r e u e r, Kreisentwicklungsplanung (1974); Organisation und Effizienz der öffentlichen Verwaltung. Beiträge und Diskussionsberichte zu einem internationalen Symposion. Hrsg M ä d i n g / K ö p f l e (1974).
50 Vgl E v e r s, Raumordnung, 197; N i e m e i e r, in: Raumplanung—Entwicklungsplanung, 17; vor allem aber die Zusammenschau dieser Problematik bei Werner W e b e r, in: Aufgaben und Möglichkeiten der Raumplanung in unserer Zeit, Forschungs- und Sitzungsberichte der Akademie für Raumforschung und Landesplanung Bd 78 (1972) 9 (22 f).

Bei den Gemeinden fand dieses Institut wenig Anklang. Es entstanden jedoch in den Verdichtungsgebieten frei assoziierte Organisationen im wesentlichen interkommunaler Zusammenarbeit, die sich regionaler Planungsaufgaben annahmen. Verbindliches konnten die Kommissionen, Beratungs- und Aktionsgemeinschaften, Gesellschaften und Vereine nicht beschließen, sondern nur durch die sachliche Überzeugungskraft ihrer Planungen und Beratungen auf die Träger der Stadt- und Fachplanung einwirken.

In Einzelfällen besonderer Dringlichkeit hatte der Gesetzgeber, Initiativen der Gemeinden aufgreifend, Sonderverbände geschaffen und mit Planungskompetenzen ausgestattet, so 1911 den Zweckverband für den Großraum Berlin mit der Befugnis zur Erstellung von Programmplänen für die Flächenverteilung und in besonderen Fällen auch zur Fluchtlinienplanung, so 1920 den Siedlungsverband Ruhrkohlenbezirk mit der Befugnis zur überörtlichen Verkehrs- und Grünflächenplanung und zur Festsetzung von Fluchtlinien- und Bebauungsplänen in besonderen Fällen. 1932 erfaßten die verschiedenen Planungsverbände etwa 30 % der Fläche und 58 % der Bevölkerung des Deutschen Reichs[51].

Das — wenig ausgeformte — Planungsrecht jener Zeit war im wesentlichen ein Recht der örtlichen Raumplanung; die von den Sonderverbänden und den freien Assoziationen aufgenommenen Aufgaben hatten dagegen in überörtlichen Problemen zumindest einen deutlichen Schwerpunkt. Da die Gemeinden in aller Regel nicht bereit waren, ihre Befugnisse zur örtlichen Planung an einen Verband zu übertragen, dies vielfach auch nicht erforderlich oder zweckmäßig gewesen wäre, sahen sich die Verbände veranlaßt, Instrumente für eine überörtliche Planung zu entwickeln, die der kommunalen Planung zwar den Weg wies, aber ihre Entscheidungsfreiheit nicht mehr als unbedingt erforderlich einschränkte. Mit Recht sieht man daher in dem Wirken jener Verbände, vor allem des Siedlungsverbandes Ruhrkohlenbezirk, die ersten Ansätze institutionalisierter Regionalplanung und — überörtlicher — Raumordnung.

Die freien Verbände gingen nach 1933, nachdem das Reich Landesplanung und Raumordnung in seine Zuständigkeit übernommen und eine Reichsstelle für Raumordnung eingerichtet hatte, in den als Körperschaften öffentlichen Rechts verfaßten Landesplanungsgemeinschaften auf; 1944 wurden diese stillgelegt. 1945 waren die reichsrechtlichen Grundlagen der Raumordnung mit der Ablösung von Zentralismus und Führerprinzip durch Föderalismus und Demokratie obsolet geworden.

Nach dem Zweiten Weltkrieg entschieden sich die Gemeinden erneut dafür, interkommunale Zusammenarbeit auf dem Gebiete der Raumordnung, die über bloße Abstimmung und Beratung hinausging, als Regionalplanung zu organisieren und sich die Zuständigkeit für den Erlaß von örtlichen Bauleitplänen zu bewahren.

Es entstanden daher, zunächst wieder als freie Assoziationen, regionale Planungsgemeinschaften in den verschiedensten privat-rechtlichen Formen. Dagegen blieb das Institut des Planungsverbandes, das die von den d Ländern nach 1945 erlassenen Aufbaugesetze als Rechtsform verbandsmäßiger kommunaler Bauleitplanung zur Verfügung gestellt hatten, von den Gemeinden ungenutzt[52].

In der Nachkriegszeit entfaltete sich das Recht der Bauleitplanung und das Recht der Raumordnung und Landesplanung — wie bereits dargestellt — in deutlicher Trennung. Gleiches gilt für die weitere Entwicklung des Rechts der kommunalen

---

51 Zur historischen Entwicklung vgl E v e r s, Raumordnung, 15 ff m weit Nachw.
52 L e n o r t, Entwicklungsplanung in Stadtregionen (1961) 205; zum Diskussionsstand Anfang der sechziger Jahre vgl etwa N o u v o r t n e, Interkommunale Zusammenarbeit — insbesondere zwischen Großstädten und Umland, in: Gemeinschaftsaufgaben zwischen Bund, Ländern und Gemeinden, Schriftenreihe der Hochschule Speyer, Bd 11 (1961) 109.

Zusammenarbeit auf dem Gebiet der örtlichen und der überörtlichen Raumplanung. Bei seiner Darstellung ist daher im folgenden zu unterscheiden, ob dem kommunalen Zusammenschluß Aufgaben auf dem Gebiet der gemeinsamen Bauleitplanung oder der regionalen Raumordnung obliegen – genauer, ob er befugt ist, anstelle der Gemeinden einen das Verbandsgebiet abdeckenden Flächennutzungsplan zu erstellen, oder ob er ein die kommunale Bauleitplanung steuerndes besonderes Planungsinstrument (Regional- oder Teilgebietsplan) zur Verfügung hat.

Der formalen Abgrenzung nach dem Planungsinstrument entspricht die materielle Abgrenzung von örtlicher und regionaler Planung nicht durchgehend. Das ist auch nicht zu erwarten, da jede verbandsmäßige Raumplanung, an der eine Mehrzahl von Gemeinden beteiligt ist, auf eine Ordnung und Entwicklung des Verbandsgebietes als einem Verflechtungsgefüge zielt und daher regionale Aspekte zumindest im Ansatz aufscheinen. Es wird noch darzustellen sein, daß in Einzelfällen die Landesgesetzgeber für die Ordnung und Entwicklung von Räumen durchaus regionaler Dimension nur den verbandsmäßig erstellten Flächennutzungsplan zur Verfügung gestellt haben und in ihm ein geeignetes Instrument überörtlicher Entwicklungsplanung sehen. Andererseits wird nachzuweisen sein, daß zur Bewältigung regionaler Aufgaben geschaffene Verbände infolge ihrer Entscheidungsschwäche nicht zur Entwicklung eines regionalen Konzepts imstande waren, aber mit der Förderung und Beratung kommunaler Bauleitplanung nützliche Arbeit geleistet haben, mithin formal regionale, im praktischen Ergebnis örtliche Planungsaufgaben wahrgenommen haben.

3.5.2. Der Planungsverband nach § 4 BBauG

Wie schon die nach 1945 von den d Ländern erlassenen Aufbaugesetze stellt auch das BBauG neben dem Planungsinstrument des gemeinsam von den Gemeinden beschlossenen Flächennutzungsplans den Planungsverband als Rechtsform für den Zusammenschluß von Gemeinden und sonstigen Planungsträgern zur Verfügung.

§ 4 BBauG verfaßt den Planungsverband als einen sondergesetzlich geregelten Zweckverband, verwehrt aber nicht die Bildung von ZV kraft Landesrechts mit gleicher Aufgabenstellung.

Der Planungsverband kann als freier Verband von den Gemeinden und sonstigen Planungsträgern durch freiwilligen Zusammenschluß der Beteiligten gebildet werden; aus Gründen des Gemeinwohls, insbesondere der Raumordnung, kann auf Antrag eines Planungsträgers der Planungsverband auch als Pflichtverband auf Grund einer Entscheidung der Landesregierung errichtet werden. Die Errichtung eines derartigen Planungspflichtverbandes ist jedenfalls dann gerechtfertigt, wenn eine planerische Notstandssituation vorliegt und Bemühungen um die Gründung eines freiwilligen Verbandes gescheitert sind[53]. Der Regierungsentwurf zur Änderung des BBauG[54] stellt klar, daß auch von der Landesregierung hierzu bestimmte Stellen die Schaffung eines Pflichtverbandes beantragen können.

Aufgabe des Planungsverbandes ist, „durch gemeinsame zusammengefaßte Bauleitplanung den Ausgleich der verschiedenen Belange zu erreichen". Nach näherer Bestimmung der Satzung obliegen ihm die Erstellung des Flächennutzungs-

---

53 So das Verwaltungsgericht Schleswig in der Abweisung einer Klage zweier Gemeinden gegen die von der schh Landesregierung beschlossene Bildung eines Planungsverbandes Sylt; vgl zum Urteil des Verwaltungsgerichtes Schleswig Kommunalpolitische Blätter 73, 1154; zum Gründungsverband Stadt Lahn, dessen Satzung wegen Widerspruchs einer Gemeinde ebenfalls von der Aufsichtsbehörde festgestellt wurde, vgl unten FN 61.
54 1974, BT-Drucks 7/2496.

plans als eines einheitlichen Planes für das ganze Verbandsgebiet und der Bebauungspläne, ferner Maßnahmen zur Sicherung der Bauleitplanung und auf dem Gebiet der Bodenordnung, ebenso wie die Beantragung der Enteignung. Übertragen werden kann ihm ferner die Durchführung der Erschließung, die Erteilung von Bodenverkehrsgenehmigungen, die Ausübung des Vorkaufsrechts, die Erteilung des Einvernehmens zu Ausnahmen und Befreiungen von Verbandsbebauungsplänen. Im Rahmen seiner Aufgaben tritt der Verband an die Stelle der Gemeinde; diese kann auf die Aufgabenwahrnehmung nur noch in ihrer Eigenschaft als Verbandsmitglied Einfluß nehmen. Sonstige Aufgaben können dem Planungsverband nicht übertragen werden.

Der Planungsverband kann auch nicht mit der Zuständigkeit ausgestattet werden, Regionalpläne aufzustellen. Zwar kann die zusammengefaßte Bauleitplanung für ein größeres Verbandsgebiet in regionale Dimensionen hineinwachsen; in jedem Fall ist die gemeinsame Flächennutzungsplanung Bindeglied zwischen regionaler und örtlicher Planung. Die Planung selbst, nicht zuletzt auch die Koordination der Gemeinden mit sonstigen Planungsträgern kann für die Entwicklung der Region von eminenter Bedeutung sein; diese Verbindungsfunktion hat auch der Gesetzgeber bestätigt, indem er die Erforderlichkeit der Verbandsbildung aus Gründen der Raumordnung als Rechtfertigung der Zwangsverbandsbildung hervorhob. Desungeachtet ist zusammengefaßte Bauleitplanung nach ihrer rechtlichen Konstruktion örtliche Planung, der als Instrument der Flächennutzungsplan und nicht ein Regionalplan zur Verfügung steht[55]. Daher ist es auch sehr wohl möglich, wie das Beispiel Baden-Württembergs zeigt, das Gebiet der regionalen Planungsgemeinschaften in Planungsgemeinschaften nach § 4 BBauG oder dem kommunalen Zweckverbandsrecht unterzugliedern, insbesondere dann, wenn eine sachgerechte Kooperation zwischen regionaler und städtebaulicher Planungsgemeinschaft sichergestellt ist[56].

§ 4 BBauG beläßt die nähere Aufgabenbestimmung des Verbandes und die Regelung der inneren Verbandsangelegenheiten der Satzung. Das BBauG schließt nicht aus, daß der Landesgesetzgeber ergänzende Regelungen trifft oder auch besondere rechtliche Kooperationsformen zur Verfügung stellt. Der Bundesgesetzgeber respektiert mit dieser — ihm im Gesetzgebungsverfahren auferlegten[57] — Zurückhaltung die Schranken seiner Kompetenz und die Organisationsgewalt der Länder. Das Fehlen einer näheren Regelung wird im Schrifttum als Mangel bezeichnet und — zusammen mit dem in seinen praktischen Auswirkungen für die Gemeinde schwer überschaubaren Nebeneinander von bundesrechtlichem und landesrechtlichem Zweckverbandsrecht — als einer der Gründe dafür aufgeführt, daß es in nur relativ wenigen Fällen zu gemeindlichen Zusammenschlüssen auf dem Gebiet der Bauleitplanung gekommen ist[58]. Auch die Tatsache, daß die Verbände sich in wenigen Gebieten konzentrieren und dort meist auf die Initiative des Landkreises oder der Aufsichtsbehörde zurückführbar sind und häufig im Plangebiet einzelne Gemeinden sich dem Planungsverband nicht angeschlossen haben, deutet darauf hin, daß die Verbandsbildung besonderer

55 Vgl hierzu: H a l s t e n b e r g, Die Planung und ihre Träger, in: Stadtplanung, Landesplanung, Raumordnung (1962) 55; E r n s t / Z i n k a h n / B i e l e n b e r g, BBauG, § 4 Rdnr 25; L a n g e, Region, 184.
56 Vgl hierzu P e t e r s e n, Planungsgemeinschaften, 131; P i l g r i m, Bauleitplanung, 302 ff und unten S 96 f.
57 Vgl hierzu B l ü m e l, DVBl 60, 697 (701 f).
58 Nach W e s e m a n n, Der Planungsverband nach § 4 BBauG, Diss Köln (1970) 127 ff, sind bis 1970 etwa 48 freiwillige Planungsverbände gegründet worden, keine Pflichtverbände; nach P i l g r i m, Bauleitplanung, 20, sind von 176 von ihm ermittelten freien gemeindlichen Zusammenschlüssen auf dem Gebiet der Bauleitplanung nur 29 Verbände als Planungsverbände nach § 4 BBauG verfaßt, an denen sich 160 Gemeinden und 10 Landkreise, aber nur ein sonstiger Planungsträger beteiligt haben; in NW bestanden 1974 24 Planungsverbände nach § 4 BBauG; zu den Erfahrungen in diesem Land vgl die Anfragebeantwortung der nw Landesregierung, wiedergegeben in: Der Städtetag 74, 33.

Anstrengungen bedarf, das BBauG mithin die Verbandsbildung nicht in dem Maße erleichtert, das für eine praktische Anwendung erforderlich ist[59].

Die Tätigkeit der Planungsverbände nach § 4 BBauG findet unterschiedliche Beurteilung. Generell wird betont, daß die Zusammenarbeit häufig am Egoismus der Verbandsmitglieder leide; das Bauleitplanverfahren laufe bei den Planungsverbänden noch schwerfälliger als bei den Gemeinden[60].

Die Effektivität der in landwirtschaftlich strukturierten Gebieten tätigen Planungsverbände wird jedoch allgemein eher positiv beurteilt. Günstige Voraussetzungen lägen immer dann vor, wenn die gemeinsame Bauleitplanung den Kern der gemeinsamen interkommunalen Probleme bilde; daher seien die Verbände insbesondere dann erfolgreich tätig, wenn sich naturräumliche Einheiten mit dem Planungsgebiet deckten oder wenn sich verflechtende kleinere oder mittlere Städte in der gemeinsamen Planung eine Vorstufe der Gebietsreform sähen. Daher sind — zB in Nordrhein-Westfalen — Planungsverbände mit Zuständigkeit für die Flächennutzungsplanung meist nur mit Beteiligung kleinerer kreisangehöriger Gemeinden gebildet worden. Die im Umland von Großstädten gelegentlich gebildeten Planungsverbände seien maßgeblich durch die Absicht motiviert, damit drohenden Eingemeindungen entgegenzuwirken.

Planungsverbände, deren Mitglieder auch kreisfreie Städte sind, beschränken sich im allgemeinen auf die Bewältigung ortsplanerischer Einzelvorhaben. Für die Planung großstädtischer Verdichtungszonen sind bis 1973 Planungsverbände nicht gebildet worden — vor allem weil die vielschichtigen Ordnungsaufgaben dieser Räume nicht allein durch Flächennutzungsplanung gemeistert werden könnten. Wo hochgradige Verflechtungsbeziehungen in diesen Räumen eine gemeinsame städtebauliche Entwicklung erfordern, seien in der Regel auch die Voraussetzungen für einen kommunalen Zusammenschluß oder die Eingliederung gegeben; Planungsverbände könnten in diesen Fällen keinen Ersatz für die notwendige Neugliederung bilden[61].

Es hat sich ferner gezeigt, daß die Gemeinden nicht bereit sind, dem Planungsverband auch die Erstellung der Bebauungspläne zu überlassen; die Mehrzahl der nw Planungsverbände hat nur sachlich begrenzte Zuständigkeiten in der Bauleitplanung.

Mit aus der Tatsache, daß Träger der Fachplanung nur ganz vereinzelt einmal Mitglied eines Planungsverbandes sind, wird gefolgert, daß dieser als Instrument institutionalisierter Zusammenarbeit mit den Trägern der Fachplanung ungeeignet sei[62].

Entsprechende Beurteilung fanden auch die nach dem kommunalen Zweckverbandsrecht geschaffenen Planungsverbände, wie sie vor allem in Baden-Württem-

---

59 Mustersatzungen hat entworfen der Deutsche Verband für Wohnungswesen, Städtebau und Raumplanung, Verbands-Schriftenreihe H 56; vgl auch P i l g r i m, Bauleitplanung, 227; P i l g r i m erörtert weitere Satzungen mit Modellcharakter; S c h m i d t - A ß m a n n, Städtebaurecht, 126 ff m weit Nachw.
60 Anfragebeantwortung der nw Landesregierung, Der Städtetag 74, 33.
61 Anfragebeantwortung der nw Landesregierung, Der Städtetag 74, 34. Daß ein Verband allerdings zur Vorbereitung einer als notwendig angesehenen Neugliederung eingerichtet werden kann, zeigt das Beispiel des 1975 geschaffenen Gründungsverbandes Stadt Lahn: Durch hess G v 13. 5. 1974 GVBl 237 werden die Städte Gießen und Wetzlar zusammen mit einigen Umlandgemeinden zu einer neuen kreisfreien Stadt Lahn mit bipolarem Zentrum zusammengeschlossen. In der Übergangszeit bis zum Inkrafttreten des Gesetzes, das ist bis 1977, trifft der Zweckverband alle Vorbereitungen, die für den Zusammenschluß und das Funktionieren der neuen Stadt erforderlich sind (§ 36 leg cit). Dazu gehört insbesondere die Flächennutzungsplanung für das Verbandsgebiet — insoweit ist der Verband Planungsverband nach § 4 BBauG —; die von der Aufsichtsbehörde wegen des Widerspruchs einer Gemeinde festgestellte, von den übrigen Verbandsmitgliedern aber gebilligte Satzung überträgt dem Verband noch weitere kommunale Aufgaben wie die Aufstellung eines Generalverkehrsplanes, die Schaffung eines Verkehrsverbundes, Investitionsplanung; vgl § 3 Satzung Zweckverband „Gründungsverband Stadt Lahn" StAnz Hessen 75, 126.
62 Vgl P i l g r i m, Bauleitplanung, 282 ff; W e s e m a n n, aaO, 129 ff.

berg oft auf Grund von Initiativen der Regionalplanungsgemeinschaften gebildet worden sind[63].

3.5.3. *Der Umlandverband (Nachbarschaftsverband)*

Der Planungsverband nach § 4 BBauG ist ein auf die Wahrnehmung von Aufgaben der Bauleitplanung beschränkter kommunaler Zweckverband, der bisher — von einer Ausnahme abgesehen (Planungsverband Sylt) — nur als freiwilliger Verband Wirklichkeit geworden ist. Der schh Nachbarschaftsausschuß[64] ist zwar eine obligatorische Einrichtung der kommunalen Kooperation bei allen gemeinsamen oder mehrere Gemeinden berührenden Angelegenheiten; Beschlußkompetenzen stehen ihm jedoch nicht zu; auch die Erstellung der Flächennutzungspläne bleibt Angelegenheit der Gemeinden.

Kommunale Pflichtverbände mit der Zuständigkeit zur Flächennutzungsplanung und zur Wahrnehmung von weiteren gemeinsamen kommunalen Aufgaben[65] führten das bwü Nachbarschaftsgesetz vom 4. Juli 1974 (GBl 261) und das hess Gesetz über den Umlandverband Frankfurt vom 11. September 1974 (GVBl 427) in die d Rechtsordnung ein. Mit der Verknüpfung der im BBauG und den im rpf und schh Gesetz angelegten Ordnungsprinzipien in einem Mehrzweckpflichtverband mit der zentralen Aufgabe der Flächennutzungsplanung haben die Bemühungen um die Verbesserung der kommunalen Kooperation in zentralörtlichen Verflechtungsbereichen einen ersten Abschluß gefunden.

Die Nachbarschaftsverbände des bwü Rechts sind — anders als die Nachbarschaftsausschüsse — Körperschaften des öffentlichen Rechts. Das Gesetz sieht insgesamt sechs derartige Verbände vor, in denen jeweils eine den Kern des Nachbarschaftsbereichs bildende „Kernstadt" oder mehrere Kernstädte mit enumerativ aufgezählten Städten und Gemeinden des Umlandes und dem Landkreis zusammengeschlossen werden.

Allgemeine Aufgabe des Verbandes ist, „unter Beachtung der Ziele der Raumordnung und Landesplanung die geordnete Entwicklung des Nachbarschaftsbereiches zu fördern und auf einen Ausgleich der Interessen seiner Mitglieder hinzuwirken". Als Träger der Flächennutzungsplanung obliegt dem Verband vor allem die Aufstellung des Flächennutzungsplanes und die Wahrnehmung einiger planakzessorischer Befugnisse. Ferner können dem Verband weitere Gemeindeaufgaben übertragen werden.

Mit der Bildung von Nachbarschaftsverbänden will das Gesetz sicherstellen, daß in den bwü Schwerpunkträumen (Heidelberg-Mannheim, Karlsruhe, Pforzheim, Reutlingen-Tübingen, Stuttgart und Ulm) die Stadt-Umland-Beziehungen durch zusammengefaßte gemeinsame Flächennutzungsplanung geordnet, daß aber auch gemeinsame Ordnungs- und Entwicklungsaufgaben verwirklicht und divergierende Interessen der Mitglieder zum Ausgleich gebracht werden. Wie noch näher darzustellen sein wird, ist das Landesgebiet flächendeckend in elf Regionen gegliedert, an deren Willensbildung die Gemeinden nicht mehr selbst beteiligt sind[66]. Mit der Regionalplanung ist die Tätigkeit der Verbände verknüpft durch die bereits genannte Raumordnungsklausel, durch gegenseitige Unterrichtungspflichten, ggf ferner durch personelle Verflechtungen zwischen den verschiedenen Verbandsorganen und die ausdrücklich zugelassene Inanspruchnahme der Bedien-

---

63 P i l g r i m, Bauleitplanung, 302.
64 Vgl oben S 81 f.
65 Der kommunale Nachbarschaftsverband wurde mit Vorbehalten als Modell zur Erwägung gestellt von Werner W e b e r, in: Die Stadt und ihre Region. Die neuen Schriften des Städtetages (1962) 86 (88); zum Gründungsverband Stadt Lahn als zeitlich befristetem Umlandverband vgl oben FN 61. Zum Stadtverband Saarbrücken vgl R o t h e, DVBl 75, 529 (530 ff).
66 Vgl unten S 112 ff.

steten des Regionalverbandes für die Erfüllung der Aufgaben des Nachbarschaftsverbandes.

Organe des Verbandes sind die Verbandsversammlung und der Verbandsvorsitzende. In die Verbandsversammlung entsenden die Mitgliedsgemeinden den
Bürgermeister und — gestuft nach der Einwohnerzahl — weitere, vom Gemeinderat
aus seiner Mitte gewählte Mitglieder. Durch Limitierung der Zahl der Stimmen will
das Gesetz für die Willensbildung ein ausgewogenes Verhältnis zwischen Kernstadt und Umlandgemeinden sicherstellen. Es sieht ferner für Minderheiten — ein
mit qualifizierter Mehrheit überwindbares — Einspruchsrecht vor. Einzelheiten der
Verbandsverfassung und -verwaltung bleiben der Regelung durch Satzung vorbehalten.

Im Gesetzgebungsverfahren waren Bedenken gegen die Vielzahl der Planungs-
und Entscheidungsebenen angemeldet worden[67]. In der Tat ist nunmehr nach
bwü Recht das Land in Gemeinden, Landkreise und Regierungsbezirke, darüber
hinaus in Regionen und in den Schwerpunkträumen zusätzlich in Nachbarschaftsbereiche gegliedert. Eine weitere Planungsebene ist für das Rhein-Neckar-Gebiet
geschaffen worden, da die Regionalplanung der Region Unterer Neckar überlagert wird von dem Rahmenregionalplan des grenzüberschreitenden Regionalverbandes Rhein-Neckar-Gebiet[68].

Auch der Umlandverband Frankfurt ist als Mehrzweckpflichtverband Träger der
Flächennutzungsplanung und bestimmter, vorwiegend kommunaler Agenden. Zu
ihm gehören die Städte Frankfurt und Offenbach und ihr engerer Verflechtungsbereich, insgesamt 68 Städte und Gemeinden — deren Zahl nach Abschluß der
Gebietsreform auf 39 sinken wird — sowie mehrere Landkreise. Im Verbandsraum
wohnen rund 1,5 Mio Ew auf einer Fläche von rund 1400 qkm.

Zentrale Aufgabe des Verbandes ist die Flächennutzungsplanung; weitere Aufgaben sind Bodenbevorratung, Aufstellung eines Generalverkehrsplanes und
eines Landschaftsplans. An Durchführungsaufgaben obliegt ihm die Wasserversorgung und -entsorgung, die Trägerschaft über zentrale Abfallbeseitigungsanlagen, überörtliche Sportanlagen, Freizeit- und Erholungszentren, kommunale
Krankenhäuser sowie Schlachthäuser. Ferner kommen dem Verband einige Abstimmungs- und Mitwirkungsaufgaben auf dem Gebiet des Umweltschutzes, der
Wirtschaftsförderung, der Energiewirtschaft und des Verkehrswesens zu. Die Mitgliedskörperschaften können schließlich dem Verband weitere Aufgaben aus
ihrem eigenen Wirkungsbereich übertragen, soweit dies für die Verwirklichung
des Verbandszweckes förderlich ist. Voraussetzung hierfür ist neben dem Antrag
der Gemeinde die Beschlußfassung des Verbandes mit qualifizierter Mehrheit und
die aufsichtsbehördliche Genehmigung.

In Angleichung an die hess Gemeindeordnung und das hess Gesetz über kommunale Gemeinschaftsarbeit sieht die Verbandsverfassung als Organe den Verbandstag und den Verbandsausschuß vor. Der Verbandstag setzt sich bis zum 31. März
1977 aus den von den Vertretungskörperschaften der Verbandsmitglieder gewählten Vertretern zusammen.

Dabei ist vorgesehen, daß jede Gemeinde einen Vertreter, Frankfurt aber 12 und
Offenbach 7 Vertreter entsendet, die auch doppeltes Stimmrecht haben. Damit
soll sichergestellt werden, daß diese Großstädte in der Verbandsversammlung

---

67 LT-Drucks 6/4610, 22.
68 Für die Städte Heidelberg und Mannheim und die weiteren zu diesem Nachbarschaftsbereich gehörenden
Gemeinden ergibt sich hieraus folgendes System flächenbezogener integrierter Planungen: Bauleitplan der
Stadt, Flächennutzungsplan des Nachbarschaftsverbandes Heidelberg-Mannheim, Regionalplan der Region
Unterer Neckar, Rahmenregionalplan des Regionalverbandes Rhein-Neckar-Gebiet, Landesentwicklungsprogramm des Landes, nunmehr auch das (nicht verbindliche) Raumordnungsprogramm des Bundes.

kein Übergewicht, aber zusammen eine Sperrminorität haben, mit der sie eine Übertragung weiterer Aufgaben auf den Verband verhindern können.

Diese Regelung gilt bis zum 31. März 1977, dann wird für die Bestellung der Mitglieder des Verbandstages die direkte Wahl eingeführt. Da die Aufstellung des Flächennutzungsplans nach § 2 I BBauG den Gemeinden vorbehalten ist und nach § 4 VIII BBauG durch Landesgesetz nur der Zusammenschluß von Gemeinden zu Planungsverbänden angeordnet werden darf, hält es der Gesetzgeber für erforderlich, den Gemeinden bei der Erstellung des Flächennutzungsplans ein Mitwirkungsrecht durch weisungsgebundene Vertreter zu sichern. Daher ist nach Ablauf der Übergangsfrist ein Zweikammersystem vorgesehen: Neben dem aus direkt gewählten Verbandsabgeordneten bestehenden Verbandstag ist weiteres Beschlußorgan die Gemeindekammer, in die jedes Verbandsmitglied einen Vertreter mit einer Stimme entsendet. Der Gemeindekammer ist die Beschlußfassung über den Flächennutzungsplan vorbehalten[69].

Die Umland-(Nachbarschafts-)Verbände bwü und hess Rechts sind in mehrfacher Hinsicht bemerkenswert:

— Wie die Verbände für Großräume des nds Rechts[70] werden für die Ordnung der Stadt-Umland-Beziehungen in Räumen besonderer Verdichtung Pflichtverbände als Körperschaften des öffentlichen Rechts geschaffen, die sowohl Planungs- als auch Verwirklichungsaufgaben wahrzunehmen haben und denen weitere Aufgaben der Mitglieder übertragen werden können.

— Wichtigstes Ordnungsinstrument für diese Räume regionaler Dimension ist der Flächennutzungsplan. Er wird für den Frankfurter Raum mit Rücksicht auf die weitere Zersiedlungsgefahr und die dringend erforderliche einheitliche Entwicklung des Gebietes als notwendig bezeichnet; der Flächennutzungsplan könne damit zum „Entwicklungsplan des Verbandes" werden[71]. Die Ordnung des diese Zentren umgebenden Raumes ist hingegen Sache des Regionalverbandes, dem die Mitgliedsgemeinden ebenfalls angehören. Hierin liegt der entscheidende Unterschied zu den Verbänden des nds Rechts, die selbst Träger der Regionalplanung, nicht aber der Flächennutzungsplanung sind.

— Ob es gelingen wird, in Planungsverbänden, die räumlich große Gebiete umfassen und mit den Komplexitäten von Stadt-Umland-Beziehungen belastet sind, zügig konsistente Flächennutzungspläne zu erarbeiten, muß abgewartet werden. Die nw Landesregierung zweifelt jedenfalls angesichts der Erfahrungen mit Planungsverbänden nach § 4 BBauG in diesem Land, ob Verbände wegen der Schwerfälligkeit und der zeitlichen Dauer des Aufstellungsverfahrens in räumlich großen Gebieten überhaupt effektiv arbeiten können[72]. Es dürfte unterschiedlicher Beurteilung unterliegen, ob der Flächennutzungsplan des § 5 BBauG als Instrument der Entwicklungsplanung geeignet ist, da die Bauleitpläne des BBauG sich an dem Ordnungsprinzip der Auffangplanung orientieren[73] und nicht zuletzt aus diesem Grunde die Einführung eines besonderen Instrumentariums der Stadtentwicklungsplanung als erforderlich bezeichnet wird[74]. Insoweit tragen die bwü

---

69 Nach dem Regierungsentw der Novelle zum BBauG (1974, BT-Drucks 7/2496) wird es allerdings möglich werden, die Willensbildung in einem sondergesetzlich gebildeten Umlandverband einem vom Willen der Gemeinden unabhängigen, unmittelbar gewählten Gremium zu übertragen; dies sei verfassungsrechtlich unbedenklich, da die Bauleitplanung in Verdichtungsräumen nicht dem Kern der Selbstverwaltung zuzurechnen sei.

70 Vgl unten S 119 ff.

71 Vgl Regierungsbegründung hess LT-Drucks 7/5321, 25; wie umstritten diese Lösung ist, zeigt, daß 41 der insgesamt 68 Städte und Gemeinden und 2 der 7 Landkreise sich gegen die Übertragung der Flächennutzungsplanung auf den Verband ausgesprochen hatten.

72 Der Städtetag 74, 34.

73 Vgl oben S 86 f.

74 Regierungsbegründung Entw Novelle BBauG, BT-Drucks 7/2496, 28.

Nachbarschaftsverbände, deutlicher noch der hess Umlandverband, Merkmale einer Verlegenheitslösung, die dem Bedürfnis nach verbandsmäßiger Planung in einem Raum, der innerhalb einer größeren Region selbst regionale Dimension hat, Genüge tun will, auch wenn das hierfür geeignete Instrument des Regionalplanes nicht zur Verfügung steht, nachdem es der Großregion anvertraut worden ist. — Die Einführung der unmittelbaren Wahl zur Verbandsversammlung begegnet rechtlichen und politischen Hemmnissen; ihre Zweckmäßigkeit ist weiterhin umstritten; auf den aus der Demokratisierung folgenden Substanzverlust der Gemeinden wird hingewiesen[75]. Sie wurde bisher nur in Hessen und Niedersachsen politisch durchgesetzt. In beiden Ländern trägt die Einführung der direkten Wahl Kompromißcharakter[76].

3.6. Die Organisation der Regionalplanung

Lit: *Borries,* Regionale und interkommunale Planungsgemeinschaften in der Bundesrepublik Deutschland, Schriften des Verbandes für Wohnungswesen, Städtebau und Raumplanung, H 39 (1959); *Halstenberg,* Kommunale Planungsgemeinschaften als Träger der Regionalplanung, Der Städtetag 60, 625; *Isbary,* Zur Gliederung des Bundesgebietes in Planungsräume, DÖV 63, 793; *Regionale Planungsgemeinschaften,* Schriften des Verbandes für Wohnungswesen, Städtebau und Raumplanung, H 58 (1964); Werner *Weber,* Entspricht die gegenwärtige kommunale Struktur den Anforderungen der Raumordnung? Empfehlen sich gesetzgeberische Maßnahmen der Länder und des Bundes? Welchen Inhalt sollten sie haben? Gutachten für den 45. DJT (1964); *Hohberg,* Das Recht der Landesplanung (1966) 70 ff; *Brenken,* Organisation der Regionalplanung, insbesondere in territorialer Hinsicht, in: Veröffentlichungen der Akademie für Raumforschung und Landesplanung, Abhandlungen Bd 54 (1968) 1; *Lange,* Die Organisation der Region (1968); *Methoden und Praxis der Regionalplanung in großstädtischen Verdichtungsräumen,* Veröffentlichungen der Akademie für Raumforschung und Landesplanung, Forschungs- und Sitzungsberichte Bd 54 (1969); *Brügelmann/Asmuß,* Raumordnungsgesetz (1970) § 5 Anm IV; *Becker-Marx,* Regionale Planungsgemeinschaften, in: Handwörterbuch der Raumforschung und Raumordnung[2] (1970) Sp 2610; *Petersen,* Regionale Planungsgemeinschaften als Instrument der Raumordnungspolitik in Baden-Württemberg (1972); *Seele,* Materialien zur Neuordnung der Regionalebene, Der Landkreis 72, 80, 122, 163, 189; *ders,* Die Neuordnung der Regionalebene, Der Landkreis 72, 429; *Evers,* Das Recht der Raumordnung (1973) 117 ff; *Strickrodt,* Bau- und Planungsrecht (1974) 85 ff; *Götz,* Staat und Kommunalkörperschaften in der Regionalplanung, in: Werner Weber-FS (1974) 979; *Roters,* Kommunale Mitwirkung an höherstufigen Entscheidungsprozessen (1975).

3.6.1. *Überblick*

Nach dem Zweiten Weltkrieg hatten — anfangs zögernd, in den fünfziger Jahren in zunehmendem Maße — Gemeinden und Landkreise aus dem Bedürfnis nach überörtlicher und verwaltungsgrenzenunabhängiger Planung vor allem in den Verdichtungsgebieten eine Vielzahl von Planungsgemeinschaften hervorgebracht.

---

75 Die hess Regierung hatte sich selbst im Regierungsentw des Gesetzes gegen die im Anhörungsverfahren geforderte unmittelbare Wahl ausgesprochen, hess LT-Drucks 7/5321, 31; die — ursprünglich in einem zweiten, selbständigen Gesetz — vorgesehene Einführung der unmittelbaren Wahl ab März 1977 beruht daher auch auf einer Initiative der Regierungskoalition, hess LT-Drucks 7/5370; vgl kritisch H i n k e l, Die kommunale Gebietsreform in Hessen, DVBl 74, 496 (501); zum Problem der Demokratisierung kritisch auch bereits S c h n u r, Planungsregion=Verwaltungsraum?, in: Integrationsprobleme der Regionalplanung in Verdichtungsräumen. Schriftenreihe Siedlungsverband Ruhrkohlenbezirk Bd 42 (1971) 26.
76 Nds hat die direkte Wahl nur für den Verband Großraum Hannover, nicht aber für den Verband Großraum Braunschweig vorgesehen; Hess hat den Zeitpunkt der Einführung hinausgeschoben und die Verbandsverfassung mit den Problemen eines Zweikammersystems belastet.

Abgesehen vom Siedlungsverband Ruhrkohlenbezirk, dessen Tätigkeit das Kriegsende nur kurz unterbrochen hatte, waren es durchgehend Zusammenschlüsse auf freiwilliger Basis, die mangels einer gesetzlichen Grundlage Verbindliches nicht anordnen konnten.

Die Mehrzahl der Länder hatte lange Zeit davor zurückgescheut, Rechtsinstrumente für die — in der nationalsozialistischen Zeit in Mißkredit geratene — Landesplanung zu schaffen; sie ließen daher die freien Assoziationen gewähren, statteten sie aber nicht mit Rechtsgrundlagen oder nur mit unzulänglichen Rechtsgrundlagen aus. Mit der Entwicklung des Rechts der Landesplanung und Raumordnung bestimmten die Landesgesetzgeber jedoch zunehmend die Organisation der Regionen und ihr Planungsverfahren selbst; dabei kam es zur Ausformung sehr unterschiedlicher Organisationsmodelle, die im folgenden zu skizzieren sein werden.

Für die Zwecke dieser Darstellung kann eine ältere Schicht der LPlG einer neueren gegenübergestellt werden. Die Zäsur markiert in etwa das BROG, nicht zuletzt, weil die etwa zehn Jahre dauernde Auseinandersetzung um das BROG[77] einzelne Landesgesetzgeber veranlaßt hatte, das Inkrafttreten des Rahmengesetzes abzuwarten. In den siebziger Jahren wurden sodann in allen Flächenstaaten mit Ausnahme von Rheinland-Pfalz und dem Saarland die Planungsgesetze grundlegend erneuert.

ÜBERSICHT ÜBER DIE LANDESPLANUNGSGESETZE[78]

	1. Phase	2. Phase
Baden-Württemberg	19. 12. 62 (GBl 63, 1)	25. 7. 72 (GBl 459)
Bayern	21. 12. 57 (GVBl 323)	6. 2. 70 (GVBl 9)
Hessen	4. 7. 62 (GVBl 311)	1. 6. 70 (GVBl 360)
Niedersachsen	30. 3. 66 (GVBl 69)	24. 1. 74 (GVBl 49)
Nordrhein-Westfalen	7. 5. 62 (GVBl 229)	1. 8. 72 (GVBl 244)
Rheinland-Pfalz	14. 6. 66 (GVBl 177) idF v 5. 4. 68 (GVBl 47)	
Saarland	27. 5. 64 (ABl 525)	
Schleswig-Holstein	5. 7. 61 (GVBl 119)	13. 4. 71 (GVBl 152)

Eine besondere Planungsstufe für Teilgebiete des Landes kannten alle LPlG der ersten Phase, trotz aller Unterschiede in der Organisation. Den Begriff Region oder Regionalplanung verwendeten hingegen nur die Gesetze von Baden-Württemberg, Hessen, Rheinland-Pfalz und Schleswig-Holstein. Bayern nahm nur beiläufig auf „Teile des Staatsgebietes" Bezug, Niedersachsen erlaubte die Bestimmung „besonderer Planungsräume" und das saar LPlG sieht Raumordnungsteilprogramme und -pläne vor. Nordrhein-Westfalen ließ bis zur Novelle 1975 die Errichtung von „Sonderplanungsausschüssen für räumlich begrenzte Planungsaufgaben" zu. Die novellierten Gesetze der zweiten Phase hingegen führen auch in den letzterwähnten Ländern den Begriff Regionalplanung ein, das nw LPlG

77 Vgl oben S 85.
78 Im folgenden beziehen sich §§-Angaben ohne Jahreszahl stets auf das jüngste LPlG des betreffenden Landes, ältere Gesetze werden mit Jahreszahl zitiert; Nachw der LPlG in der derzeit geltenden Fassung vgl Anhang Bundesrepublik Deutschland 8.2.2.

spricht im § 12 zumindest von „regionalen Zielen der Raumordnung und Raumplanung".

Das BROG überläßt den Ländern weitgehend die Organisation der Region und der Regionalplanung. § 5 III BROG verpflichtet die Länder nur, Rechtsgrundlagen für die Regionalplanung zu schaffen, wenn dies für Teilräume des Landes geboten erscheint. Als wesentlichen Grundsatz für die Ausgestaltung der Regionalplanung durch die Länder statuiert der Bundesgesetzgeber eine obligatorische Mitbeteiligung von Gemeinden und Gemeindeverbänden bei der Regionalplanung. Dabei geht das BROG davon aus, daß die Planung in der Region als überörtliche Gesamtplanung in Teilräumen de iure staatliche Planung und Bestandteil der Landesplanung ist.

Für die Ausgestaltung der Regionalplanung und die Art der Beteiligung der Selbstverwaltungskörperschaften stellt das BROG zur Wahl:

1. Regionalplanung durch Zusammenschlüsse von Gemeinden und Gemeindeverbänden zu regionalen Planungsgemeinschaften.
2. Regionalplanung durch zentralisierte oder dezentralisierte staatliche Behörden; in diesem Fall sind die Gemeinden und Gemeindeverbände oder deren Zusammenschlüsse in einem förmlichen Verfahren zu beteiligen.

Die Überantwortung der Regionalplanung in die staatliche Verantwortung hindert nicht, sie als ein staatlich-kommunales Kondominium zu organisieren, in dem sich staatliche und kommunale Planungsverantwortung verbinden. Dies wird mit dem Hinweis auf die Konkretheit des Regionalplanes, der das Selbstverwaltungsrecht der Gemeinde berührt und auf die Vorteile bürgernaher und eigenverantwortlicher Planerstellung in der Literatur weitgehend befürwortet[79].

3.6.2. *Entwicklung der regionalen Gliederung*

Nach dem älteren Recht war die regionale Gliederung überwiegend dem Einfluß der Landesplanungsbehörden entzogen und nicht gewährleistet, daß tatsächlich Regionen entstanden, geschweige denn die Fläche des Landes abdeckten.

In Bayern konnte regionalen Gesichtspunkten nur durch die Aufstellung von Raumordnungsplänen für Teile des Landes Rechnung getragen werden, was jedoch im Ermessen der Planungsbehörde stand. Soweit sich freie Planungsgemeinschaften bildeten, konnten diese unverbindlich zur Planung beitragen, ihre Abgrenzung entzog sich dem Einfluß des Landes.

Baden-Württemberg hatte die regionale Gliederung den Gemeinden und Landkreisen überlassen, die sich zu regionalen Planungsgemeinschaften zusammenschließen konnten. Einfluß auf den Zuschnitt der Region, der grundsätzlich vom Willen der beteiligten Gemeinden und Landkreise abhing, ermöglichte nur die Bestimmung des § 7 III bwü LPlG 1962, nach der regionale Planungsgemeinschaften nur dann anzuerkennen waren, wenn die räumliche Abgrenzung ihres Planungsgebietes den Gesichtspunkten der Landesplanung entsprach. Daneben konnte die oberste Landesplanungsbehörde auf dem Wege von Gebietsentwicklungsplänen regionalen Gesichtspunkten Rechnung tragen.

In Hessen, Schleswig-Holstein und Saarland war die Übertragung an regionale Planungsgemeinschaften nur eine mögliche Alternative. In Hessen folgte die regionale Gliederung grundsätzlich der Kreiseinteilung; sofern Planungsgemeinschaften aus kreisfreien Städten und Landkreisen gebildet worden waren, konnte ihnen die Aufstellung des Regionalplanes übertragen werden. Ähnlich das schh LPlG 1961 und das saar LPlG 1964, die es in das Ermessen der Landesplanungs-

---

79 Werner W e b e r, Gutachten, 56; L a n g e, Region, 147 ff; E v e r s, Raumordnung, 117 f.

behörde stellten, Landkreise oder Planungsverbände mit Raumordnungsaufgaben zu betrauen.

Nur in Baden-Württemberg gelang es auf dem gesetzlich vorgezeichneten Weg, durch die Anerkennung von zwanzig regionalen Planungsgemeinschaften bis 1970 das Land nahezu lückenlos in Regionen zu gliedern. Die privat-rechtliche Organisationsform der bwü Planungsgemeinschaften brachte jedoch mit sich, daß bei der Entscheidung über den Zuschnitt der Region weniger funktionale Kriterien als historische Gegebenheiten und kommunalpolitische Konstellationen den Ausschlag gaben[80]. Die Landeshauptstadt Stuttgart hatte sich an der Regionsbildung überhaupt nicht beteiligt, was eine effektive Regionalplanung im Verdichtungsgebiet Mittlerer Neckarraum stark behinderte[81]; auch innerhalb der regionalen Planungsräume waren viele Gemeinden den Planungsgemeinschaften ferngeblieben[82]. Bestrebungen, durch Zusammenschluß von leistungsstarken zentralen Orten und strukturschwachen Gebieten funktional ausgewogene Regionen zu schaffen, scheiterten am Widerstand der beteiligten Gemeinden und Kreise[83].

Die Übertragung der Regionalplanung an einzelne Kreise, nach dem hess LPlG 1962 schon kraft Gesetz und nach dem schh LPlG 1961 durch Ermessensentscheidung der Landesplanungsbehörde, berücksichtigte nicht den regelmäßig unterdimensionierten Zuschnitt der Kreise für diese Aufgabe. Die Delegationsmöglichkeit an einen einzelnen Kreis wurde in Schleswig-Holstein daher nur in einem einzigen Fall wahrgenommen, der betroffene Kreis hat jedoch die ihm eingeräumte Befugnis nicht ausgenutzt[84]. Die Regelung des hess LPlG 1962, das sogar den kreisfreien Städten die Aufstellung der Raumordnungspläne übertragen hatte, verfestigte zudem durch diese Kompetenzverteilung die Trennung von Stadt und Land, die gerade dem regionalen Gedanken widerspricht[85]. Zwar bestand in beiden Ländern die Möglichkeit, regionalen Planungsgemeinschaften die Regionalplanung zu übertragen, um die Nachteile der Übertragung an den einzelnen Kreis zu vermeiden. Die Bildung von Planungsgemeinschaften war jedoch der freiwilligen, nicht erzwingbaren Entscheidung der beteiligten Gebietskörperschaften anheimgestellt. In Hessen bildete sich bis 1968 nur eine einzige Planungsgemeinschaft, der die Aufstellung des regionalen Raumordnungsplanes übertragen wurde, und zwar die regionale Planungsgemeinschaft Untermain als Körperschaft des öffentlichen Rechts.

In Schleswig-Holstein hatte die Landesplanungsbehörde im Landesraumordnungsprogramm 1967 eine Gliederung in sechs Planungsräume vorgenommen und damit das Land lückenlos und ohne Überlappung regional gegliedert; dies erfolgte in der Absicht, die Abgrenzung der Region nicht den Kreisen und kreisfreien Städten zu überlassen. Da diese Einteilung jedoch nur als „Arbeitsgrundlage" gewertet wurde, konnte von ihr, was auch tatsächlich geschah, bei der Aufstellung von Regionalplänen abgewichen werden. Regionale Planungsträger bildeten sich nur

---

80 P e t e r s e n, Planungsgemeinschaften, 59.

81 Bemühungen um die Gründung eines Planungsverbandes für den Großraum Stuttgart scheiterten; es entstand in diesem Verdichtungsraum vielmehr ein Kranz von Planungsgemeinschaften, von denen drei Stuttgart umschlossen, ohne daß Institutionen regionaler Zusammenarbeit mit Stuttgart eingerichtet wurden, vgl P e t e r s e n, Planungsgemeinschaften, 36.

82 Bei einzelnen Planungsgemeinschaften dauerte es zehn bis 15 Jahre, bis wenigstens etwa die Hälfte der Gemeinden des Verbandsgebietes sich dem jeweiligen Verband angeschlossen hatten, vgl Planungsgemeinschaft Hochrhein-Säckingen, Informationsblätter 1—2/1973, S X.

83 Einerseits wollten die entwickelten Gebiete die Verantwortung für die strukturschwachen Gemeinden nicht übernehmen, diese wieder befürchteten eine Majorisierung durch die Zentralstadt; Beispiele bei P e t e r s e n, Planungsgemeinschaften, 60 f.

84 B r e n k e n, Organisation der Regionalplanung, insbesondere in territorialer Hinsicht, in: Veröffentlichungen der Akademie für Raumforschung und Landesplanung, Abhandlungen Bd 54 (1968) 4.

85 L a n g e, Region, 162.

in einzelnen Planungsräumen; dort aber zum Teil auch nur für Teilbereiche der Region[86].

Für eine andere Lösung hatte sich das nw LPIG 1962 in Fortentwicklung des LPIG 1950 entschieden. Die Landesplanung konnte in diesem Land auf gut funktionierenden großräumigen Planungsgemeinschaften aufbauen, die als freie Assoziationen entstanden und durch Verordnung der Reichsstelle für Raumordnung aus 1935 und die nach 1945 erlassenen LPIG als Körperschaften öffentlichen Rechts verfaßt worden waren. Die Gebiete der drei Landesplanungsgemeinschaften überstiegen nach Größe und Einwohnerzahl herkömmliche Regionen und konnten bestenfalls als Großregionen angesprochen werden. Von der durch § 7 VI nw LPIG 1962 eingeräumten Möglichkeit, Sonderplanungsausschüsse für räumlich begrenzte Planungsaufgaben zu bilden, wurde wenig Gebrauch gemacht[87]. Vielmehr wurde Regionalplanung von den Landesplanungsgemeinschaften durch die Aufstellung von Teilentwicklungsplänen für das Gebiet von Landkreisen praktiziert. Die Abgrenzung der Region lag daher im Ermessen der Landesplanungsgemeinschaft, das aber durch Eingriffsrechte der Aufsichtsbehörde eingeschränkt war. Trotzdem konnte bei dieser Konstruktion nur bedingt von Regionalplanung gesprochen werden, wenn diese mehr sein soll als Teilplanung für ein Gebiet durch eine zentrale Planungsstelle.

Gerade das Beispiel Nordrhein-Westfalen zeigt jedoch, daß aus den Bedürfnissen der Praxis die verschiedenen Rechtsformen interkommunaler Zusammenarbeit herangezogen wurden, um unabhängig von der Regelung der LPIG Regionen mit unterschiedlicher institutioneller Verdichtung zu bilden. Nach einer Erhebung des Deutschen Verbandes für Wohnungswesen, Städtebau und Raumplanung bestanden 1964 in der Bundesrepublik Deutschland 60 regionale Planungsgemeinschaften (-verbände) und Arbeitsgemeinschaften[88]. Allein auf dem Gebiet der drei großflächigen nw Landesplanungsgemeinschaften entstanden 14 derartige Organisationen durchwegs kleinräumigen Zuschnitts, in Bayern bildeten sich in den Ballungsgebieten fünf institutionalisierte Regionen, obwohl das LPIG Regionalplanung nur als zentralisierte Landesplanung vorsah. Es blieb jedoch im Ganzen bei einer bloß punktuellen Regionalisierung, die zudem von der unterschiedlichen Initiative der Kommunen abhängig war.

In dieser ersten Phase des d Raumordnungsrechts kam der Gedanke einer regionalen Gliederung des Landesgebietes nur in Ansätzen zum Tragen; darauf gerichtete Absichten der Landesplanungsbehörden führten nur teilweise zu Erfolgen. Dies mag einmal damit zusammenhängen, daß beim Land selbst die räumlichen Ordnungsvorstellungen über Maßstab und Abgrenzung der Region und der damit notwendig verbundene Ausgleich der räumlichen Interessen noch nicht zu einem Entscheidungsprozeß mit verbindlicher Festsetzung geführt hatte; auch stand das Konzept der Region selbst noch zum Teil in Frage. Wo regionalpolitische Initiativen der Gemeinden, Kreise oder einzelner Persönlichkeiten zu einer Institutionalisierung der Regionalplanung führten, war die Einordnung des regionalen Interesses in den größeren Raum nicht garantiert. Einzelne widerstrebende Gebietskörperschaften konnten die Bildung lückenloser Regionen verhindern, die flächendeckende Gliederung des Landesgebietes war zudem auf die Bereitschaft aller Beteiligten angewiesen.

---

86 Als einzige Planungsgemeinschaft für einen ganzen Planungsraum entstand die ArGe der Hamburger Randkreise, vgl dazu unten S 109.
87 B r e n k e n , aaO, 6 f.
88 Regionale Planungsgemeinschaften, Schriften des Deutschen Verbandes für Wohnungswesen, Städtebau und Raumplanung, H 58 (1964) 17 ff.

Den Übergang zu einer institutionell ausgeformten regionalen Gliederung des Landesgebietes brachte das rpf LPIG[89]. Für die weitere Rechtsentwicklung wird der in ihm vorgezeichnete Weg beispielgebend, der durch die Merkmale flächendeckend, zwingend und staatlich beeinflußt charakterisiert werden kann. § 10 ordnet die Einteilung des Landes in Regionen an, dies hat durch das in diesem Teil als Gesetz zu beschließende Landesentwicklungsprogramm zu geschehen. Das Regionengesetz 1967[90] grenzt neun Regionen ab. Gegenwärtig wird in diesem Bundesland allerdings eine Vergrößerung der Regionen diskutiert, da sich gezeigt habe, daß sie in ihrem jetzigen Zustand keine wirksame Raumordnung gewährleisten könnten, darüber hinaus sei auch ihr Kontakt zur allgemeinen Verwaltung unzureichend[91].

Bayern, Hessen, Baden-Württemberg und Schleswig-Holstein folgten dem im rpf LPIG verwirklichten Modell flächendeckender, staatlich gelenkter Regionenbildung.

Art 13 II Z 1 bay LPIG trägt der obersten Landesplanungsbehörde auf, im Landesentwicklungsprogramm das Staatsgebiet in Regionen zu gliedern. Durch die Verordnung über den Teilabschnitt „Einteilung des Staatsgebietes in Regionen" des Landesentwicklungsprogramms vom 21. Dezember 1972 (GVBl 476) wurden 18 Regionen gebildet.

Das als Gesetz festzustellende Raumordnungsprogramm Hessens gliedert das Land in vier Planungsregionen mit einer Großregion, bestehend aus zwei Teilregionen. § 4 II hess LPIG ermöglicht die Bildung weiterer Großregionen, bestehend aus einzelnen Planungsregionen als Teilregionen.

Auch das novellierte schh LPIG trägt nunmehr die Abgrenzung der regionalen Planungsräume dem Gesetzgeber auf; das Gesetz über Grundsätze zur Entwicklung des Landes vom 13. April 1971 (GVBl 157) legte sechs regionale Planungsräume fest, die das Landesgebiet zur Gänze abdecken.

Baden-Württemberg hat 1972 durch das als Novelle zum Landesplanungsgesetz erlassene Regionalverbandsgesetz elf Regionalkreise als eigenständige Körperschaften errichtet, die, vom Ulmer Raum abgesehen, für den eine gesetzliche Sonderregelung in Aussicht gestellt wurde, lückenlos das Land überziehen.

Die Rechtsentwicklung in diesen fünf Ländern verlief, was die Frage der regionalen Gliederung angeht, in etwa einheitlich. Die Zuständigkeit zur Abgrenzung der Region wurde der freien Vereinbarung der Träger der Regionalplanung entzogen und dem Gesetzgeber übertragen, in Bayern der obersten Landesplanungsbehörde. Die Regionalisierung erfolgt zwingend; wo sie, wie in Bayern, einer Verordnung bedarf, ist sie obligatorischer Bestandteil des Landesentwicklungsprogramms. Änderungen und Berichtigungen der Abgrenzung der Regionen sind in denselben Verfahren, wie es die Errichtung bedarf, möglich. Darüber hinaus kann in Hessen die Landesregierung durch Rechtsverordnung Grenzen von Planungsregionen verändern, wenn es die Erfüllung der Planungsaufgabe erfordert; in Rheinland-Pfalz ist der Ministerpräsident dazu ermächtigt, bedarf aber der Zustimmung des Hauptausschusses des Landtages.

Im räumlichen Zuschnitt umfassen die so gebildeten Regionen regelmäßig mehrere Landkreise und kreisfreie Städte und folgen der zentralörtlichen Gliederung. Die Gemeindegrenzen werden nicht durchschnitten, die regionale

---

89 Erste Anfänge einer Regionalplanung durch Planungsgemeinschaften auf der Basis staatlich subventionierter Zweckverbandsbildung gab es in diesem Land seit 1954, vgl D i e d r i c h, RFuRO 55, 99.
90 GVBl 68 idF v 1969 GVBl 125.
91 S e e l e, Der Landkreis 72, 165; letzterem Mangel hilft die Novelle des LPIG (1974) ab, die den Regionen die Planungsstellen bei den Bezirken zur unentgeltlichen Führung der Verwaltungsaufgaben und Erarbeitung von Planungsentwürfen bereitstellt; vgl dazu unten S 116 f.

Gliederung setzt sich aber über die Grenzen der Landkreise[92] und Bezirke hinweg, wenn auch insgesamt administrative und politische Gesichtspunkte die Regionsabgrenzung stark prägen. Nach Größenordnung und Einwohnerzahl gleichen sich die Regionen der Länder im Durchschnitt an. Im einzelnen ergeben sich allerdings beträchtliche Unterschiede[93].

Im Gegensatz zu diesen Ländern, die grundsätzlich die Anlehnung an die herkömmliche Verwaltungsgliederung aufgegeben und Regionen mit dem Anspruch sozio-ökonomischer Relevanz bildeten, verknüpft Niedersachsen auch im 1974 neugefaßten nds ROG die für die Raumordnung und Landesplanung relevante territoriale Gliederung mit der allgemeinen Verwaltungsgliederung. Träger der Regionalplanung sind für ihren Bereich die Regierungspräsidenten; Regierungsbezirk und Planungsregion sind damit zur räumlichen Deckung gebracht. Die nach dem nds ROG vorgesehene Möglichkeit der Bestimmung von Sonderplanungsräumen wird auf sondergesetzlich vorgesehene Räume beschränkt, in denen gleichzeitig auch die Trägerschaft wechselt.

Mit diesen Besonderheiten verwirklicht auch das nds ROG eine zwingende und flächendeckende Regionalisierung des Landesgebietes. Ein 1975 dem nds Landtag vorgelegter Gesetzentwurf[94] sieht nunmehr die Übertragung der Regionalplanungskompetenz auf die großräumiger zuzuschneidenden Kreise und die kreisfreien Städte vor; damit würde die Kreiseinteilung zur Grundlage der Regionalisierung.

Nordrhein-Westfalen hat bis 1975 die oben geschilderte Regelung beibehalten und lediglich klargestellt, daß es die Tätigkeit der Landesplanungsgemeinschaften ex lege als regionale Planung versteht (§ 12 I nw LPlG). Durch die 1975 beschlossene Novelle zum LPlG werden jedoch die Landesplanungsgemeinschaften mit 1. Jänner 1976 aufgelöst und die Regionalplanung Bezirksplanungsräten übertragen. Damit wird wie in Niedersachsen die territoriale Gliederung mit den Grenzen der Regierungsbezirke zur Deckung gebracht[95].

Das Saarland bleibt bei der bisherigen Regelung und ermöglicht Regionalplanung, ohne sie zwingend vorzuschreiben. Da das Land ohnehin nach seiner Dimension regionale Maßstäbe nicht überschreitet, erscheint eine zwingende Regionalisierung entbehrlich.

Die Reformdiskussion über Zuschnitt und Organisation der Region wird von zwei Aspekten geprägt. Einmal wird eine erhebliche Vergrößerung der Regionen empfohlen; als Richtzahl dieser Maßstabsvergrößerung gelten Größenordnungen zwischen 1,5 und 3 Mio Ew[96]. Daneben geht es um die Verknüpfung der Region mit den vorhandenen Verwaltungsträgern (Alternative: Verschmelzung der Region mit den großräumig zuzuschneidenden Kreisen oder der staatlichen Mittelinstanz), die notwendig ist, soll die Tendenz zur Verwaltungsregion nicht eine neue Verwaltungsstufe schaffen. Im gewissen Sinne gegenläufig zum Trend der Maßstabsvergrößerung laufen allerdings Bestrebungen, vor allem von kommunaler Seite, in einem System von gestufter Regionalplanung die Kreise in die Planung der

---

92 Respektiert aber in BWü u SchH.
93 Bei der Einwohnerzahl Unterschiede bis zum Dreißigfachen, bei der räumlichen Ausdehnung bis zum Fünfzehnfachen; Raumordnungsbericht 1974, BT-Drucks 7/3582, 110; vgl dazu auch die Übersichten zum Zuschnitt der Regionen u den Kriterien für die Abgrenzung im Anhang Bundesrepublik Deutschland 8.2.4. u 8.2.5.
94 Entwurf eines achten Gesetzes zur Verwaltungs- und Gebietsreform, LT-Drucks 8/1009, Art IV; vgl ferner unten S 110.
95 Anderes gilt für die Art der Beteiligung der Selbstverwaltung; vgl unten S 110 f.
96 W a g e n e r, System einer integrierten Entwicklungsplanung im Bund, in den Ländern und in den Gemeinden, Vortrag 42. Staatswissenschaftliche Fortbildungstagung der Hochschule für Verwaltungswissenschaft Speyer (1974), auszugsweise wiedergegeben in Eildienst LKT NW 74, 112 (115).

größeren Region miteinzubeziehen, um in überschaubaren Räumen bürgernah zur Regionalplanung beizutragen[97].

Auch durch Bildung von Nachbarschaftsausschüssen (bzw -bereichen) — in Hessen, Rheinland-Pfalz und Schleswig-Holstein bereits gesetzlich vorgesehen[98] — will man auf überörtlicher Stufe, aber in kleineren Räumen als den Regionen neuen Typs, Plattformen für gemeinsame örtliche Planungen schaffen. Ähnliches gilt für die Nachbarschaftsverbände nach bwü Recht[99].

3.6.3. Träger der Regionalplanung

In der Entwicklung des Raumordnungsrechts der Länder seit Inkrafttreten des BROG zeichnen sich zwei Trends ab:

In den süddeutschen Ländern wird nach den Gesetzen der letzten Phase die regionale Planung durchgängig regionalen Planungsgemeinschaften bzw -verbänden übertragen.

Im norddeutschen Raum hingegen zeigt sich die Tendenz, die Regionalplanung staatlichen Behörden zuzuweisen. Diese Entwicklung ist in Niedersachsen und Schleswig-Holstein bereits zu einem Abschluß gekommen, für Niedersachsen mit der Variante sondergesetzlich errichteter Regionalverbände für Schwerpunkträume; in Nordrhein-Westfalen werden ab 1976 Bezirksplanungsräte bei den Regierungspräsidenten an die Stelle der Landesplanungsgemeinschaften treten[100].

Schleswig-Holstein hat jedoch das Planungsinstrumentarium der Selbstverwaltungskörperschaften um den Kreisentwicklungsplan erweitert; in Nordrhein-Westfalen wird die Einführung des Kreisentwicklungsplans diskutiert, der gleichsam als Ausgleich für die Verstärkung des staatlichen Einflusses in der Regionalplanung verstanden wird[101].

Bayern, Hessen und Baden-Württemberg folgen dem rpf LPIG 1966/68. In diesem, kurz nach dem Inkraftsetzen des BROG erlassenen Gesetz, wird die Aufstellung der regionalen Pläne den Planungsgemeinschaften übertragen, die für das Gebiet einer Region durch Gesetz gebildet sind; Mitglieder sind die kreisfreien Städte und Landkreise der Region.

In Bayern war bis 1970 verbindliche Regionalplanung nur als zentralisierte staatliche Landesplanung für Teile des Staatsgebietes möglich. In den Verdichtungsräumen bestanden jedoch regionale Planungsgemeinschaften in freier Form. Der Planungsverband Äußerer Wirtschaftsraum München beispielsweise, als Zweckverband gegründet, wurde als „Selbsthilfeaktion der Kommunen" verstanden[102]. Nach dem bay LPIG 1970 werden mit der Einteilung des Landesgebietes in Regionen die regionalen Planungsverbände als Zwangsverbände geschaffen; ihnen obliegt nunmehr die Regionalplanung.

Hessen hatte bis 1970 die kreisfreien Städte und Landkreise zu Trägern der Regionalplanung berufen, die Bildung von Planungsgemeinschaften war nur fakultativ vorgesehen und konnte nicht erzwungen werden. Ihnen war, wenn Organisationsform, Satzung und räumliche Abgrenzung die Erfüllung der Planungsaufgabe sicherstellte, die Aufstellung des regionalen Raumordnungsplans zur Erfüllung

---

97 Vgl dazu Vortragsbericht Eildienst LKT NW 74, 99; zum Zuschnitt der Region vgl auch G ö t z, Staat und Kommunalkörperschaften in der Regionalplanung, in: Werner Webers-FS (1974) 979 (997).

98 Vgl oben S 80 ff.

99 Vgl oben S 96 ff.

100 Vgl die Übersicht über die Organisation der Regionalplanung Anhang Bundesrepublik Deutschland 8.2.6.

101 Vgl A l d e n, Eildienst LKT NW 74, 99 (101).

102 Vgl S c h o e n e / E l l i n g, Der Planungsverband „Äußerer Wirtschaftsraum München" und seine Tätigkeit, in: Methoden und Praxis der Regionalplanung in großstädtischen Verdichtungsräumen, Veröffentlichungen der Akademie für Raumforschung und Landesplanung, Forschungs- und Sitzungsberichte Bd 54 (1969) 67 ff; dazu auch Bericht FAZ 2. 1. 1974, 6; er arbeitete über 1100 Bauleit- und Sonderpläne für seine Mitglieder aus u legte 1968 den ersten Entwicklungsplan für diese Region vor.

nach Weisung zu übertragen. Die regionalen Raumordnungspläne der Kreise und kreisfreien Städte bzw der Planungsgemeinschaften bildeten in ihrer Gesamtheit den Landesraumordnungsplan. Das hess LPlG 1970 bestimmt nunmehr ausschließlich die regionalen Planungsgemeinschaften aus Landkreisen und kreisfreien Städten zu Trägern der Regionalplanung.

In Baden-Württemberg waren schon nach dem Raumordnungsrecht der ersten Phase regionale Planungsgemeinschaften Träger der Regionalplanung, und zwar mit der Besonderheit, daß durchwegs alle Planungsgemeinschaften der Gemeinden privat-rechtlich organisiert waren. Mit dem Inkrafttreten des Regionalverbandsgesetzes 1971[103] traten an ihre Stelle öffentlich-rechtliche Regionalverbände.

Wegen der exemplarischen Bedeutung der bis dahin bestehenden Planungsgemeinschaften für die Beurteilung der Leistungsfähigkeit privat-rechtlicher Kooperationsformen soll deren Organisation und Tätigkeit hier näher dargestellt werden[104].

Getragen von der Initiative einzelner Kommunalpolitiker, gründeten Landkreise und Gemeinden zwischen 1951 und 1969 zwanzig regionale Planungsgemeinschaften. Hauptmotiv der Gründung war neben der Verbesserung der interkommunalen Planabstimmung die gemeinsame Interessenvertretung gegenüber dem Staat, häufig in der Absicht, durch gemeinsames Auftreten Förderungsmittel zu erlangen. Durch das bwü LPlG 1962 wurde die Tätigkeit der bereits bestehenden Planungsgemeinschaften in das Organisationsgefüge der Landesplanung einbezogen und gleichzeitig deren Aufgabe von staatlicher Seite festgelegt. Allerdings wurde auch durch das LPlG den Regionalplänen der Planungsgemeinschaften Verbindlichkeit nicht zuerkannt; sie konnten durch staatlichen Bestätigungsakt zwar für unbedenklich erklärt werden, damit war aber eine nur abgeschwächte Wirkkraft verbunden. Alle Behörden und Körperschaften des Landes, die Gemeinden und Kreise, konnten − wenn auch unter bestimmten formellen Erschwernissen[105] − von den aufgestellten Zielen abweichen. Zwar war die Möglichkeit der Übernahme der Verbandspläne in einen Entwicklungsplan vorgesehen, doch wurde er damit staatlicher Entwicklungsplan; als solcher erlangte er Verbindlichkeit (§ 20 bwü LPlG 1962). Daneben und in Konkurrenz zu den Regionalplänen sah das Gesetz eine staatliche zentralisierte Regionalplanung in der Form von Gebietsentwicklungsplänen vor, die nach § 14 bwü LPlG 1962 von der obersten Landesplanungsbehörde aufgestellt wurden.

Die privat-rechtliche Organisationsform der regionalen Planungsgemeinschaften entsprach dem angestrebten Konzept freiwillig und locker organisierter kommunaler Zusammenschlüsse[106]. Befürchtungen der Gemeinden und Kreise, aber auch Bedenken der staatlichen Landesplanung, durch eine stärkere institutionelle Bindung Beeinträchtigungen der autonomen kommunalen Planung hinnehmen zu müssen, haben diese Organisationsentscheidungen maßgeblich beeinflußt[107]. Auf die durch privat-rechtliche Organisation bedingten Unzulänglichkeiten bei der Regionsabgrenzung wurde schon hingewiesen[108].

---

103 GVBl 336, inkraftgetreten am 1. 1. 1973.
104 Vgl dazu die ausführliche Analyse von P e t e r s e n, Planungsgemeinschaften, insbes 66 ff.
105 Wollte eine der genannten Körperschaften von einem für unbedenklich erklärten Regionalplan abweichen, mußte sie die nachgeordnete Landesplanungsbehörde unverzüglich unterrichten.
106 Überblick über die Rechtsformen bei P e t e r s e n, Planungsgemeinschaften, 174; P i l g r i m, Bauleitplanung, 53 ff; von den 20 Planungsgemeinschaften waren 10 nicht-rechtsfähige Vereine, 7 eingetragene Vereine, in 3 Fällen wurden kommunale Arbeitsgemeinschaften gebildet.
107 P e t e r s e n, Planungsgemeinschaften, 47.
108 Vgl oben S 102.

Überwiegend sahen die Satzungen der Planungsgemeinschaften drei Organe vor. Oberstes Organ war eine Mitgliederversammlung; ihr oblag vor allem die Entscheidung über den Regionalplan. Dem Verwaltungsrat als kollegialem Beschlußorgan kam die eigentliche Planungs- und Koordinierungsfunktion zu; an der Spitze der Planungsgemeinschaft stand ein Vorstand zur Führung der laufenden Geschäfte und Vertretung nach außen.

Obwohl die meisten Satzungen für die maßgeblichen Entscheidungen der Organe das Mehrstimmigkeitsprinzip vorsahen, waren nach *Petersen*[109] die Entscheidungsgremien praktisch darauf angewiesen, eine Einstimmigkeit ihrer Beschlüsse herbeizuführen, da kein Mitglied gezwungen werden konnte, Entscheidungen einer Mehrheit zu akzeptieren und sich bei eigenen Planungen daran zu halten. Aus diesem „Zwang zur Einstimmigkeit"[110], der als Preis für die Wahrung des Freiwilligkeitsprinzips[111] den Exponenten lokaler Interessen faktisch ein Vetorecht einräumte, folgt die in den vorliegenden Erfahrungsberichten und Analysen hervorgehobene Entscheidungsschwäche der Planungsgemeinschaften Baden-Württembergs[112]. Dieser Nachteil der organisatorischen und rechtlichen Gestaltung bewirkte nach den vorliegenden Berichten vor allem eine weitgehende Inhaltsarmut der aufgestellten Regionalpläne. Es sei nicht gelungen, hinreichend konkrete Ziele zu formulieren; allokationspolitische Entscheidungen konnten nicht getroffen werden, da die Mitglieder nicht bereit waren, zugunsten des Lokalinteresses auf Entwicklungsmöglichkeiten zu verzichten. Die Pläne enthielten weitgehend bloße Additionen von Wunschvorstellungen, insbesondere sei es zu einer Inflation Zentraler Orte und Entwicklungsachsen gekommen. Auch bei der Koordinationsfunktion der Planungsgemeinschaften habe sich die schwache rechtliche Organisationsstruktur nachteilig ausgewirkt. Die mangelnde Fähigkeit, einen Interessenausgleich zwischen den Mitgliedern durch Kompromisse in der Zielfindung herbeizuführen, habe dazu geführt, daß regionale Interessen dem Land gegenüber nur ungenügend zur Geltung gebracht werden konnten; die Planungsgemeinschaften seien häufig auf Grund der gegebenen Abhängigkeiten von den Kommunen gezwungen gewesen, örtliche Sonderwünsche zu vertreten. Eine Einflußnahme auf kommunale Planungen sei wegen der schwachen Bindungswirkung der aufgestellten Ziele und der mangelnden Bereitschaft der Gemeinden, mit Verzicht verbundene Maßnahmen hinzunehmen, nicht nur ausnahmsweise gescheitert. Positivere Beurteilung findet in diesem Zusammenhang die Tätigkeit jener Planungsgemeinschaften, die selbst Nahbereichspläne oder Flächennutzungspläne erstellten oder bei der Gründung von Planungsverbänden nach § 4 BBauG erfolgreich waren[113].

Als Erfolg der bwü Planungsgemeinschaften wird hervorgehoben, daß durch ihre Tätigkeit der Informationsstand und das Planungsbewußtsein in der Region gefördert worden sei und dort, wo die Vorteile der Zusammenarbeit für alle Beteiligten

109 Planungsgemeinschaften, 51.
110 P e t e r s e n, Planungsgemeinschaften, 71.
111 Daher äußerte man sich anfangs anerkennend zu dieser Organisationsform, vgl H e p p e r, Die regionalen Planungsgemeinschaften in Baden-Württemberg, in: Buch deutscher Gemeinden. Hrsg Deutscher Gemeindetag (1965) 156.
112 Vgl dazu P e t e r s e n, Planungsgemeinschaften, insbes 70 ff; d e r s, RFuRO 72, 241 (244); L e n o r t, Entwicklungsplanung in Stadtregionen (1961) 145; v M a l c h u s, Die Planungsgemeinschaft Breisgau, in: Methoden und Praxis der Regionalplanung in großstädtischen Verdichtungsräumen, Veröffentlichungen der Akademie für Raumforschung und Landesplanung, Forschungs- und Sitzungsberichte Bd 54 (1969) 55 (63); G i l d e m e i s t e r, in: Raumordnung in den Ländern, Bd II, Mitteilungen aus dem Institut für Raumordnung, H 72 (1972) 18 (20); S c h e u r e r, Baden-Württemberg. Ein Land mit zwölf Regionen, Lebendige Gemeinde 71, 166; S c h ü t t e, Die Zukunft der Regionalplanung in Baden-Württemberg, Informationen des Instituts für Raumordnung 71, 193.
113 Vgl dazu P e t e r s e n, Planungsgemeinschaften, 129 ff; S c h ü t t e, Informationen des Instituts für Raumordnung 71, 195 und oben S 94.

offensichtlich waren, kommunale Animositäten abgebaut werden konnten[114]. Insgesamt seien jedoch die regionalen Planungsgemeinschaften in Baden-Württemberg nur begrenzt funktionsfähig gewesen und hätten ihre entscheidenden Aufgaben nur ungenügend erfüllen können[115].

Die Reform des Rechts der Regionalplanung in Baden-Württemberg stellt den Versuch dar, durch die Schaffung öffentlich-rechtlicher Regionalverbände als alleinige Träger der Regionalplanung die institutionellen und funktionellen Mängel der bisherigen Regelung zu beseitigen.

Aufgaben und Organisation der bwü Regionalverbände und der Planungsverbände nach bay und hess Recht sind unten näher darzustellen[116]; hier ist noch die Entwicklung in den norddeutschen Ländern aufzuzeigen, in denen eine Tendenz zur Verstaatlichung der Regionalplanung erkennbar ist.

Nach dem schh LPlG 1961 konnten sich regionale Landesplanungsverbände durch freiwilligen Zusammenschluß von Kreisen und kreisfreien Städten bilden; sie konnten Regionalpläne nach Maßgabe der Übertragung durch die Landesplanungsbehörde aufstellen.

Im Kieler und Lübecker Umland waren als Zweckverband bzw Arbeitsgemeinschaft verfaßte Planungsverbände entstanden; die von ihnen aufzustellenden Regionalbezirkspläne sollten jedoch erst durch die Aufnahme in den staatlichen Regionalplan wirksam werden[117].

Größere Bedeutung erlangte hingegen eine ArGe der vier Hamburger Randkreise, durch die die vielfältigen Verflechtungsbeziehungen zum Stadtstaat geregelt werden sollten[118]. Sie war aus regelmäßigen Zusammenkünften der Landräte der vier Randkreise hervorgegangen; die Zusammenarbeit wurde 1960 durch einen öffentlich-rechtlichen, von den Kreistagen beschlossenen Vertrag institutionalisiert. Nach dem Abkommen sollten die Aufgaben unter Berücksichtigung der Empfehlungen des Gemeinsamen Landesplanungsrates Hamburg/Schleswig-Holstein erfüllt werden[119]; dadurch wurde die Tätigkeit der ArGe in die schh grenzüberschreitende Landesplanung eingebettet. In der Folge wurde den vier Kreisen die Regionalplanung mit der Maßgabe delegiert, einen gemeinsamen Regionalplan für das ganze Planungsgebiet aufzustellen. Diese Regelung war ein Kompromiß, da die Übertragung auf die ArGe allein am Widerstand der einzelnen Kreise scheiterte, die auch der Errichtung eines Zweckverbandes für dieses Gebiet ihre Zustimmung verweigerten. Der von der ArGe als regionaler Landesplanungsverband erarbeitete Entwurf des Regionalplans für den Planungsraum I wurde 1973 von der Landesplanungsbehörde festgestellt.

Daß es der ArGe gelang, trotz der institutionell bedingten Entscheidungsschwäche dieser Organisationsform einen feststellungsreifen Regionalplan zu erarbeiten, beruht auf den besonderen Voraussetzungen der Zusammenarbeit in diesem konkreten Fall. Mitglieder der ArGe waren nicht die Gemeinden, sondern die Landkreise des Planungsgebietes; daher war aus dem Kreis der Beteiligten eine überörtliche Problemsicht zu erwarten. Ferner wurde durch die Vorgabe verbindlicher Planungsziele von seiten des Landes die Entscheidungsbildung innerhalb der ArGe erleichtert.

---

114 P e t e r s e n, Planungsgemeinschaften, 120.
115 P e t e r s e n, Planungsgemeinschaften, 156; S c h ü t t e, Informationen des Instituts für Raumordnung 71, 195.
116 Vgl unten S 111 f.
117 B r e n k e n, Organisation der Regionalplanung, insbesondere in territorialer Hinsicht, Veröffentlichungen der Akademie für Raumforschung und Landesplanung, Abhandlungen Bd 54 (1968) 5.
118 Vgl dazu H a a r m a n n, DVBl 66, 292 (298).
119 Zur grenzüberschreitenden Planung in diesem Raum vgl unten S 143 ff.

Das schh LPIG 1971 sieht keine Planungsverbände mehr vor. Die Regionalpläne werden nunmehr ausschließlich von der Landesplanungsbehörde, das ist der Ministerpräsident, aufgestellt. Eine Planerstellung als Aufgabe der Selbstverwaltungskörperschaften findet sich erst auf einer tieferen Stufe der Planung, bei den neu eingeführten Kreisentwicklungsplänen. Die zur Ergänzung der langfristigen (staatlichen) Raumordnungspläne bestimmten mittelfristigen Kreisentwicklungspläne werden von den Kreisen und kreisfreien Städten in eigener Verantwortung aufgestellt. Die andersgeartete Funktion dieser Pläne, deren Schwerpunkt auf der Investitionsplanung liegt, verwehrt jedoch, die Kreisentwicklungsplanung noch als Regionalplanung anzusprechen.

Das nds ROG 1966 hatte ohnehin Planungsgemeinschaften nur als vorübergehende Einrichtung gekannt, die aufgelöst waren, wenn ihr Entwicklungsprogramm Bestandteil des Raumordnungsprogramms der Bezirke geworden war, während nach der Regel ein regionaler Plan vom Regierungspräsidenten als Bezirksraumordnungsprogramm aufzustellen war. Von der gesetzlichen Ermächtigung zur Bildung dieser regionalen Planungsgemeinschaften für besondere Planungsräume wurde jedoch kein Gebrauch gemacht. Die Novelle 1973 beseitigt die Möglichkeit der Übertragung an Planungsgemeinschaften; die nunmehr auch dem Begriff nach eingeführte Regionalplanung ist Aufgabe der obersten Landesplanungsbehörde. Kommunale Körperschaften als Träger der Regionalplanung können jedoch durch Sondergesetz errichtet werden. Dies trifft gegenwärtig für den Großraumverband Hannover und den Großraumverband Braunschweig[120] zu. Die Gründung eines dritten Großraumverbandes — Osnabrück — ist in Vorbereitung[121]. Die Reformerwägungen in Niedersachsen wurden bereits erwähnt[122]. Den vergrößerten Landkreisen und den kreisfreien Städten soll die Aufgabe der Regionalplanung als Angelegenheit des eigenen Wirkungskreises übertragen werden. Die Landkreise hätten für ihren Bereich ein regionales Raumordnungsprogramm aufzustellen; für die kreisfreien Städte würde der Flächennutzungsplan an die Stelle des regionalen Raumplanungsprogrammes treten.

Nordrhein-Westfalen hielt auch noch in seinem 1972 novellierten Landesplanungsgesetz an der Konzeption des LPIG 1962 fest und beließ es bei der Übertragung der Regionalplanungskompetenz an drei großflächig zugeschnittene Landesplanungsgemeinschaften als Einrichtungen der territorialen und funktionalen Selbstverwaltung.

Durch das Gesetz zur Änderung des LPIG vom 8. April 1975[123] werden mit 1. Jänner 1976 die Landesplanungsgemeinschaften aufgelöst und an ihrer Stelle Bezirksplanungsräte beim Regierungspräsidenten eingerichtet. Durch die Bezirksplanungsräte soll die Mitwirkung der kommunalen Selbstverwaltung an der Regionalplanung sichergestellt werden, Vertreter der sogenannten funktionellen (wirtschaftlichen) Selbstverwaltung sind, anders als bei den bisherigen Landesplanungsgemeinschaften, nur mehr in beratender Funktion beteiligt. Allerdings sind die Mitglieder des Bezirksplanungsrates nicht Vertreter ihrer Gebietskörperschaften, sondern haben den Status von Abgeordneten in einem selbständigen Gremium, für das die Gemeinden und Kreise lediglich Wahlkörperschaften sind. Der Bezirksplanungsrat entscheidet über die Erarbeitung des Gebietsentwicklungsplans und beschließt dessen Aufstellung, die Erarbeitung selbst ist hingegen

---

120 Großraumgesetz Hannover (GrRG-H) v 14. 12. 1962 GVBI 235 idF v 11. 2. 1974 GVBI 57. Großraumgesetz Braunschweig (GrRG-B) v 16. 10. 1973 GVBI 363.
121 Vgl zu den der Erfahrungen mit den nds Großraumverbänden und der Übertragbarkeit dieses Modells unten S 123 ff.
122 Vgl oben S 105.
123 GVBI 294.

Aufgabe der staatlichen Bezirksplanungsbehörde, das ist der Regierungspräsident. Der Bezirksplanungsrat erhält ferner die Aufgabe, den Regierungspräsidenten bei raumbedeutsamen und strukturwirksamen Planungen und Förderungsprogrammen von regionaler Bedeutung[124] und bei der Aufstellung von Grundsätzen für die Auswahl von Standortprogrammen zu beraten. Der Bezirksplanungsrat soll ferner durch Beratung der Gemeinden des Regierungsbezirkes auf eine Beachtung der Ziele der Raumordnung und Landesplanung hinwirken.

Die Novelle, durch die erstmals das Modell eines kollegial organisierten Sonderorgans mit Beschlußkompetenz verwirklicht wird, will nach den Ausführungen der Allgemeinen Begründung an der Regionalplanung als gemeinschaftlicher Aufgabe von Staat und Selbstverwaltung festhalten (LT-Drucks 7/3928, 21). Demgegenüber befürchten Vertreter der kommunalen Selbstverwaltung, daß durch diese Regelung der Einfluß der Selbstverwaltung auf die Regionalplanung in seiner Substanz geschwächt werden könnte[125].

Auf die Regelung im Saarland wurde schon hingewiesen; das Problem der Regionalisierung ist wegen der geringen Größe des Landes nur von untergeordneter Bedeutung. Zwar ist nach dem saar LPlG die Bildung von Planungsverbänden aus Landkreisen, Ämtern und Gemeinden möglich, bislang sind jedoch Planungsverbände dieser Art kaum gebildet worden[126]. Ihnen könnte die Aufstellung von Raumordnungsteilplänen übertragen werden, die dann als Auftragsangelegenheit wahrzunehmen wäre.

In den Ländern, die die Regionalplanung staatlichen Instanzen übertragen haben, beschränkt sich der kommunale Einfluß auf Mitwirkungsrechte im Verfahren der Planerstellung und die Mitgliedschaft in Planungsbeiräten bei den staatlichen Planungsbehörden. Dies fordert auch die bundesgesetzliche Rahmenregelung. Auf die Einzelheiten der landesrechtlichen Regelungen dieser Mitwirkungsrechte braucht nicht näher eingegangen zu werden[127].

Charakteristisch für diese Formen der Ausgestaltung des Beteiligungsrechts an der Regionalplanung ist, daß regelmäßig das Beteiligungsrecht der Gemeinden, Landkreise und kreisfreien Städte nicht über die Mitwirkungsrechte bei sonstigen überregionalen Planungen des Landes hinausgeht.

3.6.4. *Regionale Planungsgemeinschaften (-verbände)*

Bayern, Baden-Württemberg, Hessen, Rheinland-Pfalz und — bis 1976 — auch Nordrhein-Westfalen[128] übertragen die Regionalplanung der kommunalen Selbstverwaltung in der Form regionaler Planungsgemeinschaften oder -verbände. Die konkrete rechtliche Ausgestaltung dieser Zusammenschlüsse und die Art der Aufgabenerfüllung ist hier näher darzustellen. Auch die sondergesetzlichen Verbände für die Großräume Hannover und Braunschweig sind nach dem Vorbild der Selbstverwaltung organisiert. Wegen ihres modellhaften Charakters für die Ordnung von Schwerpunkträumen werden ihre Organisation und Aufgaben in einem gesonderten Abschnitt darzulegen und auf die Verwertbarkeit für ö Verhältnisse zu prüfen sein[129].

(1) Während die Planungsgemeinschaften des Raumordnungsrechts der ersten

---

124 Das Gesetz nennt folgende Gegenstände: Städtebau, Wohnungsbau, Schul- und Sportstättenbau, Krankenhausbau, Verkehr, Freizeit- und Erholungswesen, Landschaftspflege, Wasserwirtschaft, Abfallbeseitigung.
125 Zur Kritik an der Novelle von kommunaler Seite vgl Eildienst LKT NW 74, 182, ebenda 74, 273 f.
126 S e e l e, Der Landkreis 72, 164.
127 Vgl dazu B r ü g e l m a n n / A s m u ß, ROG, § 5 Anm IV 2.
128 Vgl allerdings zur Einführung von Bezirksplanungsräten in NW oben S 110 f.
129 Vgl unten S 119 ff.

Phase zT auch privat-rechtlich organisiert werden konnten, so etwa in Baden-Württemberg oder — zumindest nach dem Gesetzeswortlaut — in Hessen[130], oder Wahlfreiheit zwischen den öffentlich-rechtlichen Typen gewährt wurde, so in Schleswig-Holstein, wird die Organisationsform durch die neueren Gesetze zwingend vorgegeben. Durchwegs handelt es sich dabei um öffentlich-rechtliche Körperschaften, deren Aufbau und Organisation durch das Gesetz weitgehend vorherbestimmt wird und durch den Verweis auf die für Zweckverbände geltenden Vorschriften (Bayern, Hessen, Rheinland-Pfalz) dem Recht der Zweckverbände angeglichen wird. Nur die Regionalverbände Baden-Württembergs gehen nicht mehr von der Mitgliedschaft der Gemeinden aus; sie sind mit eigenständiger öffentlich-rechtlicher Organisationsstruktur eingerichtet.

(2) Der Kreis der Mitglieder wird ebenfalls vom Gesetz vorgegeben. In Bayern und den Großraumverbänden Braunschweig und Hannover sind alle Gemeinden und die Landkreise der Region bzw des Verbandsgebietes Mitglieder. Grundsätzlich ausgeschlossen sind hingegen die kreisangehörigen Gemeinden in den Planungsgemeinschaften Hessens und von Rheinland-Pfalz, denen die kreisfreien Städte und Landkreise einer Region angehören. Nach § 15 III rpf LPlG können allerdings große kreisangehörige Städte und Organisationen der wirtschaftlichen Selbstverwaltung (Kammern) als Mitglied in eine Planungsgemeinschaft aufgenommen werden. Den Landesplanungsgemeinschaften Nordrhein-Westfalens gehörten kraft Gesetz die Landschaftsverbände, die kreisfreien Städte, die Kreise und die kreisangehörigen Gemeinden mit mehr als 30.000 Einwohnern an sowie die Regierungspräsidenten und die Landesbaubehörde Ruhr. Der Tradition der Organisation der Landesplanung in der Zeit zwischen den Weltkriegen folgend, war in Nordrhein-Westfalen auch die Aufnahme von wirtschaftlichen Selbstverwaltungskörperschaften und sonstiger für die Landesentwicklung bedeutsamer Organisationen und Unternehmen als freiwillige Mitglieder zugelassen. In die neu einzurichtenden Bezirksplanungsräte können Vertreter der wirtschaftlichen Selbstverwaltung nur mehr als beratende Mitglieder gewählt werden. Die Regionalverbände Baden-Württembergs sind hingegen nicht mitgliedschaftlich eingerichtet; die Mitglieder der Verbandsversammlung werden von den Kreistagen und von den Gemeinderäten der Stadtkreise gewählt.

(3) Die ungünstigen Erfahrungen mit freiwillig gebildeten regionalen Planungsträgern[131] dürften die Landesgesetzgeber veranlaßt haben, starken Gründungszwang auszuüben. „Ob" und „wann" der Entstehung des Zusammenschlusses liegt nicht mehr in der Hand der beteiligten Gebietskörperschaften; die Planungsgemeinschaft entsteht nach den neueren Gesetzen unmittelbar durch staatlichen Hoheitsakt.

In Bayern entstanden die Regionalverbände mit der Einteilung des Staatsgebietes in Regionen durch Rechtsverordnung, in Rheinland-Pfalz mit der Einteilung des Landes in Regionen durch das als Gesetz beschlossene Landesentwicklungsprogramm und in Baden-Württemberg durch das Regionalverbandsgesetz. Nur Hessen verzichtet auch nach dem LPlG 1970 auf die unmittelbare Bildung der regionalen Planungsgemeinschaften durch Gesetz, erteilt jedoch den Landkreisen und kreisfreien Städten einen Gründungsauftrag, der sie zum Zusammenschluß verpflichtet. Das LPlG enthält zwar keine ausdrückliche Ermächtigung zum zwangsweisen Zusammenschluß durch die Aufsichtsbehörde, durch Verweis auf

---

130 Nach § 3 II Satz 3 hess LPlG 1962 mußten Organisation und Satzung die Erfüllung der Planungsaufgaben gewährleisten; die Richtlinien des hess MdI v 27. 11. 1964, StAnz 1535, abgedr bei B r ü g e l m a n n, ROG, Hessen, schlossen jedoch jede andere Organisationsform als den ZV aus.
131 Vgl oben S 102 f.

das hess Zweckverbandsrecht[132] wird jedoch ebenfalls die Gründung durch staatlichen Hoheitsakt ermöglicht[133].

(4) Die Anlehnung an das Zweckverbandsrecht bei den Planungsgemeinschaften Rheinland-Pfalz, Bayerns und Hessens hat eine gleichartige Organisationsstruktur zur Folge.

Hauptorgan dieser Verbände ist ein aus Vertretern der Mitglieder zusammengesetztes Gremium[134]. Die Zahl der zu entsendenden Vertreter bzw die Gewichtung der Stimmrechte folgen in Bayern und Rheinland-Pfalz der Einwohnerzahl der Verbandsmitglieder. In der rpf Regionalvertretung sind die Oberbürgermeister und Landräte der Mitglieder Vertreter kraft Amtes, die Anzahl der weiteren, gewählten Vertreter in der Regionalversammlung (mindestens zwei, höchstens zehn) richtet sich nach der Einwohnerzahl; diese Vertreter werden von den Stadträten bzw Kreistagen des Mitgliedes gewählt. Nach bay Recht wird jedes Mitglied durch nur einen Verbandsrat vertreten, der von den Mitgliedern entsendet wird; hier wird die Einwohnerzahl durch ein proportional zur Einwohnerzahl differenziertes Stimmrecht berücksichtigt. Das hess Zweckverbandsrecht läßt hingegen der Satzung größeren Spielraum; sie kann für jedes Verbandsglied die gleiche Anzahl von Vertretern, eine Gewichtung nach der Einwohnerzahl oder einen Mittelweg wählen[135].

Die Interessen einwohnerschwacher Verbandsmitglieder sollen durch Sperrklauseln gewahrt werden: nach bay Recht darf die Stimmenanzahl bei einem einzelnen Mitglied 40 % der Gesamtstimmen nicht überschreiten; die Zahl der weiteren, gewählten Vertreter in der rpf Regionalvertretung ist beim einzelnen Mitglied auf zehn beschränkt.

Um eine Repräsentation der nicht dem Verband angehörigen Gemeinden zu ermöglichen, bestimmt das rpf LPlG weiter, daß der Kreistag mindestens die Hälfte der zu entsendenden Vertreter aus Vorschlägen der kreisangehörigen Gemeinden zu wählen hat.

Wichtigste Zuständigkeit des Hauptorgans ist die Beschlußfassung über Regionalpläne; nach Maßgabe der Satzung kann sie Richtlinien für die Planungsarbeit erteilen, Stellungnahmen und Empfehlungen zu raumbedeutsamen Maßnahmen abgeben, die Haushaltssatzung verabschieden; Satzungsänderungen sind ebenfalls diesem Organ vorbehalten.

Die Mitglieder des engeren, verwaltenden und vorbereitenden Beschlußgremiums[136] werden von der Verbandsversammlung gewählt. Der Wahlmodus stellt sicher, daß die in der Verbandsversammlung vertretenen Mitglieder bei der Zusammensetzung dieses Organs berücksichtigt werden: Nach § 8 IX bay LPlG bilden die Vertreter der kreisangehörigen Gemeinden, der kreisfreien Städte und der Landkreise für diese Wahl Kurien, die Anzahl der ihnen zustehenden Sitze im Planungsausschuß richtet sich nach ihrem Stimmenanteil in der Verbandsversammlung. Der rpf Regionalvorstand hat zu einem Drittel aus gewählten Vertretern der Mitglieder zu bestehen. Die Kompetenzen des engeren Gremiums und sein Verhältnis zur Mitgliederversammlung richten sich im einzelnen nach den Bestimmungen der Verbandssatzung. Es ist regelmäßig Herr des Verfahrens der

---

132 Gesetz über kommunale Gemeinschaftsarbeit v 16. 12. 1962 GVBl 307.
133 Nach § 13 I leg cit kann die Aufsichtsbehörde Gemeinden und Landkreise zur gemeinsamen Wahrnehmung von Aufgaben zu einem ZV zusammenschließen, wenn die Erfüllung dieser Aufgaben aus Gründen des öffentlichen Wohles dringend geboten ist und ohne den Zusammenschluß nicht wirksam oder zweckmäßig erfolgen kann.
134 RPf: Regionalvertretung; Hess, Bay: Verbandsversammlung.
135 § 5 der Satzung des ZV „Regionale Planungsgemeinschaft Nordhessen", StAnz Hessen 71, 1082, sieht beispielsweise vor, daß die Verbandsmitglieder für je 20.000 Ew einen Vertreter, zumindest jedoch 4 Vertreter wählen.
136 Bay: Planungsausschuß; RPf: Regionalvorstand; Hess: Verbandsvorstand.

Planausarbeitung, das es durch die Vergabe von Planungsaufträgen und Erteilung von Weisungen an die den Plan erarbeitende staatliche Behörde[137] maßgeblich beeinflussen kann, obwohl ihm keine Entscheidungsbefugnisse über die Pläne eingeräumt sind.

Die laufenden Geschäfte des Verbandes führt entweder der Verbandsvorstand als kollegiale Exekutive (Hess) oder ein Verbandsvorsitzender (Bay, RPf), dem ein Geschäftsführer beigegeben werden kann. Zulässig ist ferner die Einrichtung weiterer Ausschüsse, denen durch Satzung oder Beschluß der Mitgliederversammlung Aufgaben übertragen werden können; zB sieht § 16 VI rpf LPIG vor, daß Ausschüsse für fachlich oder räumlich begrenzte Planungsaufgaben errichtet werden können.

Nach den LPIG Bayerns und Hessens sind bei den Planungsverbänden regionale Planungsräte einzurichten, denen Vertreter von Organisationen des wirtschaftlichen, sozialen und kirchlichen Lebens, deren Aufgaben durch raumbedeutsame Maßnahmen berührt werden[138], angehören sollen. Sie sind bei der Ausarbeitung und Aufstellung der Regionalpläne zu beteiligen, dazu werden ihnen Beratungs- und Anhörungsrechte eingeräumt. Das rpf LPIG verzichtet auf die Einrichtung eines Planungsbeirates, in diesem Land können aber Industrie-, Handels-, Handwerks- und Landwirtschaftskammern als Mitglieder mit Stimmrecht in die Planungsgemeinschaft aufgenommen werden.

Die Einrichtung der bay, hess und rpf Planungsgemeinschaften als Zweckverbände[139] sichert den verbandsangehörigen Gemeinden und Landkreisen einen starken Einfluß auf die Willensbildung des Verbandes. In das oberste Verbandsorgan werden Vertreter der Verbandsmitglieder entsendet, in Bayern und Rheinland-Pfalz sind dies ausdrücklich die (Ober-)Bürgermeister und Landräte. Ihnen können von den entsendungsberechtigten Körperschaften Weisungen erteilt werden. Die Mitglieder des kollegialen Entscheidungsorgans werden von der Verbandsversammlung gewählt, dadurch und durch besondere Vorkehrungen wird gewährleistet, daß die Vertretung der Verbandsmitglieder auch in diesem Organ gesichert ist.

Die Organisation der Planungsgemeinschaften in den erwähnten Ländern institutionalisiert den Vorrang kommunaler Interessen und eröffnet den Gemeinden und Kreisen über ihre weisungsgebundenen Vertreter in den Beschlußorganen maßgeblichen Einfluß durch die Ausübung von Stimmrechten. Es wird dabei weitgehend von der Bereitschaft der kommunalen Instanzen und der Überzeugungskraft der Fachleute des Verbandes abhängen, ob regionalpolitische Vorstellungen ausreichend zur Darstellung gelangen.

Nach dem GrRG (-H) 1962 waren die größeren Gemeinden und die Landkreise zwar ebenfalls durch ihre leitenden Kommunalpolitiker und Hauptverwaltungsbeamten in den Beschlußorganen des Verbandes Großraum Hannover vertreten; sie waren aber kraft ausdrücklicher Regelung von Weisungen freigestellt, um die Artikulation des regionalen Interesses zu erleichtern[140].

Das gleiche Ziel verfolgt das bwü LPIG, das den Regionalverband als Einrichtung ohne Mitglieder konstruiert und die Willensbildung des Verbandes damit formal von dem Einfluß der Gemeinden und Kreise freistellt. Da die Verbandsversammlung die Einwohner der Region repräsentiert, nähert sich das bwü LPIG insoweit

---

137 So in Bay und RPf; ähnlich nunmehr auch die Regelung in NW.
138 So Art 12 I bay LPIG; nach § 14 II hess LPIG sollen dem Beirat insbes Vertreter der kreisangehörigen Gemeinden, der öffentlich-rechtlichen Körperschaften der Wirtschaft, der Land- und Forstwirtschaft und der Arbeitnehmer angehören.
139 Vgl oben S 112.
140 Zu den Organen der nds Verbände vgl unten S 120 ff.

den Postulaten, die Planung zu demokratisieren. Allerdings werden die Mitglieder der Verbandsversammlung mittelbar, und zwar durch die Kreisräte und die Gemeinderäte der Stadtkreise gewählt. Da diese Organe jedoch nur Wahlgremien sind, können sie den Mitgliedern der Verbandsversammlung keine Weisungen und Aufträge erteilen. Das bwü LPlG ermöglicht jedoch, den Fundus kommunaler Erfahrung, Engagements und Leistungsvermögen für die Regionalplanung nutzbar zu machen, da es zuläßt, die Spitzenvertreter der kommunalen Körperschaften als Mitglieder der Verbandsversammlung zu wählen. Aus peripheren Regelungen des Gesetzes ist sogar zu entnehmen, daß der Gesetzgeber damit rechnet, daß auch weiterhin die Landräte und (Ober-)Bürgermeister in der Verbandsversammlung und den sonstigen Gremien des Verbandes maßgeblich mitwirken werden.

Die Zahl der von den einzelnen Land- und Stadtkreisen zu wählenden Mitglieder der Verbandsversammlung richtet sich nach deren Einwohnerzahl, in den Wahlvorschlägen soll die räumliche Gliederung des Landkreises angemessen berücksichtigt werden.

Zur Vorbereitung ihrer Verhandlungen über die Aufstellung des Regionalplanes bestellt die Verbandsversammlung einen Planungsausschuß. Neben diesem zwingend vorgesehenen beratenden Ausschuß können von der Satzung oder durch Beschluß der Verbandsversammlung weitere beschließende oder beratende Ausschüsse zur Entlastung der Verbandsversammlung eingerichtet werden.

Präsidiale Spitze des Verbandes ist ein Verbandsvorsitzender; bestellt der Verband einen ehrenamtlichen Verbandsvorsitzenden, so ist ihm ein Verbandsdirektor als Beamter auf Zeit zur ständigen Vertretung beizugeben. Das Gesetz läßt aber auch zu, einen hauptamtlich tätigen Verbandsvorsitzenden zu bestellen; durch diese Alternative soll die Möglichkeit eröffnet werden, die unterschiedliche Größe und Aufgabenstellung der einzelnen Verbände besser zu berücksichtigen. Der Verbandsvorsitzende ist Vertreter des Regionalverbandes und Leiter der als Behörde organisierten Geschäftsstelle; er bereitet die Sitzungen der Verbandsversammlungen vor und vollzieht deren Beschlüsse.

(5) Die Regelung der inneren Organisation überlassen die Landesgesetze der autonomen Willensbildung des Verbandes. Als Angelegenheit des eigenen Wirkungsbereiches unterliegt sie nur der Rechtsaufsicht der Aufsichtsbehörden. Die Verbände haben sich eine Verbandssatzung zu geben und ggf weitere organisatorische Fragen durch Geschäftsordnung zu regeln. In der Form der Satzung beschließen sie ferner über den Haushaltsplan und über die Erhebung von Umlagen bei den Verbandsgliedern — nach § 20 bwü LPlG über die Umlage bei den Landkreisen und Stadtkreisen des Verbandsgebietes.

Die Satzungen werden von der Verbandsversammlung beschlossen. Bedeutsamere Satzungen bedürfen nach näherer landesgesetzlicher Regelung der Genehmigung der obersten Landesplanungsbehörde (Bay) oder der Kommunalaufsichtsbehörde (BWü).

Die weitgehende und detaillierte Ordnung des Verbandslebens durch Gesetz wird jedoch für eine satzungsmäßige Organisationsgestaltung regelmäßig nur wenig Raum lassen. Weitere Einflußmöglichkeiten öffnen sich die staatlichen Instanzen, wenn sie den Verbänden Mustersatzungen zur Verfügung stellen. Der Mustersatzung räumt das rpf LPlG im Genehmigungsverfahren sogar eine rechtliche Vorrangstellung ein; aber auch in den anderen Ländern bedeutet eine Mustersatzung faktisch mehr als bloße staatliche Unterstützung der autonomen Willensbildung.

Die Autonomie der Verbände umfaßt auch das Recht der Verbandsversammlung, in eigener Verantwortung und ohne einer staatlichen Genehmigung zu bedürfen, die Mitglieder der beschließenden und vorbereitenden Gremien sowie den Vorstand bzw den Vorsitzenden zu wählen und über die Einstellung von Beamten und sonstigen Mitarbeitern zu entscheiden.

(6) Primäre Aufgabe der kommunalen Zusammenschlüsse nach den Landesplanungsgesetzen ist die Erstellung des Regionalplans. Daneben haben die Gesetzgeber der einzelnen Länder den Planungsgemeinschaften oder -verbänden in unterschiedlichem Ausmaß ergänzende Aufgaben im Bereich der Planung und auch Durchführungsaufgaben überantwortet.

(a) Obwohl Bayern, Baden-Württemberg und Hessen die Regionalplanung organisatorisch kommunalisiert und insoweit der Selbstverwaltung übertragen haben, ist sie als vom Staat übertragene und weisungsgebundene Pflichtaufgabe geregelt; sie ist damit der Fachaufsicht der Landesplanungsbehörde unterstellt und unterliegt deren Weisungsrecht.

Hingegen nehmen die Planungsgemeinschaften Rheinland-Pfalz und die bisherigen Landesplanungsgemeinschaften Nordrhein-Westfalens[141] die Regionalplanung als Aufgabe der kommunalen Selbstverwaltung[142] wahr, die Aufsicht beschränkt sich grundsätzlich auf Rechtsaufsicht.

Allerdings darf diese begrifflich-dogmatische Scheidung in ihrer Bedeutung für die Planungswirklichkeit nicht überschätzt werden, da sich die Regelungen durch Beschränkung des Rechts der Fachaufsicht bzw durch Erstreckung der Rechtsaufsicht auf bestimmte Wertungs- und Gestaltungsfragen annähern. In beiden Fällen erscheint daher Regionalplanung als staatlich-kommunales Kondominium, in dem sich die Planungsverantwortung von Staat und Selbstverwaltung verschränkt.

Dies bedeutet für die erste Gruppe der Länder, daß die staatlichen Eingriffsrechte beschränkt und eine relative Selbständigkeit bei der Wahrnehmung der weisungsgebundenen Auftragsangelegenheiten zugestanden wird. Das bedeutet für die andere Gruppe der Länder die Verstärkung des staatlichen Einflusses auf die Regionalplanung als Aufgabe der Selbstverwaltung.

Wie weit die dogmatische Abgrenzung zwischen Weisungsrecht und Fachaufsicht einerseits und Autonomie und Rechtsaufsicht andererseits relativiert werden kann, zeigt das bwü LPlG: Nach § 28 können die zuständigen Landesplanungsbehörden den Regionalverbänden zwar Weisungen erteilen, aber diese dürfen sich nur auf Planungszeitraum, Form der Regionalpläne und die Grundzüge der Planung erstrecken, letzteres auch nur, soweit dies zur Ausformung des Landesentwicklungsplanes erforderlich ist. Nach § 31 sind die von den Planungsverbänden erstellten Regionalpläne zu genehmigen, wenn das Verfahren ihrer Aufstellung rechtmäßig war und sich die in ihnen vorgesehene räumliche Entwicklung in die angestrebte räumliche Entwicklung des Landes einfügt. Es wird mithin das Genehmigungsverfahren rechtsaufsichtsförmlich ausgestaltet, der Aufsichtsmaßstab aber mit raumordnungspolitischen Kriterien angereichert; der Einschlag raumpolitischer Gesamtbeurteilung kommt auch darin zur Geltung, daß der Regionalplan vor der Verbindlichkeitserklärung von der Landesregierung zu beraten ist.

Aus Gründen der Wirtschaftlichkeit, aber auch, um den staatlichen Einfluß auf Qualität und Inhalt der Regionalplanung zu sichern, bestimmen Art 5 II bay LPlG und § 15 II rpf LPlG, daß sich die Planungsgemeinschaften zur Ausarbeitung der Regionalpläne der Bezirksplanungsstellen zu bedienen haben, die bei den Regierungen eingerichtet sind[143]. Bei den rpf Bezirksregierungen wird für die einzelnen Regionen im Einvernehmen mit dem Regionalvorstand ein leitender Planer

---

141 Wie die Großraumverbände Niedersachsen, vgl unten S 122.
142 Aufgabe des eigenen Wirkungskreises.
143 Dies sieht nunmehr auch das nw LPlG idF der Novelle 1975 für die Planungsarbeit der Bezirksplanungsräte vor.

bestellt. Die Bezirksplanungsstellen sind zwar an die Beschlüsse der Planungsverbände gebunden, können aber das ganze Gewicht ihrer Informationen und auch ihrer Stellung als der obersten Landesplanungsbehörde nachgeordnete Behörde in die Diskussion einbringen, wenn sie Bedenken gegen eine planerische Festsetzung haben. Die strikte Beschränkung dieser regionalen Planungsverbände auf den Entscheidungsprozeß der Planung und die Entlastung von allem technischen Aufwand der Planerstellung ermöglicht, sich mit einer minimalen Ausstattung der Geschäftsstelle des Planungsverbandes zu begnügen (etwa einer nicht stets voll ausgelasteten Kraft des gehobenen Dienstes und einer Schreibkraft, die durch eine Verbandsgemeinde unschwer vorgehalten werden können) und sich des Fachwissens des Behördenapparates bei der Bezirksregierung zu bedienen[144].

Weitere staatliche Einflußmöglichkeiten öffnet das bay Verfahren zur Inkraftsetzung des Regionalplans: Der Regionalplan wird auf Antrag des Verbandes durch die oberste Landesplanungsbehörde — im Einvernehmen mit den übrigen Staatsministerien — für verbindlich erklärt. Dabei kann sich die Prüfung nicht nur auf die Rechtmäßigkeit, sondern auch auf die fachliche Zweckmäßigkeit erstrecken. Allerdings sind Eingriffe in das Ermessen der Organe des regionalen Planungsverbandes auf Fälle beschränkt, in denen das Wohl der Allgemeinheit oder berechtigte Interessen einzelner eine Weisung oder Entscheidung fordern[145].

Das hess LPIG, das den regionalen Planungsgemeinschaften Aufstellung und Fortschreibung der regionalen Raumordnungspläne ebenfalls als Pflichtaufgabe nach Weisung auferlegt, sichert die Wahrnehmung staatlicher Verantwortung für die regionale Raumordnung auch durch ein Beanstandungsrecht und ein Eintrittsrecht der Landesplanungsbehörde. Neben der Ausübung ihres Weisungsrechts ist daher die Landesplanungsbehörde befugt, von der regionalen Planungsgemeinschaft vorgelegte Pläne nach einer Zweckmäßigkeitsprüfung mit Vorschlägen zur Änderung und Ergänzung zurückzureichen. Bei Säumnis der Planungsgemeinschaft geht die Kompetenz zum Erlaß des regionalen Raumordnungsplans auf die oberste Landesplanungsbehörde über.

In Rheinland-Pfalz ist die Regionalplanung Pflichtaufgabe der kommunalen Selbstverwaltung; ein Weisungsrecht staatlicher Behörden ist damit ausgeschlossen. Daß die obere staatliche Landesplanungsbehörde die Verwaltungsaufgaben der Planungsgemeinschaft wahrnimmt, wurde bereits erwähnt. Das rpf LPIG sichert darüber hinaus den staatlichen Einfluß auf die räumliche Ordnung durch Erweiterung des Genehmigungsverfahrens über reine Rechtsaufsicht hinaus; die Genehmigung des Plans ist zu versagen, wenn die Planerstellung Mängel aufweist; solche Mängel sind nach der demonstrativen Aufzählung des Gesetzes unter anderem auch dann gegeben, wenn Grundsätze der Raumordnung unrichtig oder nicht zweckmäßig angewendet oder abgewogen wurden. Die oberste Landesplanungsbehörde ist ferner befugt, nähere Regelungen über das Verwaltungsverfahren in der Regionalplanung und die Arbeitsweise bei der Aufstellung der regionalen Raumordnungspläne zu erlassen[146].

(b) Zu der primären Aufgabe der regionalen Planungsgemeinschaften treten — in länderweise unterschiedlichem Ausmaß — akzessorische Aufgaben der örtlichen und überörtlichen Planung.

---

144 Bei den 7 bay Bezirksplanungsstellen stehen insges 87 Stellen des höheren Dienstes (hiervon 11 Juristen, 48 Diplomvolkswirte, 16 Diplomingenieure u andere Akademiker) zur Verfügung; hinzu kommt noch Verwaltungspersonal und technisches Personal; Rechenzentrum u Datenbank beim Ministerium.
145 Art 18 III bay LPIG iVm Art 95 II LKO.
146 Auch die Landesplanungsgemeinschaften in NW hatten die Regionalplanung als Selbstverwaltungsaufgabe wahrgenommen; zu ihrer Ablösung durch die bei den Regierungspräsidenten einzurichtenden Planungsräte vgl oben S 110 f.

Das bay LPIG regelt die Aufgaben der regionalen Planungsverbände abschließend: In Bayern ist neben der Beschlußfassung über die Regionalpläne einzige weitere Aufgabe die Vertretung und Artikulation der Interessen der Verbandsmitglieder gegenüber den Landesplanungsbehörden bei der Ausarbeitung und Aufstellung von Zielen der Raumordnung und Landesplanung (Art 6 V bay LPIG).

Die Aufgabenkataloge der hess, bwü, rpf Planungsgemeinschaften (Regionalverbände) sind hingegen erweiterungsfähig.

Zwar verzichtet das hess LPIG auf die Übertragung weiterer Befugnisse. Trotzdem ist nach Maßgabe des für anwendbar erklärten Zweckverbandsrechts die Wahrnehmung zusätzlicher Aufgaben der Verbandsmitglieder möglich[147].

Nach dem rpf LPIG können die regionalen Planungsgemeinschaften Vorschläge für die Abstimmung von Fach- und Einzelplanungen im Gebiet der Region erarbeiten. Damit wird die Möglichkeit eines — wenn auch unverbindlichen — Einflusses auf die kommunale Planungs- und Investitionstätigkeit eröffnet. Mit Zustimmung der obersten Landesplanungsbehörde kann die Planungsgemeinschaft weitere Aufgaben im Zusammenhang mit der Regionalplanung übernehmen; wie in Hessen ist damit die Übernahme von Aufgaben der Kreise möglich.

Ähnlich ist die Regelung des bwü LPIG. Neben der Beratung der Träger der Bauleitplanung und der übrigen öffentlichen Planungsträger, der Mitwirkung im Landesplanungsrat und der Mitwirkung bei der Ausarbeitung von überregionalen Plänen als Aufgaben schon kraft Gesetzes, wird die Übernahme von weisungsfreien Landkreisaufgaben zugelassen.

Der Umfang möglicher komplementärer Planungsaufgaben richtet sich in den zuletzt erwähnten Ländern nach den Befugnissen der Kreise; Gemeindeaufgaben kommen nur insoweit in Betracht, als diese vom Kreis hochgezogen werden können.

(c) Die Beschränkung auf Planungsaufgaben wird in der gegenwärtigen Diskussion zunehmend in Frage gestellt. Die Erfahrung lehre, daß Planungsverbände alsbald nach Durchführungskompetenzen drängen, die Tendenz von der Planungs- zur Verwaltungsregion mit umfangreichen Kompetenzen aus dem staatlichen und kommunalen Bereich sei in der Natur der Sache angelegt[148].

Bayern hat durch seinen geschlossenen Aufgabenkatalog die Wahrnehmung von Durchführungsaufgaben gänzlich unterbunden.

Nach rpf Recht können nur „weitere Aufgaben im Zusammenhang mit der Regionalplanung" übernommen werden; nach dem Wortlaut dieser Bestimmung sind Durchführungsaufgaben nicht übernahmefähig, da sie nicht mehr die Planung betreffen. Hessens Regelung ist hingegen offener und erlaubt die verbandsmäßige Erledigung von Kreisaufgaben; beispielsweise sieht die Satzung der Regionalen Planungsgemeinschaft Nordhessen[149] vor, daß der Verband zur Erhaltung von Freiflächen und zur Vorhaltung von Bauflächen „rechtsgeschäftliche und andere entwicklungsbestimmende Maßnahmen durchführen kann, soweit es für die Verbandsaufgaben förderlich ist und die Verbandsmitglieder dazu nicht in der Lage sind".

Ausführlicher und bewußt in der Absicht, eine Verbindung von Regionalplanung und Planungsverwirklichung zu schaffen, regelt nur das bwü LPIG die Übernahme von Vollzugskompetenzen. Die Regionalverbände können mit den Land- und Stadtkreisen vereinbaren, daß sie von diesen weisungsfreie Aufgaben übernehmen. Voraussetzung ist, daß diese Übernahme für die Entwicklung oder Versor-

---

147 Vgl auch die Richtlinien für die Bildung von Planungsgemeinschaften v 27. 11. 1964, StAnz 1535 I Z 2b; diese beziehen sich allerdings noch auf die Planungsgemeinschaften alten Rechts.

148 Vgl Werner W e b e r, Gutachten, 54, 56 ff.

149 StAnz Hessen 71, 1082.

gung des Verbandsbereiches förderlich ist und die Aufgabe durch den Verband wirtschaftlicher oder zweckmäßiger erfüllt werden kann. Nicht übernahmefähig sind demnach Aufgaben kreisangehöriger Gemeinden und alle Weisungsaufgaben.

Die Verbindung von Planungs- und Durchführungsaufgaben ist bei sondergesetzlich geregelten Verbänden am stärksten ausgebildet; die Regelung für die Verbände der Großräume Niedersachsens wird im folgenden Abschnitt näher darzustellen sein.

Ihre Aufgabenfülle spiegelt zu einem nicht unbeträchtlichen Teil die Anforderungen von Verdichtungsräumen wider und kann sicherlich nicht unmodifiziert als Organisationsmodell auf eine durchgehende Regionalisierung des Landes übertragen werden.

Dem würde allerdings der Entwurf eines Regionalverbandsgesetzes durch die SPD-Fraktion Bayerns nahekommen, der vorsieht, daß alle 18 Regionen Durchführungskompetenzen erhalten, sofern es sich um Aufgaben kommunaler Art handelt, die das Gesamtgebiet der Region oder wesentliche Teile betreffen[150]. *Seele*[151], der diese Reformerwägungen referiert, weist allerdings darauf hin, daß diese Konzeption heftig umstritten sei.

3.6.5. *Die Verbände für die Großräume Hannover und Braunschweig*

(1) Als großräumige kommunale Selbstverwaltungskörperschaft mit Durchführungskompetenzen war — unter Auswertung der Erfahrungen, die man mit dem Verband Groß-Berlin gewonnen hatte — 1920 der Siedlungsverband Ruhrkohlenbezirk durch Sondergesetz errichtet worden. Der Verband gilt als Musterfall funktionierender Landesplanungsorganisation. Für die Zwecke dieses Gutachtens erscheint es indes entbehrlich, auf Organisation und Funktion dieses Verbandes einzugehen, da er auf die spezielle Situation des Ruhrgebietes zugeschnitten ist und mit einer Fläche von rund 4.600 qkm, auf der 5,6 Mio Menschen wohnen, mit einem Haushaltsvolumen von 31 Mio DM und einem Stellenplan mit ca 200 Stellen[152] die für die ö Regionalplanung vorgegebenen Größenmaßstäbe um ein Vielfaches überschreitet. Nur anmerkungsweise sei daher erwähnt, daß die Größe des Verbandsgebietes und die Dimension der Verbandsaufgaben im Zusammenhang mit der Gebietsreform im Ruhrgebiet dazu geführt hat, mit Novelle des nw LPlG 1975 die Regionalplanung für diesen Raum in staatliche Zuständigkeit zu übernehmen[153].

Näher darzustellen und auf seine Verwertbarkeit auch für die Regionalplanung in ö Schwerpunkträumen zu prüfen ist die Fortentwicklung des mit dem Siedlungsverband Ruhrkohlenbezirk geschaffenen Modells durch den nds Gesetzgeber. Auf Grund kommunaler Initiative[154] hatte der nds Gesetzgeber durch Gesetz zur

---

150 Vorgeschlagen wurde insbes die Übertragung folgender Zuständigkeiten: Genehmigung und Ausarbeitung der Flächennutzungspläne u Bebauungspläne, Sicherung von Erholungsflächen, Maßnahmen der regionalen Wirtschaftsförderung. Außerdem sollten die Regionalverbände durch Beschluß des Regionaltages die überörtliche Müll- und Abwasserbeseitigung, die überörtliche Wasserversorgung, Errichtung und Betrieb bestimmter Krankenhäuser, Schulen und Einrichtungen der Erwachsenenbildung sowie den regionalen Straßen- und Verkehrsausbau übernehmen können. Die Rechtsaufsichtsbehörde sollte weitere Aufgaben der Landkreise u kreisfreien Städte zuweisen können.
151 Der Landkreis 72, 165.
152 Alle Zahlen Stand 1969.
153 Lit: L a n g e, Region, 108 ff; F r o r i e p, Art Siedlungsverband Ruhrkohlenbezirk, in: Handwörterbuch der Raumforschung und Raumordnung² (1970) 2914 ff; S e e l e, Der Landkreis 74, 80 (85, 163); S c h m i t z, Entwicklungsplanung und Entwicklungspolitik im Ruhrgebiet, in: Integrationsprobleme der Regionalplanung in Verdichtungsräumen (1971) 60 ff. Die Novelle zum LPlG 1975 sieht nicht die Auflösung des Siedlungsverbandes Ruhrkohlenbezirk vor.
154 Zur verbandspolitischen und literarischen Diskussion des Modells vgl Werner W e b e r, Gutachten, 8 ff, 54 ff.

Ordnung des Großraumes Hannover (GrRG[-H]) vom 14. Dezember 1962 (GVBl 235) für diesen monozentrischen Schwerpunktraum (1,1 Mio Ew, 2.300 qkm Fläche) einen Sonderverband errichtet. Das Gesetz über die kommunale Neugliederung im Raum Hannover vom 11. Februar 1974 (GVBl 57) hat durch Neugliederung der Mitgliedsgemeinden und -landkreise und durch Einführung der unmittelbaren Wahl der Mitglieder der Verbandsversammlung die innere Struktur des Verbandes maßgeblich verändert; durch das gleiche Gesetz wurden ferner die Kompetenzen des Verbandes neu gefaßt und erweitert.

Zur gleichen Zeit wurde in Niedersachsen durch Gesetz über die Errichtung eines Verbandes Großraum Braunschweig (GrRG-B) vom 16. Oktober 1973 (GVBl 363) in Anlehnung an die für den Verband Hannover geltenden Vorschriften ein weiterer Sonderverband errichtet. Das Gebiet dieses Verbandes umfaßt eine Fläche von 4.000 qkm mit 1 Mio Einwohner; der Raum hat polyzentrische Struktur[155]; große Teile des Verbandsgebietes werden landwirtschaftlich genutzt.

Nach den Absichtserklärungen der Landesregierung ist die Errichtung eines weiteren Verbandes für den — wesentlich kleineren, monozentrisch strukturierten — Raum Osnabrück zu erwarten.

(2) Die Verbände niedersächsischen Rechts sind öffentlich-rechtliche Körperschaften mit dem Recht der Selbstverwaltung; Gebietskörperschaftsqualität kommt ihnen nicht zu. Mitglieder der Verbände sind die Gemeinden und Landkreise des Verbandsgebietes; die innere Verfassung der Verbände ist der nds Landkreisordnung nachgebildet. Organe sind die Verbandsversammlung, der Verbandsausschuß und der Verbandsdirektor. Einen Verbandsbeirat hatte das GrRG(-H) 1962 vorgesehen; die neueren Gesetze nennen einen Beirat nicht mehr. Nach der Begründung des Landesministeriums zum GrRG-B[156] werde den auf Errichtung eines Verbandsbeirates zielenden Vorschlägen der Kammern und Gewerkschaften nicht gefolgt, weil die Verwirklichung dieser Vorschläge die politische Verantwortung der Verbandsversammlung mindere und den Entscheidungsprozeß verlängere und erschwere.

Die Mitglieder der Verbandsversammlung (Hannover: 75, Braunschweig: 50) werden in Braunschweig von den Landkreisen und kreisfreien Städten nach einem einheitlichen Schlüssel entsandt; nach dem GrRG(-H) 1962 wurden in Hannover die Mitglieder der Verbandsversammlung ebenfalls mittelbar gewählt, und zwar durch die Kreise und namentlich aufgeführte Gemeinden, jedoch nach unterschiedlichen Schlüsselzahlen, die sicherstellten, daß die Landeshauptstadt Hannover wenigstens 36 %, aber nicht mehr als 40 % der Mitglieder entsendet. Das GrRG-H 1974 führte für den Großraumverband Hannover die Wahl der Mitglieder der Verbandsversammlung durch die wahlberechtigten Einwohner des Verbandsgebietes nach den Grundsätzen der allgemeinen, unmittelbaren, freien, gleichen und geheimen Wahl ein.

Dem Verbandsausschuß gehören aus der Mitte der Verbandsversammlung gewählte Mitglieder (13) und Mitglieder kraft Amtes an — das sind der Verbandsdirektor, die Beigeordneten des Verbandes (Hannover: 1 u 3, Braunschweig: 1 u 2) und die Hauptverwaltungsbeamten der verbandsangehörigen Kreise und kreisfreien Städte (Hannover: 2, Braunschweig: 8). Die Mitglieder kraft Amtes haben kein Stimmrecht.

Die Verbandsversammlung kann weitere beratende Ausschüsse einrichten; in Hannover bestanden bislang vier Ausschüsse.

---

155 Salzgitter, Braunschweig, Wolfsburg. Die Errichtung des Verbandes hatte empfohlen das Gutachten der Sachverständigenkommission für die Verwaltungs- und Gebietsreform in Niedersachsen (Weber-Kommission), Bd 1 (1969) 218.
156 LT-Drucks 7/1948, 20.

Der Verbandsdirektor sowie die Beigeordneten werden von der Verbandsversammlung gewählt; sie sind Beamte auf Zeit mit Bezügen nach Besoldungsgruppe B 4 bzw B 2.

Hervorzuheben ist das Bemühen der Gesetze, die Artikulation des regionalen Gesamtinteresses zu erleichtern, die Durchsetzung örtlicher und einzelgemeindlicher Interessen zu erschweren, den Gegensatz Stadt—Umland zu überbrücken, zugleich aber die Verbandsglieder in die gemeinsame Verantwortung für die Entwicklung der Region einzubeziehen:

Die verbandsangehörigen Gemeinden und Kreise sind nicht berechtigt, an der Willensbildung des Verbandes mit Stimmrecht teilzunehmen. Die Willensbildung liegt vielmehr bei den Mitgliedern der Verbandsversammlung und den aus ihrer Mitte gewählten Mitgliedern des Verbandsausschusses; diese sind zwar nach der früher für Hannover und jetzt für Braunschweig geltenden Regelung von den hierzu befugten Verbandsgliedern entsandt, aber nach ausdrücklicher gesetzlicher Regelung weisungsfrei gestellt; sie sind nicht Vertreter der Verbandsglieder, sondern eher Repräsentanten der Bevölkerung; dies hat zur Folge, daß man sich in den Beschlußgremien des Verbandes nach politischen Fraktionen zusammensetzt.

Institutionell gesicherten Einfluß auf die Willensbildung des Verbandes öffnet den Hauptmitgliedern die Regelung über die Zusammensetzung des Verbandsausschusses, wonach die Hauptverwaltungsbeamten der verbandsangehörigen Kreise und kreisfreien Städte (Hannover: 2, Braunschweig: 8) in diesem Organ Sitz und beratende Stimme haben. § 11 I GrRG-B legt den Landkreisen ferner als Sollvorschrift auf, bei der Bestimmung der Mitglieder der Verbandsversammlung auf die Interessen der Zentralen Orte besondere Rücksicht zu nehmen.

Eine entsprechende Regelung enthielt auch § 11 I GrRG(-H) 1962; § 11 VII leg cit hatte ferner vorgeschrieben, daß die Hauptmitglieder jedenfalls den (Ober-)Bürgermeister bzw Landrat und/oder den Hauptverwaltungsbeamten ([Ober-]Stadtdirektor, Landkreisdirektor) zum Mitglied der Verbandsversammlung bestimmen. Der Modus für die Bildung des Verbandsvorstandes (jetzt Verbandsausschuß) sicherte ferner einen starken Einfluß der Hauptmitglieder auf die Willensbildung dieses Organs.

Da nach den 1973 und 1974 erlassenen Gesetzen die Mitglieder der Verbandsversammlung in Hannover unmittelbar, in Braunschweig von den Hauptmitgliedern nach dem Höchstzahlverfahren gewählt werden, sind diese Sicherungen für den Einfluß der Verbandsglieder auf die Willensbildung des Verbandes entfallen. Eine weitere Einschränkung des Einflusses ergibt sich daraus, daß nunmehr ihre Hauptverwaltungsbeamten und ihre Beamten auf Zeit nicht mehr Mitglieder der Verbandsversammlung und damit auch nicht mehr gewählte Mitglieder des Verbandsausschusses sein dürfen[157]. Zulässig geblieben ist, die führenden Kommunalpolitiker und Beamten der Verbandsglieder, auch wenn sie nicht Mitglieder der Verbandsversammlung sind, in die vorbereitenden Ausschüsse der Verbandsversammlung zu berufen.

Auf eine kürzere Formel gebracht läßt sich feststellen, daß das GrRG(-H) 1962 den regionalen Interessen Vorrang vor lokalen und kommunalen Interessen sicherte, aber den Fundus kommunaler Erfahrungen in die Willensbildung des Verbandes einbrachte und die Verbandsglieder in die Verantwortung für die Entwicklung des Großraumes einband, indem es den maßgeblichen Kommunalpolitikern und -beamten der Hauptmitglieder im Rahmen der nach dem Repräsentativsystem verfaßten Beschlußorgane ein breites Betätigungsfeld öffnete.

---

157 Ausdrücklich: § 16 II GrRG-H; durch Verweisung: § 12 GrRG-B iVm § 30a, 31 nds LKO.

Das GrRG-B, insbesondere aber das GrRG-H 1974 orientieren sich stärker am demokratischen Prinzip; sie beschränken die Mitwirkung der Hauptverwaltungsbeamten der Verbandsglieder auf beratende Funktion; das Gewicht des Einflusses der Verbandsglieder wird in hohem Maße dem Spiel der politischen Kräfte überlassen.

(3) Zentrale Aufgabe des Verbandes ist die Regionalplanung. Sie ist Angelegenheit des eigenen Wirkungskreises; das vom Verband durch Satzung festgestellte Regionale Raumordnungsprogramm wird daher im Genehmigungsverfahren nur auf seine Rechtmäßigkeit und Vereinbarkeit mit den Zielen der Raumordnung geprüft, § 8 V nds ROG.

Ferner übertragen die Gesetze den Verbänden in bestimmten Sachbereichen Durchführungsaufgaben sowohl im eigenen als auch im übertragenen Wirkungskreis; die Verbände können weitere Aufgaben ihrer Verbandsglieder übernehmen; ihnen können weitere staatliche Aufgaben übertragen werden. Nach Inhalt und näherer Ausgestaltung unterscheiden sich die Zuständigkeitskataloge der Verbände; der Verband Großraum Hannover hat als etablierter Verband, dessen Entwicklung zur Regionalstadt als Gebietskörperschaft der Gesetzgeber anstrebt, die weiterreichenden Zuständigkeiten.

Als regional bedeutsame Vollzugskompetenzen im eigenen Wirkungsbereich sind zu nennen: Bodenbevorratung, Versorgung und Entsorgung, öffentlicher Nahverkehr. Angelegenheiten des übertragenen Wirkungskreises von besonderer Bedeutung sind die Aufgaben aus dem Bereich des Natur- und Landschaftsschutzes sowie der Waldpflege, Aufgaben zur Sicherung der Raumordnung (§ 19 nds ROG).

Zu den Verwirklichungsbefugnissen treten akzessorische Aufgaben der örtlichen und überörtlichen Planung wie die Pflicht zur Beratung und Unterstützung der Verbandsglieder, die über die Unterstützung der kommunalen Bauleitplanung weit hinausgeht, die Beteiligung an der Aufstellung des Landesraumordnungsprogramms durch Stellungnahme, die Beteiligung bei der Vergabe von regional bedeutsamen Förderungsmitteln.

Anders als das GrRG-B 1973 weist das GrRG-H 1974 dem Verband ferner die Aufgabe zu, regionale Fachpläne für Krankenhäuser, Erwachsenenbildung, Erholungseinrichtungen, Wasser- und Energieversorgung, Abfall- und Abwasserbeseitigung, Verkehrswege zu erstellen. Die Fachpläne sollen für diese Sachbereiche die anzustrebende Entwicklung darstellen, Standort, Einzugsbereich, Kapazität, Finanzbedarf für Bau und Unterhaltung der Einrichtungen und innerhalb der einzelnen Sachbereiche die Rangfolge der Verwirklichung ersehen lassen.

Die Fachpläne binden den Verband und unterwerfen die Verbandsglieder einer Anpassungspflicht. Soweit die Aufsichtsbehörde einem Regionalen Fachplan zugestimmt hat, sollen auch die Landesbehörden bei ihren Planungen, Zuwendungen und anderen Maßnahmen den regionalen Plan berücksichtigen.

Die diffizile Regelung der Abstimmungsverfahren mit den Verbandsgliedern, den benachbarten Landkreisen und den staatlichen Stellen sowie die Abschichtung der Bindungswirkung verdeutlicht, daß der Gesetzgeber mit der Zuweisung der Kompetenz zur Fachplanung an eine Grenze der Verbandsstruktur gestoßen ist: Fachplanung, die in die Ressourcen- und Finanzplanung hineinwirkt, setzt Vollkompetenz für das Fachgebiet, aber auch für die gesamte Finanzgebarung voraus, da der Investitionsaufwand für Infrastruktureinrichtungen nicht der Gesamtverantwortung für die Einnahme- und Ausgabenwirtschaft des Gemeinwesens entzogen werden kann. Der Verband, der keine Gebietshoheit und nur beschränkte Kompetenzen hat und zur Finanzierung seiner Vorhaben auf die Erhebung von Umlagen bei den Verbandsgliedern und auf staatliche Zuweisungen verwiesen ist, kann diese Aufgabe nicht leisten. Seiner Fachplanung konnte der Gesetzgeber daher nur Vermittlungsfunktion zwischen den Fachplanungen der Verbandsglieder und des Staates zuerkennen. Auch die Ausstattung mit der Kompetenz zur Fachplanung ist im Zusammenhang mit den Bestrebungen zu sehen, den Verband zu einer kommunalen Gebietskörperschaft zu entwickeln.

(4) Da der Verband Großraum Hannover bereits 1962 gegründet wurde, erscheint es zweckmäßig, wenigstens summarisch die Hauptfelder seiner Tätigkeit darzustellen. Der Verband hat etwa fünf Jahre nach seiner Errichtung den Verbandsplan 1967 erstellt; wie in § 7 GrRG(-H) 1962 vorgesehen, wurde fünf Jahre später der Verbandsplan 1972 aufgestellt, der den früheren Plan fortschreibt und ergänzt; derzeit gilt der Verbandsplan 1975. Die Verbandspläne sind gekennzeichnet durch begriffliche Prägnanz, Konkretheit und Dichte der zur Verwirklichung des regionalplanerischen Konzepts getroffenen Festlegungen. Die Verbandspläne greifen tief in den bisher von den Gemeinden in Anspruch genommenen Entscheidungsraum ein, da ihnen nicht nur ihre jeweilige Funktion im zentralörtlichen System zugewiesen wird; es wird auch — im Maßstab 1:25.000 — die Bodennutzung durch ein Nutzungsprogramm festgelegt und neben anderem bestimmt, für wie viele Wohneinheiten (noch) Bauland — ggf in welchem Ortsteil — auszuweisen ist. Für regional bedeutsame Einrichtungen wird der Standort, ggf auch die örtliche Lage, festgelegt.
Nicht weniger nachdrücklich hat der Verband seine Vollzugsaufgaben wahrgenommen; insbesondere sind zu nennen der Erwerb von Grundstücken in Siedlungsschwerpunkten durch den Verband selbst oder durch vom Verband subventionierte Verbandsglieder[158], die zum Abschluß gebrachte Ausweisung von Landschaftsschutzgebieten und die Mitwirkung an der Erschließung regionaler Erholungsgebiete. Ferner hat der Verband den Nahverkehr in seine Zuständigkeit übernommen, das für den hannoverschen innerstädtischen Verkehr zuständige privatwirtschaftliche Verkehrsunternehmen erworben und in einen Verkehrsverbund eingebracht, einen Einheitstarif und einen Gemeinschaftsfahrplan für den gesamten Großraum geschaffen; er ist damit befaßt, den Nahverkehr nach den Festsetzungen des Regionalplans weiter auszubauen[159].
Der Stellenplan des Verbandes weist für 1974 insgesamt 99 Stellen aus, hiervon vier Wahlbeamte und 19 Beamte und Angestellte des Höheren Dienstes.
Der Verwaltungsaufwand betrug nach dem Haushaltsplan 1974 ca 10 Mio DM; der Verwaltungshaushalt schloß in Einnahme und Ausgabe mit 71,8 Mio DM, der Vermögenshaushalt mit 53,9 Mio DM ab[160].
Zur Deckung des Finanzaufwandes erhebt der Verband eine Umlage von den ihm angehörenden Gemeinden, die nach den für die Erhebung der Kreisumlage geltenden Umlagekraftmeßzahlen aufgeschlüsselt wird. Das hat zur Folge, daß etwa die Hälfte der Verbandsumlage von der Landeshauptstadt Hannover aufgebracht wird. Für 1973 wurden als Verbandsumlage 58 Mio, für 1974 66 Mio DM veranschlagt. Der Verband erhält ferner vom Lande zur Erfüllung der ihm übertragenen staatlichen Aufgaben — also nicht für die Erstellung des Regionalprogramms — laufende Zuweisungen und zweckgebundene Zuschüsse.
Über das Zusammenwirken des Verbandes mit den Gemeinden wird berichtet, daß letztere ihre Eigeninteressen zwar ins Spiel brächten, sich aber insgesamt auf die

---

158 Ausgaben 1974 für den Erwerb von Grundstücken: 5 Mio DM, Zinszuschüsse für den Erwerb von Grundstücken: 1,7 Mio DM — Haushaltsplan 1974, 65.
159 Die Aufwendungen für den Großraumverkehr betrugen im Haushaltsplan 1974 insgesamt 80,2 Mio DM, das sind knapp 70% des Gesamthaushaltsvolumens. Dieses Ausmaß des verkehrspolitischen Engagements beruht auf Besonderheiten der politischen Entwicklung im Raum Hannover. Daß diese Etatausweitung der Verbandstätigkeit nicht gerade förderlich ist und daß im Interesse der Verwirklichung regionaler verkehrspolitischer Ziele ein limitiertes Engagement des Verbandes genügen würde, steht außer Streit.
160 Zum Nachteil der Aufwendungen für den öffentlichen Nahverkehr vgl oben FN 159.

mit der Errichtung des Verbandes geschaffene Situation eingestellt hätten und zur Mitwirkung an der Erfüllung der regionalen Ziele bereit seien. Insbesondere sei es gelungen, eine Frontbildung zwischen Stadt und Umland zu vermeiden.

Die Belastung der Verbandsglieder durch die Umlage wird als erträglich bezeichnet — für die Landeshauptstadt Hannover im Hinblick auf das Gesamtvolumen ihres Etats und ihre Wirtschaftskraft, für die anderen Verbandsgemeinden nicht zuletzt im Hinblick auf die Ausgleichsfunktion des Verbandes bei der Förderung regionaler Schwerpunktprojekte.

Über das Zusammenwirken mit den staatlichen Instanzen wird berichtet, die Beschränkung des Regierungspräsidenten auf die Befugnis zur Rechtsaufsicht über die Regionalplanung erleichtere dem Verband die Entwicklung und Verwirklichung seines regionalplanerischen Konzeptes. Durch Filterung und Bündelung lokaler Interessen und durch regionalplanerische Festlegung von Zielen und Schwerpunkten sei der Verband zu einem gewichtigen Gesprächspartner staatlicher Instanzen geworden, der über das in den Gesetzen vorgesehene Maß hinaus zur Mitsprache herangezogen werde.

Die rechtliche Verfestigung derartiger Mitsprachebefugnisse, vor allem bei der Vergabe staatlicher Förderungsmittel, wird als dienlich für die Erfüllung der Verbandsaufgaben bezeichnet. Im übrigen wird eine nochmalige Erweiterung der Verbandskompetenzen äußerst zurückhaltend beurteilt, da diese für die Wahrnehmung der zentralen Verbandsaufgaben nicht erforderlich sei, unter Umständen eher von ihnen ablenke und das Verhältnis zu den Verbandsgliedern und den staatlichen Instanzen belasten könnte.

(5) Die Entwicklung von Recht und Realität der Regionalverbände niedersächsischen Rechts zeigt:

Das Modell des Regionalverbandes ist konzipiert für Räume mit starken Verflechtungsbeziehungen, die bedeutsame regionale Ordnungs- und/oder Entwicklungsaufgaben stellen und durch ihre Wirtschaftskraft selbst einen wirkungsvollen Beitrag zur Bewältigung der regionalen Aufgaben leisten können. Die Größe des Verbandsgebietes mit etwa 1 Mio Einwohner wird in Niedersachsen als optimal angesehen[161]. Indes ist weniger die Bevölkerungszahl in ihrer absoluten Höhe als die Intensität der Verflechtungsbeziehungen, die Wirtschaftskraft eines Raumes und die Integrationsbereitschaft der für die Ordnung des Raumes Verantwortlichen entscheidend für eine effektive Regionalplanung durch einen Regionalverband; liegen diese Voraussetzungen vor, wird die Verwendung des nds Modells auch für einen Raum mit etwa 500.000 Einwohnern als erwägenswert bezeichnet.

Als die Effektivität des Regionalverbandes bedingende Merkmale sind hervorzuheben:

— eine relativ starke Verwaltungsspitze mit einem leistungsfähigen Verwaltungsapparat,
— die Beschränkung des unmittelbaren Einflusses der Verbandsglieder auf die Willensbildung des Verbandes; der Stärkung der demokratischen Struktur nach der jüngsten Entwicklung steht noch die Bewährungsprobe bevor,
— das Recht, von den Verbandsgliedern Umlagen zu erheben,
— der Kompetenzkatalog des Verbandes; von besonderem Gewicht ist neben den planakzessorischen Zuständigkeiten die Bodenbevorratung und die subsidiäre Wahrnehmung kommunaler Aufgaben regionaler Bedeutung.

---

161 Vgl auch W a g e n e r, Neubau der Verwaltung (1969) 475 ff u 535 ff; dieser Größenordnung würden die Teilregionen nach dem Konzept W a g e n e r s entsprechen, der hingegen für die Bezirks- und Regionalverwaltung erst Einwohnerzahlen von 2,1—6,3 Mio für optimal ansieht; berechtigte Kritik am methodischen Ansatz und damit auch an den von Wagener gewonnenen Ergebnissen äußert T h i e m e, DÖV 73, 449.

Die genannten Merkmale stehen miteinander in engen Wechselbeziehungen; bei Wegfall oder wesentlichen Änderungen eines Merkmals kann daher die Chance effektiver Regionalplanung beeinträchtigt sein.

Das leuchtet unmittelbar ein für die Zusammenhänge zwischen Größe des Verbandsgebietes, Bedeutung der regionalen Ordnungs- und/oder Entwicklungsaufgaben und Ausstattung des Verbandes mit Wahlbeamten und größerem Verwaltungsapparat, da nur von einer gewissen Größenordnung an eine solche Ausstattung vertretbar ist. Andererseits setzt eine nachhaltige Wahrnehmung der Verbandsaufgaben eine personell und finanziell leistungsfähige Verwaltung voraus. Mindestgröße des Verbandsgebietes und Bedeutung der regionalen Aufgabe sind aber auch Voraussetzungen für die Artikulation des regionalen Gesamtinteresses, da Größe der Aufgabe und Chance, sie zu lösen, qualifizierte Persönlichkeiten anziehen und zu intensiver Mitarbeit stimulieren wird. Zuschnitt und Aufgabe der Region bestimmen aber auch das Verhältnis zu den Verbandsgliedern, da die großräumig geschnittene Region leichter die gebotene Distanz von örtlichen Interessen und kommunalen Egoismen wahren kann als der kleinräumige Verband. Die von der Größe und Wirtschaftskraft des Verbandsgebietes abhängige Veranstaltungskraft und Ausgleichsfunktion des Regionalverbandes erleichtert aber auch den Verbandsgliedern, die Beschränkung ihrer „Planungshoheit" und die finanziellen Lasten der Verbandsumlage hinzunehmen und nach Kräften die ihnen im Verband gestellten Aufgaben zu erfüllen.

Das Modell Regionalverband hat sich bisher bewährt in seiner Ordnungs- und Ausgleichsfunktion bei einer Vielzahl von Verbandsgliedern sehr unterschiedlicher Größe, Finanz- und Verwaltungskraft. Ob der Verband Hannover diese Funktionen in gleicher Weise auch gegenüber seinen beiden, etwa gleich „starken" Verbandsgliedern Landeshauptstadt und Landkreis wird nachhaltig wahrnehmen können, muß die Erfahrung lehren.

3.6.6. *Entwicklungstendenzen des Rechts der Regionalplanung in der Bundesrepublik Deutschland*

Die Entwicklung des Rechts der Regionalplanung in den d Ländern läßt folgende Tendenzen erkennen:

(1) Die Regionalplanung als vermittelnde Planungsstufe zwischen kommunaler Bauleitplanung und staatlicher Landesplanung tritt mit dem Fortschreiten der Gesetzgebung stärker in den Landesgesetzen in Erscheinung.

(2) Sie wird in das System der Raumordnung und Landesplanung mit einbezogen. In dem Maß, in dem die Raumordnungspläne und -teilpläne der Länder operationale Ziele enthalten, wird der Entscheidungsrahmen der Region eingeengt, der Entscheidungsprozeß der Region aber auch von Komplexitäten entlastet und insoweit gefördert. Die von der Region aufgestellten Pläne und Programme sind mit verbindlicher Wirkung ausgestattet.

(3) Alle neuen Planungsgesetze sehen eine flächendeckende und zwingende Gliederung des Landesgebietes in regionale Planungsräume vor, die sich in der Mehrzahl der Länder von der allgemeinen territorialen Gliederung des Landes ablösen. Der Planungsraum wird nach funktionalen Kriterien bestimmt.

(4) Der Zuschnitt der Region wird — anders als im Raumordnungsrecht der ersten Phase — nunmehr durchgehend staatlicher Entscheidung unterstellt; sie obliegt dem Gesetzgeber oder der Landesregierung. Nach ihrer Ausdehnung umfassen die Regionen mehrere Landkreise bzw kreisfreie Städte. Im Zusammenhang mit der Verwirklichung der kommunalen Gebietsreform und der Tendenz, Raumordnung zur Entwicklungsplanung auszubauen mit Ansätzen zu einer umfassenden Finanz-, Investitions- und Maßnahmenplanung, wird die Tendenz zur weiteren Maßstabsvergrößerung ersichtlich.

(5) Anders als die LPIG der ersten Phase regeln die neueren LPIG selbst und abschließend, ob Träger der Regionalplanung staatliche Instanzen oder kommunale Verbände sein sollen. Dabei werden beide Alternativen weiter verfestigt; in den süddeutschen Ländern hat sich die Trägerschaft auf Kommunalverbände verlagert; das schh LPIG hat sich dagegen für eine ausschließliche staatliche Zuständigkeit entschieden; in Niedersachsen ist Regionalplanung Aufgabe der staatlichen Behörden, soweit nicht sondergesetzlich Kommunalverbände eingerichtet werden. In Nordrhein-Westfalen werden die Gebietsentwicklungspläne nunmehr von Bezirksplanungsräten beschlossen.

(6) Soweit die Regionalplanung in kommunaler Trägerschaft wahrgenommen wird, wird der staatliche Einfluß auf Organisationsform, Willensbildung und Aufgabenerfüllung der Planungsgemeinschaften bzw -verbände verstärkt und ein staatlich-kommunales Kondominium ausgeformt. Regionalplanung wird Pflichtaufgabe und überwiegend als Angelegenheit des übertragenen Wirkungskreises bzw zur Erfüllung nach Weisung ausgestaltet. Ist die Aufgabe zur eigenverantwortlichen Wahrnehmung übertragen, sichern Bindungen an das Landesraumordnungsprogramm, weitreichende Genehmigungsvorbehalte und sonstige Eingriffsrechte den staatlichen Einfluß.

(7) Die innere Verfassung der Planungsverbände ist in der Mehrzahl der Länder darauf angelegt, den verbandsangehörigen Gemeinden und Kreisen einen maßgeblichen Einfluß auf die Willensbildung der Verbandsorgane zu sichern. In Baden-Württemberg und nach den Großraumgesetzen Niedersachsens sind die Mitglieder der Verbandsorgane hingegen keine Vertreter der Verbandsglieder, sondern Repräsentanten der Bevölkerung der Region mit freiem Mandat.

(8) Die Wahrnehmung von Durchführungsaufgaben durch Planungsverbände ist nur in einem Teil der Länder möglich, und dort auf die Übernahme von Aufgaben der Kreise eingeschränkt. Anderes gilt nur für die besonders strukturierten sondergesetzlichen Regionalverbände (Siedlungsverband Ruhrkohlenbezirk, Verbände Großräume Hannover und Braunschweig). Die Ausstattung der übrigen Verbände mit Durchführungsaufgaben ist weiterhin Gegenstand der Reformdiskussion.

(9) Mit der Vergrößerung des räumlichen Zuschnitts der Regionen, der Expansion der kommunalen Aufgaben in enger werdenden Räumen verstärkt sich das Bedürfnis nach intensiver Zusammenarbeit der Gemeinden — auch jener Gemeinden, die aus der Gemeindegebietsreform mit wesentlich vergrößertem Zuschnitt hervorgegangen sind. Um dem Erfordernis kommunaler Zusammenarbeit bei der örtlichen Raumplanung und bei der Wahrnehmung gemeinsamer Aufgaben in Teilräumen der Region, vor allem im Umland der Städte mit zentralörtlicher Bedeutung, Rechnung zu tragen, haben die Landesgesetzgeber das organisationsrechtliche Instrumentarium der interkommunalen Zusammenarbeit mit erheblichen Differenzierungen im einzelnen erweitert. Die Rechtsformen reichen von der Arbeitsgemeinschaft über den fakultativen oder obligatorischen Nachbarschaftsausschuß (-bereich) zu dem als Mehrzweck-Pflichtverband verfaßten Nachbarschaftsverband und dem Umlandverband Frankfurt, der sich durch die Größe des Verbandsgebietes und durch das Institut der unmittelbaren Wahl der Verbandsvertreter von sonstigen Einrichtungen kommunaler Zusammenarbeit auf subregionaler Ebene abhebt.

3.7. Grenzüberschreitende Planung

3.7.1. *Verträge zwischen den Ländern und mit ausländischen Staaten*

Lit: *Bernhardt*, Der Abschluß völkerrechtlicher Verträge im Bundesstaat (1957); *Schneider*, VVDStRL 19 (1962) 1; *ders*, DÖV 57, 646; *Sonn*, Die auswärtige Gewalt des Gliedstaates im Bundesstaat (1960), (hektographiert); *Steinberger*, ZAÖRV 27 (1967) 411; *Roellenbleg*, DÖV 68, 225; *Tiemann*, Gemeinschaftsaufgaben von Bund und Ländern in verfassungsrechtlicher Sicht (1970); *Möcke*, Landschaft und Stadt II/1971, 85; *Wildhaber*, Treaty making power and constitution (1971); *Kisker*, Kooperation im Bundesstaat (1971); *Blumenwitz*, Der Schutz innerstaatlicher Rechtsgemeinschaften beim Abschluß völkerrechtlicher Verträge (1972); *Rill*, Gliedstaatsverträge (1972); *Habscheid*, Territoriale Grenzen der staatlichen Rechtssetzung (1973); *Barbey*, DVBl 1973, 233; *Feuchte*, Die bundesstaatliche Zusammenarbeit in der Verfassungswirklichkeit der Bundesrepublik Deutschland, AöR 98 (1973) 473.

Die d Länder können kraft ihrer Eigenstaatlichkeit mit anderen d Ländern und ausländischen Staaten Verträge schließen.

Dieses Vermögen ist den Ländern nicht vom GG verliehen; es wird von ihm vielmehr vorausgesetzt (Art 135, 108 GG), für den Abschluß völkerrechtlicher Verträge aus der Zuständigkeit des Bundes für Auswärtige Angelegenheiten ausgegrenzt (Art 32 II GG) und durch geschriebenes und ungeschriebenes Verfassungsrecht beschränkt. Hieraus ergibt sich auf kurze Formel gebracht, daß die Länder Verträge abschließen können, soweit sie für die Materie zuständig sind. Daher können die Länder Verträge mit anderen d Ländern und ausländischen Staaten über Angelegenheiten schließen, die in ihre Gesetzgebungskompetenz fallen. Sie sind im Bereich der ausschließlichen und konkurrierenden Gesetzgebungszuständigkeit des Bundes (soweit der Bund von der letzteren abschließend Gebrauch gemacht hat) zum Vertragsschluß nur befugt, wenn das Bundesrecht dies ausdrücklich gestattet, wie dies zB in den Gerichtsverfassungsgesetzen geschehen ist. Soweit die Länder zur Ausführung von Bundesgesetzen zuständig sind und bundesrechtliche Vorschriften nicht entgegenstehen, können die Länder Abkommen über die Wahrnehmung ihrer Verwaltungsbefugnisse treffen.

Kraft ausdrücklicher Bestimmung des GG ist den Ländern die Disposition über den Gebietsbestand entzogen, da die Änderung der Außengrenzen Angelegenheit des Bundes ist (Art 32 I, 59, 73 Nr 1 GG), der allerdings das betroffene Land rechtzeitig zu hören hat (Art 32 II GG) und da die Änderung der Binnengrenzen nach Art 29 VII GG nur in einem bundesgesetzlich zu regelnden Verfahren vorgenommen werden darf[162].

Der Vertragsschluß mit ausländischen Staaten bedarf der Genehmigung der Bundesregierung, Art 32 III GG. Eine weitere Beschränkung ist die aus der Natur des Bundesstaates sich ergebende gemeinsame Pflicht von Bund und Ländern zur Rücksichtnahme und Unterstützung aller Teile bei Wahrnehmung ihrer Kompetenzen. Unzulässig ist ferner die Selbstpreisgabe wesentlicher Teile der Landesgewalt zugunsten eines anderen Landes oder zugunsten einer gemeinsamen Einrichtung der Länder[163].

Gegenstand gliedstaatlicher Verträge können sein:

1. Der räumliche Herrschaftsbereich, der in bezug auf einzelne Verwaltungsaufgaben auf das andere Land erstreckt wird mit der Folge, daß
— Landesorgane auch im Nachbarlande amten dürfen und/oder sollen, zB Organe der Berg- und Wasserpolizei[164],

---

162 Vgl hierzu u zu den Problemen der Neugliederung: E v e r s, Bonner Kommentar, Zweitbearbeitung, Art 29.
163 K i s k e r, Kooperation im Bundesstaat (1971) 145; T i e m a n n, Gemeinschaftsaufgaben von Bund und Ländern in verfassungsrechtlicher Sicht (1970) 173.

— Landesorgane im eigenen Lande Aufgaben und Zuständigkeiten des anderen Landes (mit-)wahrnehmen, wobei das andere Land an der Verwaltungsführung und Finanzierung beteiligt werden kann, zB Schul- und Forschungseinrichtungen, Filmbewertungsstelle, Aufsichtswahrnehmung über zwischengliedstaatliche Einrichtungen[165],
— Maßnahmen auch im anderen Lande rechtswirksam sind, zB Geltungserstrekkung von Genehmigungen und Prüfungen.

2. Gemeinsame Einrichtungen, die von den Ländern geschaffen, verwaltet und unterhalten werden,
— die auf die Wahrnehmung schlicht-hoheitlicher Aufgaben beschränkt sein können, zB Anstalt Zweites Deutsches Fernsehen[166],
— die aber auch mit Hoheitsbefugnissen gegenüber dem Bürger ausgestattet werden dürfen, zB die Zentralstelle für die Vergabe von Studienplätzen[167], gemeinsame Gerichte wie das Oberverwaltungsgericht für die Länder Niedersachsen und Schleswig-Holstein in Lüneburg.

3. Harmonisierung und Synchronisierung des Landesrechts und der Verwaltungstätigkeit, die auch den Zwecken verbesserter Koordination dienen kann.

Die Rechtsgrundlage gliedstaatlicher Verträge ist landesrechtlicher Natur; zur Lückenfüllung ist das Völkerrecht analog hinzuzuziehen[168].

3.7.2. *Verträge zwischen Bund und Ländern*

Grundsätzlich ist auch der Vertragsschluß zwischen Bund und Ländern zulässig. Da Bund und Länder nur jeweils im Bereich ihrer Zuständigkeit Verträge schließen können, diese aber zwischen ihnen aufgeteilt sind, müßte bei strenger Handhabung dieser Grundsätze der Bereich denkbarer Verträge schmal sein. Die Praxis verfuhr indes bei Abschluß von Verwaltungsabkommen recht großzügig; geschaffen wurden Koordinationsgremien, von Bund und Ländern unterhaltene und gemeinsam verwaltete Einrichtungen im Bereich der schlicht-hoheitlichen Verwaltung, zB Akademien, Schulen und Forschungseinrichtungen; der Bund beteiligte sich an der Finanzierung von Landesaufgaben und ließ sich hierfür Mitspracherechte einräumen.

Die verfassungsrechtlich problematische und finanz-, wirtschafts- und rechtspolitisch umstrittene Praxis der Bund-Länder-Vereinbarungen wurde in klarere Bahnen gelenkt, als durch das 21. Gesetz zur Änderung des GG[169] dem Bund Gesetzgebungs-, Finanzierungs- und Planungskompetenzen auf dem Gebiet der Gemeinschaftsaufgaben (Art 91a GG) und die mit einem Mitspracherecht verknüpfte Kompetenz zur Mitfinanzierung besonders bedeutsamer Investitionen der Länder und Gemeinden (Art 104a GG) zuerkannt wurde[170].

---

164 Vgl zB Art 1 u 2 des Abkommens der Länder Niedersachsen, Schleswig-Holstein und Hamburg v 7./14. 2. u 30. 1. 1974 über die wasserschutzpolizeilichen Zuständigkeiten auf der Elbe, schh G v 21. 10. 1974 GVBl 411, nds G v 27. 5. 1974 GVBl 251, ham G v 16. 9. 1974 GVBl 295.
165 BVerwGE 23, 194; vgl auch die im Staatsvertrag zwischen dem Großherzogtum Luxemburg und dem Land Rheinland-Pfalz über die gemeinsame Erfüllung wasserwirtschaftlicher Aufgaben durch Gemeinden und andere Körperschaften v 17.10. 1974, rpf ZustimmungsG v 7. 2. 1975 GVBl 54, vereinbarte gemeinsame Aufsichtsführung.
166 BVerwGE 22, 299.
167 Rechtsfähige Anstalt des öffentlichen Rechts auf Grund des von den Ländern abgeschlossenen Staatsvertrags über die Vergabe von Studienplätzen v 20. 10. 1972, veröffentlicht zusammen mit den jeweiligen ZustimmungsG der Länder in den jeweiligen LGBl u im Sammelblatt 1973, 453; das BVerfG geht von der Zulässigkeit dieser Einrichtung aus: BVerfGE 37, 104, vgl aber auch BVerfGE 37, 191 betr Zuständigkeit der Verwaltungsgerichte.
168 BVerfGE 36, 1 (24) = (Grundvertrag), umstritten; vgl S c h n e i d e r, VVDStRL 19 (1961) 14; K i s k e r, aaO, 49 ff, 70 ff.
169 FinanzreformG v 12. 5. 1969 BGBl I 359.
170 K i s k e r, aaO, 283 ff; F r o w e i n und v o n M ü n c h, Gemeinschaftsaufgaben im Bundesstaat, VVDStRL 31 (1973) 13, 51; K ö l b l e, DVBl 72, 701; O p p e r m a n n, DÖV 72, 591; R i e t d o r f, DÖV 72, 513; S c h e u n e r, DÖV 72, 585; B a r b a r i n o, DÖV 73, 19; H o l s c h, DÖV 73, 115; S t a f f, DÖV 73, 725; dazu die bei E v e r s, Raumordnung, 99 FN 9 zit Lit.

Die Neuregelung, die unter anderem zur Mitfinanzierung und zur Mitsprache bei Sanierungs- und Entwicklungsmaßnahmen befugt, schließt nicht aus, daß Bund und Länder auch auf den von Art 91a, 104a GG nicht erfaßten Gebieten Verträge schließen.

3.7.3. *Landesgrenzen überschreitende Zusammenarbeit der Gemeinden auf Grund von Generalermächtigungen*

(1) Der grenzüberschreitenden Zusammenarbeit der Gemeinden und Landkreise haben die d Gesetzgeber in den sechziger Jahren stärkere Aufmerksamkeit zugewendet.

In den Landesgesetzen finden sich folgende Vorkehrungen für grenzüberschreitende Zusammenarbeit der Gemeinden:

— Einseitige landesgesetzliche Kooperationsermächtigungen an die Gemeinden in einzelnen Zweckverbandsgesetzen[171]; diese Ermächtigungen sind nur anwendbar, wenn für die Gemeinden des anderen Landes eine entsprechende Ermächtigung gilt[172];

— Zweiseitige Generalverträge[173], welche die Kommunen generell ermächtigen, über die gemeinsame Landesgrenze hinweg zusammenzuarbeiten und Formen, Aufgaben und Voraussetzungen der Kooperation näher zu regeln;

— Zweiseitige oder mehrseitige Einzelverträge, durch die Zusammenarbeit in bestimmten Angelegenheiten vorgesehen, bestimmte grenzüberschreitende Einrichtungen gebildet oder zugelassen werden[174].

(2) Für die einseitigen Kooperationsermächtigungen in den ZVG und für die zweiseitigen Generalverträge lassen sich folgende Gemeinsamkeiten[175] feststellen:
Als Kooperationsform können die Landesgesetze zur Verfügung stellen:
    Die Arbeitsgemeinschaft,
    die öffentlich-rechtliche Vereinbarung,

---

171 Rpf ZVG v 3. 12. 1954 GVBl 156, § 7 I, II 3; nw G über kommunale Gemeinschaftsarbeit v 26. 4. 1961 GVBl 190, § 4 III, § 29 I Nr 3, II iVm § 32; bwü G über kommunale Zusammenarbeit idF v 16. 9. 1974 GBl 408, § 28 III; bay G über die kommunale Zusammenarbeit v 12. 7. 1966 GVBl 218, §§ 18 III, 37 II; hess G über kommunale Gemeinschaftsarbeit v 16. 12. 1969 GVBl 307, §§ 36 I, II, 35 II Nr 3; schh G über kommunale Zusammenarbeit v 20. 3. 1974 GVBl 89, § 25.

172 Nach W a g e n e r , Gemeindeverbandsrecht in Nordrhein-Westfalen (1967), § 4 G über kommunale Gemeinschaftsarbeit, Anm 10, regelt § 4 III leg cit nur die aufsichtsrechtliche Seite der grenzüberschreitenden Verbandsbildung; es genüge aber für die Zulässigkeit grenzüberschreitender Verbandsbildung ein Regierungsabkommen; wie hier: G r a w e r t , DVBl 71, 484 (485).

173 Staatsvertrag zwischen dem Land Baden-Württemberg und dem Freistaat Bayern über Zweckverbände und öffentlich-rechtliche Vereinbarungen v 28. 9./7. 10. 1965, dazu bwü G v 9. 12. 1965 GVBl 302 u Zustimmungsbeschluß des bay LT v 15. 11. 1965 GVBl 345; Staatsvertrag zwischen dem Land Niedersachsen und dem Land Nordrhein-Westfalen über Zweckverbände, öffentlich-rechtliche Vereinbarungen, kommunale Arbeitsgemeinschaften und Wasser- und Bodenverbände v 23. 4./9. 5. 1969, dazu nds G v 19. 3. 1970 GVBl 64, Zustimmungsbeschluß des nw LT v 11. 11. 1969 GVBl 928; Staatsvertrag zwischen dem Land Nordrhein-Westfalen und dem Land Rheinland-Pfalz über Zweckverbände, öffentlich-rechtliche Vereinbarungen, kommunale Arbeitsgemeinschaften und Wasser- und Bodenverbände v 29. 11./1. 12. 1971, dazu Zustimmungsbeschluß des nw LT v 24. 2. 1972 und Bekanntmachung v 19. 6. 1972 GVBl 182, rpf G v 17. 5. 1972 GVBl 182; Staatsvertrag zwischen dem Land Hessen und dem Land Nordrhein-Westfalen über Zweckverbände, öffentlich-rechtliche Vereinbarungen, kommunale Arbeitsgemeinschaften, Wasser- und Bodenverbände und Vereinbarungen auf dem Gebiete des Wasserrechts v 15. 2./21. 1. 1974, dazu hess G v 31. 5. 1974 GVBl 273, Zustimmungsbeschluß des nw LT v 11. 6. 1974 u Bekanntmachung v 18. 7. 1974 GVBl 674; Staatsvertrag zwischen dem Saarland und dem Land Rheinland-Pfalz über Zweckverbände, öffentlich-rechtliche Vereinbarungen, kommunale Arbeitsgemeinschaften sowie Wasser- und Bodenverbände v 9. 11. 1972, dazu rpf G v 27. 2. 1973 GVBl 41; saar G v 22. 2. 1973 GVBl 162; Staatsvertrag zwischen dem Land Rheinland-Pfalz und dem Land Hessen über Zweckverbände, öffentlich-rechtliche Vereinbarungen, kommunale Arbeitsgemeinschaften sowie Wasser- und Bodenverbände v 7. 12. 1973, dazu rpf G v 11. 6. 1974 GVBl 226, hess G v 4. 6. 1974 GVBl 276.

174 Vgl unten S 132; in dem unter FN 165 zit Staatsvertrag zwischen Luxemburg u Rheinland-Pfalz werden Gemeinden sogar ermächtigt (Art 2), über die Staatsgrenze hinweg in öffentlich-rechtlicher Verbandsform zur gemeinsamen Erfüllung wasserwirtschaftlicher Aufgaben zusammenzuarbeiten.

175 G r a w e r t , Rechtsfragen der grenzüberschreitenden Zusammenarbeit von Gemeinden, DVBl 71, 484 f; R o e l l e n b l e g , DÖV 68, 295.

den öffentlich-rechtlichen Zweckverband,
den Wasser- und Bodenverband.

In diesen Formen dürfen alle Aufgaben wahrgenommen werden, die nach den Zweckverbandsgesetzen der beteiligten Länder kooperativ wahrgenommen werden dürfen. Art 1 Staatsvertrag zwischen Saarland und dem Land Rheinland-Pfalz über ZV usw vom 9. November 1972 stellt ausdrücklich klar, daß hierzu „insbesondere" Aufgaben gehören auf dem Gebiete

der Raumordnung und Landesplanung,
der Bauleitplanung,
der Schulträgerschaft,
der Wasserversorgung und des Grundwasserschutzes,
des Ausbaues und der Unterhaltung von Gewässern,
der Reinigung, Verwaltung und Beseitigung des Abwassers,
der Abfallbeseitigung,
der Entwicklungsmaßnahmen nach dem Städtebauförderungsgesetz.

Verbandsbildung, Beitritt zu einem Verband, Austritt und Auflösung des Verbandes und die Beteiligung an einer öffentlich-rechtlichen Vereinbarung beruhen nach allen Gesetzen auf dem Freiwilligkeitsprinzip. Da aber diese Rechtsakte den Geltungsbereich des Landesrechts einschränken bzw auf das Gebiet des anderen Landes erstrecken, ist eine besondere, nicht gebundene Genehmigung bzw Zustimmung des Innenministers der beteiligten Länder vorgesehen, deren nähere Ausgestaltung in den einzelnen Gesetzen abweicht.

(3) Um Kollisionen der Landesrechte zu vermeiden und um die Wahrnehmung der Aufsichtsbefugnisse nach den allgemeinen für die Kommunalaufsicht geltenden Vorschriften zu ermöglichen und praktikabel zu gestalten, ordnen die Gesetze und Verträge durch Verweisungsnormen Rechtsanwendungsbefehle an, welche Landesrechtsordnung für die Verbandsbildung, -verwaltung und -aufsicht anzuwenden ist. Als sachgerechter Anknüpfungspunkt hat sich in den Gesetzen, den Generalverträgen, aber auch in den Einzelverträgen der Sitz des ZV durchgesetzt. Bei Vereinbarungen ist der Sitz der Kommunalkörperschaft maßgeblich, dem die Aufgabe übertragen wird; für Arbeitsgemeinschaften werden Verweisungsnormen als entbehrlich angesehen.

Dem Prinzip der Freiwilligkeit entspricht es, daß die Kommunalkörperschaften bei der Verbandsbildung den Sitz des Verbandes festlegen und damit zugleich bestimmen können, welche Landesrechtsordnung ergänzend anzuwenden ist.

Die näheren Regelungen über Verbandsbildung und -verwaltung sind der Rechtsordnung des Sitz-Landes zu entnehmen; sie bestimmt auch Zuständigkeit und Verfahren der Aufsicht über den ZV; die zuständige Aufsichtsbehörde ist jedoch bei gravierenden aufsichtsrechtlichen Entscheidungen nach näherer Bestimmung des einschlägigen Gesetzes an das Einvernehmen der Aufsichtsbehörde des anderen Landes gebunden.

Das Recht des Sitzlandes ist — auch wenn dies nicht ausdrücklich geregelt ist — ferner anzuwenden für die Bediensteten des ZV, so daß sie mittelbare Beamte oder Angestellte des Landes sind, in dem der ZV seinen Sitz hat.

Der Erlaß von Satzungen mit Wirkung gegenüber dem Bürger — zB Bebauungsplan, Regelung von Anschluß- und Benutzungszwang und Gebühren — setzt Zuständigkeitsübertragung oder Geltungserstreckung durch die und in den beteiligten Ländern voraus. Beides ist grundsätzlich zulässig. Es kann aber auch dem ZV eine teilweise Bindung an die Rechtsordnung des anderen Landes auferlegt werden, so daß zB das Verfahren der Satzungsgebung durch das Recht des Sitzlandes geregelt wird, die Ausübung der Satzungsgewalt aber an das materielle Recht des anderen Landes gebunden ist. Auf diese Weise kann zB sichergestellt werden, daß der von dem Verband erstellte Flächennutzungsplan mit den landesplanerischen Festsetzungen des anderen Landes im Einklang steht.

Die Gesetze und Generalverträge der Länder verschweigen sich zu dem Problemkreis des Verwaltungsvollzuges durch Erlaß von Satzungen und Verwaltungsakten; sie schließen aber eine Zuständigkeitsübertragung nicht aus. Daher können die Verbände auf Grund der Verweisung auf das Zweckverbandsrecht nach dessen näherer Bestimmung und im Rahmen ihrer Satzung weitere Satzungen und Verwaltungsakte erlassen, die zwar nach der Rechtsordnung des Sitzlandes zu beurteilen sind, aber auch in das andere Land hinüberwirken.

Zulässig ist es auch, für die Satzungsgebung eine Transformation durch die Verbandsglieder vorzuschreiben, die sich verpflichten können, Verbandsbeschlüsse als je eigene Satzungen in Kraft zu setzen.

(4) § 4 I BBauG stellt als Rechtsform der grenzüberschreitenden Zusammenarbeit der Gemeinden und sonstiger öffentlicher Planungsträger, auch des Bundes, den Planungsverband zur Verfügung[176]. Nach § 4 II BBauG können die beteiligten Landesregierungen unter näher bestimmten Voraussetzungen auch den Zwangszusammenschluß der Planungsträger vereinbaren. Wenn die Beteiligung von Planungsträgern des Bundes vorgesehen ist und diese widersprechen, bedarf es darüber hinaus einer Vereinbarung der beteiligten Landesregierungen mit der Bundesregierung.

Die Regelung aller Einzelheiten bleibt der von den Beteiligten aufzustellenden Satzung bzw der Vereinbarung der Regierungen vorbehalten. Aus § 1 III BBauG und dem Zweck des § 4 BBauG folgt jedoch, daß der Planungsverband an die landesplanerischen Festsetzungen auch des anderen Landes gebunden ist.

Für die Materie der Raumordnung ist der Bundesgesetzgeber nur zur Rahmengesetzgebung zuständig, Art 75 Z 4 GG; er hat sich darauf beschränkt, die Länder in § 5 III BROG zu verpflichten, wenn eine grenzüberschreitende Regionalplanung erforderlich ist, „die notwendigen Maßnahmen im gegenseitigen Einvernehmen zu treffen".

Einseitige landesrechtliche Ermächtigungen zur grenzüberschreitenden Regionalplanung enthalten § 38 bwü LPIG und Art 27 bay LPIG. Diese Vorschriften ermächtigen die obersten Landesplanungsbehörden, grenzüberschreitende Regionalplanung einzurichten, in Bayern aber unter der Voraussetzung, daß im Landesentwicklungsprogramm — Regionaleinteilung — eine solche Planung vorgesehen wird[177]. Dabei können die obersten Landesplanungsbehörden durch Rechtsverordnung für Form und Inhalt der Regionalpläne, für die Zuständigkeit zur Ausarbeitung, für das Verfahren der Planaufstellung, schließlich auch für die Kostenerstattung von dem für sie geltenden Landesplanungsgesetz abweichende Vorschriften erlassen, soweit eine grenzüberschreitende Regionalplanung dies erfordert.

Korrespondierende Regelungen im Nachbarland vorausgesetzt, gestatten mithin das bwü LPIG und das bay LPIG, die Ordnungsprobleme grenzüberschreitender Regionalplanung im Verordnungswege zu lösen, insbesondere das Instrumentarium der Regionalplanung einander anzupassen und durch Verfahrensregelungen das Zusammenspiel der regionalen und staatlichen Instanzen zu ordnen. Von den Ermächtigungen ist weder in Bayern noch in Baden-Württemberg Gebrauch gemacht worden[178].

---

176 Vgl oben S 93.
177 Die betreffende VO v 21. 12. 1972 sieht eine grenzüberschreitende Planung nur für den Ulmer Raum vor, für den aber inzwischen eine sondervertragliche Regelung geschaffen wurde, vgl unten S 135.
178 Auch BWü hat — wie der Staatsvertrag mit RPf zeigt (vgl unten S 133) — in letzter Entwicklung für einzelne Grenzräume sondervertragliche Regelungen geschaffen.

Der Staatsvertrag zwischen dem Land Rheinland-Pfalz und dem Saarland vom 9. November 1972[179] formt die grenzüberschreitende regionale Verbandsplanung als Rahmenplanung aus und ermöglicht dadurch die Einbeziehung der grenzüberschreitend getroffenen Entscheidung in die Raumordnungspläne der beteiligten Länder, obwohl das Raumordnungsrecht der beiden Länder erheblich voneinander abweicht:

Zur Bildung von ZV nach Art 5 leg cit sind nur die Landkreise und kreisfreien Städte des Grenzbereichs zugelassen; Gemeinden mit zentralörtlicher Bedeutung können Mitglieder des ZV werden. Die Verbandsbildung bedarf der Zustimmung der obersten Landesplanungsbehörden der beiden Länder.

Der ZV hat nicht die Aufgabe, einen Regionalplan zu erstellen, sondern die Ziele von Raumordnung und Landesplanung „im Gebiet der beiderseits der Landesgrenze gelegenen Mittelbereiche zu ergänzen und zu vertiefen". Er hat ferner die Aufgabe, „soweit erforderlich, im Bereich benachbarter Zentraler Orte eine gemeinsame kommunale Entwicklung vorzusehen".

Dieser unbestimmt gefaßten Aufgabenstellung entspricht die Bezeichnung der Entscheidungen des ZV als „Ergebnisse der Planungen". Diese werden durch Aufnahme in die Pläne der Länder in verbindliche Festsetzungen transformiert, und zwar im Saarland, das nicht in Regionen gegliedert ist, durch Aufnahme in den Raumordnungsteilplan des Landes, in Rheinland-Pfalz durch Aufnahme in die regionalen Raumordnungspläne der Regionalplanungsverbände.

Die Pflicht zur Transformation der Entscheidungen des ZV setzt allerdings die Genehmigung der „Ergebnisse der Planung" voraus, die im gegenseitigen Einvernehmen der obersten Landesplanungsbehörden beider Länder erteilt wird.

Der Vertrag regelt nicht ausdrücklich, ob es sich hierbei um eine freie oder um eine gebundene Genehmigung handelt. Aus dem Stellenwert der „Ergebnisse der Planung" als in zwischenstaatlicher Kooperation erarbeiteter künftiger Elemente binnenstaatlicher Pläne dürfte folgen, daß die obersten Landesplanungsbehörden bei Genehmigung grenzüberschreitender Planungen nicht auf Rechtsaufsicht beschränkt, sondern frei sind, die Genehmigung im gegenseitigen Einvernehmen zu erteilen, zu versagen oder nur eingeschränkt zu erteilen.

3.7.4. Sondervertraglich geregelte grenzüberschreitende Zusammenarbeit

Grenzüberschreitende Regionalplanung durch öffentlich-rechtliche Planungsverbände wurde bislang nur in den süddeutschen Ländern durch Staatsvertrag vereinbart. Die Staatsverträge sehen übereinstimmend grenzüberschreitende Zusammenarbeit in Räumen erheblicher Dimension vor. Auf regionaler Ebene werden nicht die einzelnen Gemeinden, sondern die öffentlich-rechtlichen Planungsverbände, die Landkreise und die Hauptgemeinden herangezogen. Auf Landesebene werden die obersten Landesplanungsbehörden zur Zusammenarbeit verpflichtet, in einem Falle wurde die Zusammenarbeit in einer ständigen Raumordnungskommission institutionalisiert.

In der Ausgestaltung lassen die Verträge auf regionaler Ebene drei Varianten der Zusammenarbeit erkennen: Für die grenzüberschreitenden Räume Mittlerer Oberrhein und Südpfalz die Variante der Arbeitsgemeinschaft, für die Agglomeration Rhein-Neckar-Gebiet die Variante des Dachverbandes mit der Aufgabe der Rahmenplanung und für das Donau-Iller-Gebiet die Variante des kommunalen Regionalplanungsverbandes[180].

(1) (Modellvariante Arbeitsgemeinschaft) Die Räume des bwü Regionalverbandes Mittlerer Oberrhein — nach derzeitigem Gebietsstand mit einer Fläche von gut

---

179 Vgl oben FN 173.

2100 qkm mit 870.000 Ew — und der rpf Region Südpfalz — nach derzeitigem Gebietsstand mit einer Fläche von gut 1500 qkm mit 260.000 Ew — sind miteinander verflochten. Der Raum Südpfalz gilt als Bindeglied der Pfalz zum Mittleren Oberrhein und zum Elsaß.

Der am 8. März 1974 geschlossene Staatsvertrag will die Kontakte, die auf den verschiedenen Planungsebenen bereits bestanden haben, in festere Rechtsformen bringen. Die Wahl der im Vergleich zu dem organisatorisch aufwendigeren Gebilde des Dachverbandes Rhein-Neckar-Gebiet[181] relativ schwachen Form der Zusammenarbeit in Form der ArGe wird damit begründet, daß die weniger intensiven Verflechtungsbeziehungen einen geringeren Verwaltungsaufwand erforderlich machen. Es wurde aber auch in der parlamentarischen Beratung die Frage gestellt, ob nicht die Erfahrungen mit den in den bisherigen Staatsverträgen verwendeten Modellen des Dachverbandes und des Regionalplanungsverbandes[182] zu dieser eher „vorsichtigen" Lösung geführt haben[183].

In dem Staatsvertrag verpflichten sich die Länder Baden-Württemberg und Rheinland-Pfalz, in dem Grenzraum Mittlerer Oberrhein — Südpfalz alle Aufgaben der Raumordnung und Landesplanung einschließlich der Regionalplanung von grenzüberschreitender Bedeutung gemeinsam wahrzunehmen.

Der bwü Regionalverband Mittlerer Oberrhein und die rpf Planungsgemeinschaft Südpfalz werden verpflichtet, eine Arbeitsgemeinschaft zu bilden, die sich — nach näherer Regelung der von ihr zu erlassenden Geschäftsordnung — paritätisch aus Vertretern der beiden Verbände zusammensetzt.

(2) (Modellvariante Dachverband) Die von den Städten Heidelberg, Ludwigshafen und Mannheim dominierte Region Rhein-Neckar hat eine Fläche von über 3000 qkm mit rund 1,6 Mio Ew. Der Rhein-Neckar-Raum ist intensiv verflochten mit den industriellen und wirtschaftlichen Zentren am Oberrhein und im Main-Rhein-Raum. Staatsrechtlich gehört die Region zu den Ländern Baden-Württemberg, Hessen und Rheinland-Pfalz. Die bwü Gebietsteile der Region sind das Verbandsgebiet der Planungsgemeinschaft Unterer Neckar, die rpf Gebietsteile das Verbandsgebiet der Planungsgemeinschaft Vorderpfalz; der hess Gebietsteil, der Landkreis Bergstraße, gehört zu der regionalen Planungsgemeinschaft Starkenburg, die selbst nicht der Region Rhein-Neckar zugeordnet ist.

Die Konkurrenzsituation der miteinander verflochtenen Städte Ludwigshafen und Mannheim, die staatsrechtliche Parzellierung des Raumes, seine intensiven Verflechtungen mit anderen Agglomerationen haben schon vom Ende des Ersten Weltkrieges an Forderungen nach Überwindung der Grenzen ausgelöst.

1951 gelang es, die Kommunale Arbeitsgemeinschaft Rhein-Neckar GmbH zu gründen, die eine Plattform für eine engere Zusammenarbeit der beteiligten Städte

---

180 Staatsvertrag zwischen den Ländern Baden-Württemberg und Rheinland-Pfalz über die Zusammenarbeit bei der Raumordnung in den Räumen Mittlerer Oberrhein und Südpfalz v 8. 3. 1974, dazu bwü G v 17. 12. 1974 GBl 1975, 1, rpf G v 27. 6. 1974 GVBl 291; Staatsvertrag zwischen den Ländern Baden-Württemberg, Hessen und Rheinland-Pfalz über die Zusammenarbeit bei der Raumordnung im Rhein-Neckar-Gebiet v 3. 3. 1969, dazu rpf G v 10. 7. 1969 GVBl 139, bwü G v 25. 7. 1969 GBl 151, hess G v 22. 7. 1969 GVBl 129 — zit: Staatsvertrag Rhein-Neckar-Gebiet; Satzung des Raumordnungsverbandes des Rhein-Neckar-Gebietes v 30. 4. 1970, veröff hess StAnz 1352, abgedr bei S c h e u r e r / A n g s t, Landesplanungsrecht für Baden-Württemberg mit dem Recht der Regionalverbände (1973) Anhang 7 u 8; Staatsvertrag zwischen dem Land Baden-Württemberg und dem Freistaat Bayern über die Zusammenarbeit bei der Landesentwicklung und über die Regionalplanung in der Region Donau-Iller v 31. 3. 1973, dazu Zustimmungsbeschluß des bay LT v 5. 6. 1973, Bekanntmachung v 15. 6. 1973 GVBl 305, bwü G v 22. 5. 1973 GBl 129 — zit: Staatsvertrag Region Donau-Iller; Verbandssatzung des Regionalverbandes Donau-Iller v 17. 9. 1973 (hektographiert).
181 Vgl unten S 133.
182 Vgl unten S 135.
183 Vgl den Stenographischen Bericht zur 54. Sitzung des bwü LT, 3458 u Stenographischer Bericht zur Beratung eines G zu dem Staatsvertrag, 55. Sitzung des rpf LT v 30. 4. 1975, 2398; vgl ferner bwü LT-Drucks 6/4785.

bot, aber als Notlösung[184] verstanden werden mußte und daher hier nicht näher darzustellen ist.

In dem Staatsvertrag Rhein-Neckar-Gebiet verpflichten sich die Länder Baden-Württemberg, Hessen und Rheinland-Pfalz, alle Aufgaben der Raumordnung und Landesplanung in dem näher festgelegten Rhein-Neckar-Gebiet in ständiger Zusammenarbeit wahrzunehmen; errichtet ist eine Raumordnungskommission, die mit Vertretern der obersten Landesplanungsbehörden der drei Vertragsländer beschickt wird. Durch den Vertrag werden die Träger der Regionalplanung des Rhein-Neckar-Gebietes ermächtigt, einen Raumordnungsverband als Körperschaft des öffentlichen Rechts zu bilden. Die Aufgabe, das Verfahren der Planerstellung und die innere Ordnung des Verbandes sind durch den Vertrag in den Grundzügen, im übrigen durch Verweisung auf das ZVG von Baden-Württemberg festgelegt; die nähere Regelung ist der Satzung überlassen. Der Verband hat sich 1970 gebildet.

Der Staatsvertrag berücksichtigt, daß im Verbandsgebiet drei Regionalplanungsgemeinschaften auf der Grundlage der jeweiligen Landesplanungsgesetze der Vertragsstaaten tätig sind. Der Verband ist daher als Dachorganisation der Träger der Regionalplanung des Verbandsgebietes verfaßt und mit der Aufstellung und Fortschreibung eines Raumordnungsplanes als „Rahmen für die Regionalplanung" beauftragt. Der Staatsvertrag berücksichtigt ferner die Planungshoheit der Vertragsländer; daher wird der von den Organen des Verbandes beschlossene Raumordnungsplan erst für die Träger der Regionalplanung wirksam, wenn ihm die obersten Landesplanungsbehörden der drei Vertragsländer zugestimmt haben. Nach § 2 der Satzung obliegt dem Verband neben der Aufstellung und Fortschreibung des Raumordnungsplanes, die notwendigen Schritte zur Verwirklichung des Raumordnungsplanes zu unternehmen. Dabei handelt es sich um gewisse Annexaufgaben der Planung; eine Zuständigkeit für konkrete Durchführungsmaßnahmen ist nicht vorgesehen.

Der Verband kann Beamte ernennen; für sie gilt das bwü Recht; er erhebt bei seinen Mitgliedern eine Umlage auf der Grundlage der Einwohnerzahlen und der Steuerkraftzahlen.

Organe des Verbandes sind die Verbandsversammlung, der Verwaltungsrat und der Verbandsvorsitzende. Ferner sind vorgesehen ein Verbandsgeschäftsführer, der Planungsausschuß und weitere vorbereitende Fachausschüsse sowie ein Planungsrat als beratendes Gremium.

Die Verbandsversammlung besteht aus dem Verbandsvorsitzenden und den obersten Repräsentanten der drei Verbandsglieder als Mitglieder kraft Amtes und von den Organen der Verbandsglieder nach Maßgabe der Einwohnerzahl auf Grund einheitlichen Schlüssels gewählten Mitgliedern.

Der Verwaltungsrat hat die gleichen Mitglieder kraft Amtes wie die Verbandsversammlung und siebzehn weitere Mitglieder; diese werden nach Maßgabe eines in der Satzung festgelegten regionalen Verteilungsschlüssels von der Verbandsversammlung aus ihrer Mitte gewählt.

Der Einfluß der Verbandsglieder auf die Tätigkeit des Verbandes wird gesichert durch die Mitgliedschaft ihrer obersten Repräsentanten und weiterer Mitglieder in der Verbandsversammlung, denen die Verbandsmitglieder Weisungen erteilen können, sowie durch die Präsenz in dem Verwaltungsrat nach Maßgabe des regionalen Verteilungsschlüssels. Darüber hinaus kann ein Verbandsglied nach Art 3 III Staatsvertrag ein Vermittlungsverfahren einleiten, wenn es Bedenken

---

184 B e c k e r - M a r x, Kommunalwirtschaft 66, 198 (199); d e r s, Aufgaben grenzüberschreitender Raumordnung im Rhein-Neckar-Gebiet, in: Methoden und Praxis der Regionalplanung in großstädtischen Verdichtungsräumen, Veröffentlichungen der Akademie für Raumforschung und Landesplanung, Forschungs- und Sitzungsberichte Bd 54 (1969) 43 (45 ff).

gegen den — vom Verwaltungsrat beschlossenen — Entwurf eines Raumordnungsplanes hat; das Vermittlungsverfahren obliegt der Raumordnungskommission.

Die Kooperation zwischen dem Verband und seinen Mitgliedern wird erleichtert
und der Verwaltungsaufwand vermindert durch die Einrichtung einer gemeinsamen Planungsstelle, deren sich sowohl der Verband als auch zwei der Verbandsmitglieder bedienen; sie sind an der Verwaltung und an dem Aufwand der
Planungsstelle beteiligt.

Der Einfluß der Vertragsländer auf die Planung des Verbandes wird — neben dem
bereits genannten Zustimmungsvorbehalt für den beschlossenen Regionalplan und
der auch für den Verband bestehenden Pflicht, die (Fach-)Behörden des Bundes
und der Länder an der Aufstellung des Planes zu beteiligen — wie folgt gesichert:

Jedes Vertragsland kann nach Maßgabe seines Landesrechts Ziele und weitere
Erfordernisse der Raumordnung und Landesplanung aufstellen, die der Verband
zu beachten hat. Aufgabe der Raumordnungskommission ist es, diese Vorgaben
für das Rhein-Neckar-Gebiet aufeinander abzustimmen; sie kann dabei mit Einstimmigkeit Beschlüsse fassen, die das Land bei Aufstellung des Raumordnungsplans zu beachten hat.

Ferner können die Landesplanungsbehörden zu den Sitzungen der Verbandsversammlung und des Verwaltungsrats Vertreter entsenden.

Das Aufsichtsrecht über den Verband ist der obersten Landesplanungsbehörde
von Baden-Württemberg übertragen, die ihre Befugnisse aber im Einvernehmen
mit den zuständigen obersten Behörden der anderen Vertragsländer wahrzunehmen hat.

Nach fünfjähriger Verbandsarbeit scheinen bereits Zweifel an der Eignung dieses
relativ aufwendigen Modells Landesgrenzen überschreitender Zusammenarbeit
aufgekommen zu sein; jedenfalls wird im bwü Landtag das Modell der ArGe[185] als
„Fortschritt" zu dem Dachverbandsmodell bezeichnet[186].

(3) (Modellvariante Regionalplanungsverband) Die Region Donau-Iller hat eine
Fläche von knapp 5500 qkm mit gut 790.000 Ew. Oberzentren der Region sind Ulm
(gut 95.000 Ew) und Neu-Ulm (knapp 30.000 Ew); die beiden Städte sind über die
Donau hinweg, die zugleich Landesgrenze ist, eng miteinander verflochten. Die
anderen Teile der Region sind — abgesehen von dem denkbaren Oberzentrum
Memmingen — überwiegend kleinstädtisch und ländlich besiedelt; auch sie gehören staatsrechtlich teils zu Baden-Württemberg teils zu Bayern. Um Voraussetzungen für eine Regionalplanung zu schaffen, war 1965 die Regionalplanungsgemeinschaft Donau-Iller-Blau e V gegründet worden; diesem Verein gehörten 1970 ein
bwü Stadtkreis, zwei bay kreisfreie Städte, drei bwü und drei bay Landkreise, 100
von 231 bwü und 102 bay kreisangehörige Gemeinden an[187].

In dem Staatsvertrag Region Donau-Iller (1973) verpflichten sich die Länder
Baden-Württemberg und Bayern zur Zusammenarbeit in (allen) gemeinsamen
Grenzräumen durch gemeinsame Beratung der obersten Landesplanungsbehörden, durch gegenseitige Beteiligung der Landesplanungsbehörden in den einschlägigen Planungs- und Abstimmungsverfahren, durch ergänzende Absprachen
der Träger der Fachplanung.

Den Trägern der Regionalplanung der Grenzräume wird durch den Vertrag aufgegeben, sich gegenseitig zu unterrichten, Planungsgrundlagen und Regionalpläne, soweit erforderlich, gemeinsam zu erarbeiten und die Planungen untereinander abzustimmen.

---

185 Dieses Modell ist durch den Staatsvertrag zwischen BWü u RPf, vgl oben S 132, vorgesehen.
186 Vgl Stenographischer Bericht zur Ersten Beratung des Entwurfes eines G zu dem Staatsvertrag zwischen
BWü u RPf, vgl oben FN 180, 54. Sitzung des bwü LT, 3457.
187 P e t e r s e n , Planungsgemeinschaften, 176.

Durch den Staatsvertrag wird die Region Donau-Iller als Körperschaft des öffentlichen Rechts errichtet und ihr Aufgabenkreis, das Verfahren der Planerstellung und die innere Ordnung des Verbandes weitgehend geregelt; Einzelheiten der Verfassung und Verwaltung des Verbandes zu regeln, bleibt der Verbandssatzung überlassen; als ergänzende Rechtsordnung wird das Recht des Landes Baden-Württemberg bestimmt, in dem der Verband auch seinen Sitz hat und dessen Aufsicht er unterstellt wird — desungeachtet bestimmt der Staatsvertrag ausdrücklich, daß der Verband seine Geschäftsstelle in der bay Stadt Neu-Ulm einzurichten hat.

Mitglieder des Regionalverbandes sind zwei kreisfreie Städte und fünf Landkreise. Der Verband ist Träger der Regionalplanung; als solcher ist er verpflichtet, nach Maßgabe des jeweiligen Landesrechts Aufgaben und Funktionen im Bereich der Landesplanung wahrzunehmen; seine Hauptaufgabe ist, den Regionalplan mit einem im Staatsvertrag vorgeschriebenen Mindestinhalt aufzustellen und fortzuschreiben. Der von den Organen des Verbandes beschlossene Regionalplan bedarf der Verbindlichkeitserklärung durch die obersten Landesplanungsbehörden der beiden Vertragsstaaten. Seine Wirkung bestimmt sich, wie in Art 21 III ausdrücklich vorgesehen wird, nach § 5 IV BROG[188].

Der Verband kann ferner im Wege der Vereinbarung die Geschäftsführung für ZV übernehmen, welche die Verbandsmitglieder errichtet haben; insoweit kann er sich mithin in Vollziehungsaufgaben einschalten. Der Verband kann Beamte ernennen; für sie gilt bwü Recht; der Verband erhebt bei seinen Mitgliedern eine Umlage auf der Grundlage der Einwohnerzahl.

Organe des Verbandes sind die Verbandsversammlung und der Verbandsvorsitzende. Ferner sind vorgesehen der Verbandsdirektor als Beamter auf Zeit, eine Planungsstelle als Teil der Geschäftsstelle, der Planungsausschuß und weitere fakultative beratende und beschließende Ausschüsse sowie der Planungsbeirat als beratendes Gremium.

Die Verbandsversammlung besteht aus den Landräten und Oberbürgermeistern der Verbandsmitglieder, den Oberbürgermeistern der (drei) Großen Kreisstädte als Mitgliedern kraft Amtes sowie von den Organen der Verbandsglieder nach Maßgabe der Einwohnerzahl auf Grund einheitlichen Schlüssels nach den Grundsätzen der Verhältniswahl gewählten Vertretern[189].

Die gewählten Vertreter und die Oberbürgermeister der Großen Kreisstädte sind nach Art 9 VIII an Aufträge und Weisungen nicht gebunden; die Landräte und die Oberbürgermeister der kreisfreien Städte sind als Vertreter der Verbandsmitglieder an deren Weisungen und Aufträge gebunden.

Der Verbandsvorsitzende wird von der Verbandsversammlung abwechselnd aus der Mitte der bay und bwü Vertreter gewählt; gleiches gilt für die Wahl des ersten Stellvertreters, der jeweils aus der anderen Gruppe der Vertreter zu wählen ist.

Der Einfluß der Vertragsländer auf die Planung wird — neben der bereits genannten Verbindlichkeitserklärung des beschlossenen Regionalplans — durch ein Weisungsrecht der obersten Landesplanungsbehörden gesichert. Es kann nur im gegenseitigen Einvernehmen wahrgenommen werden und soweit dies zur Ausformung der Landesplanung erforderlich ist; durch einvernehmliche Weisung können ferner Planungszeitraum und Form des Regionalplans bestimmt werden. Durch einvernehmlich von den obersten Landesplanungsbehörden zu erlassende Rechtsverordnung kann der Mindestinhalt von Regionalplänen den landesrechtlichen Vorschriften angepaßt werden.

---

188 Vgl E v e r s , Raumordnung, 72 ff.
189 Insgesamt nach dem Stand von 1972 82 geborene u gewählte Vertreter, hiervon je 41 aus Bay u BWü.

Die Abstimmung der fachlichen Zielsetzungen des Regionalplans mit den Fachplanungen der vertragsschließenden Länder wird gesichert durch die dem Regionalverband auferlegte Pflicht, diese Zielsetzungen den Fachplanungen anzupassen, und soweit Fachplanungen nicht bestehen, fachliche Ziele nur im Einvernehmen mit den zuständigen obersten Landesbehörden der Vertragsstaaten festzulegen.

Im Staatsvertrag sind ferner Vorkehrungen getroffen, um in vereinfachten Verfahren den Regionalplan punktuell veränderten Entwicklungen anzupassen.

3.7.5. *Wesensmerkmale grenzüberschreitender Verbandsplanung*

Bei zusammenfassender Würdigung der in den Staatsverträgen d Rechts verwirklichten Modelle der grenzüberschreitenden Verbandsplanung ist hervorzuheben:

(1) Verträge zwischen den Ländern gelten in den Vertragsländern kraft Transformation in innerstaatliches Landesrecht[190]. Daher verpflichten und berechtigen die Verträge die Vertragsländer und die Adressaten der durch Vertrag geschaffenen Normen. Adressaten sind in der Regel bestimmte staatliche Organe und kommunale Einrichtungen und deren Organe. Die Bindungswirkung der von dem Verband aufgestellten und förmlich für wirksam erklärten Ziele der Landesplanung leitet sich je nach der näheren Vertragsgestaltung nur aus dem Staatsvertrag oder auch aus ergänzend anzuwendendem Landes- und Bundesrecht ab: Der als Rahmenplan ausgestaltete Plan nach dem Staatsvertrag Rhein-Neckar-Gebiet leitet seine Bindung aus dem Staatsvertrag ab, alleiniger Adressat sind die Träger der Regionalplanung in diesem Gebiet, entsprechendes gilt für die „Ergebnisse der Planungen" auf Grund des zwischen dem Saarland und dem Land Rheinland-Pfalz abgeschlossenen Staatsvertrages vom 9. November 1972. Die Bindungswirkung der Ziele des Regionalplanungsverbandes Donau-Iller dagegen leitet sich auch aus der in Bezug genommenen bundesrechtlichen Regelung, § 5 IV BROG, ab[191].

Dem Sinn gemeinsamer Planung — die sich nicht mit gegenseitiger Abstimmung in Arbeitsgemeinschaften und/oder Kommissionen begnügt — würde es nicht entsprechen, den Regionalplan oder den Rahmenplan auf die Gebietsteile der Vertragsländer zu parzellieren, da es gerade Zweck der gemeinsamen Planung ist, raumwirksame und raumbedeutsame Maßnahmen, die in dem einen Vertragslande durchgeführt werden, an die Ziele anzupassen, die in dem anderen Vertragsland lokalisiert sind. Auch die Verbindlichkeitserklärung (Zustimmung) des Planes durch die zuständige Behörde eines Vertragslandes ist Formalbedingung für das Inkrafttreten des Planes überhaupt, dh des Inkrafttretens auch in dem anderen Vertragsland und bezieht sich in der Sache nicht allein auf das Gebiet des die Erklärung abgebenden Vertragslandes, sondern auf das Gesamtgebiet der Region. Gleiches gilt für die Verbindlichkeitserklärung durch das zuständige Organ des anderen Vertragslandes. Die Gültigkeitserklärung ist mithin als ein Gesamtakt ausgeformt, durch den als ein einheitliches Ordnungsinstrument der Regionalplan für die ganze Region, der Rahmenplan mit beschränktem Adressatenkreis, in Geltung gesetzt wird.

Der Staatsvertrag befugt auf diese Weise das zuständige Landesorgan, Staatsgewalt auch in dem anderen Vertragsland auszuüben — mit der Besonderheit, daß die Ausübung der Staatsgewalt der Vertragsländer gegenseitig erstreckt wird und

---

190 BVerwGE 22, 299 (302).
191 Zur Bindungswirkung nach § 5 IV BROG vgl E v e r s, Raumordnung, 72 ff; dagegen erlangen die in der Modellvariante ArGe aufeinander abgestimmten Pläne ihre Geltung aus den jeweiligen LPIG.

die Befugnisse nur in Form von Gesamtakten wirksam wahrgenommen werden können.

Der Regionalplan – und mit minderem Geltungsanspruch der Rahmenplan – ist mithin ebenfalls ein Gesamtakt, der sich aus der Staatsgewalt der Vertragsländer ableitet.

Denkbar wäre freilich auch, die von den zuständigen Landesbehörden erlassenen übereinstimmenden Akte als Anerkennung des vom Verband gesetzten Aktes zu deuten; der Unterschied ist hier nicht erheblich, da sich die Anerkennung ebenfalls auf den ganzen Regionalplan erstreckt und daher als sinnvoll nur vorstellbar ist, wenn jedes Vertragsland auch mit Wirkung für das Gebiet des anderen Vertragslandes eine solche Anerkennung auszusprechen befugt ist.

Etwas anders ist die rechtliche Struktur von Maßnahmen des Verbandes, die, wie die Festsetzung und Einhebung von Umlagen, unmittelbare Rechtswirkung gegenüber den Verbandsmitgliedern haben. Der Verband, obwohl einem Lande zugeordnet, nimmt gegenüber den Verbandsmitgliedern Befugnisse wahr, die ihm das andere Vertragsland hinsichtlich der seiner Hoheit unterstehenden Gemeinden oder sonstigen Körperschaften delegiert hat.

Die Wahrnehmung von Aufsichtsbefugnissen des Sitzlandes über die gemeinschaftliche Einrichtung ist Wahrnehmung eigener und delegierter Befugnisse, ggf verknüpft mit der Befugnis des Aufsichtsorgans, Staatsgewalt des eigenen Landes und delegierte Staatsgewalt des anderen Vertragslandes im eigenen Namen, aber im Herrschaftsbereich des anderen Vertragslandes wahrzunehmen – zB Maßnahmen der bwü Aufsichtsbehörde gegenüber der in Bayern amtierenden Planungsstelle.

Derartige Erstreckungen der Hoheitsgewalt auf das Territorium eines andern Landes und derartige Delegationen von Staatsgewalt sind grundsätzlich zulässig:

Den für die Kompetenzordnung geltenden formalen Grundsätzen ist Genüge getan, wenn die Kompetenzverschiebungen durch Staatsvertrag angeordnet werden/sind. Das Grundgesetz gebietet nicht, daß die Staatsgewalt eines Landes allein und ausschließlich nur in seinem Gebiet und nur durch die verfassungsrechtlich vorgesehenen oder traditionell legitimierten Landesorgane selbst ausgeübt wird; es gestattet nach Auffassung des BVerwG[192] die Errichtung gemeinsamer, der Regierung nachgeordneter Einrichtungen, sofern eine solche Regelung „sachgemäß und notwendig" ist.

Den für die föderale Ordnung geltenden Grundsätzen ist Genüge getan, wenn die Zuständigkeitsverlagerungen nicht zur Selbstpreisgabe wesentlicher Teile der Landesgewalt oder „unverzichtbarer Hoheitsrechte"[193] führen. Im Hinblick auf den begrenzten räumlichen und rechtlichen Umfang der Kompetenzverlagerungen und das Einstimmigkeitsprinzip bei allen wesentlichen Entscheidungen kann hiervon keine Rede sein.

Der Vorbehalt der Einstimmigkeit sichert auch die Wahrnehmung der Ministerverantwortlichkeit, da die Landtage die zuständigen Minister wegen ihrer Entscheidungen in den Angelegenheiten der gemeinsamen Regionalplanung zur Verantwortung ziehen können und der sachliche Verantwortungsbereich des Ministers weit gespannt ist.

Auf Einzelheiten der rechtlichen Struktur und Einzelprobleme wie die genaue Abgrenzung von Delegation und Mandat, Geltungserstreckung und Anerkennung ist in diesem Gutachten ebenso wenig einzugehen wie auf Fragen des Rechtsschutzes[194]. Es genügt hier festzustellen, daß die vorgestellten Modelle nach

---

192 BVerwGE 22, 299 (309).
193 BVerwGE, aaO.
194 Zu den Einzelfragen vgl R o e l l e n b l e g, DÖV 68, 225 m weit Nachw u die oben FN 175 zit Lit.

d Recht grundsätzlich rechtlich unbedenkliche Formen zur Bewältigung der Probleme grenzüberschreitender Raumplanung sind.

(2) Die Modellvariante Dachverband gestattet den Vertragsstaaten, die Besonderheiten des innerstaatlichen Regionalplanungsrechts beizubehalten und stellt die für gemeinsame Planung notwendige Einheit durch föderative Überwölbung her; dies freilich zum Preis einer zweiten Ebene der Regionalplanung. Zudem ist zu erwarten, daß eine effektive Planung des Dachverbandes nur noch wenig Spielraum für die Planung in den Teilregionen läßt und daher zwar nicht in der Form, aber in der Sache die Planung auch in der Teilregion durch das zwischenstaatliche, nicht das innerstaatliche Recht geprägt wird.

Die Modellvariante Regionalplanungsverband setzt ein einheitliches Planungsrecht für die Region voraus, nötigt daher die Vertragsländer, für den ihrer Hoheit unterstehenden Teil der Region die Besonderheiten des innerstaatlichen Planungsrechts preiszugeben und hinzunehmen, daß in diesem Gebietsteil Sonderplanungsrecht besteht. Die Vertragsländer werden darauf achten müssen, daß hieraus nicht Störungen der vertikalen und horizontalen Kooperation in ihrem Lande folgen.

Die Angleichung des Planungsrechts der Vertragsländer in der zwischenstaatlichen Sonderrechtsordnung verlangt daher ein Mindestmaß an Kompromißbereitschaft und Kompromißfindung; im Ergebnis wird die zwischenstaatliche Sonderrechtsordnung kompromißhafte Züge tragen[195].

Das Spektrum der rechtlichen Gestaltungsmöglichkeiten eines Sondervertrages auszuschöpfen, kann auch notwendig sein, um den Verband in die tatsächlichen Gegebenheiten einzubinden[196].

(3) In beiden Modellvarianten behalten die Vertragsländer den obersten Landesplanungsbehörden maßgebliche Entscheidungsrechte vor, insbesondere das Recht zur Verbindlichkeitserklärung des Regionalplanes — in der richtigen Erkenntnis der Bedeutung eines Regionalplanes für die Entwicklung des ihrer Hoheit unterstehenden Gebietes und seiner Auswirkung auf andere Gebietsteile und ggf das ganze Staatsgebiet. Weisungsrechte und Verbindlichkeitserklärungsvorbehalt sichern die Vertragsländer vor einer ihnen unerwünschten Planung und geben ihnen auch ausreichende Handhaben, einer unerwünschten Verselbständigung des Verbandes Einhalt zu gebieten.

Vorkehrungen, um Konflikte innerhalb des Verbandes zu überwinden, sieht nur der Staatsvertrag Rhein-Neckar-Gebiet mit dem Verständigungsverfahren vor.

Die Modellvariante Dachverband gestattet auch dem Vertragsland, im Falle eines Versagens des Verbandes wieder selbst bzw durch den seiner Hoheit unterstehenden Regionalverband die Verantwortung für die regionale Ordnung zu übernehmen. Die Modellvariante Regionalplanungsverband verwehrt dies den Vertragsstaaten.

Die Staatsverträge beziehen die Maßnahme- und Investitionsplanung in der Form der Abstimmung von Fach- und Raumplanung ein; auf die Durchführung der zur Planverwirklichung erforderlichen Maßnahmen haben die durch den Vertrag geschaffenen Organe und Einrichtungen keinen wesentlichen Einfluß. Einer generellen Bindung der Investitionspolitik können sich die Vertragsstaaten auch

---

195 So sieht der Staatsvertrag Region Donau-Iller weder den mitgliedsfreien Verband des bwü LPIG noch die Mitgliedschaft aller Gemeinden wie das bay LPIG vor, sondern die Mitgliedschaft der Landkreise und kreisfreien Städte; so erklärt sich das Nebeneinander von weisungsabhängigen und weisungsfreien Vertretern in der Verbandsversammlung als ein Kompromiß zwischen den unterschiedlichen Regelungen dieser Fragen durch das bwü LPIG u das bay LPIG; vgl oben S 136.
196 So war angezeigt, die Geschäftsstelle des Regionalverbandes Donau-Iller in das bay Neu-Ulm zu legen, obwohl der Verband seinen Sitz im bwü Ulm hat, um der von dem Verein Donau-Iller-Blau zu übernehmenden Geschäftsstelle den Umzug zu ersparen.

nicht unterwerfen; der Abschluß von Vereinbarungen über die Durchführung von konkreten Maßnahmen, die grundsätzlich zulässig ist, liegt außerhalb des Kompetenzkreises der durch Staatsvertrag geschaffenen Einrichtung. Daher ist es folgerichtig, wenn der Staatsvertrag Region Donau-Iller nur die obersten Landesplanungsbehörden verpflichtet, auf den Abschluß derartiger Vereinbarungen hinzuwirken.

Es hat sich ferner als notwendig erwiesen, nicht nur die Regionalplanung einzurichten, sondern auch die Kooperation der obersten Landesplanungsbehörden sicherzustellen. Damit wird der Tatsache Rechnung getragen, daß gemeinsame Regionalplanung zum Scheitern verurteilt wäre, wenn die Landesplanung der Vertragsländer nicht ebenfalls koordiniert wird, weil staatliche und regionale Planung rechtlich und durch die Eigengesetzlichkeit des Entscheidungsprozesses eng miteinander verflochten sind.

Die Möglichkeiten rechtlicher Sicherung der Kooperation auf Landesebene sind eng begrenzt, da die Länder sich nicht Mehrheitsbeschlüssen unterwerfen. Sie sichern sich die Stellung als gleichberechtigte Partner; sie tun dies auch dann, wenn ihr Anteil an der regionalen Ordnungsaufgabe von geringerem Gewicht ist als der Anteil anderer Vertragsstaaten[197]. Das Denken in Paritäten kann bis in die Organisation der Region durchschlagen[198].

Die Staatsverträge treffen keine Vorsorge, Konflikte in der Raumordnungskommission bzw bei der ständigen Konsultation und Zusammenarbeit der obersten Landesplanungsbehörden zu überwinden. Sie überlassen vielmehr die Entscheidungsfindung im Konfliktfalle dem politischen Spiel der Kräfte und der informellen Abstimmung zwischen den Landesregierungen — in der richtigen Erkenntnis, daß Konflikte auf Ministerebene ihre Ursache in Interessengegensätzen der Länder oder ihrer Regierungen haben[199], Verfahrensregelungen in solchen Konfliktsituationen daher wenig behilflich sind.

Ausschluß von Mehrheitsentscheidungen und Anerkennung der Gleichberechtigung der Vertragsländer sind bei zentralen, elementaren Interessen des Landes und den Kern seiner Raumordnungsverantwortung berührenden Angelegenheiten unausweichlich. Hierzu gehören Vertragskündigung, Mitwirkung in der Raumordnungskommission, Verbindlichkeitserklärung des Regionalplanes, ggf der Verbandssatzung. Daß dem Gleichheitsanspruch bei der Regelung weniger bedeutsamer Angelegenheiten elastisch Rechnung getragen werden kann, zeigt die Regelung der Verbandsaufsicht und die Vereinbarung ergänzend anzuwendenden Rechts — deren Tragweite ohnehin durch Vereinbarung zwischenstaatlichen Sonderrechts begrenzt werden kann.

(4) Dem Modell des grenzüberschreitenden öffentlich-rechtlichen Verbandes steht noch die Bewährungsprobe bevor. Als gesichert gilt, daß der Verband eine bessere Chance effektiver Planung bietet als die privat-rechtliche Vereinigung. Als gesichert gilt aber auch, daß durch Verbandsbildung nicht alle Hemmnisse überwunden werden können, die Landesgrenzen einer effektiven Regionalplanung entgegenstellen.

Die grenzüberschreitende Region ist unausweichlich zwei oder sogar mehr autonomen Hoheitsbereichen und Interessensphären zugeordnet, die im politischen und wirtschaftlichen Raum miteinander konkurrieren können, deren Träger jedenfalls aber legitimerweise autonome Ziele für ihr Land und für ihre Regionen

---

197 So Hess im Staatsvertrag Rhein-Neckar-Gebiet ungeachtet der Bedeutung, die der Kreis Bergstraße für die Region hat; so auch die Stadtstaaten bei der Verwaltung der Aufbaufonds.
198 So im Regionalverband Donau-Iller der turnusmäßige Wechsel im Amt des Verbandsvorsitzenden.
199 Vgl unten S 141.

wählen und verfolgen, die auch politisch und/oder rechtlich bereits auf bestimmte Ziele im eigenen Raum festgelegt sind.

Interessenpluralismus und Interessengegensätze können die planerische Fest-legung von Zielen erschweren; sie können vor allem der Verwirklichung der Planung entgegenstehen, wenn die zur Verfügung stehenden Finanzmittel dem Binneninteresse des Landes entsprechend zur Verwirklichung eigener regionaler Ziele eingesetzt werden.

Zu dem im föderalen System angelegten Interessenpluralismus tritt das in der Verwaltungsorganisation angelegte Problem der Aufsplitterung der Zuständigkei-ten auf eine Vielzahl von Behörden und Stellen, die auch an der binnenländischen Planung zu beteiligen sind, deren Zahl sich bei grenzüberschreitender Regional-planung aber vervielfacht. Da die zu beteiligenden Behörden und Stellen mit einem Vetorecht ausgestattet sein können, nach den jeweiligen landesrechtlichen Ordnungen unterschiedlich ressortieren und die von ihnen wahrzunehmenden Belange und Aufgaben aus dem Interesse des Landes zu akzentuieren und zu interpretieren gewohnt sind, kann die dem Verband obliegende Kooperation ungemein erschwert sein[200].

Mit diesen Hemmnissen begründet der Raumordnungsverband Rhein-Neckar den Erfahrungssatz, der Regionalverband könne zwar kommunale Aufgaben zufrieden-stellend koordinieren, seine Einflußmöglichkeiten verringerten sich aber in dem Maße, in dem bei einer Aufgabe die staatlichen Kompetenzen überwiegen würden; sie endeten, wenn die zu treffende Entscheidung von hervorragendem landes-politischem Interesse sei[201].

(5) Durch zweiseitige Generalverträge und Kooperationsermächtigungen an Gemeinden und Gemeindezusammenschlüsse kann die Landesgrenzen über-schreitende Kooperation erleichtert und die verbindliche Absprache regionaler Ziele ermöglicht werden. Machen die Verflechtungsbeziehungen die Erstellung eines grenzüberschreitenden Regionalplanes erforderlich, wird eine sonderver-tragliche Regelung unentbehrlich sein, um einen öffentlich-rechtlichen Verband einzurichten und ihm ein geeignetes Planungsinstrumentarium zur Verfügung zu stellen.

Bei der Organisation des Verbandes wird darauf Bedacht zu nehmen sein, dem Verband als dem Vertreter des regionalen Interesses eine relativ starke Stellung zu geben, damit er regionale Konflikte möglichst selbst überwinden kann und im Gegenstromverfahren sowie im ungemein erschwerten Koordinationsprozeß Gehör findet. Es empfiehlt sich dabei, durch Gesetz die Stellung der Region im Entscheidungsprozeß der Landesplanung festzulegen, wie dies zB durch die Zuweisung der Funktion „Träger der Regionalplanung" im Staatsvertrag Donau-Iller-Gebiet geschehen ist. Förderlich ist auch, die Verwaltungsspitze nach dem Maß ihrer Ordnungsaufgaben personell so auszustatten, daß sie das regionale Interesse nachdrücklich zur Darstellung bringen kann.

Privat-rechtliche Organisationsformen — insbesondere kommt der von den Gemeinden gebildete Verein in Betracht — sind für regionale grenzüberschrei-

---

200 Bei der Planung eines Erholungsgebietes zwischen Mannheim, Ludwigshafen und Speyer seien etwa 50 Behörden zu beteiligen, wären die hess Behörden ebenfalls zu beteiligen, steige die Zahl der mit einem Vetorecht ausgestatteten Behörden auf fast 70, Denkschrift Raumordnungsverband Rhein-Neckar (1971) 7.
201 Denkschrift Raumordnungsverband Rhein-Neckar, aaO, 13; zu den Hemmnissen einer effektiven grenz-überschreitenden Verbandsplanung vgl auch Bericht der Sachverständigenkommission für die Neugliederung des Bundesgebietes (1972) 56, 90, 94, 110 f; die Neugliederungskommission zieht diese Erwägungen zur Begründung der Notwendigkeit der Neugliederung der Länder im Rhein-Neckar-Gebiet u im Donau-Iller-Gebiet heran; der Raumordnungsbericht der Landesregierung RPf (1973) 66, beanstandet, der Verband Rhein-Neckar-Gebiet habe bislang kein Leitbild für die weitere Entwicklung entworfen, vielfach nicht einmal die Zielkonflikte dargestellt; zusammenfassend berichtet: F e u c h t e, AöR 98 (1973) 473 (489 ff).

tende Ordnungsaufgaben als vorläufige und als behelfsmäßige Lösung nützlich. Als dauernde Einrichtung kann eine privat-rechtliche Organisationsform ausreichen, wenn nur bescheidene, mit wenig Konflikten belastete Ordnungsaufgaben anstehen. Im übrigen ist sie wenig geeignet.

Der Entscheidungsprozeß des Verbandes kann durch den Anpassungszwang an die Ziele der Landesplanung der Vertragsländer und an zwischenstaatlich vereinbarte Ziele, durch Genehmigungsvorbehalt, durch Dienst- und Fachaufsicht gesteuert werden.

Diese Steuerungsmittel sind nur bedingt geeignet, Konflikte innerhalb der Region und auf der Ebene der obersten Landesplanungsbehörden zu überwinden. Behelfe der Konfliktüberwindung innerhalb des Verbandes sind relative Eigenständigkeit des Verbandes durch Freistellung der Mitglieder der Verbandsorgane von Weisungen, die Einrichtung einer starken Verwaltungsspitze, die Einrichtung eines Verständigungsverfahrens, an dem die obersten Landesplanungsbehörden mitwirken. Mit der Kooperation der regionalen Ebene ist die Kooperation auf Landesebene sicherzustellen. Auf dieser Ebene ist der Entscheidungsprozeß über gewichtige Angelegenheiten nach dem Prinzip der Einstimmigkeit und Gleichberechtigung der Vertragsländer zu gestalten.

Behelfe, Konflikte auf der Ebene der obersten Landesplanungsbehörden zu überwinden, sind: Einrichtung einer Raumordnungskommission als Plattform notwendigen Gesprächs und notwendiger Verständigung, Ausstattung der Kommission mit dem Recht — ggf auf Antrag des Regionalverbandes —, Empfehlungen an die Minister und Regierungen der Vertragsländer auszusprechen.

Im Falle des Scheiterns der Koordination auf Landesebene die Kompetenzen zur Regionalplanung wieder an die einzelnen Vertragsländer zurückfallen zu lassen, dürfte sich nicht empfehlen; der Druck des Sachzwanges, ungeachtet der Interessengegensätze zu einer Einigung zu kommen, würde dadurch entfallen und der Desintegration der Region Vorschub gegeben werden. Bei unüberwindbaren Interessengegensätzen ist Vertragsauflösung oder -änderung angezeigt. Bis dahin können die Länder kraft ihrer ihnen verbliebenen Kompetenzen für eine behelfsmäßige räumliche Ordnung Sorge tragen.

Durch grenzüberschreitende Regionalplanung kann die Investitionstätigkeit der Vertragsländer und anderer Investitionsträger nur in engen Grenzen zeit- und maßnahmegerecht gesteuert werden. Da Grenzregionen gegen Ausbleiben der Planverwirklichung besonders empfindlich sein können, empfiehlt sich, geeignete Vorkehrungen zu treffen, um die Investitionen in die Region zu lenken. In Betracht kommen:

— Die Einrichtung eines von den Vertragsländern, ggf auch von den Mitgliedern des Verbandes gespeisten Fonds, der nach seiner Ausstattung den Verband zumindest instand setzt, Investitionsinitiativen auszulösen,

— Erweiterung der Zuständigkeit der Raumordnungskommission, auf die Maßnahme- und Investitionsplanung der Vertragsstaaten durch Empfehlungen einzuwirken,

— Bereitstellung von Behelfen, die den Abschluß von Vereinbarungen über konkrete Maßnahmen erleichtern, so die Vermittlung durch den Verband und die Raumordnungskommission,

— der Entwurf von Vertragsmustern.

3.7.6. *Gemeinsame Planung in Kommissionen*

(1) (Gemeinsame Rahmenplanung von Stadtstaat und Flächenstaat) Das Modell der Kommission geht zurück auf ein Regierungsabkommen, das die Länder Preußen und Hamburg 1928 beschlossen hatten, um eine gemeinsame Planung für

Hamburg und sein weiteres Umland einzurichten[202]. In diesem Abkommen hatten die Regierungen der beiden Länder ihre Bereitwilligkeit erklärt, die zur Entwicklung des nur grob umgrenzten hamburgisch-preußischen Wirtschaftsgebietes erforderlichen Maßnahmen „in gemeinsamer Arbeit so zu treffen, als ob Landesgrenzen nicht bestünden". Für die Ausarbeitung und Anpassung der einheitlichen Landesplanung, die „nach Möglichkeit dem weiteren Ausbau" des Raumes zugrunde zu legen war, wurde ein Landesplanungsausschuß eingesetzt, der aus Beauftragten der beiden Regierungen bestand. Preußen entsandte die Oberbürgermeister der drei mit Hamburg verflochtenen pr Städte und als Vertreter der an Hamburg angrenzenden Landkreise zwei Landräte sowie drei Techniker; Hamburg entsandte ebenfalls drei Techniker sowie einen leitenden Senator und vier Stadträte.

Der Landesplanungsausschuß, dem eine technische Zentralstelle (1 Baurat, 1 Büroleiter) zur Verfügung stand, war auf gutachterliche Tätigkeit beschränkt, die er auf Anfrage oder aus eigenem Entschluß entfaltete[203].

Die Bemühungen, für Hamburg und seine zu den Ländern Niedersachsen und Schleswig-Holstein gehörenden Randgebiete nach dem Zweiten Weltkrieg eine gemeinsame Landesplanung einzurichten, zeitigten erste Erfolge 1955 mit der Konstituierung des Gemeinsamen Landesplanungsrats Hamburg/Schleswig-Holstein und 1958 mit der Vereinbarung der Gemeinsamen Landesplanungsarbeit Hamburg/Niedersachsen[204]. In beiden Fällen handelt es sich um nicht veröffentlichte schlichte Regierungsvereinbarungen der jeweils beteiligten Länder. Gegenstand der Vereinbarung ist die Konstituierung einer Kommission auf der Ebene der Regierungschefs und Minister. Die Kommissionen können auf der Grundlage gegenseitiger Verständigung über Empfehlungen an die Regierungen der beteiligten Länder beschließen. Die Empfehlungen bedürfen der Billigung (Zustimmung) der beiden Landesregierungen und der Umsetzung in innerstaatliche Vorschriften. In der Sache sind sie Grundlage für die Landes- und Regionalplanung, die Bauleitplanung und die Fachplanungen sowie für raumbedeutsame Maßnahmen und Entscheidungen der beteiligten Länder.

Daß die Empfehlungen der Kommissionen die Billigung der beteiligten Länder finden und ihren Planungen und Maßnahmen zugrunde gelegt werden, erleichtert die Zusammensetzung der Kommissionen und ihrer Unterkommissionen aus Ministern und Staatssekretären (Senatoren und Staatsdirektoren) und die Übung, Beschlußvorlagen der Kommission länderintern mit den anderen Ressorts und erforderlichenfalls auch anderen Stellen abzustimmen.

---

202 Hamburgisch-preußisches Abkommen v 5. 12. 1928; vgl ausführlich hierzu S c h u m a c h e r, Wesen und Organisation der Landesplanung (1932) 11 f; H a a r m a n n, DVBl 66, 292 ff; eine weitere Vereinbarung für grenzüberschreitende Planung war 1925 zur Planung im engeren mitteldeutschen Industriebezirk von fünf d Ländern abgeschlossen worden. Mangels einer Rechtsgrundlage blieb den Bemühungen der Erfolg versagt, vgl K l a m m r o t h, Organisation und rechtliche Grundlage der Landesplanung in der Bundesrepublik Deutschland und in Berlin (1954) 11.
203 Wie S c h u m a c h e r, aaO, 14, aus dessen Initiative das Abkommen hervorgegangen ist, formulierte, war der Ausschuß „mit moralischen, nicht juristischen Kompetenzen ausgestattet"; in einer Zeit, in der Landesplanung auch innerhalb eines Landes auf persuasorische Mittel beschränkt war, hatte S c h u m a c h e r Anlaß, das Wirken des Ausschusses rühmend hervorzuheben; die Wirksamkeit des Ausschusses erfuhr freilich eine skeptische Beurteilung, vgl dazu H a a r m a n n, DVBl 66, 292 (294); B ö k e, Landschaft und Stadt 71, 85.
204 Der Planungsraum deckt eine Fläche von 50 km Radius, von der Hamburger City aus gerechnet; vgl die Dokumentation der Entschließungen des Gemeinsamen Landesplanungsrates Hamburg/Schleswig-Holstein, Sonderdruck der Schriftenreihe „Landesplanung in Schleswig-Holstein", Hrsg Innenminister des Landes SchH (1971); Z i n k a h n / B i e l e n b e r g, BBauG, Einleitung, Rdnr 160 f m Nachw der Lit bis 1966; H a a r m a n n, Gemeinsame Landesplanung Hamburg/Schleswig-Holstein, DVBl 66, 292 f; E b e r t / S c h m i d t - E i c h b e r g / Z e c h, Das Entwicklungsmodell Hamburg und sein Umland, Stadtbauwelt 69, 206 f; B ö k e, Grenzüberschreitende Planungen — dargestellt am Beispiel Hamburg/Niedersachsen, Landschaft und Stadt 71, 85; Till K r ü g e r, Das Entwicklungsmodell für Hamburg und sein Umland, Städtetag 71, 320 f.

Einzelheiten über die Zusammensetzung der beiden Kommissionen und ihre Aufgaben, die Zusammensetzung und Aufgaben der Unterausschüsse, die Beteiligung von Abgeordneten der Landesparlamente[205] und die Einbeziehung der Regierungspräsidenten, der Landkreise und kreisfreien Städte zu berichten, ist nicht angezeigt. Die Kommissionen regeln alle diese Angelegenheiten im Wege der Empfehlung selbst und pflegen die Möglichkeit, ihre Organisation und das Verfahren elastisch den jeweiligen Gegebenheiten anzupassen, zu nutzen.

Ziel der Gemeinsamen Landesplanungen für den Hamburger Raum ist, ein weiteres ringförmiges Wachsen Hamburgs von seinem Zentrum aus abzuwenden. Angestrebt wird eine Tiefengliederung des Raumes bis zu 40 km von der Hamburger City nach dem Ordnungskonzept der Aufbauachsen, deren Endpunkte besonderen Ausbau erfahren sollen. Gegenstand der Empfehlungen sind daher insbesondere:

— Die Festlegung der Aufbauachsen und ihrer Verdichtungspunkte im System der Zentralen Orte,
— die Ausstattung der Aufbauachsen mit Straßen und öffentlichen Verkehrsmitteln,
— die Freihaltung der Achsenzwischenräume und ihre Nutzung für Land- und Forstwirtschaft und zur Befriedigung von Freizeitbedürfnissen.

Die in den Empfehlungen[206] niedergelegten Ziele der Raumordnung und Landesplanung sind durch Aufnahme in die Planungen der Länder[207] verbindliche Ziele der Raumordnung und Landesplanung im Sinne des für die Länder geltenden Raumordnungsrechts geworden.

Für die schh Randgebiete sind die Empfehlungen der Kommission 1973 durch den Regionalplan für den Planungsraum I des Landes Schleswig-Holstein[208] ausgeformt, konkretisiert und als verbindliche Ziele der Landesplanung festgesetzt worden. Dieser Regionalplan war von einer Arbeitsgemeinschaft der vier Kreise des Planungsraumes erarbeitet worden, denen nach § 5 I schh LPlG (1961) die Regionalplanung für ihre Kreisgebiete mit der Maßgabe gemeinsamer Planerstellung übertragen worden war.

Hamburg steht als Stadtstaat nur der Flächennutzungsplan als rechtlich verbindliches Ordnungsinstrument zur Verfügung[209]. Die Empfehlungen können daher nur in diesen Plan und in verwaltungsinterne Pläne und Vorschriften übernommen werden. Da die Empfehlungen sich im wesentlichen mit der Ordnung der Randgebiete, nicht mit der Ordnung des Stadtgebietes von Hamburg befassen, haben sie für Hamburg ohnehin eine andere Bedeutung als für den Flächenstaat; man könnte sie ihrem Schwerpunkt nach als verwaltungsintern verbindliche Orientierungsdaten für die Anpassung der Planungen und Maßnahmen des Stadtstaates an die angestrebte Entwicklung der Randgebiete bezeichnen.

Die Verwirklichung der gemeinsamen Landesplanung wird durch Aufbaufonds gefördert, die auf dem Wege der Kommissionsempfehlung 1960 für Hamburg/Schleswig-Holstein und 1962 für Hamburg/Niedersachsen eingerichtet worden sind. Diese Fonds werden zu gleichen Teilen von Hamburg und dem beteiligten Flächenstaat gespeist. Den Fonds standen anfangs 4 bzw 2 Mio DM zur Verfü-

---

205 Vgl unten S 146.
206 Die bisher ausgesprochenen Entschließungen des Gemeinsamen Landesplanungsrates Hamburg/Schleswig-Holstein und die Empfehlungen der Hauptkommission der Gemeinsamen Landesplanung Hamburg/Niedersachsen sind aufgelistet im Raumordnungsbericht der Bundesregierung 1974, BT-Drucks 7/3582, 150 f.
207 Schleswig-Holstein: LandesentwicklungsgrundsätzeG v 13. 4. 1971 idF v 11. 12. 1973 GVBl 425; Raumordnungsplan v 16. 5. 1969 GVBl 315, letzte Änderung v 25. 4. 1973 ABl 345; Niedersachsen: Landes-Raumordnungsprogramm v 18. 3. 1969, letzte Änderung v 3. 4. 1973.
208 Bekanntmachung des Ministerpräsidenten v 16. 4. 1973 ABl 379.
209 Vgl S c h u l z e, Integration von flächenbezogener und finanzieller Planung, Recht und Politik 70, 159 ff.

gung; 1974 haben sich diese Mittel inzwischen auf 19 bzw 10 Mio DM erhöht[210]. Die Aufbaufonds sollen der Finanzierung zusätzlicher Maßnahmen zur Entwicklung des Hamburger Randgebietes dienen; gefördert werden dürfen daher Vorhaben im Umland von Hamburg, die mit der gemeinsamen Planung in Einklang stehen und für ihre Verwirklichung bedeutsam sind. Grundsätzlich wird nur die Restfinanzierung subventioniert.

Über die Verwendung der Förderungsmittel entscheidet ein Ausschuß, der aus bestimmten Ministern bzw Senatoren der beiden Länder gebildet ist; bei größeren Objekten hat sich die Kommission die Zustimmung vorbehalten. Sie hat auch die Schwerpunkte der Förderung bestimmt. Zuständig für die Verwaltung der Fonds und die Geschäftsführung des Ausschusses ist der Innenminister des Flächenstaates.

Gefördert wurden insbesondere der Bau von zentralen Abwasseranlagen, ferner der Krankenhaus- und Schulbau, die Bodenbevorratung für Industrieansiedlung sowie der Straßenbau und die Erschließung von Industriegebieten.

Die Empfehlungen sehen ferner vor, daß „geförderte Umsiedlungen" aus Hamburg in die Randgebiete, die wegen ihres Ausmaßes nicht mit Mitteln des Aufbaufonds gefördert werden, durch einen besonderen Vertrag zwischen Hamburg und den beteiligten Gemeinden in die Wege geleitet werden. In den Verträgen wären Einzelheiten der Umsiedlung und ihrer Förderung durch Hamburg zu vereinbaren; diese Empfehlung ist bisher (Stand 1974) nicht praktiziert worden.

Durch Vereinbarung ist ferner geregelt, daß Hamburger Bürger mit hamburgischen öffentlichen Wohnungsbaumitteln auch in den Randkreisen bauen können[211].

Das Modell der von einem Aufbaufonds unterstützten Kommission wurde 1963 für die Ordnung des Raumes Bremen/Unterweser[212] übernommen. Grundlage der gemeinsamen Landesplanung Bremen/Niedersachsen[213] ist eine nicht veröffentlichte Absprache der beiden Landesregierungen vom 9. April 1963. Eingerichtet sind eine Hauptkommission — auf der Ebene der Staatssekretäre (Senatsdirektoren) —, Fachausschüsse — auf der Ebene der Fachminister (Senatoren) — und ein Aufbaufonds, zeitweilig auch regionale Unterausschüsse und Arbeitskreise. Eine Geschäftsordnung gibt es nur für den Bewilligungsausschuß, der über die Verwendung der Mittel des Fonds entscheidet, nicht für die Hauptkommissionen. Die Länder arbeiten ferner in der Wirtschaftsförderungsgesellschaft Weser-Jade mbH zusammen.

Die Empfehlungen zur Ordnung des Raumes Bremen/Unterweser streben ebenfalls eine Tiefengliederung des Raumes an und bedienen sich hierbei wiederum des Ordnungskonzeptes der Aufbauachsen.

Die als Ziele der gemeinsamen Landesplanung Bremen/Niedersachsen festgestellten Empfehlungen sind in das Raumordnungsprogramm für das Land Niedersachsen vom 18. März 1969 in der Fassung von 1973 und in die Raumordnungsprogramme der nds Bezirke übernommen worden.

---

210 B ö k e, aaO, 87 f.
211 H a a r m a n n, DVBl 66, 296.
212 Gut 8000 qkm Fläche mit 1,6 Mio Ew.
213 Vgl die Dokumentation Bremen/Niedersachsen. 10 Jahre gemeinsame Landesplanung, Hrsg Senator für das Bauwesen Bremen und der nds Minister des Innern, Juli 1973.

Der Stadtstaat Bremen hat die Empfehlungen in seinen Stadtentwicklungsprogrammen „in wesentlichen Teilen..." konkretisiert[214].

(2) (Gemeinsame Planung von Flächenstaaten) Eine Variante des Modells der Kommission haben die Länder Bayern und Hessen entwickelt, um gemeinsame Rahmenplanung für die Grenzregionen[215] zu ermöglichen. Die Arbeitsgruppe „Gemeinsame Rahmenplanung der Länder Bayern und Hessen" hat sich 1973 konstituiert. Mitglieder sind die Minister (Ministerpräsidenten) als oberste Landesplanungsbehörden, die Regierungen (Regierungspräsidenten) und je ein Vertreter der bay regionalen Planungsverbände und der hess regionalen Planungsgemeinschaften der grenznahen Räume. Die Arbeitsgruppe hat sich die Aufgabe gestellt, Empfehlungen für die räumliche Ordnung und Entwicklung der grenznahen Räume zu erarbeiten. Gegenstand der Erörterung sind ferner Vorhaben von erheblicher Bedeutung für den Grenzraum, wenn das Abstimmungsverfahren zwischen den Landesplanungsbehörden der beiden Länder mit abweichenden Stellungnahmen endet.

Die Ergebnisse der gemeinsamen Planung sind Empfehlungen; sie sollen in die Raumordnungspläne und -programme beider Länder und in die Regionalpläne der beteiligten Planungsgemeinschaften eingehen[216].

Bemerkenswert an dieser Modellvariante ist der Versuch, in einer gemischten Kommission die Planungsträger der drei Planungsstufen zusammenzuführen, damit zentrale grenzüberschreitende Raumordnungsfragen „am runden Tisch", aber in einer institutionalisierten Form abgestimmt werden können.

(3) Ungeachtet der institutionellen Schwäche der Kommission können ihre Entscheidungen und Empfehlungen für die künftige Entwicklung des Raumes von so erheblicher Bedeutung sein, daß der Mangel sichtbarer demokratischer Legitimation der Entscheidung spürbar wird und nach Wegen gesucht wird, die Parlamente in den Entscheidungsprozeß einzubeziehen. Eine solche Beteiligung der Parlamente wiederum kann, weil sie über den Haushalt und damit über die Durchführung der erforderlichen Investitionen entscheiden, auch für die Verwirklichung der gemeinsamen Planung von erheblichem Nutzen sein.

Die Parlamente können sinnvoll nicht als solche in den Entscheidungsprozeß einbezogen werden, wenn und solange im Binnenland das Parlament nicht über den Regionalplan entscheidet. Denkbar sind nur Aushilfen, die dazu beitragen, den Mangel sichtbarer demokratischer Legitimation zu kompensieren.

Die vier Küstenländer haben die hier vorgestellte Kooperation der Exekutivspitzen ergänzt durch die Zusammenarbeit der vier Landesparlamente im Norddeutschen Parlamentsrat, der als gemeinsame Einrichtung der vier Volksvertretungen konzipiert ist. Mangels verfassungsrechtlicher Grundlagen handelt es sich hierbei um ein Gremium, das Empfehlungen an die Parlamente und Landesregierungen aussprechen darf, aber der weiteren politischen Entwicklung überlassen muß, ob die

---

214 So die Dokumentation Bremen/Niedersachsen, aaO, 68; die betonte Zurückhaltung ist auf den relativ hohen Abstraktionsgrad der Empfehlungen zurückzuführen; durch eine den programmatischen Charakter abbauende Überarbeitung müßten als Ziel einer Konkretisierung operable Ziele erreicht werden können; dieser Bericht verschweigt sich offenbar bewußt zur Aufnahme der Empfehlungen in die Flächenwidmungspläne des Stadtstaates Bremen; die zur Zeit laufenden Verhandlungen zur Intensivierung der Gemeinsamen Landesplanungsarbeit werden Modalitäten zu entwickeln haben, die eine solche Aufnahme garantieren; Auflistung der bisher ausgesprochenen Empfehlungen der Hauptkommission im Raumordnungsbericht der Bundesregierung 1974, BT-Drucks 7/3582, 150.
215 Zur Planung im Rhein-Neckar-Gebiet vgl jedoch oben S 133; zum Verwaltungsabkommen über Maßnahmen der Raumordnung und Landesplanung im Grenzbereich der Länder Hess und RPf v 18. 5. 1965 StAnz 688, vgl G u m p e l, Fragen der grenzüberschreitenden Planung, in: Die Ansprüche der modernen Industriegesellschaft an den Raum (2. Teil), Veröffentlichungen der Akademie für Raumforschung und Landesplanung, Forschungs- und Sitzungsberichte Bd 74, 8.
216 Vgl Bayerische Staatsregierung (1973), 2. Raumordnungsbericht, 293.

Adressaten die Empfehlung überhaupt zur Kenntnis nehmen und bei der Entscheidungsfindung wenigstens berücksichtigen.

3.7.7. *Wesensmerkmale der Rahmenplanung durch Kommissionen*

Bei zusammenfassender Würdigung der gemeinsamen Landesplanung der Stadtstaaten Hamburg und Bremen mit den angrenzenden Flächenstaaten in der Form der Rahmenplanung ist hervorzuheben:

Das Kommissionsmodell beruht auf der rechtlich nicht gesicherten Selbstbindung der Regierungen und Ministerien der beteiligten Länder; dies ermöglicht, die Organisation flexibel an die jeweiligen Gegebenheiten des Raumes und die Entwicklung des Kooperationsbedürfnisses anzupassen und die Kooperation horizontal und vertikal zu verflechten. Durch Ansiedlung der Kommission und der Ausschüsse auf der Ebene des Regierungschefs und der Minister (Senatoren) sowie durch Verfahrensregeln kann die Übernahme beschlossener Empfehlungen in das innerstaatliche Rechts- und Verwaltungssystem der beteiligten Staaten praktisch gesichert werden.

Nicht gesichert werden kann das Zustandekommen von Empfehlungen selbst. Es ist, vor allem im Falle divergierender Auffassungen durch das Maß der Kooperationsbereitschaft der am Entscheidungsprozeß beteiligten Personen und Institutionen bedingt. Vorausgesetzt ist ferner Rücksichtnahme auf die rechtlichen und politischen Besonderheiten des Stadtstaates; sie lassen nicht zu, seine Entwicklungsplanung als Ganzes zum Gegenstand der gemeinsamen Landesplanung zu machen. Dies hat zur Folge, daß die Empfehlungen unmittelbar nur oder zumindest im wesentlichen nur die räumliche Ordnung der in den Flächenstaaten gelegenen Gebietsteile zum Gegenstande haben; der Stadtstaat ist zwar gehalten, seine Planungen und Maßnahmen an die Empfehlungen anzupassen und zur Verwirklichung der Ziele der gemeinsamen Landesplanung beizutragen, im übrigen aber frei, seine Entwicklung selbst zu bestimmen. Insoweit ist die Effektivität der gemeinsamen Landesplanung durch die Bereitschaft des Stadtstaates bedingt, seine Entwicklungspolitik, insbesondere bei der Durchführung von Stadtentwicklungsmaßnahmen und bei der Industrieansiedlung, auf die Ziele einer gemeinsamen Landesplanung auszurichten. Seine gleichberechtigte Beteiligung bei der Erarbeitung dieser Ziele sowie seine Pflicht, zur Verwirklichung dieser Ziele finanziell beizutragen, und sein Recht, über die Verwendung der gemeinsamen Mittel gleichberechtigt mitzuentscheiden, kann diese Bereitschaft fördern.

Die Einrichtung eines Aufbaufonds und seine hinreichende finanzielle Ausstattung ist für die Verwirklichung der gemeinsamen Landesplanung wesentlich. Der Fonds ermöglicht, wichtige Vorhaben durchzuführen, bei den kommunalen Gebietskörperschaften und anderen Planungsträgern Initiativen zur Durchführung plankonformer Maßnahmen auszulösen und die generelle Bereitschaft der Planungsträger, an der Verwirklichung der Ziele mitzuwirken, zu stärken.

Die Eignung des für Hamburg entwickelten Modells der gemeinsamen Landesplanung von Stadtstaat und Flächenstaat ist durch die Übernahme des Modells für den Raum Bremen/Unterweser in gewisser Weise bestätigt worden. Spätere Erwägungen, für diesen Raum einen Großraumverband zu errichten, wurden nicht weiter verfolgt. Man war der Auffassung, „daß alle zur Zeit erkennbaren Sachaufgaben ... durch die bestehenden Einrichtungen: Gemeinsame Landesplanungsarbeit Bremen/Niedersachsen und Wirtschaftsförderungsgesellschaft Weser/Jade mbH in Kooperation erfolgversprechend wahrgenommen werden können". Es wurde darauf hingewiesen, daß die Errichtung eines reinen Planungsverbandes keine ausreichenden Vorteile erbringe und die Errichtung eines Planungs- und Entwicklungsverbandes als eines rechtlich komplizierten, finanziell aufwendigen Gebildes mit der ihm innewohnenden Tendenz zu einer gewissen Eigenentwicklung vermeidbar sei[217].

Im Schrifttum finden sich unübersehbare Hinweise darauf, daß die gemeinsame Landesplanung zwar das Verständnis für die räumlichen Zusammenhänge geweckt und einer weiteren Verschlechterung der Strukturverhältnisse der Räume entgegengewirkt habe, im übrigen aber die Erfolge der gemeinsamen Landesplanung wenig befriedigend seien; es sei nicht gelungen, die Interessengegensätze zwischen Stadtstaat und Randgebiet und die Interessengegensätze innerhalb der Flächenstaaten zu überwinden; infolge der Konkurrenz bei der Industrieansiedlung und der Unzulänglichkeit der Förderungsmittel sei die angestrebte Schwerpunktbildung im Umland von Hamburg noch nicht gelungen; die Gemeinden verfolgten nicht nur ausnahmsweise planwidrige Ziele; es seien Streusiedlungen und andere Eingriffe in die Landschaft zugelassen worden; es fehle weithin an einer systematischen Erschließung und Gestaltung der Grünverbindungen[218].

Für die Beurteilung der Eignung des Modells geben die kritischen Stellungnahmen wenig her, soweit sie Modalitäten der Planung und ihrer Verwirklichung vor allem in der Anlaufzeit beanstanden. Daß möglicherweise Planungsziele zu hoch gesteckt wurden oder nicht in einem ausgewogenen Verhältnis zu den zur Verfügung stehenden Mitteln stehen und daß das Instrumentarium der Landesplanung gegenüber den Gemeinden und anderen Planungsträgern nicht ausgeschöpft worden ist, stellt die Brauchbarkeit des Modells nicht grundsätzlich in Frage. Derartige Unzulänglichkeiten können, wenn sie einmal erkannt worden sind, abgestellt werden. Erforderlich ist insbesondere, im Flächenstaat die Ziele der gemeinsamen Planung in operable Ziele umzusetzen; hierbei wiederum hat sich für Schleswig-Holstein förderlich erwiesen, die Gebietskörperschaften zu befähigen, an der Umsetzung und Ausformung der Ziele mitzuarbeiten.

In den Eigengesetzlichkeiten des Modells angelegt und daher gravierend ist die Besorgnis, daß der Stadtstaat als politische Wirkungseinheit eine Dynamik und als Metropole eine Sogkraft entfaltet, welche die Verwirklichung der Planziele nachhaltig beeinträchtigt. Die Möglichkeiten, den Stadtstaat in die gemeinsame Planung einzubeziehen, sind begrenzt. Daher kann nur unter diesem Vorbehalt das Modell der von einem Fonds gestützten Kommission als geeignetes und bewährtes Modell für die Ordnung eines Stadtstaates und seines Umlandes bezeichnet werden.

217 Vgl Bericht der beiden Landesplanungsbehörden an die Hauptkommission v 23. 4. 1973, abgdr Bremen-Niedersachsen, 10 Jahre gemeinsame Landesplanung, aaO, 105.
218 Für die schh Gebietsteile: D a m k o w s k i , RFuRO 72, 263, allerdings auf Grund überholten Zahlenmaterials; für die nds Gebietsteile: B ö k e, aaO, 71, 85; für den Raum Bremen/Unterweser: R o s e n b e r g, in: Die Verwaltungsregion, Aufgaben und Verfassung einer neuen Verwaltungseinheit, Schriftenreihe des Vereins für Kommunalwissenschaften Berlin, Bd 16 (1967) 84; behutsame Vorschläge zur notwendigen Intensivierung der Zusammenarbeit zwischen Niedersachsen und Hamburg bzw Bremen enthält auch das Gutachten der Sachverständigenkommission für die Verwaltungs- und Gebietsreform in Niedersachsen (Weber-Kommission) Bd 1 (1969) 120.

4. Schweiz

4.1. Die kantonale und kommunale Gebietsstruktur

Die Schweiz mit einer Fläche von 41.288 qkm und 6,38 Mio Einwohnern (Stand 1972) ist in 25 Kantone gegliedert[1]. Einzelne Kantone sehen für die staatliche Verwaltung eine Bezirksgliederung vor; für die Aufgaben der Raumplanung hat die Bezirkseinteilung eine untergeordnete Bedeutung. Sie ist daher nicht näher zu erörtern. 1972 bestanden 3063 Gemeinden[2]. Fast die Hälfte der Gemeinden (47 %) hatten weniger als 500 Einwohner, 243 von ihnen sogar weniger als 100 Einwohner. 92 Gemeinden (3 %) hatten eine Bevölkerung von 10.000 und mehr Einwohnern; in diesen lebten etwa 45 % der Bevölkerung.

Man weiß, daß viele Gemeinden in ihrem personellen und territorialen Umfang zu klein sind, um die der Gemeinde heute obliegenden Aufgaben wirksam wahrnehmen zu können. Auch die finanzielle Ausstattung der kleinen Gemeinden wird als unzulänglich bezeichnet; als besonders problematisch gilt die Situation der oft sehr kleinen Gemeinden in den sich entvölkernden Alpentälern. Aber auch die Städte zwischen 5.000 und 20.000 Einwohnern sehen sich schwer lösbaren Problemen gegenüber, die ihre wesentliche Ursache in der Bevölkerungskonzentration in den sich industriell entwickelnden Zonen des Flachlandes haben. Auch sie sind in finanzielle Engpässe geraten; ihre Schuldenlast steigt an[3].

Änderungen im Bestand der Gemeinden hat es seit der Gründung des Bundes im Jahre 1850 immer wieder gegeben, vereinzelt Neugründungen (bis 1940), wesentlich häufiger aber Zusammenlegungen von Kleinstgemeinden und Eingliederungen von Vorortsgemeinden in Städte. Es wird damit gerechnet, daß auch weiterhin fallweise der Gemeindebestand geändert werden wird, zumal derartige Zusammenlegungen von einzelnen Kantonen gefördert und erleichtert werden. Eine grundlegende Änderung der Gemeindegebietsstruktur steht jedoch nicht zur Diskussion[4].

Die Zurückhaltung bei Eingriffen in die kommunale Gebietsstruktur hat mehrfache Gründe; dem freiwilligen Zusammenschluß der Gemeinden stehen oft die unterschiedliche Finanzkraft und die unterschiedliche finanzielle Ausstattung der in Betracht kommenden Gemeinden entgegen; in einzelnen Kantonen schreibt das Verfassungsrecht für eine Zusammenlegung von Gemeinden einen kantonalen Volksentscheid oder die Zustimmung der betroffenen Gemeinden vor und erschwert damit die Zusammenlegung erheblich. Insbesondere aber überwiegt in den politisch maßgeblichen Kreisen die Auffassung, die aus der Entwicklung der Gemeindeaufgaben und der Siedlungsstruktur erwachsenden Probleme sollten mit Rücksicht auf die Eigenständigkeit der Gemeinden tunlichst nicht durch Zusammenlegungen, sondern durch interkommunale Zusammenarbeit, nicht zuletzt auch durch Bildung von Planungsregionen gelöst werden[5].

---

1 Genauer: in 22 Kantone, von denen jedoch 3 in selbständige Halbkantone geteilt sind; vgl Auflistung der s Kantone nach Größenklassen im Anhang Schweiz 8.3.1.
2 Vgl J a g m e t t i , Die Stellung der Gemeinden, ZSR 72/II, 221 (275).
3 Detaillierte Erhebungen bei M e y l a n / G o t t r a u x / D a h i n d e n , Gemeinden, 177 ff; vgl auch J a g m e t t i , ZSR 72/II, 377 ff; P r o b s t , Die Ordnung der Finanzen bei der Regionalplanung – Herausforderung zur Planung des Rechts, in: Blumenstein-FS (1966) 109, 117.
4 Aufgelöst wurden zwischen 1860 u 1960 144 Gemeinden, zwischen 1961 u 1972 32 Gemeinden; vgl J a g - m e t t i , ZSR 72/II, 275 u M e y l a n / G o t t r a u x / D a h i n d e n , Gemeinden, 75 ff mit detailliertem statstischem Nachw zur Entwicklung des Gemeindebestandes.
5 M e y l a n / G o t t r a u x / D a h i n d e n , Gemeinden, 81 f; J a g m e t t i , ZSR 72/II, 357 f, 396 f.

4.2. Das Selbstverwaltungsrecht der Gemeinden

Lit: *Giacometti*, Das Staatsrecht der schweizerischen Kantone (1941); *Imboden*, Die Organisation der schweizerischen Gemeinden, Zbl 45, 353, 377; *Liver*, Gemeinderecht, Zbl 49, 40; *Geiger*, Die Gemeindeautonomie und ihr Schutz nach schweizerischem Recht, Diss St. Gallen (1950); *Grisel*, Droit administratif suisse (1970); *Zimmerli*, Die neuere bundesgerichtliche Rechtsprechung zur Gemeindeautonomie, Zbl 72, 257; *Meylan*, Problèmes actuels de l'autonomie communale, Referat an den s Juristenverein, ZSR 72/II, 1—29; *Jagmetti*, Die Stellung der Gemeinden, Referat an den s Juristenverein, ZSR 72/II, 221—400; *Meylan/Gottraux/Dahinden*, Schweizer Gemeinden und Gemeindeautonomie (1972).

4.2.1. *Verfassungsrechtliche Grundlagen*

Die s politische Gemeinde[6] ist die unterste Stufe im Organisationsgefüge des Staates, der als dreistufiger Aufbau aus Gemeinde, Kanton und Bund „von unten nach oben" verstanden wird.

Nach diesem Verständnis verwirklicht sich durch Demokratie und Autonomie das genossenschaftliche Zusammenleben des Bürgers besonders in der Gemeinde. Aus dem Zusammenschluß der Gemeinden bauen sich die Kantone auf; aus dem Zusammenschluß der Kantone baut sich der Bund auf, wie dies auch in seiner Bezeichung „Schweizerische Eidgenossenschaft" in Überschrift und Präambel der BV vom 29. Mai 1874 sinnfälligen Ausdruck findet[7].

Die s BV spricht die Gemeinde nur beiläufig an und überläßt den Kantonen die Regelung des Gemeinderechts, ohne durch Homogenitätsgebote oder unmittelbar anwendbare Normen das Recht der Gemeinden in den Grundzügen zu formen und zu sichern. Im Schweigen der s BV zum Selbstverwaltungsrecht der Gemeinde kommt ein spezifisches Verständnis des bundesstaatlichen Prinzips zum Ausdruck, wonach der Zentralstaat sich grundsätzlich nur durch Vermittlung der Kantone an die unteren Gemeinschaften wenden darf[8].

Die Entwicklung der modernen Industriegesellschaft und der Staatsaufgaben hat in der Schweiz die Bedingungen für die Verwirklichung von Autonomie und Demokratie grundlegend verändert; insbesondere kann in den Agglomerationen des Flachlandes Demokratie in den herkömmlichen Formen direkter Demokratie nicht mehr wirksam werden; auch die s Gemeinden sind zunehmend in die Erfüllung von Bundes- und Kantonsaufgaben einbezogen und in finanzielle Abhängigkeit von Kanton und Bund geraten. Die Kantone wiederum verlieren zunehmend Zuständigkeiten an den Bund. Ungeachtet dieser Wandlungsprozesse wird man im Selbstverwaltungsrecht der Gemeinden weiterhin ein maßgebliches Gestaltungsprinzip sehen müssen, das Gesetzgebung, Rechtsanwendung und Verwaltung maßgeblich prägt. Rechtsprechung und Lehre billigen daher der Gemeinde Autonomie auch in jenen Kantonen zu, deren Verfassungen eine ausdrückliche Gewährleistung nicht enthalten[9].

Anders als im ö und d Recht bestimmt sich die Reichweite der Autonomie mangels bundesverfassungsrechtlicher Garantie ausschließlich nach kantonalem Recht; die kantonalen Verfassungen aber schützen die Autonomie der Gemeinde

---

6 Neben der politischen Gemeinde bestehen nach den jeweiligen kantonalen Bestimmungen, ggf auch nach Herkommen, weitere öffentlich-rechtliche Ortsverbände: die Gemeindefraktion, die Munizipialgemeinde, die Bürgergemeinde, die Schul-, die Pfarr- und die Armengemeinde ua aus der historischen Gemeindeorganisation hervorgegangene Korperationen; auf diese Besonderheiten der s Rechtsordnung ist hier nicht einzugehen, da sie für die Gutachtensfrage unerheblich sind.
7 H u b e r, Die Grundrechte in der Schweiz, Handbuch der Grundrechte I/1 (1966) 179 (180 f); M e y l a n / G o t t r a u x / D a h i n d e n, Gemeinden, 20 f; M e y l a n, ZSR 72/II, 21 f.
8 M e y l a n / G o t t r a u x / D a h i n d e n, Gemeinden, 29.
9 M e y l a n / G o t t r a u x / D a h i n d e n, Gemeinden, 45 m weit Nachw.

nicht gegenüber dem kantonalen einfachen Gesetz. Zwar dürfte es ihm verwehrt sein, die Autonomie der Gemeinde schlechthin abzuschaffen; innerhalb äußerster Grenzen aber ist es ihm jedenfalls überlassen, die Reichweite der Autonomie zu bestimmen. Daher ist es jedenfalls praktisch allein Sache des einfachen kantonalen Gesetzgebers, das Gemeindeverfassungsrecht zu setzen, die Zuständigkeiten der Gemeinde und die Reichweite ihres Entscheidungsraums zu regeln. Vorbehalten ist dem Gesetzgeber auch die Grenzziehung zwischen freiwilligen Aufgaben und Pflichtaufgaben und zwischen der Rechtsaufsicht und der Zweckmäßigkeitskontrolle unterliegenden kommunalen Agenden[10]. Da die Gemeinde daher Autonomie nur nach Maßgabe der positiv-rechtlichen Entwicklung entfalten kann, kommt der Abgrenzung zwischen eigenem und übertragenem Aufgabenkreis, auf die Art 118, 119 B-VG und auch das d Kommunalrecht abheben, für das s Kommunalrecht nur theoretische Bedeutung zu[11].

Autonomie der Gemeinde als konstitutives Prinzip der s Rechtsordnung kann im Verhältnis zur kantonalen Gesetzgebung daher nur als Hilfskriterium bei der Interpretation lückenhafter Gesetze wirksam werden. So kann mangels abschließender gesetzlicher Regelung einer Materie die Zuständigkeit der Gemeinde damit begründet werden, daß die in Frage stehende Materie ihrem Wesen nach kommunalen Charakters sei. Entscheidendes Kriterium für den kommunalen Charakter eines Gegenstandes ist seine örtliche Bezogenheit[12]; auch das Herkommen kann für die Interpretation wichtig sein[13].

Die Bedeutung, die diese Auslegungsmaximen für das tatsächliche Rechtsleben bisher gehabt haben, darf nicht unterschätzt werden, da die kantonalen Gesetzgeber die für die Gemeinde maßgeblichen Vorschriften oft recht unvollständig geregelt haben; so hatten nach einer Zusammenstellung der kantonalen Gesetze über die Gemeinden aus dem Jahre 1972 immerhin fünf Kantone kein Gemeindegesetz, in sechs Kantonen galten noch Gemeindegesetze aus dem 19. Jahrhundert, in drei Kantonen aus der Zeit zwischen 1900 und 1926[14]. Auch die Gesetzgebung im Bereich der kommunalen Sachaufgaben breitet sich zunehmend aus; es ist daher damit zu rechnen, daß in der weiteren Entwicklung Gegenstand und Reichweite der Gemeindeautonomie durch positiv-rechtliche Vorschriften normativ genauer erfaßt sein werden.

Im Verhältnis zur Verwaltung ist die Autonomie der Gemeinde — in der Ausgestaltung, die sie durch das positive Recht erfahren hat — verfassungsrechtlich geschützt. Gegen direkte und indirekte Eingriffe in die Gemeindeautonomie durch Verwaltungsmaßnahmen des Kantons, insbesondere auch raumordnende und raumbedeutsame Maßnahmen und Entscheidungen, kann sie sich vor den kantonalen Gerichten zur Wehr setzen[15]. Da die Gemeindeautonomie als verfassungsmäßiges Recht im Sinne von Art 113 I Z 3 s BV verstanden wird, sind die Gemeinden ferner befugt, gegen Erlässe und Entscheidungen der kantonalen Behörden staatsrechtliche Beschwerde mit der Behauptung zu erheben, die Maßnahme verletze die Gemeindeautonomie[16].

Der verfassungsrechtliche Schutz der Gemeinde erstreckt sich auch auf die Existenz der konkreten Gemeinde. Dem kantonalen einfachen Gesetzgeber

10 J a g m e t t i , ZSR 72/II, 328.
11 J a g m e t t i , ZSR 72/II, 322.
12 J a g m e t t i , ZSR 72/II, 322 f.
13 M e y l a n / G o t t r a u x / D a h i n d e n , Gemeinden, 27 f.
14 6 dieser Kantone bereiteten zu diesem Zeitpunkt den Erlaß oder die Revision des GemeindeG vor, M e y l a n / G o t t r a u x / D a h i n d e n , Gemeinden, 69 f.
15 J a g m e t t i , ZSR 72/II, 336.
16 BGE 95 I 36 m Hinw, 96 I 236 f; J a g m e t t i , ZSR 72/II, 336; Z w a h l e n , in: Bridel-Festgabe (1968) 631.

gegenüber wird der Schutz jedoch nur wirksam, wenn die kantonale Verfassung Bestandsänderungen von erschwerten Bedingungen abhängig macht[17].

4.2.2. Rechtsetzungsbefugnis und Aufsicht

Im autonomen Wirkungskreis kann die Gemeinde generelle und individuelle Rechtsakte erlassen. Im Rahmen der Wahrnehmung ihrer Befugnisse und in den von der Rechtsordnung gezogenen Schranken kann sie sich auch selbst Rechtsgrundlagen für Eingriffe in die Rechtssphäre des einzelnen schaffen. Nach Auffassung des Bundesgerichts bedarf sie in gewissen Grenzen hierzu keiner bundes- oder kantonal-rechtlichen Ermächtigung; vielmehr kann dem Vorbehalt des Gesetzes durch Erlaß eines kommunalen Rechtssatzes Genüge getan sein[18].

Da die Gemeindeautonomie sich immer nur so weit entfalten kann, wie das Recht des Bundes und des Kantons dies zuläßt, unterliegt das gesamte Handeln der Gemeinde dem Einfluß dieser Gesetzgeber; sie können auch im autonomen Wirkungsbereich das Handeln der Gemeinde durch allgemeine Vorschriften steuern.

Die Gemeinde unterliegt ferner der Aufsicht durch die Kantonsbehörden; im autonomen Wirkungsbereich ist das Kontrollrecht grundsätzlich auf Überprüfung der Rechtmäßigkeit kommunaler Akte beschränkt. Es ist jedoch Sache des kantonalen Gesetzgebers, das Aufsichtsrecht auch auf die Handhabung des Ermessens zu erstrecken. Auch wenn der Gesetzgeber von dieser Möglichkeit Gebrauch macht, kann die betreffende Materie noch dem autonomen Wirkungsbereich zugehören. Nach den neueren Rechtsprechungen des Bundesgerichts genügt hierfür, daß der kantonale Gesetzgeber der Gemeinde eine rechtlich erhebliche Entscheidungsfreiheit beläßt[19]. Nach der Auffassung von *Zwahlen*[20] dürfe der Gemeinde jedoch eine solche Beschränkung ihrer Autonomie nur zum Schutze überragender allgemeiner Interessen auferlegt werden.

4.2.3. Aufgaben der Gemeinden im Bau- und Planungsrecht

Die Materien des autonomen Wirkungsbereiches hier mit Anspruch auf Vollständigkeit aufzuzählen, ist angesichts der kantonalen Zersplitterung des Gemeinderechts nur schwer möglich. Für die Zwecke dieses Gutachtens genügt es festzuhalten, daß jedenfalls die Materien der Baupolizei und der örtlichen Planung, die im wesentlichen örtliche Raumplanung ist, aber sich auch auf Baugestaltung erstrecken kann, ebenso zum autonomen Wirkungsbereich gehören wie das Recht der Gemeinden, sich zu Gemeindeverbänden zusammenzuschließen[21]. Anderes gilt nur für die Stadtkantone Basel-Stadt und Genf, die diese Kompetenzen als kantonale Aufgaben wahrnehmen.

4.3. Zusammenarbeit der Gemeinden

Lit: *Imboden*, Der verwaltungsrechtliche Vertrag (1958); *Stutz*, Die kommunalen Zweckverbände im Kanton Aargau, Diss Freiburg (1964); A. H. *Müller*, Rechtsträger für regio-

---

17 Vgl J a g m e t t i, ZSR 72/II, 289 f, 342 f m Einzelnachw; M e y l a n / G o t t r a u x / D a h i n d e n, Gemeinden, 47 f.
18 BGE 89 I 470; J a g m e t t i, ZSR 72/II, 323; H u b e r, Die Zuständigkeit des Bundes, der Kantone und der Gemeinden auf dem Gebiet des Baurechts — vom Baupolizeirecht zum Bauplanungsrecht, in: Rechtliche Probleme des Bauens (1968) 47 (60).
19 Seit BGE 93 I 160 u 432; J a g m e t t i, ZSR 72/II, 331 m weit Nachw.
20 AaO, 644.
21 Vgl H u b e r, aaO, 69; J a g m e t t i, ZSR 72/II, 308 f; M e y l a n / G o t t r a u x / D a h i n d e n, Gemeinden, 38 f.

nale Aufgaben, Diss Zürich (1967); *Frenkel,* Die schweizerischen Zweckverbände (1969); *Meylan,* Problèmes actuels de l'autonomie communale, ZSR 72/II, 1 (156 ff); *Jagmetti,* Die Stellung der Gemeinden, ZSR 72/II, 221 (386 ff); *Meylan/Gottraux/Dahinden,* Schweizer Gemeinden und Gemeindeautonomie (1972) 54 ff; *Grüter,* Die schweizerischen Zweckverbände, Diss Zürich (1973).

Der Mangel an Veranstaltungskraft der vielen kleinen Gemeinden, der Sachzwang zu rationeller Aufgabenbewältigung und die Strukturprobleme in den Agglomerationen haben die s Gemeinde schon seit langem auf den Weg interkommunaler Zusammenarbeit gewiesen.

Gegenstände der Zusammenarbeit waren traditionell vor allem Kehrichtbeseitigung, Abwässerreinigung, Wasser- und Energieversorgung, Schul- und Straßenwesen, Fürsorgewesen, Zivilschutz, Verwaltungswesen. Die Zusammenarbeit auf dem Gebiet der Raumplanung ist dagegen jüngeren Datums. In den letzten Jahren hat sie an Umfang zugenommen, vor allem im Umland der großen Städte und in den Agglomerationen[22].

4.3.1. Privat-rechtliche Organisationsformen

Das s Recht gestattet den Gemeinden, sich auf privat-rechtlicher Grundlage zusammenzuschließen. Für die Aufgaben der Regionalplanung — aber nicht nur für diese — wird die Rechtsform des Vereins bevorzugt. Das Vereinsrecht ist in Art 60 ff ZGB geregelt. Auch in der Schweiz ist der Verein durch die Freiheit der Gründung, die Freiheit des Beitritts, die Freiheit des Austritts nach Kündigung und die Freiheit der inneren Vereinsgestaltung (Autonomie)[23] gekennzeichnet. Diese Freiheiten können gegenüber den Gemeinden nicht eingeschränkt werden. Es besteht daher keine Handhabe, die Gemeinden zur Gründung einer privat-rechtlichen Planungsgruppe, zum Beitritt zu einer solchen Gruppe oder auch nur zum Verbleiben in dieser zu zwingen. Es wird ferner als unzulässig angesehen, privat-rechtlichen Organisationen öffentlich-rechtliche Funktionen zu übertragen, so daß Planungsentscheidungen in den Vereinen zwar vorbereitet werden können, aber nur verbindlich werden, wenn sie von den Mitgliedsgemeinden je für ihr Gebiet oder durch den Kanton für diese Region in Kraft gesetzt werden. Es gibt keine Handhabe, die Mitgliedsgemeinde zu zwingen, eine vom Verein vorbereitete Planungsentscheidung in die kommunale Planung zu übernehmen.

4.3.2. Öffentlich-rechtliche Organisationsformen

Gemeindeverbindungen in der Form des öffentlichen Rechts beruhen auf kantonalem Recht; Rechtsgrundlagen finden sich in den Gemeinde(organisations)-gesetzen, den kantonalen Fachgesetzen, in einzelnen Kantonen auch in einem Zweckverbandsgesetz. Als Rechtsform sind im s Gemeinderecht entwickelt: der verwaltungsrechtliche Vertrag, der Zweckverband und in einzelnen Kantonen der Verwaltungsverband, der die Bestellung gemeinschaftlicher Organe, sowie die Substitution, die eine Abtretung hoheitlicher Befugnisse an eine andere Gemeinde zum Gegenstand haben. Diese Formen kommunaler Zusammenarbeit sind zu unterscheiden von der — nur noch vereinzelt anzutreffenden — Organisationsform des

---

22 Zum Stand der regionalen Organisation in Verbandsform vgl unten S 166; ausführliche Darstellung der interkommunalen Zusammenarbeit bei M e y l a n / G o t t r a u x / D a h i n d e n, Gemeinden, 231 ff; vgl. auch G y g i, Zweckverband oder Region, Zbl 73, 137 (144); M o s e r, Die Gemeindeverbände in der Region Bern (1971) 28; Statistisches Amt des Kantons Zürich, Zweckverbände von Gemeinden im Kanton Zürich Ende 1972, StA 200 v 17. 12. 1973.
23 E g g e r / E s c h e r / H a a b / O s e r, Kommentar zum schweizerischen Zivilgesetzbuch (1930) Art 63, Anm 3, Art 70, Anm 3 ff.

Regionalverbandes (Höherer Kommunalverband), der als Gebietskörperschaft mit eigenem, aus dem Gesetz folgenden Wirkungskreis mit eigenem Legislativ- und Exekutivorgan definiert wird[24]. Sofern die Gemeinden überhaupt öffentlich-rechtliche Formen zur interkommunalen Kooperation wählen, bevorzugen sie die Bildung aufgabenbezogener Einzweckverbände, mit der Folge etwa, daß 1971 die 492 Gemeinden des Kantons Bern in 285, die 24 Gemeinden der Region Bern in 35 Gemeindeverbänden (Zweckverbänden) zusammenarbeiteten[25]. Für die Aufgaben der Regionalplanung hat bislang ebenfalls nur der ZV praktische Bedeutung erlangt.

Das Recht der öffentlich-rechtlichen ZV[26] ist in den meisten Kantonen nur durch eine knapp gefaßte Ermächtigung geregelt; die nähere Ausgestaltung ist Sache des von den Gemeinden zu beschließenden Statutes. Eine ausführlichere Regelung findet sich zB in dem Berner Gemeindegesetz vom 20. Mai 1973.

Die Frage, ob staatliche Instanzen Gemeinden zwingen können, ZV zu gründen oder ihnen beizutreten, ist in den Kantonen unterschiedlich geregelt; eine Reihe von Kantonen hat nur den freiwilligen Zusammenschluß der Gemeinden vorgesehen und gestattet den Mitgliedsgemeinden den Austritt. Das Prinzip der Freiwilligkeit bestimmt auch die Praxis[27]. Dies schließt nicht aus, daß einzelne Kantone die Verbandsbildung maßgeblich beeinflussen.

Von einzelnen kantonalen Abweichungen abgesehen, sind die ZV öffentlich-rechtliche Körperschaften, deren Mitglieder die Gemeinden sind[28]; der kantonale Gesetzgeber kann sie mit Autonomie ausstatten[29]; er kann ggf auch die Mitgliedschaft anderer juristischer Personen vorsehen oder ihren Organwaltern Mitspracherecht einräumen.

Mit der Eigenschaft des ZV als Gemeindeverband vereinbar wird auch angesehen, wenn die Satzung wesentliche Entscheidungen dem Referendum unterstellt oder diesem vorbehält.

An den ZV übertragbar sind diejenigen Aufgaben, zu deren Durchführung die Gemeinde berechtigt oder verpflichtet ist. Die Übertragung anderer, insbesondere kantonaler Aufgaben, ist jedenfalls dann zulässig, wenn das Gesetz eine solche Übertragung ausdrücklich vorsieht.

In jedem Falle darf dem ZV immer nur eine bestimmte Aufgabe oder eine Mehrzahl von Aufgaben übertragen oder ihre Übernahme gestattet werden („offene Zweckverbände"). Unzulässig wäre es, den ZV mit allgemeinen Aufgaben oder einer Kompetenz-Kompetenz auszustatten, da mit einer solchen Allzuständigkeit dem Verband die Rolle einer Übergemeinde zuwachsen würde[30].

Im Rahmen der ihm übertragenen Aufgaben kann der ZV grundsätzlich auch dazu befugt werden, individuelle Verwaltungsakte zu erlassen. Die Übertragung von Satzungsgewalt ist im Kanton Solothurn ausgeschlossen, dagegen in einigen anderen Kantonen ausdrücklich vorgesehen. Ob den ZV Satzungsgewalt übertragen werden darf, wenn eine gesetzliche Regelung fehlt, ist durch Interpretation zu ermitteln; im Hinblick auf die Freiheit, die das s Recht den Gemeinden im rechtsfreien Raum zubilligt, dürfte die Übertragung von Rechtsetzungsgewalt nicht grundsätzlich ausgeschlossen sein.

---

24 Vgl G r ü t e r, Zweckverbände, 44; M e y l a n, ZSR 72/II, 186.
25 Die 171 Gemeinden im Kanton Zürich arbeiteten 1960 in 59, 1972 aber in 124 ZV zusammen.
26 Zum Recht der ZV vgl insbes J a g m e t t i, Die Region, in: Hug-FS (1968) 469 (480 ff); d e r s, ZSR 72/II, 389 ff; M e y l a n, ZSR 72/II, 167 ff; G r ü t e r, Zweckverbände, alle m weit Nachw.
27 Nach G r ü t e r, Zweckverbände, 97, sind bis 1972 ZV nur auf freiwilliger Basis gegründet worden.
28 Die Eigenschaft der ZV als juristische Person ist vom kantonalen Recht unterschiedlich geregelt, Nachw bei M e y l a n, ZSR 72/II, 167 FN 44.
29 An der Autonomie der Gemeinden haben sie keinen unmittelbaren Anteil, BGE 95 I 55.
30 M e y l a n, ZSR 72/II, 169.

4.3.3. Kantonsgrenzen überschreitende Verbandsbildung

Für eine Verbandsbildung über die Kantonsgrenzen hinweg können die Kantone Grundlagen schaffen, da die aus der Zeit des Staatenbundes stammende Befugnis der Kantone zum Abschluß interkantonaler Verträge durch die föderale Verfassung nur bundesrechtlich überlagert und begrenzt, nicht aber beseitigt worden ist[31].

Eine Anzahl kantonaler Verfassungen und die Praxis unterscheiden zwischen formellen Staatsverträgen (Konkordaten), die der Zustimmung des Parlaments, ggf auch des Referendums, unterliegen, und Abkommen, die von der Regierung abgeschlossen werden können. Ferner ist eine gesetzliche Delegation der Abschlußkompetenz an die Regierung zulässig.

In den Grenzen der Zuständigkeit der Kantone können durch interkantonale Verträge Organe und Institutionen geschaffen werden, die der Koordination und Konsultation dienen – wie zB die Konferenz der Ressortvorsteher der kantonalen Regierungen oder die Konferenz der Bausekretäre; es können aber auch Organe und Institutionen geschaffen werden, die Entscheidungs- und Vollzugsbefugnisse – selbst gegenüber Privaten und Körperschaften – haben – zB die gemeinsame Fischereikommission der drei Zürichseekantone und des Kantons Glarus auf Grund des interkantonalen Fischereivertrages. Zulässig ist ferner, Staatsservitute über Gebietsteile zu begründen und kantonale Behörden zu befugen, in Anwendung interkantonalen Rechts Rechtsakte mit Wirkung über die eigenen Kantonsgrenzen hinaus zu setzen – zB die Erteilung von Betriebsbewilligungen und Genehmigungen mit Gültigkeit auch gegenüber anderen Kantonen auf Grund interkantonaler Verträge.

Zulässig ist schließlich auch, Bundesbehörden zur Mitwirkung heranzuziehen, wenn diese sich hierzu bereit erklären. Einer Bundesbehörde können Entscheidungs-, Verwaltungs- oder Schlichtungsaufgaben übertragen werden; auf diese Weise kann ein Querverbund zwischen Kantons- und Bundesverwaltung geschaffen werden, Art 7 II s BV.

Aber derartige Gestaltungen können die Grenzen zulässiger interkantonaler Zusammenarbeit erreichen oder auch überschreiten, denn wie im ö und im d Recht dürfen die Kantone Vereinbarungen nur in den Grenzen ihrer Kompetenzen schließen und dürfen dem Bund keine Hoheitsrechte übertragen, wie auch der Bund nicht Kompetenzen an den Kanton vertragsweise abtreten könnte. Zu diesen formalen Schranken treten qualitative Grenzen; die Übertragung hoheitlicher Befugnisse an einen anderen Kanton ist nur zulässig, wenn sie auf einzelne Befugnisse beschränkt bleibt und wenn der Kanton nicht wesentliche Teile der Verantwortung aufgibt[32].

Unter diesen Vorbehalten können auch die Gemeinden über die Kantonsgrenzen hinweg Verträge schließen[33]; sie können auch Zweckverbände gründen, wenn die Kantone, denen sie angehören, durch Abschluß eines Basisvertrages hierfür Vorsorge getroffen haben[34]. Als Rechtsform des Basisvertrages genügt ein Abkommen auf Regierungsebene, wenn nicht neues kantonales Recht gesetzt werden muß. In diesem Fall bedarf es eines rechtsetzenden Staatsvertrages[35].

---

31 Zur interkantonalen Zusammenarbeit vgl I m b o d e n, Der verwaltungsrechtliche Vertrag (1958); S c h a u m a n n, VVDStRL 19 (1961) 86 (104 f); H ä f e l I n, Der kooperative Föderalismus in der Schweiz, Referate und Mitteilungen des schweizerischen Juristenvereins (1969) 549 (584 ff); T i e m a n n, Gemeinschaftsaufgaben von Bund und Ländern in verfassungsrechtlicher Sicht (1970) 549 (584 ff).
32 H ä f e l i n, aaO, 662; H u b e r, ZSR 68/I, 481 (496).
33 BGE 54 I 328 (332).
34 Beispiele bei S c h a u m a n n, VVDStRL 19 (1961) 95.
35 L e n d i, Schweizerisches Planungsrecht, Berichte zur Orts-, Regional- und Landesplanung Nr 29 (1974) 30.

Daneben ist der Abschluß privat-rechtlicher Verträge zulässig. Auf diese Rechtsform ist die Praxis angewiesen, wenn sie besondere Kooperationsaufgaben zwischen Bund und Ländern oder zwischen dem Bund und den Gemeinden lösen will[36].

Der Abschluß von Verträgen mit ausländischen Staaten und der amtliche Verkehr mit ausländischen Staatsregierungen ist grundsätzlich Angelegenheit des Bundes, doch hat Art 9 s BV die Befugnis der Kantone beibehalten, „ausnahmsweise" auch mit dem Ausland über Gegenstände der Staatswirtschaft, des nachbarlichen Verkehrs und der Polizei Verträge abzuschließen. Verhandlungen mit den Regierungen ausländischer Staaten darf der Kanton nicht selbst führen; er muß sich vielmehr der Vermittlung des Bundesrates bedienen. Hingegen kann er mit untergeordneten Behörden und Beamten des ausländischen Staates unmittelbar selbst verhandeln, soweit die Gegenstände der Verhandlung seiner Vertragsabschlußkompetenz unterliegen, Art 10 II s BV[37].

4.4. Das Recht der Raumplanung

Lit: *Regionalplanung.* Probleme und Lösungsvorschläge, Hrsg Schweizerisches Institut für Außenwirtschafts- und Marktforschung an der Hochschule St. Gallen für Wirtschafts- und Sozialwissenschaften, Struktur- und regionalwirtschaftliche Studien Bd 1 (1967); *Bosshart,* Notwendigkeit und Möglichkeit einer Raumordnung in der Schweiz, Diss St. Gallen (1968); *Huber,* Die Zuständigkeiten des Bundes, der Kantone und der Gemeinden auf dem Gebiet des Baurechts — vom Baupolizeirecht zum Bauplanungsrecht, in: Rechtliche Probleme des Bauens (1968) 47 ff; *Raumplanung Schweiz.* Aufgaben der Raumplanung und Raumplanungsorganisation des Bundes. Bericht der Arbeitsgruppe des Bundes für die Raumplanung (1970); *Baschung/Stüdeli,* Probleme des Rechtsschutzes im Planungsrecht, Wirtschaft und Recht 71, 122; *Lendi,* Zul Stand der Raumplanung in der Schweiz, Verwaltungspraxis 71, 100; *ders,* Rechtswissenschaft und Raumplanung, Zbl 71, 161; *Rosenstock,* Aktuelle Aspekte der Fortbildung des schweizerischen Planungsrechtes, ZSR 71/I, 171; *Probst,* Raumplanung als Aufgabe interkommunaler Politik, Verwaltungspraxis 71, 197; *Wirtschaftliche und rechtliche Probleme der Raumplanung in der Schweiz,* Wirtschaft und Recht 71, H 2/3, Sonderheft; *Imboden,* Der Plan als verwaltungsrechtliches Institut, in: Staat und Recht (1972) 387 ff; *Kuttler,* Raumordnung als Aufgabe des Rechtsstaates, in: Imboden-GS (1972) 211 ff; *Baschung,* Raumplanung und Kantonalplanung, in: Jeger-Festgabe (1973) 469 ff; *Gygi,* Zweckverband oder Region, Zbl 73, 137; *Lendi,* Materielle Grundsätze der Raumplanung, Informationen zur Orts- und Landesplanung, DISP Nr 27 (1973); *ders,* Raumbedeutsame Pläne, ZSR 73/I, 105; *Stüdeli,* Bodenpolitik und Bodenrecht in der Schweiz, AfK 73, 86; *Lendi,* Schweizerisches Planungsrecht, Berichte zur Orts-, Regional- und Landesplanung Nr 29 (1974) mit Bibliographie zum Raumplanungsrecht sowie zur Raumordnungspolitik der Schweiz 1967—1973 (Anhang I); *ders,* Stand der Raumordnungsgesetzgebung in der Schweiz, BRFRPI 74, H 4, 25; *Evers,* Materielle Grundsätze der Raumordnung, DISP Nr 39 (1975) 5; vgl ferner die Aufsätze und Berichte in Informationen zur Orts-, Regional- und Landesplanung (DISP), hrsg v Institut für Orts-, Regional- und Landesplanung an der ETH Zürich.

4.4.1. *Überblick*

Wie in Österreich und der Bundesrepublik Deutschland hat sich auch in der Schweiz das Planungsrecht aus dem Baurecht entwickelt, als sich die Notwendigkeit zeigte, die Bautätigkeit planmäßig zu ordnen.

---

36 So mußte für die Errichtung des Nationalparks im Kanton Graubünden 1959 ein Vertrag zwischen Bund und Gemeinden geschlossen werden, H ä f e l i n, aaO, 723.
37 Vgl M e y l a n, ZSR 72/II, 148 ff m weit Nachw; zu den Ermächtigungen der Baugesetze für eine Kantonsgrenzen überschreitende Planung vgl unten S 165 f.

Bis 1969 hatte der Bund nur Zuständigkeiten auf verschiedenen Gebieten der Fachplanung; die Gesetzgebungs- und Vollzugszuständigkeit für das Baurecht und das Planungsrecht lag bei den Kantonen. Soweit das kantonale Recht hierfür Raum läßt, konnten und können jedoch auch die Gemeinden kraft ihrer Autonomie örtliches Bau- und Planungsrecht erlassen, ohne einer gesetzlichen Grundlage zu bedürfen[38]. Allerdings ist nach der ständigen Rechtsprechung des s BG[39] für schwere Eingriffe in das Privateigentum eine unzweideutige gesetzliche Grundlage erforderlich. Bestimmte Bau- und Nutzungsbeschränkungen sind nach Auffassung des s BG derartige schwere Eingriffe in das Privateigentum.

Eine Besonderheit des s Rechts der Raumplanung ist die starke Beteiligung der Stimmbürger sowohl bei der Gesetzgebung als auch beim Erlaß von Plänen. Nach den kantonalen Verfassungen unterliegen Gesetze dem Referendum oder können dem Referendum unterworfen werden. In den letzten Jahren hat in einzelnen Kantonen das vom kantonalen Parlament beschlossene BauG im Referendum keine Zustimmung oder nur eine knappe Mehrheit gefunden. Auch kommunale Planungen und die für ihre Verwirklichung erforderlichen Kreditaufnahmen der Gemeinde, die der Entscheidung des Souveräns unterstellt sind, wurden in einzelnen Fällen von ihm verworfen[40].

Als Instrumente der örtlichen Planung setzten sich in jüngster Zeit der Zonenplan, der aus dem Baulinienplan entwickelte Überbauungsplan und ergänzend hierzu der Gestaltungs- und der Quartierplan durch. Bestandteile der Ortsplanung können auch in den Baureglementen der Gemeinden festgelegt sein[41].

Baupolizei und örtliche Raumplanung gehören zum autonomen Wirkungsbereich der Gemeinde. Anders als im d und ö Recht kann jedoch der kantonale Gesetzgeber die Ortsplanung der Gemeinde einer Zweckmäßigkeitskontrolle durch die zuständige Kantonsbehörde im Rahmen des Genehmigungsverfahrens unterwerfen; die BauG sehen fast durchgehend eine solche Kontrolle vor — anders dagegen zB BauG Graubünden; Rechtsprechung und Schrifttum sehen diese Beschränkung des Planungsrechts der Gemeinde als zulässig an; in der rechtspolitischen Diskussion wird die Kompetenz des Kantons zur Zweckmäßigkeitskontrolle als unerläßlich bezeichnet[42].

Das Recht zur Zweckmäßigkeitskontrolle erlaubt dem Kanton, regionalen und kantonalen Interessen bei der Aufstellung örtlicher Pläne Geltung zu verschaffen. Sie setzt ihn auch instand, die Abstimmung der Gemeinden bei Wahrnehmung der Planungsaufgaben sicherzustellen. Daher werden auch spezifische städtebauliche Kooperationsinstrumente, wie sie § 3 d BBauG und auch § 1 II tess BauG mit einem gemeinsamen Flächennutzungsplan und § 4 d BBauG mit dem Planungsverband zur Verfügung stellen, als entbehrlich angesehen.

Ansätze zu einer gesetzlich geregelten regionalen und kantonalen Raumplanung hatten sich schon in der Zeit des Zweiten Weltkrieges gezeigt[43]. Nachhaltigere Initiativen zur regionalen Planung begannen die Gemeinden und auch einzelne Gesetzgeber am Ende der fünfziger Jahre zu ergreifen. In den sechziger Jahren begannen die Kantone, gesetzliche Grundlagen für die kantonale Raumplanung zu schaffen. Dabei beschränkten sich viele Kantone auf pragmatische Ergänzungen und Teilrevisionen der oft noch aus dem 19. Jahrhundert stammenden Gesetze

---

38 Jagmetti, ZSR 72/II, 323.
39 BGE 91 I 124 (125); 329 (332).
40 So 1973 die U-Bahn/S-Bahn — Vorlage in Zürich.
41 Überblick über das Instrumentarium der Pläne bei Lendi, ZSR 73/I, 105.
42 Vgl Botschaft des Bundesrates an die Bundesversammlung zum RPIG v 31. 5. 1972 Nr 11 322, 67; Meylan, ZSR 72/II, 128; Aubert/Jagmetti, Wirtschaft und Recht 71, 132 (164).
43 Vgl § 8a, 8b zü BauG 1893 idF v 1943, die als verwaltungsinterne Richtpläne für die Gemeindeplanung den Verbandsplan u den Gesamtplan einführten.

und kommunalen Baureglemente. Andere schufen im Wege der Totalrevision griffigere Planungsinstrumente.

Den Entwicklungsprozeß des Raumplanungsrechts bis zum Ende der sechziger Jahre näher darzustellen, erfordert der Zweck des Gutachtens nicht. Es genügt die Feststellung, daß die Einführung des Rechts der überörtlichen Raumplanung und die Anpassung des Rechts der örtlichen Planung an die Erfordernisse der Gegenwart in den einzelnen Kantonen nach Zielsetzung und Zeitmaß recht unterschiedlich verlief[44].

Auch der Stand der Raumplanung, ihre Art und Qualität sowie ihre tatsächliche Einwirkung auf die Bau- und Investitionstätigkeit bedürften von Kanton zu Kanton und auch innerhalb einzelner Kantone einer differenzierten Darstellung und Würdigung. Einen Überblick ermöglicht die Botschaft des Bundesrates vom 31. Mai 1972 (Nr 11 322). Dort legte der Bundesrat dar, daß zB die Stadtkantone Basel-Stadt und Genf in Gesetzgebung und Vollzug „geradezu ideale Verhältnisse" aufwiesen; er hob hervor, daß zB der Kanton Solothurn 1971 ein modernen Anforderungen genügendes kantonales Leitbild vorgelegt habe und mehrere Kantone mit ihren Sachplanungen auf Teilgebieten einen hohen Stand erreicht hätten. Im übrigen aber lägen 1972 „auf der Stufe der Kantone erst Anfänge für Gesamtplanungen vor" (S 8); auch für die regionalen Planungen lägen „sehr oft nur Grundlagenstudien, einführende Berichte und allenfalls Richtpläne" vor (S 8). Ein förmlich in Kraft gesetzter kantonaler Gesamtplan war auch bis 1973 noch nicht zustandegekommen[45].

Für den Bereich der Gemeindeplanung sah sich der Bundesrat veranlaßt, auf den fehlenden Zusammenhang zwischen Zonenplan und Investitions- und Finanzpolitik der Gemeinde hinzuweisen (S 8) und die Zersiedlung des Landes als „ein Grundübel des schweizerischen Siedlungswesens" (S 14 u 22) zu bezeichnen. Die Botschaft des Bundesrates bemerkte ferner, daß in der kantonalen Baurechtspraxis „zwischen dem geschriebenen Recht und seiner Anwendung vielfach eine nicht zu geringe Kluft" bestehe[46]. Vielfach wird gerügt, daß die Gemeinden im Übermaß Bauland ausgeschieden und dadurch die Möglichkeit planmäßiger Entwicklung verkürzt hätten[47].

4.4.2. Bundesrecht der Raumplanung

Die Wende von der Zonen-(Nutzungs-)Planung vorwiegend lokalen Charakters und partieller Fachplanung zu einer auf Leitbildern beruhenden räumlichen Ordnung der Gesamtschweiz mittels ständiger und durchgehender Planung markiert die Annahme der Bodenrechtsartikel 22ter und 22[quater] s BV durch Volks- und Ständeabstimmung vom 14. September 1969[48]. Art 22ter verankert die Eigentumsgarantie in der Bundesverfassung; Art 22[quater] gibt dem Bund die Zuständigkeit,

---

44 Zum Stand des Planungsrechts in der Gesamtschweiz vgl Botschaft des Bundesrats Nr 11 322, 9 f; K u t t l e r , Raumordnung als Aufgabe des Rechtsstaates, in: Imboden-GS (1972) 211 ff; L e n d i , Verwaltungspraxis 71, 100; d e r s, ZSR 73/I, 105 m weit Nachw; d e r s, Schweizerisches Planungsrecht, Berichte zur Orts-, Regional- und Landesplanung Nr 29 (1974).
45 DISP 31, 44.
46 S 9; skeptisch auch Hans H u b e r , Zeitschrift des Berner Juristenvereins 67, 497 (514) zur Leistungsfähigkeit der kleinen Gemeinden: sie wüßten nicht mit dem Planungsinstrument umzugehen, Interessen kämen oft einseitig zur Geltung, den Kantonen fehle Personal, um die Gemeinden beraten zu können; M e y l a n, ZSR 72/II, 146: in den äußeren Zonen der Städte entwickelte sich „la plus complète anarchie".
47 Im Kanton Solothurn Bauland für 600.000 Ew bei einem Bestand v 224.000 u einer Erwartung v 265.000 Ew bis 1990, vgl Baudepartement des Kantons Solothurn, Totalrevision des BauG (März 1973) 9; in der Gesamtschweiz sei 1972 für etwa 10 Mio Ew Bauland ausgeschieden, S c h ü r m a n n, in: Regionalplanungsgruppe Olten-Gösgen-Gäu (1972) 19 (25); kritisch auch die Botschaft des Bundesrats, aaO, 14.
48 Zur Verfassungsnovelle u zum BundesG über die Raumplanung vgl S c h ü r m a n n, in: Raumplanung zwischen Wunsch und Wirklichkeit (1971) 55; A u b e r t / J a g m e t t i, Wirtschaft und Recht 71, 133 u 72, 44; W i n k l e r, RFuRO 72, 68; R o t a c h, BRFRPI 73, H 3, 3; Lendi, DISP Nr 27 (1973) 5 ff.

Grundsätze für eine durch die Kantone zu schaffende Raumplanung aufzustellen; der Bund wird verpflichtet, mit den Kantonen zusammenzuarbeiten, die Bestrebungen der Kantone zu fördern und sie zu koordinieren und bei der Erfüllung seiner Aufgaben die Erfordernisse der Landes-, Regional- und Ortsplanung zu berücksichtigen. Den Kantonen wird eine bundesrechtliche Pflicht auferlegt, eine der zweckmäßigen Nutzung des Bodens und der geordneten Besiedlung des Landes dienende Raumplanung zu schaffen.

Das für die Ausführung des Art 22^{quater} erforderliche Bundesgesetz über die Raumplanung — s RPIG — wurde 1974 von den Räten verabschiedet, 1976 aber von den Stimmberechtigten und der knappen Mehrheit von 654.000 Nein gegen 626.000 Ja verworfen.

Das s RPIG zieht die Folgerung aus der „Grunderkenntnis, daß die Gestaltung der räumlichen Ordnung nicht mehr nur durch eine zweckmäßige Regelung der Nutzung des Baugebietes — durch das Ausscheiden von Zonen unterschiedlicher Nutzung — zu gewährleisten ist"[49].

Notwendig erschien dem Gesetzgeber insbesondere, den aus einer ungeplanten Siedlungsentwicklung folgenden Trend zu einer immer stärkeren Besiedlung in einigen wenigen Agglomerationen entgegenzuwirken, die Siedlungsentwicklung vielmehr nach dem ordnungspolitischen Modell der dezentralisierten Konzentration in überregionalen und regionalen Zentren zu beeinflussen; weitere vordringliche Aufgabe der Raumplanung ist die auf die künftige Entwicklung des Landes abgestimmte strenge und konsequente Begrenzung des Siedlungsgebietes. Um diese und weitere Zielsetzungen der Raumordnung zu erreichen, verpflichtet das s RPIG Bund und Kantone zu einer koordinierten Planung, die das Gesetz als „ständige und durchgehende Planung" mit Instrumenten ausstattet, kompetenzmäßig ordnet und durch Fristbestimmungen für Planerstellung und -fortschreibung auch in ihrer zeitlichen Dimension konkretisiert.

Als zentrale Instrumente zur Verwirklichung des Prinzips ständiger und durchgehender Planung sieht das RPIG vor:

— die vom Bund zusammen mit den Kantonen durchzuführenden Untersuchungen über die möglichen künftigen besiedlungs- und nutzungsmäßigen Entwicklungen des Landes, deren Ergebnisse als „Leitbilder der Schweiz" darzustellen sind;

— die im RPIG enthaltenen und die auf Grund der Leitbilder vom Bund auf dem Wege der Gesetzgebung aufzustellenden weiteren materiellen Grundsätze für die Raumplanung;

— die Gesamtrichtpläne und Teilrichtpläne der Kantone, durch die Art und Ausmaß der Nutzung des Bodens in den Grundzügen festgelegt wird;

— die durch kantonales Gesetz auszugestaltenden Nutzungspläne, durch die der Kanton, vor allem aber die Gemeinde Bau- und sonstige Nutzungszonen mit Außenwirkung verbindlich festlegt und weitere auf kantonalem Recht beruhende Planungen.

Die kantonalen Gesamtrichtpläne bedürfen der Genehmigung des Bundesrats, die Nutzungspläne der Genehmigung der kantonalen Behörde. Im Genehmigungsverfahren ist nach näherer Bestimmung des Gesetzes neben der Rechtmäßigkeit der Pläne auch ihre Zweckmäßigkeit zu prüfen.

Die Rechtsnatur der Leitbilder der Schweiz, ihre Bindungswirkung für die kantonalen Behörden und den Bundesgesetzgeber wird noch zu klären sein[50]. Die materiellen Grundsätze der Raumplanung sind Rechtsnormen des Bundesrechts

---

49 Botschaft des Bundesrates Nr 11 322, 26.
50 Vgl L e n d i, DISP Nr 27 (1973) 5 (11 f); 1973 wurde das raumplanerische Leitbild der Schweiz „CK — 73" erarbeitet und 1974 „als Grundlage für das Gespräch zwischen Bund und Kantonen" zur Diskussion gestellt; vgl Raumplanung Schweiz, Informationshefte des Delegierten für Raumplanung Prof. M. R o t a c h, Sonderheft zum raumplanerischen Leitbild „CK — 73" Nr 3/74.

und in dieser Eigenschaft für die Adressaten dieser Normen verbindlich; die Fachplanungen des Bundes sind auch für die kantonale Planung, die Gesamtrichtpläne der Kantone sind für alle mit Aufgaben der Raumplanung betrauten Behörden des Bundes, der Kantone, der Gemeinden und sonstigen öffentlichrechtlichen Körperschaften verbindlich. Für die Grundeigentümer verbindlich sind nur die Nutzungspläne.

Das s RPIG befugt die Kantone, Gesamtrichtpläne für einzelne Regionen selbst zu erlassen, und stellt damit klar, daß Regionalplanung kein Vorbehaltsgut der Gemeinde ist und auch als kantonale Aufgabe ausgestaltet werden kann. Das Gesetz überläßt grundsätzlich den Kantonen die Regelung von Organisation und Funktion der Region, befugt jedoch den Bundesrat, technische Richtlinien auch für die Regionalplanung zu erlassen und zu den Kosten regionaler Planungsgruppen und regionaler Entwicklungskonzepte Beiträge zu leisten, die bis zu 50 % reichen können.

Mit der Förderungskompetenz, die der Bund auch schon derzeit in Anspruch nimmt, öffnet sich ein breites Feld von Einflußmöglichkeiten der Bundesbehörden auf Bildung und Tätigkeit der Regionalverbände, da sie im Zusammenhang gesehen werden muß mit der Bundeszuständigkeit für die Genehmigung und/oder finanzielle Förderung regional bedeutsamer Aufgaben. Insbesondere forciert der Bund die regionale Organisation der Gemeinden in den Berggebieten. Nach dem Bundesgesetz über Investitionshilfe für Berggebiete vom 28. Juni 1974 ist die Zuweisung von zinsgünstigen oder zinslosen Krediten für Infrastrukturvorhaben davon abhängig, daß die Gemeinden der Berggebiete sich zu förderungsbedürftigen Entwicklungsregionen zusammenschließen und der Regionalverband ein regionales Entwicklungskonzept vorlegt. Dieses wiederum muß mit den Nutzungs- und Richtplänen übereinstimmen[51].

Als vorläufige Maßnahme des Bundes von erheblicher Tragweite hervorzuheben ist der Bundesbeschluß über dringliche Maßnahmen auf dem Gebiet der Raumplanung vom 17. März 1972[52]; diese Rechtsgrundlage bezweckt, die Errichtung von Bauten zu verhindern, welche die anzustrebende Raumordnung erschweren könnten; der Bundesbeschluß verpflichtet daher die Kantone, provisorische Schutzgebiete auszuscheiden und diese der allgemeinen Überbauung zu entziehen. Die Kantone haben den ihnen erteilten Auftrag extensiv interpretiert und im Verordnungswege praktisch jeweils für das ganze Kantonsgebiet Siedlungsland und Nichtsiedlungsland festgelegt. Der Bundesbeschluß ist in seiner Geltung auf Ende 1975 befristet; seine tatsächliche Auswirkung auf die Raumplanung wird aber weit über diese Übergangszeit hinausgehen, da damit zu rechnen ist, daß man die Schutzgebiete zumindest in wesentlichen Teilen in die kantonale und kommunale Planung überführen wird. Hieraus und aus der relativ kurzen Zeit von acht Monaten, die den Kantonen zum Vollzug des Bundesbeschlusses zur Verfügung stand, erklärt sich, daß in vielen Kantonen die betroffenen Grundeigentümer in großer Zahl, aber auch Organisationen und Regionalplanungsverbände, Rechtsbehelfe eingelegt haben[53].

4.3.3. Die neueren kantonalen Baugesetze

(1) Der Prozeß des Umdenkens über Aufgaben und rechtliche Erfordernisse der Raumordnung in Gegenwart und übersehbarer Zukunft hatte auch in den Kan-

---

51 Zu den Einzelheiten vgl L e i b u n d g u t, Investitionshilfe für Berggebiete in der Schweiz, BRFRPI 75, H 1, 35.
52 VollziehungsVO dazu v 29. 3. 1972 — SR 70 — AS 1972, 644 u 687.
53 Für die Gesamtschweiz seien weit über 20.000 Rechtsbehelfe ergriffen worden, S c h l u m p f, in: Werdende Raumplanung (1974) 15 (19).

tonen gesetzgeberische Initiativen ausgelöst, die noch nicht zum Abschluß gekommen sind. Aufmerksamkeit erheischen die anfangs der siebziger Jahre erlassenen kantonalen BauG und die von den Kantonsregierungen vorgelegten Entwürfe[54]. Diese Gesetze entstanden bereits vor dem Hintergrund der Bestrebungen um die Reform der Bundeskompetenzen, blieben jedoch weitgehend herkömmlichen Strukturen des Planungsrechts verpflichtet, zumal Richtung und Ausmaß der vom Bund angestrebten Reform erst durch den Entwurf des s RPlG (1972) voll erkennbar wurden.

Mit allen Vorbehalten, die gegenüber einer zusammenfassenden Charakterisierung einer Mehrzahl von Gesetzen eigenständiger Gesetzgeber anzubringen sind, wird man in den Gesetzen Normenwerke sehen müssen, die darauf zielen, das vorfindliche Planungsinstrumentarium rechtstechnisch zu klären, in System zu bringen, seine Effektivität zu steigern und dadurch behutsam an die gewandelten Verhältnisse und Aufgaben anzupassen.

Ähnlich dem d und ö Recht unterscheidet das neuere s Raumplanungsrecht zwischen Plänen, die für den Bürger unmittelbar verbindlich sind, und Plänen, die nur für die Behörden verbindlich sind, welche raumbedeutsame Aufgaben wahrzunehmen haben; das sind insbesondere die Gemeinden bei Erlaß örtlicher Pläne, die Kantone bei der Genehmigung kommunaler Pläne, aber auch die eidgenössischen, kantonalen und kommunalen Behörden, die über raumbedeutsame Investitionen und Subventionen zu entscheiden haben. Welche Behörden im einzelnen gebunden sind, bedürfte ebenso einer besonderen Untersuchung wie das Maß der durch die Richtpläne ihnen auferlegten Bindungen[55]. Für die dem Bürger gegenüber verbindlichen Pläne dürfte sich der Begriff Nutzungsplan, für die behördenintern verbindlichen Pläne der Begriff Richtplan oder Gesamtplan durchsetzen.

Nach kantonalem Recht ist das System der Raumplanung dreistufig angelegt, da die Gesetze nahezu durchgehend den Erlaß von Nutzungs- und Richtplänen auf der Ebene des Kantons, der Region und der Gemeinde vorsehen. Bezieht man die Bundesplanung auf Grund der Fachgesetze und des s RPlG ein, ergibt sich ein vierstufiges System. Danach ist der Bund darauf beschränkt, materielle Grundsätze der Raumplanung und, in Kooperation mit den Kantonen, Sachpläne für die Wahrnehmung seiner Zuständigkeiten aufzustellen; der Erlaß umfassender Richtpläne (Gesamtpläne) ist Aufgabe der Kantone und der für die Regionalplanung zuständigen Stelle; flächendeckende Nutzungspläne (Zonen-, Überbauungs-, Gestaltungs- und ggf Quartierplan) zu erlassen, ist Aufgabe der Gemeinde. Die Nutzungspläne des Kantons betreffen nur besondere kantonale Aufgaben, insbesondere Straßen und öffentliche Werke, aber auch den Landschafts- und Naturschutz. Nach einigen kantonalen Gesetzen kann ferner der Kanton subsidiär und mit beschränkter Zielsetzung örtliche Nutzungspläne erlassen[56].

Ansätze für eine kommunale Investitionsplanung und ihre Verknüpfung mit der städtebaulichen Planung enthält zB das be BauG, das die Gemeinde verpflichtet, in der Form verwaltungsinterner Richtpläne Nutzungsrichtpläne, Erschließungs- und Finanzpläne zu erstellen.

Während vorwiegend ländlich besiedelte und kleine Kantone wie Obwalden und Schwyz in Aufnahme des herkömmlichen Rechts sich damit begnügen, die Gemeinden zur örtlichen Planung zu ermächtigen, verpflichten die neuen Gesetze der anderen Kantone die Gemeinden grundsätzlich zum Erlaß von Baureglementen und von Nutzungsplänen. Einen Mittelweg geht zB der Kanton Uri, der die

---

54 Vgl dazu Übersicht im Anhang Schweiz 8.3.2.
55 Vgl L e n d i , ZSR 73/I, 120 ff, der auf die terminologische Unklarheit der kantonalen Gesetze hinweist.
56 Vgl zu den Einzelheiten die Merkmalliste der kantonalen BauG im Anhang Schweiz 8.3.3.

Gemeinden nur zum Erlaß einer Bauordnung und eines lediglich die Verwaltung bindenden Ortsplanes verpflichtet. Einige Kantone befugen den Regierungsrat, subsidiär die notwendigen Pläne zu erlassen oder den Gemeinden Planung und Anpassung an die Richtpläne des Kantons und der Region aufzuerlegen.

Lendi[57] hat unter bewußtem Beiseitelassen aller kantonalen Besonderheiten ein Modell der raumbedeutsamen Pläne im engeren Sinne aufgestellt, das zur Veranschaulichung hier wiedergegeben werden soll:

Stufe	mittelbar verbindliche Pläne	unmittelbar verbindliche Pläne
Bund	Sachpläne – Gesamtverkehrsplan – schweiz. Versorgungsplan – Plan der öffentlichen Bauten und Anlagen	
Kanton	Gesamtplan Teilpläne: – Siedlung/Landschaft – Verkehr – Versorgung – öffentliche Bauten und Anlagen Finanzplan	Nutzungsplan Inhalt: – Freiflächen – Schutzgebiete, Erholungsgebiete – Siedlungsgebiet/ Nichtsiedlungsgebiet – öffentliche Bauten und Anlagen
Region (Kantone/ Gemeinden)	Gesamtplan II	
Gemeinden	Grundlagenplan – Siedlung – Landschaft – Verkehr ⎫Erschlie- – Versorgung⎭ßungsplan – öffentliche Bauten und Anlagen – Finanzplan	Nutzungsplan – Zonenplan – Überbauungsplan – Gestaltungsplan

(2) Stärker als das s RPlG und die Baugesetze der anderen Kantone akzentuiert der Entwurf eines Züricher Planungs- und Baugesetzes die Zuständigkeit des Kantons zur Leitung und Koordinierung der gesamten kantonalen Planung. Nach der Weisung des Regierungsrates zu dem Entwurf könne durchgehende Planung „nur eine Planung von oben nach unten" sein; es sei nicht denkbar, „daß sich die Erfüllung der kantonalen und regionalen Interessen gleichsam beiläufig aus den kommunalen Planungen ergibt"[58].

Dem entspricht es, daß der Kanton sich Instrumente zur Verfügung stellt, die eine relativ dichte Planung sowohl der Bodennutzung als auch der Investitionen ermöglichen; zwar ordnet der kantonale Gesamtplan die Nutzung des Bodens und

---

57 ZSR 73/I, 138 f.
58 Antrag des Regierungsrates v 5. 12. 1973, Nr 1928, 124; der Entw wurde 1974 von einer kantonsrätlichen Kommission überarbeitet u ergänzt, ohne der Vorlage materiell entscheidende neue Elemente einzufügen, vgl Antrag der Kommission v 20. 12. 1974, Nr 1928a; das Gesetz ist 1975 in Kraft getreten.

die Besiedlung im Kanton nur „in den Grundzügen"; der Siedlungsplan als Teilrichtplan aber soll das auf längere Sicht für die Überbauung benötigte und hierfür geeignete Gebiet nach der Art der Siedlung und ggf auch der Nutzung differenziert festlegen. Auch die Festsetzung regionaler Richt- und Nutzungspläne ist — vorbehaltlich anderer gesetzlicher Regelungen — Aufgabe des Kantons. Dabei versteht der Entwurf Regionalplanung nicht als das Staatsgebiet flächendeckende Planung; sie ist nur für Gebiete vorgesehen, die einer abgestimmten Raumordnung bedürfen. Aufgabe des regionalen Gesamtplanes ist es, den kantonalen Gesamtplan zu ergänzen und zu verfeinern.

Dem dezentralisierten Aufbau des Staates und den Erfordernissen des Gegenstromverfahrens bei der Raumplanung trägt der Entwurf dadurch Rechnung, daß er die Bildung von kommunalen Zweckverbänden oder privat-rechtlichen Organisationen zuläßt und sie an der Ausarbeitung der Regionalplanung in der Form der Anhörung oder durch Beauftragung mit der Ausarbeitung der regionalen Pläne beteiligt — wie dies bereits der Praxis im Kanton Zürich entspricht.

Besonderer gesetzlicher Regelung vorbehalten ist die Bildung regionaler Planungsträger mit Zuständigkeit zur Festsetzung der Regionalpläne. Zu dieser dilatorischen Regelung sah sich der Kantonsrat veranlaßt, weil seine früheren Vorschläge, institutionalisierte Planungsregionen zu schaffen, auf politischen Widerspruch, vor allem der Gemeinden gestoßen war, und daher das Problem der Regionalisierung einer Expertenkommission zur weiteren Prüfung überwiesen worden ist.

In den Gesetzen der anderen größeren Kantone ist Regionalplanung als kommunale Gemeinschaftsplanung auf der Grundlage von den Gemeinden vereinbarter Zusammenarbeit in öffentlich-rechtlichen Gemeindeverbänden (Zweckverbänden) oder privat-rechtlichen Organisationen vorgesehen. Zum Zusammenschluß zu derartigen Planungsgruppen sind die Gemeinden in einigen Kantonen verpflichtet; in anderen Kantonen ist die Bildung von Regionen als Kannvorschrift ausgestaltet.

Gegenüber Gemeinden, die nicht zum Zusammenschluß bereit sind, wird — ausgenommen zB Graubünden und Uri — das Freiwilligkeitsprinzip eingeschränkt, so im Kanton Bern durch die Befugnis des Regierungsrates, einen regionalen Überbauungsplan auch gegenüber verbandsfremden Gemeinden unter gewissen Voraussetzungen für rechtswirksam zu erklären, so in den Kantonen Aargau, Luzern, St. Gallen durch die Befugnis des Kantons, den Beitritt einer Gemeinde zu einem Gemeindeverband zu beschließen oder anzuordnen.

Auch die Entwürfe der Kantone Solothurn und Thurgau schränken das Prinzip der Freiwilligkeit der Verbandsbildung ein; so sieht der Entwurf 1971 des Kantons Thurgau für den Regierungsrat des Kantons das Recht vor, die Umgrenzung der von den Gemeinden frei gebildeten Regionen zu genehmigen, und wenn sich die Gemeinden nicht einigen können, auch die Umgrenzung selbst zu bestimmen. Der zur Vernehmlassung ausgesandte Entwurf einer Totalrevision des Baugesetzes des Bau-Departementes Solothurn, März 1973, baut den staatlichen Einfluß auf die Regionalplanung noch weiter aus. Grundsätzlich werden nur noch öffentlichrechtliche Zweckverbände zur Regionalplanung zugelassen. Um den Bestand vorhandener Planungsgruppen zu schonen, kann der Regierungsrat aber der Bildung von privat-rechtlich verfaßten Planungsgruppen zustimmen. Er wird ferner befugt, ein Normalstatut zu erlassen, so daß die innere Ordnung der Zweckverbände durch kantonale Regelung weitgehend vorbestimmt werden kann. Darüber hinaus sieht der Entwurf sogar die Befugnis des Regierungsrates vor, die Gemeinden zur Bildung eines ZV und zum Beitritt zu einem solchen zu „verhalten". Nötigenfalls kann er die Statuten des zwangsweise gegründeten ZV selbst erlassen. Einschränkend wird in den Erläuterungen vermerkt, der Regierungsrat werde wohl von diesen Befugnissen nur selten Gebrauch machen müssen. Eine zwangsweise Bildung ganzer Regionen dürfte kaum zweckmäßig sein, weil ein solcher Verband nur schwer funktionieren würde. In einem solchen Fall würde der Kanton wohl besser in eigener Kompetenz handeln und bestimmte Aufgaben der Regionalplanung selber erfüllen, wozu er auch befugt sei. Im übrigen zeige die Erfahrung, daß die Möglichkeit, eine Gemeinde zu einem Zusammenschluß mit anderen Gemeinden zu zwingen, in der Regel bereits genüge, die Gemeinde zu einem freiwilligen Beitritt zu veranlassen[59].

Aufgabe der Regionalplanung ist durchgehend die Erstellung von Richtplänen (Regionalplänen) für die Ortsplanung; Gegenstand der Pläne sind in der Regel die Ausscheidung von Baugebieten und Kulturflächen sowie von Nutzungs- und Schutzgebieten, die regionalen Verkehrsanlagen und öffentlichen Werke. Im Kanton Aargau ist Aufgabe und Gegenstand der Regionalplanung abschließend umschrieben und in dieser Ausgestaltung obligatorische Aufgabe des – fakultativen – Gemeindeverbandes. Im Kanton Bern dagegen ist die Erstellung regionaler Richtpläne über die im Interesse der Region notwendige Nutzungsordnung (regionaler Nutzungsrichtplan, Landschaftsplan, Erholungsplan, Verkehrsrichtplan) nur Mindestinhalt der Regionalplanung. Haben sich im Kanton Bern die Gemeinden für Regionalplanung durch einen öffentlich-rechtlichen Gemeindeverband entschieden, dann können sie den Verband als Mehrzweckverband verfassen und ihm durch das Organisationsstatut auch Durchführungsaufgaben übertragen. Ferner sehen zB das be BauG und der Entwurf Solothurn vor, daß den Verbänden die Zuständigkeit zum Erlaß regionaler Überbauungspläne übertragen werden kann, die dem Bürger gegenüber unmittelbar verbindlich sind. Der Kanton Schwyz gestattet die Übertragung baupolizeilicher Aufgaben. Ferner sehen die Gesetze – in unterschiedlichem Ausmaß – vor, daß der Verband zum regionalen Lastenausgleich nach dem Verursacher- und dem Nutzenprinzip befugt oder verpflichtet ist.

Die anderen kantonalen Baugesetze schließen eine Übertragung von Durchführungsaufgaben an die Zweckverbände nicht aus. Dies rechtfertigt den Schluß, daß auch mangels ausdrücklicher gesetzlicher Regelung die Gemeinden kraft ihrer Autonomie den ZV als Mehrzweckverband verfassen können.

Die ZV haben das Recht, nach näherer Bestimmung des allgemeinen Gemeinderechts bei den Verbandsmitgliedern Beiträge zu erheben; sie erhalten von dem Kanton Zuschüsse zu den Kosten der Regionalplanung.

Im Kanton Aargau unterliegen die Regionalpläne der Genehmigung durch den Großen Rat, den man als befugt ansehen muß, die Pläne analog zu seiner Befugnis zur Prüfung der kommunalen Pläne (§ 147 II aar BauG) auf ihre Rechtmäßigkeit und Zweckmäßigkeit zu überprüfen.

Im Kanton Bern unterliegen die Planungen der Oberaufsicht des Regierungsrates; das Verfahren für den Planerlaß kann durch Verordnung des Regierungsrates geregelt werden. Einer förmlichen Genehmigung durch den Regierungsrat bedürfen jedoch nur die regionalen Überbauungspläne, die auch auf ihre Zweckmäßigkeit zu prüfen sind.

(3) Der Erlaß kantonaler Richtpläne (Gesamtpläne) obliegt dem Regierungsrat. In einer Reihe von Kantonen, nicht aber in allen – zB auch nicht im Kanton Bern –, bedürfen die kantonalen Pläne der Genehmigung des Großen Rats.

Gegenstand der kantonalen Richtpläne sind die im kantonalen und überregionalen Interesse anzustrebenden Planungsziele; unmittelbar verbindlich

---

59 Baudepartement des Kantons Solothurn, Totalrevision des Baugesetzes. Bericht und Entwurf (März 1973) 17.

gegenüber dem Bürger sind nur die kantonalen Überbauungspläne, die mit näher bestimmter Zielsetzung zum Schutze überörtlicher Interessen erlassen werden dürfen.

Die Verknüpfung von kantonaler, regionaler und kommunaler Planung wird einmal durch Verfahrensregelungen geschaffen, die gebieten, Planungen auf jeder Stufe stets in Verbindung (nach Anhörung) mit den Planungsträgern der anderen Stufen auszuarbeiten. Die Wahrung überörtlicher Belange wird durch das Recht des Kantons zur Zweckmäßigkeitskontrolle erleichtert. Systematisch werden die Pläne der verschiedenen Stufen durch die räumliche und gegenständliche Abschichtung der Planungsaufgaben und die Richtlinienfunktion der Pläne der höheren Stufe verknüpft. Ihre Richtlinienfunktion wird verstärkt durch die Pflicht, bestehende Pläne neueren Planungen der höheren Stufe anzupassen.

(4) Kleinere, vorwiegend oder ausschließlich ländlich besiedelte Kantone wie Obwalden sehen eine Regionalplanung nicht vor, verpflichten aber die Gemeinden zur Koordination ihrer Planungen; auch kantonale Planungsinstrumente können in diesen Baugesetzen fehlen; so sieht das Baugesetz des Kantons Uri auf kantonaler Ebene nur die „Ausarbeitung und Nachführung eines Sonderplans der kantonalen Werke und Einrichtungen" vor. Aus dem Schweigen des Gesetzes kann aber nicht gefolgert werden, daß die künftige räumliche Entwicklung dieser Kantone dem Einfluß der Zentralinstanzen weitgehend entzogen sei, da in den kleinen und überschaubaren Räumen dieser Kantone das Recht der Zweckmäßigkeitskontrolle der kommunalen Pläne und die Zuständigkeiten des Kantons auf dem Gebiet des Landschafts- und Naturschutzes wirksame Handhaben zur Wahrung überörtlicher Belange sein können. Eine weitere Eingriffsbefugnis öffnet sich der Kanton, wenn er die Durchführung größerer Vorhaben von seiner Genehmigung abhängig macht[60].

Es ist zu erwarten, daß auch die kleineren ländlichen Kantone ihr Planungsrecht dem künftigen Bundesrecht anzupassen und daher weiterzuentwickeln haben. Daß auch in diesen Kantonen die Gemeinden empfindlichere Beschränkungen der kommunalen Planungshoheit werden hinnehmen müssen, kündigt sich bereits in dem Bundesbeschluß über dringliche Maßnahmen auf dem Gebiet der Raumplanung vom 17. März 1972 an[61].

4.4.4. Grenzüberschreitende Planung

Das Problem der grenzüberschreitenden Raumplanung[62] wird im s RPIG aufgegriffen. Nach Art 38 werden die Bundesbehörden im interkantonalen Verhältnis koordinierend tätig. Insbesondere haben sie dafür zu sorgen, daß die Gesamtrichtpläne der Kantone „gesamtschweizerisch zusammenhängend gestaltet werden". Nach der gleichen Vorschrift sind die Bundesbehörden und die Kantone der Grenzgebiete zu einer engen Zusammenarbeit mit den Planungsbehörden des benachbarten Auslandes verpflichtet.

Aus dieser Vorschrift hat man in Zürich gefolgert, daß die interkantonale Zusammenarbeit ausschließlich Sache des Bundes sei und daher kantonale Vorschriften entbehrlich wären[63]. Die BauG der Kantone St. Gallen, Schwyz und Solothurn ermächtigen hingegen den Regierungsrat ausdrücklich, mit anderen Kantonen

---

60 So ist in Obwalden für die Errichtung von Terrassenhäusern und von Bauten mit mehr als 20 m Frontbreite auch eine Genehmigung des Regierungsrates erforderlich.
61 Vgl dazu oben S 160.
62 Vgl dazu N a e f, Grenzüberschreitende Raumplanung, DISP Nr 32 (1974) 31.
63 Antrag des Regierungsrates v 5. 12. 1973, 116; idF des Kommissionsantrages v 20. 12. 1974 begründet jedoch § 7 zü Entw PBG für den Kanton eine Abstimmungspflicht.

– St. Gallen auch mit anderen Staaten – Verträge über die Zusammenarbeit im Bereich der Raumplanung bzw über die Durchführung gemeinsamer Raumplanung abzuschließen. Eine wesentliche Änderung des Rechts bringen diese Vorschriften indes nicht, da den Kantonen ohnehin das Recht zusteht, interkantonale Verträge zu schließen. Von Interesse könnte jedoch die in Solothurn zur Vernehmlassung gestellte Regelung sein, nach welcher der Regierungsrat interkantonale Zweckverbände gestatten und ihre Statuten genehmigen darf, die, soweit es für die Koordination mit anderen Kantonen nötig ist, Abweichungen vom kantonalen Recht enthalten dürfen. Es handelt sich hierbei um eine Vorschrift, wie sie auch im Zweckverbandsrecht der Bundesrepublik Deutschland zu finden ist.

4.5. Stand der regionalen Organisation

4.5.1. *Überblick*

Nach einer Aufstellung von *Meylan/Gottraux/Dahinden*[64] arbeiteten 1972 die Hälfte aller Gemeinden in dieser oder jener Form auf dem Gebiet der Raumplanung zusammen, von den Gemeinden der Größenklasse bis 100 Einwohner aber nur etwa 20 %, der Größenklasse 5000 bis 10.000 etwa 60 %, der Größenklasse 50.000 bis 100.000 knapp 80 %. Die Gemeinden über 100.000 Einwohner arbeiteten alle mit anderen Gemeinden zusammen. Typische Rechtsformen der Zusammenarbeit sind: die Konferenz der Gemeindepräsidenten, der privat-rechtliche Verein und – seltener – der öffentlich-rechtliche Zweckverband.

Mithin waren 1972 große Teile des s Staatsgebietes von Planungsgruppen erfaßt, ausnahmslos das Umland der größeren Städte. Im weiteren Einflußbereich der größeren Städte fand sich meist ein Kranz weiterer Planungsgruppen, oft kleineren Zuschnitts als im Umland der Städte. In sie eingesprengt fanden und finden sich jedoch immer wieder Gemeinden, die sich keiner Regionalplanungsgruppe angeschlossen haben oder auch wieder ausgeschieden sind. Weniger häufig waren Planungsgruppen in den überwiegend ländlich besiedelten und in den alpinen Gebieten. Soweit sich in diesen Gebieten die Gemeinden zusammengeschlossen hatten, handelte es sich um Kleinregionen[65]. Seit 1972 hat sich die regionale Organisation verdichtet; einzelne bestehende Planungsorganisationen haben ihr Gebiet durch Aufnahme bislang abseits stehender Gemeinden arrondieren können oder haben die Zusammenarbeit in eine straffere Organisationsform übergeleitet; neue Planungsorganisationen sind entstanden insbesondere in den Berggebieten, in denen regionale Träger der Investitionshilfe des Bundes zu schaffen sind[66].

Die nunmehr nahezu abgeschlossene Regionalisierung des s Staatsgebietes darf nicht darüber hinwegtäuschen, daß die rechtlichen und tatsächlichen Möglichkeiten effektiver Regionalplanung für viele dieser Zusammenschlüsse eng begrenzt sind, daß aber auch die einzelnen Planungsgruppen in sehr unterschiedlichem Maße aktiv sind.

4.5.2. *Aufgaben der Regionalplanungsgruppen*

Zentrale Aufgabe der Planungsgruppen ist die Erarbeitung des regionalen Gesamtrichtplans und der Teilricht- und Durchführungspläne. Weitere Tätigkeits-

---

64 Gemeinden, 237.
65 Karten und Statistiken bei M e y l a n / G o t t r a u x / D a h i n d e n, Gemeinden, 253 ff.
66 Vgl oben S 160.

felder sind die Abstimmung und Vorbereitung kommunaler Planungen und Infrastruktureinrichtungen, insbesondere solche von überkommunaler oder regionaler Bedeutung, die Beratung der Gemeinden bei der Wahrnehmung ihrer kommunalen Planungsaufgaben, die Vertretung der Region gegenüber Behörden des Bundes und des Kantons und in von diesen eingerichteten Ausschüssen.

Durchführungsaufgaben und die Verwirklichung eines regionalen Lasten- und Vorteilsausgleichs sind nur einzelnen Zweckverbänden übertragen worden, so der Planungsgemeinschaft Müstair-Tal (Graubünden) die Abwasser- und Kehrichtbeseitigung.

In den Vereinsstatuten ist der Aufgabenkreis entweder durch eine Generalklausel oder einen Aufgabenkatalog bestimmt. In beiden Fällen dürfte ein erheblicher Spielraum bleiben, die tatsächliche Tätigkeit der Vereinsorgane nach dem Selbstverständnis des Vereins und den tatsächlichen Möglichkeiten auszuformen und ggf zu erweitern.

Die Statuten der öffentlich-rechtlichen ZV müssen nach dem oben Ausgeführten[67] den Zweck des Verbandes abschließend umschreiben. Diesem Erfordernis wird durch abschließende Festlegung der Aufgaben Rechnung getragen. In der s Praxis zulässig ist aber auch, daß die Statuten den Zweck insoweit offenlassen, als sie die Übernahme generell umschriebener weiterer Aufgaben gestatten — sei es mit Zustimmung aller Verbandsglieder, sei es durch Mehrheitsbeschluß des zuständigen Verbandsorgans (offener ZV).

Als Beispiele seien angeführt die Aufgabenbestimmung in der Verfassung des Planungsverbandes Müstair-Tal, in dem sechs Gemeinden zusammenarbeiten —

> „Der Verband bezweckt die Regionalplanung der Region ‚Val Müstair' sowie die Durchführung der von der ganzen Region gemeinsam zu lösenden Aufgaben von öffentlichem Interesse.
>
> Er strebt innerhalb des Verbandsgebietes einen allgemeinen Vorteils- und Lastenausgleich an.
>
> Der Verbandszweck ergibt sich im einzelnen aus der dieser Verfassung beiliegenden Aufstellung, welche einen Bestandteil dieser Statuten bildet."

und in den Statuten des ZV der zü Planungsgruppe Knonaueramt, in der vierzehn Gemeinden zusammenarbeiten[68] —

> „Der Verband bezweckt den Zusammenschluß der Verbandsgemeinden zur Aufstellung und Nachführung eines vom Regierungsrat zu genehmigenden Gesamtplanes über das Knonaueramt, die Aufstellung und Ergänzung gemeinsamer Bebauungspläne, sowie genereller Kanalisationsprogramme einzelner oder aller Gemeinden je nach Bedürfnis, die Beratung der Verbandsgemeinden und deren Vertretung gegenüber den kantonalen Behörden in allen Fragen der Regionalplanung. Er kann weitere Aufgaben auf dem Gebiete der Orts- und Regionalplanung übernehmen."

4.5.3. Rechtsform der Regionalplanungsgruppen

Für die Bewertung der Effektivität der regionalen Organisationen ist wesentlich, daß die als Präsidentenkonferenz oder als Verein verfaßten Zusammenschlüsse nicht befugt sind, Pläne mit verbindlicher Wirkung aufzustellen, daß aber auch gegenüber den als ZV verfaßten Planungsverbänden die Inkraftsetzung oder zumindest die Genehmigung auf Grund einer Rechts- und Zweckmäßigkeitskontrolle den Kantonen vorbehalten bleibt. Zu den rechtlichen Grenzen effektiver Planungsmöglichkeiten treten personelle und wirtschaftliche Engpässe. Nur die

---

67 Vgl oben S 154.
68 Als typische Zweckbestimmung bezeichnet von S t ü d e l i, Das Gutachten der schweizerischen Vereinigung für Landesplanung zur Regionalplanung im Raum St. Gallen, in: Regionalplanung, Probleme und Lösungsvorschläge (1967) 1 (12).

großen Planungsgruppen wie der Regionalplanungsverein Stadt Bern und umliegende Gemeinden oder der Dachverband Regionalplanung Zürich und Umgebung (RZU) haben kleine Arbeitsstäbe mit akademisch ausgebildeten Planern und weiteren ständigen Mitarbeitern eingerichtet[69]; einige Verbände haben einen hauptamtlichen Architekten und/oder Sekretär, die anderen lassen die anfallenden Verwaltungsarbeiten durch die Behörde einer Mitgliedsgemeinde wahrnehmen. Für Planungsvorhaben — bei größeren Verbänden für anspruchsvollere Vorhaben — müssen daher private Planungsbüros herangezogen werden, die oft neben der eigentlichen Planerstellung noch weitere Beratungsaufgaben übernehmen und auch mannigfache andere Hilfsdienste leisten.

Für die Finanzierung derartiger Aufträge wiederum sind die Planungsgruppen auf Subventionen angewiesen, die Bund und Kanton nach Sachprüfung des Vorhabens — nicht nur ausnahmsweise nahezu kostendeckend — gewähren.

Um die rechtlichen und wirtschaftlichen Hindernisse effektiver Planung abzubauen, haben sich Behelfe eingespielt. So kann die Kantonsregierung den Plan einer Planungsgruppe als Orientierungshilfe anerkennen und seine Beachtung den Gemeinden empfehlen[70]; auf diesem im Gesetz nicht vorgesehenen Wege kann der Verbandsplan faktisch zum Beurteilungsmaßstab für gemeindliche Planungen und Investitionen werden. Die Kantonsregierung kann aber auch im Wege privat-rechtlichen Vertrages den Verein oder den ZV beauftragen, einen Regionalplan oder bestimmte andere Pläne in Abstimmung mit dem Kanton oder den Gemeinden und ggf unter Hinzuziehung eines privaten Planungsbüros zu erarbeiten. Der erarbeitete Vorschlag kann dann vom Kanton in dem im Gesetz vorgesehenen Verfahren als kantonaler Teilgebietsplan in Geltung gesetzt werden[71].

Die Bereitschaft der Gemeinden und Kantone, in atypischen Formen zusammenzuarbeiten, ermöglicht auch, auf schlichtem Wege die rechtlich diffizile Kantonsgrenzen überschreitende Planung in Angriff zu nehmen. So ist auf Grund interkantonal vereinbarter Zulassung von Gemeinden der Kantone Aargau und Luzern die Regionalplanungsgruppe Wiggertal als ZV geschaffen worden; der von der Planungsgruppe erarbeitete regionale Richtplan ist 1972 in seinem luzernischen Teil vom Regierungsrat des Kantons Luzern genehmigt worden; er ist in diesen Grenzen verbindlicher regionaler Richtplan nach Maßgabe des lu BauG. Der aargauische Teil des Richtplans lag 1974 noch dem Großen Rat des Kantons Aargau zur Genehmigung vor. Zugleich arbeiten die Gemeinden in verschiedenen gesonderten Einzweckverbänden zusammen[72].

Andere Kantonsgrenzen überschreitende Planungsgruppen sind in der Rechtsform des Vereins verfaßt; von ihnen erarbeitete Pläne müßten ebenfalls für die jeweiligen Kantonsteile durch die jeweilig zuständigen Kantone in Kraft gesetzt werden.

Auch im Verhältnis zu den Gemeinden und zu den ZV, in denen die Gemeinden gemeinsame Aufgaben wahrnehmen, haben sich nichtinstitutionalisierte Kooperationsformen eingespielt; sie können dem Planungsverband ungeachtet fehlender Anordnungsbefugnisse erheblichen Einfluß verschaffen und die Wahrnehmung seiner Koordinationsaufgabe ermöglichen — insbesondere durch sachkundige

---

69 RZU: 9, Bern: 5 vollamtliche Beschäftigte.
70 So hat zB 1970 der Kanton Solothurn den Nutzungsplan der Regionalplanungsgruppe Olten behandelt.
71 So hat der Regierungsrat des Kantons Zürich 1963 die Planungsgruppen des Kantons mit der Erarbeitung von Gesamtplänen beauftragt, die Planungsarbeiten koordiniert und teilweise finanziert; 1971/1972 wurden für 4 von insgesamt 10 Regionen die Gesamtpläne nach Maßgabe des zü BauG 1893/1943 als Richtlinien für die Ortsplanung in Geltung gesetzt; diese Gesamtpläne und die Vorschläge der anderen Regionen bedürfen der Revision, weil sich seit 1963 die Planungsgrundlagen und -ziele geändert haben.
72 Staatsverwaltungsbericht 1972/73 der Regierung des Kantons Luzern an den Großen Rat.

Beratung und Unterstützung bei der Bewältigung kommunaler Aufgaben, durch Auslösung von Initiativen, durch Hinwirken auf die Inanspruchnahme des gleichen privaten Planungsbüros durch mehrere Gemeinden.

Die Zahl der insgesamt in der Schweiz in Kraft gesetzten bzw genehmigten Regionalpläne ist verschwindend gering; die Gründe hierfür sind mannigfaltig: Sicher gehören hierzu eine Reihe von Gründen, die unabhängig von der Rechtsform der Regionalplanung sind, wie die Notwendigkeit, zunächst methodische, rechtliche, personelle, aber auch psychologische und politische Voraussetzungen der Planung auf kantonaler, regionaler und kommunaler Ebene überhaupt zu schaffen, aber auch der Wandel der Planungsgrundlagen und Planungsziele in den letzten Jahren. Sicher gehören hierzu aber auch Gründe, die in der Organisation der Planung liegen, so die lange Anlaufzeit freiwilliger Verbandsbildung, die geringe Verwaltungskraft der kleinen Verbände, deren leitende Funktionäre nur nebenamtlich oder sogar nur ehrenamtlich tätig sind. Von besonderer Bedeutung dürfte der Sachzwang zur Rücksichtnahme auf die Wünsche aller verbandsangehörigen Gemeinden und zu äußerster Behutsamkeit und Geduld in Konfliktsituationen sein, die erforderlich sind, um ein Auseinanderfallen des Vereins zu vermeiden. Auch wenn generell die s Gemeinden es an Bereitschaft zur interkommunalen Zusammenarbeit auf dem Gebiet der Raumordnung nicht missen lassen, insbesondere, wenn die Raumordnungsaufgaben dringend werden — sie sehen sich jedoch oft nicht ohne Grund in ihrer Eigenständigkeit gefährdet, wenn sie nicht Herr im Haus bleiben. Wegen der meist prekären Finanzlage sträuben sie sich, nicht mehr alle sich bietenden Entwicklungschancen wahrnehmen, insbesondere Chancen zur Erhöhung des Steueraufkommens nützen zu können; hinderlich empfinden sie, daß im regionalen Interesse Maßnahmen auch gegen ihren Willen eingeleitet werden dürfen, die mit nur schwer überschaubaren Lasten verknüpft sind und Entwicklungschancen abschneiden können[73].

Erfolgreicher waren die Planungsgruppen auf Tätigkeitsfeldern, die nicht Konflikte mit zentralen Interessen einzelner Gemeinden erwarten ließen, so die Beratung einzelner Gemeinden oder die Initiierung und Vorbereitung konkreter Investitionsvorhaben.

4.5.4. *Innere Organisation der Regionalplanungsgruppen*

Die Statuten[74] der privat-rechtlichen und der öffentlich-rechtlichen Planungsgruppen zeigen eine gewisse Übereinstimmung, da sie unabhängig von der Rechtsform ein oberstes Verbandsorgan (Vereinsversammlung bzw Delegiertenversammlung), ein Exekutivorgan (Vorstand bzw Verwaltungsausschuß, Regionalrat, Kommission) und ein Kontrollorgan vorsehen.

Das oberste Verbandsorgan besteht aus den Vertretern der einzelnen Mitgliedsgemeinden; meist entsenden die Gemeinden die gleiche Zahl von Delegierten — eins bis vier; ein Teil der Statuten sieht eine Stufung der zu entsendenden Delegierten nach der Einwohnerzahl vor. Mit der Entsendung einer Mehrzahl von Delegierten wird bezweckt, neben den Repräsentanten der Gemeinden die Bürger an der Willensbildung des Verbandes zu beteiligen und dadurch die Artikulation regionaler Interessen zu fördern.

Die Mitglieder des Exekutivorgans werden oft ebenfalls von den Verbandsmitgliedern bestellt; mit Rücksicht auf die Interessen der Gemeinden ist in einem Teil

---

73 Die Bedingungen interkommunaler Zusammenarbeit analysieren auf Grund systematischer Erhebungen der Realfaktoren und der Meinungen: M e y l a n / G o t t r a u x / D a h i n d e n, Gemeinden, 231 f; vgl G y g i, Zbl 73, 148; M o s e r, Die Gemeindeverbände in der Region Bern (1971) 22; einen unmittelbaren Eindruck vom Stand der Diskussion vermitteln die von der Stiftung für eidgenössische Zusammenarbeit hrsg Protokolle von Befragungen: Föderalismushearings, Bd 2 (1973) 403—477.

74 Ein Schema allgemeingültiger Statuten s Rechts entwirft G r ü t e r, Zweckverbände, 123 ff.

der Verbände jede Gemeinde durch einen ihrer Repräsentanten im Exekutivorgan vertreten; es wird dann auch in Kauf genommen, daß das Organ wegen seiner Größe an die Grenze der Handlungsfähigkeit stößt. In anderen Verbänden werden die Mitglieder des Exekutivorgans von der Delegiertenversammlung gewählt; dies ist insbesondere dann der Fall, wenn nicht mehr alle Gemeinden in diesem Organ vertreten sind. Ggf wird auf eine subregionale Verteilung der Sitze Bedacht genommen, Großstadtgemeinden eine Mehrzahl von Sitzen vorbehalten.

Auch hinsichtlich der Zahl der Mitglieder des Exekutivorgans bestehen erhebliche Unterschiede, da die Statuten ein mehr präsidial oder ein mehr kollegial geformtes Exekutivorgan vorsehen können. Größere Exekutivorgane wiederum können eine präsidiale Spitze haben, sie können sich zur Durchführung der laufenden Geschäfte einer mehr oder minder selbständigen Geschäftsstelle oder Planungsstelle bedienen. Bei entsprechender Ausstattung und Besetzung gehen von der Verwaltungsspitze die entscheidenden raumordnungspolitischen Impulse aus.

Für die Entwicklung von Plänen und sonstige Arbeiten grundsätzlicher Bedeutung werden von dem obersten Organ Ausschüsse ständig oder ad hoc eingesetzt. In die Ausschüsse werden auch Beamte der Kantone und der zentralen Stadt berufen; einzelne Satzungen bestimmen selbst, welche Fachbeamten — zumindest — Mitglied des Ausschusses sein sollen.

Die Ausschüsse sind Gesprächspartner des jeweils mit der Ausarbeitung der Pläne beauftragten privaten Planungsbüros bzw der Planungsstelle des Verbandes. Auf dieser Ebene entfaltet sich in der Regel der Prozeß der Entscheidungsfindung. Die abschließende Entscheidung über Richtpläne behalten die Statuten der Delegiertenversammlung vor. Für ihre Beschlußfassung ist Mehrheitsentscheidung, in einzelnen Statuten ferner die Zustimmung einer Mindestzahl von Gemeinden vorgesehen. Nach den Satzungen einzelner ZV unterliegen darüber hinaus die Beschlüsse über Regionalpläne und auch andere wesentliche Entscheidungen des Verbandes der obligatorischen oder fakultativen Abstimmung durch die Stimmberechtigten des Verbandsgebietes.

Zur Finanzierung ihrer Tätigkeit können die privat-rechtlichen Verbände von den Mitgliedern Beiträge erheben, die öffentlich-rechtlichen Verbände darüber hinaus auch Gebühren. Falls diese Verbände befugt sind, einen regionalen Lastenausgleich herzustellen, können sie auch nach Maßgabe des besonderen Vorteils oder des besonderen Nachteils von den Gemeinden Beiträge in unterschiedlicher Höhe einziehen.

Da — wie bereits erwähnt — kraft Vereinsrecht der Austritt von Mitgliedern nicht beschränkt werden darf, sehen nur die Statuten öffentlich-rechtlicher ZV derartige Beschränkungen vor. Einzelne Statuten lassen jedoch den Austritt der Mitgliedsgemeinden wie im Vereinsrecht zu; andere schließen ihn aber völlig aus — von besonderen Umständen abgesehen.

4.5.5. Beispiele ausgewählter Regionalplanungsgruppen

Da die Gemeinden sich meist spontan im Hinblick auf bestimmte Erfordernisse und Gegebenheiten zu Planungsgruppen zusammengeschlossen haben, sind die Einzelheiten der inneren Organisation selbst in einzelnen Kantonen oft recht unterschiedlich geregelt. Auch Sonderformen sind entwickelt worden.

So bestehen im Kanton Zürich sieben privat-rechtliche Vereinigungen und drei Körperschaften des öffentlichen Rechts. Zwei der öffentlich-rechtlichen und vier der privat-rechtlichen Zusammenschlüsse erfassen insgesamt 69 Gemeinden des zü Umlandes; die Stadt Zürich ist jeweils Mitglied dieser Verbände. Diese wiederum sind mit der Stadt Zürich und dem Kanton Zürich als weiteren Mitgliedern zu dem 1958 als Dachorganisation gegründeten Verein Regionalplanung Zürich und

Umgebung (RZU) zusammengeschlossen. Im Verbandsgebiet wohnen insgesamt ca 800.000 Einwohner.

Oberstes Organ der RZU ist die Delegiertenversammlung; in diese entsenden alle angeschlossenen Gemeinden einen Vertreter; ferner sind die Stadt Zürich, der Kanton und die Mitgliedsverbände in der Delegiertenversammlung vertreten. Der Vorstand ist aus 17 Mitgliedern und vier zusätzlichen Beratern, sämtliche Vertreter der Verbandsmitglieder, der geschäftsführende Ausschuß aus fünf Mitgliedern und fünf zusätzlichen Beratern zusammengesetzt. Weitere Organe sind der Präsident und die Kontrollstelle, deren Funktion Revisoren der Stadt und des Kantons Zürich obliegt.

Ein Schwerpunkt raumordnungspolitischer Initiativen und die praktische Arbeit liegen bei dem Technischen Leiter und dem Sekretär. Ihnen sind für bestimmte Aufgaben ad hoc gebildete Kommissionen beigegeben.

Zu den Funktionen des Technischen Leiters gehört auch die Vertretung der RZU in Kommissionen und Ausschüssen des Kantons und der Stadt Zürich. Eine dieser Kommissionen ist die vom Kanton eingerichtete Behördendelegation für den Nahverkehr, der Vertreter des Regierungsrates, des Stadtrates Zürich und der SBB sowie mit beratender Stimme Vertreter der Planungsgruppen angehören[75].

Während für den Raum Zürich die regionalen Organisationen in der Basis segmentartig von dem Zentrum Zürich ausgehen und durch den Dachverband RZU überwölbt werden, ist der Raum Bern seit 1962 in einer ArGe der Stadt Bern mit fünf Randgemeinden und seit 1963 in einem aus der Stadt Bern und 23 Gemeinden des weiteren Umlandes gebildeten Verein gleichsam in konzentrischen Kreisen organisiert. Im Vereinsgebiet wohnen knapp 300.000 Einwohner. Die ArGe ist Plattform für Diskussion und Koordination von Problemen der engeren Agglomeration, die über die Raumordnungsaufgaben hinausgreifen. Planungsaufgaben im engeren Sinne werden allein von dem Verein wahrgenommen.

In die Vereinsversammlung des Regionalplanungsvereins Stadt Bern und umliegende Gemeinden entsendet jede Gemeinde vier Vertreter; in den Vorstand die Stadt Bern drei, jede weitere Mitgliedsgemeinde einen Vertreter. Ferner besteht ein Büro des Vorstandes, das sich aus dem Präsidenten und vier Mitgliedern des Vorstandes zusammensetzt.

Der Verwaltungsapparat des Vereins ist mit der Verwaltung der Stadt Bern institutionell verflochten, da die Geschäftsstelle vom Stadtschreiber, die Regionalforschungsstelle vom Vorsteher des Statistischen Amtes der Stadt Bern geleitet wird; die Regionalplanungsstelle mit ihrem hauptamtlichen Leiter und ihren Mitgliedern ist dagegen eine Einrichtung des Vereins. Die Leiter dieser Stellen haben Mitspracherecht im Büro des Vorstandes.

Auch bei dem Regionalplanungsverein Bern und umliegende Gemeinden liegt das regionalpolitische Schwergewicht bei der Verwaltungsspitze, dem Büro, der Regionalplanungsstelle und der Regionalforschungsstelle[76].

Die Organisation der Luzerner Regionen zeigt ein vergleichsweise einheitliches Bild. Im Kanton Luzern bestehen sieben Planungsverbände, die durchgehend als öffentlich-rechtliche ZV verfaßt sind. Sie umfassen nicht alle Gemeinden des

---

75 Vgl den in regelmäßiger Folge erscheinenden Jahresbericht des Vereins Regionalplanung Zürich und Umgebung; ferner Bericht des Regierungsrates an den Kantonsrat v 23. 8. 1972, ABl 1972, ZI 1838, 1274 f.
76 Vgl Bericht des Gemeinderates an den Stadtrat über den Stand und die Zukunft der interkommunalen Zusammenarbeit in der Region Bern, 18. 11. 1970, 3 f und Vortrag des Regierungsrates an den Großen Rat über die Bildung von Regionen und die Ausgestaltung des Jurastatutes 19. 9. 1972, 12, wonach es im Kanton Bern 16 Planungsverbände gibt, die sich alle als privat-rechtliche Vereine konstituiert haben und 319 be Gemeinden mit gut 80% der Bevölkerung des Kantons erfassen; 5 von ihnen erstrecken sich auch auf außerkantonales Gebiet.

Kantons; einige Gemeinden sind abseits geblieben, eine Gemeinde hat sich einer aargauischen Regionalplanungsgruppe angeschlossen; eine Gruppe weiterer Gemeinden hat mit Gemeinden des Kantons Aargau den hier mitgezählten Regionalplanungsverband Wiggertal[77] gegründet.

Die Statuten bestimmen als Organe die Delegiertenversammlung, an deren Spitze ein Präsident steht, den Verwaltungsausschuß, die Planungsleitung und die Rechnungskommission; die Bildung von Studienkommissionen ist vorgesehen. Die Zusammensetzung der Organe ist unterschiedlich geregelt; durchgehend weisen aber die Statuten bestimmten Fachbeamten der Kantonsregierung und der Regionalplanungsverband Luzern auch der Stadt Luzern einen Sitz im Fachausschuß zu, der beratende und koordinierende Funktionen wahrzunehmen hat.

Diffizile Kooperationsformen sind für den Raum Basel entwickelt worden, um die Raumordnungsprobleme eines Raumes aufgreifen zu können, der den Kantonen Basel-Stadt, Basel-Landschaft und mit Gebietsteilen den Kantonen Aargau, Bern und Solothurn zugeordnet und eng mit Gebietsteilen von Frankreich und der Bundesrepublik Deutschland verflochten ist.

Der zwischen den Kantonen Basel-Stadt und Basel-Landschaft geschlossene Vertrag betreffend die Organisation und Durchführung der Regionalplanung vom 2./9. Juni 1969 sieht je ein Kooperationsgremium auf der Ebene der Regierungsräte und der Ebene der Fachbeamten der beiden Kantone und weiterer für Aufgaben der Raumordnung wesentlicher öffentlicher und privater Stellen vor; sie sind offen für die Mitwirkung weiterer Behördenvertreter, auch anderer Kantone.

Ferner wurde eine gemeinsame Regionalplanungsstelle eingerichtet; diese ressortiert beim Kanton Basel-Landschaft, ist aber in der Person ihres stellvertretenden Leiters personell verknüpft mit dem Planungsbüro von Basel-Stadt. Sie ist technisches Organ für die Planungsarbeiten.

Die von der Planungsstelle im Zusammenspiel mit den Kooperationsgremien erarbeiteten Planungen bedürfen (in der Regel) des übereinstimmenden Einverständnisses der beiden Regierungen und zu ihrer Inkraftsetzung der Genehmigung der Parlamente der Kantone, soweit ihr Kanton von der Planung betroffen ist.

Die Regionalplanung hat ihr Schwergewicht in Basel-Landschaft, da die Baulandreserven von Basel-Stadt erschöpft sind. Daher mag es von untergeordneter Bedeutung sein, daß das Planungsrecht von Basel-Stadt noch den Erfordernissen der gemeinsamen Regionalplanung anzupassen ist. Bislang wurde der Landschaftsplan für Basel-Landschaft in Kraft gesetzt.

Zur Koordination der Regionalplanung mit dem benachbarten Ausland wurde durch den Vertrag vom 2./9. Juni 1969 ferner die Internationale Koordinationsstelle für die Regio Basiliensis als gemeinschaftliche, von den beiden Kantonen finanzierte, aber nicht staatliche Stelle geschaffen. Diese wiederum ist verflochten mit der als Verein konstituierten Arbeitsgruppe Regio Basiliensis, in der Staat und Wirtschaft der Region zusammenwirken. Neben weitergreifenden Zielsetzungen zur Förderung des Regionalgedankens nimmt sie Aufgaben der Raumforschung und weitere gutachtliche Aufgaben wahr, für die sie von den Kantonen finanzielle Beihilfen erhält.

Ohne förmliche Grundlage wurde 1971 die „Ständige Deutsch-Französisch-Schweizerische Konferenz für regionale Koordination" eingerichtet. Ihre Mitglieder sind die Repräsentanten der zur Region gehörenden Verwaltungseinheiten Regierungsbezirk, Departement und Kanton: Seitens Deutschland der Regierungspräsident und ein Landrat, seitens Frankreich der Präfekt und der Präsident des Generalrates, seitens der Schweiz je ein Regierungsrat der beiden Kantone. Auf-

---

77 Vgl oben S 168.

gabe der jährlich zweimal tagenden Kommission ist die Koordination der Planungen und Entwicklungsmaßnahmen in der Regio; die Tätigkeit der Kommission und ihrer Ausschüsse hat ihren Schwerpunkt bei der Erörterung konkreter Probleme des Grenzraumes, so die Flughafenplanung, die Energieversorgung, der Bau von Atomkraftwerken und das Grenzgängerproblem[78].

4.6. Entwicklungstendenzen des schweizerischen Rechts der Regionalplanung

Die derzeitigen Regelungen der Organisation und der Zuständigkeitskreise der regionalen Planungsgruppen wird als wenig befriedigend angesehen — ungeachtet der Anerkennung, die den Verdiensten mancher Planungsgruppen um die Förderung des regionalen Denkens, die Vorbereitung regionaler Planungen und die Förderung kommunaler Planungen gezollt wird.
Hervorgehoben werden die Unzulänglichkeiten der Regionalplanung auf der Basis privat-rechtlich verfaßter kommunaler Zusammenschlüsse. Eine solche Organisationsform sei sinnvoll nur als Übergangslösung, bis die Gemeinden Zuschnitt und Aufgabe der Region erkannt hätten und ein regionales Bewußtsein entstanden sei. Sie sei nützlich für die Vorbereitung von Plänen und die Durchführung einzelner, konkreter Aufgaben; sie sei ungeeignet, wenn die Raumplanung in die Phase der Entscheidung und der Verwirklichung getreten sei[79].
Kritisch beurteilt wird aber auch die Struktur der öffentlich-rechtlichen Planungsverbände, wie sie auf Grund der derzeitigen Rechtslage eingerichtet sind. Da sie im wesentlichen nur befugt sind, raumbedeutsame Pläne zu erarbeiten und zu beschließen, haben sie keinen oder nicht genügend Einfluß auf die Verwirklichung der anzustrebenden Ordnung; wenn sie personell unzulänglich ausgestattet sind, ist zu besorgen, daß auf Regionsebene niemand in der Lage ist, den von einem privaten Planungsbüro erarbeiteten Plan zu handhaben und für seine Verwirklichung und für seine Fortschreibung zu sorgen, das Planwerk mithin vollends auf dem Papier bleibt. Problematisch erscheint schließlich auch die Willensbildung im Verband selbst, wenn die Stimmbürger von der Mitwirkung ausgeschlossen sind und/oder eine übermäßig gesicherte Position der Mitgliedsgemeinden die Wahrnehmung der regionalen Aufgaben erschwert[80].
In Schrifttum und Praxis besteht Übereinstimmung, daß Raumplanung auf regionaler Ebene nachhaltig nur durch Verbände des öffentlichen Rechts gemeistert werden kann, die zumindest befugt sind, durch Mehrheitsentscheidung über regionale Richtpläne zu beschließen, denen aber auch Durchführungsaufgaben übertragen werden sollten. Es wird ferner als erforderlich angesehen, dem Staat Einfluß auf die Verbandsbildung einzuräumen, um eine sachgerechte Abgrenzung der Regionen sicherzustellen und der Gefahr sachwidrigen Verhaltens einzelner Gemeinden entgegenwirken zu können[81].
Die Erfahrungen mit der bisherigen Entwicklung der Regionalplanung und der Stand der Reformdiskussion haben kantonale Gesetzgeber veranlaßt[82], dem öffent-

---

78 Eine umfassende Darstellung der verschiedenen Organisationen und des von ihnen anzuwendenden Rechtes enthält der von der Internationalen Koordinationsstelle der Regio erstellte Arbeitsbericht Nr 1 „Planungsrechtliche und organisatorische Synopsis der Regio 1971/72''; vgl auch R o t h, Die internationale Koordination der Planung in der Regio, in: Planungsgemeinschaft Breisgau, Jahresbericht 1971, 62.
79 M e y l a n, ZSR 72/II, 157; P r o p s t, Verwaltungspraxis 71, 197 (200); S t ü d e l i, in: Regionalplanung. Probleme und Lösungsvorschläge (1967) 12; J a k o b i, ebenda, 22; Antrag des Regierungsrates Zürich v 5. 12. 1973, Nr 1928, 124 f; Baudepartement des Kantons Solothurn, Totalrevision des Baugesetzes. Bericht und Entwurf (März 1973) 16; vgl auch oben S 163 f.
80 Vgl M e y l a n, ZSR 72/II, 178; N y d e g g e r, Die Wirtschaftsstruktur des Kantons St. Gallen (Gutachten), Schriftenreihe Staatskanzlei St. Gallen (1973) 143.
81 M e y l a n, ZSR 72/II, 179.
82 Vgl oben S 163 f.

lich-rechtlichen Verband den Vorzug zu geben und den kantonalen Behörden einen gewissen Einfluß auf die Verbandsbildung einzuräumen. Die Tendenz, Regionalplanung öffentlich-rechtlichen Verbänden anzuvertrauen und das institutionelle Gefüge sowie den Aufgabenkreis der öffentlich-rechtlichen Planungsverbände auszubauen, ist auch bei Gemeinden und Planungsverbänden selbst feststellbar, die unter Hinweis auf die Unzulänglichkeit ihrer eigenen Organisation den Erlaß neuer Statuten vorbereiten oder zumindest als wünschenswert, wenn auch derzeit politisch nicht durchsetzbar bezeichnen.

Weitergreifende Vorschläge und Erwägungen zielen auf die Bildung von „echten Regionen" als öffentlich-rechtliche, mit hoheitlicher Gewalt und Steuererhebungsrecht ausgestattete interkantonale Herrschaftsverbände gebietskörperschaftlicher Struktur; sie sollten Parlament und Exekutive haben; den Stimmbürgern sollte das Recht des Referendums und der Initiative zustehen; die Verbände sollten für Planung und Verwirklichung regionaler Aufgaben zuständig sein; ihre Kompetenzen sollten so ausgestattet werden, daß sie zumindest auf alle die wirtschaftliche und räumliche Entwicklung bestimmenden Maßnahmen Einfluß nehmen können[83].

Die Vorstellungen eines solchen Ausbaus der Region sind aus wirtschaftspolitischen Erwägungen hervorgegangen und durch Entwicklungen im Ausland stark beeinflußt; im Kanton Bern sind sie als Versuch eines Beitrages zur Lösung der Jurafrage staatspolitisch motivierte Reformerwägungen, die sich zu einem förmlichen Vortrag des Regierungsrates des Kantons Bern an den Großen Rat verdichtet haben[84]. Ansätze des Kantons Zürich, ebenfalls diese Vorschläge zu verwirklichen, scheiterten zunächst an ablehnenden Stellungnahmen vieler Bezirks- und Gemeindebehörden im 1973 durchgeführten Vernehmlassungsverfahren; die Reformziele sind damit jedoch noch nicht aufgegeben.

Das Verfassungsrecht des Bundes und der Kantone verwehrt dem kantonalen Gesetzgeber nicht, das Organisationsrecht der Regionalplanung fortzuentwickeln. Nur die Bildung „echter Regionen" kann, je nach ihrer Ausgestaltung, Verfassungsänderungen voraussetzen. Die Zurückhaltung der kantonalen Gesetzgeber hat andere Gründe. Es besteht eine gewisse Unsicherheit über die Einordnung der Regionalplanung zwischen Kantonen und Gemeinden und über die optimale Organisationsform. Schwerer wiegt der Einwand, als kleines Land benötige und ertrage die Schweiz nicht eine vierte Entscheidungsebene, welche den politischen Entscheidungsraum des Kantons und der Gemeinde verkürze und die Unübersichtlichkeit und Schwerfälligkeit der Verwaltung vergrößere[85]. Es kommt hinzu, daß der kantonale Gesetzgeber dem Widerstand der Gemeinden konfrontiert sein kann, den er aus Achtung vor dem Gedanken des Selbstverwaltungsrechts nicht durch einen Akt der Gesetzgebung brechen wird.

Mit Vorbehalten der Gemeinden wird aber auch zu rechnen sein, wenn weniger weitgreifende Organisationsmodelle angestrebt werden. Um sie abzubauen, wird empfohlen, dem Problem des Finanzausgleichs besondere Aufmerksamkeit zuzuwenden[86]. Wie ein Lastenausgleich verwirklicht werden kann, der auch Vorteile

---

83 M a n z, Interkantonale Planung, in: Region, hrsg v Stiftung f eidgenössische Zusammenarbeit (1972) 11 ff; F l e i n e r, Die Organisation der Region, ebenda, 17 ff; N y d e g g e r, aaO, 143 ff; L e n d i, Verwaltungspraxis 74, 76; J a g m e t t i, ZSR 72/II, 396 f; M e y l a n, ZSR 72/II, 189 f; M e y l a n / G o t t r a u x / D a - h i n d e n, Gemeinden, 298; Jurastatut, aaO, 16 f.

84 Vgl Jurastatut, aaO, 23 f.

85 Vgl insbes L e n d i, Verwaltungspraxis 74, 66 und den Bericht des Regierungsrates des Kantons Sankt Gallen zum Gutachten über die Wirtschaftsstruktur, Schriftenreihe Staatskanzlei St. Gallen (1973) 47 ff.

86 M e y l a n / G o t t r a u x / D a h i n d e n, Gemeinden, 297; vgl auch B u c h e r, Innerregionaler Finanzausgleich, Berner Beiträge zur Stadt- und Regionalforschung (1973); M e i l i / K n e c h t, Zielvorstellungen über die sozioökonomische Weiterentwicklung der Region Bern und ihrer Gemeinden, Berner Beiträge zur Stadt- und Regionalforschung (1972) 15 ff; W a g n e r, Der innerregionale Lastenausgleich in der Schweiz, AfK 74, 78 m weit Nachw.

und Lasten, deren Kosten nicht konkret zurechenbar sind, sachgerecht erfaßt und auch mit dem System des Finanzausgleichs nicht unvereinbar ist, wird als offene Frage bezeichnet.

Berücksichtigt man, daß das Modell der „echten Region" nur wenig Realisierungschancen hat, dann zeichnet sich für das Recht der regionalen Organisation die Tendenz zur Ausbildung von offenen ZV ab, auf deren Entstehung und deren Zuschnitt der Kanton Einfluß nimmt, an denen die Gemeinden aber jedenfalls maßgeblich beteiligt sind, die außer Aufgaben der Planung auch solche der Verwirklichung wahrzunehmen haben oder übernehmen können und die einen regionalen Lastenausgleich verwirklichen.

Für die Ausformung der inneren Struktur derartiger offener ZV lassen sich allgemeine Tendenzen schwerlich nachweisen. Man neigt dazu, um unterschiedlichen räumlichen, rechtlichen und politischen Gegebenheiten Rechnung tragen zu können, aber auch um die Mitarbeit der Gemeinden zu fördern und ihre Autonomie zu schonen, die Ausgestaltung der Statuten den jeweils Beteiligten zu überlassen. Es ist jedoch zu vermuten, daß die kantonale Gesetzgebung die Anregung des Bundesrates, den Kanton in die Arbeit des Planungsverbandes einzubeziehen[87], aufgreifen wird. Ob, wie *Lendi*[88] zu erwägen gibt, der Kanton Mitglied der Region wird und daher der Verband zum Instrument horizontaler und vertikaler Zusammenarbeit von Kanton und Gemeinden ausgestaltet wird, bleibt abzuwarten.

Zu vermuten ist ferner, daß im Falle eines Versagens der Regionalplanung durch Entscheidungen zentraler Instanzen versucht werden wird, das Defizit im Bestand raumplanerischer Festsetzungen abzudecken, wie dies bereits auf der Grundlage des Bundesbeschlusses über dringliche Maßnahmen auf dem Gebiet der Raumplanung vom 17. März 1972 geschehen ist.

---

87 Botschaft des Bundesrates Nr 11 322, 19.
88 ZSR 73/I, 115; d e r s, Verwaltungspraxis 74, 66.

5. Eignung der Modelle für die Aufgaben der Raumordnung

5.1. Vorbemerkung

Die zweckmäßige Organisation einer Region kann rational nur im Hinblick auf die jeweiligen Gegebenheiten der Rechtsordnung, des Raumes und der von der Organisation zu bewältigenden Aufgaben diskutiert werden. Erfahrungen, die mit bestimmten Organisationen gemacht wurden, stehen in diesem Bedingungszusammenhang. Sie sind daher nur unter ganzen Bündeln von Vorbehalten verallgemeinerungsfähig und daher für die Zwecke dieser Untersuchung nur von begrenztem Erkenntniswert.

Verallgemeinerungsfähig sind die Prinzipien des Aufbaus regionaler Organisation und der Ausformung des zu bewältigenden Entscheidungsprozesses. Idealtypisch ist der Aufbau einer regionalen Organisation vorstellbar als Aufbau von unten nach oben durch Verbindung von Gemeinden zu Verbänden im weitesten Sinne und als Aufbau von oben nach unten durch Dezentralisation staatlicher Planungszuständigkeit.

Der in der Region zu bewältigende Planungsprozeß läßt sich ebenfalls auf zwei Grundtypen zurückführen, Planung als partnerschaftliche Absprache und Planung als verbindliche Entscheidung.

Die beiden Grundtypen des Aufbaus und die beiden Grundtypen der Planung können zu vier Grundmodellen der Organisation regionaler Planung kombiniert werden:

— verbandsmäßige Planung im Wege partnerschaftlicher Absprache,
— verbandsmäßige Planung im Wege der Entscheidung,
— staatliche, dezentralisierte Planung im Wege der Absprache,
— staatliche, dezentralisierte Planung im Wege der Entscheidung.

Diese vier Grundmodelle kennzeichnen denkbar extreme Lösungen, die je für sich noch nicht geeignet sind, Regionalplanung als eine gemeinsame Aufgabe von Staat und Gemeinden in Form zu bringen. So verknüpfen die Grundmodelle der verbandsmäßigen Organisation von unten nach oben — verwirklicht zB im Verein — nicht die kommunale Selbstorganisation mit der Organisationsgewalt und -verantwortung des Staates. Die Grundmodelle des Aufbaus von oben nach unten durch Dezentralisation staatlicher Planungszuständigkeit — verwirklicht zB im Planungsrat — lassen offen, ob und in welchem Ausmaß die Gemeinden einbezogen werden. Die Grundmodelle, die durch das Prinzip Planung im Wege der Entscheidung gekennzeichnet sind, verdeutlichen nicht, daß Planung partnerschaftliche Absprache und Abstimmung voraussetzt; durch Planung im Wege partnerschaftlicher Absprache allein kann jedoch das Zustandekommen von Planung nicht gewährleistet werden, wenn Einigung nicht gelingt.

Diese abstrakten Erwägungen erlauben die Feststellung, daß regionale Organisationen, die eindeutig einem der Grundmodelle zugeordnet werden können, nicht geeignet sind, das faktische Kondominium von Staat und Gemeinden an dem nur einmal vorhandenen Raum der Region zu einem rechtlichen Beziehungsgefüge zu gestalten und das Zustandekommen gemeinsamer Planung zu gewährleisten.

Für die Bewältigung der anstehenden Aufgaben taugliche Modelle ergeben sich erst aus der Verknüpfung gegenläufiger Prinzipien in konstruktiven Kompromissen. Dies rechtfertigt die weitere Feststellung, daß ein allen Aufgaben regionaler Organisation optimal gerecht werdendes Modell nicht entwickelt werden kann. Vorstellbar ist nur, daß durch Variation der Grundmodelle eine Reihe von Modellen entwickelt werden können, die zur Bewältigung der einzelnen anstehenden Aufgaben relativ geeignet sind.

Hieraus folgt, daß differenzierte Aussagen über die Eignung von Modellen systematisch nur gewonnen werden können, wenn die Modelle mit dem Katalog von Aufgaben konfrontiert werden, die bei der Bildung regionaler Organisationen zu meistern sind und die der Organisation selbst gestellt sind. Um konkrete und — soweit möglich — empirisch abgesicherte Aussagen zu gewinnen, sind daher die im deutschsprachigen Raum verwirklichten und diskutierten Modelle anhand eines Aufgabenkatalogs und unter Auswertung der im In- und Ausland gewonnenen und spekulativ vorweggenommenen Erfahrungen auf ihre Eignung zu untersuchen.

Beurteilungskriterien der in diesem Abschnitt durchzuführenden Untersuchung sind die Eignung der Modelle zur Informationsverarbeitung, Konsensbildung und Konfliktregelung, insbesondere zur Entscheidung von Interessenkonflikten und Überwindung kommunaler Egoismen; ihre Fähigkeit zur trägerexternen Kooperation und zur Auslösung innovatorischer Prozesse. Zu berücksichtigen ist ferner der politische, legistische und finanzielle Aufwand ihrer Errichtung sowie die Einfügung der Modelle in das verfassungs- und verwaltungsrechtliche Gefüge der jeweiligen Rechtsordnung.

Aussagen über die Konformität der Modelle mit der ö Rechtsordnung und über ihre Eignung im Hinblick auf die räumlichen Gegebenheiten Österreichs sind einem weiteren Untersuchungsschritt[1] vorbehalten.

Die Untersuchung muß sich mit einem durchaus lückenhaften empirischen Befund begnügen, da systematische Erhebungen und Analysen des Wirkens der Verbände nur für die Schweiz[2], für die Regionalplanungsverbände Baden-Württembergs[3] und mit beschränkter empirischer Fragestellung auch für die Planungsverbände des § 4 BBauG[4] vorliegen. Systemanalysen mit sozialwissenschaftlichen Methoden konnten nicht ermittelt werden.

Doch enthalten die zahlreichen Selbstdarstellungen der Verbände, die amtlichen Stellungnahmen und das einschlägige Schrifttum so viele Informationen, daß in Verbindung mit eigenen Beobachtungen ein für die Zwecke dieser Untersuchung hinlänglich konturiertes Bild entsteht.

Die Bildung einer regionalen Organisation setzt voraus, daß regionale Zusammenarbeit erforderlich ist. Zur Verbandsreife des Raumes aber muß eine Bereitschaft der zuständigen Organwalter und Träger politischer Verantwortung treten, die vorfindliche Verwaltungsorganisation zu ändern; es kann daher die erste, einer Gründungsinitiative vorausgehende Aufgabe sein, diese Bereitschaft zu schaffen.

Die Bereitschaft zur regionalen Zusammenarbeit zu wecken und Initiativen zur Verbandsbildung auszulösen, hatten sich in der Pionierzeit der Raumordnung einzelne engagierte Persönlichkeiten zur Aufgabe gemacht. In allen Staaten waren und sind es die kommunalen Spitzenkräfte der größeren Städte, die unmittelbar mit den Unzulänglichkeiten der Verwaltungsstruktur konfrontiert sind und sich um Abhilfe bemühen. In der Bundsrepublik Deutschland sind auch von den Landräten, in Österreich von den Bezirkshauptleuten, nachhaltige Impulse zur Verbandsbildung ausgegangen. In allen Staaten haben die jeweils zuständigen Landesbehörden Initiativen zur Verbandsbildung ausgelöst und — wie die Landkreise — die Verbandstätigkeit durch ihre Verwaltungseinrichtungen und

---

1 Vgl unten S 235 ff.
2 N e y l a n/G o t t r a u x/D a h i n d e n, Gemeinden.
3 P e t e r s e n, Planungsgemeinschaften; d e r s, RFuRO 72, 241.
4 P i l g r i m, Bauleitplanung; W e s e m a n n, Der Planungsverband nach § 4 BBauG, Diss Köln (1970); vgl ferner L a n g e, Region, 145 f; Zwischengemeindliche Zusammenarbeit I u II, Hrsg: Kommunale Gemeinschaftsstelle für Verwaltungsvereinfachung (1963, 1966); N e u f f e r, in: Die Stadt und ihre Region (1962) 171 (184); Werner W e b e r, in: Der größere Raum (1964) 7.

auch finanziell gefördert. Vielfach haben sich auch die Gesetzgeber der Länder der Verbandsbildung angenommen, sei es, daß sie für die Vereinsplanung einen gesetzlichen Rahmen geschaffen haben (Schweiz, BWü), sei es, daß sie für Einzelfälle oder das gesamte Landesgebiet eine regionale Ordnung in Kraft gesetzt haben.

Einmal in Vollzug gesetzt, kann jede regionale Organisation, ihrer Unzulänglichkeiten ungeachtet, nachhaltig das Denken in regionalen Zusammenhängen und die Bereitschaft zur regionalen Zusammenarbeit fördern.

Andererseits belastet jede regionale Organisation, mit dem Ausbau ihrer Kompetenzen zunehmend, das vorfindliche Verwaltungsgefüge:

— der Aufbau einer Entscheidungsebene zwischen Gemeinde und Land geht zu Lasten der Kompetenzkreise dieser Aufgabenträger,

— die Rechtserzeugung auf der Ebene der Region ist nur behelfsweise in die verfassungsrechtlich geordneten Rechtserzeugungsprozesse, Legitimations- und Verantwortungszusammenhänge eingeordnet,

— jeder Verband, auch der Pflichtverband, sieht sich gehalten, das Einvernehmen mit und zwischen den Mitgliedern zu wahren; er steht daher in Versuchung, auch dann durch gleichmäßige Verteilung von Entwicklungschancen Kompromisse zu finden und Widersprüche abzukaufen, wenn eindeutige Präferenzentscheidungen sachlich geboten sind (Gießkannenprinzip),

— der Aufbau der Verwaltung wird komplizierter, Verantwortlichkeiten werden verdeckt, Reibungsflächen geschaffen und die Zahl der Konfliktfälle vermehrt.

Diese Aspekte sind bei der Beurteilung aller Modelle zu beachten; sie zeigen, daß die Bildung regionaler Organisationen selbst ein Behelf ist. Sie ersetzt nicht eine dem Stand der sozio-ökonomischen Entwicklung und den Ansprüchen der Gesellschaft an den Staat entsprechende territoriale Gliederung und funktionale Organisation und auch nicht die Fortentwicklung des Rechts der kommunalen Selbstverwaltung zu einem für die Ordnung großer Agglomerationen geeigneten Institut[5].

Ob Territorial-, Funktional- und Kommunalrechtsreform Regionsbildung entbehrlich machen würden, steht hier nicht zur Diskussion. Jedenfalls kann Regionsbildung Unzulänglichkeiten des vorfindlichen Verwaltungssystems kompensieren und dadurch bis zu einem gewissen Schwellenwert einschneidendere Reformen entbehrlich machen.

5.2. Aufgabenkatalog

Die bei der Einrichtung einer regionalen Organisation anstehenden Aufgaben und die von ihr zu meisternden Aufgaben lassen sich wie folgt aufgliedern:

(1) Konkretisierung der anzustrebenden Organisation in einer Erörterungsphase, der eine Initiative zur Verbandsbildung vorausgehen muß. Gegenstand der Erörterung können sein: die Abgrenzung der Region, die Organisationsform, der gewünschte Mitgliederkreis, die Stellung der Mitglieder (Beteiligungsrechte und -pflichten, Austrittsrecht, Auflösung der Organisation), die Aufgaben und die Wirkungsweise der Organisation. In dieser Phase fallen bereits gewichtige Vorentscheidungen.

(2) Errichtung und Einrichtung der Organisation — hierzu gehören ihre rechtsförmliche Bildung, die Herstellung ihrer Handlungsfähigkeit durch Bestellung von

---

5 Vgl zur Diskussion neuer Modelle des Kommunalrechts L a n g e, Region, 273 ff m weit Nachw; E v e r s, Raumordnung, 158 ff, Literaturnachweis insbes 163 FN 3 u 164 FN 4.

Organen, ggf auch die Einrichtung einer Geschäftsstelle, einer Planungsstelle und sonstiger Einrichtungen.

(3) Bestandserhebung und Analyse — dh Beschaffung aller für die Planung erforderlichen Unterlagen und Kenntnisse, die Prognose zu erwartender Entwicklungen, die Ermittlung von Ansatzpunkten, um auf die Entwicklung Einfluß zu nehmen.

(4) Erstellung abgestimmter Flächenwidmungspläne für die Mitgliedsgemeinden oder gemeinsamer Flächenwidmungspläne und -programme, des Regionalplans und regionaler Teilpläne — die Aufgabe umfaßt die Ausarbeitung von Planentwürfen, ggf auch Alternativentwürfen, die organisationsinterne Beschlußfassung durch die zuständigen Organe, ggf die förmliche Inkraftsetzung und Bekanntmachung des Plans.

(5) Horizontale und vertikale Koordination — die Koordination zwischen und mit den Gemeinden, mit benachbarten Planungsträgern sowie dem Träger der Landesplanung und den Trägern der Fachplanung ist wesentlicher Bestandteil der Planerstellung selbst, aber auch eine außerhalb dieses Entscheidungsprozesses ständig von den Planungsträgern wahrzunehmende Aufgabe; ihre Bedeutung rechtfertigt, sie in der Aufgabenliste besonders hervorzuheben.

(6) Planbeobachtung auf Grund permanenter und systematischer Beobachtung und Analyse der räumlichen Entwicklung innerhalb und außerhalb der Region und Planfortschreibung.

(7) Sicherung des Plans durch Wahrnehmung planakzessorischer Befugnisse — hierzu gehören insbesondere Beratung der Verbandsmitglieder, Mitsprache bei raumwirksamen und raumbedeutsamen Entscheidungen anderer Planungsträger, Sicherung des Planungsprozesses durch einstweilige Maßnahmen[6].

(8) Mitwirkung an der Verwirklichung des gemeinsamen Flächenwidmungsplans oder des Regionalplans — hierzu gehören insbesondere Grunderwerb, Durchführung von Infrastrukturmaßnahmen, Nahverkehr, Industrieansiedlung oder die Förderung und Anregung dieser Maßnahmen[7].

(9) Verwirklichung eines regionalen Lastenausgleichs durch ausgleichend wirkende Erhebung der Verbandsumlage, durch finanzielle Beteiligung an regionalpolitisch bedeutsamen kommunalen Aufgaben, durch Ausgleich von Planungsgewinnen und -verlusten, Funktions- und Zentralitätseinbußen inbegriffen.

Weitere denkbare Aufgabe der regionalen Organisation ist die Erstellung eines Maßnahmen, Finanzen, Ressourcen und Zeit umfassenden Entwicklungsplans. Die hier zur Erörterung stehenden Modelle sind mangels politischer Gesamtverantwortung und umfassender Kompetenzen für die Wahrnehmung dieser Aufgabe nicht geeignet[8].

Für die ö Verhältnisse erscheinen zudem Aussagen über die Sinnhaftigkeit und Realisierbarkeit einer solchen umfassenden Planung auf regionaler Ebene verfrüht. Diese denkbare Aufgabe regionaler Organisation ist daher im folgenden nicht weiter zu erörtern.

5.3. Darstellung einzelner Modelle

Um das Verständnis der Eignungsuntersuchungen zu erleichtern, wird jeweils das zu untersuchende Modell in seinen wesentlichen Merkmalen charakterisiert. Dabei werden bewußt landesrechtliche Besonderheiten und terminologische Abwei-

---

6 Katalog dieser Aufgaben vgl Anhang 8.5.
7 Katalog dieser Aufgaben vgl Anhang 8.5.
8 Vgl oben S 122 zu den Ansätzen einer solchen Aufgabenzuweisung an den Verband Großraum Hannover.

chungen vernachlässigt. Die rechtliche Ausgestaltung der hier erörterten Modelle in den drei Staaten ist in den Landesberichten dargestellt.

5.3.1. *Der Verein*

Der Verein ist eine juristische Person des Privatrechts. Er entsteht durch ein Rechtsgeschäft, in dem mehrere natürliche oder juristische Personen zur Erreichung bestimmter Zwecke eine vom Wechsel der Mitglieder unabhängige organisatorische Verbindung vereinbaren. Das Grundrecht der Vereinsfreiheit beschränkt die staatliche Aufsicht auf die Einhaltung organisatorischer Mindestanforderungen und strafrechtlicher Verbotsnormen. Daher ist der Verein gekennzeichnet durch die Freiheit der Gründung, die Freiheit des Beitritts, die Freiheit des Austritts nach Kündigung sowie die Freiheit der Bestimmung des Vereinszwecks und der inneren Vereinsordnung (Autonomie). Die Wahrnehmung wirtschaftlicher Aufgaben ist dem Verein nur unter bestimmten Voraussetzungen gestattet. Diese Freiheiten können auch die Gemeinden in Anspruch nehmen, um gemeinsame Aufgaben in Vereinsform wahrzunehmen.

(1) Die Konkretisierung der Vorstellungen von Zuschnitt und Organisation des anzustrebenden Vereins ist grundsätzlich Sache der Proponenten. Sie können daher eine den jeweiligen Gegebenheiten angepaßte regionale Organisation erarbeiten, die Vorteile freiwilliger Mitarbeit zum Tragen bringen, sich erforderlichenfalls auch spätere Korrekturen auf Grund gewonnener Erfahrungen vorbehalten. Auch in der Bestimmung des künftigen Mitgliederkreises läßt das Vereinsrecht größte Freiheiten. Diese Dispositionsfreiheit über Zuschnitt, Aufgabe, Organisation und Mitgliederkreis der Region ist insbesondere dann von Vorteil, wenn mangels gesicherter Erfahrung die Beteiligten zunächst in einer „Verlobungszeit" *(Probst)* die Möglichkeiten und Grenzen regionaler Kooperation abtasten müssen.

Als Nachteile haben sich herausgestellt:

— Unzulänglichkeiten der Regionsabgrenzung, insbesondere wenn einzelne Gemeinden oder ganze Gruppen von Gemeinden sich nicht an der Verbandsbildung beteiligen, wenn das Spannungsverhältnis zwischen Großstadt und Umland und zwischen strukturschwachen und strukturstarken Gebieten nicht abgebaut werden kann[9], wenn kommunaltaktische und parteipolitische Erwägungen den Ausschlag geben.

— Unzulänglichkeiten der inneren Organisation, die Sonderinteressen einzelner Gemeinden zum Tragen kommen lassen; Vorbehalte der Gemeinden können durch die Einführung besonderer Entscheidungsmodi abgebaut werden, die jedoch wiederum die Funktionsfähigkeit des Verbandes beeinträchtigen können, zB Überdimensionierung des Vorstandes, um in ihm allen Gemeinden einen Sitz einzuräumen[10]. Der Nachteil ist nicht überzubewerten, weil auch unabhängig von der Ausformung des Vereins die Gemeinde der Region nachteilige Sonderinteressen wahren kann, notfalls durch Austritt.

— Dauer der Erörterungsphase, äußerstenfalls Steckenbleiben im Organisatorischen, da im Entscheidungsprozeß komplexe Zusammenhänge von Abgrenzung, Organisation, Aufgabe und Mitgliederkreis der Region zu klären, örtliche Sonderinteressen und ggf Rivalitäten und Animositäten abzubauen sind[11].

Die Nachteile sind in der Struktur des Modells angelegt, da Zuschnitt, Aufgabenstellung und Organisation der Region sich nach funktionalen und überört-

---

9 Vgl zu den Erfahrungen in BWü oben S 102.
10 Vgl die Lage in Bern, oben S 171.
11 Vgl oben S 102.

lichen Aspekten richten sollte, den Gemeinden aber die Wahrung örtlicher Belange anvertraut ist, so daß sie bei der Organisation der Region einem Interessenkonflikt zwischen örtlichen und regionalen und überregionalen Interessen ausgesetzt sind.

Den Nachteilen kann entgegengewirkt werden:

— informell durch Aufklärung über die Bedingungen effektiver Planung der Region, durch das Engagement integrierend wirkender Persönlichkeiten,
— formell durch Inaussichtstellen staatlicher Anerkennung und Gewähr von Subventionen bei Einhaltung bestimmter organisatorischer Erfordernisse, durch Setzen von Rahmenbedingungen wie einem verbindlichen Zentrale-Orte-Programm.

(2) Die formelle Errichtung des Vereins verlangt nur Beachtung der Formvorschriften des Vereinsrechts; dieses erschwert nicht die Bildung von Regionen über Landesgrenzen oder auch über Staatsgrenzen hinweg.

Die Bestellung der Vereinsorgane richtet sich allein nach der Satzung. Der Bedeutung der Regionalplanung für die Gemeinden entspricht es, daß sie in die Beschlußorgane des Vereins ihre leitenden Kommunalpolitiker entsenden, auch wenn dies in der Satzung nicht ausdrücklich vorgesehen ist. Die Bürgermeister vor allem der wichtigsten Städte, in deutschen Planungsgemeinschaften ferner die Landräte, sind es auch, die in die Exekutivorgane berufen werden. Insoweit sichert die Vereinsstruktur die Koordination der Gemeinden und das Eingehen des Erfahrungsschatzes und des Engagements der Kommunalpolitiker in die Verbandsarbeit; sie birgt die Gefahr in sich, daß örtliche Interessen Vorrang vor regionalen Interessen erhalten. Dem kann in bescheidenen Grenzen dadurch entgegengewirkt werden, daß Repräsentanten regionaler und überregionaler Interessen die Mitwirkung an der Willensbildung des Verbandes ermöglicht wird — sei es, daß ihren Trägern die ordentliche oder außerordentliche Mitgliedschaft angeboten wird, sei es, daß den Repräsentanten Funktionen in den Exekutivorganen oder in einem Beirat zuerkannt werden.

Die Errichtung eines Büros oder einer Planungsstelle richtet sich nach der Aufgabe und der finanziellen Ausstattung des Vereins. Nachteilig hierbei kann sich auswirken, daß meist der Verein auf Zuschüsse des Landes angewiesen ist, deren Höhe — wie bei der Subventionierung Privater üblich — jeweils nach Ermessen im Rahmen des Haushaltsansatzes und nicht nach dem tatsächlichen, berechtigten Bedarf festgesetzt wird. Die Vereinsstruktur kann ferner erschweren, qualifizierte Planer einzustellen, vor allem sie über längere Zeit zu halten.

(3) Den für die Bestandserhebung notwendigen Zugang zu raumrelevanten statistischen und sonstigen Unterlagen der Region können die Verbandsmitglieder gewähren bzw vermitteln, soweit sie nicht der Amtsverschwiegenheit unterliegen. Bei der Beschaffung und Auswertung überregionaler Daten wird der Verband auf die Hilfe überregionaler Stellen angewiesen sein.

(4) Das Vereinsmodell hat sich als ausreichend erwiesen, um gemeinsame und um parallele Interessen der Gemeinden im Planungsprozeß zu entfalten. Divergierende Interessen der Verbandsmitglieder machen Entscheidungen erforderlich, die zu treffen dem Verein immer nur in gewissen Grenzen möglich ist. Zwar ist davon auszugehen, daß Gemeinden, die freiwillig zur Verbandsbildung zusammenfinden, nicht ausschließlich eine Förderung ihrer eigenen Interessen erwarten, sondern auch bereit sind, an der Förderung regionaler Interessen mitzuwirken und dabei gewisse Beschränkungen auf sich zu nehmen. Es ist aber zu besorgen, daß diese Bereitschaft der Gemeinden mit dem Ausmaß der zur Diskussion stehenden Beschränkungen dahinschwindet. Da der Verband weder

verwehren kann, daß die Gemeinde, die ihr Interesse beeinträchtigt sieht, austritt, noch Mittel hat, das Verbandsmitglied zur Beachtung des Planes zu zwingen, werden die am Entscheidungsprozeß beteiligten Personen darum bemüht sein, die Existenz des Verbandes gefährdende Konflikte auszuklammern und Entscheidungen so zu gestalten, daß die betroffenen Gemeinden ihnen zustimmen. Faktisch kommt daher das Einstimmigkeitsprinzip zum Tragen, auch wenn es die Satzung nicht vorsieht.

Diese in der Vereinsstruktur angelegte Entscheidungsschwäche entspricht in hohem Maße dem Ideal eines herrschaftsfreien Diskurses; sie schafft günstige Voraussetzungen für eine sorgsame Berücksichtigung kommunaler Belange; dies wiederum kann die Bereitschaft der Gemeinden zur regionalen Zusammenarbeit und zur Planverwirklichung stärken. Die Entscheidungsschwäche erschwert oder verwehrt jedoch, operable Ziele zu bestimmen oder über Standorte, Maßnahmen und ihre Reihung zu entscheiden, wenn dadurch gewichtige Interessen einzelner Gemeinden oder ganzer Gruppen von Gemeinden beeinträchtigt werden. Dies gilt insbesondere, wenn Entwicklungschancen einzelner Gemeinden beschränkt werden müssen.

Da derartige Zielbestimmungen die Entscheidungsfähigkeit des Vereins überfordern würden, bleibt in den auf Vereinsbasis erstellten Plänen allzu vieles in der Schwebe; Leerformeln anstelle operabler Ziele, Inflation Zentraler Orte und Entwicklungsachsen, äußerstenfalls die Addition von Wunschvorstellungen anstelle eines realisierbaren Konzeptes kennzeichnen die Entscheidungsschwäche des Vereins[12].

Die Inhaltsarmut der Pläne allein auf die Vereinsstruktur der Planungsträger zurückzuführen, wäre indes eine unzulässige Vereinfachung; sie würde übersehen, daß zB auch die von den Ministerien der d Länder in den sechziger Jahren erstellten Raumordnungsprogramme ähnliche Mängel aufwiesen[13], die Inhaltsarmut daher auch andere Ursachen hat. Hierzu dürften anfängliche Unsicherheiten im Umgang mit dem Planungsinstrumentarium ebenso gehören wie die im politischen System einer freiheitlichen pluralistischen Gesellschaft angelegte Tendenz, vieles zu wollen, auch wenn es miteinander unvereinbar ist und Interessenkonflikte auch durch Wechsel auf die Zukunft zunächst zu verdecken[14].

Den Auswirkungen der Entscheidungsschwäche des Vereins auf die Qualität der Pläne kann entgegengewirkt werden durch Vorgabe von Rahmenbedingungen in einem — konsistenten — Landesraumordnungsprogramm. Bereits ein hinreichend konkretes Zentrale-Orte-Programm könnte die Planung des Vereins von Konflikten entlasten.

Behelfsweise kann auch die Bewilligung von Planungs- und Investitionsmitteln von der Erstellung inhaltlich näher qualifizierter Pläne abhängig gemacht werden. Die für den Einzelfall angeordnete Sperre von Mitteln müßte allerdings die Gemeinde als Bevormundung empfinden; zu prüfen bliebe auch, bis zu welchen Grenzen eine notwendige Investition überhaupt einer solchen Sperre unterworfen werden dürfte.

Der Verein kann den Plan nicht mit rechtlicher Bindungswirkung ausstatten. Der vom Verein beschlossene Plan kann bedeutsam werden als Grundlage für die Planungen der Mitgliedsgemeinden, als Nachweis der Abstimmung der Gemeindeplanung mit den Nachbargemeinden, als Orientierungshilfe bei der Ent-

---

12 Vgl oben S 108.
13 Vgl Nachw bei W a g e n e r, in: Raumplanung—Entwicklungsplanung, 34 ff.
14 Vgl E v e r s, Raumordnung, 58, 194 ff.

scheidung über raumwirksame und raumbedeutsame Maßnahmen. Den Plan zu beachten, sind jedoch weder Staat noch Gemeinde verpflichtet; daher steht der Plan im Falle ernsterer Interessenkonflikte vor erneuter Bewährungsprobe.

Einen für das Regionsgebiet gemeinsam erarbeiteten Flächenwidmungsplan können die Mitgliedsgemeinden je in dem ihr Gebiet betreffenden Teil und für ihr Gebiet in Kraft setzen. Verpflichtet hierzu sind sie nicht; es steht ihnen auch frei, den sie betreffenden Planteil unter erheblichen Abweichungen von dem gemeinsamen Entwurf in Kraft zu setzen. Durch Staatsaufsicht kann Abhilfe nur in engen Grenzen geschaffen werden, wenn die Gemeinde durch Untätigkeit ihre Planungspflicht verletzt oder durch willkürliche Abweichung von dem gemeinsam erarbeiteten Plan ihre Pflicht zur Abstimmung der eigenen Planung mit den Nachbargemeinden verletzt.

Einen vom Verein erarbeiteten Regionalplan können die staatlichen Stellen nur für verbindlich erklären, wenn sie eine gesetzliche Grundlage hierfür haben[15]. Dem vom Verein erarbeiteten Regionalplan kann Bindungswirkung auch auf dem Umweg der Übernahme als staatlicher Teilplan zuerkannt werden. Zu diesem Behelf wird in allen drei Staaten gegriffen.

Als Vorteile dieses Behelfs sind hervorzuheben die notwendig enge Kooperation zwischen staatlichen, regionalen und kommunalen Stellen, die klare Rechtslage als Ergebnis dieses Entscheidungsprozesses, die materielle und ideelle Förderung der regionalen Planung durch Erteilung eines staatlichen Planungsauftrages.

Nachteilig ist, daß der von dem Verein erarbeitete Plan durch seine Inkraftsetzung als staatlicher Plan einer Metamorphose unterworfen wird, deren Vorwirkung auf den Entscheidungsprozeß der Planaufstellung schwer überschaubar ist — so mögen Gemeinden auf wenig konsistente Zielbestimmungen drängen, um der kommunalen Planung einen möglichst breiten Spielraum zu sichern, so begibt sich die staatliche Planung in zeitliche Abhängigkeit vom Fortschreiten der regionalen Planung, kann aber inhaltlich jede Zielvorstellung auch gegen den Willen des Verbandes durchsetzen und diesen auf die Rolle eines in der Sache nicht verantwortlichen Hilfsorgans verweisen.

Daß es zu derartigen Fehlentwicklungen nicht kommt, auch die Beteiligten sie nicht mißtrauisch besorgen müssen, hängt in hohem Maße von der Kooperationsbereitschaft und dem Verhandlungsgeschick der Beteiligten ab.

Als Behelf ist der Umweg annehmbar. Einer allgemeinen Verwendung des Behelfs steht entgegen: die Unsicherheit sachgerechter Regionsbildung, die Entscheidungsschwäche des Vereins, das Fehlen einer unmittelbaren Staatsaufsicht über den Verein, obwohl die Erarbeitung des Regionalplans eine staatliche Angelegenheit ist, die ungeklärte Abgrenzung von staatlicher und regionaler Verantwortung und Zuständigkeit. Diesen Nachteilen kann im Rahmen der Vereinsstruktur kaum entgegengewirkt werden.

(5) Für die Kooperation zwischen Verband und Gemeinden und zwischen den Gemeinden ist der Verein eine geeignete Plattform. An die Bedürfnisse der Kooperation mit anderen Planungsträgern des öffentlichen und privaten Rechts kann das Vereinsmodell unschwer angepaßt werden, da das Vereinsrecht gestattet, den Mitgliederkreis und die Zusammensetzung der Vereinsorgane nach Maßgabe des Kooperationsbedürfnisses festzulegen und auch weitere Plattformen für die Kooperation zu schaffen, zB einen Dachverband zu gründen.

Die Kooperation mit den Instanzen der Landesplanung und der staatlichen Fachplanung setzt voraus, daß diese den Verein ungeachtet seiner privat-rechtlichen Struktur als Kooperationspartner anerkennen. Hierzu sind die staatlichen Stellen

---

15 Vgl die Lösung des bwü LPIG 1962, oben S 102.

184

oft bereit, da sie einen Gesprächspartner benötigen. Eine Rechtspflicht hierzu und die Zuerkennung einer formalen Parteistellung setzt eine entsprechende gesetzliche Regelung voraus.

In der Sache ist die Kooperation belastet durch die Entscheidungsschwäche des Vereins. Sie kann erschweren, mit einem überzeugenden regionalen Konzept und mit konsistenten Zielvorstellungen und nicht mit aufaddierten Wünschen auf die Planung der Gegenbeteiligten Einfluß zu nehmen. Die ungesicherte Position des Vereins in den Kooperationsverfahren kann diese Tendenz verstärken, wenn die Gemeinden, deren Sonderinteressen der Verein aus regionaler Verantwortung nicht zur Geltung bringt, selbst versuchen, auf die Landesplanung und die Fachplanung Einfluß zu nehmen.

Einen wesentlichen Beitrag zur Koordination der kommunalen Planungen kann der Verein leisten, wenn er durch seine Planungsstelle die Gemeinden berät, für sie die örtlichen Pläne ausarbeitet oder wenigstens erreichen kann, daß die Gemeinden das gleiche private Planungsbüro beauftragen.

(6) Die Aufgaben der Plankontrolle und Planfortschreibung kann der Verein in kleineren Regionen noch durch nebenamtlich und ehrenamtlich Tätige wahrnehmen, wenn diese fachkundig beraten werden. Die ungleich komplexeren Zusammenhänge und Entwicklungen größerer Regionen werden nur erfaßt werden können, wenn der Verein wenigstens eine kleine mit Experten besetzte Planungsstelle unterhält.

Bei sich entwickelndem regionalem Bewußtsein können Plankontrolle und Pflicht zur Planfortschreibung bei den Verbandsorganen und den Mitgliedern einen Lernprozeß in Bewegung setzen. Dies kann den Folgen der Entscheidungsschwäche für die Qualität der Pläne entgegenwirken (Edukationseffekt), zumal der potentielle Konfliktstoff bei der Planfortschreibung geringer zu sein pflegt als bei der ersten Planerstellung.

(7) Die Wahrnehmung planakzessorischer Befugnisse öffentlich-rechtlicher Art wird den Vereinen nicht übertragen, auch wenn die Rechtsordnungen eine Beleihung des Privaten mit hoheitlichen Funktionen in gewissen Grenzen zulassen. Diese Zurückhaltung hat gute Gründe: die Rechtsfigur des Beliehenen hat sich in einer „grauen Zone" zwischen Staat und Gesellschaft entwickelt und hat dort eine gewisse Existenzberechtigung; diese fehlt für die Ordnung der staatlichen und kommunalen Agenden[16]. Rechtsdogmatisch ist die Figur zudem wenig geklärt; das ohnehin diffizile Organisationsrecht der Raumplanung wäre daher mit einer weiteren Problematik belastet. Schließlich ist zu bedenken, daß wiederum die Zufälligkeiten der Entstehung des Vereins und seine Entscheidungsschwäche seiner generellen Einbeziehung in die Erfüllung öffentlicher Aufgaben entgegenstehen.

Einflußnahme durch Beratung der Entscheidungsträger ist möglich; das Maß der Einflußnahme hängt von dem Ansehen ab, das der Verein bei den Entscheidungsträgern genießt, und von seiner Fähigkeit, termingerecht und sachkundig Stellung zu nehmen. Beides ist wesentlich durch seine personelle Ausstattung bedingt.

(8) Mitwirkung an der Verwirklichung der Regionalplanung in Formen des öffentlichen Rechts ist den Vereinen aus den unter (7) angeführten Gründen versagt.
Der Verein kann Initiativen zur koordinierten oder gemeinsamen Aufgabenwahrnehmung auslösen und diese erleichtern, da er sich als Plattform gemeinsamer

---

16 Mag auch in der Praxis gerade des ö Rechts die Selbstbeleihung der in staatlicher Hand befindlichen Privatrechtssubjekte nicht selten sein, vgl P u c k, in: Erfüllung von Verwaltungsaufgaben durch Privatrechtssubjekte, Schriftenreihe der Bundeskammer der gewerblichen Wirtschaft 22 (oJ) 9 (17 ff).

Information und Beratung eignet. Für ländliche Gemeinden ist dies von besonderer Bedeutung. Nicht selten werden hierbei größere Erfolge erzielt als bei der gemeinsamen Planung, insbesondere wenn die Mitglieder den Sachzwang gemeinsamer Aufgabenwahrnehmung erkennen. Der Verein ist nicht geeignet als Träger von größeren Investitionen. Das Vereinsrecht gestattet eine wirtschaftliche Tätigkeit nicht (§ 2 ö VereinsG, Art 60 s ZGB) oder erschwert sie (§ 22 d BGB). Daher bedienen sich die Gemeinden der Rechtsform der Verwaltungsgemeinschaft oder des Zweckverbandes, um öffentlich-rechtliche, und der GmbH, seltener der AG[17], um privat-rechtlich wahrzunehmende Aufgaben gemeinsam durchzuführen.

Als besonderer Vorteil der privat-rechtlichen Trägerinstitution wird hervorgehoben, daß sie von administrativen und fiskalischen Vorschriften freigestellt sei, die für öffentlich-rechtliche Träger gelten. Ob dies auf weite Sicht und in überregionalem Interesse wirklich ein Vorteil ist, erscheint fraglich, da damit auch in Kauf genommen wird, daß ein bedeutsamer Teil öffentlicher Aufgabenwahrnehmung der Determinierung, Disziplinierung und Kontrolle durch das öffentliche Recht mehr oder minder entzogen ist. Auf weite Sicht empfiehlt sich daher, das öffentliche Recht, insbesondere das Haushaltswirtschaftsrecht an die Bedürfnisse einer effektiven Aufgabenwahrnehmung anzupassen.

Der Nachteil der Aufteilung von Planungs- und Durchführungszuständigkeiten wird hingenommen; die Möglichkeit, einen nach Rechtsform und Beteiligtenkreis auf die je wahrzunehmende Aufgabe zugeschnittenen Träger schaffen zu können, wird als Vorteil angesehen, zumal Lasten und Mitspracherechte aufgabenspezifisch zugeordnet werden können. Diese Praxis ist folgerichtig: die Gemeinden haben sich mit der Wahl der Rechtsfigur des Vereins für eine lose, in wesentlichen Beziehungen nicht verbindliche regionale Zusammenarbeit entschieden. Die Zusammenarbeit bei Durchführungsmaßnahmen ist in der Regel mit erheblichen finanziellen Lasten verknüpft; sie ist auch — zumindest praktisch — nicht mehr widerruflich, mithin ein anderer Typus der Zusammenarbeit, die aufgabenspezifisch zu organisieren, zweckmäßig und auch leichter ins Werk zu setzen ist als ein Planungs- und Verwaltungsaufgaben integrierendes Modell.

Grundsätzlich kann man es als einen Vorteil des Vereinsmodells ansehen, daß der Verein bei der Verwirklichung der Pläne nicht als Konkurrent der Gemeinden und anderer Verwaltungsträger auftritt. Wenn das Bedürfnis nach gemeinsamer Aufgabenwahrnehmung vorhanden ist, kommt es aber durch Errichtung anderer Maßnahmenträger dennoch zu Kompetenzeinbrüchen, die den Vorteil kompensieren. Insbesondere kann sich die Aufsplitterung der Aufgabenwahrnehmung, die Aufblähung des Management- oder Verwaltungsapparates, der jeweils aus einem auf die spezifische Aufgabe verengten Blickwinkel tätig wird, die hiermit verbundenen Reibungsverluste und die Aushöhlung der Zuständigkeiten der Gemeinde auf die Entwicklung der Region nachteilig auswirken.

Steuerrechtliche Gründe — Ausgleich von Gewinn und Verlust — können privat-rechtliche Gesellschaften zu einem organschaftlichen Zusammenschluß veranlassen; ob dieser die regionale Zusammenarbeit fördert, wird sich nur im Einzelfall ausmachen lassen. Die Einrichtung von Mehrzweckverbänden wird als erstrebenswert bezeichnet; Erfahrungen liegen bisher noch nicht vor.

Auf die Verwirklichung des Plans durch die einzelnen Mitglieder kann der Verein mannigfachen Einfluß ausüben:

— informell durch Bewußtmachen der regionalen Zusammenhänge und Aufgaben

---

17 Da die Errichtung einer GmbH weniger Förmlichkeiten voraussetzt und da die Gesellschafter unmittelbar auf die Geschäftsführung einwirken können.

und die vielfältigen Kontakte, die eine lebendige Vereinsarbeit mit sich bringt,
— förmlich durch Beschlußfassung über Anregungen und Empfehlungen an die Mitglieder.

(9) Aufgaben des regionalen Vorteils- und Lastenausgleichs nimmt der Verein in einem bescheidenen Ansatz wahr, wenn an der Vereinsarbeit besonders interessierte Mitglieder sich verpflichten, diese auch in besonderem Maße finanziell und/oder durch ihre Verwaltungseinrichtungen zu fördern.

Die Übertragung der Befugnis, mit lastenausgleichender Zielsetzung Beiträge einzuheben, ist unwahrscheinlich; eine solche Befugnis dürfte Gemeinden fernhalten, die eine Belastung besorgen müssen; ferner wäre zu erwarten, daß Gemeinden aus dem Verein austreten, wenn ihnen gegen ihren Willen Ausgleichszahlungen auferlegt werden.

Der Verein ist daher darauf beschränkt, Vereinbarungen der Gemeinden über Kostenbeteiligungen und Ausgleichszahlungen anzuregen und zu vermitteln.

5.3.2. *Die Arbeitsgemeinschaft*

Die Arbeitsgemeinschaft (in der Schweiz die Gemeindepräsidentenkonferenz als vergleichbare Einrichtung) ist eine Verbindung von Gemeinden, ggf auch weiterer Personen des öffentlichen und privaten Rechts zum Zwecke der gemeinsamen Beratung, Vorbereitung und Durchführung gemeinsamer Angelegenheiten. Sie entsteht durch Vertrag des Privatrechts und, wenn das öffentliche Recht dies vorsieht oder zuläßt, auch durch einen öffentlich-rechtlichen Vertrag. Die ArGe ist keine juristische Person, sie hat weder Organe noch einen eigenen Verwaltungsapparat. Allfällig erzielte Ergebnisse gemeinsamer Beratung beruhen auf jeweiliger freier Einigung der Beteiligten.

Adressat staatlicher Weisungs- und Aufsichtsrechte ist meist nicht die ArGe, sondern die einzelne Gemeinde.

(1) Die mit der Vereinbarung einer ArGe übernommenen Pflichten halten sich in engen Grenzen; auch der institutionelle Rahmen der Zusammenarbeit ist bescheiden. Daher können die Gemeinden sich unschwer über die Einrichtung einer ArGe einigen; es können auch Gemeinden zur Mitarbeit bereit sein, wenn sie einer intensiveren Form der Zusammenarbeit mit Vorbehalten gegenüberstehen. Daher kann sich das Modell der ArGe für Regionen empfehlen, in denen die Bereitschaft zur kommunalen Zusammenarbeit erst im Ansatz vorhanden ist.

Eine rechtliche Handhabe, Gemeinden, die abseits stehen, zur Mitarbeit heranzuziehen, besteht nicht — es sei denn, das Gesetz würde die zwangsweise Gründung von ArGe vorsehen[18].

(2) Zur rechtsförmlichen Errichtung einer ArGe ist nur der Abschluß eines privatrechtlichen Vertrages erforderlich; wenn das Kommunalrecht dies zuläßt oder vorsieht, können die Gemeinden auch die Form des öffentlich-rechtlichen Vertrages wählen; eine Genehmigungspflicht sehen die Gesetze nicht vor.

Durch privat-rechtlichen Vertrag können auch ArGe über Landes- und Staatsgrenzen hinweg eingerichtet werden. Landesgrenzen überschreitende Zusammenarbeit in der Rechtsform der ArGe auf Grund öffentlich-rechtlichen Vertrages ist möglich, wenn die Gesetze beider Länder eine grenzüberschreitende Zusammenarbeit zulassen.

Der öffentlich-rechtliche Vertrag ist für eine effektive Kooperation förderlich, da dann die Kooperationspflichten Bestandteil öffentlicher Aufgabenwahrnehmung und Verantwortung sind.

---

18 So etwa der Nachbarschaftsausschuß schh G über kommunale Zusammenarbeit 1974, vgl oben S 80.

Zur Herstellung der Handlungsfähigkeit der ArGe bedarf es lediglich der Bestellung eines Geschäftsführers, in der Regel eines Bediensteten einer der beteiligten Gemeinden. Eine Geschäftsstelle ist nicht erforderlich, da die wenigen anfallenden Arbeiten (Einladungen, Protokolle, Informationsaustausch) einer der Beteiligten durch seine Verwaltung erledigen lassen kann.

(3) Die ArGe ist geeignet, den Austausch von Informationen zwischen den Mitgliedern zu ordnen oder zu erleichtern; Analysen können gemeinsam erarbeitet werden. Ferner kann die ArGe die Zusammenarbeit der Gemeinden auf diesem Gebiet fördern, zB die gemeinsame Beauftragung eines Planungsbüros in die Wege leiten.

(4) Die ArGe eignet sich als Plattform gegenseitiger Abstimmung der Planungen der Mitglieder. Der Entwurf eines gemeinsamen Flächenwidmungsplanes kommt zustande, wenn sich die beteiligten Gemeinden hierauf einigen. Wie bei der Vereinsplanung bleibt es ihnen überlassen, den ihr Gebiet betreffenden Teil des Plans für ihr Gebiet − unverändert oder mit Veränderungen − in Kraft zu setzen. Durch Gesetz kann aber Beschlüssen der ArGe beschränkte Bindungswirkung zuerkannt werden.
Regionalpläne, auf die sich die Beteiligten geeinigt haben, können nur auf dem Umweg der Übernahme als staatlicher Plan wirksam werden.
Die Entscheidungsunfähigkeit der ArGe macht sich mit der Zahl und der Dimension der Konfliktfälle zunehmend bemerkbar. Daher bestehen größere Chancen für das Zustandekommen einer gemeinsamen Flächenwidmungsplanung in überschaubaren ländlichen Verhältnissen als etwa im Umland der größeren Städte. Regionalplanung hat eine Chance, wenn die Entscheidungsunfähigkeit und der Mangel eines eigenen Verwaltungsapparates kompensiert werden, zB durch konsistene Zielvorgaben der Landesplanung, durch Beschränkung der Zusammenarbeit auf leistungsfähige Partner[19].
Wegen ihrer Entscheidungsunfähigkeit eignet sich die ArGe nach alledem nicht für die Planung in Räumen, die in erheblichem Ausmaß miteinander verflochten sind oder miteinander verflochten werden sollen.

(5) Die horizontale Koordination zwischen den Mitgliedern ist Aufgabe der ArGe; sie eignet sich hierfür in besonderem Maße, wenn die Mitgliederzahl begrenzt und der potentielle Konfliktstoff beschränkt ist. Dem Wesen der ArGe als partnerschaftlicher Zusammenarbeit der Gemeinden entspricht nicht die Einrichtung ständiger beschließender und/oder ausführender Organe.
Wird sie erforderlich, um die Arbeitsfähigkeit der ArGe sicherzustellen, empfiehlt sich die Vereinbarung einer anderen Form der Zusammenarbeit.
Für die vertikale Koordination mit der Landesplanung und den Trägern der Fachplanung ist die ArGe − wie der Verein − immer nur ein informeller, ggf aber nützlicher Gesprächspartner. Parteistellung kommt ihr nicht zu und kann ihr auch schwerlich zuerkannt werden. Der wesentliche Beitrag der ArGe zur vertikalen Kooperation ist die Abstimmung zwischen den Mitgliedern. Wegen der Entscheidungsunfähigkeit und wegen der ungesicherten Verfahrensstellung der ArGe wird sie vertikale Kooperation nur fördern können, wenn nicht gravierende Interessengegensätze zwischen den Gemeinden der Angleichung unterschiedlicher Zielvorstellungen entgegenstehen.

(6−9) Die Wahrnehmung planakzessorischer Befugnisse ist der ArGe mangels Entscheidungskompetenz versagt. Gleiches gilt für die Durchführung von Verwirk-

---

19 Vgl das Beispiel einer ArGe der Landkreise in SchH oben S 109.

lichungsmaßnahmen und des regionalen Lastenausgleichs. Mangels Rechtspersönlichkeit eignet sich die ArGe auch nicht als Trägerin von Maßnahmen, die in Formen des Privatrechts durchgeführt werden. Zu allen diesen Aufgaben kann die ArGe jedoch Beiträge leisten, insbesondere dann, wenn den Gemeinden — wie in der Modellvariante des Nachbarschaftsausschusses[20] — aufgegeben wird, über gemeinsame Angelegenheiten zu beraten.

5.3.3. *Die Verwaltungsgemeinschaft*

Die Verwaltungsgemeinschaft ist eine Verbindung von zwei oder mehreren Gemeinden zum Zwecke gemeinschaftlicher Geschäftsführung einzelner oder auch sämtlicher Agenden der beteiligten Gemeinden. Sie entsteht durch — öffentlich-rechtlichen — Vertrag; sie wird verwirklicht durch Schaffung gemeinsamer gemeindeamtlicher Einrichtungen.

Die VerwGem ist keine juristische Person; sie hat keine eigenen Organe; die Tätigkeit der gemeinsamen Einrichtungen wird der jeweiligen Gemeinde, deren Agenden sie nach ihren Weisungen und in ihrem Auftrag wahrnimmt, unmittelbar zugerechnet.

Die Begründung von VerwGem unterliegt der staatlichen Aufsicht; einzelne Landesgesetze sehen auch die Begründung von VerwGem durch staatliche Anordnung vor; einzelne Landesgesetze gestatten die Einrichtung von VerwGem nur innerhalb eines Bezirkes[21].

(1) Die mit der Vereinbarung einer VerwGem von den Gemeinden zu übernehmenden Pflichten sind in ihrem Schwergewicht organisatorischer und finanzieller Art — Verzicht auf eigene Einrichtungen, Schaffung gemeinsamer Einrichtungen, Beteiligung an den hierdurch entstehenden Kosten. Das Zustandekommen einer Vereinbarung ist daher insbesondere dann zu erwarten und auch nur dann sinnvoll, wenn die beteiligten Gemeinden infolge beschränkter Finanzkraft und/oder Bedarfs eine eigene Einrichtung nicht oder nicht wirtschaftlich unterhalten können, andererseits aber nicht so finanzschwach sind, daß sie nicht die Kosten für eine gemeinsame Einrichtung aufbringen können. Die finanziellen Hemmnisse könnte das Land jedoch durch Zusage von Zuschüssen beseitigen.

Die Beteiligung einer Vielzahl von Gemeinden und/oder von Gemeinden unterschiedlicher Größenordnung wirft komplexe organisatorische und finanzielle Fragen auf, die durch Rivalitäten der Gemeinden zusätzlich belastet sein können. Auf freiwilliger Basis ist daher das Zustandekommen von Vereinbarungen nur als wahrscheinlich und nützlich zu erwarten, wenn sich nur einige wenige Gemeinden beteiligen oder wenn sehr spezielle Verwaltungsaufgaben — wie die Einführung der EDV — zur Diskussion stehen.

Vereinbarungen über die gemeinsame Wahrnehmung von Planungs- und Verwirklichungsaufgaben sind daher nur zwischen einigen Gemeinden in Kleinstregionen oder in engen Nachbarschaftsbeziehungen als wahrscheinlich und sinnvoll vorstellbar.

(2) Die Errichtung einer VerwGem öffentlichen Rechts setzt eine gesetzliche Grundlage voraus. Gestattet das Gesetz nur die Zusammenarbeit von Gemeinden eines Bezirks, verwehrt es, den Planungsraum nach sozio-ökonomischen Kriterien

---

20 Vgl oben S 80.
21 Zur Klarstellung ist zu vermerken, daß einzelne LandesG unter der Firma VerwGem Zusammenschlüsse mit Rechtspersönlichkeit und eigenen Organen regeln, für Ö vgl O b e r n d o r f e r , Gemeinderecht, 279, oder auch die Übertragung von Zuständigkeiten zulassen, so das nw und bwü Recht, vgl oben S 78; auf diese u weitere landesrechtliche Besonderheiten kommt es hier indessen nicht an.

zu bestimmen; dieses Hemmnis könnte jedoch, ohne grundsätzliche Probleme aufzuwerfen, durch Gesetzesänderung beseitigt werden.

Eine Landesgrenzen überschreitende Zusammenarbeit ist nur möglich, wenn die Gesetze beider Länder eine solche Zusammenarbeit zulassen und Sonderrecht für Organisation, Verwaltungsführung und Aufsichtsführung geschaffen wird. Dieser Aufwand lohnt sich nur, wenn die VerwGem sich als geeignete Form der Zusammenarbeit auf dem Gebiet der Planung erweist.

VerwGem bedürfen in den meisten Ländern einer staatlichen Genehmigung; die Aufsichtsbehörde kann daher ungeeignete Zusammenschlüsse verhindern.

Die Einrichtung einer gemeinsamen Geschäfts- oder Planungsstelle ist möglich, sei es bei einer der beteiligten Gemeinden, welche als Dienstherr und Dienstgeber fungiert, sei es — wenn das Landesrecht dies gestattet — auch als eigenständige gemeinsame Einrichtung mit beschränkter Rechtsfähigkeit. Aus Kosten- und Kapazitätsgründen wird eine Planungsstelle aber nur unter besonderen Voraussetzungen vorgesehen werden können — so wenn der Zentrale Ort seine Planungsstelle den Umlandgemeinden zur Verfügung stellt.

VerwGem kleinerer Gemeinden können nur bescheidene Geschäftsstellen unterhalten, die mit Vorbereitungs- und Verwirklichungsaufgaben nach Weisung der beteiligten Gemeinden betraut werden könnten. Auch sie wären mutmaßlich wirtschaftlich nur vertretbar, wenn sie zugleich Hilfsorgan für die Erledigung weiterer Aufgaben der beteiligten Gemeinden sind.

Daher mag sich der Abschluß einer Vereinbarung empfehlen, um vorhandene Einrichtungen — die Planungsstelle eines Zentralen Ortes oder die aus anderen Gründen erforderliche Geschäftsstelle — auch für Aufgaben der Planung nutzbar zu machen. Sie spezifisch für Planungsaufgaben weniger kleiner Gemeinden zu errichten, erscheint aus Gründen der Wirtschaftlichkeit problematisch.

(3) Hinreichende Ausstattung der Geschäftsstelle vorausgesetzt, eignet sich die VerwGem für Aufgaben der Bestandserhebung und -analyse. Sie kann, namens der beteiligten Gemeinden, auch Beratungs- und Planungsverträge schließen und dadurch Voraussetzungen für eine gemeinsame Raumforschung und Planerstellung schaffen.

(4) Mangels eigener Organe und mangels einer Beschlußkompetenz ist die VerwGem entscheidungsunfähig. Daher kann sie weder auf die Abstimmung zwischen den Gemeinden rechtlich relevanten Einfluß nehmen, geschwelge denn über einen gemeinsamen Plan Beschluß fassen. Planerstellung und Inkraftsetzung des Plans je für das Gebiet einer Gemeinde ist vielmehr alleinige Aufgabe dieser Gemeinde. Die gemeinsame Einrichtung kann jedoch unmittelbar durch technische Hilfestellung, durch organisatorische Vorkehrungen und durch Geltendmachen von Sachverstand auf die Koordination der Planungen der beteiligten Gemeinden hinwirken.

Der Entscheidungsunfähigkeit kann nicht entgegengewirkt werden, da dies die Einrichtung von Organen voraussetzen würde, die auch zur politischen Konsensbildung und Konfliktlösung befähigt und befugt sind. Damit aber würde das Modell VerwGem verlassen werden.

(5) Die horizontale und vertikale Koordination kann die VerwGem in ihrem technischen Ablauf erleichtern und durch Sachverstand informell fördern. Förmlicher Gesprächspartner aller Koordination bleiben jedoch die beteiligten Gemeinden. Sie kann als informelle Plattform zwischengemeindlicher Koordinationsbemühungen nützlich sein. Institutionalisierte Koordination der Gemeinden bedarf hinge-

gen zusätzlicher Vereinbarungen, zB der Einrichtung einer ArGe[22]. Insgesamt ist daher die VerwGem nur in bescheidenen Grenzen für Aufgaben der Koordination geeignet — es sei denn, sie fungiert zugleich als ArGe.

(6) Entsprechende Ausstattung vorausgesetzt, ist die VerwGem geeignet für Aufgaben der Planbeobachtung; für die Planfortschreibung kann sie allenfalls Anregungen geben.

(7 u 8) Die Wahrnehmung von planakzessorischen Befugnissen und von Verwirklichungsaufgaben kann der VerwGem als Hilfsorgan der einzelnen Gemeinden übertragen werden. Im Auftrag der beteiligten Gemeinden kann sie auch Infrastruktureinrichtungen schaffen und erhalten. Hierdurch kann die Fähigkeit der beteiligten Gemeinden, überhaupt diese Aufgaben sachkundig und wirtschaftlich zu erbringen, bedeutsam gesteigert werden. Die Entscheidung über das Ob und Wie einer Aufgabenwahrnehmung bleibt jedoch dabei Angelegenheit der einzelnen Gemeinde — es sei denn, die Gemeinde ist aus anderem Rechtsgrunde zur Durchführung der Maßnahmen verpflichtet. Daher kann sich die VerwGem als Form subregionaler Organisation empfehlen, die kleinere Gemeinden in Stand setzt, die von der regionalen Organisation — zB dem Zweckverband oder dem Planungsrat — getroffenen Planungsentscheidungen in ihrem Teilraum oder auch sektoral zu verwirklichen.

(9) Zum regionalen Lastenausgleich kann die VerwGem nur beitragen, falls sich die beteiligten Gemeinden auf Kostenregelungen mit Lastenausgleichswirkung einigen.

5.3.4. *Der freiwillige Zweckverband (Gemeindeverband)*

Der Freiverband ist eine juristische Person des öffentlichen Rechts. Er entsteht durch genehmigungsbedürftigen Vertrag oder antragsgebundene staatliche Verordnung. Die Beteiligung Dritter ist zulässig[23]. Aufgabe des ZV kann jede Aufgabe sein, zu deren Durchführung die Gemeinden berechtigt oder verpflichtet sind. Der ZV hat eigene Organe und eigene Zuständigkeiten im Rahmen der Zweckbestimmung; die Verbandsmitglieder sind nach näherer Bestimmung des ZVG und der Satzung in den Organen an der Willensbildung des Verbandes beteiligt. Der ZV ist selbst Adressat staatlicher Aufsicht.

(1) Die Konkretisierung der Vorstellungen über Abgrenzung, erwünschten Mitgliederkreis, Aufgaben und Organisation des ZV ist grundsätzlich Sache der Proponenten. Wie das Vereinsrecht gibt daher das d und s Zweckverbandsrecht den Beteiligten die Chance, eine den jeweiligen Gegebenheiten angepaßte regionale Organisation zu erarbeiten und die Vorteile freiwilliger Mitarbeit zum Tragen zu bringen.
Mit Errichtung des ZV unterwerfen sich die Gemeinden öffentlich-rechtlichen Pflichten, die ihren Kompetenzkreis und ihre Entscheidungsfreiheit empfindlich verkürzen und ihren Haushalten erhebliche Lasten auferlegen können. Das Maß der auf sie zukommenden Pflichten ist bei der Gründung des ZV zu übersehen, wenn nur die Übertragung einer bestimmten, überschaubaren Aufgabe (zB der Abwasserbeseitigung) vorgesehen ist. In welchem Ausmaß die Verbandsplanung die Planungshoheit der Gemeinde beschränken wird, zeigt jedoch erst der vom ZV beschlossene Plan; dies ist daher im Gründungsstadium noch nicht übersehbar. Sollten dem ZV auch Verwaltungsaufgaben übertragen werden, potenzieren sich die Ungewißheiten.

---

22 Vgl S 188.
23 Zur Rechtslage in Ö vgl oben S 30.

Je weiter der Aufgabenkreis gezogen wird, desto sorgfältiger werden daher die Gemeinden auf die Sicherung ihrer Interessen und Mitwirkungsrechte achten, insbesondere wenn zwischen Stadt und Umland und zwischen einzelnen Teilen der Region erhebliche strukturelle Unterschiede und/oder kommunalpolitische Rivalitäten bestehen. Die Gemeinden stehen vor der Frage, ob sie Risiken und Lasten der Verbandsgründung überhaupt auf sich nehmen oder dem Verband fernbleiben sollen. Sie sind der Versuchung ausgesetzt, sich zum Nachteil des regionalen und des allgemeinen Interesses den Beitritt durch Zugeständnisse abkaufen zu lassen. Dies wird nicht ohne Rückwirkung auf das Entscheidungsverhalten auch jener Gemeinden bleiben, die eine loyale regionale Zusammenarbeit anstreben. Wie sachkundige Beobachter bemerken, ist daher „jedem Beteiligten anheimgegeben . . ., seine Sonderwünsche zur Geltung zu bringen und von ihrer Erfüllung das Gelingen des Ganzen abhängig zu machen mit dem Ergebnis, daß im Kompromißwege nur ein konturloses Gebilde ohne Gestaltungskraft zustande kommt"[24].

Die im s und im d Zweckverbandsrecht enthaltenen Möglichkeiten zu einer Effektivität versprechenden Ausgestaltung des ZV werden in der Regel nicht ausgeschöpft; oft gleichen sich vielmehr Satzungen und Verhaltensmuster der Planungsvereine und der Planungszweckverbände weitgehend. Daher zeigen sich auch jene Nachteile, die für das Modell des Vereins festzustellen sind: Unzulänglichkeiten der Regionsabgrenzung und der inneren Organisation sowie lange Dauer der Erörterungsphase.

Die Errichtung des ZV ist genehmigungspflichtig, die Erteilung der Genehmigung als Ermessensentscheidung ausgestaltet; das Zweckverbandsrecht kann Gründungs- und Beitrittszwang vorsehen; die Vorwirkungen dieser Aufsichtsrechte und staatliche Gründungshilfen und -anreize können den Entscheidungsprozeß in der Erörterungsphase fördern und disziplinieren. Der hierin liegende Vorteil des Modells ZV darf nicht überschätzt werden, da die Aufsichtsinstanzen ihre Befugnisse nicht oder nur ganz ausnahmsweise auszuschöpfen pflegen.

(2) ZV können nur auf gesetzlicher Grundlage errichtet werden; die Gesetze gestatten nur die Verbandsgründung für die Wahrnehmung kommunaler Zuständigkeiten. Zugelassene Verbandszwecke sind daher nur die örtliche Planung, die Wahrnehmung planakzessorischer Aufgaben, die Einflußnahme auf die staatlichen Planungen und Durchführung von Verwirklichungsmaßnahmen, soweit sie den Gemeinden obliegen. Die Errichtung des Verbandes zu Zwecken der Regionalplanung ist nur zulässig, wenn die Regionalplanung den Gemeinden als Auftragsangelegenheit — zur gemeinsamen Wahrnehmung — übertragen wird.

Die Aufsichtsbehörde kann — erforderlichenfalls im Genehmigungsverfahren — die Einrichtung von ZV verhindern, deren Zuschnitt oder Organisation sachwidrig erscheint und so gewissen Einfluß auf die regionale Organisation nehmen. Sie kann aber nicht die Regionsbildung für alle einer regionalen Ordnung bedürftigen Gebietsteile sicherstellen.

Grenzüberschreitende Verbandsbildung bedarf korrespondierender gesetzlicher Grundlagen in beiden Ländern, deren Gebiet betroffen ist, und der einvernehmlichen Genehmigung durch die Aufsichtsbehörden beider Länder. Eine zweckmäßige gesetzliche Ausgestaltung, welche die Verbandsbildung erleichtert, ist vorstellbar. Formelle Erschwernisse werden bleiben; sie sind unvermeidlich, da grenzüberschreitende Planung voraussetzt, daß alle Länder, deren Gebiet betroffen ist, in die Verantwortung für die Entwicklung der grenzüberschreitenden Region einbezogen sind.

---

24 Werner W e b e r , in: Der größere Raum (1964) 19; N e u f f e r , in: Die Stadt und ihre Region (1962) 171 (184).

Ist der Verband rechtsförmlich errichtet, ist zu erwarten, daß die Gemeinden die ihnen satzungsmäßig obliegenden Mitwirkungspflichten wahrnehmen. Erforderlichenfalls könnten sie durch Maßnahmen der Kommunalaufsicht hierzu angehalten werden.

In der Zusammensetzung der Organe unterscheiden sich Verein und ZV nicht wesentlich; es kann daher auf die Ausführungen oben (5.3.1. [2]) verwiesen werden. Gleiches gilt für die Einrichtung von Geschäfts- und Planungsstellen. Zu vermerken bleibt, daß dem ZV Dienstherrenfähigkeit zuerkannt werden kann.

(3) Für die Bestandserhebung von Vorteil ist, daß der ZV als integrierter Bestandteil der Verwaltung Daten von Amts wegen anfordern und Amtshilfe (Art 22 B-VG) in Anspruch nehmen kann.

(4) Hat der ZV nach Gesetz und Satzung die Kompetenz, einen Plan aufzustellen, kann er seine Verantwortung für die regionale Ordnung in Form bringen. Das wiederum wird nicht ohne Rückwirkung auf die Bereitschaft zur Mitarbeit im Verband und auch auf die Qualität der Planung sein. Der ZV ist als Form kommunaler Zusammenarbeit für die Wahrnehmung gemeinsamer oder paralleler Aufgaben und Interessen der Gemeinde konzipiert; hierbei hat er sich bewährt. Konsistente Regionalplanung verlangt jedoch auch die Entscheidung über divergierende Interessen der Gemeinden. Auf Grund seiner vereinsähnlichen Struktur ist der Verband hierzu nur bedingt in der Lage; der öffentlich-rechtliche Pflichtenstatus — insbesondere Beschränkung des Rechts zum Austritt und der Auflösung — bindet jedoch die Verbandsglieder stärker an den gemeinsamen Zweck als das Vereinsrecht.

Die Besorgnis der Entscheidungsschwäche steht in Relation zur Bedeutung des kommunalpolitischen Konfliktstoffes. So hat sich gezeigt, daß effektive gemeinsame Flächennutzungsplanung im ZV oder Planungsverband nach § 4 BBauG möglich ist, wenn hierbei die gemeinsamen Interessen überwiegen[25]. Auch die Vorgabe konsistenter Ziele der Landesplanung kann Konfliktstoff zumindest reduzieren und dadurch die Entscheidungsfähigkeit des ZV zur Lösung regionaler Probleme verbessern.

Der Regionalplan bedarf der staatlichen Genehmigung. Weil Regionalplanung eine Aufgabe ist, die sinnvoll nur von Staat und Gemeinde gemeinsam wahrgenommen werden kann, gestalten die Vergleichsländer den Genehmigungsvorbehalt nicht als Mittel reiner Rechtsaufsicht aus[26]. Anderes gilt für die Genehmigung gemeinsamer Bauleitplanung[27].

(5) Für die Kooperation mit den Gemeinden ist der ZV eine geeignete Plattform. Die Möglichkeit, die Mitgliedschaft auf andere juristische Personen zu erstrecken, wird nur selten genutzt. Dem Vorteil, auch mit staatlichen Stellen in Verbandsform kooperieren zu können, steht der Nachteil erschwerter Bildung des Verbandswillens gegenüber. Hemmungen können insbesondere dadurch entstehen, daß der Entscheidungsprozeß in staatlichen Behörden in Schwerpunkt und Zeitmaß sich nach anderen Gesetzlichkeiten entfaltet als in der Gemeinde. Als nützlich erwiesen hat sich die Beteiligung staatlicher Stellen vor allem bei größeren Verbänden, denen umfassende Ordnungsaufgaben obliegen.

Der ZV ist Körperschaft des öffentlichen Rechts, für die Landesplanung und die Träger der Fachplanung im Anhörungs- und Abstimmungsverfahren daher zuständige Behörde und notwendiger Koordinationspartner. Dem ZV kann auch

---

25 Vgl oben S 95.
26 Vgl oben S 116.
27 Vgl oben S 74.

Parteistellung zukommen oder zuerkannt werden. Nach seiner formalen Stellung ist daher der ZV für alle Aufgaben der trägerexternen Kooperation besser geeignet als der Verein.

Die Qualität seines Sachbeitrages hängt wesentlich davon ab, ob das Gebiet der Region sachgemäß abgegrenzt ist und ob es gelingt, die Gefahren der Entscheidungsschwäche zu bannen.

(6) Die Eignung des ZV zur Plankontrolle und Planfortschreibung ist durch seine personelle Ausstattung bedingt. Seine öffentlich-rechtliche Struktur erleichtert, die für die Wahrnehmung dieser Aufgabe erforderlichen Erhebungen durchzuführen und den Entscheidungsprozeß der Planfortschreibung voranzutreiben.

(7) Der ZV ist denkbarer Träger planakzessorischer Aufgaben — vorausgesetzt die Satzung sieht dies vor oder gestattet es. Übertragen die Gemeinden und delegieren die staatlichen Stellen in dem sachlich gebotenen Umfang Kompetenzen an den ZV, wird er in Stand gesetzt, wesentliche Beiträge zur Sicherung und Verwirklichung des Planes zu leisten.

(8) Der ZV ist denkbarer Träger von Verwirklichungsmaßnahmen in den Formen des öffentlichen und privaten Rechts. Eine Einigung der Gemeinden über eine solche weite Zweckbestimmung ist in aller Regel nicht zu erwarten, da die Gemeinden im wohlverstandenen Interesse an der Wahrung ihrer Kompetenzen und der Schonung ihrer knappen Haushaltsmittel einer Aufgabenübertragung nur zustimmen können, wenn sie von der Notwendigkeit überzeugt sind und die auf sie zukommenden finanziellen Lasten übersehen. In der Praxis ist daher die Ausstattung des ZV mit der Befugnis, Verwirklichungsmaßnahmen durchzuführen, die Ausnahme. Meist reichen die Möglichkeiten des Verbandes nicht weiter als die des Vereins.

(9) Wie der Verein ist auch der Verband aus den bereits dargestellten Gründen[28] nur in engsten Grenzen geeignet, Aufgaben des regionalen Lastenausgleichs wahrzunehmen.

5.3.5. *Der kommunale Pflichtverband (Gemeindeverband)*

Der kommunale Pflichtverband ist ein ZV, der entweder unmittelbar durch Gesetz oder auf gesetzlicher Grundlage durch einen Hoheitsakt der Gründungsbehörde errichtet wird. Bei der Errichtung sind die Gemeinden auf das Recht der Anhörung beschränkt. Den Zweck des Verbandes, seine innere Verfassung und die Rechtsstellung der Gemeinden im Verband regelt das Gesetz, das aber auch den Gemeinden die Beschlußfassung über die Verbandssatzung überlassen kann.

(1) Wird der Verband durch hoheitliche Verordnung begründet, können die Regionen nach regionalem und überregionalem Bedürfnis zugeschnitten werden. Disharmonien der Organisationsdichte zwischen den Regionen können vermieden, eine das Landesgebiet flächenabdeckende regionale Gliederung verwirklicht, abweichende örtliche Interessen überwunden werden. Die Verbandsverfassung kann für die Artikulation des regionalen Interesses Vorsorge treffen. Voraussetzung für all dies ist freilich, daß die Landtage und Regierungen nicht im Schlepptau kommunaler Sonderwünsche liegen.

Die Dauer der Erörterungsphase bestimmt sich nach der Entscheidungskraft der anordnenden staatlichen Instanz und ihrer Fähigkeit, die für die Regionsbildung erforderliche Abstimmung mit den Gemeinden zügig durchzuführen. An die

---

28 Vgl oben S 187.

hoheitliche Entscheidung kann sich eine weitere Erörterungsphase anschließen, wenn den Verbandsmitgliedern die Regelung von Interna überlassen ist. Dieser Entscheidungsprozeß ist jedoch von Komplexitäten der freien Verbandsbildung entlastet; sein ordnungsgemäßer Ablauf ist daher zu erwarten.

Als Nachteil der Bildung von kommunalen Pflichtverbänden ist der Schematismus einer Regionsgliederung ohne Rücksicht auf ihre Erforderlichkeit in einzelnen Räumen und ohne Bedachtnahme auf ihre Besonderheiten zu besorgen. Dem Schematismus einer für das Landesgebiet eingeführten Regionsbildung kann entgegengewirkt werden durch Verwendung differenzierter Modelle, etwa für den Zentralraum und die ländlichen Gebiete, durch Zulassung von Korrekturen der Gebietsabgrenzung in einem vereinfachten Verfahren und durch Zuweisung der Regelungskompetenz für Verbandsinterna an die Beteiligten. Als Modellvariante bietet sich an, Pflichtverbände nur in Räumen besonderer Verdichtung einzurichten.

Es wird ferner geltend gemacht, die Gründung von Pflichtverbänden lähme die kommunale Initiative und die Bereitschaft der Gemeinden zur loyalen Mitarbeit. Daher sei die freiwillige Verbandsbildung immer zu bevorzugen. Für die Bildung von Pflichtverbänden durch Einzelfallentscheidung ist dieser Einwand von Gewicht — auch wenn die Verfechter dieser These offenlassen, ob wesentliche Ursache der Hemmnisse effektiver Verbandsarbeit die hoheitliche Anordnung oder der sie auslösende Mangel an Bereitschaft zur Kooperation ist. Für die Bildung von Pflichtverbänden durch besonderes Gesetz lassen sich diese nachteiligen Wirkungen nicht nachweisen. Nachweisen läßt sich jedoch, daß seit der Pionierzeit der Raumordnung von Gemeinden und Verbänden immer wieder Initiativen zur Ordnung der Region durch Gesetz ausgegangen sind[29], daß die auf freiwilliger Grundlage errichteten Vereine und Verbände die Errichtung von Pflichtverbänden auch dann begrüßen, wenn sie mit wesentlichen Umstellungen, zB Änderung des Planungsraumes, verknüpft sind, und daß auch die Gemeinden zur loyalen Mitarbeit bereit sind.

Voraussetzungen für einen störungsfreien Ablauf der Erörterungsphase und eine spätere effektive Verbandsarbeit sind insbesondere:

— Generelle Bereitschaft zur Bildung von Regionen,
— Einsicht in die Unzulänglichkeiten der Verbandsbildung auf freiwilliger Grundlage,
— Mitarbeit der Gemeinden und ihrer Interessenvertretungen bei der Erarbeitung des Gesetzesentwurfes,
— Erstellung eines überzeugenden regionalen Konzeptes,
— durch Sachkriterien geleitete, möglichst herrschaftsfreie Diskussion mit den betroffenen Gemeinden über die Gebietsabgrenzung.

Um die Erörterungsphase des Regionsgesetzes zu entlasten, kann sich empfehlen, die konkrete Abgrenzung der Regionen dem Verordnungsgeber zu delegieren, so daß die Gemeinden auf der Grundlage der gesetzlich festgelegten Kriterien der Gebietsabgrenzung selbst Vorschläge erarbeiten können, die der Verordnungsgeber — erforderlichenfalls nach Korrektur und Durchführung eines Begutachtungsverfahrens — sanktioniert.

Eine hoheitliche Regionsbildung läßt für die Erprobung regionaler Organisationsformen weniger Raum als die freiwillige Verbandsbildung. Dieser Nachteil sollte nicht überbewertet werden, da Raumordnung der Pionierzeit entwachsen ist und die bisher angefallenen Erfahrungen durch Experimente auf kommunaler und regionaler Ebene schwerlich wesentliche Erweiterungen erfahren dürften.

---

29 Vgl oben S 84, 92, 119.

Dagegen kann es erforderlich sein, das Konzept der regionalen Organisation in Stufen zu verwirklichen, sei es, weil regionale Organisation (noch) nicht im gesamten Landesgebiet geboten ist, das regionale Bewußtsein noch der Entwicklung bedarf oder die organisatorisch-technischen Voraussetzungen nur schrittweise geschaffen werden können (Einrichtung leistungsfähiger Planungsstellen, Einrichtung von Datenbanken usw).

Die Errichtung grenzüberschreitender Regionen setzt eine Einigung der Länder und korrespondierende gesetzliche Regelungen in beiden Ländern voraus. Auch das Organisations- und Planungsrecht der Länder muß aufeinander abgestimmt werden.

(2) Nach förmlicher Errichtung des Pflichtverbandes durch Gesetz oder Verordnung sind die Verbandsorgane zu bestellen und eine Satzung zu beschließen. Durch Bestimmung einer Einleitungsbehörde und durch Mustersatzungen können diese Verfahrensschritte erleichtert werden.

Das Gesetz kann Entscheidungen über die Einrichtung von Geschäfts- und Planungsstellen enthalten. Eine Geschäftsstelle sollte jedem Verband zur Verfügung stehen, damit sichergestellt ist, daß hinreichend qualifizierte Persönlichkeiten den Planungsprozeß und die Verwirklichung des Planes begleiten. Kleinere Verbände werden sich hierfür weitgehend auf die Organwalter, das Verwaltungspersonal und die Einrichtungen einer Mitgliedsgemeinde beschränken müssen.

Für die Planungen kleinerer Verbände, aber auch für die Planung der Schwerpunkträume kann durch Gesetz eine zentrale Stelle, in den ö Ländern praktisch die Landesplanungsstelle als Einrichtung bestimmt werden, der sich die Verbände zur Durchführung der Planungsarbeiten zu bedienen haben[30]. Die Vorteile einer zentralen, an die fachlichen Weisungen der Verbände jeweils gebundenen Planungsstelle sind:

— personalwirtschaftlich rationell eingerichtete Planungsstellen, die dennoch dem wachsenden Bedürfnis nach Spezialisierung und Teamarbeit genügen,
— gesicherte Verfügung der Region über überregionale Daten und der Landesplanung über regionale Daten,
— gesicherte Information über den jeweiligen Stand der Planungsdiskussion auf Landes- und Regionalebene,
— informeller, aber gewichtiger Einfluß der Landesplanungsstelle auf Inhalt und Qualität der Regionalplanung.

Die mit der Zentralisierung verbundenen Nachteile sind vor allem die Ortsferne und die Monopolisierung der Entwurfsarbeiten bei einem Expertengremium. Diesen Nachteilen kann entgegengewirkt werden durch:

— förmliche Zuordnung eines bei der Landesplanungsstelle amtierenden Leitenden Planers zu bestimmten Verbänden, die auf seine Bestellung Einfluß haben,
— fallweise Heranziehung von privaten Architekturbüros, um die Planungskapazität zu erweitern, aber auch um die Entwicklung und Ausformung von Alternativen zu erleichtern.

(3) Für Bestandserhebung und Analyse ist der Pflichtverband geeignet; eine Form rationeller Aufgabenwahrnehmung ist unter (2) dargestellt.

(4) Dem Verband kann die Kompetenz zur Flächenwidmungsplanung übertragen werden. Solange das Planungsrecht davon ausgeht, daß Flächenwidmungsplanung genuin kommunale Aufgabe ist, eignet sich der Pflichtverband mit der

---

30 Vgl die bay u rpf Regelungen oben S 116.

Kompetenz zur Flächenwidmungsplanung aber nicht als Modell für eine das Landesgebiet abdeckende regionale Organisation. Auch kommunalpolitisch ist es nur vertretbar, eine Übertragung der Kompetenz zur Flächenwidmungsplanung, die notwendig zu Lasten der Gemeindekompetenzen geht, anzuordnen, wenn besondere Gründe dies rechtfertigen. Als derartige Gründe sind hervorgetreten die Notwendigkeit:

— in Räumen äußerster Verdichtung einen äußerst sparsamen Umgang mit dem Boden sicherzustellen[31],
— zwischen stark verflochtenen Gemeinden die Hemmnisse, die die Gemeindegrenzen einer sachgerechten Planung und Aufgabenwahrnehmung entgegenstellen, zu überwinden und die Schwelle unvermeidbarer Eingemeindung anzuheben[32],
— in strukturschwachen Räumen die Planungs- und Veranstaltungskraft der kleinen und finanzschwachen Gemeinden zu stärken und die Artikulation gemeinsamer Ziele zu sichern[33].

Da den Gemeinden notwendig ein maßgeblicher Einfluß auf die Flächenwidmungsplanung des Verbandes zusteht, ist zu besorgen, daß dem örtlichen vor dem gemeinschaftlichen Interesse der Vorzug gegeben wird. Der hierin begründeten Entscheidungsschwäche des Modells wird die Struktur des Verbandes mit gesetzlich umschriebenem Planungsauftrag entgegenwirken, insbesondere, wenn die Verbandsbildung nur in Fällen besonderer Erforderlichkeit angeordnet wird, die Verbandsmitglieder daher auch dem Sachzwang gemeinsamer Planung konfrontiert sind.

Der Gefahr der Entscheidungsschwäche kann entgegengewirkt werden durch konsistente Vorgaben der Landes- und Regionalplanung und durch Einflußnahme im Zusammenhang mit der Zuweisung von Förderungsmitteln. Bedacht zu nehmen ist schließlich auf eine sorgfältige Stufung der Stimmgewichte und eine sorgfältige Ausgestaltung des Entscheidungsprozesses, die Majorisierungen verhindern und Mißtrauen abbauen.

Dem Verband kann die Kompetenz zur Regionalplanung übertragen werden. In dieser Ausgestaltung eignet sich der Pflichtverband als Modell für eine das Landesgebiet abdeckende regionale Organisation.

Da der Gesetzgeber freie Hand hat, das Maß der Mitwirkung der Gemeinden an der Regionalplanung als einer genuin staatlichen Aufgabe zu bestimmen, kann er weitere Vorkehrungen treffen, um die Artikulation des regionalen Interesses zu erleichtern und nachteiligen Einflüssen kommunaler Sonderinteressen entgegenzuwirken. Hierzu gehören die Freistellung der Mitglieder der Verbandsorgane von Weisungen der sie entsendenden Gemeinden, die Gliederung der Organe nach politischen und nicht nach subregionalen Fraktionen und die Stärkung der Verwaltungsspitze durch Einrichtung entscheidungsfähiger kleiner Exekutivorgane und Bestellung eines hauptamtlichen, für Planungsaufgaben qualifizierten Verbandsvorsitzenden oder Verbandsgeschäftsführers. Die Übertragung regional bedeutsamer Verwirklichungsaufgaben an den Verband wird seine regionale Bedeutung stärken; dies wiederum erleichtert auch bei der Planung die Wahrung des regionalen Interesses.

Bei der näheren Ausgestaltung der Wahl- und Entscheidungsmodi ist zu berücksichtigen, daß die Freisetzung des Verbandes vom Einfluß der Gemeinde im Rahmen des Modells kommunaler Pflichtverband nur den Zweck haben kann, die Artikulation des regionalen Interesses zu sichern, obwohl die Verbandsmitglieder

---

31 Vgl das Beispiel Frankfurt am Main und das der Insel Sylt; vgl oben S 93,96 ff.
32 In den d Ländern wurde generell der Gemeindegebietsreform der Vorzug gegeben.
33 Vgl unten S 256 ff.

nach ihrer Struktur und allgemeinen Aufgabe auf die Wahrnehmung der örtlichen Interessen ausgerichtet sind. Sie kann nicht bezwecken, die Gemeinde als für die Region unentbehrliche Ordnungskraft und Aufgabenträgerin auszuschalten oder das kommunalpolitische Engagement und die Kenntnisse der kommunalen Spitzenkräfte dem Verband vorzuenthalten. Dies setzt der Verselbständigung der Region Grenzen. Daher auch scheinen jene — noch vor ihrer Bewährung stehenden — Modellvarianten problematisch, welche die Kreation der Verbandsorgane einseitig den Ordnungs- und Gestaltungskräften des Parteiproporzes anvertrauen.

Grundsätzlich bietet die öffentlich-rechtliche Struktur des Pflichtverbandes Ansatzpunkte, durch gesetzlich geordnete Partizipation der Aktivbürgerschaft ein Betätigungsfeld zu eröffnen. Modelle hierfür sind jedoch noch nicht ersichtlich.

Wesentlich für die Artikulation des regionalen Interesses erscheint, daß der Entscheidungsprozeß nicht in Abhängigkeit von Weisungen gerät, welche die Gemeinden ihren Vertretern mitgeben. Auch wenn man so weit geht, die kommunalen Spitzenkräfte weisungsfrei zu stellen, bleibt ein erheblicher faktischer Einfluß der Gemeinde, da es lebensfremd wäre, anzunehmen, ein Bürgermeister werde im Verbandsorgan nicht den Grundsatzentscheidungen seiner Gemeinde folgen; notwendig aber im regionalen Interesse ist es, daß ohne Verhärtung der Fronten und ohne vermeidbare Verzögerungen über ihre Einbindung in den Regionalplan befunden werden kann.

Die förmliche Inkraftsetzung des Regionalplans setzt einen Akt staatlicher Mitwirkung voraus, der über die reine Rechtsaufsicht hinausgeht, aber auf die Wahrnehmung staatlicher und überregionaler Interessen beschränkt sein sollte.

Planungen grenzüberschreitender Regionen bedürfen der einvernehmlichen Genehmigung der Länder, deren Gebiet sie betreffen. Eine auf Teilgebiete der Region beschränkte Inkraftsetzung des Planes ist ein Behelf, der für eine Übergangszeit hingenommen werden kann; seine Unzulänglichkeit wird offenbar, wenn in dem anderen Regionsteil planwidrige Entwicklungen zu registrieren sind. Die Gefahr solcher Fehlentwicklungen kann wiederum Vorwirkungen auf das Verhalten aller Beteiligten haben und auch auf die Qualität des Planes zurückschlagen.

Abhilfe ist möglich, wenn die Koordination der Gemeinden durch Koordination der beteiligten Länder begleitet wird. Sie hat zur Aufgabe, die von der Regionalplanung zu beachtenden überregionalen Ziele abzustimmen, ihre Beachtung zu sichern und schlichtend in den regionalen Entscheidungsprozeß einzugreifen, wenn regionale Zielkonflikte von den regionalen Instanzen nicht zum Ausgleich gebracht werden können.

(5) Der Pflichtverband ist zur Wahrnehmung der Koordinationsaufgaben geeignet[34]. Zu vermerken bleibt, daß in dem Maß, in dem der Verband von dem Einfluß der einzelnen Gemeinden freigestellt ist, es notwendig wird, die Beteiligung der einzelnen Gemeinden an der Planerstellung im Gegenstromverfahren auszubauen.

(6) Für Planbeobachtung und Planfortschreibung ist der Pflichtverband bei hinreichender personeller Ausstattung geeignet.

(7) Planakzessorische Befugnisse können dem Pflichtverband übertragen werden; geeignet ist er, wenn er über eine den Aufgaben entsprechende personelle Ausstattung verfügt. Die für die regionale Entwicklung bedeutsame Beratung der

---

34 Vgl oben S 193 f.

Mitgliedsgemeinden sollte auch sichergestellt sein, wenn der Verband sich für seine eigenen Planungen der zentralen Planungsstelle zu bedienen hat.

(8) Der Planungsverband eignet sich, Verwirklichungsaufgaben zu übernehmen oder an ihnen mitzuwirken. Das Ausmaß seiner Beteiligung festzulegen, ist Sache des Gesetzes, das aber durch Differenzierung von Pflicht- und Kannaufgaben die Anpassung der Verbandstätigkeit an die jeweiligen regionalen Gegebenheiten zulassen kann[35].

(9) Der Pflichtverband könnte befugt werden, einen regionalen Lastenausgleich zu verwirklichen. Erfahrungen über eine interessengerechte und effektive Ausgestaltung des Lastenausgleichs liegen noch nicht vor.

Wird dem Verband ein Aufbaufonds zur Verfügung gestellt, der zumindest zum Teil von den Mitgliedern gespeist wird, kann er einen partiellen Lastenausgleich verwirklichen und dadurch zugleich bedeutsame Impulse zur Verwirklichung des Regionalplans auslösen. Die Einrichtung derartiger Fonds empfiehlt sich nur bei den für die Zentralräume gebildeten Pflichtverbänden, weil dort überproportionale Beiträge des Zentralen Ortes zur Entwicklung des Umlandes erforderlich werden. Für kleinere Regionen empfiehlt sich die Einrichtung eines Fonds nicht in gleicher Weise, weil eine Zersplitterung der Investitionsmittel zu besorgen ist; in Entwicklungsregionen, zB den Berggebieten, kann sich ein von den Gemeinden gespeister Aufbaufonds sogar als nachteilig erweisen, da den meist finanzschwachen Gemeinden des Umlandes nicht zugemutet werden kann, namhafte Beiträge zu leisten, der Zentrale Ort aber seine — oft ebenfalls zu knappen — Finanzmittel für seine eigene Entwicklung benötigt, die für die Gesamtentwicklung der Region unabdingbar ist.

5.3.6. *Der Pflichtverband für den Stadtstaat und sein Umland*

Erfahrungen über die Eignung des Modells Pflichtverband für die Ordnung der Beziehungen des Stadtstaates zu seinem Umland[36] liegen nicht vor, da derartige Verbandsgründungen bislang zwar gelegentlich erwogen, aber nicht realisiert worden sind[37]. Durchdenkt man die Eignung des Modells anhand des Aufgabenkatalogs, dann zeigt sich folgendes:

(1) Die Erörterungsphase ist belastet durch die Beteiligung von Partnern sehr unterschiedlicher Struktur mit divergierenden Interessen:
— der Stadtstaat als Zentraler Ort höchster Stufe, der die Landes- und Gemeindekompetenzen in sich vereinigt, im Falle Wien mit der Last bedrängender Strukturprobleme bei beschränktem Entwicklungspotential,
— der Flächenstaat, für den die Umlandprobleme nur Probleme eines Gebietsteiles sind,
— eine Vielzahl von Umlandgemeinden sehr unterschiedlicher Größe, Leistungskraft und Entwicklungschancen, die sich meist aus der Verflechtung mit dem Stadtstaat ergeben.
Von dem Stadtstaat wird mutmaßlich der Ausbau seiner zentralen Einrichtungen unter Berücksichtigung der Bedürfnisse der Bewohner des Umlandes, eine Beschränkung des Wohnungsbaues und der Industrieansiedlung und -umsiedlung sowie ein finanzieller Beitrag zur Förderung von Entwicklungsmaßnahmen im Flächenstaat erwartet. Diese, den traditionellen Entwicklungszielen eines Stadtstaates fremden Ziele soll er zudem nicht mehr allein kraft seiner Landeshoheit,

---

35 Zur Problematik der Integration des mit Verwirklichungsaufgaben betrauten Verbandes in das Gesamtgefüge der Verwaltung vgl oben S 98, 122.
36 Vgl dazu auch W a g e n e r , Modelle der Stadt—Umland-Verwaltung, in: Werner Weber-FS (1974) 957.
37 Vgl oben S 147.

sondern in Kooperation mit dem Flächenstaat und dessen Umlandgemeinden festsetzen und verwirklichen. Der Flächenstaat erscheint dagegen aus tradierter Sicht vergleichsweise als der Nutznießer einer gemeinsamen Planung, da die von ihm zu leistenden Investitionen in engem Zusammenhang der Zuwanderung von Menschen und Betrieben stehen, die hierfür erforderlichen Aufwendungen daher auf weite Sicht rentierlich sind, zumindest sich in die Erwartungsmuster staatlicher Entwicklungspolitik einordnen. Er ist zudem gewohnt, mit den Gemeinden zu kooperieren, die Kooperation mit der Großstadt ist daher für ihn kein Novum. Diese und andere, auch parteipolitische Unterschiedlichkeiten lassen sich nur überwinden, wenn ein hohes Maß an Bereitschaft zur regionalen Zusammenarbeit vorhanden ist.

(2) Die förmliche Errichtung des Verbandes setzt einen Staatsvertrag in Gesetzesform voraus; erforderlich ist ein rechtlich aufwendiges organisatorisches Gefüge, das dem strukturellen Gefälle und den divergierenden Interessen Rechnung trägt.

(3) Für Bestandserhebung und Analyse erscheint der Verband geeignet, insbesondere wenn die Zusammenarbeit mit den entsprechenden Behörden des Flächenstaates und des Stadtstaates gesichert ist.

(4) Die Erstellung eines Regionalplans setzt ein geeignetes Planungsinstrumentarium voraus. Für den im Flächenstaat gelegenen Regionsteil könnte das dort geltende Raumplanungsgesetz ausreichende Grundlagen enthalten. Erforderlichenfalls könnten sie in Anlehnung an bewährte Modelle geschaffen werden. Die Stadtstaaten haben sich keine Raumplanungsgesetze gegeben — mit gutem Grund, da eine regions- und flächenbezogene Planung zur Lösung der Strukturprobleme eines Stadtstaates nicht wesentlich mehr beitragen könnte, als auch ein Flächenwidmungsplan leisten kann; auch dieser ist im allgemeinen aber nur behilflich, wenn noch große Freiflächen räumliche Dispositionen erlauben. Für die planerische Lösung der spezifischen Probleme des Stadtstaates bedarf es — mehr noch als im Flächenstaat — einer Planung, die Raum, Finanzen, Maßnahmen und ihre Reihung umfaßt. Wie Verfahren und Instrumente einer solchen umfassenden Stadtentwicklungsplanung beschaffen sein sollten, wird noch von den Großstädten erprobt; bei dem derzeitigen Wissensstand erschiene eine gesetzliche Regelung nicht unproblematisch.

Verbandsplanung für den Stadtstaat setzt ferner eine Abgrenzung dieser Planung von der dem Stadtstaat überlassenen Planung voraus. Hierfür fehlt es noch an geeigneten Kriterien, weil eine konsistente Verbandsplanung sich ebenso mit den allgemeinen Zielen der Stadtentwicklung, nicht zuletzt mit den Grenzen des Wachstums der Stadt zu befassen hätte wie mit „örtlichen" Angelegenheiten, etwa der Standortentscheidung für ein Einkaufszentrum oder einen größeren Betrieb.

Solange es keine geeigneten Instrumente gibt, Stadtentwicklungsplanung verbindlich festzulegen, kann auch im Verband eine konsistente Planung nicht erarbeitet und beschlossen werden. Auch eine regionale Rahmenplanung ist nicht realisierbar, solange offen ist, wofür ein Rahmen zu schaffen ist und wie Rahmenplan und Stadtentwicklungsplan voneinander abzugrenzen und aufeinander zu beziehen sind.

Diese Probleme zeigen sich auch bei der Planung für Großstädte der Flächenstaaten, haben dort aber einen anderen Stellenwert, da die Großstadt dem Normgefüge des Flächenstaates und dem System der Pläne unterworfen ist, das die Unzulänglichkeiten des kommunalen Planungsinstrumentariums teils kompensiert, teils überdeckt.

Kann für den Stadtstaat ein konsistenter Regionalplan oder Rahmenplan nicht beschlossen werden, ist auch dem Flächenstaat als gleichberechtigtem Partner schwerlich zumutbar, sich einem solchen Plan zu unterwerfen.

Gegenstand der Verbandsentscheidung wären daher nur Festlegungen von Entwicklungszielen, die noch der Umsetzung in regionale verbindliche Ziele bedürfen — im Flächenstaat durch Raumordnungspläne, im Stadtstaat durch Flächenwidmungspläne und durch Selbstbindung der Exekutive. Zu erwarten ist, daß jedenfalls die das Gebiet des Stadtstaates betreffenden Zielsetzungen mit einer gewissen Zurückhaltung formuliert werden, weil der Verband dessen Investitions- und Finanzplanung zwar beeinflussen, aber nicht beherrschen kann.

Für das Gebiet des Flächenstaates sind konsistente Pläne vorstellbar; es ist viel damit gewonnen, daß auch die raumbedeutsamen Maßnahmen des Stadtstaates auf diese Ziele ausgerichtet werden. Für ihn bleiben jedoch diese Ziele außerhalb seines Territoriums. Zu ihrer Verwirklichung kann er in der Regel nur mittelbar beitragen.

Die Inkraftsetzung eines Verbandsplanes ist nur vorstellbar, wenn die Regierungen sich ein Letzt-Entscheidungsrecht vorbehalten. Da der Plan in den Kernraum politischer Entscheidungsgewalt des Stadtstaates eindringt, geht es hierbei um hochpolitische Entscheidungen. Ihr Zustandekommen müßte durch Vorverhandlungen abgeklärt werden, die auf höchster Ebene zu führen, erforderlichenfalls durch Beschlüsse des Stadtsenates und der Landesregierung abzusichern wären.

Nach alledem ist der Verbandsplan sowohl nach seinem sachlichen Inhalt als auch nach dem politischen Träger der Entscheidung in der Hierarchie der Pläne den Landesprogrammen, nicht aber dem Regionalplan zuzuordnen, der Verband daher wenig geeignet, mehr als Vorarbeit für einen solchen Plan zu leisten.

(5) Zur Koordination kann die Verbandsbildung beitragen. Die Koordination ist durch die unter (1) genannten Unterschiede und Gefälle erschwert. Zwischen den Ländern wird Koordination auf der Ebene der Regierungsmitglieder entweder im Verband oder aber begleitend zu seinen Beschlüssen erforderlich sein. Für die Koordination zwischen den Gemeinden bedarf es jedenfalls dann noch weiterer Plattformen.

(6) Zur Planbeobachtung ist der Verband geeignet, wenn seine Planungsstelle hierfür ausreichend ausgestattet und mit den entsprechenden Einrichtungen zumindest des Stadtstaates eine enge Kooperation sichergestellt ist. Für die Planfortschreibung kann der Verband nicht mehr als Initiativen auslösen.

(7) Planakzessorische Befugnisse könnten dem Verband übertragen werden; empfehlenswert ist dies allenfalls im Verhältnis zu den Umlandgemeinden. Im Verhältnis zu den Ländern mit jeweils voll ausgebautem Verwaltungsapparat und Instanzenzug käme nur ein Mitspracherecht in Betracht; auch dieses müßte eng begrenzt sein, um die zusätzliche Belastung des Verwaltungsablaufes in einem erträglichen Rahmen zu halten.

(8 u 9) An der Verwirklichung des Regionalplans mitzuwirken, ist der Verband grundsätzlich geeignet. In Betracht kommen hierfür Angelegenheiten der Umlandgemeinden und Angelegenheiten des Stadtstaates, die nicht auf sein Territorium beschränkt sind und für die regionale Entwicklung bedeutsam sind.

Bei der Wahrnehmung hoheitlicher Aufgaben können rechtliche Probleme, insbesondere der Rechtsanwendung und des Instanzenzuges, entstehen, die aber mit einigem formalen Aufwand überwindbar sind.

Für die Finanzierung regional bedeutsamer Aufgaben wird in der Regel — nicht zuletzt wegen ihrer finanziellen Dimension — eine besondere Vereinbarung der Beteiligten erforderlich sein. Der Verband kann den Abschluß einer solchen

Vereinbarung fördern; er kann in diesem Zusammenhang auch auf einen regionalen — projektbezogenen — Lastenausgleich hinwirken.

Steht dem Verband ein von den Mitgliedern gespeister Entwicklungsfonds zur Verfügung, kann er gewichtige Beiträge zur regionalen Entwicklung leisten oder initiieren. In seinem Ergebnis bewirkt der Entwicklungsfonds eine Umverteilung der Lasten.

5.3.7. *Der Planungsrat*

Der Planungsrat ist gedacht als ein mit Vertretern der Gemeinden, ggf auch anderen Repräsentanten der Region besetztes Gremium, das bei einem staatlichen Planungsträger — Land, Bezirk — ressortiert. Ist eine Landesbehörde Planungsträger, ist für jede Region (Teilgebiet) ein Planungsrat zu errichten, der bei der Entscheidung von die Region betreffenden Angelegenheiten heranzuziehen ist. In der Modellvariante Beirat hat der Planungsrat beratende, in der Modellvariante Kollegialbehörde entscheidende Funktion.

Die Landesgesetze der drei Staaten sehen fast durchgehend einen für das ganze Landesgebiet zuständigen Beirat vor. Planungsräte für Regionen sind in der Modellvariante des Beirats von einzelnen Gesetzen[38], in der Modellvariante Kollegialbehörde im 1975 novellierten nw LPIG verwirklicht worden[39].

Als Beratungsorgan für Kleinsträume hat Tirol eine weitere Spielart des Modells entwickelt; die Einrichtung regionaler Beiräte in Niederösterreich ist in der Novelle zum nö ROG vorgesehen, die sich derzeit (Mitte 1975) im Begutachtungsverfahren befindet.

Systematische Untersuchungen über die Eignung des Planungsrates im Bereich der Raumplanung konnten nicht ermittelt werden; gelegentliche literarische Bemerkungen enthalten nur summarische Urteile; da sie zudem meist auf die jeweilige Ausformung des Modells und die in den einzelnen Regionen unterschiedliche Kooperationsbereitschaft bezogen sind, weichen sie voneinander weit ab[40].

---

38 § 17 st ROG; § 14 hess LPIG 1970: Regionaler Planungsbeirat bei den Planungsgemeinschaften als regionale Planungsträger; § 9 nds ROG 1966: Landesplanungsbeirat bei den Regierungspräsidenten (Verwaltungspräsidenten); 1974, anläßlich dor Neufassung des nds ROG wurden die Landesplanungsbeiräte abgeschafft; auch bei der Schaffung des Verbandes Großraum Braunschweig und Neufassung des GrRG-H wurde auf die Bildung eines Verbandsrates verzichtet mit der Begründung, Beiräte erschwerten den Planungsprozeß und minderten die politische Verantwortlichkeit, LT-Drucks 7/1948, 20; Art 4 u 7 bay LPIG 1957. Bezirksplanungsgemeinschaft bei der (Bezirks-)Regierung; das bay LPIG 1970 sieht einen Landesplanungsbeirat, Bezirksplanungsbeiräte und regionale Planungsbeiräte vor; der Ausbau des Beiratewesens wurde damit begründet, daß die Einrichtung der Beiräte auf allen Ebenen der Planung Bürgerbeteiligung ermögliche und das Gegenstromverfahren auf die freien gesellschaftlich organisierten Kräfte erstrecke, damit Erfahrungen und Anregungen der Landesplanung nutzbar gemacht würden, M a y e r / E n g e l h a r d / H e l b i g, Landesplanungsrecht in Bayern (1973) Anmerkung 1 u 2 zu Art 11 bay LPIG; H e i g l / H o s c h, Raumordnung und Landesplanung in Bayern (1973) 23; ferner: H o s c h / H ö h n b e r g, Bay VBl 74, 657, 691 (693); vgl ferner: Planungsausschuß nach § 7 h bwü RegionalverbandsG 1971 (GVBl 336); Sonderplanungsausschuß nach dem nw Bonn-G 1969 (GVBl 236) — zit: P ü t t n e r, Stadtentwicklungsplanung und Kreisentwicklungsplanung im Gefüge öffentlicher Planung (1974) 56, FN 93; im d Rechtskreis hatte man mehrfach bei der Erarbeitung von Reformvorschlägen die Einrichtung von Beiräten empfohlen, so N o u v o r t n e, Landesplanung als Verwaltungsaufgabe, in: Raumordnung und kommunale Selbstverwaltung (1962) 102 (113); H a l s t e n b e r g, Die Planung und ihre Träger, in: Stadtplanung, Landesplanung, Raumordnung (1962) 59 ff. Die Bürgerbeteiligung über Planungsbeiräte als unzulänglich bezeichnet D i e n e l, Das Problem der Bürgerbeteiligung an Landesplanung und Raumordnung, RFuRO 74, 7.

39 Vgl oben S 110.

40 Lit: H a a s, Ausschüsse in der Verwaltung, VwArch 49 (1958) 14; E v e r s, Verbände–Verwaltung–Verfassung, Der Staat 64, 41 (49 ff); B ö c k e n f ö r d e, Die Organisationsgewalt im Bereich der Regierung (1964) 249 ff; W i n k l e r, Staat und Verbände, VVDStRL 24 (1966) 34 (44); T h i e m e, Verwaltungslehre (1967) 158 ff; K a f k a, Die Beiräte in der österreichischen Verwaltung, in: Hans Peters-GS (1967) 168 (172); O b e r n - d o r f e r, Partizipation an Verwaltungsentscheidungen in Österreich, DÖV 72, 529 (534 ff); B r o h m, Sachverständige und Politik, in: Forsthoff-FS (1972) 37; K o r i n e k, Beratung in der Verwaltung, in: Marcic-GS (1974) 1025; O s s e n b ü h l, Welche normativen Anforderungen stellt der Verfassungsgrundsatz des demokratischen Rechtsstaates an die planende staatliche Tätigkeit, dargestellt am Beispiel der Entwicklungsplanung? Gutachten 50. DJT (1974) 130 ff.

Mit der Einrichtung eines Planungsrates wird Einflußnahme auf den staatlichen Entscheidungsprozeß ermöglicht oder gesichert. Je nach der näheren Ausgestaltung des Planungsrates kann seine Einführung bezwecken:

- Erhöhung der Rationalität und Qualität der Planung durch Verbreiterung der Informationsbasis über die räumlichen Gegebenheiten und die zu beachtenden Belange, durch Mobilisierung des Sachverstandes, durch Ingangsetzen von Gegenstromverfahren;
- Erhöhung der Verwirklichungschancen durch Beteiligung der Planadressaten, die im Planungsrat Informationen erhalten, ggf aber auch an der Zielfindung mitwirken, Zielkonflikte austragen, Konsens bilden und vertikale und horizontale Koordination einleiten;
- Erhöhung der demokratischen Legitimation der Planung durch Beteiligung der verschiedensten gesellschaftlichen und politischen Kräfte, durch bürgerschaftliche Kontrolle des Planungsprozesses und Herstellung der Öffentlichkeit.

Im Rahmen dieses Gutachtens steht das Organisationsziel Erhöhung der Verwirklichungschancen im Vordergrund. Eine Orientierung an diesem Ziel schließt nicht aus, auch die anderen Ziele zu verfolgen.

Im Vergleich zu allen Verbandsmodellen hat das Modell Planungsrat den Vorzug, daß nicht eine neue Entscheidungsebene geschaffen werden muß, die neue Koordinationsnotwendigkeiten und Reibungsflächen schafft. Je nach der näheren Ausgestaltung des Planungsrates kommt jedoch der Einfluß der Gemeinden auf den Planungsprozeß nur in gemindertem Umfang zum Tragen.

Den genannten Vorteilen stehen als Nachteile gegenüber:

- Erschwerung des Planungsprozesses durch Einschaltung eines unter Umständen zahlenmäßig großen Gremiums, das sich zu einem entscheidungsfähigen Gremium nur integrieren wird, wenn besondere Vorkehrungen getroffen sind;
- Verdeckung der Verantwortung der politischen Instanzen für Fortgang und Inhalt der Planung, nicht zuletzt die Gefahr des Zuspielens notwendig politischer Entscheidungen an ein politisch nicht verantwortliches Gremium und/oder Vorschieben des Planungsrates als Alibi, äußerstenfalls das Entstehen unverantwortlicher Nebenregierungen.

Durchdenkt man die Modellvarianten anhand des Aufgabenkatalogs, dann zeigt sich folgendes:

(1) Für die Einführung von Beiräten empfiehlt sich die Erlassung eines Gesetzes, um Form und Nachhaltigkeit der Mitwirkung zu sichern; für die Einführung von Kollegialbehörden ist die Gesetzesform erforderlich. Werden die Kollegialorgane als weisungsabhängige Organe eingerichtet, ist dem Grundsatz der Ministerverantwortlichkeit[41] Genüge getan. Daher kann auch für ihre Einrichtung ein einfaches Gesetz ausreichend sein.

Die Abgrenzung der Regionen kann durch Gesetz oder gesetzesgedeckte Verordnung nach rationalen Gesichtspunkten und flächendeckend bestimmt werden. Die Zuordnung des Planungsrats zu einer vorhandenen unteren oder mittleren Entscheidungsebene setzt voraus, daß Planungsraum und Verwaltungsraum übereinstimmen.

Das Modell Planungsrat gestattet, grenzüberschreitenden Verflechtungsbeziehungen in der Besetzung des Rates oder in der Zuordnung eines gemeinsamen Beirates zu den Planungsbehörden der gegenbeteiligten Länder Rechnung zu tragen. Erfahrungen über die Eignung einer solchen Kooperationshilfe sind nicht ersichtlich[42].

---

41 VfSlg 5985/69.
42 Vgl aber die Berichte über die gemeinsame Planung von Kommissionen S 142 ff.

(2) Die Bildung des Planungsrates kann durch rivalisierende Forderungen nach Mitsprache und die Versuchung, die Sitzverteilung zu manipulieren, belastet sein. Diesen Schwierigkeiten kann durch eindeutige gesetzliche Regelungen entgegengewirkt werden.

Voraussetzungen für die Integration des Planungsrates zu einem sachkundigen und entscheidungsfähigen Gremium, das den mit seiner Errichtung verknüpften Erwartungen[43] gerecht wird, sind sachgerechte Regelungen für die Zahl der Mitglieder des Planungsrates, die Auswahlkriterien für ihre Berufung, die Bestimmung der Beratungsgegenstände, die Verfahrensmodi.

Die Voraussetzungen für die Leistungsfähigkeit des Planungsrates werden entscheidend verbessert, wenn dieser auf der Grundlage ausreichender Information am gesamten Planungsprozeß beteiligt wird; er sollte ferner in die Bearbeitung grundsätzlicher Fragen der Raumordnung auch außerhalb des Planungsprozesses einbezogen werden, nicht zuletzt, um ihm Gelegenheit zu geben, sich bei der Behandlung regional bedeutsamer Fragen zu integrieren. Die Leistungsfähigkeit wird ferner durch das Maß der ihm übertragenen Verantwortung geprägt, so daß sich die Modellvariante Kollegialbehörde empfiehlt. Der Einfluß der Gemeinden auf den Planungsprozeß wird in dem Maß verstärkt, in dem der Planungsrat „Herr des Verfahrens" ist.

Positiv auf die Leistungsfähigkeit wirkt sich auch aus, wenn der Planungsrat nicht regionsfern ressortiert. Insoweit empfiehlt sich, ihn nicht auf Landesebene anzusiedeln; allerdings ist das nur unter den oben (1) genannten Voraussetzungen sinnvoll.

(3) Zur Bestandserhebung und Analyse können die Mitglieder des Planungsrats aus eigener Orts- und Problemkenntnis und aus ihrem spezifischen Blickwinkel bedeutsame Beiträge leisten. Die Hauptlast dieser Aufgaben liegt bei der Planungsstelle. Eine Landesplanungsstelle ist hierfür personell und sachlich hinreichend ausgestattet bzw könnte hinreichend ausgestattet werden. Für Bezirksplanungsstellen entsprechende Voraussetzungen zu schaffen, kann in Österreich auf erhebliche Schwierigkeiten stoßen. Sie blieben in hohem Maße auf die Unterstützung durch die Landesplanungsstelle angewiesen.

(4) Adressat der Empfehlungen des Beirates ist eine staatliche Stelle; die Kollegialbehörde ist selbst eine staatliche Behörde. In beiden Modellvarianten kann daher nicht über den der Gemeinde vorbehaltenen Flächenwidmungsplan beschlossen werden.

Formal ist die Erlassung eines Regionalplanes oder Teilgebietsplanes als eines staatlichen Planes auch bei der Mitwirkung eines Beirates oder durch ein Kollegialorgan zulässig. Verfahrensmäßig und zeitlich wird der Planungsprozeß aufwendiger als bei der Erlassung durch eine monokratisch verfaßte Behörde. Der Nachteil darf nicht überbewertet werden, da auch die monokratisch verfaßte Behörde keine „einsamen Entschlüsse" fassen kann; die Einrichtung eines Planungsrates institutionalisiert und erleichtert die ohnehin erforderliche Abstimmung mit den Gemeinden und anderen im Planungsrat vertretenen Einrichtungen. Eine verfahrensmäßig gesicherte Anhörung der Gemeinde wird freilich durch ihre Beteiligung im Planungsrat selbst noch nicht entbehrlich.

Ob ein Beirat zur Artikulation des regionalen Interesses fähig ist, hängt wesentlich von den oben (2) genannten Modalitäten ab; da seine Stellungnahme unverbindlich, aber als einhelliger Beschluß von größtem faktischem Gewicht ist, steht er stärker in Versuchung als die in die Verantwortung gestellte Kollegialbehörde,

---

43 Vgl oben S 203.

durch Aufaddieren von Sonderwünschen die erstrebte Einhelligkeit zu erzielen — zumal er sich auf diesem Weg zugleich von Komplexitäten und Konflikten entlasten kann.

Empfehlungen des Beirates sind nicht verbindlich; die Kollegialbehörde ist weisungsgebunden; in beiden Modellvarianten sind daher staatliche Instanzen befugt, das regionale Interesse auch gegen die Entscheidung des Planungsrates durchzusetzen. Für die weitere regionale Zusammenarbeit ist es jedoch nachteilig, wenn die staatliche Instanz ihr Letztentscheidungsrecht allzu rasch ausspielt. Da sie auch aus anderen Gründen sich darum bemühen wird, eine direkte Konfrontation mit den Gemeinden und/oder dem Planungsrat zu vermeiden, ist zu erwarten, daß im ernsten Konfliktfall die Planerstellung hinausgezögert wird. Immerhin hat die staatliche Instanz kraft ihrer starken Stellung die Chance, Initiativen und staatliche und regionale Interessen im Entscheidungsprozeß nachdrücklich zur Geltung zu bringen.

Für die Entfaltung und Verwirklichung aus der Region erwachsender Initiativen bietet das Modell Planungsrat eine nicht ungeeignete Plattform, wenn dieser als Repräsentation der regionalen Kräfte verstanden wird. Die Staatlichkeit des Planungsrates erschwert eine solche Identifikation; durch Verfahrensmodi und Verwaltungsstil können derartige Hemmnisse jedoch vor allem in den überschaubaren Verhältnissen kleiner Länder überwunden werden.

(5) Die Koordination zwischen staatlichen Instanzen und Gemeinden und der Gemeinden untereinander wird durch ihre ständige Begegnung im Planungsrat gefördert. Regionalplanung kann als gemeinsame Aufgabe der staatlichen Instanzen und der zur Region gehörenden Gemeinden lebendig werden, vor allem bei Übertragung gemeinsamer Verantwortung in der Modellvariante Kollegialbehörde.

Die behördeninterne Koordination der Landesverwaltung kann der Planungsrat nur wenig fördern; als Kollegialbehörde kann er in eine die Koordination sogar erschwerende Isolierung geraten, die durch personelle Verknüpfungen abzumildern wesentlich erscheint.

(6) Für Planbeobachtung und -fortschreibung gelten die oben (4) angestellten Erwägungen entsprechend.

(7) Planakzessorische Befugnisse können von der zuständigen staatlichen Instanz wahrgenommen werden. Die Anhörung des Beirates oder die Entscheidung durch die Kollegialbehörde könnten für viele dieser Befugnisse zu schwerfällig sein. In Betracht käme, durch Ausschußbildung auch die politischen Kräfte der Region an gewichtigen Entscheidungen zu beteiligen.

(8) Auf die Planverwirklichung kann der Planungsrat durch Ausspruch von Empfehlungen hinwirken.

Ausführungsaufgaben kann der auf Landesebene angesiedelte Planungsrat nicht übernehmen, weil die Aufgaben des Landes den jeweils zuständigen Landesbehörden, die der Gemeinden diesen vorbehalten sind. Eine Übertragung von Zuständigkeiten an den Planungsrat wäre mit einer grundlegenden Änderung der Zuständigkeiten verknüpft und ist daher als ein sehr schwerwiegender Eingriff in das Organisationsgefüge hier nicht weiter zu erwägen.

Anderes gilt für einen beim Bezirkshauptmann ressortierenden Planungsrat, da der Bezirkshauptmann Schaltstelle für bedeutsame Verwaltungsaufgaben ist[44].

Auf die Bereitschaft der Gemeinden, an der Verwirklichung der Pläne mitzuwir-

---

44 Zu den Grenzen der Verwertbarkeit dieser Modellvariante vgl oben (1).

ken, wirkt der Planungsrat in dem Maße ein, in dem die Gemeinde die im Planungsrat getroffenen Entscheidungen als eigene oder als im regionalen Interesse notwendige Entscheidungen verstehen kann. Die Modellvariante Kollegialbehörde in sachgerechter Ausgestaltung und mit integrierend wirkender praktischer Handhabung bietet hierfür Ansatzpunkte, besonders für kleine Länder mit ihren überschaubaren Verhältnissen.

(9) Zum regionalen Lastenausgleich zwischen den Gemeinden kann durch staatliche Behörden nur auf gesetzlicher Grundlage im Gesamtzusammenhang des Finanzausgleichs und der finanziellen Förderungsmaßnahmen beigetragen werden. Dies entzieht sich der Regelungskompetenz des Planungsrates.

6. Ausgewählte Rechtsprobleme regionaler Zusammenarbeit in Österreich

6.1. Zur Abgrenzung von örtlicher und überörtlicher Raumplanung

6.1.1. *Vorbemerkung*

Durch die Gemeindeverfassungsnovelle 1962 (BGBl 205) wurde in das ö B-VG der Begriff „örtliche Raumplanung" (Art 118 III Z 9) eingeführt und diese Aufgabe den Gemeinden zur Besorgung im eigenen Wirkungsbereich zugewiesen. Wie oben[1] dargestellt, haben die Landesgesetzgeber die Erstellung der örtlichen Raumordnungspläne — örtliches Raumordnungsprogramm, Flächenwidmungs- und Bebauungsplan — als Angelegenheit des eigenen Wirkungsbereiches ausgestaltet und **die Erstellung der Teilgebiets- und Regionalpläne** als überörtliche Raumplanung der Landesregierung übertragen.

Nach ö Gemeindeverfassungsrecht ist es dem einfachen Gesetzgeber verwehrt, den Umfang der Selbstverwaltungsaufgaben einzuschränken oder auszudehnen; mit der verfassungsrechtlichen Begründung einer Aufgabe des eigenen kommunalen Wirkungsbereiches ist die Konsequenz verbunden, daß nur die Gemeinde diese Aufgabe in eigener Verantwortung und frei von Weisungen zu führen hat und andere staatliche Körperschaften von ihrer Besorgung ausgeschlossen sind. Andererseits kann die Gemeinde auch nur diese von der Verfassung vorgesehenen Aufgaben als Angelegenheiten des eigenen Wirkungsbereiches wahrnehmen; eine Delegierung staatlicher Aufgaben darf nur in den übertragenen Wirkungsbereich erfolgen. Die Trennung der beiden Vollzugsbereiche ist eine absolute; eine bestimmte Angelegenheit kann daher entweder nur im eigenen oder nur im übertragenen Wirkungsbereich vollzogen werden[2]. Ein Planungsinstrument, das Elemente der Selbstverwaltung mit solchen der Staatsverwaltung verbinden wollte, wäre daher aus Gründen des Verfassungsrechts unzulässig.

Da die in diesem Gutachten zu erörternden Reformerwägungen — vom Fall einer Änderung des B-VG abgesehen — nur im vorgegebenen Rahmen der verfassungsrechtlichen Verteilung der Zuständigkeiten von Staat und Gemeinden verwirklicht werden können, ist die Abgrenzung von örtlicher und überörtlicher Planung durch das B-VG näher zu untersuchen. Konkret stellen sich folgende Fragen, die über das Maß der Dispositionsfreiheit des Landesgesetzgebers entscheiden:

(1) Ist der Flächenwidmungsplan tatsächlich und in jedem Fall eine Aufgabe des eigenen Wirkungsbereiches?
(2) Welchen Inhalt kann ein staatlicher Regional- oder Teilgebietsplan haben, ohne in den Bereich örtlicher Planung unzulässigerweise einzugreifen?
(3) Gehört der von einem Gemeindeverband nach Art 116 IV B-VG erstellte gemeinsame Flächenwidmungsplan der örtlichen oder überörtlichen Raumplanung an?
(4) Welchem Bereich wäre ein gemeinsamer kommunaler Rahmenplan eines Gemeindeverbandes zuzurechnen?

6.1.2. *Der Begriff „örtliche Raumplanung"*

Dem Verfassungstext kann kein Hinweis auf Inhalt und Umfang des Begriffs „örtliche Raumplanung" entnommen werden[3]. In den Erläuternden Bemerkungen

---

1 Vgl oben S 42 f.
2 VfSlg 6622/71.
3 Durch die Aufnahme dieses Begriffes in die demonstrative Aufzählung einzelner Verwaltungsaufgaben

zur Regierungsvorlage, wo es noch „örtliche Raumordnung" hieß, wird lediglich angemerkt, daß hier die auf den territorialen Bereich der Gemeinde beschränkte Raumordnung behandelt würde und dies keineswegs ausschließe, daß im übrigen die staatlichen Gesetze, die etwa Genehmigungen bei Maßnahmen der örtlichen Raumordnung anordnen, beachtet werden müßten. Dem Bericht des Verfassungsausschusses kann weiters entnommen werden, daß der Begriff den „Erkenntnissen der Wissenschaft entsprechend durch den Ausdruck ‚örtliche Raumplanung' ersetzt" wurde[4]. Dabei folgte der Ausschuß einer Anregung eines Memorandums der Österreichischen Gesellschaft zur Förderung von Landesforschung und Landesplanung[5]. Nach diesem Memorandum ist die örtliche Raumplanung „eine wichtige Aufgabe der gemeindlichen Selbstverwaltung"; sie legt „auf Grund abschätzbarer Bedürfnisse die angestrebte wirtschaftliche, soziale und kulturelle Entwicklung des Gemeindegebietes in Übereinstimmung mit dem übergemeindlichen Entwicklungsprogramm (Entwicklungsplan) fest. Instrumente der Gemeindeplanung sind der Flächenwidmungsplan und der Bebauungsplan"[6].

Die Orientierung am Willen des historischen Verfassungsgesetzgebers führt zu einem relativ präzisen Verständnis des in Frage stehenden Begriffs und der damit verbundenen Kompetenzen. Danach bildet das 1962 bestehende und dem damaligen Planungsverständnis entsprechende Instrumentarium der Gemeindeplanung — konkret also der Flächenwidmungsplan als Instrument der Bodennutzungsplanung — den Begriffskern der örtlichen Raumplanung[7].

Wenn der Flächenwidmungsplan zum Begriffskern der örtlichen Raumplanung rechnet, ist damit eine unwiderlegbare Vermutung zugunsten der kommunalen Selbstverwaltung aufgestellt. Die Zuordnung des Flächenwidmungsplanes zum eigenen Wirkungsbereich wurde bislang auch nie in Frage gestellt[8]; sofern die herrschende Rechtsprechung in Frage gestellt wird, ist vielmehr die Tendenz erkennbar, den Umfang des kommunalen Selbstverwaltungsrechts im Bereich der örtlichen Planung auszuweiten[9].

6.1.3. *Der Planungsspielraum der örtlichen Raumplanung*

Da die Gemeindeverfassungsnovelle 1962 nicht die tradierte Kompetenzverteilung zwischen Bund/Land und Gemeinden festschreibt, sondern das Recht der Selbstverwaltung nach dem Grundsatz der dynamischen Kompetenzverteilung zwischen Bund/Land und Gemeinde gewährleistet[10], ist mit der Zuordnung der Flächenwidmungsplanung zum Selbstverwaltungsrecht der Gemeinde nur ein formaler

---

in Art 118 III B-VG wird nach Rechtsprechung und Lehre eine unwiderlegliche Vermutung zugunsten des eigenen Wirkungsbereiches begründet; sofern allerdings die begrifflichen Grenzen der in Abs III aufgenommenen Tatbestände — vor allem durch die Beifügung „örtlich" — unscharf sind, ist die Generalklausel des Art 118 II B-VG anzuwenden; ausführlich zur Interpretation des Art 118 B-VG O b e r n d o r f e r, Gemeinderecht, 155 ff m Nachw der Lit u Rechtsprechung.

4 769 BlgNR 9. GP, 2.

5 Berichte zur Landesforschung und Landesplanung 62, 255 ff.

6 Bis zur Gemeindeverfassungsnovelle 1962 war der Erlaß von Regulierungsplänen (Verbauungsplänen) und von Flächenwidmungsplänen idR als Angelegenheit des selbständigen Wirkungsbereiches ausgestaltet, vereinzelt waren aber auch der Landesregierung Entscheidungsbefugnisse eingeräumt; auf die Einzelheiten der verschiedenen Regelungen der Länder vor 1962 braucht jedoch hier nicht eingegangen werden, da es anders als nach der Rechtslage nach dem ReichsgemeindeG 1862 nicht mehr auf einen „versteinerten" Wirkungsbereich ankommt, vgl dazu O b e r n d o r f e r, Gemeinderecht, 214 ff.

7 Vgl zur historischen Interpretation auch R i l l, Stellung der Gemeinden, 30 ff.

8 Vgl etwa U n k a r t, JBl 66, 298 (300); d e r s, Rechtsgrundlagen und Organisation der überörtlichen Raumplanung, in: Strukturanalyse des österreichischen Bundesgebietes, Bd 2 (1970) 815 (821); K o r i n e k, Verfassungsrechtliche Aspekte der Raumplanung (1971) 8; T i c h a t s c h e k, Raumordnung und Raumplanung (1973) 55; N e u h o f e r, Gemeinderecht, 216.

9 So beispielsweise A i c h h o r n, GdZ 70, 480 (482 f) zum Genehmigungsvorbehalt; O b e r n d o r f e r, Gemeinderecht, 218 ff, zu dem vom VfGH angenommenen überörtlichen Charakter der Entschädigungsfestsetzungen.

10 P e r n t h a l e r, Raumordnung, 240.

Ansatzpunkt für die nähere Bestimmung der Planungskompetenz der Gemeinde gewonnen: Ihr ist gewährleistet, mittels des Flächenwidmungsplans das Gemeindegebiet räumlich zu gliedern und Widmungsarten festzulegen.

Offen bleibt, ob die Raumplanungskompetenz der Gemeinde auf die tradierten Planungsgegenstände und -aufgaben der Flächenwidmungsplanung und des Bebauungsplans beschränkt ist. Offen ist aber auch, ob und in welchen Grenzen die staatlichen Planungsträger befugt sind, Planungsaufgaben, die traditionell — wenn überhaupt — von der Gemeinde wahrgenommen wurden, im Wege der staatlichen Planung wahrzunehmen.

Die erste Frage ist zu verneinen. Wie *Pernthaler*[11] dargelegt hat, erstreckt sich die Raumplanungskompetenz der Gemeinde auf die Planung zur Ordnung und Nutzung des Gemeinderaumes im Rahmen der gesamten Selbstverwaltung. Dem steht nicht entgegen, daß in der Mehrzahl der Länder die Gemeinden mangels eines Planungsinstruments die über die Regelungsgegenstände des Flächenwidmungsplanes hinausgehende Planung nur verwaltungsintern betreiben können. Jedenfalls könnte der Gesetzgeber weitere Planungsinstrumente für die Aufgabe der örtlichen Raumplanung einführen — wie zB das Entwicklungskonzept des § 21 st ROG —, muß dann aber ihren Vollzug der Gemeinde zur Wahrnehmung im eigenen Wirkungsbereich überlassen.

Die Frage nach der Abgrenzung von örtlicher und überörtlicher Raumordnung stellt vor Abgrenzungsprobleme, die im Rahmen dieser Untersuchung nicht abschließend erörtert werden können. Die Abgrenzungsschwierigkeiten haben ihre Ursache in der faktischen Verschränkung von staatlicher und gemeindlicher Planung, aber auch in der rechtlichen Problematik der Abgrenzung örtlicher und überörtlicher Angelegenheiten durch Art 118 II B-VG.

Staatliche und gemeindliche Raumplanung erfassen den gleichen Raum; die staatliche Planung ist im Ausbau begriffen. Staatliche Pläne können den Gemeinderaum unmittelbar, insbesondere durch Anordnung von Nutzungsbeschränkungen und spezifische Flächenwidmungen, in Anspruch nehmen. Sie können die gemeindliche Planung, insbesondere durch Bestimmung von Zielen und Festlegung von Versorgungsgraden, steuern. Sie können den gemeindlichen Entscheidungsspielraum schließlich faktisch, insbesondere durch Festlegung von Förderungswürdigkeiten, einengen[12].

Mit dem Ausbau des staatlichen Planungsinstrumentariums wird der staatliche Planungsträger mithin instand gesetzt, Planungsentscheidungen verbindlich festzulegen, die zuvor — wenn überhaupt — nur in den gemeindlichen Plänen einen förmlichen Niederschlag gefunden haben.

Verfassungsrechtlicher Maßstab für die nähere Bestimmung des Begriffs der örtlichen Raumplanung, die der Gemeinde als Angelegenheit des eigenen Wirkungsbereichs vorbehalten bleibt, ist die Generalklausel des Art 118 II B-VG[13]. Danach ist maßgeblich, ob eine Angelegenheit — hier die Raumplanung — im ausschließlichen oder überwiegenden Interesse der in der Gemeinde verkörperten örtlichen Gemeinschaft gelegen ist und ob sie geeignet ist, durch die Gemeinschaft innerhalb ihrer örtlichen Grenzen besorgt zu werden.

Kritische Analyse der Generalklausel des Art 118 II B-VG zeigt, daß die Merkmale des überwiegenden Interesses und der Geeignetheit nur begrenzt behilflich sind. Beide Merkmale nämlich sind weder auf die jeweils konkrete Gemeinde noch auf bestimmte Typen von Gemeinden bezogen, sondern auf den Idealtypus der „Ein-

11 Raumordnung, 258.
12 Vgl dazu ausführlich die kritische Analyse bei Ö Institut f Raumplanung, Planungsspielraum, 7 ff.
13 VwSlg 7210 A/67; VfSlg 5807/68 allgemein zum Zusammenhang von Abs II u Abs III des Art 118 B-VG; zur örtlichen Raumplanung vgl etwa VfSlg 5823/68, 6060/69, 6088/69.

heitsgemeinde'[14], deren überwiegendes Interesse und deren Geeignetheit selbst wieder nur durch Interpretation zu ermitteln ist. Damit mündet, wie *Oberndorfer*[15] hervorhebt, die Bestimmung des eigenen Wirkungsbereichs der Gemeinde anhand des Interessekriteriums in eine für die einzelnen Verwaltungsangelegenheiten vorzunehmende Interessenabwägung.

Eine solche Abwägung mit dem Ziel, die Planungskompetenzen von Gemeinde und Land gegeneinander abzugrenzen, kann nicht von der Frage ausgehen, ob die Angelegenheit nach ihrer Raumbeanspruchung oder Raumbedeutung über das Gemeindegebiet hinausragt und für die Ordung des größeren Raumes bedeutsam ist. Denn nach Art 119a VIII B-VG ist selbst eine Berührung von überörtlichen Interessen „in besonderem Maße" lediglich Rechtfertigungsgrund, ihre Wahrnehmung einer Genehmigungspflicht zu unterwerfen, nicht aber ihre Zuordnung zum eigenen Wirkungsbereich in Frage zu stellen[16].

Ein überragendes Interesse im Sinne des Art 118 II B-VG ist indiziert, wenn die Angelegenheit eine besondere Bezogenheit zum Gemeinderaum hat. Wegen der konkurrierenden Planungszuständigkeiten des Landes und des Bundes über den gleichen Raum folgt eine solche Bezogenheit jedoch nicht bereits aus der Bezogenheit des Planungsgegenstandes zum Gemeindegebiet. Hinzutreten muß — neben der Planungsgeeignetheit — eine besondere Bezogenheit der Planungsaufgabe auf den gemeindlichen Raum. Diese ist indiziert, wenn die Planung primär bezweckt, die räumlichen Lebensbedingungen der örtlichen Gemeinschaft zu ordnen und/oder zu entwickeln. Die Planungsaufgabe ist dem eigenen Wirkungsbereich der Gemeinde zuzurechnen, es sei denn, sie berührt infolge ihres Raumanspruchs oder ihrer Raumbedeutung in einem die Voraussetzung des Art 119a VIII B-VG übersteigenden Umfang überörtliche Interessen. Andererseits indiziert der Planungszweck, die räumlichen Lebensverhältnisse des größeren Raumes zu ordnen und/oder zu entwickeln die Überörtlichkeit und damit Staatlichkeit einer Planung.

Die Abwägung hat ferner zu berücksichtigen, daß die Verfassung zwar den Kreis der örtlichen Angelegenheiten umschreibt, aber offenläßt und offenlassen muß, was denn überörtliche Interessen sind. Im Rechtsstaat ist es Aufgabe des Gesetzgebers und auf Grund der Gesetze auch des Verordnungsgebers zu bestimmen, welche Interessen von Belang sein sollen und wie sie zu verwirklichen sind. Da gemeindliche Planung sich immer nur im Rahmen der Gesetze und Verordnungen des Bundes und des Landes entfalten kann (Art 118 IV B-VG), bestimmen Umfang und Art der rechtlichen Ausformung öffentlicher Interessen in wesentlichem Ausmaße den Planungsspielraum der Gemeinde mit. Das Aufgreifen eines öffentlichen Interesses — zB im Bereich der Landschaftspflege oder des Umweltschutzes — durch Gesetz oder Verordnung wird in der Regel den Planungsspielraum der Gemeinde räumlich, gegenständlich und/oder funktional einengen und sogar partiell der Planungszuständigkeit der Gemeinde entziehen. Durch Ausgestaltung des Verwaltungsverfahrens kann aber auch die Wahrung des überörtlichen Interesses gesichert und der Gemeinde zugleich die Wahrung spezifisch örtlicher Interessen ermöglicht werden — so in iterativen Planungsprozessen, die der staatlichen Planung die Standortsicherung, der Gemeinde die Flächenwidmungsplanung für eine öffentliche Einrichtung zuweisen oder in Verfahren, die den überörtlichen Einfluß in abgesonderten Verwaltungshandlungen staatlicher Behörden sicherstellen[17].

---

14 VfSlg 5409/66, 5647/67; O b e r n d o r f e r, Gemeinderecht, 203 ff; P e r n t h a l e r, Raumordnung, 239 f.
15 Gemeinderecht, 194.
16 Vgl VfSlg 5823/68; 6060/69; vgl auch VwSlg 7210 A/67; 7348 A/68.
17 Vgl O b e r n d o r f e r, Gemeinderecht, 195 f.

6.1.4. Der Planungsspielraum der überörtlichen Raumplanung

Die Befugnis von Bund und Ländern, Interessen zu artikulieren und Verfahren zu ihrer Verwirklichung zu schaffen, begrenzt das B-VG in mannigfacher Weise, insbesondere durch die Kompetenzverteilungsregelungen zwischen Bund und Ländern und die Grundrechte. Auch im Hinblick auf die Raumplanungskompetenz der Gemeinden sind dem Gesetzgeber bei der Ausformung des Rechts der staatlichen Raumordnung und der Exekutive bei der Erstellung überörtlicher Pläne Schranken gezogen.

Die Planungsgesetze der Länder haben sich weitgehend der Aufgabe entzogen, den möglichen Inhalt der überörtlichen Raumordnungsprogramme zu normieren, ganz im Gegensatz zur eingehenden und detaillierten Regelung der Festsetzungen in örtlichen Raumordnungsplänen[18]. Nach der Literatur[19] dürfen die Programme und Pläne des Landes nur Grundsätze oder Grundzüge der Flächennutzung enthalten, da die verbindliche und parzellenscharfe Planung den Gemeinden vorbehalten ist. Zwar wird eingeräumt, daß die Grundsätze (Grundzüge) konkreter Natur sein und unmittelbar auf das Gebiet des Planungsraumes Bezug nehmen dürften. Verwehrt sei der Landesplanung jedoch, durch zu detaillierte Festlegungen in den garantierten eigenen Wirkungsbereich der Gemeinden einzubrechen: „Festlegungen, die im Bereich der örtlichen Raumplanung, also vor allem im Flächenwidmungsplan, vorzunehmen sind, dürfen im Entwicklungsprogramm also nicht vorweggenommen werden."[20]

Die formalen Abgrenzungskriterien — Parzellenschärfe und unmittelbare Verbindlichkeit der Festsetzungen des Flächenwidmungsplans, Grundsatzcharakter des Regionalplans — entsprechen der verfassungsrechtlich vorgezeichneten Zuständigkeitsverteilung. Sie bedürfen jedoch der Ergänzung durch materielle Kriterien, schon weil die formellen Kriterien einseitig auf die Abschichtung verschiedener Ebenen der Nutzungsplanung abheben, bei einem Ausbau des Planungsinstrumentariums zur Entwicklungsplanung daher versagen müssen[21].

Die zulässige Reichweite von Festsetzungen in staatlichen Regionalplänen wird durch die damit verbundenen überörtlichen Interessen bestimmt; soweit diese überwiegen, kann der Regionalplan in verfassungsrechtlich zulässiger Weise den Planungsspielraum der Gemeinde beschränken. Überörtliche Planung strebt die Gestaltung eines größeren Raumes an, sie leitet ihre Randbedingungen und ihre Voraussetzungen aus den sozio-ökonomischen Konstellationen der größeren Raumeinheit ab, hat die Interessen und Lebensumstände einer größeren Gemeinschaft dem Abwägungsprozeß zugrunde zu legen und entwickelt Ziele mit der Absicht, regionales oder Landesinteresse zu fördern. Das „überörtliche Interesse" darf dabei aber nicht als eine schon a priori vorgegebene und einheitliche Interessenlage verstanden werden, der Begriff setzt sich vielmehr aus einem Bündel von komplexen Bedingungen zusammen, die Raum, beteiligte Interessen, Planungssubjekt und Planungsobjekt, Motive, Ziele und angestrebten Endzustand gleichermaßen umfassen. Auch die örtlichen Interessen der Gemeinden gehen in

---

18 Vgl Zusammenstellung bei Ö Institut f Raumplanung, Planungsspielraum, 15; das in dieser Zusammenstellung noch nicht enthaltene st ROG präzisiert als erstes ö ROG den Inhalt der überörtlichen Programme.
19 Vgl etwa U n k a r t, Rechtsgrundlagen, aaO, 818; Ö Institut f Raumplanung, Planungsspielraum, 45; R i l l, Stellung der Gemeinden, 34.
20 U n k a r t, Rechtsgrundlagen, aaO, 818; ähnlich K r z i z e k, der für das Verhältnis Regionalplanung — Ortsplanung die Grundsätze angewendet wissen möchte, die der VfGH für das Verhältnis Grundsatzgesetzgebung zur Ausführungsgesetzgebung in den Angelegenheiten des Art 12 B-VG entwickelt hat; vgl dazu zB VfSlg 3340/58; K r z i z e k, System des Österreichischen Baurechts Bd 1 (1972) 230.
21 Daß das Abgrenzungsproblem auch in der Praxis noch nicht hinreichend gelöst ist, zeigen nicht nur manche der bereits verbindlich erklärten Pläne; auch von Planungsfachleuten wird auf das Theoriedefizit hinsichtlich der zulässigen Reichweite regionaler Ziele hingewiesen; vgl auch Ö Institut f Raumplanung, Planungsspielraum, 45: „Klärung werden hier wohl erst Höchstgerichtsurteile nach ersten Streitfällen bringen."

diesen Bedingungszusammenhang als eines der zu berücksichtigenden Elemente ein.

Unter dem Aspekt der Ortsplanung ist hingegen das örtliche Interesse Motiv und Ziel dieser Planung. Daher ist eine bloße Addition einzelner örtlicher Interessen, aber auch eine durch Abstimmung der einzelnen örtlichen Interessen im interkommunalen Entscheidungsprozeß erstellte Planung noch keine Artikulation eines überörtlichen Interesses[22].

Die regionalen Interessen bedürfen, um effektiv zu werden, in der Regel der Umsetzung in verbindliche und konkrete Festsetzungen. Instrument dieser Umsetzung ist der Regionalplan mit seiner die Flächenwidmungsplanung bindenden Wirkung.

Zulässig sind jedoch nur solche Festsetzungen, die zur Durchsetzung des überörtlichen Interesses notwendig und erforderlich sind. Die Beschränkung der überörtlichen Planung durch den Maßstab der Erforderlichkeit verschränkt elastisch, den jeweiligen Voraussetzungen und Gegebenheiten der konkreten Interessenlage angepaßt, die kommunale und die staatliche Planungsverantwortlichkeit. Der Erforderlichkeitsgrundsatz wahrt das berechtigte Interesse der Gemeinde an einem eigenverantwortlichen Entscheidungsspielraum im Rahmen vorgegebener überörtlicher Zielsetzungen[23].

Um im Einzelfall beurteilen zu können, ob die mit einer regionalplanerischen Festsetzung — also etwa einer konkreten Nutzungsbeschränkung — angestrebten Ziele der Sphäre der überörtlichen Interessen angehören, wird der Begründung von Regionalprogrammen größere Bedeutung zuzumessen sein. Der bloßen Festsetzung im Text oder Plan kann für sich genommen noch nicht entnommen werden, ob diese Maßnahme in ihrem Gesamtzusammenhang eine Einbindung örtlicher Interessen in ein größeres Ganzes anstrebt oder autonome Planungsentscheidungen der Gemeinde vorwegnimmt[24].

Darüber hinaus ist noch zu fragen, ob nicht unter bestimmten Voraussetzungen eine Regionalplanung auch unmittelbar verbindliche und parzellenscharfe Nutzungsfestlegungen selbst vornehmen darf, die einer Umsetzung durch die kommunale Flächenwidmungsplanung nicht mehr bedürfen[25]. Auch dabei kann an die Ausführungen zur Erforderlichkeit von Planungsmaßnahmen angeknüpft werden. Die Beschränkung des staatlichen Regional- und Landesplans auf Grundzüge wird soweit der verfassungsrechtlichen Aufgabenaufteilung entsprechen, als die Festlegung von Grundzügen, in deren Rahmen sich das gemeindliche Interesse an der Nutzung des Gemeinderaumes entfalten kann, überhaupt geeignet ist, den Landes- und Regionalinteressen zum Durchbruch zu verhelfen. Dagegen scheint der absolute Verzicht auf verbindliche und konkrete Festlegung von Flächen-

---

22 Vgl dazu unten S 214 ff.

23 Er verhindert andererseits aber auch nicht die erforderliche Präzisierung der überörtlichen Festsetzungen, die ebenfalls im Interesse der Gemeinde liegt; zu den Nachteilen für die Gemeinden durch vage überörtliche Planungen vgl Ö Institut f Raumplanung, Planungsspielraum, 45.

24 Die Einbindung der Gemeinde in die Raumstruktur durch Funktionszuteilung oder Bestimmung des Zentralitätsgrades gilt zB als genuines und berechtigtes Ziel einer überörtlichen Raumordnung. Wird die eine Gemeinde auf Eigenentwicklung beschränkt, oder hat eine andere etwa als Auspendlergemeinde Funktionen einer Wohngemeinde zu übernehmen, können die Grundsätze für die Flächenwidmungsplanung Festsetzungen über das Ausmaß der auszuweisenden Wohnfläche enthalten; im übrigen obliegt es autonomer kommunaler Planungsverantwortlichkeit, Standort, Art und Dichte der Bebauung durch geeignete Ausweisungen sicherzustellen. Das überörtliche Interesse kann jedoch die Aufnahme zusätzlicher Komponenten in den Regionalplan erforderlich machen, etwa dann, wenn im Umland einer größeren Agglomeration eine achsenförmige Verdichtung von Wohngebieten im Verlauf überörtlicher Verkehrsverbindungen angestrebt wird; dann erscheint es notwendig und zulässig, Planungsermessen der Gemeinde durch Beschränkung der Ausweisung auf bestimmte Flächen zu konsumieren.

25 Die unmittelbar den einzelnen bindende Wirkung überörtlicher Pläne wurde auch schon bisher für zulässig angesehen; vgl etwa § 6 I sa ROG u G u t k n e c h t / K o r i n e k, Umweltschutz durch Raumplanung, Wohnbauforschung in Österreich 74, 81 (88).

nutzungen durch staatliche Planungsinstanzen nicht von Verfassungs wegen geboten zu sein. Die Rechtsordnung anerkennt in vielen Fällen ein überwiegendes überörtliches Interesse in bestimmten Verwaltungsmaterien, das zur unmittelbaren Festlegung von Nutzungen und Nutzungsbeschränkungen im Gemeindegebiet durch Fachplanungen führt[26].

Daher erscheint es nicht ausgeschlossen, daß ein Landesplanungsgesetz die Regionalplanungsbehörde ermächtigt, im regionalen Entwicklungsprogramm zur Verwirklichung raumplanerischer Ziele, an denen überörtliche Interessen überwiegen, verbindliche und parzellenscharfe Widmungen festzulegen. In der Interessenabwägung zwischen örtlichen und überörtlichen Interessen wären jene überörtlichen Interessen als überwiegend anzusehen, deren effektive Verwirklichung durch das ansonsten die bestehende Aufgabenverteilung prägende Zusammenspiel von überörtlicher und örtlicher Raumplanung nicht mehr gewährleistet wäre. Dies gilt vor allem dann, wenn weitere Konkretisierungen durch die Gemeinde, von dem angestrebten Ziel her gesehen, den regionalen überörtlichen Interessen nicht mehr gerecht werden könnten.

Wenn, wie hier darzustellen versucht wurde, die Abgrenzung von örtlicher und überörtlicher Raumplanung nicht als ein System starrer Zuständigkeitsverteilung zu verstehen ist, sondern ein Reagieren auf die jeweils unterschiedlichen Bedingungen und Interessen erlauben soll, ist dem Gesetzgeber eine nicht einfache Aufgabe aufgegeben.

Nach der Rechtsprechung[27] entspricht die Aufgliederung einer einzelnen Verwaltungsmaterie dergestalt, daß für ein und dieselbe Verwaltungsmaßnahme im jeweiligen Einzelfall einmal die örtlichen Interessen, ein andermal die überörtlichen Interessen entsprechend den „in Betracht kommenden Entscheidungsmotiven" überwiegen, nicht den Anforderungen der Verfassung. „Die Zuweisung in den eigenen Wirkungsbereich muß einen allgemein faßbaren Inhalt haben."

Das verfassungsrechtliche Gebot definitiv abgegrenzter Zuständigkeitsbereiche verwehrt nicht, die Regionalplanungskompetenz durch das Erforderlichkeitsprinzip zu beschränken. Denn formal bleiben die Aufgaben des Landes zur Erstellung des Regionalplans und der Gemeinde zur Erstellung des Flächenwidmungsplans und anderer örtlicher Pläne geschieden, auch wenn nach der Sache eine bestimmte Angelegenheit in einem Falle vom Regionalplan, im anderen Falle von dem örtlichen Plan erfaßt wird.

Geboten ist jedoch, daß das Planungsgesetz des Landes selbst die Abgrenzung von kommunalem und überörtlichem Plan und deren zulässigen Inhalt festlegt[28]. Unzulässig wäre ein bloßer Hinweis auf die jeweils mit der konkreten Maßnahme verfolgten Interessen − also etwa die überörtlichen Interessen beim Regionalplan −, weil damit eine Abgrenzung zum eigenen Wirkungsbereich nicht in der von der Verfassung vorgesehenen Form erfolgen würde; dem Gesetzgeber und nicht der im Einzelfall zuständigen Verwaltungsbehörde ist es aufgegeben, örtliche und überörtliche Interessen abzugrenzen[29]. Sowohl dem Bedürfnis nach elastischer Handhabung des Instrumentariums überörtlicher Planung als auch dem Verfassungsgebot nach allgemein gültiger Umschreibung der Wirkungsbereiche würde es jedoch entsprechen, den möglichen Inhalt des Regionalplans möglichst präzise festzulegen[30], und gleichzeitig durch die Bindung an einen unbestimmten

---

26 Festlegung von Landschaftsschutz- und Naturschutzgebieten durch die Landesbehörde, von Wasserschutzgebieten durch die Wasserrechtsbehörde.

27 VwSlg 7348 A/68, VfSlg 5409/66.

28 Für den Bereich der Ortsplanung erfüllen die LandesG bereits jetzt diese Forderung, für die überörtlichen Pläne fehlen meist nähere Angaben, vgl oben S 42.

29 Zu dem verfassungsrechtlichen Maßstab der Abgrenzung vgl oben S 210.

30 Vgl etwa § 10 st ROG.

Gesetzesbegriff wie „Erforderlichkeit" einen variablen Randbereich sicherzustellen.

6.1.5. *Der gemeinsame Flächenwidmungsplan*

Die Erstellung eines gemeinsamen, das Gebiet mehrerer Gemeinden umfassenden Flächenwidmungsplans und seine Inkraftsetzung durch einen einheitlichen Beschlußakt kann nach ö Gemeindeverfassungsrecht einem Gemeindeverband nach Art 116 IV B-VG übertragen werden[31]. Die Zulässigkeit gemeinsamer Flächenwidmungsplanung wurde — soweit ersichtlich — bislang nicht in Frage gestellt[32]; eine vertiefte Behandlung der damit verbundenen Probleme steht allerdings noch aus.

Die besondere verfassungsrechtliche Problematik dieses Planungsinstruments liegt in der damit zwangsläufig verbundenen und auch angestrebten Erstreckung über den Bereich einer Gemeinde hinaus. Dies widerspricht der geläufigen Beschränkung der örtlichen Raumplanung auf den Raum einer Gemeinde und rückt den Verbandsplan in die Nähe der überörtlichen Regionalplanung, die nach der verfassungsrechtlichen Zuständigkeitsverteilung dem eigenen Wirkungsbereich der Gemeinden entzogen ist.

Da die Rechtsprechung bei der Abgrenzung des eigenen Wirkungsbereiches aus dem Eignungstatbestand des Art 118 II B-VG ein territoriales Moment abgeleitet und in den Prüfungsvorgang eingebracht hat, bedarf diese Frage näherer Untersuchung.

Die notwendige Eignung, eine Angelegenheit innerhalb ihrer örtlichen Grenzen zu besorgen, ist nach Ansicht des VwGH[33] dann nicht gegeben, „wenn die erforderlichen Maßnahmen für das Gemeindegebiet nicht mit Erfolg getroffen werden können, weil wirksame Maßnahmen über das Gemeindegebiet hinausgreifen müßten". Diese enge Interpretation des Eignungskriteriums geht unter den Bedingungen kommunaler Aufgabenerfüllung in der Gegenwart am Sinn der kommunalen Selbstverwaltung vorbei; sie ist auch nicht unwidersprochen geblieben[34]. Sie würde im Effekt zu einer weitgehenden Entleerung des eigenen Wirkungsbereiches führen und auch Aufgaben betreffen, die unzweifelhaft der kommunalen Verantwortung unterliegen. Eine inselartige Vorstellung vom Gemeinderaum verkennt zudem die zunehmenden sozialen und wirtschaftlichen Interdependenzen zwischen benachbarten Gemeinden.

Planvolle Gestaltung des Gemeinderaums durch Ordnung der Flächennutzung rechnet wegen der besonderen örtlichen Interessen zum eigenen Wirkungsbereich; bei der Wahrnehmung dieser Aufgabe sind — soll sie nicht in vielen Fällen ineffektiv bleiben — die Verflechtungsbeziehungen im zwischengemeindlichen Raum zu berücksichtigen[35].

Grenzüberschreitende Aufgaben, etwa die Planung einer Gemeindestraße, einer Großkläranlage, Erholungs- oder Kultureinrichtungen und Fremdenverkehrsinfrastruktur in interkommunaler Verantwortung sind ihrer Natur nach Aufgaben, die zwar ein gemeinsames Vorgehen mehrerer Gemeinden verlangen, trotzdem vorrangig örtliche Interessen betreffen. Sie sind auch nicht der Gemeinde durch den Ausbau des Planungsrechts neu zugewachsen, sie können aber unter den Bedin-

---

31 Davon zu unterscheiden sind die von VerwGem oder privat-rechtlichen Rechtsträgern erstellten Planungsentwürfe; die hoheitliche Beschlußfassung bleibt hier der einzelnen Gemeinde vorbehalten.
32 O b e r n d o r f e r, Gemeinderecht, 284; W i t t m a n n, ÖZW 75, 12 (19 f); Ö Institut f Raumplanung, Planungsspielraum, 3 f.
33 VwSlg 7348 A/68; vgl auch VwSlg 7161 A/67.
34 O b e r n d o r f e r, Gemeinderecht, 210 f; W i t t m a n n, ÖZW 75, 12 (19 FN 49).
35 Dies bringen die PlanungsG auch explizit zum Ausdruck, vgl oben S 47.

gungen der Gegenwart gemeinsame Planung erfordern, sollen sie rationell wahrgenommen werden.

Zutreffend ist daher auch der VfGH in einem Erkenntnis zum eigenen Wirkungsbereich der Gemeinden im Straßenrecht[36] von der rigorosen Beschränkung auf das eigene Gemeindegebiet durch das oben genannte Erkenntnis des VwGH abgerückt. Unter „Verkehrsflächen der Gemeinde" im Sinne des Art 118 III Z 4 B-VG könnten „nicht nur Straßen und Wege fallen, die ‚Sackgassen' innerhalb des Gemeindegebietes sind. Es fallen auch Straßen und Wege darunter, die zur Gemeindegrenze führen und jenseits derselben eine unmittelbare Fortsetzung haben". Der lokale Verkehr, der nach der teleologischen Interpretation des VfGH dem Begriff Verkehrsflächen der Gemeinden wesentlich ist, „muß nicht auf das Gemeindegebiet beschränkt sein. Er bleibt, auch wenn er über die Gemeindegrenze führt, ein Lokalverkehr, wenn er überwiegend den Interessen der einzelnen Gemeinden — nicht überwiegend übergeordneten Interessen — dient".

Daraus geht hervor, daß auch zusammengefaßte Gemeindeinteressen noch örtliche Interessen im Sinne der Verfassung sein können. Ein systematischer Hinweis stützt noch diese Auffassung. Die Verfassung trifft im Art 116 IV B-VG Vorsorge, daß für einzelne Zwecke die Bildung von Gemeindeverbänden vorgesehen werden kann. Dies wäre sinnlos, würde örtliches Interesse und Bezogenheit auf den Gemeinderaum im engsten Sinn gedeutet werden[37].

Örtliche und überörtliche Raumplanung unterscheiden sich daher auch im Fall gemeinsamer Flächenwidmungsplanung grundsätzlich nicht durch die unterschiedliche territoriale Bezogenheit der jeweiligen Planungsmaßnahme, sondern durch die je verschiedene Qualität der in ihr zum Ausdruck gelangenden Interessen[38].

Zwar ist zuzugeben, daß im Einzelfall die Abgrenzung zwischen zusammengefaßten, aber noch genuin örtlichen Interessen und einem Regionalinteresse problematisch sein kann, da mit der verbandsförmigen Organisation eines mehrere Gemeinden umfassenden größeren Raumes überörtliche Problemsicht erwartet und auch erzielt werden kann. Da die Verfassung jedoch von einer für die jeweilige Zuständigkeitsverteilung erheblichen Unterscheidung von örtlicher und überörtlicher Raumplanung ausgeht, sind Anhaltspunkte aufzuzeigen[39].

Gewichtiges Indiz für das Vorliegen zusammengefaßter örtlicher Interessen und damit auch Zulässigkeitsvoraussetzung gemeinsamer Flächenwidmungsplanung sind zwischengemeindliche Verflechtungsbeziehungen als Anstoß oder Ziel der Planung. Dies muß nicht bedeuten, daß angrenzende Gemeinden bereits zu einem faktisch einheitlichen Siedlungsraum zusammengewachsen sein müssen; auch vorhandene oder anzustrebende bauliche oder funktionale Verflechtungen begründen gemeinsame kommunale Verantwortlichkeit. In einer derartigen sozioräumlichen Struktur kann der gemeinsame Flächenwidmungsplan Ausdruck der zusammengefaßten örtlichen Interessen an einer Ordnung und Entwicklung des Verbandsgebietes und der Einbringung in die umfassenden kommunalen Aufgabenbereiche sein. Er grenzt sich vom überörtlichen Regionalplan durch den Ursprung von Aufgaben und Regelungsbereichen in der gemeindlichen Interessensphäre ab, die durch die räumliche Erstreckung des Planungsgebietes in ihrem Wesen nicht verändert werden.

---

36 VfSlg 6208/69.
37 O b e r n d o r f e r , Gemeinderecht, 211.
38 s oben S 210.
39 Wenn W i t t m a n n , ÖZW 75, 12 (19) annimmt, durch die Erstellung eines das Verbandsgebiet umgreifenden (örtlichen) Raumplanes werde Gemeinden eine R e g i o n a l p l a n u n g ermöglicht, ist zumindest die Terminologie irreführend, da die Lit und auch die PlanungsG der Länder Regionalplanung als Bestandteil der staatlichen, überörtlichen Planung verstehen.

Problematischer erscheint hingegen ein gemeinsamer Flächenwidmungsplan mehrerer Gemeinden, die — bloß topographisch benachbart — keine oder geringe gemeinsame Berührungspunkte aufweisen. Wenn der Verbandsplan mehr als eine durch gemeinsamen Beschluß rechtlich zusammengefaßte Summe von Einzelplänen sein soll, ist sowohl eine Beeinträchtigung der kommunalen Planungshoheit als auch der überörtlichen Verantwortlichkeit zu besorgen. Die Ordnung der Siedlungsentwicklung als primäres Anliegen der Flächenwidmungsplanung berührt beim Fehlen von Verflechtungsbeziehungen nur die Interessen der konkret betroffenen einzelnen Gemeinde; wenn übergemeindliche Einflüsse auf die Nutzungsordnung geboten sind, gehören diese bereits dem überörtlichen regionalen Interesse an. So ist etwa die Entscheidung über unterschiedliche räumliche Funktionen einzelner, voneinander isolierter Gemeinden nicht mehr der Entscheidung durch einen gemeinsamen Flächenwidmungsplan zugängig, sondern Vorbehaltsgut der überörtlichen Raumplanung. In Ermangelung eines verfassungsrechtlich zulässigen, gemeinsamen örtlichen Interessen entstammenden Entscheidungsbereiches wird für derartige Gemeinden eine gemeinsame Flächenwidmungsplanung auszuschließen sein[40].

Zu erwägen ist, ob nicht ausnahmsweise dann ein gemeinsamer Flächenwidmungsplan zur Ordnung auch dieser Räume erstellt und faktisch regionale Ziele formuliert werden dürfen, wenn eine staatliche Regionalplanung fehlt oder nur vage Grundsätze vorgibt. Folgt man der oben dargelegten Auffassung zur Abhängigkeit des gemeindlichen Planungsspielraums von der Normierung überörtlicher Interessen, wird dies im Grundsätzlichen zu bejahen sein. Werden die überörtlichen Interessen nicht in der gesetzlich vorgesehenen rechtsförmlichen Weise ausgeformt oder nur in groben Zügen zur Darstellung gebracht, erweitert sich als Folge dieser Zurückhaltung der Spielraum kommunaler Planung. Wenn in einer solchen Situation es der einzelnen Gemeinde freisteht, diesen Spielraum auszuschöpfen, dann ist es auch zulässig, daß die Gemeinden, in einem Verband zusammengeschlossen, gemeinsame Entscheidungen treffen — vorausgesetzt, sie bedienen sich des ihnen zustehenden Instrumentariums und vorbehaltlich fortdauernden Freibleibens dieses Spielraums.

Die Zulässigkeit gemeinsamer Flächenwidmungsplanung durch einen Gemeindeverband wird schließlich dann nicht mehr gegeben sein, wenn wegen der Vielzahl der beteiligten Gemeinden der Einfluß der einzelnen Mitgliedsgemeinde so weit reduziert werden würde, daß der in Art 116 IV B-VG geforderte „maßgebliche Einfluß" nicht mehr gewährleistet wäre.

6.1.6. Der gemeinsame kommunale Rahmenplan

Als ein in die ö Rechtsordnung neu einzuführendes Planungsinstrument wird bei den Empfehlungen des Gutachtens zur Organisation subregionaler Räume eine gemeinsame kommunale Konzeptplanung, ihre Eignung für die Lösung der Probleme dieser Räume und die notwendigen organisatorischen Vorkehrungen diskutiert[41]. Hier ist die rechtliche Zulässigkeit und die Einordnung des Rahmenplans, der den Kern der Konzeptplanung ausmacht, in das Spannungsfeld von örtlicher und überörtlicher Raumplanung zu erörtern.

Der gemeinsame Rahmenplan könnte aus den schon in einzelnen ö Planungsgesetzen vorgesehenen örtlichen Raumordnungsprogrammen für die einzelne Gemeinde[42] heraus entwickelt, inhaltlich weiter ausgebaut und auf die inter-

---

40 Anderes kann allerdings für andere Formen von Verbandsplänen — etwa gemeinsame Rahmenpläne — gelten, vgl dazu im folgenden.
41 Vgl unten S 260 f.
42 Vgl dazu oben S 42 f.

kommunale Ebene gehoben werden. Mögliche Gegenstände einer kommunalen Rahmenplanung könnten sein:
— Festlegung von gemeinsamen Zielen für die Ordnung und Entwicklung der Gemeinden des Verbandsgebietes,
— Richtlinien für die Flächennutzung in den verbandsangehörigen Gemeinden, soweit erforderlich, auch Standort- und Flächenausweisungen, die durch den in einzelgemeindlicher Verantwortung erstellten Flächenwidmungsplan zu konkretisieren wären,
— Aufgaben- und Finanzplanung hinsichtlich bestimmter oder aller gemeinsamen kommunalen Entwicklungsaufgaben.
Den Festsetzungen des Rahmenplans wäre gegenüber den beteiligten Gemeinden verbindliche Wirkung zuzuerkennen, die sich sowohl auf das hoheitliche als auch auf das privat-rechtliche Handeln der einzelnen Gemeinde beziehen sollte. In den Bedingungszusammenhang von überörtlicher und örtlicher Planung könnte dieses Instrument durch Bindung an überörtliche Pläne und einen Genehmigungsvorbehalt zugunsten des Landes eingebaut werden. Für seine Erstellung kommt ein öffentlich-rechtlicher Gemeindeverband in Betracht.
Wie beim gemeinsamen Flächenwidmungsplan reichen die zulässigen Festsetzungen eines im eigenen Wirkungsbereich zu erstellenden gemeinsamen (örtlichen) Rahmenplans nur soweit, als nicht überwiegend überörtliche Angelegenheiten der staatlichen Verantwortung entzogen werden. Insoweit kann auf die Ausführungen zur Planungskompetenz der Gemeinde und die zusammengefaßten, aber noch örtlichen Interessen verwiesen werden.
Die Formulierung von gemeinsamen Zielen und Grundsätzen zur Ordnung und Gestaltung der Gemeinden des Verbandsgebietes ist — weil im überwiegenden Interesse auch jeder einzelnen Gemeinde — zulässig; die Bindung des Rahmenplans an verbindliche Pläne des Landes wird jedoch das Planungsermessen des Verbandes durch Zielvorgabe und Zielausschluß beschränken.
Wird dem Plan die Aufgabe zugewiesen, Richtlinien für die Flächenwidmungsplanung aufzustellen, tritt er in eine mögliche Konkurrenz zum Regionalplan, der ebenfalls Grundsätze und Richtlinien für die kommunale Nutzungsplanung aufzustellen hat. Die Zulässigkeit der Aufstellung von Richtlinien durch kommunale Rahmenplanung im eigenen Wirkungsbereich eines Verbandes kann jedoch nicht bestritten werden: Wenn die Entwicklung eines gemeinsamen Flächenwidmungsplans für mehrere Gemeinden zulässig ist, muß umso eher angenommen werden, daß Grundzüge dieser Planung, die nicht ein Mehr, sondern nur ein Weniger enthalten können, ebenfalls grundsätzlich einer Beschlußfassung durch einen Gemeindeverband in dessen eigenem Wirkungsbereich zugänglich sind. Anders aber als beim gemeinsamen Flächenwidmungsplan wird beim Flächenwidmungs-Rahmenplan eine enge Verflechtungsbeziehung als Zulässigkeitsvoraussetzung nicht mehr zu fordern sein. Denn das gemeinsame örtliche Interesse an einer Rahmenregelung kann auch bei Gemeinden vorliegen, deren Siedlungsstruktur zwar getrennt ist, die aber durch die Lage in einem als Einheit erkennbaren und empfundenen Raum, durch gleiche oder korrespondierende wirtschaftliche Probleme oder gemeinsame Entwicklungsbemühungen auf zwischenkommunalen Interessenausgleich angewiesen sind.
Die Abgrenzung zum staatlichen und überörtlichen Regionalplan kann allerdings hier noch problematischer werden als beim gemeinsamen Flächenwidmungsplan.
Einen Anhaltspunkt liefert wiederum die Dichte der Festsetzungen im jeweiligen Regionalplan, der — ordnungsgemäße und überprüfbare Erstellung vorausgesetzt — die Reichweite des überörtlichen Interesses indiziert und den legitimen Entscheidungsraum des zusammengefaßt-örtlichen Interesses absteckt. Ferner werden auch Größe und Struktur des Verbandsgebietes auf die Qualität der zu

besorgenden Aufgaben einwirken. Eine absolute Höchstgrenze für die Zahl der Gemeinden, die gemeinsame Flächenwidmungs-Rahmenplanung betreiben dürfen, ohne daß örtliche Interessen in überörtliche umschlagen, wird allerdings schwerlich angegeben werden können. Eine obere Grenze indiziert die durchschnittliche Größe politischer Bezirke, da die Bezirksgliederung und die damit räumlich umrissene staatliche Präsenz als Ausdruck übergemeindlicher Interessenlage gedeutet werden kann[43].

Mit der durch kommunale Rahmenplanung angestrebten Aufgaben- und Finanzplanung kann nur eine Steuerung und Bindung der Vorhaben erreicht werden, die zum eigenen Wirkungsbereich der Gemeinden rechnen. Eine Aufgabenplanung im eigenen Wirkungsbereich eines Gemeindeverbandes ist soweit zulässig, als die entsprechende Aufgabe auch von der einzelnen Gemeinde in kommunaler Selbstverwaltung vollzogen werden darf. Es ist in diesem Rahmen nicht möglich, auf die einzelnen denkbaren Aufgaben einzugehen; das Schwergewicht einer kommunalen Aufgaben-Rahmenplanung würde bei einer Entwicklungsplanung durch Abstimmung der nicht-hoheitlichen kommunalen Investitionen und Förderungen liegen, die grundsätzlich als Angelegenheiten des eigenen Wirkungsbereiches anzusehen sind[44]. Hinsichtlich einer Finanzplanung gilt Ähnliches: Da der einzelnen Gemeinde das Recht zukommt, im Rahmen der Finanzverfassung ihren Haushalt selbständig zu führen (Art 116 II B-VG), ist es auch einem Gemeindeverband nicht verwehrt, Grundsätze der kommunalen Finanzgebarung aufzustellen.

Zusammenfassend kann festgestellt werden, daß gegen die Einführung eines kommunalen Rahmenplans im dargestellten Sinne keine verfassungsrechtlichen Bedenken bestehen; seine Erstellung ist eine Angelegenheit kommunaler Selbstverwaltung. Durch Gesetz könnten unschwer die notwendigen organisatorischen Grundlagen geschaffen werden[45]; eine gesetzliche Regelung des Planungsinstrumentes selbst ist soweit erforderlich, als nicht bereits die zu übertragende Aufgabe für den Bereich der einzelnen Gemeinde — wie durch § 21 st ROG — ausreichend geregelt ist. Doch dürfte es sich aus Gründen der Rechtsklarheit empfehlen, jedenfalls das Planungsinstrument und seinen Inhalt zusammenfassend gesetzlich zu regeln. Dafür ist grundsätzlich der Landesgesetzgeber zuständig, weil das Schwergewicht der hier dargestellten Aufgaben der Landeszuständigkeit unterliegt; soweit allerdings einzelne der Bundeskompetenz unterliegende Selbstverwaltungsaufgaben in die Aufgabenplanung einbezogen werden sollen, ist zuständiger Gesetzgeber der Bund[46].

6.2. Die Finanzierung von Gemeindeverbänden

Gemeindeverbände bedürfen zur Realisierung ihrer ihnen vom Gesetz übertragenen Aufgaben einer entsprechenden Finanzausstattung. Diese besteht herkömmlicherweise zum einen im Bezug von Geldern, die der Gemeindeverband ggf von den Benützern seiner Einrichtungen als Entgelt oder vom Staat als Finanzzuweisungen etc erhält und zum anderen in der Erhebung einer sogenannten Umlage auf die Verbandsmitglieder. Dabei werden die Kosten, die bei Erfüllung einer Aufgabe anlaufen, nach einem bestimmten Schlüssel auf die verbandsange-

---

43 Dies hindert allerdings nicht eine Bezirksgrenzen überschreitende Verbandsbildung und -planung.
44 Art 116 II B-VG; vgl dazu F r ö h l e r / O b e r n d o r f e r, Die Gemeinde im Spannugsfeld des Sozialstaates (1970) 32 ff; O b e r n d o r f e r, Gemeinderecht, 151.
45 Soweit nicht bereits generelle Ermächtigungen zur Errichtung von Gemeindeverbänden durch LandesG gegeben sind, vgl oben S 30.
46 Zu der Möglichkeit, einem landesgesetzlich eingerichteten Gemeindeverband Aufgaben aus dem Bereich der Bundeskompetenzen durch BundesG zu übertragen, vgl P e r n t h a l e r, Raumordnung, 293 u unten S 246.

hörigen Gemeinden aufgeteilt. Da den Gemeindeverbänden aus der erstgenannten Finanzierungsquelle wenn überhaupt, so nur relativ bescheidene Beiträge zukommen, hat die Finanzierung des Restbedarfes auf dem Wege der Umlageerhebung gesteigerte Bedeutung.

Bundes- wie Landesgesetzgeber haben dieser Bedeutung entsprechend in diversen Materiegesetzen eine solche vom Genossenschaftsprinzip[47] getragene Aufteilung der Kosten auf die Verbandsmitglieder in der Form einer Umlageregelung realisiert. Ältestes Beispiel für diesbezügliche Regelungen sind die Sanitätsgemeinden; diese sind unter anderem zur gemeinsamen Bestellung eines Gemeindearztes gebildet worden. Die Bestreitung der dem Gemeindeverband dabei erwachsenden Kosten erfolgt durch von den Gemeinden bestimmte Aufteilung der Kosten auf die Verbandsmitglieder[48]. Auch das Bundeswasserrechtsgesetz 1959/215, das in den §§ 87 ff die Bildung von Wasserverbänden vorsieht, enthält in § 93 iVm § 78 zur Verbandsfinanzierung eine Umlageregelung.

Umlageregelungen enthalten weiters die Landesumlagegesetze auf dem Gebiete des Fürsorgerechts, soweit sie noch in Kraft stehen; diese sehen zur Bestreitung des durch sonstige Einnahmen nicht gedeckten Bedarfes der Gemeindeverbände die Erhebung einer Umlage[49] und damit die Aufteilung der Kosten auf die verbandsangehörigen Gemeinden vor. Auch der Gesetzgeber der Schulverfassungsnovelle vom 18. Juli 1962 BGBl 215 hat diese Finanzierungsmöglichkeit beibehalten[50]. Der Bundesgesetzgeber hat ferner in § 47 III des Staatsbürgerschaftsgesetzes vom 15. Juli 1965 BGBl 250 eine Regelung getroffen, welche die Aufteilung der dem Gemeindeverband aus der Besorgung seiner Aufgaben erwachsenden und sonstig nicht gedeckten Kosten auf die verbandsangehörigen Gemeinden zum Gegenstand hat. Schließlich hat das nö Gemeindeverbandsgesetz vom 17. Juli 1971 LGBl 233 in § 17 ein Finanzierungssystem konzipiert, das ebenfalls die Aufteilung des nicht gedeckten Aufwandes auf die verbandsangehörigen Gemeinden vorsieht.

Ob die hier — ohne Anspruch auf Vollständigkeit — angeführten einfachen Gesetze verfassungsrechtlich unbedenklich sind, darüber hinaus der einfache Gesetzgeber derzeit befugt ist, den Finanzbedarf von noch einzurichtenden Gemeindeverbänden auf die Gemeinden umzulegen, ist fraglich, da § 3 II Finanz-Verfassungsgesetz (F-VG) vom 21. Jänner 1948 BGBl 45 das folgende bestimmt: „Soweit Gemeindeverbände am Tage des Inkrafttretens dieses Bundesverfassungsgesetzes bestehen, regelt die Landesgesetzgebung die Umlegung ihres Bedarfes."

Nicht nur vereinzelt wird im Schrifttum aus dieser Vorschrift gefolgert, durch einfaches Gesetz dürften Umlageregelungen nur für solche Gemeindeverbände geschaffen werden, die zum Zeitpunkt des Inkrafttretens des F-VG — das ist der 1. Jänner 1948 — bereits bestanden hätten. Für die nach diesem Zeitpunkt geschaffenen Verbände bedürfe es zur Einführung einer Verbandsumlage einer bundesverfassungsgesetzlichen Sondervorschrift — wie sie Art II Abs 2 Schulverfassungsnovelle vom 18. Juli 1962 BGBl 215 in der Tat vorsieht[51]. Daher sei auch

---

47 Für die d Rechtsordnung vgl N a u n i n, Die Einnahmequellen der regionalen Gemeindeverbände und der sondergesetzlichen Zweckverbände, in: Handbuch der kommunalen Wissenschaft und Praxis (1969) Bd 3, 378.
48 Zur Qualifikation der Sanitätsgemeinden als Gemeindeverbände vgl N e u h o f e r, Gemeinderecht, 409; vgl § 25 va GemeindesanitätsG 1921 idgF; §§ 47, 48 nö GemeindesanitätsG 1932 idgF.
49 In den meisten Ländern sind Gemeindeverbände als Träger der Fürsorge mit der Einführung neuer Sozialhilfegesetze ausgeschieden; in diesem Fall sind die Umlageregelungen obsolet geworden und außer Kraft getreten, Zitate der neuen Sozialhilfegesetze bei D r a p a l i k, GdZ 76, 71.
50 Art II Abs 2 leg cit; zB auch § 8 II Pflichtschulerhaltungs-GrundsatzG 1955/63.
51 So N e u h o f e r, Gemeinderecht, 406; P e t z, Gemeindeverfassung 1962 (1965) 181 f; P e r n t h a l e r, Raumordnung, 294; 639 BlgNR 9. GP, 15; zuletzt auch Art II BVG v 28. 4. 1975 BGBl 316 über das land- und forstwirtschaftliche Schulwesen.

die Aufteilung der Kosten der Gemeindeverbände des Staatsbürgerschaftsrechts auf die verbandsangehörigen Gemeinden zumindest bedenklich, da die Kostenaufteilung der Bedarfsumlegung außerordentlich (!) nahe kommt[52].

Auch die Note des Finanzministers ZI 112.915 - 6/19 vom 10. September 1969 an alle Ämter der Landesregierungen geht davon aus, § 3 II F-VG verwehre, durch einfaches Gesetz Verbandsumlagen einzuführen. Sie hält es jedoch für zulässig, durch einfaches Gesetz die Gemeindeverbände zu ermächtigen, die ihnen erwachsenden Kosten von den verbandsangehörigen Gemeinden einzufordern. Freilich ist die Note nicht in der Lage, befriedigende Kriterien vorzuhalten, die klären könnten, wie Umlage und Kostenersatzregelung sich unterscheiden sollen; sie kann daher auch nicht klären, ob § 3 II F-VG überhaupt gestattet, zwischen Umlegung des Bedarfs und Aufteilung von Kosten zu unterscheiden.

Oberndorfer ist dagegen der Auffassung, § 3 II F-VG verbiete nicht, durch einfaches Gesetz neue Verbandsumlagen einzuführen. Zur Begründung führt er an, das F-VG regle, wie der Gesetzestitel zeige, nur die Beziehungen zwischen dem Bund und den übrigen Gebietskörperschaften; auch die Gemeindeverbände im Sinne des § 3 II F-VG seien derartige Gebietskörperschaften; dagegen seien die Gemeindeverbände im Sinne des Art 116 IV B-VG keine Gebietskörperschaften, da ihnen mangels generalklauselartig umschriebener relativer Allzuständigkeit die Gebietskörperschaftsqualität abgehe. Die Gemeindeverbände im Sinne des Art 116 IV B-VG seien daher mit den von § 3 II F-VG angesprochenen Gemeindeverbänden grundsätzlich inkomparabel und von den Bestimmungen des F-VG nicht erfaßt.

Oberndorfer vermag jedoch weder nachzuweisen, daß das F-VG den Begriff der Gebietskörperschaft in dem von ihm dargelegten Sinne versteht, noch daß § 3 II F-VG nur Gemeindeverbände mit Gebietskörperschaftsqualität im Auge hat und nur für sie eine Sonderregelung schafft. Hiergegen spricht insbesondere, daß die von dieser Vorschrift jedenfalls erfaßten Gemeindeverbände, die Fürsorgeverbände, keinesfalls Gebietskörperschaften im Sinne seiner Definition sind, da sie ausschließlich mit Aufgaben der Fürsorge betraut sind[53].

Ob in der Tat § 3 II F-VG ein vom 1. Jänner 1948 ab wirksames Verbot der Neueinführung von Umlagen enthält, ggf auch die Erhebung von Kosten verwehrt, so daß im praktischen Ergebnis eine angemessene Finanzausstattung neuer Gemeindeverbände nur auf Grund bundesverfassungsrechtlicher Sondernormen möglich wäre[54], läßt sich nur aus dem systematischen Zusammenhang ermitteln, in dem diese Vorschrift steht.

Das F-VG bestimmt, wer den Aufwand aus der Besorgung der dem Bund und den übrigen Gebietskörperschaften obliegenden Aufgaben zu tragen hat und verteilt Kompetenzen auf dem Gebiet des Abgaben- und Finanzausgleichsrechts zwischen Bund und Ländern, insbesondere die Kompetenz zur Erhebung von Abgaben, zur Ertragsteilung und zur Kostentragungsregelung.

Nach § 2 F-VG tragen der Bund und die übrigen Gebietskörperschaften den Auf-

---

52 G o l d e m u n d / R i n g h o f e r / T h e u e r, Das Österreichische Staatsbürgerschaftsrecht (1969) FN 11 zu § 47 III leg cit.

53 O b e r n d o r f e r, Gemeinderecht, 291, qualifiziert die Fürsorgeverbände mit K o j a, ZAS 67, 161 (166) zwar „funktional als Träger einer autonomen Bezirksverwaltung, damit aber als Gebietskörperschaft . . .'' — jedoch zu Unrecht, da die Fürsorgeverbände auch nicht im Ansatz eine relative Allzuständigkeit haben.

54 Eine solche verfassungsgesetzliche Bestimmung enthält die oben S 219 zit Schulverfassungsnovelle; vgl diesbezüglich auch 769 BlgNR 9. GP; Art II der Schulverfassungsnovelle wird aber als Derogationsnorm zu § 3 II F-VG verkannt; wäre er eine solche, hätte es des Ausspruchs in Art II Abs 2 erster Satz nicht bedurft; vielmehr hat der Verfassungsgesetzgeber in authentischer Interpretation des § 3 II F-VG ausgesprochen, daß er diese Bestimmung nicht als Umlageverbot behandelt wissen will; in der Vorschrift des Art II Abs 2 zweiter Satz hat er das in § 2 F-VG enthaltene Prinzip — Kostenregelungskompetenz als Annex der allgemeinen Zuständigkeit — bestätigt.

wand, der sich aus der Besorgung ihrer Aufgaben ergibt, sofern die zuständige Gesetzgebung nichts anderes bestimmt. Die Aufgaben des Bundes und der Länder sind durch die jeweiligen Vollzugsbereiche[55], die Aufgaben der Gemeinden durch ihren eigenen Wirkungsbereich bestimmt[56]. Die Deckung von Aufgabenzuständigkeit und Kostenlast gilt aber nur als Grundsatz. § 2 F-VG befugt den jeweils zuständigen Gesetzgeber, eine andere Regelung zu treffen, dh die Kosten für die Wahrnehmung einer Aufgabe auf andere Rechtsträger abzuwälzen. Wie *Walter*[57] zutreffend hervorhebt, ist mithin § 2 F-VG auf dem Gebiet der Kostenregelung primär eine Kompetenzbestimmung, die den zuständigen Gesetzgeber befugt zu normieren, welche Gebietskörperschaft einen bestimmten Aufwand zu tragen hat. Nur subsidiär, wenn eine solche Kostenregelung nicht vorliegt, wird die generelle Kostenregelung des § 2 F-VG wirksam.

Die Befugnis, die Kosten für die Wahrnehmung einer Aufgabe auf andere Rechtsträger abzuwälzen, haben Bund und Länder seit 1948 vielfach genutzt; die Länder sind durch Bundesgesetz verpflichtet, im Bereich der mittelbaren Bundesverwaltung den Personal- und Sachaufwand sowie die Ruhe- und Versorgungsgenüsse der mit der Besorgung dieser Verwaltung betrauten Bediensteten in einem gesetzlich näher abgegrenzten Umfang zu tragen; die Gemeinden werden sowohl vom Bundes- als auch vom Landesgesetzgeber nicht nur zur Mitwirkung bei bestimmten Aufgaben im übertragenen Wirkungsbereich herangezogen, sondern auch zur Kostentragung verpflichtet[58]; es ist geradezu zur Regel geworden, die Kosten einer Aufgabe auf die Gemeinden abzuwälzen[59].

Auch die Einführung einer Verbandsumlage ist eine solche, von der Kompetenzzuweisung des § 2 F-VG gedeckte Aufteilung von Aufgabenzuständigkeit und Kostenlast, da mit der Verbandsgründung dieser zum Aufgabenträger, mit der Einführung der Verbandsumlage aber die verbandsangehörige Gemeinde nach näherer Bestimmung der Umlageregelung verpflichtet wird, den Aufwand zu tragen.

§ 3 II letzter Satz F-VG modifiziert die aus § 2 F-VG folgende Befugnis des jeweiligen Materiegesetzgebers, die Kostentragung zu regeln. Daß es sich hierbei um eine Kompetenzzuweisung an den Landesgesetzgeber zur Bedarfsumlegung von bestimmten Gemeindeverbänden, nicht aber um eine Einschränkung der in § 2 getroffenen Grundsatzregelung handelt, erklärt sich aus der Rechtslage des Jahres 1948.

Mit dem Begriff Gemeindeverband betrat der Finanzverfassungsgesetzgeber 1948 terminologisches Neuland[60]. Zwar existierten zu diesem Zeitpunkt zB bereits Sanitätsgemeinden und Verbände des Wasserrechts, die heute aus dem Blickwinkel des Art 116 IV B-VG als Gemeindezweckverbände zu qualifizieren sind[61], doch war dem Kommunalrecht und der sonstigen ö Rechtsordnung der Terminus Gemeindeverband als ein diese Gebilde überhöhender Begriff unbekannt. Aus den Erläuternden Bemerkungen zur Entstehungsgeschichte des § 3 II letzter Satz F-VG[62] geht vielmehr eindeutig hervor, daß mit dem Begriff Gemeindeverband ganz spezifische Institutionen angesprochen wurden, nämlich die von der Verordnung

---

55 VfSlg 3351/53, 2604/53.
56 W a l t e r, System, 224 FN 45.
57 System, 223.
58 Zur verfassungsrechtlichen Zulässigkeit dieser Kostenüberwälzung vgl P e r n t h a l e r, Raumordnung, 308 f.
59 Vgl N e u h o f e r, Gemeinderecht, 224.
60 Vgl P f a u n d l e r, Die Finanzausgleichsgesetzgebung 1948/58² (1958) 8, 21.
61 Vgl oben FN 48.
62 Vgl 531 BlgNR 5. GP; P f a u n d l e r, aaO, 8.

über die Einführung fürsorgerechtlicher Vorschriften im Land Österreich vom 3. September 1938[63] eingeführten Fürsorgeverbände.

Die aus der nationalsozialistischen Zeit übernommene Organisation des Fürsorgewesens war in mehrfacher Hinsicht in ein verfassungsrechtliches Zwielicht geraten, so daß es erforderlich erschien, die Finanzierung der weiter fortbestehenden Aufgabe der Bezirksfürsorgeverbände rechtlich einwandfrei zu ermöglichen[64]: Nach § 2 I FEVO sind die Bezirksfürsorgeverbände — das sind die Statutarstädte und die aus allen Gemeinden eines politischen Bezirks zu bildenden Gemeindeverbände — Selbstverwaltungseinrichtungen. An der Spitze eines solchen Gemeindeverbandes steht als Leiter der Bezirkshauptmann, zu seiner Beratung werden Beiräte bestellt, die sich vorwiegend aus den Bürgermeistern der verbandsangehörigen Gemeinden rekrutieren (§ 3 II, V). Damit stellen diese Gemeindeverbände staatliche Verwaltungsbehörden mit einem gewissen Einschlag von Selbstverwaltung dar. Eine solche Organisationsform ist aber mit Art 20 iVm Art 19 und Art 101 B-VG unvereinbar. Zulässig gewesen wäre die Bildung von Gemeindeverbänden als Zweckverbände[65]. Bei ihrer Organisation aber hätte der Gesetzgeber der Tatsache Rechnung tragen müssen, daß die Führung des Armenwesens zum eigenen Wirkungskreis der Gemeinden zählte[66].

§ 3 II F-VG stellt insoweit außer Frage, daß die Finanzausstattung der Fürsorgeverbände, ungeachtet ihrer mit Art 20 B-VG schwerlich zu vereinbarenden Organisation durch gesetzliche Umlageregelung gesichert werden kann.

Ferner war 1948 die Kompetenz zur Regelung der Finanzausstattung der Fürsorgeverbände zu klären. § 2 F-VG 1948 bestimmte lediglich den in der Sachmaterie zuständigen Gesetzgeber für kompetent, eine diesbezügliche Kostenregelung zu treffen. Wer aber der in der Sachmaterie zuständige Gesetzgeber sein sollte, war wegen des Fehlens entsprechender Übergangsbestimmungen rechtlich nicht geklärt; das V-ÜG 1945 nämlich, das in Art II Abs 2 die Übergangsbestimmungen der §§ 2—6 des V-ÜG 1920 übernahm, war wegen der fehlenden Zustimmung des Alliierten Rates nicht wirksam geworden und der VfGH hatte diese Frage erst nach dem Wirksamkeitsbeginn des F-VG 1948 einer Lösung zugeführt[67]. Diesem Umstand trug § 3 II letzter Satz F-VG Rechnung und begründete — abweichend von der generellen Regelung des § 2 F-VG (iVm Art 12 I Z 2 B-VG: Bund Grundsatzgesetzgeber, Länder Ausführungsgesetzgeber) — eine Kompetenz des Landesgesetzgebers zur alleinigen Regelung der Kostentragungspflicht für jene am 1. Jänner 1948 bestehenden Gemeindeverbände.

Zusammenfassend läßt sich daher feststellen, daß der jeweilige Materiegesetzgeber nach § 2 F-VG zuständig ist, die Erhebung von Verbandsumlagen bei den Mitgliedsgemeinden zu regeln.

§ 4 F-VG stellt klar, daß der jeweils zuständige Gesetzgeber derartige Regelungen nur in Übereinstimmung mit der Verteilung der Lasten der öffentlichen Verwaltung und unter Bedachtnahme auf die Grenzen der Leistungsfähigkeit der beteiligten Gebietskörperschaften treffen darf.

Abgaben einzuheben, ist den Gemeindeverbänden verwehrt. Sie besitzen im Gegensatz zu Bund, Ländern und Gemeinden keine Abgabenhoheit. Dies folgt

---

63 d RGBl I 1125; im folgenden FEVO; vgl FN 49.
64 VfSlg 3076/56; P f a u n d l e r , aaO, 11.
65 Vgl VfSlg 2968/56.
66 Vgl A d a m o v i c h , Handbuch des Österreichischen Verfassungsrechts[5] (1967) 272 m Hinw auf die diesbezüglichen Erkenntnisse VfSlg 1385/31 u 2495/35; F r i t z e r , Das Österreichische Gemeinderecht (1950) Bd 2 u 3 bzw der dort abgedruckten GO ist zu entnehmen, daß das Armenwesen zum Stichtag 1. 10. 1925 zum garantierten Katalog des eigenen Wirkungsbereiches der Gemeinde zu rechnen war; vgl auch N e u h o f e r , Gemeinderecht, 408.
67 Vgl Slg 1882/49, 2148/51 (analoge Anwendung V-ÜG 1920).

zwingend aus der im § 6 F-VG vorgenommenen Aufzählung verfassungsrechtlich zulässiger Abgabeformen und der abschließenden Aufzählung der Rechtsträger, welche über diese Erträge verfügen dürfen. Gemeindeverbände scheinen in diesem Katalog nicht auf.

§ 6 F-VG schließt jedoch nicht aus, daß die Gemeindeverbände für die Benutzung von Einrichtungen Beiträge erheben. Die Regelung und Ausformung des Rechts der Beitragserhebung ist vielmehr Sache des einfachen Gesetzgebers[68].

6.3. Rechtsfragen grenzüberschreitender Planung

Gemeinsame Planung für grenzüberschreitende Regionen setzt voraus, daß die Rechtsordnungen der beteiligten Länder Verbandsbildung und Planerstellung über die Landesgrenzen hinweg zulassen. Im folgenden ist zu untersuchen, ob das B-VG den Ländern gestattet, durch Vereinbarungen nach Art 15a II B-VG die hierfür erforderlichen organisations- und planungsrechtlichen Normen zu schaffen.

Grenzüberschreitungen von Rechtsordnungen, nicht nur auf dem Sektor des Planungswesens, sind in den letzten Jahren auf verschiedenen Gebieten aktuell geworden, weil anders die heute komplexen Sachfragen nicht mehr zu lösen sind. Auch Österreich ist von dieser Entwicklung nicht ausgenommen.

So beteiligt sich Österreich seit 1960 nahezu ununterbrochen an verschiedenen friedenserhaltenden Operationen der Vereinten Nationen[69]. Diese Operationen führen unter bestimmten Bedingungen[70] zu Aktionen ö Einheiten im Ausland und damit zu einer Grenzüberschreitung; diese sind von Anfang an nicht nur als politisches, sondern gerade auch als völker- und verfassungsrechtliches Problem aufgefaßt worden.

Mit einer Reihe von Nachbarstaaten hat Österreich ferner bilaterale Paß- und Zollabfertigungsabkommen getroffen, die ein wechselseitiges Übergreifen der Gesetzgebungs- und Vollziehungshoheit der Vertragspartner ermöglichen[71].

Mit Grenzüberschreitung haben es weiters die zahlreichen Regelungen zu tun, die zwischenstaatlichen Organen die Befugnis zu Beschlüssen einräumen, die für die Vertragsparteien unmittelbar verbindlich sind[72].

Allen diesen Staatsverträgen gemeinsam ist die Regelung grenzüberschreitender Aktionen im Verfassungsrang[73]. Ausgehend von den EB zur Regierungsvorlage betreffend das BVG über die Entsendung ö Einheiten zur Hilfeleistung in das Ausland auf Ersuchen internationaler Organisationen wird das Erfordernis spezieller, verfassungsgesetzlicher Normen mit dem Gebot erklärt, daß die

---

68 Vgl O b e r n d o r f e r, Gemeinderecht, 293; P e r n t h a l e r, Raumordnung, 295.
69 S t r a ß e r, Die Beteiligung Österreichs an Internationalen Hilfseinsätzen, Österreichische militärische Zeitschrift 74, 427; P e r n t h a l e r, Raumordnung, 340 ff.
70 W a l t e r, Das österreichische Staatsgebiet, in: Merkl-FS (1970) 453 (460) FN 25.
71 Vgl dazu die diesbezüglichen Gesetzeszitate bei Ö h l i n g e r, Der völkerrechtliche Vertrag im staatlichen Recht (1973) 198 ff.
72 Ein bekanntes Beispiel für diesen Typ von Grenzüberschreitung stellt das Übereinkommen zur Errichtung der Europäischen Freihandelsassoziation, BGBl 1960/100 dar; hier besitzt der Rat in bestimmten Fällen die Befugnis, über Mehrheitsbeschlüsse die Mitgliedsstaaten unmittelbar zu binden, vgl dazu 156 BlgNR 9. GP, 318 ff; vgl auch Ö h l i n g e r, aaO, 202 m weit Nachw; vgl insbes auch als Modell einer mit Planungskompetenzen ausgestatteten und den Staaten Ö und S gemeinsamen Einrichtungen die durch Art 9 des Staatsvertrages zwischen der Republik Ö u der s Eidgenossenschaft über die Regulierung des Rheines von der Illmündung bis zum Bodensee v 10. 4. 1954, BGBl 178 eingerichtete Gemeinsame Rheinkommission; dieser beiden Staaten gemeinsamen Institution sind Beschluß- (Art 9 III), Weisungs- (Art 11), Feststellungs- (Art 17) und Grenzvermarkungskompetenzen und damit Hoheitsrechte übertragen worden, deren Wahrnehmung durch die gemeinsame Rheinkommission rechtsverbindliche Wirkungen auf die beiden Vertragsstaaten auslöst.
73 Übersicht der diesbezüglichen Staatsverträge bei W a l t e r, System, 66; Ö h l i n g e r, aaO, 200.

ö Staatsgewalt auf das Staatsgebiet beschränkt sei. Dieses verfassungsgesetzliche Gebot ergebe sich aus der im B-VG zwar nicht explizit formulierten, aber ihm immanenten Drei-Elemente-Lehre G. Jellineks[74]. *Walter* hat in einem für den Verfassungsausschuß des Nationalrats erstatteten Gutachten[75] dieser Auslegung eine eingehende und präzisierende Begründung gegeben; er erkannte in den grenzüberschreitenden Normen die Frage nach den Grenzen des räumlichen Sanktionsbereiches[76] und hat in seinen Ausführungen über die Bedeutung des Art 3 I B-VG der Diskussion eine verfassungsdogmatisch relevante Basis gegeben[77].

Bei den Staatsverträgen, welche eine Ermächtigung zur Übertragung bestimmter Hoheitsrechte auf Organe der Staatengemeinschaft beinhalten, wird der Verfassungsrang der betreffenden Regelungen damit begründet, daß es ausschließlich das B-VG bestimme, welche Organe für Österreich verbindliche Erklärungen nach außen abgeben und welche Organe berechtigt sind, für die ö nationale Rechtsordnung verbindliche Akte zu setzen[78]; ergänzt wird diese Begründung mit der These, das B-VG halte streng am Souveränitätsstandpunkt fest und schließe deshalb die Übertragung der Befugnis zur Rechtsetzung auf zwischenstaatliche Organe aus[79].

Im Verkehr der ö Bundesländer untereinander sind bisher folgende Vereinbarungen getroffen worden; beispielsweise:

Vereinbarung zwischen den Ländern Tirol und Vorarlberg über die Feststellung des Verlaufes der gemeinsamen Ländergrenze und die Instandhaltung der Grenzzeichen 1967, ti LGBl 1968/7, va LGBl 1967/53;

Vereinbarung der Länder Kärnten, Salzburg und Tirol über die Schaffung des Nationalparks Hohe Tauern vom 21. Oktober 1971, Kundmachung des kä Landeshauptmannes vom 15. November 1971, kä LGBl 72, sa LGBl 1971/108;

Vereinbarung über die Einrichtung einer gemeinsamen Filmprädikatisierungs-Kommission ö Bundesländer aus dem Jahre 1961[80].

Angesichts des wachsenden Sachzwangs zur Koordination[81] muß der Befund Verwunderung auslösen; die geringe Zahl von Ländervereinbarungen und ihre spezifische rechtliche Struktur steht zu der kardinalen Bedeutung dieses Koordinations- und Kooperationsinstrumentes in keinem Verhältnis.

Während der Bund durch völkerrechtlichen Vertrag, innerstaatlich in der Regel durch Verfassungsgesetz[82], in einer Mehrzahl von Fällen den Geltungsbereich der

---

74 Kritisch dazu Ö h l i n g e r, aaO, 198 f; P e r n t h a l e r, Raumordnung, 58; d e r s, DÖV 67, 25.

75 953 BlgNR 11. GP.

76 W a l t e r, System, 456 ff, versteht darunter jenen Raum, in dem ein Staatsorgan die Sanktion setzen soll; kritisch zu dieser Terminologie Ö h l i n g e r, aaO, 201, FN 147.

77 W a l t e r, System, 453 ff; die in diesem Gutachten vertretene Ansicht hat sich der Gesetzgeber zu eigen gemacht; Übersicht über die auf dieses Gutachten unmittelbar zurückgehenden BundesverfassungsG bei Ö h l i n g e r, aaO, 200; jetzt auch das Abkommen von Tokio 1963 über strafbare und bestimmte andere an Bord von Luftfahrzeugen begangene Handlungen, das Ö mit BGBl 1974/247 transformiert hat, 201 BlgNR 13. GP, 20.

78 So die amtliche Begründung zum EFTA-Gesetz, 156 BlgNR 9. GP, 318.

79 EB zur Regierungsvorlage des Ersten Staatsverträge-SanierungsG, 122 BlgNR 13. GP, 6; kritisch dazu Ö h l i n g e r, aaO, 204.

80 Diese Vereinbarung wurde nicht in die jeweilige Landesordnung transformiert; die KinoG der Länder sehen einheitlich die Möglichkeit der Errichtung solcher gemeinsamer Einrichtungen vor; E r m a c o r a, Österreichische Verfassungslehre (1970) 300, rechnet auch die Errichtung der Verbindungsstelle der Bundesländer beim Amt der nö Landesregierung im Jahre 1951 hierher; ein Vertrag über die Errichtung einer Verbindungsstelle im spezifischen Sinne existiert nicht.

81 S c h ä f f e r, Koordination in der öffentlichen Verwaltung (1971) 9 ff.

82 Die oben FN 72 zit Bestimmungen der Gemeinsamen Rheinkommission stehen allerdings im Rang eines einfachen BundesG und scheinen auch nicht unter den von der RV zum Ersten Staatsverträge-SanierungsG, 122 BlgNR, 13. GP zur Sanierung durch Hebung in Verfassungsrang vorgeschlagenen Staatsverträgen auf. Abgesehen davon, daß der Gesetzgeber bei einer etwaigen Nichtberücksichtigung des zit Staatsvertrages im geplanten Ersten Staatsverträge-SanierungsG sich zu seiner bisherigen Praxis in Widerspruch setzen würde, vgl Ö h l i n g e r, aaO, 196 ff, erbringt das Modell der Gemeinsamen Rheinkommission den Nachweis, daß auch in der ö Rechtsordnung durchaus Ansätze zu einer Lösung von zwei Staaten betreffenden

von ihm gesetzten Normen auf das Ausland erstreckt und auch die Anwendung ausländischer Normen im Inland zugelassen hat, sehen die bisher bekannt gewordenen ö Ländervereinbarungen weder eine Erstreckung der von einem Land gesetzten Normen über die Landesgrenzen hinweg noch eine gemeinsame Normsetzung der Länder vor. So ist die Nationalparkkommission als gemeinsame Einrichtung der Länder Kärnten, Salzburg und Tirol darauf beschränkt, die Landesregierungen zu beraten und Empfehlungen abzugeben; die Landesregierungen treffen jedoch die erforderlichen Maßnahmen in eigener Verantwortung; sie sind verpflichtet, die Nationalparkkommission vor allen die Zielsetzungen der Vereinbarung wesentlich berührenden Maßnahmen zu hören[83]. Die gemeinsame Filmprädikatisierungsstelle als Einrichtung aller ö Bundesländer ist ebenfalls nur befugt, die Bewertungen als Empfehlungen abzugeben. Die Länder haben sich jedoch (§ 3) verpflichtet, die von der Gemeinsamen Filmprädikatisierungskommission ausgesprochenen Bewertungen für ihren Bereich als Voraussetzung für eine Prädikatisierung anzuerkennen und von dem ihnen zustehenden Recht, ohne Berücksichtigung der Bewertung Prädikate zu verleihen, „in der Regel keinen Gebrauch zu machen". Sie haben sich ferner vorbehalten, bei Vorliegen eines besonderen Länderinteresses ein Prädikat auch auf Grund eigener Bewertung zu verleihen. Da die Länder von ihren Vorbehaltsrechten nur selten Gebrauch machen, ist die Wirkung der vorgenommenen Filmbewertung erheblich[84].

Im Schrifttum, das bislang zu Fragen der Landesgrenzen überschreitenden Normsetzung nur sporadisch Stellung genommen hat, wird nur die Einrichtung von beratenden und empfehlenden Kollegialorganen und von gemeinschaftlichen bürokratischen Hilfsapparaten als zulässig angesehen. Mit dem B-VG nicht vereinbar sei, solchen Kollegialorganen die Befugnis zur Setzung verbindlicher hoheitlicher Akte zu übertragen[85].

Die Rechtsprechung der Höchstgerichte hat bisher auftauchende Fälle mit grenzüberschreitender Problematik recht unterschiedlich behandelt; die Entscheidungen lassen erkennen, daß die grundsätzliche Problematik und der Ansatz zu einer Lösung nicht klar erkannt wurden[86].

Zusammengefaßt ist festzustellen, daß Bedenken gegen die Zulassung von gemeinsamen Institutionen von grenzüberschreitender Normsetzung aus folgenden verfassungsdogmatischen Erwägungen abgeleitet werden:

1. Pflicht der Länder, ihre Kompetenzgrenzen auch in räumlicher Beziehung zu wahren.
2. Pflicht der Länder, die organisationsrechtlichen Bestimmungen des B-VG, insbesondere Art 20 B-VG, zu wahren.

---

gemeinsamen Problemen entwickelt worden sind; vgl zu den organisationsrechtlichen Besonderheiten dieses Modells Art 9 ff des zit Staatsvertrages.
83 Art 6, vgl dazu auch S c h ä f f e r, aaO, 30.
84 Vgl Broschüre „Gemeinsame Filmprädikatisierungskommission österreichischer Bundesländer. Prädikate 1962–1971", Hrsg Verbindungsstelle der Bundesländer beim Amt der nö Landesregierung (1972) 16.
85 R i l l, WiPolBl 72, 348 (352); d e r s, Gliedstaatenverträge (1972) 679; S c h ä f f e r, WiPolBl 73, 140 (143); anders aber W a l t e r, System, 121 ff.
86 So erkannte der VfGH in VfSlg 5866/68 bezugnehmend auf das Faktum, daß sich der Amtssitz der nö Landesregierung, aber auch der nö Bezirkshauptmannschaft Wien-Umgebung auf dem Hoheitsgebiet des Bundeslandes Wien befindet, damit aber auch Hoheitsakte auf fremdem Territorium gesetzt werden, daß keine verfassungsgesetzliche Bestimmung einen im fremden Bundesland liegenden Amtssitz verbietet; vgl dazu Art 4 des LandesverfassungsG, wi LGBl 1921/154 u Art 4 des LandesverfassungsG, nö LGBl 1921/346 (TrennungsG); andererseits ist er in VfSlg 76/21 der Ansicht, daß Verbote und Strafverfügungen einer Landesregierung nicht auf Personen ausgedehnt werden können, die in dem Land, dessen Regierung das Verbot erlassen hat, weder wohnen noch eine mit Strafe bedrohte Tat gesetzt haben; vgl dazu aber § 2 VStG bzw H e l l b l i n g, Kommentar zu den VerwaltungsverfahrensG (1954) Bd 2, 28 f; ein grenzüberschreitender Eingriff in die Kompetenzen eines anderen Bundeslandes wird in Slg 4482/63 festgestellt: das kä LG 1949/60 gestaltete in verfassungswidriger Weise die besoldungsrechtlichen Verhältnisse von Beamten eines anderen Bundeslandes; vgl auch VwGH 6261 A/68; auch hier wird die Anschauung vertreten, daß der Geltungsbereich einer Norm an der Landesgrenze ende; im übrigen W a l t e r, System, 121 f m weit Nachw.

(1) Der Versuch, die Kompetenzbestimmungen auch als Aussagen über den räumlichen Geltungsbereich von Gesetzen und Vollzugsakten zu interpretieren, leidet an einem grundsätzlichen Mißverständnis.

Die Einrichtung Österreichs als Bundesstaat fordert die Aufteilung der staatlichen Aufgaben auf mehrere Rechtsträger; diese ist in den Art 10—15 B-VG vorgenommen. Ausschließlich mit dieser Aufgabenteilung haben es die Kompetenzbestimmungen zu tun. Der Verfassungstext läßt keine andere Interpretation zu, als daß der Verfassungsgesetzgeber damit eine Abgrenzung der Zuständigkeiten von verschiedenen Rechtsträgern vorgenommen und diese durch die Schaffung einer spezifischen Kompetenztypologie in bestimmte Bahnen gelenkt hat[87].

Die Allgemeine Staatslehre definiert als Grundsinn der Kompetenz das Können[88]; sie entwickelt erst in ihren anhand der Staatselemente geführten Überlegungen zu dem Geltungsbereich von Rechtssätzen die Vorstellung der Normengrenze; und erst von dieser autochthon geführten Argumentation wird die Normengrenze in den Begriffsinhalt von Kompetenz als einem rechtlichen Können aufgenommen. Damit weist die Allgemeine Staatslehre aber auch einer diesbezüglichen Verfassungsinterpretation den Weg. Aussagen über den Geltungsbereich von Normen sind nicht den Kompetenzen als einer formalen Ordnung der Zuständigkeiten zu entnehmen, sondern aus eigenen Verfassungsbestimmungen[89]. Freilich soll hier nicht verschwiegen werden, daß sich in der ö Verfassung nur spärliche Ansatzpunkte für eine Bestimmung des Geltungsbereiches von Normen finden lassen. Es mag dies mit ein Grund für die über das Ziel hinausschießende Inanspruchnahme der Kompetenzartikel sein.

Im Zentrum der Diskussion über die Grenzüberschreitung von Normen steht — vom Standpunkt des Verfassungsrechts — die Frage nach dem Geltungsbereich einer Rechtsordnung.

Die Geltung von Rechtsnormen erstreckt sich regelmäßig auf das Gebiet, das der Träger der Rechtsordnung, der Staat, beherrscht, das sogenannte Staatsgebiet. Diese räumliche Geltungsbeschränkung erfolgt nun keineswegs aus dem Wesen der Rechtsnorm, vielmehr korrespondiert sie in weiser Voraussicht mit der Grenze ihrer Durchsetzbarkeit, damit aber mit den Grenzen des Bundesgebietes. Diese räumliche Geltungsbegrenzung wird als so selbstverständlich aufgefaßt und von anderen Staaten ebenso gehandhabt und verlangt, daß regelmäßig eine ausdrückliche Festlegung als überflüssig angesehen wird und darum unterbleibt[90].

Auch das B-VG schien sich zu diesem Problemkreis zu verschweigen, so daß man aus den Bestimmungen über die Kompetenzen oder eines speziellen Verfassungsgebotes[91] Aufschlüsse erwartete oder man gar von der Behauptung ausging, daß dem B-VG implizite die Prinzipien der Allgemeinen Staatslehre über die Wesenselemente des Staatsbegriffes zugrunde liegen[92].

Nun lassen sich aber dem B-VG sehr wohl zu diesem Problemkreis relevante Aussagen entnehmen[93]. Man hat von der Überlegung auszugehen, daß der Geltungsbereich von Normen in einer Verfassung als einer Normenordnung, die sich nicht einer rechtstheoretisch gehobenen Begriffssprache bedient, zwangsläufig von den Bestimmungen über das Staatsgebiet berührt werden muß. Art 3 I B-VG beinhaltet — von der bisherigen Literatur nicht genügend beachtet — die

---

87 Vgl dazu F r ö h l i c h / M e r k l / K e l s e n, Die Bundesverfassung v 1. 10. 1920 (1922) 76 ff.
88 E r m a c o r a, ÖZÖR 53, 101 (128).
89 Beispiele hierfür bei E r m a c o r a, aaO, 109 f.
90 Vgl N a v i a s k y, Allgemeine Rechtslehre² (1948) 86.
91 So enthielt Art 79 I B-VG die Aussage, daß dem Bundesheer der Schutz der Grenzen der Republik obliegt; vgl aber nunmehr die Neufassung des Art 79 durch die B-VG-Novelle 1975 BGBl 368.
92 Vgl insbes 633 BlgNR 10. GP, 3.
93 W a l t e r, aaO, 453 (459 ff).

verfassungsrechtliche Fixierung des Staatsgebietes. *Walter* leitet daraus ab, daß die ö Hoheitsgewalt sich innerhalb dieses Territoriums souverän entfalten darf, denn rechtlich sei das Staatsgebiet nichts anderes als der Geltungsraum der staatlichen Rechtsordnung[94]. Wenn *Walter* davon spricht, daß die Staats- und Völkerrechtslehre den Begriff des Staatsgebietes als Abgrenzung des räumlichen Sanktionsbereiches der Rechtsordnung verstehen, so ist das richtig; die Annahme, die Gleichsetzung gelte auch für die ö Rechtsordnung, kommt aber zu schnell; denn die Geltung dieser Gleichschaltung im B-VG ist ja gerade das Thema probandum. Es muß für die ö Verfassungsordnung erst ein Verfassungssatz nachgewiesen werden, der dem Postulat der Staats- und Völkerrechtslehre zur Geltung verhilft. Für sich allein hat die in Art 3 I B-VG vorgenommene Fixierung des Staatsgebietes die Bedeutung einer territorialen Bestandsgarantie, was durch die Bestimmung des Art 3 II B-VG auch unterstrichen wird[95].

Eine Beschränkung der Hoheitsgewalt auf das ö Territorium ergibt sich erst in der Synopse der Art 3 I und Art 9 B-VG. Gemäß Art 9 B-VG gelten die allgemein anerkannten Regeln des Völkerrechts als Bestandteile des Bundesrechts. Zu diesen allgemein anerkannten Regeln des Völkerrechts zählt auch der dem völkerrechtlichen Gewohnheitsrecht zuzurechnende Satz, daß Organe einer Rechtsordnung Sanktionen nur auf eigenem Staatsgebiet vornehmen dürfen[96]. Ausnahmen bestehen lediglich für den Kriegsfall und den nötig werdenden Selbstschutz[97]. Erst diese Verbotsnorm vervollständigt die verfassungsrechtlich relevanten Ansätze zu einer Bestimmung des räumlichen Geltungsbereiches der staatlichen Rechtsordnung im Verhältnis zu den ausländischen Völkerrechtssubjekten.

Ob die Erstreckung der Hoheitsgewalt innerstaatlich dem einfachen Gesetzgeber zur Disposition steht oder aber einer Norm im Verfassungsrang bedarf, kann erst dann bestimmt werden, wenn der Rang des zitierten Völkerrechtssatzes in der Rechtsordnung geklärt ist. Diesbezüglich aber werden im Schrifttum voneinander abweichende Ansichten vertreten[98]. Eine Lösung der diesbezüglichen Rangstreitigkeiten ist freilich müßig oder jedenfalls nur mehr von historischem Interesse, da der Gesetzgeber sich die von *Walter* vertretene Auffassung, Art 3 I B-VG bestimme verfassungskräftig die Grenzen der ö Hoheitsgewalt, zu eigen gemacht und durch eine Vielzahl von Vertragsbestimmungen im Verfassungsrang bewiesen hat, daß diese zu den im geltenden Verfassungsrecht ausgedrückten Werten zu rechnen ist[99]. Eine Erstreckung bedarf daher, wie im Falle der Einräumung hoheitlicher Zwangsbefugnisse an einen Kommandanten eines ö Luftfahrzeuges im Ausland, einer verfassungsrechtlichen Sondernorm[100].

---

94 K e l s e n, Allgemeine Staatslehre (1925) 147.
95 Kritisch zu W a l t e r s argumentativem Ansatz auch Ö h l i n g e r, aaO, 201.
96 V e r d r o ß, Völkerrecht (1964) 267; K e l s e n / T u c k e r, Principles of international law² (1966) 307 f.
97 So W a l t e r, System, 119 unter Hinw auf V e r d r o ß, aaO, 270; zum problematischen Verhältnis der Begriffe Sanktionsakt und Hoheitsakt vgl Ö h l i n g e r, aaO, 199.
98 Übersicht bei W a l t e r, System, 170.
99 Vgl Ö h l i n g e r, aaO, 209; P e r n t h a l e r, Raumordnung, 347.
100 Vgl die Art 5 ff des Tokioter Abkommens über strafbare und bestimmte andere an Bord von Luftfahrzeugen begangene Handlungen, das Österreich mit BGBl 1974/247 formell transformiert hat; die dem Kommandanten zugewiesenen Befugnisse sind vom NR ausdrücklich als solche verfassungsändernden Inhalts bezeichnet worden; die EB zu dieser Stelle, 201 BlgNR 13. GP, 21 f, betrachten allerdings nur die Zwangsbewehrung eines ausländischen Luftfahrzeugs-Kommandanten als eine Beschränkung der Ausschließlichkeit ö Hoheitsbefugnisse im eigenen Staatsgebiet und sehen das Auftreten des ö Luftfahrzeugs-Kommandanten im Ausland nur aus dem Blickwinkel der Art 19 u 20 B-VG; an anderer Stelle des Abkommens (Art 1 II, 3 I), an der die ö Strafgerichtsbarkeit nach dem Flaggen-Prinzip auch für im Ausland begangene strafbare Handlungen begründet wird, sprechen die EB, aaO, 20, von einer Ausdehnung des örtlichen Anwendungsbereiches der ö Rechtsordnung und erklären damit den Verfassungsrang dieses Art; als Konsequenz einer derart rigorosen Auffassung ergäbe sich zB die Verfassungswidrigkeit sämtlicher vom Real- oder Schutzprinzip diktierten, aber einfachgesetzlich gehaltenen Bestimmungen des Strafrechts; das Völkerrecht jedenfalls läßt die Ausdehnung des Tatbestandes immer dann zu, wenn für das Inland ein gewisser Anknüpfungspunkt gegeben ist; vgl V e r d r o ß, aaO, 318 f; kritisch dazu auch Ö h l i n g e r, aaO, 201, FN 146a.

Als Ergebnis darf zusammengefaßt werden: Der räumliche Geltungsbereich der ö Rechtsordnung erstreckt sich gemäß Art 3 I B-VG in Verbindung mit Art 9 B-VG auf das gesamte Bundesgebiet; eine Norm auf Verfassungsstufe ist erforderlich, wenn eine Erstreckung auf ausländisches Territorium vorgenommen werden soll.

Art 3 I B-VG fixiert aber nicht nur das Gebiet des Bundes, sondern legt auch jenes der Länder verfassungsgesetzlich fest. Es bedarf daher auch hier einer näheren Untersuchung des Gehaltes dieser verfassungsrechtlichen Bestimmung. *Walter* geht von der Annahme einer verfassungsrechtlichen Lücke betreffend die Beziehung der ö Bundesländer bzw deren jeweiligen Hoheitsbereiche aus. Mangels einer ausdrücklichen Bestimmung wird versucht, diese Lücke mit einer analogen Anwendung des Völkerrechts zu füllen. Diese Vorgangsweise ermöglicht die Behauptung, daß die Gliedstaaten — analog den Völkerrechtssubjekten im internationalen Verkehr — durch einen Gliedstaatenvertrag eine Erstreckung bzw Einschränkung des räumlichen Geltungsbereiches ihrer Rechtsordnungen vereinbaren können[101].

Wir können hier *Walters* Ausführungen aus folgender Überlegung nur im Ergebnis beitreten. Die rechtstheoretische Übersetzung des Begriffs „Gebiete der Bundesländer" (Landesgebiet) in den Begriff des räumlichen Sanktionsbereiches bedarf wie im Falle der Gleichschaltung des Begriffes Bundesgebiet mit dem Begriff Sanktionsbereich des Bundes des Nachweises, daß das B-VG von der Geltung des Satzes von der Beschränkung der Hoheitsgewalt auf das jeweilige Landesgebiet ausgeht; dies konnte für das Verhältnis des Völkerrechtssubjektes Österreich zu ausländischen Staaten durch den Hinweis auf Art 9 B-VG nachgewiesen werden. Zum Verhältnis der Gliedstaaten zueinander aber ist zu bemerken, daß weder die Staatslehre noch das Völkerrecht einen diesbezüglichen Satz vorweisen können; daher kann dem B-VG die Geltung eines diesbezüglichen Satzes auch gar nicht entnommen werden. Die daraus resultierende Konsequenz für die Interpretation des Begriffes „Gebiete der Bundesländer" (Art 3 I B-VG) ist die, daß diese Bestimmung ausschließlich Bedeutung als territoriale Fixierung der Ländergebiete hat.

Weiters ist eine analoge Anwendung des Völkerrechts nur dann vertretbar, wenn gezeigt werden kann, daß durch das Fehlen verfassungsrechtlicher Normen über das Verhältnis der Gliedstaaten zueinander eine tatsächliche Lücke besteht. Diesen Nachweis aber bleibt *Walter* schuldig.

Unseres Erachtens bedarf es einer Lückenfüllung durch analoge Anwendung des Völkerrechts nicht; wir versuchen den Nachweis zu erbringen, daß dem B-VG sich sehr wohl Aussagen zum Geltungsbereich des Landesrechts entnehmen lassen.

Der Bundesstaat Österreich wird von den neun selbständigen Bundesländern gebildet (Art 2 B-VG). Mit dem damit angezogenen Begriff der Selbständigkeit korrespondieren ohne Zweifel die Bestimmungen des vierten Hauptstückes des B-VG (Art 95 ff), die jedem Bundesland eine Gesetzgebungs- und Vollzugskompetenz zuweisen. Diese sind aber nur dann gewährleistet, wenn die Gliedstaaten ihre Zuständigkeiten prinzipiell auf ihr eigenes Territorium beschränken; nur eine prinzipielle Beschränkung der Hoheitsgewalt auf das eigene Landesterritorium ermöglicht das geordnete Nebeneinander von selbständigen Rechtsträgern und trägt dem föderalistischen Aufbau Österreichs Rechnung[102].

Das vom B-VG implizit vorausgesetzte Gebot der Deckung der wahrgenommenen Befugnisse mit dem Landesgebiet beansprucht aber nur prinzipielle Geltung; es

---

101 W a l t e r , Das österreichische Staatsgebiet, in: Merkl-FS (1970) 461.
102 Die Parallelen zum Völkerrecht sind evident; dort wie hier beschränken (Glied)staaten die Wahrnehmung ihrer hoheitlichen Befugnisse auf eigenes Territorum, vgl oben S 226.

gilt bei einer isolierenden und die Länder als autarke Einheiten verstehenden Betrachtungsweise. Treten aber die Länder, insbesondere heute, unter dem Druck des Gesetzes der wachsenden Staatsaufgaben in rechtsverbindlichen Verkehr zueinander und kommt es damit zwangsläufig zur grenzüberschreitenden Kooperation, erfährt es eine wohlbegründete Modifikation.

Dem B-VG ist die Vorstellung der Kooperation zwischen Gliedstaaten und in ihrer Konsequenz eine Überschneidung des Geltungsbereiches nicht fremd. Gemäß Art 15 I B-VG verbleibt eine Angelegenheit im selbständigen Wirkungsbereich der Länder, wenn sie nicht ausdrücklich durch die Bundesverfassung der Gesetzgebung oder auch der Vollziehung des Bundes übertragen ist. Damit bringt der Verfassungsgesetzgeber unmißverständlich zum Ausdruck, daß diese Materien in strengster Trennung vom Bund zu führen sind[103]; er legt aber die Formen der Wahrnehmung durch die Länder nicht fest, insbesondere enthält Art 15 I B-VG nicht das Gebot, die Länder müßten ihre Zuständigkeiten in starrer Trennung voneinander wahrnehmen. Aus der Synopse mit den Art 95 ff ist lediglich zu schließen, daß die Kompetenzen von den jeweiligen Ländereinrichtungen wahrzunehmen sind.

Art 15 I B-VG ermöglicht den Ländern somit, gleiche Angelegenheiten verschieden, dh ohne Rücksichtnahme auf andere Länderinteressen zu regeln. Er verbietet aber nicht, inhaltlich aufeinander bezogene Gesetze und Vollzugsakte zu erlassen, wenn es das an der Lösung komplexer Sachfragen orientierte Länderinteresse für nötig erachtet. Das B-VG läßt es — wie zu beweisen sein wird — zu, daß die Länder in diesem Falle sich einer einvernehmlichen Vorgangsweise bedienen, die sowohl den organisatorischen Bestimmungen des Art 95 ff B-VG Rechnung trägt als auch das spezifische Interesse der Länder an verbindlicher Zusammenarbeit berücksichtigt.

Es ist in diesem Zusammenhang auf die verfassungsrechtliche Bedeutung des Art 15 VII B-VG einzugehen. Art 15 VII B-VG sieht für den Fall, daß ein Akt der Vollziehung eines Landes in den Angelegenheiten der Art 11, 12, 14 II und III und 14a III und IV für mehrere Länder wirksam werden soll, das einvernehmliche Vorgehen der beteiligten Landesbehörden vor; wird ein einvernehmlicher Bescheid innerhalb von sechs Monaten nicht erlassen, geht die Zuständigkeit zu einem solchen Akt auf Antrag eines Landes oder einer an der Sache beteiligten Partei an das zuständige Bundesministerium über[104].

Art 15 VII B-VG verwehrt den Ländern nicht ausdrücklich, auch bei der Wahrnehmung von Vollzugsaufgaben gemäß Art 15 I B-VG einvernehmlich vorzugehen.

---

103 Vgl VfSlg 5672/68.

104 Fast nur mehr von verfassungshistorischer Bedeutung ist die Einsatzmöglichkeit der Figur des einvernehmlichen Vorgehens in den Angelegenheiten des Art 12 B-VG; dieser Kompetenztyp umfaßte 1920 nicht nur die heutigen Themata, sondern mit dem Forstwesen einschließlich des Triftwesens, großen Teilen des Elektrizitäts- und Wasserrechts sogar das Bauwesen; freilich trat der Kompetenzartikel in dieser Form nicht in Kraft; mit der BV-Novelle v 30. 7. 1925/268 wurde das Forstwesen einschließlich des Triftwesens zur ausschließlichen Bundessache und das Bauwesen ausschließliche Ländersache; es läßt sich aber daraus der Schluß ableiten, daß dem Verfassungsgesetzgeber die Notwendigkeit der grenzüberschreitenden Vollziehung auf diesen Verwaltungsgebieten bewußt war. Die hier festgelegte verfassungsmäßige Verankerung einer gemeinsamen Exekutivstrategie kann man zwar nicht von wie immer gearteten Planungsinteressen diktiert sehen, denn im Vordergrund dieser Regelung steht das Interesse der Normadressaten an der einheitlichen Klärung einer Verwaltungsangelegenheit mit grenzüberschreitender Strahlkraft; vgl dazu W a l - t e r , System, 607, der darauf hinweist, daß man bei der Schaffung des Art 15 VII B-VG prototypisch an wasserrechtliche Bewilligungen mit über die Landesgrenze hinausreichenden Auswirkungen dachte; trotzdem soll nicht übersehen werden, daß es diese Verfassungsbestimmung nicht verwehrt, von der angebotenen Möglichkeit gemeinsamen Vollziehung auch in anderer Weise, zB auf dem Gebiete der Raumordnung, Gebrauch zu machen. Freilich ist der Einsatz dieses Kooperationsinstrumentes mangels planungsrevelanter Kompetenzthemata beschränkt; diese Form der Kooperation wird heute vor allem im Fürsorgewesen, E r m a c o r a , Verfassungslehre, aaO, 302, und im Schulrecht bei der Festsetzung von grenzüberschreitenden Schulsprengeln eingesetzt.

Auf ein solches Verbot könnte aus der Aufzählung der Kooperationsbereiche in Art 15 VII B-VG nur geschlossen werden, wenn der Sinn dieser Vorschrift wäre, die Länder überhaupt zur einvernehmlichen Vorgangsweise zu befugen[105]. Das ist aber nicht der Fall. Die verfassungsrechtliche Bedeutung des Art 15 VII liegt vielmehr in der Begründung devolutiver Exekutivkompetenzen des Bundes auf Gebieten, auf denen ihm nach der allgemeinen Zuständigkeitsregelung der Art 11, 12, 14 II und III und 14a III und IV B-VG keine Zuständigkeiten zustehen.

Der Entscheidungsübergang aus der Länderebene auf die des Bundes bedeutet die Einräumung einer — wenn auch nur devolutiven — Exekutivzuständigkeit. Die Bestimmung des Art 15 VII ist demnach eine wichtige Ergänzung der in den Art 11 und 12 B-VG bereits grundsätzlich vorgezeichneten Kompetenztypen. Was sich seitens des Bundes als ein Plus an Exekutivzuständigkeiten erweist, wird von den Ländern als Beschränkung ihrer grundsätzlichen Exekutivselbständigkeit erfahren. Immerhin haben es aber die Länder in der Hand, durch einvernehmliches Vorgehen den Bund als Devolutionsinstanz auszuschließen; mit der Fixierung einer Sperrfrist in Art 15 VII 2. Satz, garantiert der Verfassungsgesetzgeber den Ländern das prinzipielle Recht auf selbständige Wahrnehmung ihrer Kompetenzen. Der Wortlaut des Art 15 VII „... so haben die beteiligten Länder zunächst einvernehmlich vorzugehen" stellt sich somit nicht als eine ausnahmsweise auf die in Art 15 VII bezogenen Artikel beschränkte Einräumung der Befugnis der Länder zu einvernehmlichem Vorgehen dar, sondern als eine Anerkennung des Rechtes der Länder zu einvernehmlichem Vorgehen im Rahmen ihrer Zuständigkeiten. Art 15 VII 1. Satz setzt somit dieses Recht voraus. Aus der Beschränkung der devolutiven Exekutivzuständigkeit des Bundes auf die erwähnten Artikel ist abzuleiten, daß den Ländern bei der Wahrnehmung ihrer Kompetenzen gemäß Art 15 I B-VG das Recht zu einvernehmlichem Vorgehen unbeschränkt garantiert ist. Es ist also prinzipiell davon auszugehen, daß das B-VG den Ländern dort, wo ihnen Gesetzgebungs- und Vollziehungskompetenzen offenstehen und sie dies zur optimalen Erfüllung ihrer staatlich aufgetragenen Aufgaben für erforderlich erachten, ein einvernehmliches Vorgehen gestattet.

Das von Art 15 VII vorausgesetzte einvernehmliche Vorgehen läßt verfahrensrechtlich einen Bescheid entstehen, der als Gesamtakt anzusehen ist[106]. Dies aber wiederum bedeutet, daß der Bescheid seine rechtsverbindliche Wirkung nicht durch die Addition mehrerer isolierter auf den jeweiligen Landesbereich bezogener und begrenzter Verwaltungsakte entfaltet, sondern als ein einheitlicher, untrennbarer Akt begriffen werden muß; durch den vom Einvernehmen verschiedener Länder getragenen Gesamtakt aber werden wechselseitig die räumlichen Geltungsbereiche erstreckt.

Damit aber ist der Nachweis erbracht, daß das B-VG die Grenzüberschreitung von Normen nicht ausschließt, diese vielmehr zuläßt. Das Modell des einvernehmlichen Vorgehens und die damit verbundene Möglichkeit, Normen über ihren traditionellen Sanktionsbereich hinaus zur Geltung zu bringen, liegt dem B-VG prototypisch zugrunde. Einen weiteren bedeutsamen Ansatz enthalten die Bestimmungen des B-VG über den Gliedstaatenvertrag, den das B-VG bereits in seiner Ursprungsfassung vorgesehen hatte[107]. In Ermangelung eigener Erfahrungen hatte der Verfassungsgesetzgeber sich an ausländischen Vorbildern zu orientieren und fand in Art 7 der Verfassung der Schweizer Eidgenossenschaft ein

---

105 So A d a m o v i c h, Handbuch des österreichischen Verfassungsrechts⁶ (1971) 164; H e l l b l i n g, Kommentar zu den Verwaltungsverfahrensgesetzen I (1953) 104; anscheinend auch E r m a c o r a, Verfassungslehre, aaO, 302.
106 W a l t e r, System, 608.
107 Art 107 B-VG; seit der BV-Novelle 1974 Art 15a II.

auch für die ö Verfassungsordnung akzeptables Modell. Der ö Gliedstaatenvertrag lehnt sich nachweislich an das s Institut an[108]; also sind von hier aus Aufschlüsse über den eher spärlich gehaltenen ö Verfassungstext zu erwarten.

Auf die Entwicklung des s Gliedstaatenvertrags-Rechts und speziell der grenzüberschreitenden Planung ist bereits an anderer Stelle hingewiesen worden[109]; in unserem Zusammenhang verdient die rege Praxis der s Kantone auf Gebieten Erwähnung, die wesensmäßig eine Erstreckung bzw Beschränkung von Hoheitsrechten zum Regelungsgegenstand haben. Wir denken hier an die zahlreichen vertraglich eingeräumten und lange vor der Zeit der Abfassung des ö B-VG 1920 begründeten Staatsservituten der s Kantone untereinander[110]; wir erinnern ebenso an die — freilich auch in der s Rechtsordnung eher seltenen — zwischengliedstaatlichen Institutionen mit echten hoheitlichen Befugnissen[111].

Damit von einer Anlehnung an das s Recht sinnvoll gesprochen werden kann, ist davon auszugehen, daß dem Verfassungsgesetzgeber die Erstreckung bzw Beschränkung der jeweiligen Hoheitsbereiche als Konsequenz eines Gliedstaatenvertrages bekannt war und er diese auch für die ö Gliedstaatenordnung für zulässig erachtet. Hätte er dem Gedanken einer Grenzüberschreitung nicht nahetreten können, hätte er dies wohl zumindest in den Verfassungsmaterialien zum Ausdruck gebracht; so ist diesen aber lediglich die Sorge vor politischen Bündnissen zu entnehmen, die auch den s Verfassungsgesetzgeber und die s Literatur immer wieder beschäftigt haben. Der Abschluß politischer Verträge ist den Ländern aber nach der vom B-VG geschaffenen Verfassungslage verwehrt[112].

Zum gleichen Ergebnis führt die teleologische Interpretation des Art 15a B-VG. Sie hat von dem Faktum auszugehen, daß das B-VG Kooperation der Länder im Vertragsraum ermöglichen will und daher nicht zu dem Ergebnis führen kann, das B-VG verbiete, die für zwischenstaatliche Verträge notwendigen und üblichen rechtlichen Gestaltungsmöglichkeiten einzusetzen. Aus der Zulässigkeit des Gliedstaatsvertrages ist vielmehr zu schließen, daß das B-VG den Ländern gestattet, auf die Rechtsordnungen der Vertragsländer Einfluß zu nehmen; rechtstechnisch kann sich eine solche Einflußnahme auch als vertraglich vereinbarte oder zugelassene Erstreckung von Rechtsnormen des einen Landes auf das Gebiet des anderen Landes oder auf Teilgebiete des anderen Landes darstellen.

Die Länder sind gemäß Art 15a II B-VG befugt, nicht nur Vereinbarungen über Angelegenheiten zu treffen, die ihnen in Gesetzgebung und Vollziehung zustehen (Art 15 I B-VG); vielmehr erstreckt sich diese Ermächtigung auch auf die Angelegenheiten der Art 11, 12, 14 II und III B-VG[113]; denn auch diese Zuständigkeiten zählen zu dem selbständigen Wirkungsbereich der Länder[114]. Das von Art 15 VII angestrebte einvernehmliche Vorgehen der Länder für den Fall, daß ein Akt der Vollziehung eines Landes für mehrere Länder wirksam werden soll, stellt sich somit als ein Spezialfall des Art 15a II (Gliedstaatsvertrag) dar. Es ist in diesen

---

108 Vgl F r ö h l i c h / M e r k l / K e l s e n, aaO, 221 f.
109 Vgl oben S 165 ff.
110 Vgl S c h a u m a n n, VVDStRL 19 (1961) 86 (95).
111 Schaumann, aaO, 95.
112 Insbes: Der schmale, nach Art 15 I B-VG den Ländern verbliebene Kompetenzraum, aber auch der Modus der Änderung des Gebietsbestandes der Bundesländer, Art 3 II B-VG.
113 So enthält zB § 30 II sa Schulorganisations-Ausführungsgesetz LGBl 1963/69 die Bestimmung, daß bei Bildung eines Schulsprengels, der sich auf zwei oder mehrere Bundesländer erstrecken soll, die Landesregierung vor seiner Festsetzung die erforderlichen Vereinbarungen mit den betroffenen Landesregierungen zu treffen hat; diese Vereinbarung ist die Voraussetzung für die Erstreckung des sa LandesG auf ein anderes ö Bundesland; auch die Kostenbeitragspflicht (§ 39 II leg cit) wird in diesem Falle auf die betreffenden Gemeinden des anderen Bundeslandes erstreckt.
114 R i l l, aaO, 90.

Fällen Ausdruck des Interesses des Verfassungsgesetzgebers an einer einheitlichen Lösung von Sachfragen dort, wo der Bund bereits durch Gesetzgebungszuständigkeiten diese vorzeichnen kann. In den Angelegenheiten des Art 15 I B-VG liegt es ausschließlich bei den Ländern, in ihren Vereinbarungen eine einheitliche Lösung anzustreben oder aber diesen einen voneinander abweichenden, aber trotzdem aufeinander bezogenen Inhalt zu geben.

Unsere Ausführungen haben den Nachweis zu erbringen versucht, daß von einer Lücke betreffend das Verhältnis der ö Bundesländer bzw deren Rechtsordnungen zueinander nicht gesprochen werden kann.

Daß das B-VG insgesamt der horizontalen Kooperation ein nur spärlich ausgebautes Instrumentarium an die Hand gibt, soll dabei keineswegs verkannt werden[115].

(2) Gegen das Projekt einer grenzüberschreitenden Planung, speziell dessen institutionelle Komponente: die Errichtung gemeinsamer Einrichtungen, sind verfassungsrechtliche Bedenken erhoben worden, die aus den Geboten des Art 20 B-VG abgeleitet werden[116]. Es kann dies nur bedeuten, daß man mit der spezifischen Struktur einer gemeinsamen Ländereinrichtung, etwa einem Planungsverband, eine unzulässige Beschränkung des Weisungsrechts in Zusammanhang bringt; etwa derart, daß etliche Landesregierungen der vertragsschließenden Länder auf ihr Weisungsrecht verzichten müßten, um die Erteilung einer Weisung zu ermöglichen.

Hier darf dabei aber folgendes nicht übersehen werden: Von einem Verzicht des Weisungsrechts kann sinnvollerweise nur dann gesprochen werden, wenn ein Land darauf vertraglich verzichtet; diese vertragliche Bindung bedürfte freilich der Transformation in ein Landesverfassungsgesetz[117], wäre aber dem Landesverfassungsgesetzgeber disponibel. Von dieser Notwendigkeit kann jedoch nicht die Rede sein. Das Weisungsrecht erfährt im Falle einer gemeinsamen Ländereinrichtung lediglich eine Modifizierung, welche die verantwortliche oberste Stellung der Landesregierung nicht berührt. Das B-VG läßt grenzüberschreitende Planung zu; das von ihm vorausgesetzte Modell einvernehmlichen Vorgehens erfaßt auch den Fall einer Weisungserteilung an eine gemeinsame Einrichtung. Es ist dem Gebote des Art 20 B-VG Rechnung getragen, wenn diese von allen Beteiligten einvernehmlich erteilt wird.

Das Modell des einvernehmlichen Vorgehens erledigt in gleicher Weise die verfassungsrechtlichen Bedenken hinsichtlich der Wahrnehmung des Letztentscheidungsrechts der Landesregierung im Instanzenzug. Dem Gebot des Art 101 B-VG ist Genüge getan, wenn jede Landesregierung bezüglich eines Rechtsmittelaktes ihr Einvernehmen erteilt.

Die von Neuhofer[118] behauptete Unzulässigkeit von mehreren Ländern gemeinsamen Gemeindeverbänden aus Gründen des Aufsichtsrechts muß als nicht stichhaltig abgelehnt werden. Nach dem B-VG ist es zulässig, daß die Länder ihre Zuständigkeiten einvernehmlich wahrnehmen. Auch die Führung des Aufsichtsrechts fällt in den selbständigen Wirkungsbereich der Länder; das B-VG verwehrt somit nicht die Bildung einer mehreren Ländern gemeinsamen Aufsichtsbehörde. Art 119a III B-VG schreibt den Ländern lediglich vor, daß das Aufsichtsrecht von den Behörden der allgemeinen staatlichen Verwaltung auszuüben ist.

---

115 E r m a c o r a, Verfassungslehre, aaO, 302.
116 N e u h o f e r, Gemeinderecht, 398, führt als zusätzlichen Grund für die Verfassungswidrigkeit von gemeinsamen Ländereinrichtungen — hier einem Gemeindeverband mit Aufgaben des eigenen Wirkungsbereiches der Gemeinde — an, daß der Landesgesetzgeber nicht berechtigt ist, eine für mehrere Länder gemeinsame Aufsichtsbehörde einzurichten.
117 K o j a, aaO, 367 ff.
118 Vgl N e u h o f e r, Gemeinderecht, 398.

Die weit differierenden Planungsgesetze der ö Bundesländer legen es nahe, für gemeinsame Planungsverbände Sonderrecht zu vereinbaren; dieses wäre in das jeweilige Landesrecht mit der Maßgabe wechselseitiger Geltungserstreckung umzugießen; daß gegen diese Form der Grenzüberschreitung verfassungsrechtliche Zweifel unbegründet sind, haben unsere Ausführungen zu den Art 15a II und 15 VII B-VG gezeigt.

7. Modelle für die österreichischen Bundesländer

7.1. Vorbemerkungen

7.1.1. *Probleme des Finanzausgleichs*

In dem Maße, in dem das Finanzaufkommen der Gemeinden durch das Aufkommen örtlicher Steuern und ihre Finanzierungslast durch ihre Eigenschaft als örtlicher Träger von Maßnahmen bestimmt ist, müssen die Gemeinden darauf achten, Chancen zur Vermehrung des Steueraufkommens wahrzunehmen und sich von Aufgaben fernzuhalten, deren Nutznießer im wesentlichen Gebietsfremde sind. Verzicht auf Entwicklungschancen und Übernahme von Aufgaben für Gebietsfremde sinnt aber eine Planung den Gemeinden an, die auf die Verwirklichung eines regionalen Konzeptes der Zentralen Orte und der Funktionsteilung zwischen einer Mehrheit von Gemeinden eines als sozio-ökonomische Einheit begriffenen Raumes zielt.

Interkommunale Zusammenarbeit auf dem Gebiet der Raumordnung ist daher, in welcher Rechtsform auch immer, mit dem Problem des Finanzausgleichs belastet. Ihr Erfolg hängt davon ab, ob es gelingt, das Problem selbst zu lösen oder Aushilfen einzubauen, die zumindest das Problem entschärfen. Das geltende Recht begnügt sich mit dem Vorbehalt, durch konsistente staatliche Planung den Gemeinden Verzichte und altruistische Investitionen aufzuerlegen — in Verbindung freilich mit der staatlichen Subventionierung besonderer Aufgaben.

Planungsverbände auf freiwilliger Grundlage können nur an die Opferbereitschaft der Gemeinden im regionalen Interesse appellieren; Pflichtverbände können zwar den Gemeinden Opfer auferlegen, die finanzwirtschaftlichen Folgen ihrer Planungen für einzelne Gemeinden können sie jedoch auf dem Wege der Umlage nur unvollkommen ausgleichen.

Soll vermieden werden, daß die Entwicklung und Verwirklichung regionaler Konzepte durch Verteilungsprobleme erschwert oder vereitelt wird, bedarf es einer Anpassung des Systems des Finanzausgleichs an die Bedürfnisse der Raumordnung; jedenfalls sind Bedarfszuweisungen durch Bund und Land an die Raumordnungspläne zu binden[1].

Diese Aspekte sind im Auge zu behalten, auch wenn die Probleme des Finanzausgleichs nicht Gegenstand der Untersuchung sind und daher auch im folgenden nicht jeweils angesprochen werden können.

7.1.2. *Die Gliederung in regionale Planungsräume*

Die Frage nach der zweckmäßigen Form regionaler Organisationen steht in Wechselbeziehung zu der Frage nach der zweckmäßigen Gliederung eines Landes in regionale Planungsräume. Beide Fragen sollten daher gemeinsam und unter Mitwirkung von Experten der Raumwissenschaften diskutiert werden. Auch im politischen Prozeß wird man die Entscheidung über die regionale Gliederung in ihrer Wechselbeziehung zur regionalen Organisation sehen müssen. Eine Untersuchung, die aus der Sicht des Organisationsrechts zu einer Diskussion beitragen will, die noch in den ersten Anfängen steht, muß daher von einem hypothetischen Konzept der regionalen Gliederung ausgehen, um Modellerwägungen konkretisieren zu können und dem Erfordernis differenzierter Problemlösung Genüge zu tun.

---

1 Vgl F r ö h l e r / O b e r n d o r f e r, Die Gemeinde im Spannungsfeld des Sozialstaates (1970) 78; P e r n t h a l e r, Raumordnung, 305 f, 313 f.

Sie kann sich dabei an die bereits für Österreich gewonnenen Erkenntnisse der Raumforschung[2] und die in der neuesten Gesetz- und Verordnungsgebung sichtbar werdenden Entwicklungen anlehnen, muß sich aber mit relativ abstrakten Umschreibungen begnügen.

Während in den Anfangsjahren einer überörtlichen Raumplanung in Österreich Teilgebietsplanung inselförmig und kleinräumig — beschränkt vor allem auf besondere Problemgebiete — betrieben wurde, läßt die neuere ö Gesetzgebung und ihre Ausführung durch die Landesplanung erkennen, daß diese Planungsstufe in Ausführung eines Landesentwicklungsprogramms das gesamte Gebiet des Landes erfassen soll. Insoweit läuft die Entwicklung in Österreich parallel zu der in den d Ländern, deren neuere Planungsgesetze eine flächendeckende und zwingende Gliederung des Landesgebietes in regionale Planungsräume vorsehen. Es kann daher davon ausgegangen werden, daß zukünftig die Teilgebietsplanung auf räumliche Ordnungseinheiten ausgerichtet werden wird, die das Landesgebiet insgesamt abdecken und die durch einen selbständigen raumordnungspolitischen Entscheidungsakt festgelegt werden, wobei die grundsätzliche Entscheidung über die Ausbildung von Planungsräumen bereits der Gesetzgeber, die konkrete räumliche Abgrenzung der Verordnungsgeber zu treffen hat. Als Bestandteil der überörtlichen Raumplanung unterliegt die Abgrenzung der regionalen Planungsräume staatlicher Zuständigkeit, was nicht ausschließt, dem kommunalen Element auch in diesem Stadium stärkere Einflußmöglichkeiten einzuräumen.

Der Versuch, Kleinregionen auszubilden und auf dieser Grundlage konsistente Regionalplanung zu betreiben, wurde nur vereinzelt unternommen und ist auch im betreffenden Land selbst nicht ohne Kritik geblieben. Signifikanter für die künftige Entwicklung dürfte die Abgrenzung von Regionen durch das nö Zentrale-Orte-Programm vom 17. Juli 1973 (LGBl 8000/24 - 0) sein sowie die zum Entwurf gediehenen Absichten in Oberösterreich und der Steiermark, die verwaltungsinternen Abgrenzungen in Vorarlberg und im Burgenland und die Praxis der Teilgebietsplanung in Salzburg. Sie geben Anhaltspunkte dafür, daß von den ö Ländern in Anlehnung an ein System zentralörtlicher Gliederung Planungsräume etwa in der Größe politischer Bezirke angestrebt werden; ihre Einwohnerzahl liegt über der durchschnittlichen Einwohnerzahl politischer Bezirke, da notwendigerweise die Statutarstädte als Zentren in den jeweiligen Planungsraum integriert werden. Regelmäßig lehnt sich die Einteilung in Planungsräume nicht nur an die durchschnittliche Größe politischer Bezirke, sondern auch an die konkreten Bezirksgrenzen an. In Einzelfällen setzt sie sich über die Bezirksgrenzen hinweg, wenn diese willkürlich sozio-ökonomische Einheiten zerschneiden.

Wegen des unterschiedlichen Entwicklungsstandes und Ausstattungsgrades der einzelnen Teilgebiete der ö Länder wird das Zentrum des jeweiligen Planungsraumes nicht immer ein Zentraler Ort höchster Stufe sein; in einzelnen — insbesondere den alpinen und ländlichen Landesteilen — finden sich nur jeweils mehrere Zentrale Orte niederer Stufen; ein leistungsfähiges Zentrum fehlt.

Planungsräume mit einem Zuschnitt unterhalb der Größe politischer Bezirke werden als für eine sachgerechte Regionalplanung schwerlich geeignete Gebietseinheiten in die Arbeitshypothese nicht aufgenommen. Zwar kann auf der Abstraktionsstufe dieser Erwägungen nicht allgemein ausgeschlossen werden, daß auch kleinere Räume eines selbständigen Teilgebietsplans bedürfen; grund-

---

2 Vgl insbes Raumordnung in Österreich, Ö Institut f Raumplanung, Veröff Nr 30 (1966); Strukturanalyse des österreichischen Bundesgebietes, 2 Bde (1970) u dort die Beiträge von B o b e k, Die Zentralen Orte und ihre Versorgungsbereiche, 473; O f n e r, Die Gemeindestruktur Österreichs, 461, u W u r z e r, Struktur und Probleme der Verdichtungsgebiete, 505; O f n e r, Die regionale Situation der Gemeinden (1971); S i l b e r b a u e r, Regionen und ihre Abgrenzung, Kulturberichte Juli 1972, 1.

sätzlich sprechen jedoch sowohl die Beobachtungen in den Vergleichsländern als auch gewisse Anzeichen in Österreich gegen eine allzu kleinräumige Gliederung. Sie würde eine Entwicklung der häufig besonders entwicklungsbedürftigen kleinräumigen Einheit in sinnvoller Zuordnung zu den leistungsfähigeren größeren Räumen erschweren.

Ob es möglich sein wird, in allen Planungsräumen auch eine leistungsfähige regionale Organisation aufzubauen, ist fraglich. Es ist zu erwarten, daß einzelne Planungsräume, sei es wegen ihrer Randlage, sei es mangels ausreichender Verflechtungsbeziehungen und mangels gewichtiger gemeinsamer Aufgaben, sei es wegen mangelnder Leistungskraft der Gemeinden oder wegen anderer Besonderheiten eines vielgestaltigen Landes, keine Ansatzpunkte für organisierte Zusammenarbeit bieten (Fehlen der Verbandsreife).

Regionale Organisation wird das zu berücksichtigen haben. Zwar sollte gerade ein kleinräumiges Land, wenn irgend möglich, für die einzelnen Planungsräume gleiches Organisationsrecht vorsehen. Insbesondere die in der Regel mit besonderen Entwicklungsproblemen belasteten ländlich-alpinen Räume könnten benachteiligt sein, wenn ihre regionale Organisation vernachlässigt würde. Es ist jedoch zu bedenken, daß regionale Organisation regionale Entwicklung nachhaltig nur fördern kann, wenn sie sich an Aufgaben und Leistungsfähigkeit der Region orientiert, das vorhandene Potential nicht überfordert und es nicht dadurch fehlleitet.

Andererseits ist mangelnde Verbandsreife einzelner Planungsräume kein Anlaß, auf die Ausformung einer als nützlich erkannten regionalen Organisation überhaupt zu verzichten. Vielmehr sollten die Vorteile regionaler Organisation in denjenigen Planungsräumen genützt werden, in denen dies möglich erscheint; in Planungsräumen, denen die Verbandsreife fehlt, müßte es bei der staatlichen Regionalplanung sein Bewenden haben. Zu prüfen bleibt dann, ob die Errichtung subregionaler Organisationen nützlich ist[3].

Dies vorausgeschickt kann den Modellerwägungen folgendes hypothetisches Konzept der regionalen Gliederung zugrundegelegt werden:

— das Landesgebiet ist flächendeckend in Planungsräume gegliedert,
— Leitbild für die regionale Gliederung ist ein Raum, der nach Ausdehnung und vorhandener oder anzustrebender Besiedlung Gesamtbereich eines Zentralen Ortes höherer, ausnahmsweise auch oberer mittlerer Stufe und des ihm zugeordneten Systems Zentraler Orte ist[4],
— leitbildgerechte Planungsräume sind in der Regel größer als politische Bezirke, da sie jedenfalls die Statutarstädte ihrem Einzugsbereich zuordnen und sich über Bezirksgrenzen hinwegsetzen, wenn diese sozio-ökonomische Einheiten durchschneiden,
— infolge der Vielgliedrigkeit und Differenziertheit des ö Gesamtraumes werden die konkreten Planungsräume nicht nur ganz ausnahmsweise von dem Leitbild abweichen; für die regionale Organisation bedeutsame Abweichungen ergeben sich in Planungsräumen, die geprägt sind durch die Merkmale eines Schwerpunktraumes[5] und eines ländlich-alpinen Raumes,

---

3 ZB in einem Planungsraum, der sich in mehrere Alpentäler gliedert, zwischen denen nur untergeordnete Verflechtungsbeziehungen bestehen, die aber je für sich Basis einer subregionalen Organisation sein können.
4 In der Terminologie des nö Zentrale-Orte-Raumordnungsprogramms, aaO, wären das die Zentralen Orte der Stufen V und IV.
5 Unter Schwerpunkträumen sollen die Räume verstanden werden, die im Ausstrahlungsbereich eines Zentralen Ortes mit Funktionen einer Großstadt und eines Schwerpunktes wirtschaftlicher und/oder industrieller Entwicklung liegen. So wird in erster Linie bei Graz, Innsbruck, Klagenfurt, Linz und Salzburg und ihren Umlandbezirken zu prüfen sein, ob eine regionale Organisation besonderer Art erforderlich ist; in der Terminologie von W u r z e r, in: Strukturanalyse, aaO, 511 auch als Zentralräume bezeichnet.

— ungeachtet der sozio-ökonomischen Unterschiede ist mittelfristig für jeden Planungsraum ein Regionalplan zur erstellen; die Regionalpläne für die einzelnen Planungsräume haben gleichen Rang und decken zusammen das ganze Landesgebiet ab,

— subregionale Organisationen und interkommunale Planung auf subregionaler Ebene ist nur zuzulassen, wenn hierfür ein besonderes Bedürfnis vorliegt, das nicht auf kommunaler oder regionaler Ebene befriedigt werden kann.

Zur Veranschaulichung sei dieses im folgenden vorausgesetzte hypothetische Konzept der regionalen Gliederung schematisch dargestellt. Neben der Gliederung des gesamten Landesgebietes in regionale Planungsräume, der jeweiligen Trägerschaft der Regionalplanung entsprechend den Merkmalen des Planungsraumes, zeigt das Schema auch mögliche Varianten subregionaler Organisationen innerhalb der Planungsräume. Jene Räume, die für regionale oder subregionale Organisation in Betracht kommen, sind gerastert.

Planungsraum	1	2	3	4	5
Merkmale des Planungsraums	Leitbild-gerecht	Leitbild-gerecht	Leitbild-gerecht	Schwer-punktraum	Ländlich-alpiner Raum
Träger der Regional-planung	Regionale Organi-sation	Regionale Organi-sation	Regionale Organi-sation	Regionale Organi-sation besonderer Art	Landes-regierung ggf mit Beirat
Subregionale Organisationen — mit Planungsfunktion					1 2 3
Subregionale Organisationen — mit sonstigen Funktionen					

Ausgenommen den Sonderfall Wien und Umland[6] ist auf die konkrete Ausformung der regionalen Gliederung in den einzelnen Bundesländern hier ebensowenig einzugehen wie auf die Frage, ob die in einzelnen ö Bundesländern vorfindliche Gliederung den Bedürfnissen effektiver Raumordnung entspricht.

Mit der Verkürzung des zentralen Problems der regionalen Gliederung auf schlichte Hypothesen soll die Untersuchung von Komplexitäten entlastet werden, zu deren Auflösung der Jurist nur in engen Grenzen beitragen kann. Es soll damit aber zugleich zum Ausdruck kommen, daß die Modellerwägungen auch bei der Ausformung regionaler und subregionaler Organisationen behilflich sein wollen, wenn ein Land seiner regionalen Gliederung ein anderes Konzept zugrundelegt. So können die Vorschläge für die Ausformung der Organisation von Planungsregionen, insbesondere solche mit den Merkmalen eines Schwerpunktraumes, auch dann behilflich sein, wenn ein Land nur eine Stadtregion als besonderen

---

6 Vgl unten S 278 ff.

Planungsraum ausgrenzt[7]. Die Vorschläge für die Bildung subregionaler Organisationen wollen auch behilflich sein, wenn das Gesamtgebiet eines ö Bundeslandes so kleinräumig gegliedert wird, daß die einzelnen Gebietseinheiten nach Größe und Struktur deutlich die dem Leitbild zugrundegelegte Größenordnung unterschreiten.

Daher sind die nachfolgenden Modellerwägungen wie folgt untergegliedert:

In einem ersten Abschnitt (7.2.—7.4.) werden Modelle erörtert, die für eine Organisation eines leitbildgemäßen Planungsraumes in Betracht kommen; sie werden ergänzt durch Erwägungen für Planungsräume mit den Merkmalen eines Schwerpunktraumes und eines ländlich-alpinen Raumes.

In einem zweiten Abschnitt (7.5.) werden Modelle kommunaler Zusammenarbeit in subregionalen Organisationen erörtert.

In einem dritten Abschnitt (7.6.—7.7.) sind Fragen Landesgrenzen überschreitender Zusammenarbeit zu untersuchen.

Die Organisation gemeinsamer Planung unter Beteiligung ausländischer Planungsträger wird nicht erörtert. Wie auch die Darstellung der d und der s regionalen Organisationen gezeigt hat[8], finden die Organisationsfragen für diese Räume ein Schwergewicht in den Problemen der Koordination der aneinandergrenzenden Staaten[9] und liegen daher außerhalb einer Untersuchung, die sich in ihrem Schwergewicht mit der Koordination der Gemeinden befaßt.

Soweit kommunale Zusammenarbeit über die Staatsgrenzen hinweg mit ausländischen Gemeinden geboten ist, sind die Gemeinden nach dem derzeitigen Stand des nationalen und internationalen Rechts auf Kooperation in frei nach den Modellen des Vereins, der Kommission oder der Arbeitsgemeinschaft gebildeten Assoziationen verwiesen. Für die Erstellung gesamthafter gemeinsamer Planungen bieten sich keine Chancen. Wesentliche — und nicht zu gering zu achtende — Aufgabe derartiger Kooperation ist die gegenseitige Information, die Erleichterung der Abstimmung bei Planung und Durchführung konkreter, das Gebiet des Gegenbeteiligten berührender Aufgaben und die Förderung der gemeinsamen Wahrnehmung einzelner Verwaltungsaufgaben[10].

7.2. Organisation von leitbildgemäßen Planungsräumen

7.2.1. *Aufgaben, Planungsinstrument*

(1) In Planungsräumen der hier vorgestellten Größenordnung[11] verflechten sich staatliche und kommunale Aufgaben zu einem regionalen oder subregionalen (zwischengemeindlichen) Verantwortungszusammenhang. So ist die Erstellung des Zentrale-Orte-Programms eine genuin staatliche Aufgabe; auf der Ebene der Region ist sie nur wahrzunehmen, wenn auf Landesebene ein solches Programm noch nicht erstellt ist; eine spezifisch regionale Aufgabe fällt an, wenn das Zentrale-Orte-Programm des Landes nur die Orte der höchsten und mittleren Zentralitätsstufe festlegt und im Regionalplan die Zentralen Orte der unteren Stufe auszuweisen sind. Die Umsetzung des Zentrale-Orte-Programms in operable Zielsetzun-

---

7 Vgl zu diesem Begriff B o u s t e d t, Stadtregionen, in: Handwörterbuch der Raumforschung und Raumordnung² (1970) 3207 ff; W u r z e r, in: Strukturanalyse, aaO, 531 ff; d e r s, Entwicklungsprogramm Raum Villach, Raumordnung in Kärnten, Bd 8 (1974) 15: die statistisch mit 275 qkm Fläche und 58.500 Ew ausgewiesene Stadtregion Villach wurde zu einem regionalen Planungsraum mit 417 qkm Fläche und 68.500 Ew (Stand 1961) erweitert.
8 Vgl oben S 99 ff; S 162 ff.
9 Vgl Ö Institut f Raumplanung, Grenzgebiete Österreich-Bayern (1974) 38.
10 Vgl hierzu auch die oben S 69 FN 174 zitierte Resolution des Europarates.
11 Vgl oben S 237.

gen und Planungen ist eine Aufgabe, in die sich Staat und Gemeinde teilen: Die Festlegung von Wachstumszielen und -grenzen im regionalen Interesse und auch im überregionalen Interesse, die Standortentscheidungen für Einrichtungen überörtlicher Bedeutung, die Planung von Bundes- und Landesstraßen, die Festlegung von Schutzgebieten für Landschaft und Wasser ist staatliche Angelegenheit, deren Verlagerung auf die Region durch Dezentralisierung jedoch sachlich geboten sein kann. Die zur Verwirklichung der Ziele unentbehrliche Flächenwidmungsplanung ist der Gemeinde vorbehalten[12]; auch für die Verwirklichung der Ziele Entscheidendes liegt allein in ihrer Zuständigkeit, so die Erschließung der Baugebiete, der Ausbau der örtlichen Wege, die Vorhaltung der kommunalen Einrichtungen, aber zB auch die privat-wirtschaftliche kommunale Grundstückspolitik. Bei alledem ist die Gemeinde in der Regel freilich wiederum auf staatliche Finanzhilfe angewiesen, in vielen Fällen muß sie ihre Planungen und Maßnahmen mit benachbarten Gemeinden abstimmen.

(2) Als Instrument für die Bewältigung der anstehenden Planungsaufgaben sieht das geltende Recht nur den als Verordnung der Landesregierung zu erlassenden Regional- oder Teilgebietsplan und den von der Gemeinde im eigenen Wirkungsbereich zu erlassenden Flächenwidmungsplan vor. Für die verbandsmäßige Planung der Region ist daher ein Planungsinstrument in die Rechtsordnung einzuführen. In Betracht kommt, entweder den Flächenwidmungsplan oder den Teilgebietsplan zu einem solchen Instrument fortzuentwickeln.

Der Flächenwidmungsplan ist nach Art 118 III B-VG als Instrument zur Artikulation der örtlichen Interessen der Gemeinde vorbehalten[13]. Er könnte daher nur im Wege der Verfassungsänderung den Gemeinden entzogen und zur Artikulation des überörtlichen regionalen Interesses eingesetzt werden.

Der Flächenwidmungsplan ist zudem wenig geeignet, die Ordnungs- und Entwicklungsaufgaben für Räume der hier vorgestellten Dimension in Form zu bringen, da er als Instrument der Auffangplanung konzipiert ist und durch das Gebot der Parzellenschärfe eine der Planungsaufgabe unangemessene Genauigkeit der planerischen Festsetzungen verlangen würde.

Die Einführung eines Flächenwidmungs-Rahmenplanes[14] würde zwar Beschränkung auf Grobplanung ermöglichen; zulässig wäre aber auch mit diesem Instrument nur die Artikulation der gemeinsamen örtlichen Interessen. Es kommt hinzu, daß der Einfluß des Staates auf die Planung auf Rechtsaufsicht beschränkt wäre; das aber wäre verfassungsrechtlich unzulässig und auch nicht sachdienlich, soll durch regionale Planung das Kondominium von Staat und Gemeinde in der Region In Form gebracht werden.

Es ist daher geboten, den Regionalplan für Zentralräume als staatliches Planungsinstrument zu konzipieren, wie es auch das geltende Recht vorsieht. Abweichend vom geltenden Recht ist jedoch ein förmlicher Einfluß der Gemeinden auf die Planerstellung sicherzustellen,

— sei es, daß einem Kommunalverband die Planerstellung zur Wahrnehmung im Auftrag und nach Weisung des Landes übertragen wird,

— sei es, daß die Gemeinden in dem für die Planerstellung zuständigen Landesorgan ein Mitspracherecht eingeräumt erhalten.

Für subregionale Planung und Koordination der Gemeinden gilt anderes, da Planung kleiner Räume unter Beteiligung nur weniger Gemeinden als gemeinsame Wahrnehmung je örtlicher Aufgaben begriffen werden kann, so daß für die Planung der gemeinsame Flächenwidmungsplan oder der gemeinsame Flächen-

---

12 Vgl oben S 28.
13 Vgl oben S 207 f.
14 Vgl oben S 216 f.

widmungs-Rahmenplan als rechtlich zulässiges[15] und auch praktikables Planungs-instrument eingesetzt werden kann.

7.2.2. Die denkbaren Organisationsmodelle

Die Konfrontation der in anderen Staaten entwickelten Organisationsformen mit den allgemein in Regionen zu bewältigenden Aufgaben hatte gezeigt, daß die Arbeitsgemeinschaft und die Verwaltungsgemeinschaft wegen ihrer Entschei-dungsunfähigkeit und der Verein wegen seiner Entscheidungsschwäche wenig geeignete Modelle für die Bewältigung regionaler Aufgaben sind und daher nur als Vorstufen entscheidungsfähiger Organisationen oder unter besonderen Verhält-nissen nützlich sein können. Es hatte sich ferner gezeigt, daß der Verein die Gefahr der Scheinlegitimation von planerischen Fehlentscheidungen in sich birgt. Diese Modelle sind daher für die in größeren Planungsräumen zu lösenden Auf-gaben nicht behilflich[16].

Es ist näher zu erörtern:
— der Gemeindeverband in seinen Varianten freiwilliger oder Pflichtverband — Planungsverband oder Mehrzweckverband,
— der Planungsrat in seinen Varianten Planungsbeirat oder Kollegialbehörde — Einrichtung auf Bezirksebene oder Landesebene.

7.2.3. Der Gemeindeverband als freiwilliger Planungsverband

Vgl die abstrakte Eignungsuntersuchung oben 5.3.4.

Verbandsmäßiger freiwilliger Zusammenschluß von Gemeinden für die Aufgaben der Regionalplanung setzt gesetzliche Grundlagen für die Verbandsbildung und für seine Tätigkeit auf diesem Sektor staatlicher Verwaltung voraus. Diese könnten durch ein Landesgesetz geschaffen werden, das die Gemeinden befugt, für Auf-gaben der Regionalplanung Gemeindeverbände zu bilden, sei es durch genehmi-gungspflichtigen öffentlich-rechtlichen Vertrag der Gemeinden, sei es durch Ver-ordnung des Landes auf Antrag der Gemeinden. Regionale Organisation, die als Verbandsbildung von unten nach oben der freien Entscheidung der Gemeinde überlassen bleibt, setzt voraus, daß eine Vielzahl von Gemeinden sehr unter-schiedlicher Größe, Funktion und Leistungskraft zur Verbandsbildung bereit ist, sich über den sachgemäßen räumlichen Zuschnitt und die innere Organisation des Verbandes einigt und auch anfangs abseits stehende Gemeinden zur Mitarbeit gewonnen werden. Daß im Regelfall eine solche Einigung gelingt und eine das Landesgebiet abdeckende sachgerechte regionale Gliederung zustande kommt, ist nicht gewährleistet. Als generelle Problemlösung empfiehlt sich daher diese Modellvariante nicht.

Eine andere Frage ist, ob wenigstens eine inselförmige Verbandsbildung in jenen Gebietsteilen zustande kommen wird, die gemeinsamer Planung besonders be-dürfen; generelle Aussagen hierüber lassen sich nicht treffen; entscheidend ist der Grad der Verbandsreife des Gebietsteiles, das Ausmaß zumindest latenter Kooperationsbereitschaft, aber auch das Vorhandensein von Persönlichkeiten, die mit Engagement und Geschick die Verbandsbildung in die Wege leiten.

Wenn nur inselförmige Verbandsbildung gelingt, ist die Aufstellung der Regional-pläne für die anderen Teile des Landes weiterhin Aufgabe der staatlichen In-stanzen. Da inselförmige Verbandsbildung auf freiwilliger Grundlage von vielerlei

---

15 Vgl oben S 218.
16 Zu ihrer Verwendung bei der Organisation subregionaler kommunaler Zusammenarbeit und grenz-überschreitender Zusammenarbeit vgl unten S 266 ff.

Zufälligkeiten abhängig ist, würde mithin die Kompetenz zur Regionalplanung durch diese Zufälligkeiten bestimmt werden, auch wenn das Land durch Ablehnung sachwidriger Anträge und durch Förderung sachgerechter Gründungen auf die Verbandsbildung Einfluß nehmen kann. Eine solche, der staatlichen Beherrschung weitgehend entzogene Aufspaltung der Planungskompetenzen ist verfassungsrechtlich fragwürdig und in der Sache nicht erstrebenswert. Der Vorbehalt zwangsweisen Zusammenschlusses ist daher notwendig. Als Nachteil des Gründungszwanges ist hinzunehmen, daß die innovatorischen und integrierenden Kraftströme freiwilliger gemeindlicher Zusammenarbeit sich nicht unmittelbar entfalten können.

7.2.4. Der Gemeindeverband als freiwilliger Mehrzweckverband

Die Modellvariante freiwilliger Mehrzweckverband eignet sich aus den oben (vgl 7.2.3.) dargelegten Gründen nicht für die Verbandsbildung von Planungsregionen.

7.2.5. Der Gemeindeverband als Pflicht-Planungsverband

Vgl die abstrakte Eignungsuntersuchung oben 5.3.5.

(1) Die bisherigen Überlegungen haben gezeigt, daß eine das Landesgebiet abdeckende, sachgerecht gegliederte regionale Organisation nur bei staatlichem Gründungszwang gewährleistet ist. Eine dem Planungsbedürfnis entsprechende regionale Gliederung und Bildung von Gemeindeverbänden ist daher nur durch gesetzliche Anordnung zu erreichen. Um das Gesetzgebungsverfahren von Einzelheiten zu entlasten und auch in Zukunft eine elastische Reaktion auf Veränderungen zu erleichtern, kann es sich empfehlen, im Gesetz die Regionen nur in ihren wesentlichen Merkmalen festzulegen, die genaue Abgrenzung der Regionen aber dem Verordnungsgeber zu überlassen. Entsprechendes gilt für die innere Verbandsstruktur, deren nähere Ausgestaltung den beteiligten Gemeinden überlassen werden kann.

Der Nachteil, daß auf Gemeinden Gründungszwang ausgeübt wird, ist durch sorgfältige Vorbereitung des Gesetzes und der Verordnung, durch umfassende Information und Mitwirkung der Gemeinden bei der Ausarbeitung des Gesetzes abzumildern. Anzustreben ist, daß die Gemeinden auf der Grundlage eines Gliederungskonzeptes selbst Vorschläge für die regionale Gliederung erarbeiten, die tunlichst im weiteren Gesetzgebungsverfahren approbiert werden.

(2) Art 118 B-VG verwehrt, die überörtliche Aufgabe der Regionalplanung den Gemeinden als Angelegenheit des eigenen Wirkungsbereiches zuzuweisen[17]; sie kann daher auch einem Gemeindeverband nur als Angelegenheit des übertragenen Wirkungsbereiches zugewiesen werden. Um die Eigenverantwortung des Verbandes und der in ihm zusammengeschlossenen Gemeinden zu stärken, empfiehlt sich jedoch, das mit diesem Verwaltungstypus notwendig verbundene staatliche Weisungsrecht (Art 119 I B-VG) gesetzlich näher auszuformen und zumindest grundsätzlich nur solche Weisungen zuzulassen, die zur Verwirklichung der Ziele der Landesplanung oder zur Abwehr von Gefährdungen der regionalen Aufgaben erforderlich sind. Teilaufgaben müssen oder können weisungsfrei gestellt werden, so insbesondere die Mitsprache des Verbandes bei der staatlichen Planung im Gegenstromverfahren.

Das Verfahren der Regionalplanung sowie Gegenstand und Bindungswirkung des Plans bzw der Pläne bedürfen der sorgfältigen Ausformung, die ein optimales

---

17 Vgl oben S 28.

Zusammenwirken kommunaler und staatlicher Planungsverantwortung ermöglicht und auch die Durchsetzung der Pläne gewährleistet. Auf Einzelheiten ist hier nicht einzugehen. Festzuhalten ist nur, daß das Letztentscheidungsrecht der staatlichen Behörde gebührt, die wesentlichen Pläne daher erst nach staatlicher Approbation in Kraft gesetzt werden können, daß aber die Verbandsbildung bezweckt, die Beschränkungen der gemeindlichen Planungs- und Entwicklungsinitiativen, die mit dem Ausbau der staatlichen Planung verbunden sind, durch Zulassung der Mitarbeit in der Regionalplanung zu kompensieren, darüber hinaus aber dem kommunalen Engagement für die regionale Entwicklung ein Betätigungsfeld zu öffnen. Daher sollte das Planungsverfahrensrecht dem kommunalen Einfluß breiten Raum gewähren.

(3) Die innere Verbandsorganisation[18] wird durch Art 116 IV B-VG nicht präjudiziert, da der Verband Aufgaben des übertragenen Wirkungsbereiches wahrnimmt. Daher ist es auch verfassungsrechtlich nicht geboten, den Mitgliedsgemeinden einen maßgebenden Einfluß auf die Besorgung der Verbandsangelegenheiten einzuräumen (Umkehrschluß aus Art 116 IV B-VG). Aus den obengenannten Gründen empfiehlt sich jedoch, den Verbandsgemeinden einen wesentlichen Einfluß auf die Besorgung der Verbandsangelegenheiten einzuräumen; das schließt nicht aus, ggf weiteren für die regionale Entwicklung bedeutsamen Einrichtungen und Personen Mitspracherechte einzuräumen.

Für diese Mitgliedschaft vorzusehen, empfiehlt sich nicht. Nach Aufgabenstellung, Interessenorientierung und Vermögen, zur verbandsmäßigen Kooperation beizutragen, unterscheiden sich derartige Einrichtungen und Personen so wesentlich von den Gemeinden, daß ihnen jeweils ein mitgliedschaftlicher Sonderstatus eingeräumt werden müßte. Das aber würde das Gefüge des Verbandes vermeidbar belasten. Die Einbeziehung von Organen der Verwaltung wäre schwerlich mit dem Grundsatz der Trennung der Vollzugsbereiche von Bund, Ländern und Gemeinden vereinbar.

Wird die Mitgliedschaft — zB von Kammern — vorgesehen, wird es schon aus Gründen terminologischer Klarheit geboten sein, den Verband nicht als Gemeindeverband zu bezeichnen[19].

Empfehlenswert aber kann es sein, bestimmten Einrichtungen und Personen ein Mitwirkungsrecht in den Organen des Verbandes oder in einem Beirat einzuräumen. Prädestiniert für Mitwirkung in einer der Funktion und Mitverantwortung für die regionale Entwicklung entsprechenden Position ist der Bezirkshauptmann bzw die Bezirkshauptmänner der Region.

Anderes gilt für die Beteiligung der Vertreter anderer Behörden des Landes und von Bundesbehörden. Der Einfluß des Landes und des Bundes ist, soweit es sich um die Wahrnehmung mittelbarer Bundesaufgaben handelt, durch Weisungs- und Aufsichtsrecht weitgehend gesichert. Hinzu tritt ggf die hilfsorganschaftliche Tätigkeit der Landesplanungsstelle. Als Kontakt- und Auskunftspersonen Vertreter der Landesverwaltung ständig an der Planungsarbeit zu beteiligen, kann nützlich sein.

Die Beteiligung von in der Region wohnhaften Landtagsabgeordneten kann nützlich sein, um ihre Informationen, ihren Einfluß und ihr Engagement auch der regionalen Entwicklung zugute kommen zu lassen. Die Beteiligung von Abgeordneten des Nationalrats und anderer politischer Kräfte der obersten Ebene empfiehlt sich nicht, da die jeweiligen Aufgaben zu weit auseinander liegen. Es

---

18 Vgl die Schemata regelungsbedürftiger Gegenstände im Anhang 8.4.
19 Vgl N e u h o f e r , Gemeinderecht, 399 u oben S 30.

sind auch praktische Schwierigkeiten zu besorgen, wenn mit Aufgaben schon stark ausgelastete Persönlichkeiten herangezogen werden.

Die Beteiligung von Unternehmen hervorragender regionaler Bedeutung kann in einer besonderen Entwicklungssituation nützlich sein. Bei der Ausgestaltung ihres Status ist zu berücksichtigen, daß sie – im Gegensatz zu den bisher genannten Einrichtungen und Personen – nicht Träger von gemeinwohlbezogenen Aufgaben sind.

Mit der Größe der Region mindert sich die Nützlichkeit der Heranziehung von Abgeordneten und Unternehmen, da zu besorgen ist, daß konkurrierende Geltungsansprüche und politische Vorstellungen einer Mehrzahl von Abgeordneten und konkurrierende Ansprüche an Raum und Ressourcen einer Mehrzahl von Unternehmen die Verbandsarbeit mehr belasten als fördern.

Da Verbandsmitglieder Gemeinden aller Stufen sind, ist auch das Stimmgewicht der Gemeinden zu stufen, zugleich aber sicherzustellen, daß Majorisierungen von Gemeindegruppen vermieden werden. Der Schlüssel kann sich auf die Zahl der zu entsendenden Vertreter, auf das Stimmgewicht dieser Vertreter oder auf beides beziehen. Da das politische Spektrum zumindestens der Hauptgemeinden sich in dem Verband widerspiegeln sollte, verdient die Aufschlüsselung nach der Zahl der Verbandsvertreter den Vorzug. Um eine Überdimensionierung der Mitgliederversammlung, aber auch eine Dominanz der Hauptgemeinde zu vermeiden, kann eine gleichzeitige Gewichtung der Stimmen zweckdienlich sein.

Eine kuriale Ausformung des Stimmrechts der einzelnen Gemeinden empfiehlt sich nicht, da sie Interessengegensätze in und zwischen den Gemeinden verhärtet und dadurch die Artikulation des regionalen Interesses auf der Grundlage sachbezogener Diskussion und freigebildeter Überzeugung erschwert. Dagegen kann es angezeigt sein, Kleingemeinden auf ein gemeinsames Kurialstimmrecht zu beschränken, um insgesamt ein ausgewogenes Stimmverhältnis zu erzielen.

Um die Artikulation des regionalen Interesses zu erleichtern, sollten die Vertreter der Gemeinden von Weisungen der Gemeinden freigestellt sein. Damit wäre zugleich ein Konflikt zwischen staatlichen und kommunalen Weisungen vermieden. Dennoch wird der faktische Einfluß der Gemeinden von Gewicht sein.

Als Organe sind zumindest ein Beschlußorgan, in dem alle Gemeinden – nach einem Schlüssel – vertreten sind, und ein ausführendes Organ sowie ein Kontrollorgan vorzusehen. Die Bildung von Ausschüssen ist vorzuschreiben, wenigstens aber zuzulassen. Der kollegialen Ausgestaltung des ausführenden Organs gebührt der Vorzug, da sie gestattet, sowohl die Hauptgemeinden durch ihre Bürgermeister oder andere kommunale Spitzenkräfte als auch die ländlichen Gemeinden durch gemeinsame Vertreter und den (einen) Bezirkshauptmann in die Ausführungsverantwortung einzubeziehen. Daß die Zahl der Mitglieder dieses Kollegialorgans sich in engen Grenzen halten muß, um seine Arbeitsfähigkeit zu erhalten, bedarf keiner besonderen Begründung.

Von einer Besetzung des ausführenden Organs mit einem hauptamtlichen Präsidenten ist abzuraten, nicht nur, weil der Personalaufwand des Verbandes in vermeidbarer Weise belastet wird, sondern vor allem auch, weil die mit der Bestellung eines Präsidenten betonte Verselbständigung des Verbandes seine Einordnung zwischen Gemeinde und Land erschwert.

(4) Die Einrichtung einer leistungsfähigen Planungsstelle wird aus Kosten- und Kapazitätsgründen in den ö Regionen nicht möglich sein. Auch die Planungsstellen der Hauptgemeinden werden Hilfe in dem erforderlich werdenden Umfang nicht leisten können, da – wenn überhaupt Planungsstellen eingerichtet sind – diese nach Spezialisierung und Kapazität auf die örtliche Planung ausgerichtet sind und von dieser wichtigen Aufgabe nicht abgelenkt werden sollten. Eine

generelle Verweisung an den Planungsapparat des Zentralen Ortes könnte zudem Mißtrauen der ländlichen Gemeinden wecken. Mit der Ausarbeitung der Pläne private Planungsbüros zu beauftragen, ist im Einzelfalle nützlich, als generelle Lösung und auf weite Sicht aber bedenklich. Es empfiehlt sich daher, grundsätzlich den Verband für die Ausarbeitung der Pläne an die Planungsstelle des Landes zu verweisen, die als Hilfsorgan des Verbandes nach dessen Weisung tätig wird[20]. In Betracht käme ferner die Verweisung an Planungseinrichtungen, die wenigstens mittelbar in die staatliche Planungsverantwortung einbezogen sind, zB ein von den Ländern gemeinsam unterhaltenes Planungsbüro.

Erforderlich ist die Einrichtung einer Geschäftsstelle, die nicht nur die laufenden Geschäfte erledigt, sondern auch fortdauernd die räumliche Entwicklung beobachtet, Initiativen zur Planfortschreibung und Planverwirklichung entwickelt und die Verbandsorgane auf die Gefahr von Planverletzungen hinweist. Ein weiteres wichtiges Betätigungsfeld ist die ständige Beratung der Gemeinden. Eine nachhaltige Wahrnehmung dieser Aufgaben ist nur zu erwarten, wenn die Geschäftsstelle wenigstens mit einem akademisch vorgebildeten Planer, einem Verwaltungsfachmann und weiterem Personal für die Wahrnehmung technischer und administrativer Aufgaben besetzt ist.

(5) Wenn anders ein plankonformes Verhalten der Gemeinden nicht erreichbar scheint, kommt in Betracht, in Fortentwicklung des Instituts eines Bauanwalts nach der kä Bauordnung[21] bei dem Verband einen „Regionalanwalt" mit einem näher zu umschreibenden Aufgabenkreis einzurichten. Das rechtliche Problem, dem Regionalanwalt eine hinreichend selbständige Stellung einzuräumen, ihn aber an das regionale Interesse zu binden und das faktische Problem, diese Position mit einer fachlich geeigneten, unabhängig denkenden und handelnden Persönlichkeit zu besetzen, die aber auch das Vertrauen der politischen Kräfte der Region genießt, ist nicht gering zu achten. Die kä Praxis behilft sich damit, durchgehend den Bezirkshauptmann mit der Funktion des Bauanwalts zu betrauen — ein Behelf, der auch für die Regionalplanung erwägenswert erscheint.

(6) Besteht das Bedürfnis nach subregionaler Gliederung und subregionaler Willensbildung, erscheint aber die Ausformung subregionaler Planungsverbände nicht opportun, kann auch innerhalb der regionalen Organisation subregionale Planung ermöglicht werden. Insbesondere können Gebietsausschüsse für die Detailplanung von Regionsteilen eingesetzt werden, die mit Rücksicht auf die gebietliche Untergliederung zu besetzen sind. Bedenkt man das Gewicht, das fundierte Ausschußempfehlungen im Willensbildungsprozeß von größeren Kollektiven haben, mag dem Bedürfnis nach subregionaler eigenständiger Planung der Beteiligten Rechnung getragen sein. Es ist aber auch möglich, die Eigenständigkeit der Ausschüsse rechtlich auszuformen, etwa näher bestimmte Angelegenheiten wie die Detailplanung der Beschlußfassung des Ausschusses vorzubehalten und die Ablehnung seiner Anträge durch die Verbandsorgane von bestimmten Kautelen (qualifizierte Mehrheit, übereinstimmende Beschlüsse von Vorstand und Mitgliederversammlung usw) abhängig zu machen.

Eine verbandsinterne Bildung von Gebietsausschüssen gestattet dem Verband die flexible Anpassung seiner Organisation an die Gegebenheiten und Veränderungen des Raumes, erlaubt ihm aber auch, durch Wahrung seiner Kontinuität die Kooperation und Integration im Gesamtraum zu fördern. Verbandsinterne Differenzierungen verdienen daher den Vorzug vor mehrstufigen Organisationsmodellen[22].

---

20 Zu den Einzelheiten vgl oben S 196.
21 Dieses Institut ist umstritten, vgl W o s c h a n k, Der Bauanwalt nach der Kärntner Bauordnung, GdZ 71, 103.
22 Vgl oben S 179.

(7) Die Einrichtung eines Beirates empfiehlt sich, wenn die Mitgliederversammlung ausschließlich mit Vertretern der Gemeinden besetzt wird. Als Mitglieder des Beirates kommen in Betracht Vertreter der Kammern und der Parteien sowie anderer, für die Entwicklung der Region wesentlicher Einrichtungen. Der Beirat ist in die regionale Verantwortung einzubeziehen, indem er zur — gutachtlichen — Beschlußfassung über die Regionalplanung verpflichtet wird[23]. Für eine breit angelegte Partizipation der Einwohner der Region bedürfte es einer anderen Ausformung des Beirates.

7.2.6. *Der Gemeindeverband als Pflicht-Mehrzweckverband*

Vgl die abstrakte Eignungsuntersuchung oben 5.3.5.

Die Erwägungen über Vor- und Nachteile einer Ausstattung des Verbandes mit Verwirklichungskompetenzen[24] sind für die ö Verhältnisse wie folgt zu ergänzen:
Da aus mancherlei, oft schwer definierbaren Gründen zwischengemeindliche und übergemeindliche Zusammenarbeit nur zögernd zustande kommt, wird die oft notwendige Zusammenarbeit erleichtert, wenn ein potenter Verband als Aufgabenträger zur Verfügung steht. Übernimmt der Verband wesentliche Investitionsleistungen, löst er wenigstens auf einem Teilgebiet das Problem des interkommunalen Finanzausgleichs, da die Finanzierung der Aufgaben durch sachadäquate Umlagenregelung zu sichern ist.
Andererseits ist zu bedenken, daß ein kleinräumiges Land weniger noch als ein größerer Staat es hinnehmen kann, wenn sich in seinen Verwaltungsaufbau weitere Entscheidungsebenen mit umfänglichen Kompetenzen einschieben. Bedenkt man ferner, daß kommunale Zusammenarbeit in Verbandsform der ö Rechtspraxis weitgehend unbekannt ist und ihre Einführung Mißtrauen und Widerspruch der Gemeinden auslösen kann, empfiehlt sich bei der Ausstattung der Pflichtverbände mit Vollzugsaufgaben größte Zurückhaltung.

(1) Dies vorausgeschickt, stellen sich planakzessorische Aufgaben als geeigneter für eine Übertragung dar als die Verwirklichungsaufgaben. Letztere zu übertragen, wird sich daher zumindest in einer längeren Anlaufphase nur empfehlen, wenn die konkret betroffenen Gemeinden eine solche Übertragung beantragen[25].
Nach seiner Verwaltungskraft könnte der Verband auch befähigt sein, ihm übertragene Aufgaben des Bundes wahrzunehmen. Art 116 IV B-VG wird dahin interpretiert, daß die verbandsmäßige Wahrnehmung von Bundesaufgaben nicht nur die Übertragung durch Bundesgesetz voraussetzt, was selbstverständlich ist, sondern auch eine bundesrechtliche Regelung der Verbandsgründung[26]. Da die hier diskutierten Verbände durch Landesgesetz oder auf Grund Landesgesetzes errichtet sind, kommt eine Übertragung von Bundesaufgaben nicht in Betracht, wenn man dieser Interpretation folgt. Es mag hier dahinstehen, ob diese Interpretation zwingend ist, ob es auch zulässig ist, daß durch Bundesgesetz Bundesaufgaben an Verbände des Landesrechts übertragen werden, wenn das Landesrecht eine solche Übertragung zuläßt[27]; jedenfalls könnte der Bundesgesetzgeber organgleiche Verbände schaffen, die in der praktischen Gebarung mit den landesrechtlich geschaffenen Verbänden weitgehend fusioniert sind. Diesem Fragenkreis ist hier nicht weiter nachzugehen, da ein dringendes Bedürfnis für die

---

23 Vgl für die parallele Problematik der Beiräte auf Landesebene W u r z e r, BRFRPI 74, H 1, 3 (24).
24 Vgl oben S 198 f.
25 Katalog der übertragbaren Aufgaben im Anhang 8.5.
26 B e r c h t o l d, GdZ 69, 427 (429); N e u h o f e r, Gemeinderecht, 399 ff.
27 So O b e r n d o r f e r, Gemeinderecht, 287; P e r n t h a l e r, Raumordnung, 293; nach VfSlg 2500/53 ist es zulässig, einer durch BundesG errichteten beruflichen Selbstverwaltungskörperschaft mit Zustimmung der Bundesregierung durch LandesG Agenden der Landesvollziehung zu übertragen.

Ausstattung der Regionalverbände mit Bundesaufgaben nicht ersichtlich ist und daher zumindest für eine längere Übergangzeit die Ausbildung der Regionalplanung nicht mit diesem Problem belastet werden sollte[28].

Werden Aufgaben des eigenen Wirkungsbereiches an den Verband übertragen, ist bei der inneren Organisation des Verbandes Art 116 IV B-VG zu beachten. Da vorgeschlagen wurde, den Gemeinden einen maßgebenden Einfluß auf die Besorgung der Aufgaben des Verbandes einzuräumen[29], ist den Anforderungen des Art 116 IV B-VG Genüge getan; es müßten jedoch die Gemeindevertreter an die Weisungen ihrer Gemeinden gebunden, der Verband von Weisungen des Landes freigestellt werden, soweit Aufgaben dieser Art wahrgenommen werden.

Werden dem Verband Verwirklichungsaufgaben übertragen, bedarf es einer hinreichenden personellen Ausstattung der Geschäftsstelle.

(2) Die Ausstattung des Verbandes mit einem Fonds[30], der ihn instand setzt, in regionalem Interesse bedeutsame Aufgaben zu fördern, ist erwägenswert.

Hinreichende Ausstattung vorausgesetzt ist zu erwarten, daß er Investitionsinitiativen auslösen wird und zur Verfügung stehende Investitionsmittel auf regionale Ziele lenkt.

Diese Lenkungswirkung ist problematisch. Berücksichtigt man, daß die der öffentlichen Hand zur Verfügung stehenden Investitionsmittel ohne Einflußnahme des Fonds für andere — aber ebenfalls im öffentlichen Interesse gelegene — Zwecke ausgegeben werden würden, dann zeigt sich, daß der Verband mittels des Fonds Entscheidungen anderer Aufgabenträger in erheblichem Ausmaße beeinflußt und insoweit das von Verfassung und Gesetz gewollte Kompetenz- und Verantwortungsgefüge überspielt, ohne hierzu legitimiert zu sein. Aus allgemeiner rechtspolitischer Sicht ist ein solcher Einfluß nicht erwünscht. Ihn dennoch zu ermöglichen, scheint nur deswegen erträglich, weil der vorfindliche Kompetenz- und Verantwortungszusammenhang in seinem derzeitigen Zuschnitt eine effektive Wahrnehmung der Raumordnung erschwert und Verbandsbildung dazu dient, diese Mängel auszugleichen, nicht zuletzt, um schwerwiegendere Eingriffe in das vorfindliche Verwaltungsgefüge entbehrlich zu machen. Diesem Ziel dient auch der Fonds.

Finanzpolitisch erscheint der Fonds ebenfalls bedenklich, da er wegen des relativ kleinräumigen Zuschnitts der Region zu einer Verzettelung der öffentlichen Mittel führt.

Wird ein Fonds eingerichtet, ist sicherzustellen, daß er nicht nur zur Spitzenfinanzierung verwendet wird, da dann einseitig Investitionen jener Gemeinden und jener staatlichen Instanzen bevorzugt würden, die finanzkräftig genug sind, um die Grundfinanzierung zu übernehmen; Vorhaben besonders finanzschwacher und mutmaßlich daher besonders förderungswürdiger Gemeinden blieben unberücksichtigt. Für die Verwirklichung von Staatsaufgaben, für die keine oder nur unzulängliche Mittel zur Verfügung stehen, könnte auch der Verband keine Impulse geben. Nach alledem scheint es sachgerechter, dem Verband einen Einfluß auf die Vergabe von Förderungsmitteln des Landes einzuräumen, jedenfalls aber die Verbandsplanung bei der Vergabe von Förderungsmitteln des Landes angemessen zu berücksichtigen.

---

28 Es wäre hinzunehmen, daß Aufgaben der Stadterneuerung besonderen Verbänden vorbehalten blieben, da diese Aufgabe ohnehin nur in Teilräumen der Region ansteht.
29 Vgl oben S 243; ob Kurialstimmrecht für Kleingemeinden dann ebenfalls zulässig ist, bedarf besonderer Untersuchung anhand des Aufgabenkataloges.
30 Zur generellen Problematik der Fonds-Verwaltung vgl P e r n t h a l e r, Die verfassungsrechtlichen Schranken der Selbstverwaltung in Österreich, Gutachten 3. ÖJT (1967) 73; v a n   d e r   B e l l e n, Fondswirtschaft in Österreich (1968); W i t t m a n n, Die bundesstaatliche Problematik des Subventionsrechts, in: W e n g e r (Hrsg), Förderungsverwaltung (1973) 365 (387).

7.2.7. Der Planungsrat

Vgl die abstrakte Eignungsuntersuchung oben 5.3.7.

Die Modellerwägungen haben ergeben, daß der Planungsrat als eine für die Ordnung der Region geeignete Einrichtung anzusehen ist. Die Übernahme des Modells Planungsrat in das Recht der ö Bundesländer ist erwägenswert, nicht zuletzt, weil in der ö Verwaltungsorganisation Beiräte in mannigfacher Form eingerichtet sind[31], dieses Modell daher vertrauter erscheinen mag als das Modell kommunaler Pflichtverband.

(1) Die Ansiedlung des Planungsrates beim Bezirkshauptmann setzt voraus, daß dieser Planungsträger ist. Nach den derzeit geltenden Gesetzen ist das nicht der Fall. Eine Kompetenzzuweisung durch Landesgesetz ist zulässig. Sinnvoll ist sie nur, wenn sie den Bedürfnissen regionaler Gliederung entspricht.
Ein gewichtiger Vorteil der Ansiedlung des Planungsrates auf der Bezirksebene ist, daß Planungsraum und Verwirklichungszuständigkeit weitgehend in Übereinstimmung gebracht werden und der Bezirkshauptmann als Schaltstelle für bedeutsame Verwaltungsaufgaben des Bundes und des Landes[32] sowie die Gemeinden sichtbar in eine gemeinsame Verantwortung für die Entwicklung ihres Raumes gestellt werden.
Für eine generelle Problemlösung scheidet das Modell des Bezirksplanungsrates jedoch ungeachtet dieser gewichtigen Vorzüge aus folgenden Gründen aus:
Nach Größe und Zuschnitt sind die Bezirke nicht regelmäßig für regionale Aufgabenplanung und -durchführung geeignet.
Insbesondere stehen die Statutarstädte außerhalb der Bezirksgliederung; da sie meist Zentren der Entwicklung sind, bedürfen aber gerade ihre Beziehungen zur Region und zu ihrem Umland der planerischen Obsorge[33].
Eine leistungsfähige, interdisziplinär zusammengesetzte Planungsstelle auf Bezirksebene einzurichten, ist aus Kostengründen nicht zu vertreten.
Die Diskrepanzen zwischen gegebenem Verwaltungsraum und dem von den Aufgaben der Gegenwart und Zukunft geforderten Planungsraum können durch Korrekturen der Sprengeleinteilung im Einzelfalle beseitigt oder gemindert werden[34]. Fallweise kann sich eine solche Korrektur als verhältnismäßiger Eingriff in die Verwaltungsgebietsstruktur empfehlen. Eine generelle Gebietsreform der Bezirke mit dem Ziel wesentlicher Maßstabsvergrößerung würde das Wesen der Bezirkshauptmannschaft, zu der nicht zuletzt eine relative Bürgernähe gehört, ändern und dadurch das Wirken einer Behörde beeinträchtigen, die sich bei der Wahrnehmung der ihr obliegenden Aufgaben bewährt hat[35].
Die Ansiedlung des Planungsrates auf Bezirksebene kommt daher nur in Betracht,
— wenn für die Statutarstädte und ihr Umland eine sachgerechte Lösung gefunden wird,

---

31 Vgl die Bestandsaufnahme von K a f k a , Die Beiräte in der österreichischen Verwaltung, in: Peters-GS (1967) 163 ff; O b e r n d o r f e r , DÖV 72, 529 (534 ff); K o r i n e k , in: Marcic-GS (1974) 1025 (1037 ff) u neuestens § 17 st ROG.
32 So im Gewerbe-, Agrar-, Forst-, Schul-, Sanitäts- und Veterinärwesen, der Wasserwirtschaft, der Fürsorge und Altenheime, ggf auch der Abfallbeseitigung.
33 Vgl auch die Hinweise von O b e r n d o r f e r , Gemeinderecht, 108 ff, 277 f.
34 Erforderlich hierfür ist nach § 8 V lit d V-ÜG 1920 eine VO der Landesregierung, die der Zustimmung der Bundesregierung bedarf.
35 Vgl 100 Jahre Bezirkshauptmannschaft in Österreich (1970); M i e h s l e r , Demokratisierung der Bezirksverwaltung in Österreich, Kelsen-FS (1971) 141 (167 ff); zu dem von P e r n t h a l e r , Raumordnung, 335 ff, skizzierten Reformvorschlag, unter Aufhebung der Bezirkshauptmannschaften die Gemeinden und Gemeindeverbände als Träger der Bezirksverwaltung einzusetzen, ist hier nicht Stellung zu nehmen, schon weil sie als eine grundlegende Veränderung der staatlichen Verwaltung zudem gewichtige Verfassungsänderungen voraussetzt und allenfalls — wie auch P e r n t h a l e r , Raumordnung, 338, betont — Fernziel einer Reform sein kann.

— wenn im übrigen die Bezirksgliederung den Bedürfnissen der Raumordnung entspricht oder ihr angepaßt werden könnte,

— wenn auf Bezirksebene eine Planungsstelle eingerichtet oder die Landesplanungsstelle hilfsorganschaftlich herangezogen werden kann.

Eine generell realisierbare Lösung, die zudem eine weniger tiefgreifende Änderung der Rechtslage voraussetzt, ist die Ansiedlung der regionalen Planungsräte auf Landesebene. Die Einführung von Beiräten für Teile des Landes ist rechtlich unproblematisch; sie sind in Tirol und der Steiermark bereits in das Planungsrecht eingeführt worden[36].

(2) Die Ausgestaltung des Planungsrates als Kollegialbehörde mit Entscheidungskompetenzen ist in der ö Rechtsordnung kein Novum, bedenkt man die Regelungen, die die Gesetzgeber auf Bundesebene für die Schul- und die Agrarbehörden und auf Landesebene mit den Grundverkehrskommissionen, den verschiedenen Fondskommissionen und den Landeswahlbehörden geschaffen haben. Die Sachaufgabe der regionalen Raumordnung legitimiert ebenfalls eine von dem allgemeinen Behördenaufbau abweichende Regelung, die das sachlich gebotene Kondominium von Staat und Gemeinde in Form bringt.

Die Einrichtung von Planungsräten bedarf einer gesetzlichen Grundlage[37]. Zu fragen ist, ob Kollegialbehörden ohne Änderung des B-VG vom Landesgesetzgeber geschaffen werden können — wobei offenbleiben muß, ob die landesrechtliche Regelung der Form eines Landesverfassungsgesetzes bedarf. Ihre Einrichtung im Amt der Landesregierung und in der Bezirkshauptmannschaft ist verfassungsrechtlich bedenklich, da für beide eine monokratische Verfassung vorgeschrieben ist[38]. Diese und dem Landesgesetzgeber für die Organisation der allgemeinen Verwaltungsbehörden durch Art 15 X, 120 B-VG, § 3 BVG BGBl 1925/289 gezogenen Schranken werden nicht tangiert, wenn durch Landesgesetz Landessonderbehörden geschaffen werden[39].

Daher empfiehlt sich, die mit Aufgaben der Regionalplanung betrauten Kollegialorgane als Landessonderbehörden zu errichten. Dies ist auch sachlich gerechtfertigt, da die Beschränkung ihrer Zuständigkeit auf Gebietsteile des Landes und ihre für die Organisation der allgemeinen Verwaltung atypische Verfassung eine Sonderstellung begründen. Zudem stärkt die Ausgestaltung als Sonderbehörde die Stellung der Gemeinden.

Die Gefahr, daß die Kollegialbehörde als Sonderbehörde von der allgemeinen Verwaltung isoliert wird, ist durch personelle Verflechtungen einzudämmen. So könnte der Leiter des Landesplanungsamtes (auf Bezirksebene der Bezirkshauptmann) zum Vorsitzenden aller Kollegialbehörden bestimmt werden.

Wird der Vorsitz einem Mitglied der Landesregierung übertragen, wäre dieses der Gefahr ausgesetzt, in der regionalen Kollegialbehörde überstimmt zu werden und würde in eine Doppelrolle als Vorsitzender einer Behörde und als Mitglied der über diese Behörde weisungsbefugten Landesregierung gedrängt. Dies ist zu vermeiden. Daher kann dahinstehen, ob die Einbindung eines Mitglieds der Landesregierung in ein anderes Kollegialorgan als das der Landesregierung nach Landesverfassungsrecht überhaupt zulässig wäre.

---

36 Freilich kann die Errichtung von 55 Beratungsorganen in Ti für eine entsprechende Zahl von Planungsräumen nur als „erster Schritt" bezwecken, Regionalplanung zu fördern.

37 Nach O b e r n d o r f e r, DÖV 72, 535 ist auch schon für die — dauernde — Errichtung eines Beirates ein G erforderlich.

38 Art 106 B-VG, § 11 G über die Einrichtung der politischen Verwaltungsbehörden v 19. 5. 1868 RGBl 44; § 8 V lit a, b V-ÜG 1920; vgl dazu W a l t e r, System, 587, 590 f; Z l u w a, Gilt Art 12 Abs 1 Z 1 B-VG? ÖJZ 71, 34 u 63 (37).

39 VfSlg 2332/52, 3259/57, 3681/60, 3685/60, 5985/69; K o j a, Verfassungsrecht der österreichischen Bundesländer (1967) 335 ff; Z l u w a, ÖJZ 71, 34 (39); d e r s, JBl 72, 178 u 252 (257).

Wird dies beachtet und der Landesregierung ein Weisungsrecht vorbehalten[40], ist die Einführung einer Kollegialbehörde mit dem B-VG vereinbar.

(3) Die Modellerwägungen haben gezeigt, daß die Modellvariante Kollegialbehörde vor dem — entscheidungsschwachen — Beirat den Vorzug verdient. Dies gilt grundsätzlich auch für die ö Gegebenheiten: Die Modellvariante Beirat stellt die Staatlichkeit der regionalen Ordnung in den Vordergrund. In der Variante Kollegialorgan wird die Mitverantwortung der Gemeinden für die regionale Ordnung stark betont. In der Sache werden Entscheidungen getroffen, die bislang — wenn überhaupt — auch von den Gemeinden getroffen werden. Diese Tradition und die Bemühungen um eine Demokratisierung des Planungsprozesses, die bei der komplexen Materie überörtlicher Raumordnung schwerlich als breite bürgerschaftliche Partizipation, wohl aber als möglichst weitgehende Einbeziehung der kleinsten demokratisch-repräsentativ verfaßten Einheit als sinnvoll vorstellbar ist, lassen das Modell Kollegialorgan als geeigneter erscheinen. Freilich wäre diese Modellvariante der schwererwiegende Eingriff in den staatlichen Behördenaufbau; er wäre auch schwerer politisch im Landesbereich durchzusetzen.

(4) Erwägungen zur näheren Ausgestaltung eines Planungsrates setzen Klarheit darüber voraus, welchen Zielen seine Einsetzung dient. Ist Hauptziel, die Gemeinden in den Entscheidungsprozeß einzubinden und dadurch die Qualität der Planung und die Chance ihrer Verwirklichung zu erhöhen[41], empfiehlt sich die Beteiligung aller Gemeinden durch einen, der für die Entwicklung der Region wichtigsten Gemeinden auch durch weitere Vertreter (Beisitzer). Wenn es für die Erhaltung der Arbeitsfähigkeit des Planungsrates geboten ist, können die Kleingemeinden auf Entsendung eines oder mehrerer gemeinsamer Vertreter beschränkt werden.

Schon um zu verhindern, daß der Planungsrat eine reine Versammlung von Bürgermeistern wird, ist eine Beteiligung weiterer für die Entwicklung der Region maßgeblicher Kräfte angezeigt. In Betracht kommen vor allem Vertreter der Kammern, nicht aber die in der Region wohnenden Abgeordneten, da der Planungsrat Organ oder Hilfsorgan der staatlichen Verwaltung ist. Jedenfalls ist den Bezirkshauptmännern und den Bürgermeistern der Statutarstädte eine ihren Funktionen gemäße Stellung im Plenum und ggf in den Ausschüssen des Planungsrates einzuräumen[42].

Die Grenze der Beteiligung Dritter ist in dem hier zu erörternden Bezugsrahmen überschritten, wenn die Gemeindevertreter als Gruppe den maßgeblichen Einfluß auf die Willensbildung verlieren.

Als Mitglieder eines staatlichen Organs sind alle Vertreter von Weisungen nichtstaatlicher Stellen (Gemeinden, Verbände) freizustellen. Dies schließt nicht aus, daß die entsendenden oder vorschlagenden Stellen anweisen dürfen, wie ihre eigene Auffassung im Planungsrat darzulegen ist.

Das Verfahren des Planungsrates ist näher zu regeln. Regelungsgegenstände sind:
— die regelmäßige Einberufung des Planungsrates,
— die ausreichende Information der Mitglieder,
— die Beteiligung an den verschiedenen Schritten des Entscheidungsprozesses,
— das Weisungsrecht des Planungsrates, das Erarbeitungsverfahren betreffend,

---

40 VfSlg 5985/69; zu den aus dem Wesen des verfassungsrechtlichen Aufbaus der staatlichen Verwaltung sich ergebenden Schranken vgl auch VfSlg 3685/60.
41 Vgl zu den verschiedenen Zielen oben S 203.
42 Zu den bei der Regelung des Bestellungsmodus zu beachtenden Rechtsfragen vgl O b e r n d o r f e r, DVBl 72, 529 (535), verfassungsrechtliche Bedenken gegen die Beteiligung von Gemeindevertretern in staatlichen Kollegialbehörden äußert P e r n t h a l e r, Raumordnung, 283, der allerdings auch darauf hinweist, daß die Verfassungsrechtsprechung diese Bedenken nicht teilt.

- die Beteiligung an Entscheidungen über raumwirksame und raumbedeutsame Planungen und Maßnahmen (ggf auch durch Ausschüsse),
- Initiativrechte und suspensive Einspruchsrechte für Minderheiten,
- das Alleinentscheidungsrecht der Landesregierung bei Entscheidungsunfähigkeit des Planungsrates oder groben Pflichtverletzungen.

Der Bedeutung des Regionalplanes entspricht es, wenn seine förmliche Erlassung, wie dies auch der derzeitigen Rechtslage entspricht, der Landesregierung vorbehalten bleibt.

7.2.8. Pflichtverband oder Kollegialbehörde?

Die Modellerwägungen haben die Vorzüge des Planungs-Pflichtverbandes vor Verbandslösungen auf freiwilliger Grundlage gezeigt. Gegen die Einführung eines Mehrzweck-Pflichtverbandes blieben nicht unwesentliche Bedenken hinsichtlich seiner Eignung für ö Räume bestehen.

Wenn aus diesen oder anderen Gründen von einer Ausstattung der für Regionalplanung zuständigen Behörde mit Annex- und Verwirklichungsaufgaben Abstand genommen wird, sind die Modelle des Pflichtverbandes und des Planungsrates in seiner Modellvariante Kollegialbehörde Alternativen. Beide Modelle sind grundsätzlich geeignet, Aufgaben der Regionalplanung unter maßgeblicher Beteiligung sowohl des Staates als auch der Gemeinden wahrzunehmen. Zu berücksichtigen ist allerdings, daß das Modell Kollegialbehörde unter vergleichbaren Bedingungen im Ausland noch nicht erprobt wurde.

Das Verbandsmodell hat — im Vergleich zu dem Modell Kollegialorgan — folgende Vorteile:
- stärkere Profilierung des kommunalen Einflusses durch Ausbildung der Organisation von unten nach oben,
- größere Regionsnähe und dadurch Möglichkeit zur Ausformung von Gegenstromverfahren zwischen regionaler und staatlicher Planung,
- organisatorischer Spielraum, um dem Bedürfnis nach subregionaler und zwischengemeindlicher Zusammenarbeit durch innerorganisatorische Vorkehrungen Genüge zu tun.

Als Nachteile haben sich herausgestellt:
- größerer organisatorischer, finanzieller und politischer Aufwand,
- mit der Einführung einer weiteren Entscheidungsebene verknüpfte Reibungsverluste in der Zusammenarbeit zwischen Gemeinden — Verband — Bezirkshauptmannschaft — Land.

Das Modell Kollegialbehörde hat im Vergleich zum Verbandsmodell folgende Vorteile:
- Anlehnung an dem ö Recht vertraute Organisationsmodelle,
- stärkere Einbindung der regionalen Organisation in die staatliche Verwaltung durch Ausformung der Organisation von oben nach unten,
- Möglichkeit der Ausformung eines Gegenstromverfahrens zwischen regionaler und kommunaler Planung,
- Dispositionsfreiheit des Gesetzgebers bei der Zusammensetzung des Kollegialorgans.

Als nachteilig hat sich herausgestellt:
- Regionsferne in der Variante der auf Landesebene eingerichteten Kollegialbehörde.

Die hier hervorgehobenen Vor- und Nachteile können nicht verabsolutiert werden; durch die Ausgestaltung des Modells in seinen Einzelheiten verwischen sich die Unterschiede noch stärker; dies zeigt das Beispiel der Regionalverbände bay und der Bezirksplanungsräte nw Rechts[43], die sich zwar nicht in der Rechtsform, aber in ihren tatsächlichen Wirkungsmöglichkeiten in hohem Maße ähneln.

Da der Verband, der sich — wenigstens im Regelfall — zur Ausarbeitung seiner Pläne der Planungsstelle des Landes zu bedienen hat, die Vorteile der Regionsnähe des Verbandsmodells mit dem Vorteil der Einbindung der regionalen Organisation in die staatliche Planungsorganisation verknüpft, empfiehlt sich dieses Modell auch für die ö Länder als eine relativ optimale Problemlösung. Vorausgesetzt wird hierbei, daß die konkreten Gegebenheiten eines Raumes nicht eine andere Gewichtung der Vorteile und Nachteile gebieten und daher eine andere Organisation der Regionalplanung empfehlenswert erscheint.

7.3. **Organisation von Planungsräumen mit den Merkmalen eines Schwerpunktraumes**

7.3.1. *Aufgaben*

Siedlung, Industrie, Gewerbe und Verkehr entwickeln sich im Schwerpunktraum[44] mit ungleich größerer Dynamik als in anderen Regionen; Maßnahmen der Siedlungs-, Wirtschafts- und Verkehrspolitik wachsen daher in andere Dimensionen hinein; meist sind sie und die Maßnahmen zur Abwendung von Verdichtungsfolgen und des Umweltschutzes in dem enger werdenden Siedlungsraum ungleich schwerer zu verwirklichen als in Gebieten, in denen bei ruhigerer Entwicklung größere disponible Flächen zur Verfügung stehen. Die Städte der Schwerpunkträume heben sich durch Einwohnerzahl, Verwaltungs- und Finanzkraft von den anderen ö Städten ab; viele der anstehenden Aufgaben können sie aus eigener Kraft und auf eigenem Hoheitsgebiet meistern. Entsprechendes gilt — mit einigem Abstand — für einzelne Gemeinden im Einflußbereich der Großstädte, die von der Entwicklung begünstigt werden, diese aber auch selbst nach Kräften fördern. Gewichtige Aufgaben örtlicher und regionaler Art aber können nur in zwischen und übergemeindlicher Zusammenarbeit und in enger Kooperation mit Land und Bund gelöst werden. Dies gilt insbesondere für ihre weitere Entwicklung zu industriellen und wirtschaftlichen Zentren, die im gesamtwirtschaftlichen Interesse liegt und der hiermit verknüpften Aufgabe, die Verdichtung mit ihren Folgen für Siedlung, Verkehr und Umwelt im Gleichgewicht zu halten.

7.3.2. *Die denkbaren Organisationsmodelle*

Organisationsmodelle, die durch Entscheidungsschwäche gekennzeichnet sind, werden auf weite Sicht nicht in der Lage sein, die regionale Entwicklung zu steuern. Die generell für Planungsregionen empfohlenen Modelle Planungsverband und Planungsrat sind grundsätzlich geeignet. Es wird aber zu prüfen sein, ob mit einer auf Planungsaufgaben beschränkten Organisation die anstehenden Aufgaben gemeistert werden können.

Wenn als wichtig erkannt wird, daß die regionalen Aufgaben gemeinsamer Planung und auch — soweit für diesen Zweck erforderlich — regional gesteuerter oder gemeinsamer Verwirklichung bedürfen, sind Planungsrat und Planungspflichtverband nicht geeignete Modelle. Da die Einführung kommunalgebietskörperschaftlicher Modelle nicht zur Diskussion steht[45], kommt als Modell nur der sondergesetzlich geregelte Mehrzweck-Pflichtverband in Betracht.

---

43 Vgl oben S 110 f, 112 f.

44 Zur Definition dieses Begriffes vgl oben S 237 FN 5.

45 Aus diesen Gründen ist auch auf das kommunalorganisatorische Modell der Verbandsstadt nicht näher einzugehen, wie es etwa von W o r t m a n n für den Bregenzer Raum zur Diskussion gestellt wurde; vgl dazu W o r t m a n n, Die Verbandsstadt — Ein neues Stadtmodell, in: Mitteilungen der Deutschen Akademie für Städtebau und Landesplanung (1973) 94 (103); zur d Diskussion vgl W a g e n e r, Modelle der Stadt-Umland-Verwaltung, in: Werner Weber-FS (1974) 957 ff.

Ergänzend ist zu erwägen, für spezifische Aufgaben der Privatwirtschaftsverwaltung eine GmbH einzurichten. Ferner können subregionale und zwischengemeindliche Formen der Zusammenarbeit erforderlich werden, insbesondere wenn es nicht gelingt, die für eine Gebietsreform „reifen" Gemeinden einzugemeinden oder zusammenzuschließen.

7.3.3. *Ausbau des Planungsinstrumentariums*

Die Kleinräumigkeit der ö Bundesländer verwehrt, zwischen der Großstadt mit der sie umgebenden Region und dem Land eine weitere voll ausgebaute Entscheidungsebene vorzusehen. Daher sind dem Ausbau des Regionalverbandes Grenzen gesetzt, die großräumige Länder nicht oder nicht in dieser Deutlichkeit spüren. Die notwendigen Beschränkungen wirken sich auf den Aufgabenkatalog, die Modalitäten der Aufgabenwahrnehmung und die Ausformung der Verbandsorgane aus. Modellvarianten des Regionalverbandes, die durch umfassende Aufgabenkataloge, anspruchsvolle Entwicklungsziele und entsprechende Jahresbudgets, durch ausgeprägte Eigenständigkeit von den Mitgliedsgemeinden und vom Staat sowie durch eine kräftig ausgebaute Verwaltungsspitze gekennzeichnet sind[46], erscheinen daher für die ö Verhältnisse nicht geeignet.

Hieraus folgt eine nicht zu unterschätzende Problematik: Die genannten Merkmale haben sich in ihrem Zusammenwirken als wesentliche Bedingung für die Effizienz der Sonderverbände dargestellt[47]. In den ö Verhältnissen lassen sich diese Bedingungen nicht, genauer: nicht ohne unverhältnismäßige Belastungen und Störungen des gesamten staatlichen Organisationsgefüges, verwirklichen. Es ist daher zu besorgen, daß der Verband die in ihn gesetzten Erwartungen nicht voll erfüllen kann. Um desungeachtet eine effiziente Planung der regionalen Entwicklung und eine plankonforme Verwirklichung zu sichern, ist zu erwägen, das Planungsinstrumentarium für die Planung in Schwerpunkträumen auszubauen:

Sondergesetzlich geregelte Planungsverbände wurden geschaffen, um die Diskrepanz von Planungsraum und Verwirklichungszuständigkeit durch Errichtung eines Verbandes zu kompensieren, der durch Eigenständigkeit, Kompetenzkreis und Finanzausstattung die Planverwirklichung steuern und zu ihr auch selbst Entscheidendes beitragen kann. Wenn es unter den ö Verhältnissen nicht angeht, Verbände zu schaffen, die durch eigenes Gewicht die Verwirklichung des Plans vorantreiben können, sind andere Regelungsmechanismen vorzusehen. Diese können nur rechtlicher Art sein.

Die organisations- und verfahrensrechtlichen Regelungen für Verbandsgründung und Verbandsplanung könnten daher durch eine Erweiterung des Planungsinstrumentariums zu ergänzen sein. Das derzeit zur Verfügung stehende Instrumentarium erlaubt die Festlegung von Zielen in Programmen und Plänen. Diese verbieten, zielwidrige Maßnahmen durchzuführen und gebieten bestimmten Normadressaten, aufgrund gesetzlicher Pflicht oder aufgrund autonomer Entscheidung durchzuführende Maßnahmen den Zielen anzupassen. Eine Investitionspflicht begründen sie dagegen nicht.

Auf weite Sicht mag es sich empfehlen, für die Planung in Schwerpunkträumen die Bodennutzungs- und Zielplanung zu einer Maßnahmen, Finanzen, Zeit und Ressourcen umfassenden Entwicklungsplanung zu erweitern. Mittelfristig liegen die Voraussetzungen für die Einführung eines derart umfassenden Planungsinstrumentes nicht vor. Es mehren sich zwar die Stimmen, die den Schritt zur Entwicklungsplanung als notwendig bezeichnen; noch fehlt aber ein geeignetes

---

46 So vor allem die Sonderverbände des nds Rechts, vgl oben S 119 ff.
47 Vgl oben S 124.

und praktikables Planungsinstrument bereits für die Entwicklungsplanung von Gebietskörperschaften. Entwicklungsplanung im Verband aber ist ungemein erschwert, da staatliche und kommunale Planungen auf der Ebene der Region miteinander verknüpft wären.

Mittelfristig realisierbar erscheint die Einführung einer sektoral beschränkten Investitionsplanung, die für Land und Gemeinde verbindlich festlegt, welche konkreten Maßnahmen innerhalb eines bestimmten Zeitrahmens zu finanzieren und durchzuführen sind. Daß derartige Planula[48] nicht unproblematisch sind und behelfsmäßig erscheinen, wird nicht verkannt. Da aber die Ausbildung von Regionen selbst Behelfscharakter hat, wiegt dieser Einwand gering. Es ist auch darauf hinzuweisen, daß zeitlich fixierte Investitionsplanula der ö Rechtsordnung nicht fremd sind[49], daß hier daher nur ihr Ausbau zu einer sektoralen, behördenintern verbindlichen Verbund-Investitionsplanung von Land und Gemeinde erörtert wird.

Gegenstand derartiger Investitionsplanula sollten nur Maßnahmen mit Schlüsselfunktion für die regionale Entwicklung sein — zB die für die Entwicklung oder Umstrukturierung eines bestimmten Industriegebietes oder die für die Gründung einer bestimmten Siedlung erforderlichen wesentlichen Maßnahmen und Investitionen des Landes und der beteiligten Gemeinden auf dem Gebiete der Versorgung, der Entsorgung, des Schulwesens und des Nahverkehrs.

Investitionsplanula präjudizieren den Haushaltsgesetzgeber und die Träger der Fachplanung. Der Verband kann daher nicht als Träger dieser Planung, sondern nur als ihr Koordinator in Erscheinung treten. Die Koordinationsfunktion kann jedoch rechtlich ausgestaltet werden, um effektive Verbundplanung zu fördern. In Betracht kommt, dem Verband das Recht zu geben, beim Land und den Gemeinden Anträge auf Beschlußfassung über bestimmte Investitionen und Finanzhilfen stellen zu können; die Gegenbeteiligten wären — auch gegenüber dem Verband — verpflichtet, über die Anträge innerhalb angemessener Fristen zu entscheiden und die beschlossenen Investitionen zeitgerecht durchzuführen, die zugesagten Finanzhilfen zu leisten.

Der Regionalplan als staatlicher Plan wäre ein nicht ungeeigneter Ort, die staatlichen Investitionsplanula rechtsförmlich festzulegen. Die Investitionsplanula der Gemeinden könnte er nachrichtlich übernehmen.

Andere Lösungen des Problems, das regionale Planungsinstrumentarium in Schwerpunkträumen durch Verwirklichungsmechanismen zu ergänzen, sind vorstellbar[50].

Wird eine effektive sektorale Verbund-Investitionsplanung eingerichtet, scheint es schon aus Gründen der Systematik angezeigt, den Verband auf Planungsaufgaben zu beschränken. Es ist aber zu berücksichtigen, daß die Investitionsplanung nur enumerativ aufzuzählende Maßnahmen erfaßt und daher andere Aufgaben regionaler Bedeutung eines Promotors bedürfen, daß für alle diese Aufgaben, soweit sie sinnvoll nur in zwischen- und übergemeindlicher Zusammenarbeit zu verwirklichen sind, ein Träger bereitgestellt werden muß. Als Promotor der von der Verbund-Investitionsplanung nicht erfaßten Angelegenheiten und als Träger der

---

48 I p s e n, Fragestellungen zu einem Recht der Wirtschaftsplanung, in: K a i s e r, Planung I (1965) 35; d e r s, Rechtsfragen der Wirtschaftsplanung, in: K a i s e r, Planung II (1966) 63 (76 ff).
49 Vgl zB § 25 WohnbauförderungsG 1968 BGBl 1967/280 idF v 30. 5. 1972 BGBl 232; es mangelt auch nicht an rechtlich unverbindlichen Planungen und Versprechungen dieser Art; für Deutschland vgl ferner das G über den Ausbau der Bundesstraßen in den Jahren 1971 bis 1985 v 30. 6. 1971 BGBl I 873.
50 So die Verbandskompetenz, die Verbandsgemeinden zu bestimmten Investitionen zu verpflichten, so die Limitierung der Planula auf die Festlegung von Rangfolgen und/oder auf die Pflicht zur Einstellung der Vorhaben in den Haushaltsvoranschlag, vgl § 4 kä ROG.

in zwischen- und übergemeindlicher Zusammenarbeit zu bewältigenden Aufgaben kommt aber der Verband in Betracht. Daher empfiehlt sich, für den Schwerpunktraum das Modell des Pflicht-Mehrzweckverbandes, auch wenn die Voraussetzungen für eine sektorale Verbund-Investitionsplanung geschaffen werden.

7.3.4. *Der sondergesetzliche Pflicht-Mehrzweckverband*

Vgl die abstrakte Eignungsuntersuchung oben 5.3.5.

(1) Der Mehrzweckverband als auf Landesebene einmalige Einrichtung ist durch besonderes Gesetz zu errichten, das sowohl den Mitgliederkreis des Verbandes und damit den Zuschnitt des Schwerpunktraumes als auch die Aufgaben des Verbandes und die Grundzüge seiner inneren Organisation selbst regelt. Bei der Gesetzesvorbereitung ist anzustreben, daß das Gesetz von dem Willen der beteiligten Gemeinden getragen wird.

Zentrale Pflichtaufgabe des Verbandes ist die Erstellung des Regionalplanes. Es wurde bereits dargelegt, daß die Dimension der im Schwerpunktraum zu bewältigenden Aufgaben die Empfehlung rechtfertigen kann, das regionale Planungsinstrumentarium zu einer sektoralen Verbund-Investitionsplanung zu erweitern[51].

(2) Bei der Bestimmung der Pflicht- und Kannaufgaben des Verbandes[52] ist Zurückhaltung geboten, um das Kompetenzgefüge Land—Gemeinde vor vermeidbaren Beeinträchtigungen zu bewahren. Es ist ferner zu berücksichtigen, daß im Schwerpunktraum zwischen- und übergemeindliche Zusammenarbeit, zB auf dem Gebiet der Wasserversorgung, der Abwasser- und Abfallbeseitigung, in Größenordnungen hineinwachsen, die eigene Organisationen rechtfertigen. Oft hält auch die Großstadt bereits für die Versorgung ihrer Bevölkerung leistungsfähige Einrichtungen vor, an denen sich andere Gemeinden zweckmäßigerweise beteiligen. In diesen Fällen ist daher weniger als in kleinräumigeren Regionen eine Zersplitterung der Aufgabenwahrnehmung auf leistungsschwache Verwaltungseinheiten zu besorgen. Daher kann ggf der Verband von der Verantwortung für derartige Aufgaben freigehalten werden. Es genügt, wenn er auf die zielkonforme Verwirklichung der Aufgaben Einfluß nehmen kann.

(3) Die Erörterungen zur inneren Verbandsstruktur von Regionalverbänden[53] bedürfen für Schwerpunkträume der Ergänzung.

Das stark ausgeprägte Gefälle zwischen Großstadt und regionsangehörigen Gemeinden erschwert, sie miteinander in ein abgewogenes Verhältnis zu bringen. Um angemessene Relationen herzustellen, kann es unvermeidbar sein, die Kleingemeinden auf Kurialstimmrecht zu beschränken, aber auch der Großstadt ein im Verhältnis zu ihrer Bevölkerungszahl reduziertes Stimmgewicht zuzuerkennen. Um die Besorgnis der Majorisierung des Verbandes durch die Großstadt aufzufangen, sollte das Stimmgewicht der von ihr benannten Vertreter auf etwa 40% beschränkt bleiben. Dann können diese weder allein noch mit einer Minderzahl von Vertretern anderer — potentiell besonders abhängiger — Gemeinden dem Verband ihren Willen aufzwingen. Werden grundlegende Beschlüsse von einer qualifizierten Mehrheit abhängig gemacht, verfügen die Vertreter der Hauptstadt andererseits über eine Sperrminorität.

Da die Mitglieder der Verbandsversammlung von Weisungen der sie entsendenden Gemeinden freizustellen sind, sollte die Besorgnis von Majorisierungen jedoch nicht überbetont werden. Durch Geschäftsverordnungsregeln sollte vielmehr gefördert oder sogar vorgeschrieben werden, daß die Mitglieder der Verbands-

---

51 Vgl oben S 253 f.
52 Katalog der in Betracht kommenden Aufgaben im Anhang 8.5.
53 Vgl oben S 244.

versammlung sich nach politischen und nicht nach subregionalen Fraktionen zusammensetzen.

Der Bedeutung der anstehenden Aufgaben würde es entsprechen, die Leitung des Verbandes hauptamtlich tätigen Vorsitzenden (Präsident, Vizepräsident) zu übertragen. Die Hervorhebung der Eigenständigkeit des Verbandes durch die personelle Ausstattung der Verbandsspitze würde aber seine Einordnung zwischen Land und Gemeinde erschweren. Zu empfehlen ist daher, die Verbandsspitze als ein Kollegialorgan auszugestalten, in das die Großstadt ihren Bürgermeister, die anderen Gemeinden einen Bürgermeister der Mitgliedsgemeinden entsenden. Ferner sollte dem Vorstand der (ein) Bezirkshauptmann angehören. In Betracht kommt ferner, zwei bis drei weitere Mitglieder vorzusehen, die von der Verbandsversammlung aus ihrer Mitte gewählt werden.

(4) Die Größe des Verbandsgebietes erlaubt die Einrichtung einer eigenen Planungsstelle, die zugleich den Mitgliedsgemeinden, die keine Planungsstellen haben, zur Ausarbeitung der Flächenwidmungspläne zur Verfügung steht. Es liegt im regionalen Interesse, diese Gemeinden ausschließlich auf diese Planungsstelle zu verweisen; ob dies opportun ist, läßt sich nur aus der Kenntnis der praktisch den Gemeinden sich bietenden Alternativen beurteilen.

Wird die Verbandsspitze mit ehrenamtlich tätigen Mandataren besetzt, ist die Geschäftsstelle mit einem Geschäftsführer zu besetzen, der befugt und befähigt ist, nicht nur die laufenden Angelegenheiten mit gewisser Selbständigkeit zu erledigen, sondern auch — in Abstimmung mit den Verbandsorganen — Impulse für die regionale Entwicklung auszulösen.

(5) Die Ausstattung des Verbandes mit einem Fonds für die Initiierung regionaler Aufgaben ist angezeigt, wenn eine sektorale Verbund-Investitionsplanung nicht eingerichtet wird[54]. Die Einmaligkeit des Verbandes im Landesgebiet, das besondere gesamtpolitische und -wirtschaftliche Interesse an der Entwicklung des Schwerpunktraumes, die Finanzkraft der Großstadt rechtfertigen, daß dieser Fonds maßgeblich vom Land und der Großstadt gespeist wird; auf die lastenausgleichende Wirkung der Erhebung und Verwendung der Mittel des Fonds ist Bedacht zu nehmen.

7.4. Organisation von Planungsräumen mit den Merkmalen eines ländlich-alpinen Raumes

7.4.1. *Aufgaben*

Die in ländlichen und alpinen Räumen anstehenden Ordnungs- und Entwicklungsaufgaben liegen nach ihrem Schwergewicht auf dem Gebiet der Agrar- und der Fremdenverkehrspolitik, dem Schutz und der Pflege der Landschaft und dem Schutz vor Naturgewalten. Um möglichst gleichwertige Lebensbedingungen herzustellen, um der drohenden Entleerung der Gebiete entgegenzuwirken, ist es erforderlich, über die Grundversorgung hinaus Versorgungseinrichtungen und ausgewählte höherrangige Versorgungseinrichtungen sowie Arbeitsplätze außerhalb des Fremdenverkehrs in einem System Zentraler Orte unterer und mittlerer Stufe bereitzustellen. Das innerregionale Wegenetz für den allgemeinen öffentlichen Verkehr, für Landwirtschaft und Fremdenverkehr ist auszubauen, die verkehrsmäßige Anbindung an den Zentralraum ist zu verbessern[55]. Topographische

---

54 Zur Fragwürdigkeit von regionalen Fonds vgl oben S 247.
55 Als praktisches Aufgabenbeispiel genannt sei das Handelskammer-Strukturprogramm Unteres Mühlviertel — Westliches Waldviertel, vgl D o r f w i r t h, WiPolBl 73, 367; vgl ferner die Bestandsaufnahme und zusammenfassende kritische Darstellung der bisherigen Bemühungen um die Lösung der Probleme des ländlichen Raumes: Ö Institut f Raumplanung (Hrsg), Der ländliche Raum in Österreich (1974).

Gegebenheiten, dünne Besiedlung, geringes Entwicklungspotential, vielfach die Randlage, aber auch Zuschnitt, unzulängliche Finanz- und Verwaltungskraft vieler Gemeinden erschweren die Wahrnehmung dieser Aufgaben. Die Bildung von Planungsräumen in der hier vorgestellten Größenordnung[56] wird nur gelingen, wenn auch wenig miteinander verflochtene Räume zusammengefaßt werden. Mangel an Verwaltungskraft der Gemeinden, Fehlen gewichtiger gemeinsamer Aufgaben und Engpässe bei der Besetzung der Gremien mit geeigneten fachkundigen und genügend abkömmlichen Persönlichkeiten müssen die Ausbildung einer leistungsfähigen regionalen Organisation erschweren.

Ein Teil dieser Schwierigkeiten wird vermieden, wenn in Anpassung an die naturräumlichen und sozio-ökonomischen Gegebenheiten Planungsräume mit kleinräumigem Zuschnitt gebildet werden, die zB nur je einzelne Seitentäler umfassen. Ein solcher kleinräumiger Zuschnitt hätte ferner den Vorzug der Überschaubarkeit und würde ermöglichen, die Planung sorgfältig differenzierend auf die örtlichen Gegebenheiten und Bedürfnisse abzustellen. Der Aufbau einer effektiven regionalen Organisation wäre in einem solchen Gliederungssystem jedoch ebenfalls nicht zu erreichen.

Die Begrenztheit des örtlichen und regionalen Entwicklungspotentials und der Möglichkeiten innerregionalen Ausgleichs und innerregionaler Ergänzung, das Naheverhältnis der Gemeinden zur Region, die Engpässe bei der Besetzung der Organe mit geeigneten Persönlichkeiten sind ein Nährboden für die Entwicklung kommunaler Egoismen. Es ist daher zu besorgen, daß eine für den kleinen Raum eingerichtete Organisation überfordert würde, wollte man ihr die Verantwortung für die Erstellung des Regionalplans übertragen. Als nachteilig müßte sich auch die Disproportion solcher Planungsregionen zu den ungleich größeren und auch nach ihrer Struktur leistungsfähigeren regionalen Organisationen des Zentralraums auswirken. Schließlich wäre in einzelnen ö Ländern eine Zersplitterung von Planungszuständigkeiten auf eine Vielzahl — zudem leistungsschwacher — regionaler Organisationen zu besorgen.

Desungeachtet besteht ein Bedürfnis nach gemeinsamer Planung und gemeinsamer Aufgabenwahrnehmung, wie die Errichtung einer Vielzahl von Planungsverbänden auf freiwilliger Grundlage in ländlichen und alpinen Räumen dieser Größenordnung dokumentiert.

Eine Lösung des Problems wäre die Zusammenlegung aller Gemeinden eines solchen Raumes zu einer einzigen Gemeinde oder zu einigen wenigen Gemeinden. Die Probleme dieser Alternative — Entstehen extrem großflächiger Gemeinden mit einer Mehrzahl wenig entwickelter Zentren, Minderung des gemeindlichen Zusammenhalts zwischen den Gemeindebürgern und der Entfaltungsmöglichkeiten bürgerschaftlicher Selbstverwaltung — sind hier nicht zu verfolgen. Daß man sich in der Bundesrepublik Deutschland entschlossen hat, vergleichbare Probleme des ländlichen Raumes im Wege entschlossener Gemeindegebietsreform einer Lösung zuzuführen, ist bereits dargelegt[57].

Eine Alternative zur Zusammenlegung ist die Förderung der kommunalen Zusammenarbeit in subregionalen Organisationen. Diesen kann und sollte ein gewichtiger Einfluß auf die Ausgestaltung des ihr Gebiet betreffenden Teiles des Regionalplans eingeräumt werden[58]. Da für eine maßgebliche Beteiligung an der Erstellung des Regionalplans in der Form des Planungsverbandes oder der Kollegialbehörde für den ganzen Planungsraum die Voraussetzungen fehlen,

---

56 Vgl oben S 236 f.
57 Vgl oben S 71 ff.
58 Modelle einer solchen Zusammenarbeit in subregionalen Organisationen vgl unten S 289.

empfiehlt es sich, die Zuständigkeit zur Erstellung des Regionalplans bei der Landesplanungsbehörde zu belassen.

In Betracht kommt, einen regionalen Planungsbeirat einzurichten, nicht zuletzt, um auch die geminderte Chance staatlich-kommunaler Kooperation zu nutzen und im Vertrauen auf den Edukationseffekt verständnisvoller Zusammenarbeit zu verbessern. Zu bedenken aber bleiben die Belastungen des Planungsablaufs und die erhöhte Inanspruchnahme des ohnehin schmalen Potentials an Führungskräften in einem zweistufig — subregionale Organisation und regionaler Planungsbeirat — ausgeformten System.

7.4.2. Regionaler Planungsbeirat

Vgl die abstrakte Eignungsuntersuchung oben 5.3.7.

Wird ein regionaler Planungsbeirat eingerichtet, wird ihm nur ein beschränkter Einfluß auf den Ablauf der Regionalplanung zuerkannt werden können[59]. Im regionalen Interesse und zur Förderung der interkommunalen Zusammenarbeit empfiehlt sich jedoch sicherzustellen, daß der Beirat Initiativen entfalten kann, über deren Verwirklichung freilich die zuständigen staatlichen Instanzen zu entscheiden haben. Mittel hierfür sind das Recht einer Minderheit von Gemeinden, Angelegenheiten von regionaler Bedeutung zur Beratung zu bringen, hierfür auch die Einberufung des Beirates verlangen zu können, Selbstversammlungsrecht des Beirates, Pflicht der staatlichen Instanzen, den Beirat auch bei der Erörterung selbstgewählter Angelegenheiten durch Auskünfte und Rat zu unterstützen.

Ist angezeigt, mit einem einstufigen Modell das Auslangen zu finden, sollte Kooperation auf der Stufe zugelassen und gefördert werden, auf der Zusammenhalt und Verflechtungen der Gemeinde die besseren Chancen des Erfolges geben. Das ist die subregionale Stufe. In diesen Fällen wäre daher auf die Einrichtung eines regionalen Beirates zu verzichten. Von seiner Einrichtung Abstand zu nehmen, wird vor allem dann erleichtert werden, wenn wenigstens Teilaufgaben, die einem regionalen Planungsbeirat zu übertragen wären, von einem auf Landesebene eingerichteten Beirat wahrgenommen werden können.

7.5. Subregionale Organisationen

7.5.1. Aufgaben, Planungsinstrumente

(1) Formen subregionaler Zusammenarbeit der Gemeinden auszubilden, kann immer dann erforderlich sein, wenn anstehende gemeinsame kommunale Aufgaben in Formen der regionalen Organisation nicht angemessen bewältigt werden können,
— sei es, weil — vor allem die größeren — Planungsregionen von subregionalen Besonderheiten entlastet werden, der Einfluß der unmittelbar betroffenen Gemeinden auf die Aufgabenwahrnehmung aber gestärkt werden soll,
— sei es, weil eine regionale Organisation nicht oder nur im Ansatz gebildet ist und daher ein Kooperationsdefizit auszugleichen ist.
Gegenstand der subregionalen Zusammenarbeit kann sein:
— Einflußnahme auf die staatliche Regionalplanung, auf andere staatliche Planungen, auf die Durchführung staatlicher Maßnahmen und die Gewähr von Subventionen,
— Abstimmung der Flächenwidmungspläne der auf Zusammenarbeit verwiesenen Gemeinden,

---

59 Keinesfalls wird er „Herr des Verfahrens" sein können, wie im d Rechtskreis gefordert worden ist, vgl oben S 110 f.

258

- Erlaß gemeinsamer Flächenwidmungspläne,
- Abstimmung aller die Gemeinden gemeinsam berührenden Angelegenheiten,
- gemeinsame Durchführung bestimmter kommunaler Aufgaben.

(2) Für die Wahrnehmung subregionaler Planungsaufgaben steht nach derzeitigem Recht kein Planungsinstrument zur Verfügung. In Betracht kommt, durch Landesgesetz die Bildung von Gemeindeverbänden mit der Aufgabe gemeinsamer Flächenwidmungsplanung zuzulassen oder vorzuschreiben. Der vom Verband erlassene, das Gebiet der Gemeinden des Verbandes abdeckende gemeinsame Flächenwidmungsplan eignet sich, die Abstimmung mehrerer Gemeinden über die zukünftige Flächennutzung in Form zu bringen. Ob er auch geeignet ist, qualitative Mängel der Planung, die ihre Ursache in Mängeln der Verwaltungskraft der Gemeinden haben, zu kompensieren, wird man differenziert beurteilen müssen. Wird der Entscheidungsprozeß nur von kleinen Gemeinden getragen, vermag Verbandsgründung für sich Abhilfe nicht zu bringen, da sie maßgebend weder das Potential geeigneter Führungskräfte vergrößert noch die Problemsicht erweitert. Immerhin hat auch dann gemeinsame Planung einen Edukationseffekt; so kann sie in der Planungsschwäche begründete Fehler wie übermäßige Baulandausweisung bewußtmachen.

Der gemeinsame Flächenwidmungsplan ist als Instrument der Landnutzungsplanung nur bedingt geeignet für die Planung von Entwicklungsaufgaben. In überschaubaren Verhältnissen kleinerer Verbandsgebiete mag dies aber von untergeordneter Bedeutung sein, da der Flächenwidmungsplan ermöglicht, näher aufgeschlüsselte Widmungsarten, Aufschließungsgebiete (-zonen), Vorbehaltsflächen mit Angaben des besonderen Verwendungszwecks und damit Standorte und Flächenbedarf auszuweisen[60]. Mit derartigen Ausweisungen wäre zugleich die Dimension der jeweils anzustrebenden Entwicklungen — etwa Industrieansiedlung, Wochenendhausgebiete oder zu errichtende Hotels — verbindlich umschrieben. Selbst der Zeit- und Finanzbezug der Planungen kann — zwar nicht mit normativer, aber immerhin mit indikativer Wirkung — hergestellt werden, wenn sich die Begründungspflicht für den Flächenwidmungsplan hierauf erstreckt[61].

Ob der Flächenwidmungsplan ein praktikables Planungsinstrument ist, mag fraglich sein. Mit dem Zwang zur Parzellenschärfe könnte er — anders als der Flächennutzungsplan des d BBauG[62] — zu einer Genauigkeit der Ausweisungen zwingen, für die auf subregionaler Ebene kein Bedürfnis besteht, weil Abstimmung der örtlichen Planungen und qualitative Verbesserung des Planinhalts auch erreichbar ist, wenn parzellenscharfe Festlegung einem weiteren Planungsschritt vorbehalten bleibt.

Art 118 B-VG verwehrt, den gemeinsamen Flächenwidmungsplan generell als Planungsinstrument in subregionalen Verflechtungsbeziehungen vorzusehen. Wie bereits dargelegt[63], setzt die Übertragung der Flächenwidmungsplanung an den Verband voraus, daß die Gebiete der verbandsangehörigen Gemeinden baulich und/oder strukturell so eng miteinander verflochten sind, daß eine verbandsmäßige gemeinsame Planung erforderlich ist. In alpinen und ländlichen Räumen, in denen ein besonderes Bedürfnis der gemeinsamen Planung auf subregionaler Ebene besteht, liegen diese Voraussetzungen schon wegen der dünnen Besied-

---

60 Jedenfalls könnten durch Novellierung der ROG die Voraussetzungen hierfür unschwer geschaffen werden, vgl zB § 16 ti ROG u die Synopse der in den ö ROG zugelassenen Festlegungen bei W u r z e r, BRFRPl 74, H 1/2, 3 (16 ff).
61 Zur Eignung des Flächennutzungsplanes d Rechts zur Lösung der hier anstehenden Ordnungsaufgaben vgl oben S 89, 96 f.
62 Daher sind positive Erfahrungen mit Planungsverbänden nach § 4 BBauG nicht unmittelbar auf die ö Verhältnisse übertragbar.
63 Vgl oben S 214 f.

lung und der meist ausgeprägten topographischen Gliederung nicht vor. Mithin könnte der gemeinsame Flächenwidmungsplan als Instrument gemeinsamer Planung auf subregionaler Ebene nur in besonderen Fällen verwendet werden. Ob ein Bedürfnis besteht, für diese Einzelfälle gesetzliche Vorkehrungen zu treffen, erscheint fraglich, weil weniger aufwendige Kooperationsformen zur Verfügung gestellt werden können[64].

Zu erwägen bleibt daher die Einführung eines besonderen Planungsinstrumentes. Dieses muß die subregional kooperierenden Gemeinden instand setzen, aus ihrer Sicht der Dinge, in engem Zusammenwirken mit staatlichen Instanzen ein regionales Konzept zu entwickeln, dieses in den staatlichen Entscheidungsprozeß einzubringen und auf die Planungen und Maßnahmen der verbandsangehörigen Gemeinden Einfluß zu nehmen.

Das Planungsinstrument, für das die Bezeichnung „Konzeptplanung" vorgeschlagen wird, muß daher als Verbindungsglied zwischen staatlicher und kommunaler Planung mehrere Funktionen erfüllen:

— Entwicklungskonzept, in dem die Gemeinden ihre koordinierten gemeinsamen Zielvorstellungen und Maßnahmen für die Ordnung und Entwicklung des Gesamtgebietes und der ihm zugehörigen Gemeinden darstellen, das mit gutachtlicher Wirkung in den staatlichen Planungsprozeß eingeht,

— Forderungsprogramm für die zur Verwirklichung des Konzepts erforderlichen staatlichen Maßnahmen[65], das mit gutachtlicher Wirkung in den Entscheidungsprozeß der staatlichen Instanzen über die Regionalplanung, die Durchführung von Maßnahmen und die Vergabe von Förderungsmitteln eingeht,

— Rahmenplan für die Planungen der Gemeinden und Richtlinie für gemeindliche Investitionen.

Es ist hier nicht zu erörtern, in welcher Weise planungstechnisch die Mehrfunktionalität zweckmäßig verwirklicht wird. Es muß auch offenbleiben, welche Festsetzungen des Entwicklungskonzepts in den Rahmenplan als verbindliche Beschränkungen des gemeindlichen Entscheidungsspielraumes eingehen dürfen, welche Festsetzungen nur gutachtlich vorgeschlagen werden dürfen und daher nur wirksam werden, wenn sie in den staatlichen Regionalplan übernommen werden. Festzuhalten ist, daß Entwicklungskonzept, Forderungsprogramm und Rahmenplan im eigenen Wirkungsbereich der Gemeinde und des Verbandes erstellt werden und daß dies verfassungsrechtlich zulässig ist[66].

Es versteht sich von selbst, daß diese Konzeptplanung im engen Zusammenwirken mit den zuständigen staatlichen Instanzen zu erarbeiten ist, da nur dann eine Übernahme des Gutachtens in den staatlichen Regionalplan zu erwarten ist und auch das Forderungsprogramm nur dann Chancen der Erfüllung hat, daß aber auch die staatlichen Instanzen durch eindeutige Zielvorgaben zur Verbesserung der verbandsinternen Willensbildung beitragen sollten. So wird die Gefahr vermieden, daß bei der Erstellung des Forderungsprogramms Wunschlisten der Gemeinden aufaddiert werden, wenn die staatliche Instanz gegenständlich und/oder summenmäßig den Rahmen festlegt, innerhalb dessen einem Forderungsprogramm Rechnung getragen werden kann. Ferner wird die Landesplanungsstelle auch bei der Ausarbeitung der Planungen durch ihre Mitarbeiter und durch Übernahme allenfalls anfallender Planungskosten Hilfe leisten müssen.

Zu erwarten ist von einem solchen Planungsinstrument eine qualitative Verbesserung der Regionalplanung, da dem Land bei Wahrnehmung der Planungsaufgabe

---

64 Vgl unten S 266 ff.
65 Die Bezeichnung Forderungsprogramm entspricht dem Sprachgebrauch, ist aber mißverständlich, da es koordinierte und gebündelte Anregungen der Gemeinden, die Durchführung staatlicher Maßnahmen betreffend, zum Gegenstande hat.
66 Vgl oben S 216 ff.

Gesprächspartner gegenüberstehen, die ihre gemeinsamen Anliegen auch gemeinsam geltend machen und die Gegenstromverfahren in Bewegung setzen können.

Zu erwarten ist auch eine qualitative Verbesserung der kommunalen Willensbildung und damit eine Hilfe zur Überwindung der Planungsschwächen der Gemeinden, nicht zuletzt der alpinen und ländlichen Räume[67].

Zu erwarten ist ferner eine Förderung der Bereitschaft der Gemeinden, das zur Verwirklichung der Pläne Notwendige ins Werk zu setzen, wenn in den Regionalplan ihre eigenen Entwicklungsvorstellungen eingegangen sind.

7.5.2. *Die denkbaren Organisationsmodelle*

Gemeinsame Planung — nach den oben dargelegten Erwägungen mit dem Instrument des Konzeptplans — ist eine Aufgabe kommunaler Zusammenarbeit in subregionalen Organisationen. Angezeigt ist es, sie in ländlichen und alpinen Räumen vorzusehen, in denen der Ausbau einer regionalen Organisation nicht oder nur im Ansatz möglich ist. Sie setzt grundsätzlich eine entscheidungsfähige Organisation voraus.

Stehen Planungs- und Verwirklichungsaufgaben minderer Komplexität an, mag es genügen, wenn für die Abstimmung der kommunalen Planungen und die Abstimmung und Kooperation bei der Wahrnehmung von Verwirklichungsaufgaben Einrichtungen partnerschaftlicher Kooperation zur Verfügung stehen. Mit Rücksicht auf die Autonomie der Gemeinden, das vorfindliche Kompetenzgefüge und auch — soweit eingerichtet — die Zuständigkeit der regionalen Organisation muß es bei loseren Formen der Zusammenarbeit sein Bewenden haben, wenn hiermit das Auslangen gefunden werden kann.

Verbandsbildung kann ferner nicht zu empfehlen sein zwischen Gemeinden besonders geringer Verwaltungskraft, wie sie zB in alpinen Seitentälern zu finden sind. In diesen Fällen würde auch im Verband der Entscheidungsprozeß von Gemeinden getragen, die bei schwachem Entwicklungspotential auf Entwicklung dringend angewiesen sind, die vor dem Problem stehen, geeignete Führungskräfte für die zeitlich und auch in der Sache aufwendiger gewordenen Aufgaben zu gewinnen und die ungeachtet des engen persönlichen und wirtschaftlichen Beziehungsgefüges des Dorfes sachgerechte Entscheidungen treffen müssen. Da die Entscheidungsschwäche wesentlich in der Struktur der Gemeinden begründet ist, vermag Verbandsgründung für · sich Abhilfe nicht zu bringen, da sie maßgebend weder das Potential geeigneter Führungskräfte vergrößert noch die Problemsicht wesentlich erweitert. Mehr als in großräumigen Verbänden ist daher zu besorgen, daß eine nicht kompensierbare Entscheidungsschwäche die Qualität der zu treffenden Entscheidungen beeinträchtigt. Unter dieser Voraussetzung aber ist die Ausstattung der Organisation mit der Kompetenz zur verbindlichen Entscheidung von besonderer Problematik.

Es kann sich in diesen Fällen aber sehr wohl empfehlen, eine entscheidungsunfähige Organisation einzurichten, ergänzend hierzu aber Einflüsse zu fördern, die geeignet sind, die Entscheidungsunfähigkeit wenigstens zum Teil zu kompensieren. Hierzu gehören insbesondere die Konfrontation der Gemeinden mit einer klar umrissenen gemeinsamen Entwicklungsaufgabe, die Bereitschaft einer leistungsfähigen Gemeinde, bestimmte Aufgaben von subregionaler Bedeutung in Angriff zu nehmen, aber auch das Engagement einzelner Persönlichkeiten, die aus ihrer Funktion in der staatlichen, kommunalen oder wirtschaftlichen Verwaltung

---

67 Vgl oben S 257.

heraus Planungsprozesse in Bewegung setzen und subregionale Ordnungskräfte zur Entfaltung bringen.

Zu erörtern sind daher als Modelle kommunaler Zusammenarbeit auf subregionaler Ebene sowohl entscheidungsfähige Einrichtungen wie auch Einrichtungen partnerschaftlicher Koordination und Kooperation. Da auch in subregionalen Verflechtungsbeziehungen öffentlich-rechtliche Organisationsformen den Vorzug verdienen, sind zu erörtern:

— der Gemeindeverband in seinen Varianten freiwilliger oder Pflichtverband — Planungsverband oder Mehrzweckverband,

— die Arbeitsgemeinschaft in ihren Varianten fakultative Arbeitsgemeinschaft oder obligatorische Arbeitsgemeinschaft,

— die Verwaltungsgemeinschaft.

Das Modell Planungsrat kann für subregionale Organisationen nicht verwendet werden, weil der Planungsrat eine staatliche Einrichtung ist, auf subregionaler Ebene aber die Koordination und Kooperation der Gemeinden in Form zu bringen ist.

7.5.3. *Der subregionale Gemeindeverband als freiwilliger Planungsverband*

Vgl die abstrakte Eignungsuntersuchung oben 5.3.4.

(1) Verbandsmäßiger freiwilliger Zusammenschluß von Gemeinden für die Aufgaben gemeinsamer Konzeptplanung setzt eine gesetzliche Grundlage der Verbandsbildung voraus. Diese könnte durch Landesgesetz geschaffen werden.

In den alpinen und ländlichen Räumen ist der Zusammenschluß von Gemeinden gleicher oder verwandter Größenordnung in einem weitgehend durch topographische und/oder staatliche Grenzen vorgegebenen Raum erforderlich. Es bestehen daher die freiwillige Verbandsbildung fördernde Voraussetzungen.

Die Erfahrungen in den ö Ländern und in den anderen Staaten haben aber gezeigt, daß Verbandsbildung meist nicht von selbst in Gang kommt. Daher sind — jedenfalls in Räumen, in denen die Gemeinden noch nicht ihre Kooperationsbereitschaft durch Gründung von Vereinen dokumentiert haben — ausreichende Gründungshilfe und gewisser Gründungsdruck unentbehrlich. Sie sind insbesondere dann erforderlich, wenn die Gründung des Planungsverbandes faktisch nicht widerruflich ist und wenn der Verband instand gesetzt werden soll, über entwicklungspolitische Interessenkonflikte zwischen den Gemeinden auch zu Lasten einzelner Gemeinden zu entscheiden. Beides aber ist in der Regel Voraussetzung effizienter Planung.

Zumindest latente Kooperationsbereitschaft, Gründungshilfe, Gründungsdruck und aufgabenadäquate Ausgestaltung der inneren Verbandsverfassung vorausgesetzt, empfiehlt sich die Modellvariante freiwilliger Planungsverband vor dem Pflichtverband durch das Merkmal der Freiwilligkeit des Zusammenschlusses, die kommunale Initiativen freisetzen kann.

Als Gründungshilfe kommen in Betracht:

— präzise, für die Gemeinden überschaubare Regelungen der Aufgaben und der Organisation des Verbandes[68],

— Ergänzung der gesetzlichen Vorschriften durch im Zusammenwirken mit den Gemeinden erarbeitete Mustersatzungen,

— zumindest weitgehende Freistellung von den Kosten der Verbandstätigkeit und der Planung,

— Aufklärung, Auslösen von Gründungsinitiativen, erforderlichenfalls Vermittlung und Schlichtung durch den Bezirkshauptmann und/oder die Landesplanungsstelle.

---

68 Vgl Schemata der regelungsbedürftigen Gegenstände Anhang 8.4.

Als Gründungsdruck kommen in Betracht:
— Beitrittszwang gegenüber abseits stehenden Gemeinden[69],
— Vorbehalt der hoheitlichen Verbandsgründung unter bestimmten Voraussetzungen auch ohne derartige Anträge der Gemeinden, ggf nach Ablauf einer Freiwilligkeitsphase,
— Koppelung von Bedarfszuweisungen und anderer in den alpinen und ländlichen Räumen wesentlicher Förderungen mit Verbandsgründung und/oder Vorlage einer gemeinsamen Planung.

(2) Zentrale Aufgabe des Verbandes ist die Erstellung der Konzeptplanung, die ein verbandsinternes Entwicklungskonzept, ein Forderungsprogramm und einen gegenüber den Gemeinden verbindlichen Rahmenplan umfaßt. Die Planungen sind im eigenen Wirkungsbereich aufzustellen. Der Rahmenplan ist einem staatlichen Genehmigungsvorbehalt zu unterstellen.
Die Übertragung planakzessorischer Befugnisse kann sich empfehlen[70].

(3) Bei der Ausgestaltung der Verbandsverfassung ist davon auszugehen, daß der Verband Aufgaben des eigenen Wirkungsbereiches der Gemeinden wahrnimmt, daß nach Art 116 IV B-VG den Gemeinden daher ein maßgebender Einfluß auf die Besorgung der Aufgaben des Verbandes zu sichern ist. Da das B-VG nicht näher bestimmt, wie dieser Einfluß der beteiligten Gemeinden auszugestalten und zu sichern ist, haben Gesetz- und Satzungsgeber einen erheblichen Spielraum für die Gestaltung der Verbandssatzung.
Um dem Verfassungsgebot des Art 116 IV B-VG zu genügen, ist jeder beteiligten Gemeinde in einem Kollegialorgan, das die wesentlichen Befugnisse wahrnimmt, Sitz und Stimme einzuräumen[71]. Dieses Organ ist die Verbandsversammlung. Aus Gründen des Verfassungsrechts, aber auch um die Integrationskraft des Verbandes zu fördern, sollte der Zuständigkeitskatalog dieses Organs nicht zu knapp gehalten werden; um Mißtrauen der Gemeinden abzubauen, sollte auch einer Minderheit das Recht vorbehalten werden, für den Einzelfall Beratung und Entscheidung einer Verbandsangelegenheit durch die Verbandsversammlung verlangen zu können. Art 116 IV B-VG verwehrt, die Gemeindevertreter in der Verbandsversammlung von Weisungen der sie entsendenden Gemeinde freizustellen, einzelne Gemeinden, zB Zwerggemeinden, nur auf Kurialvertretung zu beschränken oder von der Besetzung dieses Organs mit Vertretern der Gemeinde überhaupt abzusehen[72]. Art 116 IV B-VG gebietet nicht, den beteiligten Gemeinden gleichen Einfluß zu sichern; daher ist eine sachlich gerechtfertigte Differenzierung des Einflusses durch Stufung der Stimmgewichte oder der Zahl der Vertreter zulässig.
In der verfassungsrechtlichen Zulassung des Verbandes mitbeschlossen ist die Begrenzung des Einflusses der Gemeinde durch in ordnungsgemäßem Verfahren unter Beteiligung aller Gemeinden gefaßte Beschlüsse. Sie muß es hinnehmen, in ordnungsgemäßen Verfahren überstimmt zu werden[73]. Daher ist nicht geboten, den Gemeinden ein Vetorecht vorzubehalten. Die Einräumung eines Vetorechtes könnte die Chance effektiver Verbandsplanung zunichte machen. Es kann daher nicht einmal in der Spielart des suspensiven Vetos empfohlen werden, da auch

---

69 Im G ist die Befugnis des VO-Gebers vorzusehen, auf Antrag einer Mindestzahl von Gemeinden durch VO einen Verband zu konstituieren, dem alle Gemeinden des subregionalen Raumes angehören; Art 116 IV B-VG verlangt in diesem Falle nur die Anhörung der zum Beitritt gezwungenen Gemeinden.
70 Vgl die Auflistung im Anhang 8.5.
71 O b e r n d o r f e r , Gemeinderecht, 283 ff m weit Nachw.
72 Wie dies einige d G neuerdings für Regionalverbände vorsehen, vgl oben S 114.
73 O b e r n d o r f e r , Gemeinderecht, 283; S c h w e d a, AfK 72, 142 (150).

dieses Veto Verhaltensweisen Vorschub leistet, die auf ein verdecktes Einstimmigkeitsprinzip oder auf ein Abkaufen des Vetos zielen und daher ebenfalls eine gesamthafte Planung zumindest beeinträchtigen können. Rechtswidrige Beeinträchtigung der Interessen einer Gemeinde sind im Verfahren der Plangenehmigung geltend zu machen und können in diesem Verfahren abgewendet werden.

Es ist eine Frage der Zweckmäßigkeit, ob für die Beschlußfassung in einzelnen Angelegenheiten eine qualifizierte Mehrheit vorzuschreiben ist.

Die Besorgung der Angelegenheiten des Verbandes ist nach Art 116 IV B-VG Sache des Verbandes selbst. Es können daher kollegial oder monokratisch verfaßte ausführende Organe bestellt werden, die zwar an die Weisung der Verbandsversammlung gebunden sind, aber nicht notwendig aus dem Kreis der beteiligten Gemeinden entnommen sein müssen und keinesfalls den Weisungen der Mitgliedsgemeinden unterliegen.

Diese Offenheit der Verbandsstruktur[74] erlaubt daher Regelungen, die dem Gefälle zwischen den Gemeinden Rechnung tragen, die eine Kooperation mit staatlichen Stellen, die eine Hintanhaltung kommunaler Egoismen und die eine Artikulation der gemeinsamen Interessen zu fördern geeignet sind. In Betracht kommt vor allem, den Bezirkshauptmann in die Verbandsarbeit einzubeziehen — zB als Vorsitzenden der Verbandsversammlung mit oder ohne Stimmrecht oder mit Stimmrecht bei Stimmengleichheit, als Obmann des Verbandes[75]. Zu erwägen ist ferner die Heranziehung der im Verbandsgebiet wohnhaften Landtagsabgeordneten[76], die Beteiligung der Grundverkehrskommission und der Agrarbehörde[77], die Beteiligung der für die Entwicklungsaufgaben maßgeblichen Kammern und für die regionale Entwicklung überwiegend bedeutsamen Unternehmen. Für sie alle aber wäre ein Sonderstatus vorzusehen[78]. Als weiteres Organ ist ein Kontrollorgan vorzusehen; die Bildung von Ausschüssen ist zuzulassen.

Für die Partizipation der Bevölkerung des Verbandsgebietes öffnet Art 116 IV B-VG nur eine enge Tür, da auch Repräsentanten der Bevölkerung nur in einer solchen Zahl mit Sitz und Stimme in die Versammlung berufen werden dürfen, die den maßgebenden Einfluß der Gemeinden als Gebietskörperschaften nicht beeinträchtigt. Einem weitergehenden Bedürfnis nach Partizipation muß daher in anderen Formen Rechnung getragen werden, zB durch einen Beirat, durch eine erweiterte Verbandsversammlung mit beratender Funktion, durch Ausgestaltung des Anhörungsverfahrens vor Erlaß der Pläne.

Der Verband unterliegt der Kommunalaufsicht. Besondere Vorkehrungen im Fall des Versagens des Verbandes erscheinen daher nicht erforderlich.

Der Freiwilligkeit der Verbandsgründung muß, da es um die Wahrnehmung öffentlicher Aufgaben geht, nicht die Freiheit des Austritts und die Freiheit der Verbandsauflösung korrespondieren. Um den Verband instand zu setzen, auch Konflikte zu entscheiden, ist es geboten, den Austritt aus dem Verband und seine Auflösung von besonderen Bedingungen abhängig zu machen und staatlicher Genehmigung zu unterwerfen.

(4) Größe und Verwaltungskraft des Verbandes gestatten nicht, eine Planungsstelle einzurichten. Es ist daher Vorsorge zu treffen, daß der Verband die Aus-

---

74 Zu den verfassungsrechtlichen Fragen im einzelnen vgl O b e r n d o r f e r , Gemeinderecht, 283 f m weit Nachw; vgl ferner Schema regelungsbedürftiger Gegenstände im Anhang 8.4.
75 Diese Aufgabe nimmt der Bezirkshauptmann auch heute bereits in vielen zwischenkommunalen Einrichtungen wahr, vgl 100 Jahre Bezirkshauptmannschaften in Österreich (1970) 159; die Bestellung eines Bürgermeisters zum Obmann setzt diesen Interessenkonflikten aus und kann Mißtrauen begründen.
76 Vgl oben S 61. Sie wird zB in St u Va praktiziert und als fördernd bezeichnet.
77 Wenn diesen Belangen nicht durch Beteiligung des Bezirkshauptmanns bereits Rechnung getragen ist.
78 Vgl oben S 243.

arbeitung der Pläne einer Stelle übertragen kann, die in die staatliche Verantwortung einbezogen ist. Mit Rücksicht auf das Selbstverwaltungsrecht der Gemeinde, auch um Mißtrauen entgegenzuwirken, sollte aber die Beauftragung privater Planungsbüros nicht ausgeschlossen und finanzielle Beihilfe zu den dadurch entstehenden Planungskosten bereitgestellt werden.

Die Grenzen der Verwaltungskraft des Verbandes erschweren die Einrichtung einer Geschäftsstelle und die Beschäftigung eines Planers. Sachkundige Raumbeobachtung, Bestandserhebung, Vorbereitung der Planfortschreibung, Vertretung der in der Konzeptplanung artikulierten gemeinsamen Interessen gegenüber den staatlichen Instanzen, erbetene und nicht erbetene Beratung der Gemeinden bei allen für die räumliche Entwicklung bedeutsamen Angelegenheiten, aber auch die Entfaltung von Initiativen zur Verwirklichung des Konzepts sind erforderlich, soll nicht die Planung zum Schubladenplan werden. Daher wird die Einrichtung einer hinreichend ausgestatteten Geschäftsstelle erforderlich sein. Da die hiermit verbundenen finanziellen Lasten nicht gänzlich unzumutbar sind – insbesondere wenn das Land Beihilfen gewährt und/oder Personal zur Verfügung stellt – wird im Interesse der gemeinsamen Entwicklung von den Gemeinden dieses Opfer zu verlangen sein.

7.5.4. *Der subregionale Gemeindeverband als freiwilliger Mehrzweckverband*

Vgl die abstrakte Eignungsuntersuchung oben 5.3.4.

Die Ausstattung des Verbandes mit Vollzugsaufgaben belastet die Verbandsgründung mit einer Reihe von Komplexitäten. Die Gemeinden werden besorgen, Kompetenzen an den Verband zu verlieren und mit Kosten belastet zu werden, deren Ausmaß bei der Verbandsgründung nicht zu übersehen ist und deren Höhe auch nicht durch Entscheidungen der einzelnen Gemeinde gesteuert werden kann, da die tatsächliche Inangriffnahme einer Aufgabe und die Art ihrer Wahrnehmung der Verbandsentscheidung unterliegen.

Es ist daher kaum zu erwarten, daß alle oder auch nur die Mehrzahl der Gemeinden eines alpinen oder ländlichen kleineren Raumes sich bereit finden werden, einen bereits zum Zeitpunkt der Gründung mit umfänglichen Vollzugskompetenzen ausgestatteten Verband zu gründen.

Will man die Chance wahren, daß auf freiwilliger Grundlage Mehrzweckverbände gegründet werden, bleibt daher dem Gesetzgeber nur, den Katalog übernahmefähiger Aufgaben zu bestimmen, die Übernahme jeder einzelnen Aufgabe aber von der Zustimmung aller, zumindest der finanziell betroffenen Gemeinden und von einer staatlichen Genehmigung abhängig zu machen.

Erforderlich ist ferner die Entwicklung von Modellen für eine sachgerechte Umlage der Kosten der Aufgabenwahrnehmung. So kann es angezeigt sein, die Kosten für die Wahrnehmung einzelner Aufgaben nach einem besonderen Schlüssel umzulegen, um eine die Kooperationsbereitschaft fördernde Verteilung der Kosten nach Vorteil, Last und Finanzkraft der Gemeinden zu ermöglichen.

7.5.5. *Der subregionale Gemeindeverband als Pflicht-Planungsverband*

Vgl die abstrakte Eignungsuntersuchung oben 5.3.5.

Fehlen die Voraussetzungen freiwilliger Verbandsgründung oder stellt sich nach einer Freiwilligkeitsphase heraus, daß die Gemeinden zur Verbandsbildung nicht bereit sind, ist die Gründung von Pflichtverbänden erforderlich, soll eine die Entwicklungschancen verbessernde Organisation geschaffen werden.

(1) Art 116 IV B-VG gestattet die Gründung von Pflichtverbänden durch Gesetz oder auf Grund eines Gesetzes. Art 116 IV B-VG gestattet somit auch die Übertragung der Zuständigkeit zur Konzeptplanung an einen Verband durch staat-

lichen Hoheitsakt, wenn nur das Gesetz den Gemeinden einen maßgebenden Einfluß auf die Besorgung der Aufgaben des Verbandes einräumt.

Daß die Erlassung eines solchen Gesetzes und die allfällige Vollzugsverordnung der Erörterung mit den Gemeinden und ihrer Interessenvertretungen bedarf und die dort entwickelten Vorstellungen tunlichst berücksichtigt werden sollten, bedarf keiner besonderen Begründung.

Damit den jeweiligen Besonderheiten elastisch Rechnung getragen werden kann, bieten sich folgende Lösungen an:

— das Gesetz gründet enumerativ aufgezählte Verbände selbst, überläßt aber die Regelung von Einzelheiten über den konkreten Zuschnitt des Verbandes dem Verordnungsgeber und von Einzelheiten der Verbandsaufgaben und der Verbandsverfassung der Verbandssatzung;

— das Gesetz verpflichtet den Verordnungsgeber durch generelle Norm, für nach generellen Kriterien bestimmte Räume Verbände zu gründen. Wiederum können Einzelheiten der Verbandsaufgaben und der Verbandsverfassung der Verbandssatzung überlassen werden.

Nicht dagegen empfiehlt sich, den Verordnungsgeber lediglich zur Gründung von Pflichtverbänden zu ermächtigen; die nicht zur Kooperation bereiten Gemeinden müßten eine gegen sie gerichtete Verordnung als empfindlichen Eingriff in ihre Autonomie werten; staatliche Verwaltungen aber tendieren dazu, die hieraus folgenden Konflikte zu vermeiden und daher derartige Ermächtigungen nicht in Anspruch zu nehmen[79], so daß im Ergebnis die Verbandsgründung zu unterbleiben pflegt.

(2) Bedenkt man die Schwäche der Verwaltungskraft der kleinen Gemeinden der Berggebiete, dann empfiehlt sich die Modellvariante Mehrzweckverband als das für die anstehenden Entwicklungsaufgaben, die überwiegend gemeinsamer Wahrnehmung bedürfen, geeignetere Modell.

Bei der näheren Bestimmung des Aufgabenkreises des Verbandes[80] ist darauf Bedacht zu nehmen, nur solche Aufgaben zu übertragen, die für die Entwicklung des konkreten Verbandsgebietes bedeutsam sind und nicht von den Gemeinden wirksam wahrgenommen werden können. Zurückhaltung ist geboten, um den Verband nicht von seiner zentralen Aufgabe der Planung abzulenken und um nicht den Aufgabenkatalog der Gemeinden mehr als erforderlich zu verkürzen. Wird es notwendig, den Katalog auch nur überwiegend auszuschöpfen, dürfte in Wahrheit die Zusammenlegung von Gemeinden erforderlich sein.

Die Einrichtung eines Entwicklungsfonds empfiehlt sich wegen der eng begrenzten Finanzkraft und der Abhängigkeit größerer Vorhaben von staatlichen Zuschüssen nicht[81]. Förderlich aber ist es, dem Verband ein Mitspracherecht bei der Vergabe von Subventionen aus staatlichen Entwicklungsfonds einzuräumen; zu einem Mitentscheidungsrecht sollte die Mitsprache nicht ausgebaut werden, schon um potentielle verbandsinterne Konfliktstoffe in Grenzen zu halten.

(3) Für die innere Verbandsorganisation ist auf die Erörterung zur Organisation der freiwilligen Verbände zu verweisen[82].

7.5.6. Die subregionale Arbeitsgemeinschaft

Vgl die abstrakte Eignungsuntersuchung oben 5.3.2.

Die Arbeitsgemeinschaft eignet sich, um die Abstimmung zwischen den Gemeinden, sei es bei der Flächenwidmungsplanung, sei es bei der Wahrnehmung

---

79 Vgl oben S 94 f, 163 f.
80 Katalog der übertragungsfähigen Aufgaben vgl unten Anhang 8.5.
81 Zu weiteren Bedenken gegen die Einrichtung eines Fonds vgl oben S 247.
82 Vgl oben S 263.

anderer, die Gemeinden gemeinsam berührenden Aufgaben, in Form zu bringen[83].

(1) Fakultative ArGe: Voraussetzung für die Errichtung einer öffentlich-rechtlichen ArGe ist eine gesetzliche Ermächtigung, welche die Gemeinden befugt, durch Vertrag sich zu einer ArGe zusammenzuschließen. Das Gemeinderecht der ö Bundesländer sieht gegenwärtig keine derartigen Ermächtigungen vor[84]. Die kommunale Praxis bedient sich daher in einzelnen Fällen der in den Gemeindeordnungen bereits hinreichend gesetzlich ausgeformten Verwaltungsgemeinschaft, wenn ein öffentlich-rechtliches Instrument der gemeinsamen Beratung, Vorbereitung und Koordination gemeinsamer Angelegenheiten für notwendig erachtet wird[85]. Da die VerwGem durch das ö Gemeinderecht als im wesentlichen bloß verwaltungstechnischer Hilfsapparat (gemeinsame gemeindeamtliche Einrichtung) zur zweckmäßigen und kostensparenden Besorgung von Gemeindeaufgaben ausgeformt wurde und daher nur behelfsweise als Instrument der Abstimmung geeignet erscheint, wird die gesetzliche Verankerung der öffentlichrechtlichen ArGe in Anlehnung an Vorbilder des d Kommunalrechts[86] zu empfehlen sein. Für die Schaffung der Rechtsgrundlagen ist − in Analogie zur gesetzlichen Regelung von VerwGem − der Landesgesetzgeber zuständig[87].

Um das Zustandekommen der ArGe zu fördern, empfiehlt sich, die Vertretung von Gemeinden in der ArGe, die Organisation, die Geschäftsführung, die Beschlußfassung, die − nicht rechtsgeschäftliche − Vertretung der ArGe gegenüber Dritten, insbesondere staatlichen Instanzen, und die Kostendeckung in den Grundzügen zu regeln[88]. Die Regelung der Einzelheiten und die Festlegung der Aufgabengebiete sollte den beteiligten Gemeinden überlassen bleiben.

Da die ArGe nicht rechtsfähig ist, erscheint sie als nicht geeigneter Adressat von Aufsichtsmaßnahmen. Fehlentwicklungen durch staatliche Aufsichtsmaßnahmen abzuwenden, kann dennoch erforderlich sein. In Betracht kommt, durch Gesetz die Aufsichtsinstanz zu befugen, rechtswidrige Beschlüsse der ArGe aufzuheben. Erforderlich werdende Aufsichtsmaßnahmen können sich jedenfalls unmittelbar an die einzelnen Gemeinden richten. Überörtliche Interessen werden nicht in so hohem Maße berührt, daß die Gründung einer ArGe notwendig einer Genehmigung der Aufsichtsbehörde vorbehalten werden müßte (Art 119a VIII B-VG).

Zur Eignung der ArGe als Plattform freier kommunaler Koordination und zu den Grenzen der Leistungsfähigkeit dieses Modells vgl oben 5.3.2.

(2) Obligatorische ArGe: Klaffen Kooperationsbereitschaft der Gemeinden und Notwendigkeit zur Koordination auf subregionaler Ebene insgesamt weit auseinander oder erscheint aus anderen Gründen geboten, subregional die Kooperation der Gemeinden zu verstärken, kommt in Betracht, durch Gesetz die Gemeinden zur Zusammenarbeit in der Form der ArGe zu verpflichten − als minder schwerer Eingriff: Die Leistung bestimmter Subventionen, zB Beiträge zu den Planungs-

---

83 Vgl oben S 188.
84 Bei den von N e u h o f e r , Gemeinderecht, 387 ff, als „Arbeitsgemeinschaften auf Grund von Vereinbarungen" bezeichneten Formen interkommunaler Zusammenarbeit handelt es sich um privat-rechtliche Organisationen, in der Regel Gesellschaften des bürgerlichen Rechts nach §§ 1175 ff ABGB; wie oben S 187 ausgeführt, ist jedoch die öffentlich-rechtliche ArGe zu bevorzugen.
85 Vgl oben S 34 zu den als VerwGem konstituierten örtlichen Planungsgemeinschaften in der St.
86 Vgl dazu oben S 79 f.
87 Die Grundsätze des Gemeinderechts der Art 115 ff B-VG sehen weder VerwGem noch ArGe vor; dies hindert den Landesgesetzgeber jedoch nicht, im grundsatzfreien Raum derartige Organisationen zu schaffen, vgl dazu u zu den verfassungsrechtlichen Schranken, die vor allem aus dem Entscheidungsmonopol der Gemeinde abzuleiten sind, oben S 25; 32 f; O b e r n d o r f e r , Gemeinderecht, 275; N e u h o f e r , Gemeinderecht, 389 f.
88 Vgl dazu unten S 268.

kosten, von der Zusammenarbeit der Gemeinden in dieser Form abhängig zu machen[89].

Ähnlich wie der obligatorische Nachbarschaftsausschuß schh Rechts[90] ist die obligatorische ArGe vorstellbar als Zusammenschluß eines Zentralen Ortes mit den Gemeinden des ihm zugeordneten Versorgungsbereiches. Da Zusammenarbeit in den gut überschaubaren Verhältnissen des Nahbereiches[91] leichter zu verwirklichen ist als in größeren Räumen, hier aber von besonderer Dringlichkeit sein kann, empfiehlt sich — zumindest in einer ersten Stufe —, nur die Nahbereiche der zentralörtlichen Versorgung in obligatorischen ArGe zusammenzufassen. Die freiwillige Zusammenarbeit in anderen, von den Gemeinden als zweckmäßiger erkannten räumlichen Zuschnitten darf dadurch aber nicht erschwert werden.

(3) Die Formulierung der Aufgaben[92], die im Rahmen der ArGe einer gemeinsamen Beratung zugeführt werden sollen, kann bewußt offengehalten werden, so daß grundsätzlich alle mehreren Gemeinden gemeinsamen Aufgaben in den Abstimmungsprozeß eingebracht werden können, soweit dies die Mitglieder für erforderlich halten. Wird eine obligatorische ArGe eingerichtet, werden gleichzeitig Kooperationspflichten, vor allem hinsichtlich der Flächenwidmungsplanung, zu begründen sein. Ebenfalls im Gesetz sollte das Recht der ArGe begründet werden, die im zwischengemeindlichen Abstimmungsverfahren bereinigten subregionalen Ordnungs- und Entwicklungsvorstellungen im Rahmen der vertikalen Koordination an die Träger der Regional-, Landes- und Fachplanung heranzutragen; ergänzend wäre ein Recht auf Anhörung bei Planungen und Maßnahmen der übergeordneten Planungsträger, die sich auf das Gebiet der in der ArGe organisierten Gemeinden auswirken, vorzusehen. Daher kann der ArGe auch die — vereinfachte — Konzeptplanung übertragen werden.

Die organisatorischen Vorkehrungen können auf ein Minimum beschränkt werden. In die ArGe entsandt werden Vertreter der Gemeinden, in der Regel die Bürgermeister, und ggf weitere Vertreter. Gesetz oder Satzung können bei der Zahl der in die ArGe zu entsendenden Vertreter zwischen den Gemeinden differenzieren und so etwa der Bedeutung des Zentralen Ortes Rechnung tragen. Die Bestellung eines Obmannes mit den Funktionen eines Primus inter pares dürfte sich empfehlen. Die anfallenden Aufgaben der Geschäftsführung können unschwer vom Gemeindeamt des Zentralen Ortes besorgt werden, eine eigene Geschäftsstelle ist entbehrlich. Die Regelung der Kostentragung sollte den beteiligten Gemeinden überlassen werden; in Betracht kommt aber auch, den Zentralen Ort als relativ leistungsfähigste und begünstigte Gemeinde zur Kostentragung zu verpflichten. Ausführende Organe brauchen wegen der fehlenden Rechtsfähigkeit der ArGe nicht vorgesehen zu werden.

Ob für die Beschlußfassung über Empfehlungen an die Mitgliedsgemeinden das Mehrheits- oder Einstimmigkeitsprinzip vorgesehen wird, ist wegen der nicht bindenden Wirkung der Beschlüsse von praktisch untergeordneter Bedeutung. Da ein rechtlicher Zwang zur Einstimmigkeit bei divergierender Interessenlage arbeitshemmend wirkt, unter Umständen kompromißhaften Verschleierungen Vorschub leisten könnte, wird das Mehrheitsprinzip zu bevorzugen sein. Durch ein erhöhtes Konsensquorum — etwa einer Zweidrittelmehrheit — kann das Mehrheitsprinzip gemildert und die Gefahr einer übergroßen Belastung der Tätigkeit der ArGe durch das Beiseitestehen überstimmter Mitglieder verhindert werden.

---

89 Zum Gründungsdruck gegenüber s Bergregionen vgl oben S 160.
90 Vgl oben S 80 f.
91 Vgl oben S 95.
92 Vgl zum Folgenden auch die Darstellungen des schh Rechts oben S 81 u die Zusammenstellung im Anhang 8.4.

Beschlüssen einer ArGe könnte das Gesetz auch Bindungswirkung unter der Voraussetzung zuerkennen, daß alle Gemeinden durch ihre hierfür zuständigen Organe dem Beschluß zustimmen[93]. Dem Vorteil einer solchen gegenseitigen Selbstbindung der Gemeinden steht der Nachteil eines umständlichen Verfahrens entgegen, das nur wenig behilflich ist, das Zustandekommen von Einigung auch bei ernsteren Interessenkonflikten zu fördern. Der Nachteil wiegt schwerer; daher empfiehlt sich nicht, den Beschlüssen der ArGe auf dem Umweg der Selbstbindung der beteiligten Gemeinden bindende Wirkung zuzuerkennen. Soll der ArGe die Aufgabe — vereinfachter — Konzeptplanung übertragen werden, ist ein solches Selbstbindungsverfahren vorzusehen.

7.5.7. *Die subregionale Verwaltungsgemeinschaft*

Vgl die abstrakte Eignungsuntersuchung oben 5.3.3.

Die Verwaltungsgemeinschaft besorgt als gemeindeamtliche Einrichtung die Geschäfte der an ihr beteiligten Gemeinden als Hilfsorgan. Die von der GO der ö Bundesländer bereits zur Verfügung gestellte[94] Rechtsform eignet sich zur kostensparenden gemeinsamen Erledigung kommunaler Aufgaben. Da sie immer nur als Hilfsorgan der an ihr beteiligten Gemeinden tätig werden kann und eigene Entscheidungskompetenzen nicht hat, kommen jedoch nur solche Aufgaben in Betracht, die einer intensiveren Koordination nicht unterliegen sollen oder für deren Koordination anderweitig Vorsorge getroffen worden ist, zB Durchführung bestimmter Versorgungsaufgaben. Für die Flächenwidmungsplanung der Gemeinden kann die VerwGem Vorbereitungsarbeiten erledigen oder fördern; die Abstimmung zwischen den Gemeinden über den Inhalt des Flächenwidmungsplans kann in die Wege geleitet und vermittelt werden. Um die Abstimmung selbst in Form zu bringen und die Pflichten der Gemeinde hierbei zu konkretisieren, bedarf es anderer Kooperationsinstrumente, zumindest der Errichtung einer ArGe.

Innerhalb einer entscheidungsfähigen Organisation kann die VerwGem nützlich sein, da sie die Veranstaltungskraft der an ihr beteiligten Gemeinden steigert und daher gewichtige Voraussetzungen für die Entwicklung des Raumes schafft. Nicht zuletzt für die Versorgung der Bürger mit Diensten und Leistungen und im Interesse eines rechtsstaatlichen und fachkundigen Gesetzesvollzuges kann die Errichtung einer VerwGem notwendig oder nützlich sein.

Im Einzelfalle wird freilich zu prüfen sein, ob die von der VerwGem wahrgenommenen Aufgaben zweckmäßiger von der für den gesamten Raum geschaffenen Organisation wahrzunehmen sind, um eine Zersplitterung der Aufgabenwahrnehmung zu vermeiden.

7.6. **Grenzüberschreitende Regionen (ohne Wien und Umland)**

7.6.1. *Aufgaben*

Wie die Fragebogenauswertung[95] bestätigt, zeichnen sich Aufgaben grenzüberschreitender Planung — außer im Schwerpunktraum Wien — ganz vorwiegend nur in Räumen ab, die ihrem Typus nach wenigstens in dem Gebietsteil eines Landes den ländlich-alpinen Räumen zuzurechnen sind. Da ihr räumlicher Zuschnitt zugleich bedingt wird durch die regionale Gliederung der aneinanderstoßenden

---

93 Wie dies nach bay Recht vorgesehen ist, vgl oben S 80 u das Schema einer ArGe nach d Recht im Anhang 8.4.
94 Vgl oben S 32 f.
95 Vgl Anhang Österreich 8.1.6.

Länder, diese aber noch offen ist, wäre es willkürlich, hypothetische Konzepte für regionale Gliederungen und ihnen zuzuordnende zentrale Planungsinstrumente zu entwickeln. Grenzüberschreitende Regionsbildung erfordert in besonderem Maße, soll sie effektiv sein, die Anpassung an die jeweiligen konkreten Aufgaben und die jeweiligen rechtlichen Gegebenheiten. Daher können Modellerwägungen für grenzüberschreitende Regionen — von Vorschlägen für die Ordnung des Wiener Raumes abgesehen — nur auf einem höheren Abstraktionsgrad abgehandelt werden als für binnenländische Regionen.

Die Wesensmerkmale und die Aufgaben grenzüberschreitender Regionsbildung und grenzüberschreitender Planung sind bereits dargestellt[96]. Auf die im Ausland entwickelten Lösungen und die dort gewonnenen Erfahrungen kann verwiesen werden, da auch die ö Gesetzgeber mit der Ordnungsaufgabe konfrontiert sind, effektive Regionalplanung zu ermöglichen ungeachtet des Nebeneinander mehrerer Rechtsordnungen, der Sogkraft der Zentralräume, des Pluralismus der Gemeinde- und Länderinteressen, der Aufsplitterung der Zuständigkeiten, des Erfordernisses einvernehmlicher Entscheidungsbildung bei den obersten Landesbehörden. Allerdings bezieht sich die Ordnungsaufgabe auf wesentlich kleinere Räume mit vergleichsweise bescheidenen regionalen Entwicklungsaufgaben, für die wiederum nur bescheidene Mittel zur Verfügung stehen. Sie ist dadurch zusätzlich beschwert, daß sich institutionalisierte Formen grenzüberschreitender gliedstaatlicher und kommunaler Zusammenarbeit im ö Rechtskreis noch nicht eingespielt haben.

7.6.2. *Die denkbaren Organisationsmodelle*

Im Ausland sind zur Lösung der Ordnungsaufgaben vor allem folgende Modelle verwendet worden: die GmbH, der Verein, die Arbeitsgemeinschaft, der Zweckverband, der kommunale Pflichtverband, die Kommission. Denkbar ist ferner die Verwendung des Modells Planungsrat.

Nicht behilflich erscheint das Modell der Verwaltungsgemeinschaft.

Grundsätzlich und für alle zu erwägenden Modelle ist zu berücksichtigen, daß Grundlage gemeinsamer Planung von Ländern die Einigung ist. Eine Instanz, die kraft ihrer Entscheidungsgewalt fehlende Einigung ersetzt und inhaltliche Mängel erzielter Einigung korrigiert, kann nicht durch Landesrecht und auch nicht durch Vereinbarung nach Art 15a II B-VG geschaffen werden. Ob durch Bundesverfassungsgesetz derartige Einrichtungen geschaffen oder zugelassen werden sollten, steht hier nicht zur Diskussion, da eine hierauf zielende Verfassungsänderung Grundprinzipien des föderalen Aufbaus berühren würde.

Es bleibt daher nur, Institutionen und Verfahrensregeln zu schaffen, welche das Zustandekommen von Einigung fördern. Dies schließt nicht aus, unterhalb der Ebene der Landesregierungen Einrichtungen so auszugestalten, als ob sie entscheidungsfähig wären, um dem Entscheidungsprozeß sachliches und politisches Gewicht zu geben. Die einvernehmliche Zustimmung der Landesregierungen, ggf auch der Parlamente der beteiligten Länder, wird dadurch nicht entbehrlich, ihr Zustandekommen aber gefördert.

7.6.3. *Der Verein*

Vgl die abstrakte Eignungsuntersuchung oben 5.3.1.

Privat-rechtliche Lösungen sind für die binnenländische Planung als wenig geeignet bezeichnet und daher nicht empfohlen worden. Die im Ausland mit der

---

96 Vgl hierzu oben S 137 f.

GmbH und dem Verein bei grenzüberschreitender Regionsbildung gewonnenen Erfahrungen ermutigen auch nicht zur Verwendung der privat-rechtlichen Modelle für diese Ordnungsaufgabe. Entscheidungsschwäche und mangelndes Durchsetzungsvermögen gegenüber den Mitgliedsgemeinden erschweren oder verwehren eine effektive Regionalplanung, die in der grenzüberschreitenden Region nicht nur durch den Pluralismus der Gemeindeinteressen, sondern auch unter Umständen divergierender Landesinteressen erschwert wird.

Andererseits darf nicht übersehen werden, daß jede grenzüberschreitende kommunale Zusammenarbeit in Formen des öffentlichen Rechts einen erheblichen legistischen und organisatorischen Aufwand voraussetzt, zumal die Gesetzgeber dem ö Recht bislang wenig vertraute Institutionen und Gestaltungsmöglichkeiten zu verwenden hätten. Im Einzelfalle kann sich daher sehr wohl empfehlen, mit einer privat-rechtlichen Lösung vorliebzunehmen, wenn ihre Unzulänglichkeiten sich mutmaßlich nicht allzu gravierend auf das Ergebnis der planerischen Bemühungen auswirken. Dies dürfte der Fall sein in Regionen, die sich in der Größenordnung eines Nahbereichs im System zentralörtlicher Versorgung halten, wenn über die dort anstehenden Ordnungs- und Entwicklungsaufgaben hinreichender Konsens besteht. Sind nicht mehr als etwa vier kleinere Gemeinden an der Zusammenarbeit beteiligt, mag es genügen, wenn diese für ihre Zusammenarbeit die Rechtsform der Gesellschaft bürgerlichen Rechts wählen. In derart engen, aber auch übersichtlichen Verhältnissen besteht weder das Bedürfnis, besondere Organe einzurichten, noch Abstimmungsmodalitäten zu regeln, da die Gemeinden ohnehin sich nur zu einvernehmlich gefundenen Entscheidungen werden durchringen können.

Für die Bildung privat-rechtlich verfaßter Regionen aus einer Mehrzahl von Gemeinden empfiehlt sich die Rechtsform des Vereins. Dem aus den Gemeinden der Region gebildeten Verein ist die Aufgabe zu stellen, ein (gutachtliches) Rahmenprogramm für die Entwicklung der Gemeinden und erforderlichenfalls auch den Entwurf eines Flächenwidmungsplans für die gesamte Region zu erarbeiten und zu beschließen. Der Flächenwidmungsplan kann freilich nur auf die jeweiligen Gemeindegebiete parzelliert von den einzelnen Gemeinden in Kraft gesetzt werden[97].

Der privat-rechtliche Zusammenschluß auf kommunaler Ebene bedarf ergänzender Vorkehrungen auf der Ebene der Länder. Sicherzustellen ist jedenfalls der Informationsaustausch, die zeitliche Synchronisierung der Planungen und Maßnahmen auf der Ebene des Landes, ggf der Region und der Gemeinden, und die inhaltliche Abstimmung der für die Flächenwidmungsplanung verbindlichen Ziele der Landesplanung sowie der sonstigen für die Entwicklung der Region bedeutsamen Planungen und Maßnahmen der Länder. Einzelne ö ROG sehen bereits Koordinationspflichten vor, deren sachgerechte Erfüllung auch die Planung in oder für grenzüberschreitende Regionen fördern würde:

— Pflicht zur Bedachtnahme auf Planungen und Maßnahmen anderer Bundesländer, §§ 2 und 7 IV bu RPIG, § 9 IV oö ROG,
— Pflicht, die Landesregierungen der Nachbarländer von einer Planungsabsicht zu informieren und zur Einbringung von Anregungen aufzufordern, § 11 I st ROG,
— Pflicht, Planentwürfe den Landesregierungen von Nachbarländern mit der Bitte um Stellungnahme zu übermitteln, § 10 oö ROG, § 11 st ROG,

---

97 Die technische Durchführung der Entwurfsarbeiten ist erheblich erschwert, wenn in den Gemeinden infolge divergierenden Landesrechts unterschiedliche Planzeichen zu verwenden sind. Die auch aus anderen Gründen gebotene Vereinheitlichung der Planzeichen ist jedoch unschwer durchführbar, vgl W u r z e r , BRFRPI 74, H 3, 1 (3).

- Pflicht, erforderlichenfalls Einvernehmen mit den Landesregierungen der Nachbarländer anzustreben, § 3 V kä ROG, § 3 II sa ROG,
- Pflicht, den Abschluß von Vereinbarungen nach Art 15a B-VG anzustreben,
§ 4 II va RPIG.

Für die grenzüberschreitende Regionalplanung haben besondere Bedeutung die
Pflichten zur gegenseitigen Information und zur Entgegennahme von Anregungen
und Stellungnahmen sowie die Pflicht, erforderlichenfalls das Einvernehmen
anzustreben. Der Abschluß von Vereinbarungen kann für die Durchführung aufwendiger gemeinsamer oder besonders störungsanfälliger Vorhaben erforderlich
sein; generell ist dieses Kooperationsinstrument für die hier anstehenden
Ordnungsaufgaben aber zu schwerfällig.

Der Katalog der Koordinationspflichten kann wie folgt ergänzt werden:
- Pflicht jeder Landesplanungsstelle, wenn sie den landeszugehörigen Gemeinden bei der Erstellung von Flächenwidmungsplänen behilflich ist, ihre Dienste
auch regionszugehörigen Gemeinden des Nachbarlandes zur Verfügung zu
stellen,
- Einrichtung von Verständigungsverfahren und anderer Plattformen zur Erleichterung der Koordination wie turnusmäßige Dienstbesprechungen der Leiter der
Landesplanungsbehörden und/oder der zuständigen Mitglieder der Landesregierungen, gemeinsame Kommissionen mit beratender Funktion.

7.6.4. *Die Arbeitsgemeinschaft*

Vgl die abstrakte Eignungsuntersuchung oben 5.3.2.

Das Modell der Arbeitsgemeinschaft ist für die Organisation binnenländischer
Regionalplanung wegen der Entscheidungsunfähigkeit dieser Rechtsform als nur
wenig geeignet bezeichnet worden. Für die Ordnung grenzüberschreitender
Räume ist folgendes zu berücksichtigen:

Nach den Gegebenheiten mancher Landesgrenzen überschreitender Räume ist
die sorgfältige Abstimmung von Verwaltungsmaßnahmen und Planungen erforderlich, aber auch ausreichend. Hierfür bietet, soweit Abstimmung zwischen den
Gemeinden geboten ist, die ArGe eine geeignete Plattform.

Aber auch wenn gemeinsame Planung angezeigt ist, kommt dem Merkmal der
Entscheidungsunfähigkeit der ArGe ein anderer Stellenwert zu. Grenzüberschreitende Planung kann immer nur auf der Grundlage einvernehmlicher Entscheidung
der beteiligten Länder organisiert werden.

Unter günstigen Voraussetzungen kann aber das Einvernehmen auf regionaler
Ebene die Herstellung förmlichen Einvernehmens auf Landesebene ersetzen: Die
von der ArGe einvernehmlich erarbeiteten Ergebnisse gemeinsamer Planung,
etwa eines gutachtlichen gemeinsamen Flächenwidmungsplans oder eines gutachtlichen Regionalplans, sind als auf die Gemeindegebiete parzellierte Flächenwidmungspläne der einzelnen Gemeinden oder als parzellierte Regionsteil-Pläne
der Länder in Kraft zu setzen, ohne daß es hierzu einer weiteren förmlichen
Einigung auf Landesebene bedarf. Insoweit ist das Planungsverfahren von erheblichen Erschwernissen entlastet.

Das Erfordernis sachlicher Übereinstimmung zwischen den Landesregierungen
wird dadurch aber nicht entbehrlich, schon weil nur unter dieser Voraussetzung
die landesplanerischen Vorgaben der Flächenwidmungsplanung in dem erforderlichen Maße aufeinander abgestimmt sein werden, die für die Verwirklichung der
Flächenwidmungsplan erforderlichen Hilfen der Länder zu erwarten sind, und
auch sachlich integrierte Regionalteil-Pläne nur in Kraft gesetzt werden, wenn die
Landesregierungen sachlich übereinstimmen.

Das Modell der ArGe enthält keine Vorkehrungen, das Zustandekommen einer solchen sachlichen Übereinstimmung auf Landesebene zu fördern oder auch nur eine tatsächlich vorhandene Übereinstimmung in Form zu bringen und zu erhalten. Wird mit der Einrichtung grenzüberschreitender ArGe die Erwartung effektiver Regionalplanung verknüpft, bedarf es ergänzender Vorkehrungen auf Landesebene[98].

Wie auch immer die Chancen für das Zustandekommen effektiver Planung zu beurteilen sein mögen, jedenfalls werden mit der Einrichtung einer ArGe die Abstimmung zwischen den Gemeinden maßgeblich gefördert, elementare, aus mangelhafter Abstimmung herrührende Planungsfehler mit großer Wahrscheinlichkeit ausgeschlossen. Die Leistungsfähigkeit der ArGe im Vorfeld gemeinsamer Planung wird gesteigert, wenn die Gemeinden eines bestimmten Gebietes sich verpflichten oder verpflichtet werden, alle gemeinsamen oder mehrere Gemeinden berührende Angelegenheiten mit dem Ziel zu erörtern, aufeinander abgestimmte Lösungen zu erarbeiten.

Die gesetzlichen Voraussetzungen für die Errichtung einer öffentlich-rechtlichen ArGe sind durch Vereinbarung nach Art 15a II B-VG zu schaffen. Ihr Mindestinhalt ist die Ermächtigung der Gemeinden, grenzüberschreitend durch Vertrag eine ArGe zu errichten und die Vereinbarung der Länder, eine solche Zusammenarbeit zuzulassen. Durch vereinbarte Gesetze könnten aber auch die Landesregierungen ermächtigt werden — ggf auf Antrag einer oder mehrerer Gemeinden —, durch einvernehmliche Verordnungsgebung eine ArGe zu errichten.

Da die grenzüberschreitende ArGe kein geeigneter Adressat von Aufsichtsmaßnahmen ist[99], müssen sich erforderlich werdende Aufsichtsmaßnahmen an die einzelnen Gemeinden richten. Die Wahrnehmung des Aufsichtsrechts ist daher nicht notwendig als eine nur einvernehmlich wahrzunehmende Kompetenz auszugestalten. Auch in der Sache genügt es, wenn jedes Land sich verpflichtet, sein Aufsichtsrecht über die ihm zugeordneten Gemeinden nach Information der Landesregierung des anderen Landes, ggf nachdem sie sich mit ihr ins Benehmen gesetzt hat, wahrzunehmen.

Nach alledem halten sich der legistische und der politische Aufwand, der zur Verwirklichung des Modells ArGe erforderlich ist, in engen Grenzen. Da die Kooperation der Gemeinden in der Rechtsform der ArGe Bestandteil öffentlich-rechtlicher Aufgabenwahrnehmung und Verantwortung ist, verdient diese Rechtsform vor privat-rechtlichen Lösungen den Vorzug — die Vorbehalte gegen ihre Eignung zur effektiven Planung werden hierdurch nicht berührt.

7.6.5. *Der Gemeindeverband als freiwilliger Planungsverband*

Vgl die abstrakte Eignungsuntersuchung oben 5.3.4.

Grenzüberschreitende Bildung von Gemeindeverbänden setzt voraus:
- Ermächtigung der Gemeinden durch Gesetze beider Länder, grenzüberschreitende Gemeindeverbände für bestimmte Zwecke zu bilden,
- Rahmenvereinbarung der Länder nach Art 15a II B-VG über die Zulassung grenzüberschreitender kommunaler Zusammenarbeit und die hierfür erforderlichen Verfahren zur Herstellung des Einvernehmens,
- Bestimmung des jeweils anzuwendenden Landesrechts durch Verweisungs- und Kollisionsnormen,
- Vereinbarung zwischen den Gemeinden nach Maßgabe der landesrechtlichen

---

98 Vgl oben S 271 f, 282 f.
99 Vgl oben S 187.

Vorschriften, für einen bestimmten Zweck einen Gemeindeverband zu bilden,
— Errichtung des Verbandes im Wege einvernehmlich erlassenen Errichtungs-
aktes der beiden Länder.

Es ist dargelegt, daß die ö Rechtsordnung den Ländern gestattet, durch Vereinbarung nach Art 15a II B-VG die hierfür erforderlichen gesetzlichen Grundlagen
zu schaffen und daß auch die Probleme des Weisungs- und Aufsichtsrechts durch
Vereinbarung einvernehmlichen Vorgehens lösbar sind[100].

Ob bei dem derzeitigen Bewußtseinsstand die Länder bereit sein werden, durch
übereinstimmende Generalermächtigungen und Rahmenvereinbarungen die rechtlichen Voraussetzungen für grenzüberschreitende Planungs- oder ggf Mehrzweckverbände zu schaffen, ist offen. Für die Gemeinden ist die Entscheidung zur
grenzüberschreitenden Zusammenarbeit in solchen Verbänden mit vielen Ungewißheiten und Rechtsproblemen belastet. Es ist daher schwerlich zu erwarten,
daß die Gemeinden sich ohne gewichtige Gründungshilfe und ohne Gründungsdruck zur Verbandsbildung für Zwecke der Raumplanung entschließen werden.

Mit weniger Komplexitäten belastet ist die Verbandsbildung für eine bestimmte
Sachaufgabe, zB die Errichtung eines Müllabfuhrverbandes. In welchen Ländern
für eine solche Zusammenarbeit ein Bedürfnis vorliegt, ob diesem auch in Formen
des Privatrechts Genüge getan werden kann, ist hier nicht zu untersuchen. Es ist
nur festzuhalten, daß grenzüberschreitende Zusammenarbeit auf dem Gebiet der
Raumplanung sondergesetzliche Regelung erfordert, wie dies auch die Erfahrungen des Auslandes bestätigen[101]. Eine generelle Zulassung grenzüberschreitender Bildung von Gemeindeverbänden genügt daher nicht den Erfordernissen
grenzüberschreitender Planung. In einem weiteren Sinne könnte sie ihr aber
förderlich sein, da sie zur Entwicklung des regionalen Bewußtseins beiträgt und
Gelegenheit gibt, auf überschaubaren Tätigkeitsfeldern die Möglichkeiten einer
solchen Zusammenarbeit zu erproben und weiterzuentwickeln.

7.6.6. Der Gemeindeverband als Pflicht-Planungsverband

Vgl die abstrakte Eignungsuntersuchung oben 5.3.5.

(1) Die bisherigen Überlegungen haben gezeigt, daß eine grenzüberschreitende
Regionsbildung eine nach Art 15a II B-VG vereinbarte sondergesetzliche Regelung erfordert.

Notwendige Gegenstände der zu vereinbarenden Regelung sind:
— Festlegung des Verbandsgebietes, ggf unter dem Vorbehalt einvernehmlich,
  aber in vereinfachtem Verfahren zu beschließender Korrekturen,
— Festlegung der Aufgaben des Verbandes; in Betracht kommen die Erstellung
  eines gemeinsamen Flächenwidmungsplans, eines staatlichen Regionalplans
  oder von Rahmenplänen für diese Planungen,
— Festlegung des diese Planung fundierenden Planungsrechts; in Betracht kommt
  die Geltungserstreckung des Rechts des einen Landes oder die Vereinbarung von
  Sonderplanungsrecht,
— Regelung der Verbandsverfassung zumindest in ihren Grundzügen,
— Festlegung des von dem Verband und gegenüber dem Verband anzuwenden-
  den Landesrechts, zB durch Verweisung auf das für das Sitzland geltende
  Gemeinde- oder Gemeindeverbandsrecht,
— Festlegung des Verfahrens einvernehmlicher Wahrnehmung der Aufsichts- und
  Weisungsbefugnisse sowie der Plangenehmigung oder -inkraftsetzung und der
  Verlautbarung,

---

100 Vgl oben S 223 ff.
101 Vgl oben S 132 ff.

- Bereitstellung einer Planungsstelle,
- Vorkehrungen für den Fall eines Versagens des Verbandes; in Betracht kommt die Vereinbarung eines Verständigungsverfahrens und/oder des Rückfalls der Planungskompetenz an die originären Planungsträger,
- Vereinbarung von Koordinationsverfahren für die Abstimmung der Landesraumordnungspläne, ggf auch der Regionalpläne der Vertragsstaaten sowie ihrer sonstigen raumwirksamen und raumbedeutsamen Maßnahmen; in Betracht kommt vor allem die Errichtung einer Kommission auf der Ebene der Landesregierungen[102],
- Vorkehrungen, die eine Verwirklichung des Planes fördern; in Betracht kommen Verfahren zur Vereinbarung von Planula[103], die Errichtung eines gemeinsamen Fonds[104], die Ausstattung des Verbandes mit Antrags- und Mitspracherechten.

Der Katalog der Gegenstände der Vereinbarung[105] verdeutlicht den für grenzüberschreitende Verbandsbildung erforderlichen politischen und legistischen Aufwand und das Ausmaß der erforderlichen Kooperationsbereitschaft der Länder. Nicht übersehen werden darf, daß auch bei den Gemeinden bereits bei Vertragsschluß ein hinreichendes Maß von Kooperationsbereitschaft vorhanden sein muß, da ohne einen breiten Konsens der Gemeinden eine effektive Verbandsplanung nicht zu erhoffen ist. Verbandsbildung setzt daher einen hohen Grad von Verbandsreife eines Raumes voraus, sowohl im Hinblick auf die zu ordnenden oder zu entwickelnden Verflechtungsbeziehungen als auch auf den Stand des regionalen Bewußtseins.

(2) Die Erörterungen dieses Gutachtens zum Wesen der grenzüberschreitenden Verbandsplanung[106], zu den Bedingungen ihrer Einführung in das ö Recht[107] und zur inneren Organisation von Pflicht-Planungsverbänden[108] sind wie folgt zu konkretisieren und zu ergänzen:

Der Erlaß eines grenzüberschreitenden Flächenwidmungsplans setzt voraus, daß durch vereinbartes Recht eine Rechtsgrundlage für seinen Erlaß geschaffen, das Verfahren der Planerstellung und sein Inhalt in einer Art 18 B-VG genügenden Weise vorausbestimmt ist, daß aber dieses auszuformende Rechtsinstitut sich auch verfahrensrechtlich und inhaltlich in das Landesplanungsrecht und das bei seiner Verwirklichung anzuwendende Recht (Baugenehmigungsverfahren, Enteignung usw) der beteiligten Länder einfügt.

Der derzeitige Stand der ROG der ö Bundesländer erschwert die Angleichung — es sei denn, eines der beteiligten Länder rezipiert für den seiner Hoheit unterliegenden Regionsteil in dem für die gemeinsame Planung erforderlichen Umfange das Planungsrecht des anderen Landes.

Die Unterstellung des Verbandsgebietes unter gemeinsames Sonderplanungsrecht empfiehlt sich weniger, da sie der ohnehin schon beklagenswert großen Zersplitterung des Planungsrechts weiteren Vorschub leistet, seine Interpretation und Anwendung erschwert und weitere Rechtsunsicherheit schafft.

Bei der Planerstellung ist der Verband an das in den Regionsteilen geltende Landesrecht und damit auch an die rechtsförmlichen Festsetzungen in den Plänen der Länder gebunden. Die gemeinsame Planung kann Abstimmungsmängel und Zielkonflikte bewußt machen. Allfällige Änderungen der Pläne der Länder

---

102 Vgl unten S 282 f.
103 Vgl oben S 254.
104 Vgl oben S 144 f.
105 Vgl ferner die Auflistung regelungsbedürftiger Gegenstände in Anhang 8.4.
106 Vgl oben S 137 ff.
107 Vgl oben S 223 ff.
108 Vgl oben 5.3.5.

liegen formal in der Zuständigkeit des jeweiligen Landes, bedürfen aber in der Sache einer Abstimmung zwischen beiden Ländern.

Eine förmliche Bekanntgabe der Zwecke und Festlegungen der überörtlichen Planung an den Verband ist für den Planungsprozeß von so erheblicher Bedeutung, daß sie, auch wenn sie nur faktische Bedeutung hat, wie auch die Wahrnehmung von Aufsichts- und Weisungsrechten, als eine von den Ländern einvernehmlich wahrzunehmende Aufgabe auszugestalten ist.

Der Erlaß des Flächenwidmungsplans ist an die Genehmigung der Aufsichtsbehörde zu binden; nach Art 119a VIII B-VG ist die Genehmigung als rechtsaufsichtliche Genehmigung auszugestalten, die bei grenzüberschreitender Flächenwidmungsplanung von den Behörden der beteiligten Länder nur in einvernehmlicher Vornahme erteilt werden kann. Das einzelne Land kann mithin zwar rechtswidrige Planungen des Verbandes verhindern, ist im übrigen aber verpflichtet, einvernehmlich mit dem anderen Lande die Genehmigung zu erteilen.

Dieser Zugzwang zur einvernehmlichen Genehmigung folgt aus der Ausstattung der Gemeinden und damit auch der Gemeindeverbände mit Selbstverwaltungsrecht und der vertraglich von den Ländern vereinbarten grenzüberschreitenden Verbandsbildung, ist also verfassungsrechtlich unbedenklich.

Für Zwecke der Raumordnung förderlich erscheint ein solcher Zugzwang allerdings nur bei der Ordnung kleiner Räume, in denen überörtliche Raumordnungsaufgaben von Gewicht nicht anstehen oder ihre einvernehmliche Wahrnehmung auf andere Weise gesichert ist.

Der politische und legistische Aufwand mindert sich, wenn eine zweistufige Flächenwidmungsplanung vorgesehen, die Erstellung des Rahmenplans, erforderlichenfalls auch eines Konzeptplans, dem Verband vorbehalten bleibt und die Gemeinden verpflichtet werden, den von ihnen gemeinsam erarbeiteten Rahmen- oder Konzeptplan in einen auf ihr Gebiet begrenzten Flächenwidmungsplan umzusetzen. Freilich vermehrt sich mit der Einführung von Rahmenplanung bzw Konzeptplanung der politische, zeitliche und technische Aufwand der Planerstellung; es werden zusätzliche Reibungsflächen geschaffen. Ob diese Effizienzeinbußen hinzunehmen sind, bedarf im Einzelfall sorgfältiger Erwägung.

(3) Soll dem Verband die Aufgabe der Regionalplanung übertragen werden, bedarf es ebenfalls einer hinreichenden gesetzlichen Fundierung dieser Kompetenz; sie zu schaffen, begegnet ähnlichen legistischen Problemen wie die Inkraftsetzung eines gemeinsamen Rechts der Flächenwidmungsplanung.

Binnenländische verbandsförmige Regionalplanung als übertragene staatliche Planung ist weisungsgebunden; zur Inkraftsetzung des Regionalplans ist die Landesregierung zuständig, sie ist nicht auf Rechtsaufsicht beschränkt. Aus verfassungsrechtlichen Gründen[109] können diese Kompetenzen bei grenzüberschreitender Regionalplanung von den Ländern nur einvernehmlich wahrgenommen werden. Die Beschränkung auf einvernehmliche Vorgangsweise ist auch aus Sachgründen notwendig.

Durch Einrichtung von Verständigungsverfahren kann die Koordination auf der Verbandsebene, durch Einrichtung von Kommissionen, an denen Mitglieder der Landesregierungen beider Länder beteiligt sind, die Herstellung des Einvernehmens auf der Ebene der Landesregierungen gefördert werden. Gewähr für ein Zustandekommen effektiver Planung ist hiermit nicht verbunden. Immerhin können durch das Wirken entscheidungsfähiger Verbände Zielkonflikte und Abstimmungsmängel bewußt gemacht werden. Dies dürfte ein nicht geringer Beitrag zur Verbesserung der Planqualität sein.

---

109 Vgl oben S 229 f.

7.6.7. Der Gemeindeverband als Pflicht-Mehrzweckverband

Vgl die abstrakte Eignungsuntersuchung oben 5.3.5.

Die bisherigen Erwägungen haben gezeigt, daß die Ausstattung des Gemeindeverbandes mit planakzessorischen Befugnissen und Verwirklichungskompetenz die Chancen effektiver binnenländischer Planung verbessert. Hierauf Bedacht zu nehmen, ist in grenzüberschreitenden Regionen von besonderer Bedeutung[110]. Grundsätzliche rechtliche Bedenken geben die Einrichtung von grenzüberschreitenden Mehrzweckverbänden bestehen nicht. Die Form des Sondergesetzes gestattet auch, einen den jeweiligen Bedürfnissen entsprechenden Aufgabenkatalog aufzustellen.

Dennoch begegnet das Modell des Mehrzweckverbandes gewichtigen Vorbehalten: Es hatte sich bereits gezeigt, daß die von den Landesregierungen zu treffende Vereinbarung über die Errichtung von Planungsverbänden von hoher Komplexität ist. Die Ausstattung des Verbandes mit Annex- und Verwirklichungskompetenzen belastet diesen Entscheidungsprozeß zusätzlich.

Es darf ferner nicht übersehen werden, daß die für eine gemeinsame Wahrnehmung in Betracht kommenden Aufgaben von den Gemeinden nur bewältigt werden können, wenn sie vom Land, bei grenzüberschreitender Aufgabenwahrnehmung mithin von beiden Ländern, bedeutsame Zweckzuweisungen erhalten. Da die Länder die Zuweisungen wiederum von Bewilligungsbedingungen abhängig zu machen pflegen, müßte daher die Vereinbarung nach Art 15a II B-VG sich nicht nur auf die grundsätzliche Bereitschaft zur gemeinsamen Finanzierung grenzüberschreitender Aufgabenwahrnehmung, sondern auch auf die Verständigung über Bewilligungsbedingungen erstrecken. Steht eine Aufgabe zur Verwirklichung an, müßte der Verband sich um eine zeitgerechte Bezuschussung bei zwei Landesregierungen bemühen. Dies alles setzt ein hohes Maß an Kooperationsbereitschaft voraus, belastet den Verband mit zusätzlichen Aufgaben und Konflikten innerhalb des Verbandes und im Verhältnis zu den Landesregierungen. Es kann nicht ausgeschlossen werden, daß durch all dies die Verbandsbildung und die Wahrnehmung der Planungsaufgaben des Verbandes in hohem Maße erschwert werden.

Praktikabler erscheint es daher, den Verband auf die Wahrnehmung von Planungsaufgaben, ggf einiger planakzessorischer Befugnisse, zu beschränken und erst wenn eine Verwirklichungsaufgabe konkret ansteht, eine aufgabenadäquate Organisation und Finanzierung auszuhandeln.

7.6.8. Der Planungsrat

Vgl die abstrakte Eignungsuntersuchung oben 5.3.7.

Das Modell Planungsrat kann für Planung grenzüberschreitender Regionen nur mit wesentlichen Modifikationen verwendet werden. Denn es besteht keine Behörde der Landesverwaltung, die für den gesamten Planungsraum zuständig wäre, bei der mithin der Planungsrat angesiedelt werden könnte. Es ist auch nicht möglich, eine Behörde der Landesverwaltung mit einem derartigen Zuständigkeitsbereich auszustatten, ohne eine Behörde des anderen Landes aus ihrer Zuständigkeit zu verdrängen — ein Vorhaben, das verfassungsrechtlich höchst problematisch und für Zwecke der Planung ungeeignet wäre.

(1) In Betracht kommt, die zuständigen Behörden beider Länder zur einvernehmlichen Planerstellung zu verpflichten und ihnen einen gemeinsamen Planungsrat zur Seite zu stellen.

---

110 Zu den Hemmnissen effektiver Planung in grenzüberschreitenden Regionen vgl oben S 140 f.

Wie die Erfahrungen des Auslands, aber auch die Zusammenarbeit von Wien und Niederösterreich zeigen, sind Landesbehörden nicht geeignet, selbst und ohne weitere organisatorische Vorkehrungen in dem für die Erstellung von gemeinsamen Regionalplänen erforderlichen Umfange Konsens herzustellen, Konflikte zu regeln und einvernehmliche Entscheidungen zu treffen. Diesem Mangel kann entgegengewirkt werden durch Einbau von Einrichtungen, die Initiativen entfalten und diese im Entscheidungsprozeß mit Eigengewicht zu vertreten vermögen. Dieses Eigengewicht geht dem Planungsrat in der Modellvariante Beirat ab. Die Modellvariante Kollegialorgan ist nicht realisierbar. Mit der Einrichtung eines gemeinsamen Planungsrates können daher die Voraussetzungen für eine gemeinsame Regionalplanung der Länder nicht entscheidend verbessert werden[111].

(2) Das Modell Planungsrat kann auch so ausgestaltet werden, daß die eigenständig bleibenden Planungen der Länder für die jeweiligen Regionsteile institutionell abgesichert auf die Belange jenseits der Landesgrenze orientiert werden. So könnte ein Beirat als gemeinsamer Beirat eingerichtet und mit der Aufgabe betraut werden, Empfehlungen und/oder Gutachten für die Planungen und Maßnahmen der Länder zu erarbeiten und zu beschließen. Es kommt ferner in Betracht, je einen Planungsrat bei den jeweils zuständigen Landesbehörden anzusiedeln, aber mit Vertretern der Gemeinden beider Regionsteile zu beschicken.

Bei beschränktem Kooperationsbedürfnis — wenn zB nur eine Minderzahl von Gemeinden einer Region zu einem anderen Land gehört — oder bei noch entwicklungsbedürftiger Kooperationsbereitschaft können diese Modelle nützlich sein. Als generelle Problemlösungen scheiden sie wegen ihrer beschränkten Integrationskraft aus und sind daher nicht weiter zu verfolgen.

7.7. Wien und Umland

7.7.1. *Aufgaben, Zuschnitt, Planungsinstrumente*

(1) Im Raum Wien und Umland stehen Ordnungsaufgaben eines Schwerpunktraumes[112] an, der seine besondere Prägung erhält durch die periphere Lage in der Republik Österreich, die extreme Randlage im westeuropäischen Wirtschaftsraum mit seinen sich dynamisch entwickelnden Zentren, die ungünstige Bevölkerungsstruktur und -entwicklung, die Nähe zu den geschlossenen Grenzen im Norden und Osten.

Als Aufgaben besonderer Bedeutung werden herausgestellt:
— Steuerung der Wohnsiedlung, der gewerblichen und industriellen Ansiedlung, inbegriffen die Betriebsverlegungen,
— Ausbau der innerstädtischen öffentlichen Verkehrsbedienung,
— Ausbau des Straßennetzes und des öffentlichen Nahverkehrs im gesamten Raum,
— Verbesserung der sozialen und kulturellen Infrastruktur,
— Sicherung und Ausbau von Naherholungsgebieten,
— Folgeprobleme des Donauausbaus,
— gemeinsame Vertretung gemeinsamer Interessen gegenüber dem Bund.

Die Planung für diesen Raum wird erschwert durch die Landesgrenze, die Wien von seinem Umland trennt, den Sonderstatus von Wien als Gemeinde und Land, die strukturelle Disparität des überproportional großen Zentrums und der zahlreichen, meist kleinen Städte und Gemeinden des Umlandes, aber auch des

---

111 Vgl zur Beteiligung der Gemeinden in Planungskommissionen unten S 284 f.
112 Vgl oben S 237.

expansiven Wiener Umlandes und der stagnierenden, durch übergroße Abwanderung gefährdeten Grenzgebiete[113].

(2) Die Abgrenzung eines von Landesgrenzen zerschnittenen Schwerpunktraumes muß sich — wie jede regionale Organisation — an den Verflechtungsbeziehungen, den anstehenden Aufgaben und der vorhandenen Verwaltungsgliederung orientieren. Da die Erfahrung gezeigt hat, daß eine gemeinsame Raumordnung für Wien und Umland ungeachtet mannigfacher Bemühungen bisher nur zu wenigen greifbaren Resultaten geführt hat, empfiehlt es sich, den Zuschnitt der Region an jenen Aufgaben zu orientieren, deren Inangriffnahme von besonderer Dringlichkeit ist, für deren Verwirklichung mit den zu Gebote stehenden Mitteln und in den realisierbaren Organisationsformen bei nüchterner Betrachtung berechtigte Aussicht besteht.

Konzentration des Entscheidungsprozesses auf das Dringliche und Realisierbare gestattet nicht, den gesamten, von dem Zentrum beeinflußten Raum in die regionale Organisation einzubeziehen, da dies zu einer Belastung mit Problembündeln führen würde, deren Bewältigung schwerlich zu erwarten ist. Dies gilt insbesondere für die Beteiligung des Burgenlandes als eines dritten Landes, aber auch für eine zu weite Ausdehnung der regionalen Organisation in die Tiefe des nö Raumes. Diesen Verflechtungsbeziehungen ist bei der Erarbeitung gemeinsamer Planungen in dem sachlich gebotenen Umfange Rechnung zu tragen.

Da die Verflechtungsbeziehungen aber mit der Entfernung vom Kernraum der Region an Vielfalt und Intensität verlieren, ist es nicht zwingend erforderlich, den Zuschnitt der Region an diesen Verflechtungsbeziehungen zu orientieren. Zu ihrer Berücksichtigung können weniger intensive Kooperationsformen als für die Ordnung und Entwicklung des Kernraums der Region erforderlich sind, ausreichen.

Mit der Abgrenzung der Planungsregion „Wien-Umland" durch das nö Zentrale-Orte-Raumordnungsprogramm[114] ist eine gewichtige Vorentscheidung getroffen. Geht man davon aus, daß diese Abgrenzung dem Erfordernis funktionsgerechter Regionsbildung bei beschränkter Regionsgröße wenigstens im Ganzen entspricht[115], dann ist der Planungsraum präjudiziert — hinfort: Umland.

(3) Zentrales Planungsinstrument für die gemeinsame Planung von Stadtstaat und Flächenstaat kann weder der Flächenwidmungsplan noch der Regionalplan sein. Optimal ist auch nicht ein konsistenter Rahmenplan, der gesamthaft die anzustrebenden Entwicklungen, Ziele und Maßnahmen festlegt, aber der regionalen und örtlichen Planung nur noch geringen Spielraum läßt, da die Forderung nach einer konsistenten Rahmenplanung die Grenzen der Koordinationsfähigkeit eigenständiger Länder vernachlässigen würde[116].

Realistische Einschätzung der Koordinationschancen nötigt, mit weniger dichten, das Koordinationsvermögen weniger beanspruchenden Planungsinstrumenten das Auslangen zu finden.

---

113 Zu den räumlichen Gegebenheiten und den Ordnungs- und Entwicklungsaufgaben des wi Raumes vgl Ö Institut f Raumplanung, Katalog der Wien und Niederösterreich betreffenden Probleme (Wien 1971); J ä g e r, Wien in der Region — alternative räumliche Leitbilder, der Aufbau H 9 — 10/1973; d e r s, Entwicklungsprobleme und -aufgaben in der Region Wien, in: Regionale Entwicklungspolitik in Österreich, Schriftenreihe des Büros f Raumplanung (Bundeskanzleramt) Nr 1/75 (1975) 43; Probleme der Regionalpolitik der Region Ostösterreich und in der Agglomeration Wien, Arbeitspapier ausgearbeitet v Ö Institut f Raumplanung, ebenda, 51; L a n c, Verkehrsverbund im Werden, GdZ 75, 274.
114 VO v 17. 7. 1973 (8000/24 – 0); zur Abgrenzung einer „Ostregion" mit 3,2 Mio Ew vgl Regionale Entwicklungspolitik in Österreich, aaO, 51; zu einer „Kleinstregion Wien" mit 2,1 Mio Ew (W. K ö r n e r) und einer „Stadtregion Wien" mit 1,8 Mio Ew (R u t s c h k a) vgl Ö Institut f Raumplanung, Vorarbeiten für die Planungsgemeinschaft Wien—Niederösterreich: Gutachten zur Frage der künftigen Organisation (1968) 34.
115 Die Frage, ob etwa der Planungsraum Wiener Neustadt in die regionale Organisation einzubeziehen ist, muß hier offen bleiben.
116 Vgl oben S 147, 199 f.

Notwendig aber ist eine zumindest faktisch bindende „Gemeinsame Planung"; sie sollte — soweit dies im Interesse einer gemeinsamen Ordnung und Entwicklung des Gesamtraumes erforderlich ist — Festlegungen enthalten über:
— Leitvorstellungen über die Entwicklung des Planungsraumes,
— sektorale Rahmenpläne für bestimmte Agenden —zB Nahverkehr, Erholungsgebiete —, die auch konkrete Maßnahmen in ihren räumlichen und möglichst auch zeitlichen Bezügen festlegen und durch Vereinbarungen über die gemeinsame Finanzierung ergänzt werden müssen,
— Ordnungsprinzipien und materielle Grundsätze, nach denen die Länder die Leitvorstellungen und die sektoralen Rahmenpläne konkretisieren und verwirklichen sollen.

Die Leitvorstellungen und Rahmenpläne, die nach Maßgabe der Ordnungsprinzipien und materiellen Grundsätzen zu konkretisieren sind, bedürfen, soweit sie die Verwaltungsträger binden sollen, der Umsetzung in Weisungen, soweit sie die Gemeinden und die Bürger binden sollen, in Planungsnormen nach näherer Bestimmung des innerstaatlichen Planungsrechts.

7.7.2. Die denkbaren Organisationsmodelle

Gemeinsame Planung von Stadtstaat und Flächenstaat kann in Formen des Privatrechts oder des öffentlichen Rechts betrieben werden. Daß Zusammenarbeit in Formen des Privatrechts der komplexen Aufgabe der Raumordnung nicht gerecht werden kann, ist hier nicht erneut nachzuweisen. Nachdem bereits eine Planungsgemeinschaft Wien—Niederösterreich in Vollzug gesetzt worden ist, die als öffentlich-rechtliche, wenn auch nicht behördliche Einrichtung zu begreifen ist, wäre zudem der Ausweg zu privat-rechtlichen Behelfslösungen ein „Rückfall". Privatrechtliche Formen sind jedoch empfehlenswert für die Durchführung bestimmter Aufgaben, die in dieser Form wahrgenommen werden können und über deren gemeinsame Wahrnehmung zwischen den Ländern hinreichender Konsens besteht[117].

Unter den öffentlich-rechtlichen Formen, in denen gemeinsame Planung verwirklicht werden kann, bedürfen besonderer Erwägung:
— die Arbeitsgemeinschaft (Planungsgemeinschaft),
— der Planungsverband,
— die Kommission,
— der staatlich-kommunale Verbund.

7.7.3. Die Arbeitsgemeinschaft

Vgl die abstrakte Eignungsuntersuchung oben 5.3.2.

Die zwischen Wien und Niederösterreich vereinbarte Planungsgemeinschaft[118] entspricht in wesentlichen Merkmalen dem Modell der ArGe mit der Besonderheit, daß an ihr nicht Gemeinden, sondern Länder und diese nicht durch ihre politischen Repräsentanten, sondern durch ihre leitenden Beamten beteiligt sind.

Da die Planungsgemeinschaft bereits 1967 gegründet worden ist, kann die Eignung dieses Modells auf Grund der bisher geleisteten Arbeit beurteilt werden. Hervorzuheben ist:

In dem paritätisch aus leitenden Beamten zusammengesetzten Koordinierungskomitee und in den (sieben) Fachkomitees sind Informationen ausgetauscht worden; einzelne Vorhaben, vor allem auf den Gebieten des Straßen- und Kanal-

---

117 Vgl unten S 284.
118 Vgl oben S 67.

baus, des öffentlichen Nahverkehrs, der Entsorgung und der Ausgestaltung einzelner Naherholungsgebiete sind abgestimmt worden.

1974 wurde auf Initiative der Planungsgemeinschaft von beiden Ländern der Verein zur Errichtung und Sicherung überörtlicher Erholungsgebiete gegründet. Der Verein ist als Trägerorganisation konzipiert, ein von beiden Ländern gespeister Entwicklungsfonds (jährlich 10 Mio S) steht zur Verfügung.

Die Planungsgemeinschaft hat — meist auf Anregung des Ö Instituts f Raumplanung — eine Reihe von Grundlagenuntersuchungen in Auftrag gegeben; seit 1970 liegt ihr der Problemkatalog[119] vor, dessen Diskussion in den Komitees der Planungsgemeinschaft eingeleitet, aber bislang nicht zu einem Abschluß gebracht worden ist. Die Erstellung gesamthafter Konzepte für die Ordnung und Entwicklung der Region ist bislang nicht in Angriff genommen worden.

Die 1971 vom Koordinierungskomitee beschlossene Empfehlung, ein mit den zuständigen Politikern der beiden Länder besetztes Gremium einzurichten, wurde bislang nicht realisiert.

Die Aktivität der Planungsgemeinschaft zeigt eine rückläufige Tendenz[120]. Informellen Kontakten zwischen den nö und wi Planungs- und Fachbehörden wird ein gewisser Vorzug gegeben; über Vorarbeiten für die Errichtung eines Verkehrsverbundsystems werden außerhalb der Planungsgemeinschaft Verhandlungen geführt, an denen auch das Burgenland beteiligt ist.

Die von 1968 bis Mitte 1975 erzielten Ergebnisse der Planungsgemeinschaft bestätigen die Besorgnis, die *Schindegger* bereits in einem 1968 erstellten Gutachten des Ö Instituts f Raumplanung geäußert hatte. Nach seiner Auffassung sei die gewählte Organisationsform geeignet, auf Landesebene zu informieren und Einzelplanungen zu koordinieren; sie sei bedingt geeignet, auf kommunaler und regionaler Ebene Einzelplanungen und auf Landesebene Gesamtplanung zu koordinieren, für alle anderen Aufgaben aber ungeeignet. Er konstatiert organisatorische Unzulänglichkeiten in dem Verwaltungsapparat der beteiligten Länder — die in der Zwischenzeit durch Verbesserung der personellen Ausstattung der Planungsämter behoben sein dürften —, das Fehlen von die Koordination vorantreibenden eigenen Geschäftsstellen in beiden Bundesländern, die unzulängliche Beteiligung der Gemeinden. Als entscheidende Schwäche des Modells aber bezeichnet er das Fehlen einer Plattform für die Koordination auf der Ebene der Landeshauptmänner und Landesregierungen[121]. 1974 sah sich auch die OECD in ihrem Prüfungsbericht zur österreichischen Regionalpolitik[122] zu der Feststellung veranlaßt, der Planungsgemeinschaft fehle die „zur Ausarbeitung eines gemeinsamen Planungskonzeptes sowie zur Festsetzung der Richtlinien und Zielsetzungen erforderliche politische Unterstützung".

Diesen im Ergebnis zutreffenden Befunden ist hinzuzufügen: Wie die Erfahrungen im d und s Rechtskreis bestätigen[123], hat gemeinsame Planung des Stadtstaates und seines Umlandes nur eine Chance, wenn die Koordination auf Beamtenebene durch ein ständiges Organ auf Regierungsebene überhöht wird, das bindende Zielsetzungen und Richtlinien für die Zusammenarbeit auf Beamtenebene festsetzt. Da die Impulse zur Errichtung eines solchen Organs zwischen 1968 und

---

119 Ö Institut f Raumplanung, Katalog der Wien und Niederösterreich betreffenden Probleme (1971).
120 Sie spiegelt sich wider in der Zahl der Sitzungen des Koordinierungs- bzw Kontaktkomitees und der Fachkomitees, die von 1968 insgesamt 24, 1969 insgesamt 6 auf 1972 insgesamt 2, 1973 insgesamt 3 Sitzungen zurückging, J ä g e r, in: Regionale Entwicklungspolitik, aaO, 49; das Koordinierungskomitee hat seit seiner Gründung 15 Sitzungen durchgeführt, die letzte im Juli 1975.
121 Gutachten zur Frage der künftigen Organisation, aaO, 66 ff.
122 Salient Features of Regional Development Policy in Austria (1974), veröffentlicht in: Raumplanung für Österreich, Schriftenreihe des Büros f Raumplanung im Bundeskanzleramt, Nr 2/75: OECD-Prüfungsbericht zur österreichischen Regionalpolitik (1975) 89.
123 Vgl oben S 142 f u S 172.

Mitte 1975 ohne Erfolg geblieben, auch Anzeichen, daß sie nachdrücklich weiter verfolgt werden, nicht ersichtlich sind, erweist sich das derzeit angewendete Modell als nur begrenzt geeignet. Es begründet aber auch nicht die Erwartung, sich aus sich selbst zu einem effektiveren Modell zu entwickeln.

7.7.4. *Der Planungsverband*

Vgl die abstrakte Eignungsuntersuchung oben 5.3.6.

Die Modellerwägungen haben gezeigt, daß das Modell des Planungsverbandes, an dem der Stadtstaat und die Gemeinden des Umlandes, ggf auch der Flächenstaat, beteiligt sind, nur als rechtlich aufwendiges Gefüge vorstellbar ist, dessen Planungstätigkeit sich jedoch notwendig auf Vorarbeiten für eine von den Landesregierungen zu beschließende „Gemeinsame Planung" beschränkt[124]. Infolge dieser Diskrepanz zwischen legistisch-organisatorischem Aufwand und Leistungsfähigkeit empfiehlt sich das Modell auch nicht für die Organisation des wi Raumes.

7.7.5. *Die Kommission*

(1) Für die folgenden Modellerwägungen wird die Kommission als eine mehrstufige Organisation vorgeschlagen, die sich aus einer Regierungskommission, der Beamtenkommission und Fachkommissionen zusammensetzt, ggf durch einen Beirat ergänzt wird[125]. Ihre nähere Ausgestaltung ist wie folgt vorzustellen:
Die Regierungskommission ist besetzt mit den Landeshauptmännern und den für Fragen der Raumordnung zuständigen Mitgliedern der Landesregierungen beider Länder, ggf auch Abgeordneten der Landtage. Sie berät über grundsätzliche Fragen der Raumordnung, sie beschließt über die „Gemeinsame Planung"[126], über Empfehlungen an die Landesregierungen, insbesondere hinsichtlich der Durchführung von Vorhaben und der Wahrnehmung gemeinsamer Interessen gegenüber dem Bund und über Weisungen an die Beamtenkommission und die Fachkommissionen. Beschlüsse können grundsätzlich nur einstimmig gefaßt werden[127]. Sie gibt sich eine Geschäftsordnung.

Die Beamtenkommission ist mit dem Landesamtsdirektor, dem Magistratsdirektor und weiteren leitenden Beamten der beiden Länder und den Leitern der Fachkommissionen besetzt. Die Fachkommissionen sind mit Beamten der jeweils einschlägigen Ressorts, aber auch übergreifender Ressorts besetzt; Beamte der Bundesverwaltung können eingeladen werden, mit beratender Stimme mitzuarbeiten.

Die Beamtenkommission und die Fachkommissionen erstellen in enger Kooperation und im Rahmen der Weisungen der Regierungskommission die Gemeinsame Planung und bereiten sonstige Beschlüsse der Regierungskommission vor. Das Zusammenspiel der Kommissionen kann durch Antragsrechte, durch Befugnis, Minderheiten-Alternativvorschläge zur Diskussion zu stellen, und weitere prozedurale Regeln in Bewegung gehalten und durch Schlichtungsverfahren zur Konfliktbereinigung instand gesetzt werden.

---

124 Vgl oben S 199 f.
125 Sie entspricht im wesentlichen dem Modell 1 A des Gutachtens zur Frage der künftigen Organisation (S c h i n d e g g e r) aaO, 70 ff.
126 Vgl oben S 280.
127 Der Eigenständigkeit der Länder wäre Rechnung getragen, wenn Beschlüsse durch übereinstimmende Kurialbeschlüsse der Delegationen beider Länder zustande kommen; dem regierungsinternen Koordinationsbedürfnis, das grenzüberschreitende Zusammenarbeit stets mitzuberücksichtigen hat, wäre damit jedoch nicht gedient.

Die einvernehmlich gefaßten Beschlüsse der Regierungskommission haben nur gutachtliche Wirkung; den praktischen Bedürfnissen der Gemeinsamen Planung ist mit dieser beschränkten Wirkung hinreichend Genüge getan, da die Beschlüsse infolge der Beteiligung der maßgeblichen Landespolitiker erhebliches faktisches Gewicht haben. Wird die Zusammenarbeit auf der Grundlage eines Gliedstaatsvertrages (Art 15a II B-VG) durchgeführt, haben einvernehmlich beschlossene Empfehlungen auch eine — beschränkte — rechtliche Bedeutung. Getreuliche Vertragserfüllung setzt nämlich zumindest voraus, daß ein Land, das eine einvernehmlich beschlossene Empfehlung negieren will, zunächst sich um erneute Verständigung mit dem gegenbeteiligten Land bemüht.

Eine unmittelbare rechtliche Verbindlichkeit kann den Empfehlungen jedoch nicht zuerkannt werden, da eine Rechtsnorm, die den gemeinsamen Beschlüssen Bindungswirkung verleihen könnte, nicht besteht und auch durch Gliedstaatsvertrag nicht begründet werden kann[128].

Die einvernehmlich beschlossenen Weisungen an die Beamtenkommission und die Fachkommissionen binden kraft des Weisungsrechts der Regierungsmitglieder die Mitglieder dieser Kommissionen[129].

(2) Anders als die bestehende Planungsgemeinschaft, die für die Koordination auf Regierungsebene nur eine Plattform zu schaffen angeboten hat, begründet das hier erörterte Modell eine Pflicht zur Koordination, die durch turnusmäßigen und auf Antrag eines Partners auch durch außerordentlichen Zusammentritt der Kommissionen zu erfüllen ist.

Die Pflicht zur ständigen Beratung der Kommissionen mit dem Ziel der Erstellung einer Gemeinsamen Planung in einem näher umschriebenen Verfahren kann als Rechtspflicht nur durch eine Vereinbarung nach Art 15a II B-VG begründet werden. Dem Selbstverständnis der Länder wird es mehr entsprechen, die Koordination als Gentlemen's Agreement zu vereinbaren. Die Form des Art 15a II B-VG entspricht jedoch der rechtlichen und der politischen Bedeutung eines solchen Abkommens.

Um die Landesparlamente in den Planungsprozeß einzubeziehen, um Öffentlichkeit herzustellen, um die Gemeinsame Planung einem gewissen Erfolgsdruck auszusetzen, empfiehlt sich, durch übereinstimmende Landesgesetze die Landesregierungen zur regelmäßigen Vorlage von Raumordnungsberichten zu verpflichten.

Erforderlich ist die Einrichtung einer Geschäftsstelle, die tunlichst so auszustatten ist, daß sie wenigstens die laufenden Planungsarbeiten und Aufgaben der Planbeobachtung und -fortschreibung wahrnehmen kann. Sie könnte — bei entsprechender personeller Ausstattung — beauftragt werden, nach Weisung der nö Landesbehörden die Planung für das Umland auszuarbeiten. Jedenfalls dann würde sie zweckmäßig bei Niederösterreich ressortieren und der allgemeinen Aufsicht dieses Landes unterstellt sein.

Im Modell der Kommission kann das Zustandekommen von Einigung nicht gewährleistet werden. Aber das Modell stellt sicher, daß Initiativen zur gemeinsamen Planung entfaltet und auch weiter verfolgt werden, indem es ein pflichtgebundenes Zusammenspiel von Kommissionen auf mehreren Ebenen in Gang setzt und in Form bringt.

---

128 Zu der Problematik eines gemeinsamen Planungsrechts für den Stadtstaat und sein Umland vgl oben S 279 f.

129 Der Vertrag verwehrt den beteiligten Landesregierungen, den von ihnen entsandten Mitgliedern der Beamtenkommission und der Fachkommissionen den einvernehmlich beschlossenen Weisungen widersprechende Weisungen zu erteilen oder in anderer Weise die Zusammenarbeit dieser Kommissionen zu erschweren.

(3) Die Kommission kann instand gesetzt werden, auf die Verwirklichung der Gemeinsamen Planung Einfluß zu nehmen, indem ihr ein Fonds zur Finanzierung von regional bedeutsamen Vorhaben zur Verfügung gestellt wird. Über seine Verwendung sollte eine aus Mitgliedern der Landesregierungen und leitenden Beamten beider Länder gebildete Kommission entscheiden[130].

Die Chancen der Verwirklichung der Gemeinsamen Planung werden verstärkt, wenn der Regierungskommission ein Träger von Entwicklungsmaßnahmen zur Seite gestellt wird. Soll unverhältnismäßiger legistischer und der Handlungsfähigkeit des Trägers nachteiliger administrativer Aufwand vermieden werden, kommt nur die Einrichtung eines privat-rechtlichen Trägers, praktisch einer GmbH in Betracht[131]. Für die Durchführung konkreter Aufgaben, über deren Verwirklichung die Länder nach Zeitpunkt und Ausmaß Einigung erzielt haben, ist ein solcher Träger notwendig und nützlich. Ein selbständiger Promotor der Verwirklichung gemeinsamer Planungen, der eine auf die konkrete Aufgabe bezogene Einigung der Länder entbehrlich machen würde, kann der Träger nicht sein, denn es ist weder zu erwarten noch zu empfehlen, daß die Länder eine GmbH mit einem weit gefaßten Aufgabenkreis und der umfassenden Aufgabe entsprechenden finanziellen Ausstattung einrichten. Zweckmäßig kann es aber sein, eine GmbH mit weit gefaßter Zwecksetzung zu schaffen, den Ländern als Gesellschaftern der GmbH aber die Zustimmung zur Erweiterung des Aufgabenkreises vorzubehalten. Auch die finanzielle Ausstattung der GmbH werden und können die Länder nur nach den jeweils anstehenden konkreten Aufgaben bereitstellen, zB durch Erhöhung des Gesellschaftskapitals, durch Gewährung von Darlehen oder Übernahme von Bürgschaften.

Mit der Einrichtung einer GmbH als Träger von Entwicklungsaufgaben wird mithin die materielle Einigung der Länder über die Durchführung konkreter Maßnahmen nicht entbehrlich; durch ihre Verlagerung in die Gesellschafterversammlung eines bereitstehenden Aufgabenträgers wird jedoch das Zustandekommen von Einigung erleichtert und in Form gebracht.

(4) Das Modell Kommission bietet nur bescheidene Ansätze für die Koordination der Gemeinden untereinander und mit den Einrichtungen der Gemeinsamen Planung. Unentbehrlich ist die Anhörung der jeweils betroffenen Gemeinden durch die Beamten- und Fachkommissionen.

In Betracht kommt, Repräsentanten der Hauptgemeinden des Umlandes als beratende Mitglieder der Beamten- und Fachkommissionen am Entscheidungsprozeß zu beteiligen. Freilich sind diese nur legitimiert, für die eigene Gemeinde zu sprechen und allgemeine kommunale Aspekte in den Entscheidungsprozeß einzubringen; die Gemeinden des gesamten Planungsraums können sie nicht vertreten.

Die Mängel angemessener Vertretung der Gemeinden können in gewissen Grenzen durch Einrichtung eines Beirates beseitigt werden, in dem die Gemeinden des Umlandes maßgeblich beteiligt sind.

7.7.6. Der staatlich-kommunale Verbund

(1) Die Ordnung der Beziehungen zwischen dem Stadtstaat und seinem Umland hat einen Schwerpunkt in der Planung für das Umland. Diese wiederum verspricht effektiv zu werden, wenn die Gemeinden in den Planungsprozeß einbezogen werden. Es empfiehlt sich daher, als Voraussetzung geordneter Mitwirkung der

---

130 Zur praktischen Bewährung derartiger Fonds bei der gemeinsamen Planung für die Räume Hamburg u Bremen vgl oben S 144 f; zur Problematik der Fonds vgl oben S 247.
131 So der Vorschlag von S c h i n d e g g e r, Gutachten zur Frage der künftigen Organisation, aaO, 52 ff.

Gemeinden für diese eine regionale Organisation zu schaffen. Da aus verfassungsrechtlichen Gründen der Planungsprozeß notwendig zweistufig auszugestalten ist, liegt nahe, der regionalen Organisation erst auf der Stufe der Umsetzung der Gemeinsamen Planung für Wien und Umland im Regionalplan für das Umland ein Betätigungsfeld zu eröffnen. Die Gemeinden könnten in einem Beirat, einer Kollegialbehörde oder einem Planungsverband an der Erstellung des Regionalplans für das Umland mitwirken.

Denkbar ist auch die Aufteilung des Umlandes in mehrere Planungsräume, die jeweils mit einer eigenständigen regionalen Organisation ausgestattet werden. Eine solche Parzellierung des Umlandes schafft überschaubare Planungsräume, gestattet der einzelnen Gemeinde eine intensivere Mitwirkung als sie in der größeren regionalen Organisation möglich wäre und erleichtert damit die Erstellung konsistenter, detaillierter Pläne. Die Parzellierung erschwert jedoch gesamthafte Planung für das Umland und schafft neue Reibungsflächen. Auch die strukturelle Disparität zwischen der Stadt Wien und den Umlandgemeinden wird nicht in dem erforderlichen Maße abgebaut. Dies muß die Ingangsetzung von Gegenstromverfahren zwischen dem Land und den Gemeinden, die partnerschaftliche Planung zwischen Wien und seinem Umland ebenso wie die Verwirklichung der Gemeinsamen Planung erschweren.

Die Nachteile der Parzellierung des Planungsraumes überwiegen. Es empfiehlt sich daher, dem Bedürfnis nach subregionaler Organisation innerhalb einer für den gesamten Planungsraum zu schaffenden Organisation Rechnung zu tragen[132]. Dem Ansatz des nö Zentrale-Orte-Programms ist daher beizupflichten, das „Wien-Umland" als eine Planungsregion ausweist, diese aber in acht Planungsräume untergliedert. In dieser Untersuchung kann die Zweckmäßigkeit der Untergliederung im einzelnen dahinstehen.

Als Modelle der regionalen Organisation bieten sich der Beirat, das Kollegialorgan und der kommunale Pflichtverband an.

Dem Modell des kommunalen Pflichtverbandes ist in dieser Untersuchung der Vorzug gegeben worden. Es wird auch für die Organisation der Gemeinden des Umlandes empfohlen.

Die Umsetzung der Gemeinsamen Planung in binnenländische Planung wird durch die Ausbildung eines Verbandes nicht erschwert, da der Verband dem Weisungsrecht der nö Landesregierung untersteht, die Ergebnisse der Gemeinsamen Planung daher — ohne formale Zwischenstufe — als Weisung in den Planungsprozeß eingebracht werden können. Gegenstromverfahren und partnerschaftliche Planung mit der Stadt Wien werden gefördert, wenn der Stadt Wien ein nach Bevölkerungszahl und Leistungsvermögen immerhin vergleichbarer Partner mit gewisser Eigenständigkeit begegnet.

In welchem Ausmaß der kommunale Pflichtverband mit planakzessorischen Aufgaben und Verwirklichungsaufgaben auszustatten ist, bedarf besonderer Untersuchung. Zu berücksichtigen ist, daß der Planungsraum das Gebiet mehrerer Bezirkshauptmannschaften umfaßt, aber daß auch eine Mehrzahl von Aufgaben zielführend nur gemeinsam mit der Stadt Wien wahrgenommen werden können, ein Teil dieser Aufgaben aber wiederum nur für Teilräume oder einzelne Gemeinden des Umlandes bedeutsam ist — zB Anschluß Wiener Randgemeinden an Wiener Versorgungseinrichtungen. Bei anderen Aufgaben werden sich Probleme einer lasten- und vorteilsgerechten Umlegung des Finanzaufwandes ergeben, die durch die subregionale Disproportion zwischen den östlichen und den westlichen Teilen der Region noch verschärft werden. Um Verbandsbildung und Verbands-

---

132 Vgl die oben 7.5.2. entwickelten Modelle.

arbeit von diesen Problemen zu entlasten und den Verband auf seine Planungsaufgabe zu konzentrieren, empfiehlt sich daher die Ausgestaltung des Verbandes als Planungsverband („Planungsverband Wien-Umland").

(2) Ein staatlich-kommunaler Verbund für die Organisation der Planung der Region Wien und Umland wird geschaffen, wenn der hier vorgestellte Planungsverband maßgeblich an der Erstellung der Gemeinsamen Planung beteiligt wird.

Die Aufnahme des Planungsverbandes als dritter Partner in die Regierungskommission könnte kommunalen Interessen in hohem Maße Rechnung tragen. Eine gleichberechtigte Partnerschaft einer Körperschaft des Landes mit dem Lande und der Stadt Wien ist aber nicht sinnvoll vorstellbar; aus der Abhängigkeit der Repräsentanten des Verbandes von Weisungen der Landesregierung und aus der Beschränkung der Stadt Wien auf eine Art drittelparitätische Teilhabe am Entscheidungsprozeß würden kaum lösbare Probleme folgen. Diese Modellvariante ist daher nicht weiter zu verfolgen.

Eine Beteiligung des Planungsverbandes ist jedoch realisierbar auf der Ebene der Beamten- und Fachkommissionen. Die mit dem Landesamtsdirektor, dem Magistratsdirektor, weiteren leitenden Beamten der beiden Länder, den Leitern der Fachkommissionen sowie mit Vertretern des Planungsverbandes besetzte Kommission sei — zur Abgrenzung von der Beamtenkommission — VerbundKommission genannt. Sie hat die gleichen Aufgaben wie die Beamtenkommission.

Die Beteiligung des Planungsverbandes an der Gemeinsamen Planung in der Verbund-Kommission setzt voraus, daß die Verbandsspitze mit sachkundigen Organwaltern — Präsident, Generalsekretär — ausgestattet wird, die nach Sachkunde und Stellung ebenbürtige Gesprächspartner der Spitzenbeamten beider Länder sind. Wird auf Parität der Länder Wert gelegt, sind die Verbandsvertreter auf die Sitzzahl des Flächenstaates anzurechnen; sachlich geboten ist eine volle Anrechnung nicht, da die Beteiligung der Gemeinden in der Verbund-Kommission auf der Erwägung beruht, daß die Gemeinsame Planung in der Planung für die Region einen Schwerpunkt hat.

Vertreter des Planungsverbandes sind ferner in die Fachkommissionen zu berufen.

Die Erschwerung des Entscheidungsprozesses der Gemeinsamen Planung durch einen weiteren Partner darf nicht gering geachtet werden, weil dessen Willensbildung notwendig schwerfällig, oft auch mit Konkurrenzansprüchen der Mitgliedsgemeinden belastet ist.

Der Entscheidungsprozeß ist der Gefahr der Stagnation ausgesetzt, wenn die Vertreter des Planungsverbandes in der Verbund-Kommission erst zur Stellungnahme bereit sind, wenn der Verband über die Angelegenheit Beschluß gefaßt hat, dieser dazu aber erst bereit ist, wenn auch die verbandsangehörigen Gemeinden ihre Vertreter instruiert haben. Vorkehrungen gegen die Gefahr der Stagnation sind:

— Freistellung der Verbandsvertreter von Weisungen des Verbandes (die auch wegen der Weisungsabhängigkeit des Verbandes und seiner Vertreter von der Landesregierung geboten ist),

— Regelfristen und Ausschlußfristen für die verbandsinterne Willensbildung zu Beratungsgegenständen der Verbund-Kommission,

— Befugnis der Beamtendelegationen beider Länder, bei mangelnder Entscheidungsbereitschaft des Verbandes und seiner Vertreter auch ohne diese wirksame Beschlüsse zu fassen,

— Fusion der Planungsstelle für die Region Wien und Umland und der Geschäftsstelle des Verbandes, um den Kommunikationsprozeß innerhalb des Verbandes und der drei Partner untereinander zu fördern.

Durch diese und weitere Verfahrensregeln kann nur in Grenzen gesichert werden, daß verbandsinterne Konflikte überwunden, ein gemeinsames Interesse des Verbandes artikuliert und in Gemeinsame Planung umgesetzt wird.

Wesentliche Voraussetzung für effektive Planung im Modell kommunal-staatlicher Verbund ist daher die Kooperationsbereitschaft der Partner, nicht zuletzt auch die Fähigkeit der Repräsentanten des Verbandes, Konkurrenzen innerhalb des Verbandes auszugleichen und zur Überwindung staatlich-kommunaler Interessengegensätze beizutragen, ohne das Vertrauen der Mitgliedsgemeinden zu verlieren.

(3) Das Modell staatlich-kommunaler Verbund findet keine Entsprechung in vergleichbaren regionalen Organisationen des Auslandes. Die Unsicherheit der mit der Verwirklichung des Modells verknüpfbaren Erfolgserwartungen legen seine Einführung in Stufen nahe. Als Stufen kommen in Betracht:

1. Einführung des Modells Kommission und Einrichtung einer Planungsstelle sowie Errichtung eines Fonds,
2. Einsetzung eines, zumindest vorwiegend, mit Vertretern der Gemeinden des Umlandes besetzten Beirates bei der nö Landesplanung,
3. Beteiligung eines kleinen, vom Beirat benannten Ausschusses mit beratender Stimme an der Planungsarbeit der Beamtenkommission,
4. Weiterentwicklung des Beirates zu einem kommunalen Planungsverband, Beteiligung seiner Repräsentanten in der Beamtenkommission mit beratender Stimme.

Parallel zu einem stufenweisen Aufbau der regionalen Organisation wird zu erwägen sein, ob andere nö Regionen oder Regionsteile in die Organisation einzubeziehen sind.

7.7.7. Ergänzende Vorkehrungen

In jeder der hier dargestellten Modellvarianten bedarf es ergänzender Vorkehrungen, um die Koordination zu erleichtern, zu fördern und die Ergebnisse der Gemeinsamen Planung zu verwirklichen:

— Einrichtung einer Geschäftsstelle, die nach ihrer Ausstattung auch Planungen vorbereiten kann,
— Einrichtung eines Entwicklungsfonds und/oder
— Einrichtung einer Trägergesellschaft,
— Erweiterung der Zuständigkeit der Regierungskommission, auch über Empfehlungen zu beschließen, die sich im Hinblick auf einzelne Verflechtungsbeziehungen in die Tiefe des nö und bu Raumes erstrecken und die Befugnis, mit der bu Landesregierung zu verhandeln.

Erwägenswert ist schließlich die Präzisierung der Pflichten der in die Kommissionen entsandten Mitglieder, die unter Beachtung der Belange der sie entsendenden Körperschaften das Interesse an der Ordnung und Entwicklung des Gesamtraumes wahrzunehmen haben.

7.8. Zusammenfassung der Modellerwägungen für die österreichischen Bundesländer

7.8.1. Hierarchie der Pläne

Auf Landesebene:

Der das ganze Landesgebiet abdeckende Landesraumordnungsplan, der von der Landesplanungsbehörde erarbeitet und von der Landesregierung beschlossen und in Kraft gesetzt wird.

Auf regionaler Ebene:

Die zusammen das Landesgebiet abdeckenden Regionalpläne, die von den Pflichtverbänden, alternativ den Planungsräten, erarbeitet und beschlossen und von der Landesregierung in Kraft gesetzt werden.

Ausnahmsweise:

Nicht verbandsreife Planungsräume, insbesondere die alpinen und ländlichen Bereiche abdeckende Regionalpläne, die von der Landesplanungsbehörde erarbeitet und von der Landesregierung beschlossen und in Kraft gesetzt werden.

Auf kommunaler Ebene:

Die Flächenwidmungspläne für die einzelnen Gemeinden, die von der jeweiligen Gemeinde erarbeitet, beschlossen und nach Genehmigung durch die zuständige Landesbehörde in Kraft gesetzt werden.

Ergänzend, insbesondere für alpine und ländliche Räume:

Die Konzeptplanung (gutachtliches Entwicklungskonzept, gutachtliches Forderungsprogramm, verbindlicher Rahmenplan), die für Gebietsteile regionaler Planungsräume von Gemeindeverbänden beschlossen und nach Genehmigung durch die zuständige Landesbehörde von diesen in Kraft gesetzt wird.

Ausnahmsweise:

Gemeinsame Flächenwidmungspläne für miteinander verflochtene Gemeinden, die von den Gemeindeverbänden beschlossen und nach Genehmigung durch die zuständige Landesbehörde von diesen in Kraft gesetzt werden.

In von Landesgrenzen durchschnittenen Regionen:

Die Flächenwidmungspläne der Gemeinden, die von diesen je für ihr Gebiet beschlossen und nach Genehmigung durch die für sie jeweils zuständige Landesbehörde in Kraft gesetzt werden, die aus einem von einer Arbeitsgemeinschaft, alternativ von einem Verein, beschlossenen, gutachtlichen Plan hervorgehen.

Ausnahmsweise:

Der gemeinsame Flächenwidmungs-Rahmenplan, ggf die Konzeptplanung, die vom Planungsverband beschlossen und nach einvernehmlicher Genehmigung durch die zuständigen Behörden beider Länder in Kraft gesetzt werden.

In Wien und Umland:

Der Regionalplan für die nö Region Wien-Umland, der von dem Planungsverband erarbeitet und beschlossen und von der nö Landesregierung in Kraft gesetzt wird.
Der Flächenwidmungsplan, in fernerer Zukunft auch der Stadtentwicklungsplan für Wien; diese Pläne werden vom Wiener Stadtsenat beschlossen und in Kraft gesetzt.

Alle Pläne gehen aus der Gemeinsamen Planung für Wien und Umland hervor, die von der Verbund-Kommission (alternativ der Beamtenkommission) und Fachkommissionen erarbeitet und von der Regierungskommission einvernehmlich mit Gutachtenswirkung beschlossen werden.

Ergänzend, insbesondere für Schwerpunkträume:
Sektorale Verbund-Investitionsplanula, die auf Antrag des regionalen Planungsträgers von den jeweils zuständigen staatlichen und kommunalen Aufgabenträgern mit verwaltungsinterner Verbindlichkeit beschlossen werden.

7.8.2. Empfohlene organisatorische Maßnahmen

(1) *Für leitbildgerechte Planungsräume:*
Flächendeckende *Pflicht-Planungsverbände* mit der Aufgabe der regionalen Planung im übertragenen Wirkungsbereich.
Alternativ:
Pflicht-Mehrzweckverbände mit der Aufgabe der Regionalplanung und der Wahrnehmung von Annex- und Verwirklichungsaufgaben im übertragenen Wirkungsbereich, auf Antrag der Gemeinden auch in deren eigenen Wirkungsbereich.
Alternativ:
Kollegialbehörden unter Beteiligung der Gemeinden als weisungsabhängige, für die Regionalplanung eines leitbildgerechten Planungsraumes zuständige Landessonderbehörden.
Soweit für subregionale Organisation der Gemeinden ein Bedürfnis vorliegt:
Arbeitsgemeinschaften mit der Aufgabe, die Flächenwidmungsplanung und andere die Gemeinden gemeinsam berührende Angelegenheiten zu beraten und abzustimmen.
Verwaltungsgemeinschaften mit der Aufgabe, Geschäfte der an ihr beteiligten Gemeinden als Hilfsorgan wahrzunehmen.
Freiwillige Planungsverbände mit der Aufgabe des eigenen Wirkungsbereiches, gemeinsame Flächenwidmungspläne zu erstellen.

(2) *Für Schwerpunkträume:*
Soweit eines der unter (1) genannten Modelle nicht ausreicht:
Sondergesetzlich ausgeformter *Pflicht-Mehrzweckverband.*

(3) *Für nicht verbandsreife regionale Planungsräume, insbesondere alpine und ländliche Räume:*
Planungsbeiräte mit der Aufgabe der Stellungnahme zu staatlichen Planungen.
Subregionale Gemeindeverbände mit der Aufgabe des eigenen Wirkungsbereiches, die Konzeptplanung zu erstellen und gemeinsame Verwirklichungsaufgaben wahrzunehmen.
Alternativ:
Subregionale obligatorische Arbeitsgemeinschaften mit der Aufgabe der Beratung und Abstimmung aller gemeinsamen Angelegenheiten der Gemeinden, ggf auch der Aufgabe vereinfachter Konzeptplanung.
Ausnahmsweise:
Subregionale Gemeindeverbände mit der Aufgabe des eigenen Wirkungsbereiches, für das Verbandsgebiet einen gemeinsamen Flächenwidmungsplan zu erstellen.
Ergänzend:
Subregionale Verwaltungsgemeinschaften mit der Aufgabe, gemeinsame kommunale Planungen vorzubereiten.

(4) *Für grenzüberschreitende Räume:*

Arbeitsgemeinschaften mit der Aufgabe der Erstellung gutachtlicher Planungen und der Förderung grenzüberschreitenden Zusammenwirkens bei der Wahrnehmung von Verwaltungsaufgaben.

Ausnahmsweise:

Pflicht-Planungsverbände mit der Aufgabe, grenzüberschreitende Rahmenpläne zu erstellen.

Ergänzend:

Einrichtung einer *Kommission* auf der Ebene der Regierungen der beteiligten Länder.

(5) *Für Wien und Umland:*

Regierungskommission, gebildet aus den Spitzenpolitikern beider Länder mit der Aufgabe, über die (gutachtliche) Gemeinsame Planung, über Weisungen an die Beamtenkommission und die Fachkommissionen und Empfehlungen an die Landesregierungen zu beschließen.

Verbund-Kommission, gebildet aus leitenden Beamten beider Länder und Vertretern des Pflicht-Planungsverbandes mit der Aufgabe, die Gemeinsame Planung vorzubereiten.

Fachkommissionen, gebildet aus leitenden Beamten und Fachbeamten beider Länder und Vertretern des Pflicht-Planungsverbandes mit der Aufgabe, die Gemeinsame Planung vorzubereiten.

Pflicht-Planungsverband, gebildet aus den Gemeinden der nö Planungsregion Wien-Umland, mit der Aufgabe des übertragenen Wirkungsbereiches, den Regionalplan für Wien-Umland zu erstellen und bei der Gemeinsamen Planung für Wien und Umland mitzuwirken.

Alternativ:

Beamtenkommission und *Fachkommissionen* sowie ein aus den Gemeinden des Umlandes gebildeter *Beirat.*

Einrichtung eines *Fonds* und/oder einer *Entwicklungsgesellschaft.*

SCHEMA DER ÜBERÖRTLICHEN PLÄNE UND DER REGIONALEN UND SUBREGIO- NALEN ORGANISATION FÜR EIN ÖSTERREICHISCHES BUNDESLAND

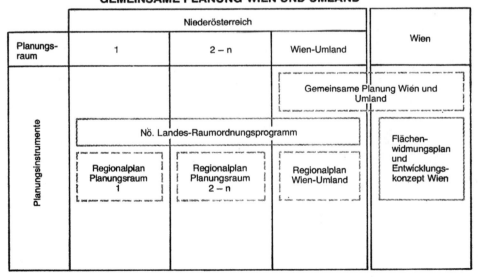

	BUNDESLAND NN		
Planungsraum	1, 4 – n	2	3
Merkmal	Leitbildgerecht	Schwerpunktraum	ländlich-alpin
Erstellung des Regionalplans – Planungsträger –	PLANUNGS- VERBÄNDE	SONDERVERBAND	LANDESPLANUNGSSTELLE mit Beirat
Erstellung der Konzeptplanung			
Sonstige subregionale Zusammenarbeit	Zweck- verband VerwGem	subregionale Organisation	subregionaler Planungsverband subregionaler Planungsverband ArGe ArGe ArGe

☐ Geltungsbereich des Landes-Raumordnungsplans (-programms)

⌐ ⌐ Geltungsbereich des Regionalplans

⌙⋯⌙ Geltungsbereich der Konzeptplanung

GEMEINSAME PLANUNG WIEN UND UMLAND

	Niederösterreich			Wien
Planungs- raum	1	2 – n	Wien-Umland	
Planungsinstrumente			Gemeinsame Planung Wien und Umland	
	Nö. Landes-Raumordnungsprogramm			Flächen- widmungsplan und Entwicklungs- konzept Wien
	Regionalplan Planungsraum 1	Regionalplan Planungsraum 2 – n	Regionalplan Wien-Umland	

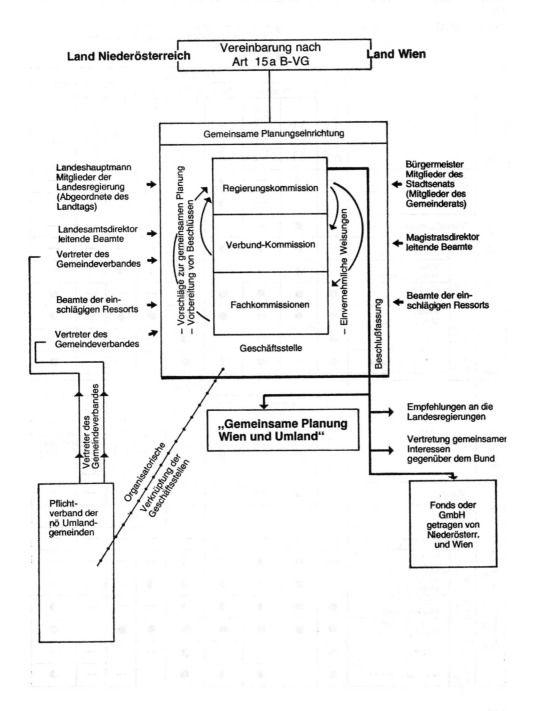

ORGANISATIONSSCHEMA
zum empfohlenen staatlich-kommunalen Verbund
für Wien und Umland

Land Niederösterreich

Vereinbarung nach
Art 15a B-VG

Land Wien

Gemeinsame Planungseinrichtung

Landeshauptmann
Mitglieder der
Landesregierung
(Abgeordnete des
Landtags)

Landesamtsdirektor
leitende Beamte

Vertreter des
Gemeindeverbandes

Beamte der ein-
schlägigen Ressorts

Vertreter des
Gemeindeverbandes

– Vorschläge zur gemeinsamen Planung
– Vorbereitung von Beschlüssen

Regierungskommission

Verbund-Kommission

Fachkommissionen

Geschäftsstelle

Einvernehmliche Weisungen

Bürgermeister
Mitglieder des
Stadtsenats
(Mitglieder des
Gemeinderats)

Magistratsdirektor
leitende Beamte

Beamte der ein-
schlägigen Ressorts

Beschlußfassung

Vertreter des Gemeindeverbandes

Organisatorische
Verknüpfung der
Geschäftsstellen

„Gemeinsame Planung
Wien und Umland"

Empfehlungen an die
Landesregierungen

Vertretung gemeinsamer
Interessen
gegenüber dem Bund

Pflicht-
verband der
nö Umland-
gemeinden

Fonds oder
GmbH
getragen von
Niederösterr.
und Wien

SCHEMA DER EIGNUNGSMERKMALE

Die Modellerwägungen der Abschnitte 5 und 7 können nur in vergröbernder Vereinfachung graphisch dargestellt werden. Maßgeblich ist allein der Textteil.

Das Gesamturteil berücksichtigt auch die Einfügung in die Rechtsordnung und die Verwirklichungschancen; sie ist daher immer nur Urteil über die relative Eignung einer Organisation.

SYMBOLTAFEL: — nicht geeignet   ◐ geeignet nur mit wesentlichen Beschränkungen des Wirkungsgrades oder unter besonderen Bedingungen
○ leistet Beiträge   ● geeignet

Leitbildgemäßer Planungsraum

MODELLE		Organisations-gründung	Planung Bestands-erhebung	Planung verbindlicher Regionalplan	Koordination horizontal	Koordination vertikal	Planakzessorische Aufgaben	Verwirklichungs-aufgaben	Regionaler Lastenausgleich	Gesamturteil über relative Eignung
Verein		—	◐	—	◐	○	—	○	—	—
ArGe		○	○	—	◐	○	—	○	—	—
Verwaltungsgemeinschaft		—	●	—	○	—	—	—	—	—
Gemeindeverband	freiw. Planungsverb.	—	●	◐	◐	◐	—	—	—	—
Gemeindeverband	freiw. Mehrzweckverb.	—	●	◐	◐	◐	◐	◐	○	—
Gemeindeverband	Pflicht-Planungsverb.	●	●	●	●	●	—	—	—	●
Gemeindeverband	Pflicht-Mehrzweckverb.	●	●	●	●	●	●	●	○	◐
Planungsrat	Beirat	●	○	○	○	◐	—	—	—	○
Planungsrat	Kollegialbehörde	●	○	○	◐	●	○	○	—	●

Schwerpunktraum (mit besonderen Ordnungs- und Entwicklungsaufgaben).

MODELLE		Organisations-gründung	Planung Bestands-erhebung	Planung verbindlicher Regionalplan	Koordination horizontal	Koordination vertikal	Planakzessorische Aufgaben	Verwirklichungs-aufgaben	Regionaler Lastenausgleich	Gesamturteil über relative Eignung
Verein		—	◐	—	○	○	—	○	—	—
ArGe		—	○	—	○	○	○	○	—	—
Verwaltungsgemeinschaft		—	●	—	○	—	—	—	—	—
Gemeindeverband	freiw. Planungsverb.	—	●	◐	◐	◐	—	—	—	—
Gemeindeverband	freiw. Mehrzweckverb.	—	●	◐	◐	◐	◐	○	—	—
Gemeindeverband	Pflicht-Planungsverb.	●	●	◐	◐	◐	—	—	—	◐
Gemeindeverband	sondergesetzl. Mehrzweckverb.	●	●	●	●	●	●	●	○	●
Planungsrat	Beirat	●	○	○	○	◐	—	—	—	—
Planungsrat	Kollegialbehörde	●	○	◐	◐	●	—	—	—	◐

Subregionale Organisation, insbes. im ländlichen und alpinen Raum

MODELLE	Organisations-gründung	Bestands-erhebung	Konzeptplanung	Gemeinsamer Flächen-widmungsplan	horizontal	vertikal	Planakzessorische Aufgaben	Verwirklichungs-aufgaben	Regionaler Lastenausgleich	Gesamt-urteil über relative Eignung
			Planung		Koordination					
Subregionale ArGe	◐	○	○	○	◐	○	—	—	—	○
Subregionale obligatorische ArGe	●	○	◐	○	●	◐	○	○	—	◐
Subregionale Verwaltungsgemeinschaft	●	●	—	—	—	—	●	◐	—	○
Gemeindeverband — freiw. Planungsverb.	◐	●	◐	●	●	●	—	—	—	●
Gemeindeverband — freiwilliger Mehrzweckverb.	—	●	○	●	●	◐	◐	◐	—	○
Gemeindeverband — Pflicht-Planungsverb.	●	●	●	●	●	●	—	—	—	●

Grenzüberschreitende Region (ohne Wien und Umland)

MODELLE	Organisations-gründung	Plan-erstellung	horizontal	vertikal	Planakzessorische Aufgaben	Verwirklichungs-aufgaben	Regionaler Lastenausgleich	Gesamt-urteil über relative Eignung
			Koordination					
Verein	◐	—	○	○	—	—	—	◐
ArGe	◐	○	◐	◐	○	○	—	●
Verwaltungsgemeinschaft	◐	—	○	○	○	○	—	—
Gemeindeverband — freiw. Planungsverb.	◐	◐	◐	◐	—	—	—	◐
Gemeindeverband — Pflicht-Planungsverb.	◐	◐	◐	◐	—	—	—	◐
Gemeindeverband — Pflicht-Mehrzweckverb.	—							—
Gemeinsamer Planungsrat	●	○	○	○	—	—	—	○

Wien und Umland

MODELLE	Organisations-gründung	Planerstellung	Plan als Empfehlung beschließen	zwischen den Ländern	zwischen den Gemeinden	zwischen den Ländern und Gemeinden	Planakzessorische Aufgaben	Verwirklichungs-aufgaben	Regionaler Lastenausgleich	Gesamt-urteil über relative Eignung
		Planung		Koordination						
ArGe	◐	◐	—	○	—	—	—	○	—	—
Planungsverb.	—	◐	◐	●	—	○	○	○	○	—
Kommission	◐	●	◐	●	—	○	○	○	○	◐
Staatl.-kommunaler Verbund	◐	●	●	●	●	●	○	○	○	●

8. ANHANG

8.1.1. Österreichische Bundesländer nach Größenklassen (Stand 1971)

Einwohner:

1. Bis 300.000 Ew

Vorarlberg	271.473 Ew
Burgenland	272.119 Ew

2. 300.000–500.000 Ew

Salzburg	401.766 Ew

3. 500.000–1,000.000 Ew

Kärnten	525.728 Ew
Tirol	540.771 Ew

4. Über 1,000.000 Ew

Steiermark	1,192.100 Ew
Oberösterreich	1,223.444 Ew
Niederösterreich	1,414.161 Ew
Wien	1,614.841 Ew

Fläche:

1. Bis 5000 km²

Wien	414,53 km²
Vorarlberg	2.601,34 km²
Burgenland	3.965,15 km²

2. 5000 bis 10.000 km²

Salzburg	7.153,88 km²
Kärnten	9.532,92 km²

3. 10.000 bis 15.000 km²

Oberösterreich	11.978,84 km²
Tirol	12.647,47 km²

4. Über 15.000 km²

Steiermark	16.385,96 km²
Niederösterreich	19.170,28 km²

8.1.2. Österreichische Gemeinden und Wohnbevölkerung nach Gemeindegrößenklassen (Zahl der Gemeinden nach dem Gebietsstand vom 1. 1. 1973, Wohnbevölkerung nach dem Stand von 1971)

Gemeindegrößenklassen	Gemeinden	Wohnbevölkerung absolut	%
Bis 100 Ew	3	240	0,0
101 bis 500 Ew	209	71.965	1,0
501 bis 1.000 Ew	419	308.994	4,1
1.001 bis 1.500 Ew	575	704.852	9,4
1.501 bis 2.000 Ew	386	668.503	9,0
2.001 bis 2.500 Ew	236	523.163	7,0
2.501 bis 3.000 Ew	143	386.909	5,2
3.001 bis 5.000 Ew	193	735.719	9,9
5.001 bis 10.000 Ew	98	639.449	8,6
10.001 bis 100.000 Ew	60	1,106.352	14,8
100.001 bis 1,000.000 Ew	4	695.416	9,3
1,000.001 und mehr (Wien)	1	1,614.841	21,7
Insgesamt	**2.327**	**7,456.403**	**100,0**

(Quelle: Statistisches Handbuch für die Republik Österreich, hrsg v Österreichischen Statistischen Zentralamt [1973] 14, Tab 2.04.)

8.1.3. Gemeindeordnungen der österreichischen Bundesländer mit Nachweis der Bestimmungen über Gemeindeverbände und Verwaltungsgemeinschaften
(Stand 1. 1. 1975)

Land	Gemeindeordnung (GO)	Gemeinde-verband	Verwaltungs-gemeinschaft
Burgen-land	bu GO v 1. 12. 1965 LGBI 37 idF LGBI 1966/10, 1970/47	§ 22	§§ 23 f
	Eisenstädter Stadtrecht v 1. 12. 1965 LGBI 38 idF LGBI 1966/10, 1969/36, 1970/45	—	—
	Ruster Stadtrecht v 1. 12. 1965 LGBI 39 idF LGBI 1970/46	—	—
Kärnten	AGO v 14. 12. 1965 LGBI 1966/1 idF LGBI 1966/18, 1967/23, 1967/136, 1970/17, 1973/3, 1974/23	—	§§ 71 f
	Klagenfurter Stadtrecht v 24. 5. 1967 LGBI 58 idF LGBI 1970/15	—	—
	Villacher Stadtrecht v 14. 12. 1965 LGBI 1966/2 idF LGBI 1970/16	—	—
Nieder-österreich	nö GO v 7. 12. 1965 LGBI 369 idF der Wiederverlautbarung v 9. 10. 1973 LGBI 172 (1000-0)	—	§§ 14 f
	(nö Gemeindeverbandsgesetz v 13. 10. 1971 LGBI 223)	§§ 1–35	—
	Kremser Stadtrecht idF LGBI 1969/ 120, 1971/265, 1972/53	—	—
	St. Pöltner Stadtrecht LGBI 1969/ 121, 1971/266	—	—
	Waidhofner Stadtrecht LGBI 1969/ 122, 1971/267	—	—
	Wiener Neustädter Stadtrecht LGBI 1969/123	—	—

Land	Gemeindeordnung (GO)	Gemeinde-verband	Verwaltungs-gemeinschaft
Ober-österreich	oö GO v 1. 12. 1965 LGBl 45 idF LGBl 1968/43, 1969/39, 1973/24	§ 14	§ 13
	Statut für die Landeshauptstadt Linz v. 1. 12. 1965 LGBl 46 idF LGBl 1969/40, 1970/44	§ 39	—
	Statut für die Stadt Steyr v 1. 12. 1965 LGBl 47 idF LGBl 1969/41, 1970/45	§ 39	—
	Statut für die Stadt Wels v 1. 12. 1965 LGBl 48 idF LGBl 1969/42, 1970/46	§ 39	—
Salzburg	sa GO 1965 LGBl 63 idF LGBl 1969/88, 1971/59, 1972/20, 1972/62	§ 12	§ 42 III
	sa Stadtrecht 1966 LGBl 47 idF LGBl 1969/79, 1970/16, 1972/62, 1973/20	—	—
Steier-mark	st GO v 14. 6. 1967 LGBl 115 idF LGBl 1972/127	—	§§ 37 f
	Statut der Landeshauptstadt Graz v 4. 7. 1967 LGBl 130 idF LGBl 1972/127, 1973/27	—	—
Tirol	ti GO 1966 LGBl 4 idF LGBl 1969/27, 1972/23, 1973/8	§§ 14 ff	—
	Stadtrecht der Landeshauptstadt Innsbruck 1966 LGBl 17 idF LGBl 1969/28, 1972/79	—	—
Vorarl-berg	va Gemeindegesetz LGBl 1965/45	§ 89	—
Wien	wi Stadtverfassung LGBl 1968/28	—	—

8.4.1. Die Planungsgesetze der österreichischen Bundesländer (Stand: 1. 1. 1976)

Land	Überörtliche Planung	Örtliche Planung	
		Flächenwidmungs-plan	Bebauungsplan
Burgenland	bu Raumplanungsgesetz v 20. 3. 1969 LGBI 18 idF 1969/48, 1971/33, 1974/5		
Kärnten	kä Raumordnungsgesetz v 24. 11. 1969 LGBI 76	Gemeindeplanungsgesetz 1970 LGBI 1 idF LGBI 1972/57	
Nieder-österreich	nö Raumordnungsgesetz v 9. 5. 1968 LGBI 275 idF LGBI 1973/93 (8000-1) wiederverlautbart LGBI 1974/118 (8000-0)		nö Bauordnung v 13. 12. 1968 LGBI 1969/166
Ober-österreich	oö Raumordnungsgesetz v 23. 3. 1972 LGBI 18		
Salzburg	sa Raumordnungsgesetz 1968 LGBI 78 idF LGBI 1972/34, 126, 1975/77		Bebauungsgrund-lagengesetz v 27. 6. 1968 LGBI 69 idF LGBI 1968/113, 1971/89, 1974/24
Steiermark	st Raumordnungsgesetz v 25. 6. 1974 LGBI 127		
Tirol	ti Raumordnungsgesetz v 6. 12. 1971 LGBI 1972/10 idF LGBI 1973/70		
Vorarlberg	va Raumplanungsgesetz LGBI 1973/15		
Wien	—	Bauordnung für Wien v 25. 11. 1929 LGBI 1930/11, letzte Änderung LGBI 1974/28	

8.1.5. ÜBERBLICK ÜBER DIE BESTIMMUNGEN ZUR ÜBERÖRTLICHEN RAUMPLANUNG IN DEN ÖSTERREICHISCHEN BUNDESLÄNDERN (OHNE WIEN)

	Burgenland	Kärnten	Nieder-österreich	Oberösterreich	Salzburg	Steiermark	Tirol	Vorarlberg
Grundsätze (Ziele) der überörtlichen Raumplanung gesetzlich vorgegeben	–	§ 2	§ 1 II	§ 2	–	§ 3	§ 1 II	§ 2
Pläne für das gesamte Landesgebiet	§ 7	§ 3	§ 3	§ 9	§ 4	§§ 8, 9	§ 4	§ 7
Pläne für Teilgebiete des Landes	§ 7	§ 3	§ 3	§ 9	§ 4	§§ 8, 10	§ 4	§ 7
Pläne für Sachbereiche	–	§ 3	§ 3	§ 9	–	§ 8	§ 4	§ 7
Wirkung der verbindlichen Pläne	§ 10	§§ 4–6	§ 6	§§ 3, 12	§§ 5, 6	§ 13	§ 6	§ 8
Bindung der örtlichen Raumplanung	ja	ja	ja	ja	ja	ja	ja	ja
Bindung aller Bescheide auf Grund von Landesgesetzen	–	ja	–	ja	ja *	ja	–	ja
Bindung der Privatwirtschaftsverwaltung des Landes	ja	ja	ja	ja	–	ja	ja	ja
Bindung der Privatwirtschaftsverwaltung der Gemeinden	–	ja	–	ja	–	ja	–	ja
Bindung sonstiger Rechtsträger öffentlichen Rechts	–	ja **	–	ja	–	ja	–	ja
Planungsbehörde	Lreg	Lreg	Lreg	Lreg	Lreg	Lreg	Lreg	Lreg
Beratendes Gremium	RPl-Beirat	RO-Beirat	RO-Beirat	RO-Beirat	Planungsfachbeirat	RO-Beirat, reg. Planungsbeiräte	RO-Konferenz, RO-Beirat, Beratungsorgane in Bezirken und Planungsräumen	RPl-Beirat
Verhältnis der Landesplanung zur Bundesplanung	Bedachtnahme	–	Bedachtnahme	Berücksichtigung Bedachtnahme	Bedachtnahme	Berücksichtigung. Bedachtnahme	Bedachtnahme	Berücksichtigung
Mitwirkung der Gemeinden an überörtlicher Planung	Anhörung	Stellungnahme	Stellungnahme	Stellungnahme	Anhörung	Stellungnahme	Stellungnahme	Stellungnahme

*   Sofern kein Flächenwidmungsplan besteht.
** Vgl. ferner § 6 II lit c kä ROG: Bindung der Vertreter öffentlich-rechtlicher Körperschaften in Gesellschaften, an denen diese Körperschaften beteiligt sind.

301

8.1.6. ÜBERBLICK ÜBER DEN STAND DER RAUMPLANUNG IN DEN ÖSTERREICHISCHEN BUNDESLÄNDERN AM 1.1. 1975

Die folgende tabellarische Darstellung soll einen Überblick über
- den Stand der überörtlichen und örtlichen Raumplanung und Raumordnung
- die regionale Gliederung und regionale Planungseinrichtungen
- die Delegation von örtlichen Planungsaufgaben
- die Reformtendenzen

in den einzelnen österreichischen Bundesländern ermöglichen. Sie beruht auf Erhebungen bei den Ämtern der Landesregierungen, die im Sommer 1974 in Form einer Fragebogenaktion durchgeführt wurden. Für Zwecke einer übersichtlichen Darstellung sind einzelne Fragen des ursprünglichen Fragebogens im folgenden zusammengefaßt. Da

		Burgenland	Kärnten	Niederösterr.
STAND DER ÜBERÖRTLICHEN RAUMPLANUNG	Pläne für das gesamte Land			
	– verbindlich	keiner	keiner	keiner
	– in Vorbereitung	nein	nein	nein
	– Zeitpunkt der Inkraftsetzung	–	–	–
	Pläne für Sachbereiche			
	– verbindlich	keine	keine	8
	– erfaßte Sachbereiche	–	–	Fremdenverkehr Gewerbe, Industrie Zentrale Orte Kommunalstruktur Land- und Forstwirtschaft Kindergärten Gesundheit Grenzland-Raumordnungsprogramm
	– in Vorbereitung	–	6	4
	– erfaßte Sachbereiche	–	Schule Sportstätten Tourismus Krankenhauswesen Straßen Abfall	Wohnungswesen Verkehr Freizeit Pflichtschulen
	Pläne für Landesteile – verbindlich	keine	keine[1]	keine
	– Zahl der erfaßten Gemeinden	0	0	0
	– % Flächendeckung	0	0	0
	– % Bevölkerung	0	0	0
	– in Vorbereitung	2	8	11
	– Zahl der erfaßten Gemeinden	31	112	571

Wien als Gemeinde und Bundesland einen Sonderfall darstellt, wurde von einer Aufnahme in die tabellarische Zusammenstellung abgesehen. Wegen der Identität von Landes- und Gemeindegebiet hat in Wien der Flächenwidmungsplan wesentliche Funktionen eines überörtlichen Planes zu erfüllen. Die festgesetzten Flächenwidmungs- und Bebauungspläne erstrecken sich nahezu über das gesamte Stadtgebiet (insg. mehrere tausend Teilbeschlüsse, jährlich etwa 200 neue Teilbeschlüsse). Die Einführung eines übergeordneten Planes (Generalplan, Stadtentwicklungsplan) ist noch in Diskussion. Eine für die Planung bedeutsame Gliederung des Stadtgebietes ergibt sich aus der Bezirkseinteilung (23 Bezirke), daneben besteht eine verwaltungsintern festgelegte Untergliederung in 230 Zählbereiche und 1264 Zählgebiete. Eine weitere Gliederung soll sich aus der Bearbeitung der Stadtentwicklungspläne ergeben.

rösterr.	Salzburg	Steiermark	Tirol	Vorarlberg
er	keiner	keiner	keiner	keiner
	ja	ja	ja	nein
	ungewiß	ungewiß	ungewiß	–
e	keine	keine	keine	keine
	–	–	–	–
	1	–	14	5
rale Orte wicklungs-sen	Landwirtschaft	–	Fremdenverkehr Sportstätten Industrie Erholung usw.	Grünzonenabgrenzung Spitalswesen Schulentwicklung Verkehr Altenhilfe
e	3	2	keine	keine
	68	4	0	0
	49%	2,1%	0	0
	75%	0,6%	0	0
e	2	3	40	1
	40	55	186	6

		Burgenland	Kärnten	Niederösterr.
GRENZÜBERSCHREITENDE RAUMPLANUNG	Landesteile mit grenzüberschreitenden Verflechtungen (Problemen)	Grenzgebiete zu Ungarn, z. T. CSSR, Jugoslawien	Südkärnten Tauernhauptkamm Liesertal-Katschberg Nockgebiet Koralpe	Planungsregion Wien-Umland Amstetten Steyr-Umland
	Vereinbarungen mit Nachbarländern zur Förderung grenzüberschreitender Regionalplanung	– Informelle Kontakte mit den Komitaten Westungarns	Nationalpark Hohe Tauern	Planungsgemeinschaft Wien-Niederösterr.
	Gemeinsame Einrichtungen mit Nachbarländern	– Österr.-ungar. Gewässerkommission – Austauschprogramme auf kulturellem u. sportl. Gebiet	– Ausschuß Friaul-Julisch-Venetien, Kärnten, Kroatien, Slowenien² – Komitee Lungau-Murau-Nockgebiet (ÖROK) – Nationalparkkommission	– Planungsgemeinschaft Wien-Niederösterr.
	Vereinbarungen oder gemeinsame Einrichtungen in Vorbereitung	keine	keine	keine
ÖRTLICHE RAUMPLANUNG	Zahl d. Gemeinden – mit verbindlichem Flächenwidmungsplan	106	121	463
	– mit beschlossenem, aber noch nicht genehmigtem Flächenwidmungsplan	12	0	64
	– diese Gemeinden erfassen vom Landesgebiet	85%	100%	90,58%
REGIONALE GLIEDERUNG	Ist Land regional gegliedert?	Landesgebiet insgesamt	nein	Landesgebiet insgesamt
	Rechtsgrundlage	–	–	VO 1973
	Gliederungskriterien	Bezirkseinteilg. geogr. Gliederung	–	Zentrale Orte
	Zahl d. Regionen	3	–	11
	Wird reg. Gliederung vorbereitet?	–	nein	–

Oberösterr.	Salzburg	Steiermark	Tirol	Vorarlberg
nviertel lzkammergut Zentralraum ühlviertel	Pinzgau-Tauern-hauptkamm Lungau-Nockge-biet Grenzgebiete gegen Bayern	Grenzgebiete zu Jugoslawien Raum Murau Mariazell St. Gallen Fürstenfeld Bad Aussee	Osttirol Grenzgebiet gegen Bayern Arlberggebiet	Rheintal Bregenzerwald Kleines Walsertal
ine	– Nationalpark Hohe Tauern – Planungskoordi-nation im Lun-gau-Murau-Nock-gebiet	– Planungskoordi-nation im Lungau-Murau-Nockgebiet – Regionalkom-mission mit Jugoslawien	Nationalpark Hohe Tauern	keine
utsch-österr. -Kommission	– Komitee Lungau-Murau-Nockgebiet – Bayer.-salz-burgische Ge-sprächsgruppe – Nationalpark-kommission – ARGE National-park Hohe Tauern – Deutsch-österr. RO-Kommission	– Komitee Lungau-Murau-Nockge-biet (ÖROK) – Regionalkommission mit Jugoslawien	– Nationalpark-kommission – Kontaktgremien für Einzel-fragen (Bayern-Graubünden-Vorarlberg-Südtirol) – ARGE Alpenländer – Deutsch-österr. RO-Kommission – Euregio Alpina	– ARGE Alpenländer – Bodenseekon-ferenz – Kontakte mit Bay, BWü u. s Kantonen in Einzelfragen – Deutsch.-österr. RO-Kommission
ne	keine	keine	keine	keine
	73	0	139	8
	15	1	5	2
25%	74%	0,08%	54%	4%
n	nein	nein	Landesgebiet insgesamt	nein
	–	–	VO 1972	–
	–	–	z. T. natürliche Grenzen, Ver-waltungsgrenzen	–
	–	–	55	–
VO) Regionen	ja (in Dis-kussion)	ja (VO) 12 Regionen	–	ja (verwaltungs-intern) 7 Regionen

		Burgenland	Kärnten	Niederösterr.
PLANUNGSGEMEINSCHAFTEN UND SONSTIGE REGIONALE PLANUNGSEINRICHTUNGEN	Bestehende Planungsgemeinschaften und regionale Planungseinrichtungen	keine	Planungsgemeinschaften – Mittleres Gailtal – Oberes Mölltal – Nockgebiet-Liesertal – Flattnitz – St. Veit a. d. Glan	keine
	Planungsgemeinschaften und regionale Planungseinrichtungen in Vorbereitung	keine	keine	regionale Planungsbeirät
	Förderung von Planungseinrichtungen durch das Land	interne Koordination von Sachfragen	Fachliche Unterstützung	–
DELE-GATION	Delegation von örtlichen Planungsaufgaben durch die Gemeinden nach Art 118 VII B-VG	keine	keine	keine
REFORMEN	Reform des Raumordnungsrechts beabsichtigt?	–	–	Regionaler Planungsbeirat Präzisierung von Gesetzesbegriffen Erweiterung de Versagungsgründe bei örtlicher Raumplanung

Anmerkungen:
[1] Jedoch: auf der Grundlage des früheren kä LPIG (LGBl 47/1959) 5 rechtswirksame regionale Entwicklungsprogramme, die 28 Gemeinden mit rund 1410 km² (14,8 % der Landesfläche) erfassen.
[2] Vollständiger Titel: Ausschuß für die Zusammenarbeit und Koordination in den Regionen Friaul-Julisch-Venetien, Kärnten, Kroatien (südlicher Teil) und Slowenien.

erösterr.	Salzburg	Steiermark	Tirol	Vorarlberg
ine	Planungsver-bände – Katschberg – Stadt Salzburg und Umgebung Entwicklungs- und Förderungs-gesellschaft Rauris-Lend-Taxenbach	Planungsgemein-schaften – Aichfeld-Mur-boden – Bezirk Murau – Liesingtal – Loipersdorf – Gleisdorf – Radkersburg – Neumarkt – Murau – Oberes Feistritztal	Beratungsorgane in den 55 Re-gionen und den politischen Bezirken	Planungsgemein-schaften – Bregenzerwald – Walgau – Großes Walsertal – Klostertal
ine	Regionalverbände – Wallersee-Nord – Wallersee-Süd – Trumer Seen – Werfen – Tamsweg – Mariapfarr – Westl. Salz-kammergut	– Schladming – Mureck – Teichalm-gemeinden – Stainz – Regionale Pla-nungsbeiräte in den Planungs-regionen	keine	– Bodensee
ine	Beratung, Unter-stützung bei Finanzierung von Planungs-unterlagen	fachliche Be-ratung, fall-weise finan-zielle Hilfe	Beratung, Mit-arbeit in be-sonderen Fällen	Beratung, Mit-arbeit in be-sonderen Fällen
ine	ca. 70 Gemeinden Bebauungspläne	keine	keine	keine
ine	Neue Ziel-setzungen Vorbehalts-flächen Raumordnungs-kataster Freiwillige Re-gionalverbände	–	–	–

8.1.7. Planungsgemeinschaften und verwandte regionale Einrichtungen in Österreich (Stand: 1. 1. 1975)

(1.) *Planungsgemeinschaften*

Vorbemerkung

Die folgende Auflistung der in den ö Bundesländern bestehenden bzw. in Vorbereitung stehenden Planungsgemeinschaften beruht auf Erhebungen bei den Planungsstellen der Länder und ergänzenden direkten Nachfragen bei den Planungsgemeinschaften in Form einer Ende 1974 abgeschlossenen Fragebogenaktion. Als Planungsgemeinschaften (im weiten Sinn) gelten Zusammenschlüsse von Gebietskörperschaften, ggf auch von weiteren juristischen Personen welcher organisatorischen Gestalt und Rechtsform auch immer, die eine regionale oder subregionale Ordnung durch das Erstellen raumwirksamer Pläne oder Förderung und Koordinierung von Planungen ihrer Mitglieder anstreben.

(1.1.) Burgenland

(1.1.1.) *Neusiedler-See-Planungsgesellschaft*
gegründet: 1962; 1974 aufgelöst
Rechtsform: GmbH
Beteiligte: Bund (60%)
Land Burgenland (40%)
Organe: Generalversammlung
Aufsichtsrat
Geschäftsführer
Aufgaben: Forschungsauftragsvergabe zur Grundlagenforschung
Vorarbeiten für Entwicklungsprogramm Neusiedler See
Geleistete
Arbeit: Vergabe zahlreicher Forschungsaufträge
Lit: BRFRPI 71, H 1, 4
BRFRPI 71, H 3, 54
BRFRPI 74, H1/2, 26 (29)

(1.2.) Kärnten

(1.2.1.) *Planungsgemeinschaft Mittleres Gailtal*
gegründet: 1960 (Gemeinsamer Antrag der Gemeinden des Planungsraumes an das Land, ein Entwicklungsprogramm zu erarbeiten)
— gegenwärtig nicht mehr aktiv
Rechtsform: informelle Gesprächsgruppe
Beteiligte: 7 Gemeinden (Gemeindegebietsstand 1960)
Verbands-
gebiet: 204 km²
7000 Ew
Organe: —
Aufgaben: nicht ausdrücklich formuliert
Geleistete
Arbeit: Mitwirkung an der Erstellung des 1965 verbindlich erklärten Entwicklungsprogramms Mittleres Gailtal

Lit: Entwicklungsprogramm Mittleres Gailtal, Schriftenreihe für Raumforschung und Raumplanung, Bd 4. Hrsg Amt der kä Landesregierung (1963)

(1.2.2.) *Planungsgemeinschaft Großglockner – Oberes Mölltal*
gegründet: 1961 – gegenwärtig nicht mehr aktiv
Beteiligte: 6 Gemeinden (Gemeindegebietsstand 1960)
Rechtsform: informelle Gesprächsgruppe
Organe: –
Aufgaben: Durchführung von Maßnahmen zur wirtschaftlichen Aufwärtsentwicklung im Planungsraum
Verbands-
gebiet: 596 km²
          7700 Ew
Geleistete
Arbeit: Mitwirkung an der Erstellung des 1966 verbindlich erklärten Entwicklungsprogramms Oberes Mölltal
Lit: Entwicklungsprogramm Oberes Mölltal, Schriftenreihe für Raumforschung und Raumplanung, Bd 8. Hrsg Amt der kä Landesregierung (1966)

(1.2.3.) *Regionale Planungsgemeinschaft Flattnitz*
gegründet: 1962 – gegenwärtig nicht mehr aktiv
Rechtsform: freiwillige Vereinbarung in Anlehnung an die Bestimmungen der AGO über Verwaltungsgemeinschaften und Art 22 B-VG
Beteiligte: 3 Gemeinden (Gemeindegebietsstand 1962)
Verbands-
gebiet: 290 km²
          4400 Ew
Organe: Vollversammlung
          Vorstand (Obmann, geschäftsführender Obmann, Bürgermeister)
          Obmann
          geschäftsführender Obmann (Bezirkshauptmann)
Aufgaben: Koordinierung und Durchführung von Entwicklungsmaßnahmen
          Zusammenarbeit mit Land und Bezirk
Geleistete
Arbeit: Mitwirkung an der Erstellung des 1967 verbindlich erklärten Entwicklungsprogramms Flattnitz
Lit: Entwicklungsprogramm Flattnitz und örtliche Planung in den Gemeinden Metnitz, Deutsch-Griffen und Glödnitz, Schriften zur Gemeindeplanung in Kärnten H 4. Hrsg Amt der kä Landesregierung (oJ)

(1.2.4.) *Raumordnungsgemeinschaft St. Veit a. d. Glan und Umgebungsgemeinden*
gegründet: 1965; 1967 Erweiterung; nach Inkrafttreten des kä Gemeindestrukturverbesserungsgesetzes 1973 erneut aktiviert (revidierte Vereinbarung v 5. 3. 1974)

Rechtsform: freiwillige Vereinbarung in Anlehnung an § 71 AGO (Verwaltungsgemeinschaft) und Art 22 B-VG

Beteiligte: 7 Gemeinden

Verbands-
gebiet: 412 km²
25.000 Ew

Organe: Vollversammlung
Vorstand (Obmann, 2 Bürgermeister)
Obmann
geschäftsführender Obmann (Bezirkshauptmann)
Arbeitsgruppen

Aufgaben: Koordinierung und Durchführung von Entwicklungsmaßnahmen
Zusammenarbeit mit dem Land in Angelegenheiten der Raumplanung

Geleistete
Arbeit: Regionaler Verkehrsplan
Initiativen in Einzelfragen
Raumstudien
Vorarbeiten für ein Entwicklungsprogramm

Lit: *Krappinger,* Probleme und Bemühungen der Regionalen Planungsgemeinschaft St. Veit an der Glan und Umgebungsgemeinden, GdZ 71, 77
Initiativen zur Raumordnung, Auszug aus dem Arbeitsprotokoll der Planungsgemeinschaft 1965—1974. Hrsg Regionale Planungsgemeinschaft St. Veit an der Glan und Umgebungsgemeinden (1974)
Initiativen zur Raumordnung 2. Teil, Resolution an die kä Landesregierung 1974. Hrsg Regionale Planungsgemeinschaft (Raumordnungsgemeinschaft) St. Veit an der Glan und Umgebungsgemeinden (1974)

(1.2.5.) *Interessengemeinschaft Nockgebiet*

gegründet: 1973

Rechtsform: informelle Gesprächsgruppe

Beteiligte: 8 Gemeinden

Verbands-
gebiet: 970 km²
24.000 Ew

Organe: —

Aufgaben: nicht ausdrücklich formuliert

Geleistete
Arbeit: Mitwirkung an der Erarbeitung eines Entwurfes für ein Entwicklungsprogramm für das Nockgebiet

(1.3.) **Niederösterreich**

(1.3.1.) *Planungsgemeinschaft Wien—Niederösterreich*

gegründet: 1967

Rechtsform: Beamtenkomitees aufgrund übereinstimmender Beschlüsse der Landesregierungen Wien und Niederösterreich

Beteiligte: Land Wien
Land Niederösterreich
Organe: Kontaktkomitee
Koordinierungskomitee
7 Fachkomitees
Vorläufige Geschäftsstelle (Ö Institut f Raumplanung)
Aufgaben: Vertretung gemeinsamer Interessen der beiden Länder gegenüber dem Bund
Gegenseitige Abstimmung von Raumordnungsmaßnahmen
Lösung von Raumordnungsproblemen im Wiener Umland (unter Beteiligung der Gemeinden)

Geleistete
Arbeit: Gutachten zur Frage der zukünftigen Organisation (1969)
Entwurf eines Katalogs der Wien und Niederösterreich betreffenden Probleme (1971)
Initiative zur Gründung eines Vereins zur Sicherstellung und zum Ausbau gemeinsamer Erholungsräume in Wien und Niederösterreich

Lit: Der Aufbau 68, H 5 66 ff
Gutachten zur Frage der künftigen Organisation (1967), verfaßt vom Ö Institut f Raumplanung
Jäger, Entwicklungsprobleme und -aufgaben in der Region Wien, Vortrag vor der OECD-Kommission vom 17. 10. 1973 (vervielfältigt)

(1.3.2.)   *Aktionsgemeinschaft Donauregion Bezirk Melk*
gegründet: 1972
Rechtsform: Verein
Beteiligte: 12 Gemeinden; Vertreter der Industrie und Kammern
Organe: Generalversammlung
Vorstand
Rechnungsprüfer
Schiedsgericht

Verbands-
gebiet: ca 170 km²
25.500 Ew
Aufgaben: Wahrnehmung der Interessen der Region hinsichtlich der wirtschaftlichen Entwicklung und Gestaltung des Landschaftsbildes im Zusammenhang mit der Planung und dem Ausbau des Donaukraftwerkes Melk bzw. des Rhein-Main-Donaukanals

Geleistete
Arbeit: Ausarbeitung von vier Studien:
(1) Müllstudie für die Bezirke Melk und Krems
(2) Planungsstudie über mögliche Brückenstandorte im Raum Melk-Ybbs
(3) Planungsstudie über mögliche Hafenstandorte im Raum Melk-Ybbs
(4) Untersuchung über die Abwasserbeseitigung im Raum Pöchlarn, Krummnußbaum, Golling, Erlauf

(1.4.) Oberösterreich

(1.4.1.) *Informelle Planungsgemeinschaft Mittleres Vöcklatal*
gegründet: 1973
Rechtsform: informelle Gesprächsgruppe
Beteiligte: 6 Gemeinden
Organe: Bürgermeisterversammlung
Verbands-
gebiet: ca 153 km²
     ca 11.500 Ew
Aufgaben: Gegenseitige Information, Absprache bei gemeinsamen Aktionen und übergemeindlichen Planungen
Geleistete
Arbeit: Gemeinsame Organisation der Müllbeseitigung
     Koordinierung der Schneeräumung
     gemeinsame Herausgabe der „Geschichte von Vöcklamarkt, Fornach und Pfaffing"
     Zusammenschluß zum Abwasserverband Vöckla-Redl
     Erstellung der Flächenwidmungspläne in den Gemeinden durch einen gemeinsamen Planer

(1.5.) Salzburg

(1.5.1.) *Regionaler Planungsverband Fremdenverkehrsraum Katschberg*
gegründet: 1972
Rechtsform: Verein
Beteiligte: 5 Gemeinden
Verbands-
gebiet: 460 km²
     7083 Ew
Organe: Mitgliederversammlung (je Gemeinde 5 Vertreter; Abstimmung in Kurien; Einstimmigkeit)
     Vorstand (je Gemeinde 1 Vertreter)
     Vorsitzender (vom Vorstand aus seiner Mitte bestimmt)
     Schiedsgericht
Aufgaben: Bestandsaufnahme
     Prognose
     Erstellung eines Leitbildes
Geleistete
Arbeit: Regionalplanung Katschberg (1973)
     Verschiedene Einzelinitiativen (Touristeninformation)
Lit: *Nießlein ua,* Regionalplanung Katschberg (1973)
     BRFRPI 73, H 3, 30

(1.5.2.) *Regionale Entwicklungs- und Förderungsgesellschaft Rauris—Lend—Taxenbach*
gegründet: 1973
Rechtsform: Verein
Beteiligte: 3 Gemeinden
Verbands-
gebiet: 371 km²
     7400 Ew

Organe:
    konnten nicht ermittelt werden
Aufgaben:
Geleistete
Arbeit: Errichtung der Rauriser Hochalmbahn
Lit: BRFRPI 73, H 3, 30

(1.5.3.) *Planungsverband Stadt Salzburg und Umgebungsgemeinden*
gegründet: 1974
Rechtsform: Verein
Beteiligte: 9 Gemeinden
Verbands-
gebiet: 221 km²
         156.000 Ew
Organe: Mitgliederversammlung (je Gemeinde 3 Vertreter; Abstim-
            mung in Kurien; Einstimmigkeit)
            Vorstand (je Gemeinde 1 Vertreter)
            Fachausschuß (vom Vorstand nominierte Fachleute und Ver-
            treter der Interessenvertretungen)
            Schiedsgericht
            Rechnungsprüfer
Aufgaben: Koordinierung und Interessenabstimmung
            Prognose
            Erstellung eines regionalen Entwicklungskonzeptes
            Kooperative Realisierung der Planungsziele
            Beratung und Interessenvertretung
Geleistete
Arbeit: Vorläufiges Arbeitsprogramm

(1.5.4.–1.5.9.)
    Regionalverband Wallersee-Nord
    Regionalverband Wallersee-Süd
    Regionalverband Trumer Seen
    Regionalverband Werfen
    Regionalverband Tamsweg
    Regionalverband Mariapfarr

Alle Verbände in Vorbereitung

Rechtsform, Organe und Aufgaben entsprechen nach dem vorliegenden
Statutenentwurf dem Planungsverband Stadt Salzburg und Umgebungsgemeinden (1.5.3.)

(1.5.10.) *Planungsgemeinschaft Westliches Salzkammergut*
gegründet: in Vorbereitung (Vorschlag der sa und oö Handelskammern)
Rechtsform: Verein
(Entwurf)
Beteiligte: 5 sa Gemeinden
(Entwurf)   8 oö Gemeinden
Aufgaben: Bestandsaufnahme
            Prognose

Erstellung eines Entwicklungskonzeptes

Beratung, Unterstützung, gemeinsame Interessenvertretung

Bei den ebenfalls gelegentlich als Planungsgemeinschaft bezeichneten sa Gemeinden Wagrain—Kleinarl—Flachau handelt es sich um keine Planungsgemeinschaft im oben umrissenen Sinn, da in diesem Raum nur eine Studiengruppe der
TU Stuttgart Raumordnungsprobleme untersuchte, ohne daß die Gemeinden
selbst zusammenwirkten.

(1.6.) **Steiermark**

(1.6.1.) *Raumordnungs- und Wirtschaftsförderungsverband Aichfeld—Murboden*

gegründet: 1970

Rechtsform: Verein

Beteiligte: als ordentliche Mitglieder können dem Verein beitreten:

Gemeinden des Verbandsraumes

Kammern

Österreichischer Gewerkschaftsbund

Unternehmen des Verbandsraumes mit mehr als 300 Beschäftigten

(Dem Verein tatsächlich beigetreten sind: 17 Gemeinden,
1 Kammer, 7 Unternehmen, ÖGB)

daneben:

fördernde, korrespondierende und Ehrenmitglieder

Verbands-
gebiet: 357 km²

64.000 Ew

Organe: Vollversammlung (ordentliche Mitglieder mit Stimmrecht nach
Satzung; Mehrheitsprinzip)

Verbandskontrolle (6 Mitglieder, von Vollversammlung gewählt)

Vorstand (7 Mitglieder, von Vollversammlung gewählt)

Präsident (Mitglied des Vorstandes)

Arbeitsausschuß (Geschäftsführer des Verbandes als Vorstand, weitere Fachleute)

Schiedsgericht (3 Mitglieder, von Vollversammlung gewählt)

Gemeinsame Planungskommission (durch Übereinkommen
mit Land oder Bund zu schaffen; gegenwärtig noch nicht errichtet)

Kuratorium (Mitglieder von Vollversammlung ernannt)

Aufgaben: Zusammenarbeit aller raumwirksamen Kräfte

Raumforschung

Erarbeitung eines Raumordnungs- und Wirtschaftsentwicklungskonzeptes

Maßnahmen zur Realisierung des Raumordnungs- und Wirtschaftsentwicklungskonzeptes

Förderungs- und Beratungsaufgaben

Geleistete
Arbeit: Vorarbeiten zur Regionalplanung Aichfeld—Murboden

Mitwirkung bei der Regionalenquete im Rahmen der ÖROK
(damit verbunden Förderungsmaßnahmen von Bund und
Land)

Koordination und Mitwirkung bei Einzelplanungen (Straßen-planung)

Gründung einer Entwicklungsgesellschaft Aichfeld—Murboden GmbH (1972; 90% Bund, 10% 4 Städte des Verbandsraumes)

Lit: *Lucas*, Der Raumordnungs- und Wirtschaftsförderungsver-band Aichfeld—Murboden, GdZ 71, 42

Rossin, Raumordnungs- und Wirtschaftsförderungsverband Aichfeld—Murboden, BRFRPI 70, H 6, 22

vgl ferner: RWV Informationen. Hrsg Raumordnungs- und Wirtschaftsförderungsverband Aichfeld—Murboden

(1.6.2.) *Raumplanungs- und Wirtschaftsförderungsverband Liesingtal*

gegründet: 1972

Rechtsform: Verein

Beteiligte: 6 Gemeinden als ordentliche Mitglieder
daneben können außerordentliche Mitglieder und fördernde Mitglieder aufgenommen werden (Kammern)

Verbands-
gebiet: 399 km²
8700 Ew

Organe: Vollversammlung (Vertreter der Mitglieder, ordentliche Mit-glieder Stimmrecht nach Einwohnerzahl; Mehrheitsprinzip)
Vorstand (6—12 Mitglieder, von Vollversammlung gewählt)
Obmann (aus den Vorstandsmitgliedern zu wählen)
Schiedsgericht
Planungsbeirat (vom Vorstand nominierte Fachleute, Vertre-ter der Interessenvertretungen, Vertreter des Landes und der Bezirkshauptmannschaften)

Aufgaben: Koordinierung aller raumwirksamen Kräfte des Verbands-bereiches
Raumplanung
Erarbeitung eines Raumordnungs- und Wirtschaftsentwick-lungskonzeptes
Beratung und Unterstützung der Verbandsmitglieder

Geleistete
Arbeit: Raumplanungsstudie

(1.6.3.) *Raumordnungs- und Wirtschaftsförderungsverband des politischen Bezir-kes Murau*

gegründet: 1972

Rechtsform: Verein

Beteiligte: als ordentliche Mitglieder können beitreten:
die 35 Gemeinden des Verbandsraumes der Gerichtsbezirke Murau—Neumarkt—Oberwölz
Bezirksfremdenverkehrsverband
Kammern
Österreichischer Gewerkschaftsbund
Betriebe mit mindestens 30 Beschäftigten
Abgeordnete zum Nationalrat, Bundesrat, Landtag mit Wohn-sitz im Verbandsgebiet

(Dem Verein tatsächlich beigetreten sind: alle Gemeinden, 2 Abgeordnete)
daneben:
fördernde, korrespondierende und Ehrenmitglieder

Verbands-
gebiet: 1384 km²
33.000 Ew

Organe: Vollversammlung (ordentliche Mitglieder mit Stimmrecht nach Satzung, Mehrheitsprinzip)
Aufsichtsrat (7 Mitglieder, von Vollversammlung gewählt)
Vorstand (8 Mitglieder, von Vollversammlung gewählt)
Obmann (Vorsitzender des Vorstandes)
Arbeitsausschuß (Geschäftsführer und weitere Mitglieder)
Schiedsgericht (3 Mitglieder, von Vollversammlung gewählt)
Gemeinsame Planungskommission (durch Übereinkommen mit Land oder mit Bund zu schaffen, gegenwärtig noch nicht errichtet)

Aufgaben: Zusammenarbeit aller raumwirksamen Kräfte
Raumforschung
Erarbeitung eines Raumordnungs- und Wirtschaftsentwicklungskonzeptes
Maßnahmen zur Realisierung des Raumordnungs- und Wirtschaftsentwicklungskonzeptes
Förderungs- und Beratungsaufgaben

Geleistete
Arbeit: Anregung zur Gründung von Planungsverbänden zur Abstimmung der örtlichen Raumplanung (Murau—Neumarkt—Oberwölz)
2. Entwurf eines Regionalen Entwicklungsprogramms in Zusammenarbeit mit Landesregierung
Vorgespräche zur Errichtung eines Naturparks
Beratung der Gemeinden in Fragen der Baugestaltung
Stellungnahmen und Gutachten
Initiativen in Einzelfragen

(1.6.4.) *Planungsgemeinschaft Murau und Umgebungsgemeinden*
gegründet: 1973
Rechtsform: lose Vereinigung auf privat-rechtlicher Grundlage
Beteiligte: 6 Gemeinden
Verbands-
gebiet: 175 km²
5700 Ew
Organe: —
Aufgaben: koordinierte Erstellung der örtlichen Raumpläne der Mitgliedsgemeinden durch Architektenteam
Geleistete
Arbeit: Arbeit an örtlicher Raumplanung

(1.6.5.) *Gemeindeplanungsverband Loipersdorf und Umgebung*
gegründet: 1973
Rechtsform: Verein

Beteiligte: als ordentliche Mitglieder 8 Gemeinden
daneben können außerordentliche Mitglieder (Interessenvertretungen und sonstige Vereinigungen) und fördernde Mitglieder aufgenommen werden

Verbands-
gebiet: 147 km²
17.000 Ew

Organe: Vollversammlung (Vertreter der Mitglieder, ordentliche Mit-
glieder Stimmrecht nach Satzung; Mehrheitsprinzip mit Veto-
recht)
Vorstand (5 Mitglieder, von Vollversammlung gewählt)
Obmann (Mitglied des Vorstandes)
Schiedsgericht (3 Mitglieder, von Vollversammlung gewählt)
Planungsbeirat (als Beratungsorgan, Vertretung des Landes
vorgesehen)

Aufgaben: Koordinierung aller raumwirksamen Kräfte des Verbandsbe-
reiches
Raumforschung
Erarbeitung eines Raumordnungs- und Wirtschaftsentwick-
lungskonzeptes
Beratung und Unterstützung der Mitglieder

Geleistete
Arbeiten: Vorarbeiten zur Erstellung eines Flächennutzungsplanes und
örtlicher Entwicklungskonzepte

(1.6.6.) *Planungsgemeinschaft für den Gerichtsbezirk Radkersburg*
gegründet: 1974
Rechtsform: Verwaltungsgemeinschaft
Beteiligte: 6 Gemeinden
Verbands-
gebiet: 120 km²
9800 Ew

Organe: Vorstand (Bürgermeister der beteiligten Gemeinden)
Vorsitzender

Aufgaben: Erstellung von aufeinander abgestimmten Flächennutzungs-
und Bebauungsplänen
Koordinierung der Entwicklungsziele der Gemeinden

Geleistete
Arbeit: Entwicklungskonzept für die Stadt Radkersburg
Vorarbeiten für die Erstellung von Entwicklungskonzepten der
einzelnen Gemeinden

(1.6.7.) *Planungsgemeinschaft Gleisdorf und Umgebung*
gegründet: 1973
Rechtsform: Verwaltungsgemeinschaft
Beteiligte: 8 Gemeinden
Verbands-
gebiet: 80 km²
12.000 Ew

Anhang: Österreich 8.1.7.

Organe: Vorstand (Bürgermeister der beteiligten Gemeinden)
Vorsitzender
Aufgaben: Erstellung von aufeinander abgestimmten Flächennutzungs-
und Bebauungsplänen
Koordinierung der Entwicklungsziele der Gemeinden
Geleistete
Arbeit: Vorarbeiten für die Erstellung der Flächennutzungspläne

(1.6.8.) *Raumordnungs- und Wirtschaftsförderungsverband Oberes Feistritztal*
gegründet: 1974
Rechtsform: Verein
Beteiligte: 17 Gemeinden
weitere ordentliche Mitglieder können werden:
Kammern, ÖGB, Bezirkshauptmann, Elternvereine
daneben: fördernde Mitglieder

Verbands-
gebiet: 437 km²
19.000 Ew
Organe: Vollversammlung (ordentliche Mitglieder mit Stimmrecht nach
Satzung, Mehrheitsprinzip)
Vorstand (8 Mitglieder, von Vollversammlung gewählt)
Obmann (Mitglied des Vorstandes)
Arbeitsausschuß (Geschäftsführer und weitere Mitglieder)
Schiedsgericht (3 Mitglieder, von Vollversammlung gewählt)
Gemeinsame Planungskommission (durch Übereinkommen
mit Land oder Bund zu schaffen, gegenwärtig noch nicht er-
richtet)
Aufgaben: Zusammenarbeit aller raumwirksamen Kräfte
Erarbeitung eines Raumordnungs- und Wirtschaftsentwick-
lungskonzeptes
Maßnahmen zur Realisierung des Raumordnungs- und Wirt-
schaftsentwicklungskonzeptes
Förderungs- und Beratungsaufgaben

(1.6.9.) *Planungsgemeinschaft Neumarkt und Umgebungsgemeinden*
gegründet: 1974
Rechtsform: informeller Zusammenschluß
Beteiligte: 5 Gemeinden
Aufgaben: Koordinierte Erstellung der örtlichen Raumplanung

(1.6.10.) *Planungsgemeinschaft der Teichalmgemeinden*
gegründet: in Vorbereitung
Rechtsform: unbekannt
(Entwurf)
Beteiligte: 4 Gemeinden
(Entwurf)
Aufgaben: Abstimmung der örtlichen Raumplanung
(Entwurf)

(1.6.11.) *Gemeindeplanungsverband Stainz und Umgebung*
gegründet: in Vorbereitung

Rechtsform: Verwaltungsgemeinschaft
(Entwurf)
Beteiligte: 10 Gemeinden
(Entwurf)
Aufgaben: Erstellung von aufeinander abgestimmten Flächennutzungs-
(Entwurf) und Bebauungsplänen
Koordinierung der Entwicklungsziele der Mitgliedsgemeinden

(1.6.12.) *Gemeindeplanungsverband der Gemeinden im Gerichtsbezirk Schladming*
gegründet: in Vorbereitung
Rechtsform: Verein
(Entwurf)
Beteiligte: 7 Gemeinden
(Entwurf)
Aufgaben: Koordinierung aller raumwirksamen Kräfte des Verbandsbe-
(Entwurf) reiches
Raumforschung
Erarbeitung eines Raumordnungs- und Wirtschaftsentwick-
lungskonzeptes
Beratung und Unterstützung der Mitglieder

(1.6.13.) *Planungsgemeinschaft für den Gerichtsbezirk Mureck*
gegründet: in Vorbereitung
Rechtsform: Verwaltungsgemeinschaft
(Entwurf)
Beteiligte: voraussichtlich alle Gemeinden des Gerichtsbezirkes Mureck
(Entwurf)
Aufgaben: Erstellung von aufeinander abgestimmten Flächennutzungs-
(Entwurf) und Bebauungsplänen
Koordinierung der Entwicklungsziele der Mitgliedsgemeinden

(1.7.) **Tirol**

— keine —

(1.8.) **Vorarlberg**

(1.8.1.) *Regionalplanungsgemeinschaft Bregenzerwald*
gegründet: 1970
Rechtsform: Verein
Beteiligte: Nach Satzung können die 24 Gemeinden des Verbandsgebie-
tes Mitglieder werden; tatsächlich sind alle Gemeinden dem
Verein beigetreten
Verbands-
gebiet: 593 km²
25.000 Ew
Organe: Vollversammlung (je Gemeinde 3 Vertreter; Mehrheitsprinzip)
Ausschuß (je Gemeinde 1 Vertreter; ferner Abgeordnete zum
Landtag, Nationalrat und Mitglieder der va Landesregierung
mit Wohnsitz im Verbandsgebiet; weitere von der Vollver-
sammlung berufene Mitglieder)
Studienkomitees (vom Ausschuß bestellt)

Vorstand (5 Mitglieder, vom Ausschuß gewählt)
Obmann (Mitglied des Vorstands)
Geschäftsführer (vom Ausschuß gewählt)
Prüfungsausschuß (3 Mitglieder, von Vollversammlung gewählt)
Schiedsgericht

Aufgaben: Förderung der übergemeindlichen Zusammenarbeit und zwischengemeindlichen Interessenabstimmung
Raumforschung
Erstellung von Regionalprogrammen (Teilprogramme)
Beratungs- und Informationsaufgaben
Stellungnahme zu Planungen anderer Institutionen

Geleistete
Arbeit: Straßenkonzept
Schulkonzept
Untersuchungen über Landwirtschaft und Fremdenverkehr
Agrarkonzept
Konzept für Nachrichtenwesen
Güterwegekonzept

Lit: *Kühne*, Regionalplanungsgemeinschaft Bregenzerwald, BRFRPl 71, H 2, 36
Ulmer, Die Regionalplanungsgemeinschaft Bregenzerwald, Kolb-FS (1971) 401

(1.8.2.) *Regionalplanungsgemeinschaft Walgau*
gegründet: 1972
Rechtsform: Verein
Beteiligte: Nach Satzung können die 20 Gemeinden des Verbandsgebietes ordentliche Mitglieder werden
Außerordentliche Mitglieder können werden: Abgeordnete zum Nationalrat, Bundesrat, Mitglieder der va Landesregierung mit Wohnsitz im Verbandsgebiet
Tatsächlich beigetreten sind: alle Gemeinden, 3 Abgeordnete

Verbands-
gebiet: 371 km²
39.800 Ew

Organe: Vollversammlung (Anzahl der Delegierten der Gemeinden nach abgestuftem Bevölkerungsschlüssel; Mitglieder des Hauptausschusses; Mehrheitsprinzip)
Hauptausschuß (Obmann und 2 Stellvertreter, Bürgermeister der Mitgliedsgemeinden, beratende Mitglieder)
Geschäftsführer (vom Hauptausschuß bestellt)
Studienkomitees (vom Hauptausschuß bestellt)
Obmann (von Vollversammlung gewählt)
Kontrollausschuß (3 Mitglieder, von Vollversammlung gewählt)
Schiedsgericht

Aufgaben: Förderung der übergemeindlichen Zusammenarbeit und zwischengemeindlichen Interessenabstimmung
Raumforschung
Erstellung von Regionalprogrammen (Teilprogramme)

Beratungs- und Informationsaufgaben
Stellungnahme zu Planungen anderer Institutionen

Geleistete
Arbeit:
Untersuchungen von Verkehrs-, Abwasser- und Abfallbeseitigungsproblemen (Gründung von Abwasserverbänden)
Bemühungen um die Errichtung eines regionalen Schlachthauses
Verkehrskonzept in Vorbereitung

(1.8.3.) *Planungsgemeinschaft Großes Walsertal*
gegründet: 1972
Rechtsform: Verein
Beteiligte: Nach Satzung können die 6 Gemeinden des Verbandsgebietes ordentliche Mitglieder werden
Außerordentliche Mitglieder können werden: Abgeordnete zum Nationalrat, Bundesrat und Landtag und Mitglieder der va Landesregierung mit Wohnsitz im Verbandsgebiet
Tatsächlich beigetreten sind: alle Gemeinden, 1 Abgeordneter

Verbands-
gebiet:
190 km²
2860 Ew
Organe: Vollversammlung (pro Gemeinde 3 Vertreter, Mitglieder des Hauptausschusses, Obmann; Mehrheitsprinzip)
Hauptausschuß (Obmann und Stellvertreter, Bürgermeister der Mitgliedsgemeinden, beratende Mitglieder)
Geschäftsführer (vom Hauptausschuß bestellt)
Studienkomitees (vom Hauptausschuß bestellt)
Obmann (von Vollversammlung gewählt)
Kontrollausschuß (3 Mitglieder, von Vollversammlung gewählt)
Schiedsgericht
Aufgaben: Förderung der übergemeindlichen Zusammenarbeit und zwischengemeindlichen Interessenabstimmung
Raumforschung
Erstellung von Regionalprogrammen (Teilprogramme)
Beratungs- und Informationsaufgaben
Stellungnahme zu Planungen anderer Institutionen

Geleistete
Arbeit:
Untersuchungen über Schul-, Landwirtschafts- und Fremdenverkehrsfragen
Mitwirkung bei der Erarbeitung eines Entwurfs für den Landesraumplan „Großes Walsertal"
Vorarbeiten für Regionalplanung und Flächenwidmungspläne

(1.8.4.) *Planungsgemeinschaft Großes Klostertal*
gegründet: 1974
Rechtsform: Verein
Beteiligte: Nach Satzung können die 4 Gemeinden des Verbandsgebietes ordentliche Mitglieder werden.
Außerordentliche Mitglieder können werden: Abgeordnete zum Nationalrat, Bundesrat, Landtag und Mitglieder der va

	Landesregierung mit Wohnsitz im Verbandsgebiet
	Tatsächlich eingetreten sind: alle Gemeinden
Verbands-gebiet:	200 km²
	3800 Ew
Organe:	Vollversammlung (Anzahl der Delegierten der Gemeinden in Satzung festgelegt, Hauptausschußmitglieder, Obmann; Mehrheitsprinzip)
	Hauptausschuß (Obmann und Stellvertreter, Bürgermeister der Mitgliedsgemeinden, Hauptausschußmitglieder der Gemeinden und beratende Mitglieder)
	Geschäftsführer (vom Hauptausschuß bestellt)
	Studienkomitees (vom Hauptausschuß bestellt)
	Obmann (von Vollversammlung gewählt)
	Kontrollausschuß (3 Mitglieder von Vollversammlung gewählt)
	Schiedsgericht
Aufgaben:	Förderung der übergemeindlichen Zusammenarbeit und zwischengemeindlichen Interessenabstimmung
	Raumforschung
	Erstellung von Regionalprogrammen (Teilprogrammen)
	Beratungs- und Informationsaufgaben
	Stellungnahme zu Planungen anderer Institutionen
Geleistete Arbeit:	Vorbereitung zur Errichtung einer regionalen Hauptschule
	Schaffung einer provisorischen Musikschule
	Vorbereitung zur Regionalplanung

(1.8.5.) *Regionalplanungsgemeinschaft Bodensee*

in Vorbereitung

(1.9.) **Wien**

(1.9.1.) *Planungsgemeinschaft Wien–Niederösterreich*
vgl dazu oben (1.3.1.)

(2.) *Regionale Wirtschaftsförderungs- und Entwicklungsvereine (-gesellschaften)*

Die folgende Auflistung soll ohne Anspruch auf Vollständigkeit einen Überblick über Organisationen geben, die regionalpolitische Aktivitäten entfalten (Beratung, Förderung, Verwirklichungsmaßnahmen), deren satzungsmäßige Aufgaben jedoch nicht Planungsaufgaben im engeren Sinne umschließen. Neben Hinweisen der Literatur (Hauptquellen waren: Regionalpolitik in Österreich, Bericht des Bundeskanzleramtes [Büro für Raumplanung] an die OECD [1973] und *Puck,* Erfüllung von Verwaltungsaufgaben durch juristische Personen des Privatrechts, die von der öffentlichen Hand beherrscht werden, in: Erfüllung von Verwaltungsaufgaben durch Privatrechtssubjekte, Schriftenreihe der Bundeskammer der gewerblichen Wirtschaft, Bd 22 [oJ] 9) beruhen die Angaben vor allem auf Mitteilungen der Kammern der gewerblichen Wirtschaft der einzelnen Länder. Nicht aufgenommen wurden Institutionen von bloß sektoraler Bedeutung (zB Fremdenverkehrsförderungsvereine usw).

(2.1.) Burgenland

Verein zur Förderung der burgenländischen Wirtschaft (gegr 1956, Tätigkeit 1973 eingestellt)
Burgenländische Industrie- und Betriebsansiedlungsgesellschaft mbH (gegr 1973)

(2.2.) Kärnten

Gesellschaft zur Förderung der entwicklungsbedürftigen Gebiete Kärntens (gegr 1960)

(2.3.) Niederösterreich

Regionaler Entwicklungsausschuß für das Obere Waldviertel (gegr 1954)
Verein zur Förderung der Wirtschaft im Raum Wiener Neustadt
Verein zur Förderung der Wirtschaft in den unterentwickelten Gebieten Niederösterreichs (gegr 1958, 1974 aufgelöst)
Raumordnungs-, Betriebsansiedlungs- und Strukturverbesserungs-GmbH (gegr 1973)

(2.4.) Oberösterreich

Verein zur Förderung der Wirtschaft oberösterreichischer Entwicklungsgebiete (gegr 1956 als Verein zur Förderung der Wirtschaft des Mühlviertels, 1969 Erweiterung des Tätigkeitsbereiches)

(2.6.) Steiermark

Entwicklungsgesellschaft Aichfeld—Murboden (gegr 1971)

(2.8.) Vorarlberg

Betriebsansiedlungsgesellschaft für den Bregenzerwald in Vorbereitung

(2.9.) Wien

Wiener Betriebansiedlungsgesellschaft mbH (gegr 1969)

(3.) *Regionale Planungsbeiräte*

(3.3.) Niederösterreich

In Vorbereitung: Planungsbeiräte in den einzelnen Regionen

(3.6.) Steiermark

Regionale Planungsbeiräte (§ 17 st ROG)
Die Landesregierung hat anläßlich der Erstellung eines regionalen Entwicklungsprogramms in den einzelnen Planungsregionen regionale Planungsbeiräte einzurichten.

(3.7.) Tirol

Beratungsorgane in den Bezirken und Planungsräumen (§ 7 V, VI ti ROG)

Durch Verordnung v 25. 7. 1972 über die Einrichtung der Beratungsorgane in Angelegenheiten der Raumordnung (LGBl 51) wurden gebildet:

für die politischen Bezirke: Bezirkskommissionen für die Angelegenheiten der Raumordnung

für die 55 Planungsräume (Kleinregionen): Beiräte, Zusammensetzung und Geschäftsführung vgl oben zit VO;

vgl ferner

— VO v 25. 7. 1972 LGBl 52 über die Geschäftsführung der Beratungsorgane in Angelegenheiten der Raumordnung

— Raumordnungsorganisation, hrsg v Amt der Tiroler Landesregierung (1974)

8.1.9. Ergebnisse der Expertenbefragung zum Forschungsprojekt „Planungsverbände"

Im Frühjahr 1974 wurden an Planungsfachleute der Länder standardisierte Fragebögen versandt und persönliche Stellungnahmen zu Problemen der Regionalplanung und regionalen Planungseinrichtungen erbeten. Sämtliche Experten haben die ausgefüllten Bögen zurückgeleitet; der nachfolgenden Darstellung der Ergebnisse liegen 14 Fragebögen zugrunde.

Würde die Bildung von Regionen die Erfüllung der Raumordnungsaufgaben
— erleichtern   11 ×
                                             2 ×   „zum Teil"
— erschweren   1 ×
                                             2 ×   „zum Teil"

Würde die Bildung von Regionen die regionale Entwicklung
— erleichtern   12 ×
                                             2 ×   „zum Teil"
— erschweren   2 ×   „zum Teil"

Sollte das gesamte Landesgebiet in Regionen gegliedert werden?
— ja   12 ×
— nein   2 ×

Wenn nach Ihrer Auffassung eine durchgehende Gliederung des Landes in Regionen nicht zweckmäßig erscheint: Für welche Teilgebiete des Landes sollte eine Gliederung in Regionen vorgesehen werden?
— vom jeweiligen Planungsauftrag abhängig   1 ×
— für Funktionalregionen   1 ×

Wer sollte über die Bildung von Regionen entscheiden?
— Die beteiligten Gemeinden allein   1 ×   (Einvernehmen mit Land)
— Ein Landesorgan, wenn eine Einigung
  der Gemeinden nicht zustande kommt   2 ×
— Ein Landesorgan nach Anhörung der
  betroffenen Gemeinden   12 ×

Sollten für die Regionalplanung besondere Einrichtungen geschaffen werden?
— nein   4 ×
— Gemeindeverbände   5 ×
— besondere Landesbehörden   1 ×
— besondere Kollegialorgane   2 ×
— Vereine, später allenfalls Gemeindeverbände 1 ×
— Gemeindeverbände und besondere
  Landesbehörden   1 ×
— Regionale Planungsbehörde   1 ×

Welche Aufgaben sollten diese Einrichtungen haben?
— Auskunftserteilung   6 ×
— Stellungnahme zu Planungen des Landes   11 ×
— Erarbeitung von Planungsentwürfen   10 × (davon 1 × mit Vorbehalt)

- Planerstellung als Aufgabe nach Weisung   1 ✕
- Planerstellung als Angelegenheit des eigenen
  Wirkungsbereiches der beteiligten Gemeinden   2 ✕
- Mitwirkung bei der Entscheidung über raum-
  bedeutsame Maßnahmen und Investitionen   12 ✕ (davon 1 ✕ mit Vorbehalt)
- Durchführungsaufgaben, zB eigenverantwort-
  liche — weisungsgebundene — Verwaltung
  eines Fonds für Investitionen   6 ✕ (davon 2 ✕ mit Vorbehalt)

Wie sollte die Gründung eines Gemeindeverbandes mit Regionalplanungsaufgaben erfolgen?
- freiwillige Gründung durch interessierte Ge-
  meinden   4 ✕
- freiwillige Gründung mit subsidiärem Beitrittszwang   7 ✕
- durch die Landesorgane   3 ✕

Wie sollten die Stimmrechte im Gemeindeverband verteilt werden?
- Jede Gemeinde eine Stimme   8 ✕
- Gewichtung der Stimmen (Einwohnerzahl,
  Steueraufkommen etc), nach welchem Kri-
  terium?   4 ✕ (1 ✕ mit Sperre nach
              oben;
              1 ✕ Einwohner, Arbeits-
              plätze u andere Kri-
              terien)
- Kurialvertretung von Zwerggemeinden   0 ✕

Wie sollten Entscheidungen gefällt werden?
- Mehrheitsentscheidungen   8 ✕
- Einstimmigkeit   5 ✕

Welche Bindungswirkung sollte dem Regionalplan zukommen?
- Richtliniencharakter   4 ✕
- Verbindlicher Plan   10 ✕

Welche rechtlichen oder tatsächlichen Gegebenheiten erschweren oder behindern Ihrer Auffassung nach die Arbeit bestehender regionaler Planungseinrichtungen?
- Keine Rechtsbasis
- Dominieren von Zentralgemeinden über Um-
  landgemeinden
- Mangelndes Verständnis für Gesamtraum
- Fehlender Fachapparat
- Fehlende finanzielle Ausstattung
- Mängel des Finanzausgleichs
- Zu kleine und inhomogene Regionen
- Zu weit gehende Gemeindeautonomie
- Kompetenzverteilung im Begutachtungs- und
  Genehmigungsverfahren
- Prestigedenken in den Gemeinden
- Mangelnde Koordinierung bei Planung, Förderung und Investitionen

Welche rechtlichen oder tatsächlichen Gegebenheiten erschweren oder behindern nach Ihrer Auffassung die Errichtung (weiterer) regionaler Planungseinrichtungen?
- Mangelnde gesetzliche Basis
- Mängel des Finanzausgleichs
- Zu weit gehende Gemeindeautonomie
- Keine raumgebundenen Förderungsmittel
- Fehlende Abgrenzung von Regionen
- Zu kleine Regionen
- Fehlende Fachbildung der Gemeindepolitiker (-beamten)
- Bestimmungen im Raumplanungsgesetz
- Mangelnde Aufgeschlossenheit und zu geringe Sachbezogenheit in Planungsfragen

Welche rechtlichen oder tatsächlichen Gegebenheiten erschweren Ihrer Meinung nach in besonderem Ausmaße die raumplanerische Tätigkeit?
- ROG novellierungsbedürftig
- Fehlendes BROG
- Kompetenzverteilung Bund–Land
- Stark traditionelle Ressortgliederung in der örtlichen Verwaltung
- Fehlen der entsprechenden Einrichtungen der Gemeinden
- Koordinationsschwierigkeiten
- Knappheit der kommunalen Finanzen
- Zu weit gehende Gemeindeautonomie
- Mangel an Fachleuten
- Fehlen von gutdotierten Entwicklungsgesell-schaften
- Zersiedlung der Landschaft
- Laxe Handhabung von Gesetzen
- Politische Interventionen und lokaler und per-sönlicher Eigennutz
- Mehrgleisigkeiten
- Unklare und divergierende Entwicklungsvor-stellungen
- Mangelnde Einsicht in die Notwendigkeiten der Raumplanung
- Mangelnde Information
- Sozialbindung des Eigentums nicht erkannt
- Höchst unterschiedliches Selbstverständnis bei
- Fragen des Bodenwertes
  den Planern, das letztlich in der mangelnden theoretischen Fundierung der räumlichen Entwicklung und ihrer Steuerung wurzelt
- Mangel einer zwecksprechenden Boden-ordnung
- Mangelndes Verständnis
- Finanzausgleich verhindert Schwerpunktplanung

8.2.1. Die Länder der Bundesrepublik Deutschland nach Größenklassen
(Stand 1972)

Einwohner:

1. Bis 1 Mio Einwohner		
Bremen	0,74	Mio
2. 1–5 Mio Einwohner		
Saarland	1,12	Mio
Hamburg	1,78	Mio
Berlin	2,06	Mio
Schleswig-Holstein	2,56	Mio
Rheinland-Pfalz	3,69	Mio
3. 5–10 Mio Einwohner		
Hessen	5,53	Mio
Niedersachsen	7,21	Mio
Baden-Württemberg	9,15	Mio
4. Über 10 Mio Einwohner		
Bayern	10,77	Mio
Nordrhein-Westfalen	17,19	Mio

Fläche:

1. Bis 1.000 km²		
Bremen	404	km²
Berlin	480	km²
Hamburg	753	km²
2. 1.000–25.000 km²		
Saarland	2.567	km²
Schleswig-Holstein	15.678	km²
Rheinland-Pfalz	19.835	km²
Hessen	21.112	km²
3. 25.000–50.000 km²		
Nordrhein-Westfalen	34.054	km²
Baden-Württemberg	35.751	km²
Niedersachsen	47.417	km²
4. Über 50.000 km²		
Bayern	70.547	km²

8.2.2. Die Landesplanungsgesetze der Länder der Bundesrepublik Deutschland
(Stand 1. 6. 1975)

Baden-Württemberg: Landesplanungsgesetz idF v 25. 7. 1972 GBI 459, letzte Änderung v 6. 5. 1975 GBI 257

Bayern: Bayerisches Landesplanungsgesetz v 6. 2. 1970 GVBI 9, letzte Änderung v 19. 2. 1971 GVBI 65

Hessen: Hessisches Landesplanungsgesetz idF v 1. 6. 1970 GVBI 360, letzte Änderung v 28. 1. 1975 GVBI 19

Niedersachsen: Niedersächsisches Gesetz über Raumordnung und Landesplanung idF v 24. 1. 1974 GVBI 49

Nordrhein-Westfalen: Landesplanungsgesetz idF v 1. 8. 1972 GVBI 224, letzte Änderung v 8. 4. 1975 GVBI 294

Rheinland-Pfalz: Landesgesetz für Raumordnung und Landesplanung v 14. 6. 1966 GVBI 177, letzte Änderung v 20. 5. 1974 GVBI 213

Saarland: Saarländisches Landesplanungsgesetz v 27. 5. 1964 ABI 525

Schleswig-Holstein: Gesetz über die Landesplanung v 13. 4. 1971 GVBI 152, letzte Änderung v 13. 5. 1974 GVBI 128

**8.2.3. Rechtlich vorgesehener Mindestinhalt der Regionalpläne nach dem Landes-
planungsrecht der Bundesrepublik Deutschland** — nach Sachbereichen gegliedert (Quelle: Raumordnungsbericht 1974, BT-Drucks 7/3582, Anhang 3)

Mindestinhalt	Land
1. Grundlegende Aussagen zum Zwecke des Regionalplans	
— Ziele der Raumordnung und Landesplanung für Teile des Landes näher festzulegen; sollen Landesentwicklungsprogramm vertiefen; enthalten Ziele für Entwicklung des Planungsraumes; legen anzustrebende räumliche Ordnung und Entwicklung einer Region als Ziele der Raumordnung und Landesplanung fest; die vom Staat festgesetzten Planungsziele sind zu beachten	Nds, SchH, NW, RPf, BWü, Hess, Bay
— Regionalpläne sollen der kommunalen Selbstverwaltung Ziele vorgeben, soweit es im übergeordneten Interesse notwendig ist	SchH
2. Berücksichtigung vorhandener Planung	
— Planungen der einzelnen Fachbehörden, Gemeinden, Landkreise sowie sonstige Körperschaften, Anstalten und Stiftungen öffentlichen Rechts, die der Aufsicht des Landes unterstehen, soweit die Vorhaben für die Entwicklung des Planungsraumes von Bedeutung sind; Fachplanungen nach Sachgebieten nachrichtlich aufzunehmen; raumbedeutsame Fach- und Einzelplanungen für Region entsprechend Landesentwicklungsprogramm	Nds Hess RPf
— Verbindliche Bauleitpläne der Gemeinden zu berücksichtigen, soweit die Belange des größeren Raumes dies zulassen	RPf
3. Generelle Entwicklungsziele	
— das räumliche Verhalten der Region	RPf
— angestrebte Struktur des Planungsgebietes (Siedlung, Verkehr, Wirtschaft, Landwirtschaft, Ver- und Entsorgung, Umweltschutz, Landschaftsordnung, Erholung, Bildung)	NW
4. Richtlinien für Bevölkerung und Arbeitsplätze	
— Entwicklung der Bevölkerung und angestrebte Verteilung in Teilräumen; Bevölkerungszahl für Region, Mittelbereiche und zentrale Orte (ohne Kleinzentren)	NW, Hess RPf
— Richtzahlen für die durch raumbedeutsame Planungen und Maßnahmen anzustrebende Entwicklung von Bevölkerung und Arbeitsplätzen in Teilbereichen der Region oder in einzelnen Gemeinden; die langfristig anzustrebende Entwicklung und Verteilung der Wohn- und Arbeitsstätten nach Nahbereichen; angestrebte durchschnittliche Siedlungsdichte in Wohnsiedlungsbereichen	Bay BWü NW

Mindestinhalt	Land
5. Zentrale Orte und ihre Ausstattung	
− Zentrale Orte festzulegen (soweit nicht im Landes-Raumordnungsprogramm bereits bestimmt); ländliche zentrale Orte und Stadtrandkerne II. Ordnung; Gemeinden mit zentralörtlicher Bedeutung: Unterzentren, Kleinzentren, etwaige Entlastungsorte; vorhandene und zu entwickelnde zentrale Orte; Kleinzentren nach Maßgabe der Richtlinien des Landesentwicklungsprogramms	Nds, SchH RPf Hess Bay
− die im Landesentwicklungsplan ausgewiesenen zentralen Orte und Verflechtungsbereiche der Mittelzentren, Ausweisung der Kleinzentren, Darstellung der Nahbereiche; Verflechtungsbereiche und künftig erforderliche Verflechtungsbereiche; gegenwärtige und anzustrebende Ausstattung der zentralen Orte	BWü Hess
6. Entwicklungsaufgaben, Zweckbestimmung und Funktionen der Gemeinden	
− Künftige Nutzung und Gestaltung der Landschaft; anzustrebende städtebauliche Entwicklung mit besonderen Maßnahmen zur Verbesserung des Wohn- und Erholungswertes oder zur Beseitigung/Verhütung von Landschaftsschäden; Landespflegebereiche, Schutzgebiete usw.; Funktionen der Teilräume	RPf
− Entwicklungsaufgaben der Gemeinden, Zweckbestimmung und Hauptfunktionen festzulegen; Funktionen und Entwicklungsziele der ländlichen Zentralorte und sonstigen Gemeinden; wirtschaftliche Struktur der Region und von daher die Aufgaben der Gemeinden	Nds, RPf, Hess SchH Bay
− Wohnsiedlungsbereiche verschiedener Siedlungsdichte; Gewerbe- und Industrieansiedlungsbereiche, Agrar-, Wald-, wasserwirtschaftliche Erholungsbereiche, Landschaftsschutz usw; Standorte für besondere öffentliche Einrichtungen, Ver- und Entsorgungsstandorte, Verkehr, Leitungsbänder usw; sonstige gesetzliche Nutzungsregelungen; Bereiche für Sicherung und Entwicklung von Arbeits- und Wohnstätten, Erholungsgebiete	NW (Plankarte, ähnlich auch RPf) Nds
− die Aufgliederung der im Landesentwicklungsplan ausgewiesenen Entwicklungsachsen in Bereiche und die hier vorrangigen Entwicklungsaufgaben; Entwicklungsachsen von regionaler Bedeutung	BWü Bay
7. Ausbaumaßnahmen	
− Angaben über wichtige, insbesondere überörtliche Infrastrukturmaßnahmen; die zur Verwirklichung der Raumordnung geeignet erscheinenden Maßnahmen, zB Ausbau zentralörtlicher Einrichtungen; Erschließung und Entwicklung der Region durch Einrichtungen des	SchH. RPf BWü Bay

333

Mindestinhalt	Land
Verkehrs, der Versorgung, Bildung, Erholung und sonstige überörtliche Daseinsvorsorge, Planungen und Maßnahmen zur Erhaltung und Gestaltung der Landschaft, insbesondere für Erholungsgebiete oder zur Behebung/Abwehr von Landschaftsschäden	
— Gegenwärtige Verhältnisse und beabsichtigte Maßnahmen im Bereich Landschaft, Wasser, Bodenschätze, gewerbliche Wirtschaft, Land- und Forstwirtschaft, Verkehr, Energie, Kultur- und Schulwesen, Wohnungs- und Siedlungswesen, Volksgesundheit und Sozialwesen, Gemeinschaftseinrichtungen, Sport, Freizeit	Hess
— Sonstige zur Verwirklichung der Ziele erforderlichen Planungen und Maßnahmen	Bay
— Raumbeanspruchende und raumbeeinflußende Fachplanungen der einzelnen Fachbehörden, der Gemeinden und Landkreise sowie der sonstigen Körperschaften, Anstalten und Stiftungen des öffentlichen Rechts, die der Aufsicht des Landes unterstehen, soweit diese Planungen für die Entwicklung des Planungsraumes von Bedeutung sind	Nds
8. Fortschreibung, Dringlichkeiten, Prioritäten, Kosten	
— Regionalpläne sind fortzusetzen; Regionaler Raumordnungsplan spätestens 5 Jahre nach Bekanntmachung erneut zu beschließen; Planungshorizont 15 Jahre	SchH, BWü, Bay Hess, RPf
— Hinweise zur zeitlichen Durchführung im Erläuterungsbericht; Dringlichkeit und Prioritäten für wichtigste Maßnahmen anzugeben	NW RPf
— Begründung enthält Analyseergebnisse, erläutert Zielsetzungen und gibt überschlägig geschätzte Kosten für die Verwirklichung vordringlicher Zielsetzungen an; Begründung zum Raumordnungsplan mit überschlägiger Kostenermittlung; Ziele sind zu begründen, nach voraussichtlicher Dringlichkeit einzustufen; überschlägig ermittelte Kosten für besonders vordringliche Ziele	BWü Hess Bay

	Größe km²	Ein-wohner Mio	Zahl der Regionen	Größe km²	Einwohner	Großräume[1]
Baden-Württemberg	35.751	9,15	12 „Regional-verbände"	2.100—4.700	400.000—860.000	Unterer Neckar (Heidelberg, Mannheim) 1 Mio Ew Mittlerer Neckar (Stuttgart) 2,3 Mio Ew
Bayern	70.547	10,77	18 „regionale Planungs-verbände"	1.500—5.600	310.000—710.000	Industrieregion Mittelfranken 1,1 Mio Ew München 2,2 Mio Ew
Hessen	21.112	5,53	5[2] „regionale Planungsge-meinschaften"	1.500—6.300	310.000—930.000	Region Untermain 2,07 Mio Ew
Nieder-sachsen	47.417	7,21	10[3]	1.033—9.300	170.000—850.000	Verband Großraum Hannover 1,1 Mio Ew 2.275 km² Verband Großraum Braunschweig 1 Mio Ew 4.000 km²
Nordrhein-Westfalen	34.054	17,19	5 „Regierungs-bezirke"	5.500—7.745	1,80—5,66 Mio	—
Rheinland-Pfalz	19.835	3,69	9 „Planungsge-meinschaften"	1.400—3.700	200.000—540.000	Mittelrhein 750.000 Ew Vorderpfalz 630.000 Ew
Schleswig-Holstein	15.678	2,56	5 „Planungs-räume"	1.600—4.100	260.000—760.000	—

1 In der Rubrik Spannweite finden sich die regelmäßig, dh bei der Mehrzahl der Regionen auftretenden Werte. Als Großräume sind jene Regionen angesprochen, die als Einzelfälle weit über den übrigen Werten liegen.
2 Vier Planungsregionen mit einer Großregion bestehend aus zwei Teilregion (= fünf).
3 Acht Regierungsbezirke und zwei sondergesetzliche Verbände.

8.2.5. RECHTLICHE GRUNDLAGEN UND KRITERIEN DER REGIONSABGRENZUNG IN DEN LÄNDERN DER BUNDESREPUBLIK DEUTSCHLAND

Quelle: Raumordnungsbericht 1974 BT-Drucks 7/3582 Anlage 2

Schleswig-Holstein	Niedersachsen	Nordrhein-Westfalen	Hessen
1971 Gesetz über Grundsätze zur Entwicklung des Landes.	1966 nds ROG idF von 1974, Großraum Hannover- und Großraum Braunschweig-Gesetz. Regionen derzeit RegBez./VwBez., Großraum Hannover, Großraum Braunschweig.	Räumliche Abgrenzung der Landesplanungsgemeinschaften richtet sich nach § 1 der Ersten DVO zum Landesplanungsgesetz*.	1970 hess LROPr (Anlag zum Hessischen Festste lungsgesetz), Teil B.
Abgrenzung von Planungsräumen in Absicht, funktionale Oberzentren-Bereiche unter Beachtung der vorhandenen Kreisgrenzen zu bilden. Ausnahme: Planungsraum IV ohne Oberzentrum. Abgrenzung von Räumen für Regionalbezirkspläne aufgrund der Ordnungsräume um die Oberzentren Kiel und Lübeck bzw des erweiterten Mittelbereichs des Entwicklungsschwerpunkts Brunsbüttel. Grundsätzlich lehnt sich Regionengliederung an sozio-ökonomische Raumeinheiten an, nimmt aber zur Einhaltung der Kreisgrenzen gelegentliche Überschneidungen in Kauf.	Regierungs-/Verwaltungsbezirke stellen eine Einheit von Planungs- und Verwaltungsraum dar. Die Bereiche der Großraumverbände Hannover und Braunschweig umfassen die bedeutendsten Schwerpunkträume des Landes, besonders enge Verflechtungen von Stadt und Umland erfordern besondere Organisationsformen (Kommunalverbände) zur einheitlichen Entwicklung dieser Räume.	1920 Abgrenzung des SVR-Raums bestimmt von Motiv »Förderung der Siedlungstätigkeit« (funktional), andere Planungsräume sind historisch entstandene Verwaltungsräume (auch landsmannschaftliche Gesichtspunkte). Aber: Gebiete der Planungsgemeinschaften weichen von Planungsräumen bei Erarbeitung der Regionalpläne ab (außer bei SVR). Aus verfahrens- und arbeitstechnischen Gründen in der Regel auf Landkreisebene Teilabschnitte der GEP erarbeitet. Räumliche Teilabschnitte der GEP's werden in der Regel für mehrere Kreise bzw kreisfreie Städte zusammengefaßt aufgestellt (zB »Stadt-Umlandpläne«).	Teil B, 1. LROPr Regione definiert als räumlich zusammenhängende Gebie mit engen wirtschaftliche sozialen und kulturellen \ flechtungen, die aufgrun der Gegebenheiten und (zu erwartenden Entwickl(einheitlicher Planung be fen. Landkreise können durchschnitten werden, (meindegrenzen aber nicl Gebiet der Regionalen P nungsgemeinschaft Unte main teilweise schon 19(durch freiwilligen Zusam menschluß – Gebiet wei(hend nach politischen M(lichkeiten festgelegt.
		——— * mit 1. 1. 1976 anstelle der Landesplanungsgemeinschaften Bezirksplanungsräte beim Regierungspräsidenten.	

Rheinland-Pfalz	Baden-Württemberg	Bayern	Saarland
67 Regionengesetz (Teil s LEPr).	1971 Regionalverbandsgesetz mit Regionalabgrenzung.	VO über Teilabschnitte des LEPr »Einteilung des Staatsgebietes in Regionen«, 1972.	Regionengrenze = Landesgrenze.
4 Abs 1 LPIG. Eine Reon erstreckt sich auf das ebiet eines großflächigen, itgehend miteinander verchtenen Lebens- und rtschaftsraumes. Eine gion kann sich auf Teile er benachbarten Region strecken. Strukturelle Gebenheiten und sozio-ökomischen Raumeinheiten. enzen der Verwaltungsheiten und Verflechgsbereiche der zentralen te inzwischen weitgehend Deckung gebracht. Die Regionen umfassen ganze ndkreise (2 Ausnahmen). ine eindeutige Zuordnung: nn Überlappungsgebiet.	Grundsätzliche Verflechtungsbereiche der nach LEP 71 bestehenden oder auszubauenden Oberzentren. Ausnahmen: Regionalverbände Ostwürttemberg und Hochrhein. Regionen konnten aus Stadt- und Landkreisen zusammengesetzt werden, weil diese nach sozio-ökonomischen Verflechtungen (Mittelbereichen) abgegrenzt worden sind.	Artikel 2 Nr. 2 bay LPIG: zu Regionen werden Gebiete zusammengefaßt, zwischen denen ausgewogene Lebens- und Wirtschaftsbeziehungen bestehen oder entwickelt werden sollen, die den Erfordernissen der Raumordnung entsprechen. Eine Region soll sich regelmäßig auf das zusammenhängende Gebiet mehrerer Landkreise unter Einbeziehung der kreisfreien Städte erstrecken. Gebiet einzelner Gemeinden darf nicht geteilt werden (Verwaltungseinheit als Kriterium).	— (Möglichkeit, nach § 7 saar LPIG Unterteilung in Planungsverbände vorzunehmen, bisher nicht wahrgenommen worden).

8.2.6. Übersicht über die Organisation der Regionalplanung

Nach der 1. Phase der Landesplanungsgesetze (Stand 1966)

	Regionalplanung erfolgt durch					
	ausschließlich Staatsorgane	alternativ			ausschließlich Selbstverwaltung*	
		Staatsorgane	Selbstverwaltung*			
			Kreis	Planungsgem (-vbd)	Kreis	Planungsgem (-vbd)
Baden-Württembg.		✕		○		
Bayern	✕					
Hessen					✕**	✕
Niedersachsen		✕		✕		
Nordrhein-Westfalen						○
Rheinland-Pfalz						○
Saarland		✕	✕	✕		
Schleswig-Holstein		✕	✕	✕		

Nach der 2. Phase der Landesplanungsgesetze (Stand 1975)

		alternativ			ausschließlich Selbstverwaltung*	
Regionalplanung erfolgt durch	ausschließlich Staatsorgane	Staatsorgane	Selbstverwaltung*			
			Kreis	Planungsgem (-vbd)	Kreis	Planungsgem (-vbd)
Baden-Württembg.						X
Bayern						X
Hessen						X
Niedersachsen	X					O***
Nordrhein-Westfalen	X					
Rheinland-Pfalz						O
Saarland		X	X	X		
Schleswig-Holstein	X					

* Wahrnehmung durch Selbstverwaltungskörperschaft entweder im eigenen (Symbol ◯) oder übertragenen Wirkungskreis (Symbol ✕)
** auch kreisfreie Städte
*** sondergesetzliche Kommunalverbände für die Großräume Hannover und Braunschweig

8.3.1. Schweizer Kantone nach Größenklassen (Bevölkerungszahl)
(Stand 1972)

1. *bis 50.000 Einwohner*

Appenzell I. Rh.	13.800
Obwalden	25.700
Nidwalden	26.500
Uri	34.700
Glarus	38.100
Appenzell A. Rh.	48.800

2. *50.000–100.000*

Zug	71.600
Schaffhausen	73.100
Schwyz	92.700

3. *100.000–200.000 Einwohner*

Graubünden	167.700
Neuenburg	170.600
Freiburg	180.700
Thurgau	183.700

4. *200.000–500.000 Einwohner*

Wallis	214.100
Basel-Land	215.700
Solothurn	227.000
Basel-Stadt	230.100
Tessin	263.000
Luzern	293.700
Genf	336.800
St. Gallen	387.400
Aargau	439.600

5. *über 500.000 Einwohner*

Waadt	524.500
Bern	996.900

6. *über 1,000.000 Einwohner*

Zürich	1,128.500

8.3.2. Übersicht über die neueren Bau- und Planungsgesetze Schweizer Kantone
(Stand 1. 1. 1975; in Klammer die abgelösten Vorschriften)

Aargau: Baugesetz 2. Februar 1971, Referendum 6. Juni 1971: „Mit großer Mehrheit" (BauG 23. 3. 1859)

Bern: Baugesetz 7. Juni 1970, Referendum 7. Juni 1970: 94.894: Ja; 49.739: Nein (BauG 26. 1. 1958)

Graubünden: Raumplanungsgesetz vom Volk angenommen 20. Mai 1973 (Bau- und PlanungsG v 26. 4. 1964)

Luzern: Baugesetz 15. September 1970 (BauG 25. 5. 1931)

Obwalden: Baugesetz 4. Juni 1972 (BauG v 16. 5. 1965, EGzZGB, G über Kantonsstraßen v 11. 5. 1958)

Schwyz: Baugesetz 30. April 1970, Referendum 27. September 1970: 5530: Ja; 5341: Nein (Referendum 1968: 6776: Nein; 6588: Ja) (BauG v 1. 12. 1899)

Solothurn: Entwurf Baugesetz März 1973 (BauG 1906/1911/1951/1964) in parlamentarischer Beratung

St. Gallen: Baugesetz 6. Juni 1972, Referendumsfrist nicht genützt (EGzZGB 1911/1941)

Tessin: Legge edilizia cantonale del 19 febbraio 1973 (Legge edilizia del 15 gennaio 1940)

Thurgau: Entwurf Baugesetz 1971 (EGzZGB 1911 u FlurG 1958) in parlamentarischer Beratung

Uri: Baugesetz 10. Mai 1970 (EGzZGB 1911)

Zürich: Entwurf Planungs- und Baugesetz 5. Dezember 1973 (BauG 23. 4. 1893/1943); in Kraft gesetzt: Gesetz über die Raumplanung und das öffentliche Baurecht des Kantons Zürich 7. September 1975 (Referendum 1975: 104.067: Ja; 79.141: Nein)

8.3.3. MERKMALLISTE DER BAU- UND PLANUNGSGESETZE AUSGEWÄHLTER SCHWEIZER KANTONE

Legende:
△ Genehmigung durch kantonale Legislative
○ Genehmigung durch kantonalen Regierungsrat
□ Genehmigung durch kantonale Baudirektion
reg. regional
subs. subsidär

generell:
– allgemeine Planungspflicht der Kantone nach Art 2 RPlG des Bundes
– Genehmigung der Nutzungspläne hinsichtlich Rechtmäßigkeit, Zweckmäßigkeit und Übereinstimmung mit kantonalem Richtplan nach Art 30 RPlG
– Genehmigung der kantonalen Gesamtrichtpläne durch den Bundesrat nach Art 39 RPlG

Bau-(Planungs-) Gesetz des Kantons	PLANUNGSINSTRUMENTE						REGION		ZWANGSMITTEL des Kantons gegenüber		sonstige Mittel des Kantons
	Kanton		Region		Gemeinde						
	Richt-plan	Nutzungs-plan	Richt-plan	Nutzungs-plan	Richt-plan	Nutzungs-plan	Organisation	weitere Aufgaben	Region	Gemeinde	
AARGAU 1971	Gesamt-plan △	Über-bauungs-plan △	Regional-plan	–	–	Zonenplan Überbauungsplan Gestaltungsplan	Gemeinden können Gemeindeverband bilden	–	Beitritt von Gemeinden beschließen Genehmigung der Statuten	Ersatzvornahme	–
BERN 1970	Richt-plan △	Über-bauungs-plan △	Richt-plan	Über-bauungs-plan ○	Nutzungs-richtplan Erschlie-ßungs-richtplan Finanz-richtplan	Baureglement Zonenplan Überbauungsplan Gestaltungsplan □	Gemeinden sollen öffentlich-rechtlichen Gemeindeverband oder privat-rechtliche Kooperation bilden	reg. Verkehrs-anlagen Freihaltung v Grünflächen Industrieansiedlung sonstige reg. Einrichtungen reg. Lastenausgl.	reg. Überbauungsplan gegenüber Nichtmitgliedern rechtswirksam machen	Gemeinden zur Planung anhalten unzweckmäßige Gemeindevorschriften außer Kraft setzen	Kantonaler Planungsfonds
GRAUBÜNDEN 1973	Richtplan	Nutzungs- u. Erschlie-ßungsplan	Richtplan	–	Nutzungs-richtplan Erschlie-ßungs-richtplan Gestaltungs-richtplan	Baugesetz Zonenplan Erschließungsplan Gestal-tungsplan Finanzplan Quartierplan ○	Gemeinden können sich zu öffentlich-rechtlichen od. privat-rechtlichen Körperschaften zusammenschließen	reg. Verkehrs-anlagen und sonstige reg. Einrichtungen Freihaltung von Grünflächen Industrieansiedlung reg. Lastenausgl.	Genehmigung der Statuten	Ersatzweise Erstellung von Baugesetz und Zonenplan	–
LUZERN 1970	Richtplan △	–	Richtplan ○	–	Richtplan	Baureglement Zonenplan Bebauungsplan Gestaltungsplan ○	Gemeinden können öffentlich-rechtliche Zweckverbände oder andere Organisationen bilden	Koordination der Orts-planung	Beitritt von Gemeinden anordnen	Gemeinden zur Planung verpflichten, wenn öffentl. Interesse Ersatzvornahme	Planungsfonds subs.: Koordination der Ortsplanung
	Richtplan △		○		Richtplan	Baureglement Bebauungsplan ○	Gemeinden können öffentlich-rechtlichen	»zur Lösung gemeinsamer Aufgaben«	Genehmigung des Organisations-statuts	Genehmigung der Pläne und Baulinien	

Kanton (Jahr)	(Kanton)	(Kanton)	Regionalplan	Zonen- und Erschliessungsplan (Region)	Richtplan (Gemeinde)	Baureglement, Zonenplan, Überbauungsplan, Quartiergestaltungsplan	Gemeinden können Zweckverband bilden	Baupolizei	(Kanton – Genehmigung / Erlaß)	subs. Regionalplan (Richtlinie) im Einvernehmen mit Gemeinde aufstellen	Vereinbarung zur Durchführung und Förderung der Regionalplanung
SCHWYZ 1970	–	–	Regionalplan subs.; durch Kanton	–	–	○	Gemeinden können Zweckverband bilden			–	
SOLOTHURN Entwurf 1973	Leitbild Richtplan (○)	–	Richtplan	Zonen- und Erschliessungsplan	Richtplan	Zonenplan Erschliessungsplan Gestaltungsplan (○)	Gemeinden können Zweckverband bilden subs.: privatrechtliche Planungsgruppen	reg. Verkehrsanlagen Freihaltung und Gestaltung von Erholungs- u. Schutzgebieten Industrieansiedlung reg. Lastenausgl.	Erlaß v. Normalstatuten Bildung v. Zweckverbänden Beitrittszwang Planungszonen subs.:Regionalplan	Fristsetzung Ersatzvornahme bei Nutzungsplanung Erlaß von Planungszonen	Zusammenarbeit mit Bund und benachbarten Kantonen
ST GALLEN 1972	Gesamtplan	–	Regionalplan (○)	–	Siedlungsplan Landschaftsplan Verkehrsplan Versorgungsplan	Baureglement Zonenplan Überbauungsplan Gestaltungsplan (□)	Gemeinden »schließen« sich zusammen	–	Genehmigung der organisatorischen Erlasse Mitwirkung von Gemeinden anordnen	Anpassung von Plänen an Regionalplan verlangen	Sitz in Organ der Region
TESSIN 1973	piano generale (△)	–	piano generale (○)	regolamento edilizio piano regolatore unico ed intercommunale	–	regolamento edilizio piano regolatore (○)	–	–		Ersatzvornahme bei Ortsplanung	–
THURGAU Entwurf 1971	Gesamtplan (○)	–	Regionalplan (○)	–	–	Baureglement Zonenplan Bebauungsplan Gestaltungsplan Quartierplan (○)	Gemeinden »bilden« Planungsgruppe oder Zweckverband	–	Genehmigung der Umgrenzung der Region subs.:Umgrenzung	Ersatzvornahme bei Baureglement, Zonenplan	Erlaß von Bau- u. Veränderungsverboten zugunsten des Denkmal- u. Landschaftsschutzes
URI 1970	Sonderplan der kantonalen Werke und Einrichtungen (○)	–	Regionalplan (○)	–	Ortsplan	Bauordnung Zonenplan Baulinienfestlegung (○)	Gemeinden können Konkordate abschließen oder Zweckverband bilden	–	Genehmigung von Konkordaten u. Zweckverbänden	Inkraftsetzung einer Normalbauordnung subs.: Festlegung v. Baulinien für öffentl. Werke	Kantonale Subventionen vom Bestehen eines Ortsplanes abhängig machen
ZÜRICH Entwurf 1973	Leitbild Gesamtplan (△)	Ausscheidung von Land- und Forstwirtschaftszonen a. f. Freihaltezonen	Gesamtplan durch Kanton (○)	Ausscheidung von Freihaltezonen durch Kanton	Gesamtplan (○)	Bauordnung Zonenordnung Gestaltungsplan Erschliessungsplan Quartierplan (○)	Gemeinden können Zweckverband oder privatrechtliche Vereinigung schließen; privatrechtlicher Dachverband	räumlich beschränkte Planungs- u. Durchführungsaufgaben durch Zweckverband	Kanton kann reg. Gruppen die Planung übertragen; kann Zweckverband gründen Genehmigung des Gründungsvertrages	–	Abstimmung über reg. und überkantonale Planung Verkehr mit Planungsbehörden d. Bundes u. anderer Kantone

8.4. Schemata regelungsbedürftiger Gegenstände bei der Errichtung von Arbeitsgemeinschaften und Zweckverbänden

Die folgende Aufstellung der für die Organisation von Arbeitsgemeinschaften und Zweck-(Gemeinde-)Verbänden notwendigen Gegenstände einer Regelung in Gesetz und/oder Satzung stützt sich auf Zusammenstellungen über vergleichbare, schon hinreichend ausgeformte Einrichtungen der Bundesrepublik Deutschland und der Schweiz. In ihnen spiegelt sich, zwar in gewisser Abhängigkeit von der jeweiligen Rechtsordnung, die Erfahrung von Ländern mit reicher Tradition interkommunaler Zusammenarbeit. Sie werden daher in ähnlicher Form auch bei einer Einführung bzw Ausgestaltung von Arbeitsgemeinschaften und Gemeindeverbänden in Österreich zu beachten sein, wobei es gesonderter Untersuchung bedürfte, ob die entsprechende Regelung bereits im Gesetz ausgeformt oder freier satzungsmäßiger Gestaltung durch die Beteiligten zugänglich ist. Als einziges österreichisches Gesetz enthält das nö Gemeindeverbandsgesetz ausführliche Bestimmungen über Gemeindeverbände und den notwendigen Inhalt der Satzung; sie werden ebenfalls im folgenden (Z 5.) angeführt.

1. **Mindestinhalt einer Vereinbarung über die Errichtung einer Arbeitsgemeinschaft** (entwickelt in Anlehnung an bay Recht von Flasnöcker, Typische Rechtsformen der interkommunalen Zusammenarbeit nach BayKommZG und EStärkG, Diss Mainz [1972/73] 14)
— Die Namen der Beteiligten
— Die Beschreibung der Aufgabengebiete, über die beraten und gemeinschaftliche Lösungen eingeleitet werden sollen
— Die Regelung der Geschäftsführung
— Bestimmungen über die Anzahl der Stimmen, die jedes Mitglied haben soll
— Bestimmungen über die Beschlußorgane und das Abstimmungsverfahren
— Eine Regelung darüber, wie die ArGe gegenüber der Öffentlichkeit vertreten werden soll
— Bestimmungen darüber, wie entstehende Kosten auf die einzelnen Mitglieder zu verteilen sind (Umlageschlüssel)
— Bestimmungen über die Laufzeit der ArGe, über den Bei- und Austritt von Mitgliedern sowie über die Auflösung und Auseinandersetzung der ArGe

Zur Regelung einer allfälligen Bindungswirkung der Beschlüsse der ArGe (vgl dazu auch oben im Text S 80 u 269) werden folgende Varianten dargestellt (Flasnöcker, aaO, 17):
— Die Bindung der Beteiligten an **jegliche** Beschlüsse der ArGe, wenn die zuständigen Organe **aller Beteiligten** (Gemeinderäte, Kreis- und Bezirkstage) ihrerseits durch übereinstimmende Beschlüsse diesen Beschlüssen zugestimmt haben.
Für den Eintritt der Bindungswirkung unbeachtlich bleibt die Frage, mit welcher Mehrheit die Beschlüsse in der ArGe gefaßt wurden.
— Die Bindung der Beteiligten an Beschlüsse der ArGe hinsichtlich **bestimmter Sachfragen** (Angelegenheiten der Geschäftsführung und des Finanzbedarfs, Verfahrensvorfragen und der Erlaß von Richtlinien für die Planung und Durchführung einzelner Aufgaben), wenn die **Mehrheit** der zuständigen Organe der beteiligten **Gebietskörperschaften** diesen Beschlüssen zugestimmt hat.
Durch dieses qualifizierte Zustimmungserfordernis, das als „Sperre" gegenüber den nicht-kommunalen Beteiligten angelegt ist, wird eine Majorisierung von nicht-kommunalen Mitgliedern auf dem Beschlußwege verhindert.

— Die Verpflichtung für die zuständigen Organe der Beteiligten, binnen drei Monaten oder innerhalb einer anderen, von der Vereinbarung festzulegenden Frist über Anregungen der ArGe zu beschließen.

Diese Vereinbarung gewährleistet, daß die einzelnen kommunalen Gremien sich mit den „Anregungen" der ArGe wirklich auseinandersetzen und deren Behandlung nicht bewußt verzögern.

2. **Schema gesetzlicher und satzungsmäßiger Regelungen für Zweckverbände nach bayerischem Recht**

Das **bay Gesetz über die kommunale Zusammenarbeit** vom 12. 7. 1966 GVBl 218 enthält Bestimmungen hinsichtlich folgender Gegenstände:

Vierter Teil: Zweckverbände

1. Abschnitt: Allgemeine Vorschriften für Zweckverbände

I. Bildung und grundsätzliche Bestimmungen

Art. 18: Beteiligte und Aufgaben

Art. 19: Bildung des Zweckverbands

Art. 20: Inhalt der Verbandssatzung

Art. 21: Genehmigung der Verbandssatzung

Art. 22: Amtliche Bekanntmachung der Verbandssatzung;
Zeitpunkt des Entstehens des Zweckverbands

Art. 23: Übergang von Aufgaben und Befugnissen;
Satzungs- und Verordnungsrecht

Art. 24: Dienstherrneigenschaft

Art. 25: Amtliche Bekanntmachung von Satzungen und Verordnungen des Zweckverbands

Art. 26: Wappenführung

Art. 27: Anzuwendende Vorschriften

Art. 28: Ausgleich

Art. 29: Pflichtverband

II. Verfassung und Verwaltung

Art. 30: Organe

Art. 31: Rechtsstellung des Verbandsvorsitzenden und der übrigen Verbandsräte

Art. 32: Zusammensetzung der Verbandsversammlung

Art. 33: Einberufung der Verbandsversammlung

Art. 34: Beschlüsse und Wahlen in der Verbandsversammlung

Art. 35: Zuständigkeit der Verbandsversammlung

Art. 36: Wahl des Verbandsvorsitzenden

Art. 37: Zuständigkeit des Verbandsvorsitzenden

Art. 38: Dienstkräfte

Art. 39: Geschäftsstelle und Geschäftsleiter

Art. 40: Abweichende Regelungen durch die Verbandssatzung

III. Wirtschafts- und Haushaltsführung

Art. 41: Anzuwendende Vorschriften

Art. 42: Haushaltssatzung

Art. 43: Deckung des Finanzbedarfs

Art. 44: Kassenverwaltung

Art. 45: Jahresrechnung, Prüfung

IV. Änderung der Verbandssatzung und Auflösung

Art. 46: Änderung der Verbandssatzung

Art. 47: Wegfall von Verbandsmitgliedern

Anhang: 8.4.

Art. 48: Auflösung
Art. 49: Abwicklung

Das folgende Schema für **Statuten** eines Planungs-Zweckverbandes bay Rechts wurde entwickelt in Anlehnung an Art. 20 bay Gesetz über die kommunale Zusammenarbeit und die Mustersatzung für bay regionale Planungsverbände — Bekanntmachung des bay Staatsministeriums für Landesentwicklung und Umweltfragen vom 30. 1. 1973, abgedruckt in: Mayer — Engelhardt — Helbig, Landesplanungsrecht in Bayern (1973) Anhang 3.2.

— Allgemeine Vorschriften
  Rechtsnatur, Name und Sitz des Verbandes
  Verbandsmitglieder
  Räumlicher Wirkungsbereich des Verbandes
  Aufgaben des Verbandes
— Organisation
  Organe des Verbandes
  Verbandsversammlung
    Aufgaben
    Sitz- und Stimmenverteilung
    Sitzungen
    Beschlußfassung
  Planungsausschuß (Verbandsvorstand)
    Aufgaben
    Sitz- und Stimmenverteilung
    Sitzungen
    Beschlußfassung
  Verbandsvorsitzender
    Bestellung
    Aufgaben
    Rechtsstellung
  Regionaler Planungsbeirat
    Aufgaben
    Sitzungen
    Bestellung der Mitglieder
  Schiedsgericht
    Schlichtung von Streitigkeiten durch ein besonderes Schiedsverfahren
— Verbandswirtschaft
  Anwendbare Vorschriften
  Deckung des Finanzbedarfs
  Kassenverwaltung
  Überörtliche Prüfung
  Abwicklung im Fall der Auflösung
— Schlußvorschriften
  Aufsicht
  Öffentliche Bekanntmachungen
  Verweisung auf andere Rechtsvorschriften
  Inkrafttreten

Weitere Mustersatzungen der d Länder für regionale Planungsgemeinschaften (-verbände):

— Hessen: Richtlinien für die Bildung von Planungsgemeinschaften gem § 3 Abs 2 Hessisches Landesplanungsgesetz v 4. 7. 1962 (GVBl I S 311) und die sonstige Zusammenarbeit auf dem Gebiet der Raumordnung und Landesplanung v 27. 11. 1964 (StAnz 1535)
— Rheinland-Pfalz: Mustersatzung für Planungsgemeinschaften gem § 16 Abs 5 LPlG v 26. 5. 1967 (MBl 589)

Beide Mustersatzungen sind wiedergegeben in: Brügelmann — Asmuß — Cholewa — von der Heide, Raumordnungsgesetz (Kohlhammer-Kommentar) (1970)

3. Schema für Statuten für Zweckverbände nach Schweizer Recht

(nach Grüter, Die schweizerischen Zweckverbände, Diss Zürich [1973] 127 f)

— Zusammenschluß und Aufgabe
    Verbandsbildung und Name
    Rechtspersönlichkeit und Sitz
    Aufgaben
— Organisation
    Organe
        Delegiertenversammlung
        Kommission (Betriebs-, Spitalskommission etc)
        Ausschuß
        Kontrollstelle
        evtl. Kommunale Organe
            Gemeinderäte
            Stimmbürger
    Delegiertenversammlung
      Zusammensetzung
      Quorum, Stimmrecht und Beschlußfassung
      Delegiertenwahl
      Konstituierung
      Einberufung
      Protokoll
      Amtsdauer
      Entschädigung
      Befugnisse
    Kommission
      Zusammensetzung
      Quorum, Stimmrecht und Beschlußfassung
      Konstituierung
      Einberufung
      Protokoll
      Amtsdauer
      Entschädigung
      Befugnisse
    Ausschuß
      Je nach Verbandsart verschieden, sonst wie Kommission
    Kontrollstelle
      Zahl der Revisoren

      Amtsdauer
      Befugnisse
    evtl Gemeinderäte
          Befugnisse
          Beschlußfassung
    evtl Stimmberechtigte
          Befugnisse
          Beschlußfassung
    Beamte und leitende Hilfskräfte
      Aufgaben
    Übriges Personal und Hilfskräfte
      Aufgaben
— Verbandshaushalt und Rechnungswesen
  Rechnungsführung und Abschluß
  Der Voranschlag
  Rechnungsabnahme
  Zahlungsfrist
  Haftung
  Weitere finanzielle Bestimmungen
— Aufsicht und Rechtsschutz
  Aufsicht
  Streitigkeiten
— Erweiterung, Austritt, Auflösungs- und Liquidationsbestimmungen
  Erweiterung
  Austritt
  Auflösung
  Liquidation
— Schlußbestimmungen
  Ratifikation
  Statutenänderung
  Inkraftsetzen

4. **Schema gesetzlicher und satzungsmäßiger Regelungen nach nö Gemeindeverbandsrecht**

Das nö *Gemeindeverbandsgesetz* LGBl 1971/223 enthält Bestimmungen hinsichtlich folgender Gegenstände:

1. Abschnitt: Allgemeine Bestimmungen
  § 1: Anwendungsbereich
  § 2: Bildung von Gemeindeverbänden
  § 3: Rechtliche Stellung
2. Abschnitt: Bildung von Gemeindeverbänden durch Vereinbarung
  § 4: Vereinbarung
  § 5: Satzung
  § 6: Name und Sitz des Gemeindeverbandes
  § 7: Organe
  § 8: Verbandsversammlung
  § 9: Verbandsvorstand
  § 10: Verbandsobmann
  § 11: Gelöbnis
  § 12: Kundmachung bestellter Verbandsorgane

§ 13: Aufwandsentschädigung
§ 14: Geschäftsführung
§ 15: Schriftliche Ausfertigung
§ 16: Verantwortlichkeit der Mitglieder des Verbandsvorstandes
§ 17: Kostenersätze
§ 18: Entscheidung über Streitigkeiten
§ 19: Vermögensrechtliche Ansprüche und Haftung
§ 20: Beitritt und Ausscheiden von Gemeinden
§ 21: Auflösung des Gemeindeverbandes
§ 22: Genehmigung der Bildung von Gemeindeverbänden
3. Abschnitt: Bildung von Gemeindeverbänden durch Verordnung
§ 23: Bildung durch Verordnung
§ 24: Satzung
§ 25: Änderung der Satzung und Auflösung des Gemeindeverbandes
4. Abschnitt: Gemeinsame Bestimmungen
§ 26: Kundmachung von Rechtsverordnungen
§ 27: Instanzenzug
§ 28: Vorstellung
§ 29: Verfahren und vergleichbare Organe
§ 30: Wirtschafts- und Haushaltsführung
§ 31: Aufsicht
§ 32: Eigener Wirkungsbereich
5. Übergangs- und Schlußbestimmungen

Nach § 5 nö Gemeindeverbandsgesetz hat die *Satzung* als Mindestinhalt zu enthalten:
Name und Sitz des Gemeindeverbandes
Namen der beteiligten Gemeinden
Bezeichnung der gemeinsam zu besorgenden Aufgaben
Organe und deren Aufwandsentschädigung
Regelung des Ersatzes der Kosten (Personal- und Sachaufwand), die aus der Besorgung der Verbandsaufgaben erwachsen
Regelung der vermögensrechtlichen Ansprüche der verbandsangehörigen Gemeinden gegenüber dem Gemeindeverband und der Haftung für Verbindlichkeiten
Regelung der näheren Voraussetzungen für den Fall des Ausscheidens einer verbandsangehörigen Gemeinde aus dem Grund, daß ihr weitere Verbandszugehörigkeit wirtschaftlich nicht zugemutet werden kann; insbesondere sind die wechselseitigen vermögensrechtlichen Ansprüche und die Haftung für Verbindlichkeiten des Gemeindeverbandes zu regeln
Bestimmungen über die Auflösung des Gemeindeverbandes, die Abwicklung bestehender Dienstverhältnisse und die Verwendung des Vermögens des Gemeindeverbandes aus diesem Anlaß

8.5. Katalog übertragbarer Aufgaben

Die Auflistung zeigt, welche Aufgaben Planungsverbänden in der Bundesrepublik Deutschland übertragen worden sind bzw übertragen werden können und in Österreich erforderlichenfalls übertragen werden könnten. Die Synopse will erleichtern, aus dem Katalog übertragungsfähiger Aufgaben eine auf die jeweiligen Bedürfnisse abgestellte wohlerwogene Auswahl zu treffen.

In der Horizontalrubrik werden daher einerseits alle die Verbände der d Rechtsordnung angeführt, denen bisher Planungsaufgaben übertragen worden sind bzw übertragen werden können, andererseits die Gesetzgebungs- (Bund und Länder) und auf die Gemeinde bezogenen Vollzugszuständigkeiten (eigener und übertragener Wirkungsbereich) nach dem ö B-VG dargestellt, die bei der Delegierung dieser Aufgaben auf ö Verbände zu berücksichtigen sind.

In den Spalten der d Planungsverbände bedeuten die Ziffern 1: ausschließliche Verbandsaufgabe, 2: mit den Gemeinden kumulierende oder aus dem eigenen Wirkungskreis der Gemeinden übernommene Aufgaben, 3: Aufgaben des übertragenen Wirkungsbereiches des Verbandes.

Die Auflistung der übertragbaren Aufgaben ist in den Rubriken „Planakzessorische Maßnahmen" und „Durchführungsaufgaben" im Hinblick auf ö Spezifika ergänzt.

		Auflistung der übertragbaren Aufgaben	Bundesrepublik Deutschland															Österreich			
			Planungsverbände § 4 BBauG			Nachbarschaftsverbände BWü			Umlandverband Frankfurt			Verband Großraum Hannover			Siedlungsverband Ruhrkohlenbezirk			Gesetzgebungszuständigkeit		Wirkungsbereich der Gemeinde	
			1	2	3	1	2	3	1	2	3	1	2	3	1	2	3	Bund	Länder	eigener	übertragener
Planungsbefugnisse	1	Aufstellung, Änderung und Aufhebung von Flächennutzungsplänen	x			x			x										x	x	
	2	Aufstellung, Änderung und Aufhebung von Bebauungsplänen	x																x	x	
	3	Aufstellung von Regionalplänen/Regionalen Fachplänen							x			x							x		x
	4	Aufstellung von Landschaftsplänen							x											——— *	
	5	Rahmenplan für die Schulentwicklung										x						x	x		x
	6	Mitwirkung bei der Bauleitplanung der Gemeinden				x							x						x	x	——— *
	7	Mitwirkung bei der Gesamtverkehrsplanung							x									x	x		x
	8	Mitwirkung bei der Planung des öffentlichen Nahverkehrs							x			x							x	x	
Planakzessorische Maßnahmen	1	Erlaß von Veränderungssperren	x						x										x	x	
	2	Antrag auf Zurückstellung von Baugesuchen	x						x										x	x	
	3	Enteignungsantrag nach bau- u. planungsrechtl. Vorschriften od. zwecks hoheitl. Grunderwerb	x						x										x	x	
	4	Erstellg. eines Umlegungspl./Umlegungsbeschluß	x						x										x		x
	5	Vornahme von Grenzregelungen	x																x		x
	6	Eintragung in Naturdenkmal- und Naturschutzgebietsbücher, Schutz und Erhaltungsmaßnahmen betreffend Natur													x			?.?	x		x
spez. ö.	7	Maßnahmen nach dem Stadterneuerungsgesetz und Bodenbeschaffungsgesetz (Antrag auf Erklärung zum Assanierungsgebiet, des Wohnungsbedarfes usw.)																	x	x	
	8	Teilaufgaben d. örtlichen Baupolizei																	x	x	

	Auflistung der übertragbaren Aufgaben	Planungsverbände §4 BBauG			Nachbarschaftsverbände BWü			Umlandverband Frankfurt			Verband Großraum Hannover			Siedlungsverband Ruhrkohlenbezirk			Bund	Länder	eigener	übertragener
		1	2	3	1	2	3	1	2	3	1	2	3	1	2	3	Bund	Länder	eigener	übertragener
1	Erhaltung baufreier Flächen (Wald. Grünland)											x		x			x	x	x	
2	Vorhaltung von Baugelände							x				x		x				x	x	
3	Versorgung mit Wasser							x				x						x	x	
4	Versorgung mit Energie											x						x	x	
5	Abwasserbeseitigung							x				x						x	x	
6	Errichtung, Betrieb, Unterhaltung von: Abfallbeseitigungsanlagen							x				x						x	x	
7	Schlachthöfen							x										x	x	
8	Sportanlagen, Freizeit- u. Erholungszentren							x				x						x	x	
9	Öffentlicher Nahverkehr										x			x				x	x	
10	Standortberatung und -werbung							x										x	x	
11	Koordination der energiewirt. Interessen d. V-glieder							x										x		x
12	" überörtlich wahrzunehmenden Aufg. d. Umweltschutzes							x										x		x
13	" der Verbandsmitglieder als Krankenhausträger							x										x		x
14	Wirtschaftsförderung											x		x			x	x	x	x
15	Rettungsdienst u. Krankentransport										x						x	x	x	
16	Verwaltungsautomation											x					x	x	x	
17	Häfen											x					x	x	x	
18	Messen											x						x	x	
19	Förderung d. Erwachsenenbildung											x					x	x	x	x
20	" d. Wohnungsbaues											x					x	x	x	x
21	Generalklausel				x			x				x					——*			
22	Wildbachverbauung: Bau von Lawinengittern etc.																x		x	
23	Bodenbeschaffung nach Stadterneuerungsgesetz u. Bodenbeschaffungsgesetz																x		x	
24	Werbung u. Beratung d. Privatzimmervermieter																		x	
25	Unterhaltung eines Fremdenverkehrsbüros																		x	
26	Schulerhaltung																x	x	x	
27	Bau u. Unterhaltung von Gemeindeverkehrsflächen																	x	x	

*auf österreichische Verhältnisse schwer übertragbar

351